高等院校精品课程系列教材

模拟电子电路原理与设计基础

刘祖刚　编著

机 械 工 业 出 版 社

本书内容力求理论紧密联系实际，在阐明概念的基础上，着重讲清讲透模拟电子电路的工作原理、分析方法；各章对一些基本电路的设计作了必要的讨论。通过本书的学习，读者不仅能较好地理解和掌握模拟电子电路的工作原理和分析方法，而且还能根据实际要求初步设计一些实用的模拟电子电路，以此培养读者在电子技术应用方面的创新思维和创新能力。

本书共8章，主要内容包括：半导体基础知识与半导体器件的工作原理、基本放大电路、集成运算放大电路、功率放大电路、放大电路中的反馈、运算电路和有源滤波电路、正弦波和非正弦波发生电路、直流稳压电源。

本书可作为高等院校电子信息与电气学科本科各专业的教材和非电子电气信息类本科相关专业的选用教材，也可供从事电子技术的工程技术人员参考。

图书在版编目（CIP）数据

模拟电子电路原理与设计基础/刘祖刚编著．—北京：机械工业出版社，2011.7
高等院校精品课程系列教材
ISBN 978-7-111-34392-9

Ⅰ.①模…　Ⅱ.①刘…　Ⅲ.①模拟电路—理论—高等学校—教材②模拟电路—电路设计—高等学校—教材　Ⅳ.①TN710

中国版本图书馆CIP数据核字（2011）第125103号

机械工业出版社（北京市百万庄大街22号　邮政编码100037）
策划编辑：时　静　责任编辑：时　静　王　荣
版式设计：霍永明　责任校对：张晓蓉
责任印制：乔　宇
三河市国英印务有限公司印刷
2012年1月第1版第1次印刷
184mm×260mm · 22.25印张 · 552千字
0001—3500册
标准书号：ISBN 978-7-111-34392-9
定价：42.00元

凡购本书，如有缺页、倒页、脱页，由本社发行部调换

电话服务
社服务中心：(010)88361066
销售一部：(010)68326294
销售二部：(010)88379649
读者购书热线：(010)88379203

网络服务
门户网：http：//www.cmpbook.com
教材网：http：//www.cmpedu.com
封面无防伪标均为盗版

前　言

“模拟电子电路”（或称“模拟电子技术基础”、“低频电子线路”）是电子信息与电气学科各专业一门重要的专业基础课，其理论可直接指导电子技术实践。“模拟电子电路”课程教学的基本原则是注重理论与实际紧密结合，特别强调用理论去直接指导和解决电子技术的实际问题；其教学的根本目的就是使学生深入理解和熟练掌握模拟电子电路的工作原理和分析方法，能根据实际需要正确合理地应用各种电路（包括电路调试、参数测试、故障分析与排除等），并初步学会根据工程实际要求设计出一些实用的基本电路。因此，模拟电子电路教材不应仅仅局限在理论分析的“框架”之中，而应结合实际，将理论分析最终落实到基本电路的实际应用和设计之上，这才是该课程教学所要达到的基本目标。

电子信息及电气类各专业中，“模拟电子电路”课程的教学应加强学生基本电路的实际应用和工程设计能力的培养，这既是模拟电子电路教学所要达到的基本目标，也是加强学生实践能力、创造性思维和创新能力培养的重要教学环节；学生只有掌握了基本电路的实际应用和基本电路的设计原理和设计方法，才能在理论与实践相结合的基础上更深刻地理解电路的工作原理，更正确合理、乃至创造性地将这些基本电路运用于电子技术的实践中。

本书是基于上述基本思想和作者 30 多年的教学体会，并依照高等院校电子信息与电气学科教材编审委员会审定通过的教材编写大纲编写而成的。本书内容力求从实际出发，理论紧密联系实际，在讲清讲透电路工作原理和分析方法的基础上，各章对一些基本电路的工程设计作了必要的讨论，使学生初步学会和掌握一些基本电路的设计原理和设计方法，以加强学生创新思维和创新能力的培养。

从有利于教学需要出发，本书在基本内容和知识结构体系上作了如下几个方面调整：

（1）对每一个具体电路讨论之前，减少了不必要的“铺垫”，避免了某些“繁琐”。

（2）为了使不同章节的有关内容更好地前后“衔接”和避免前后不必要的重复，在知识结构体系上作了如下几个方面的整合：

1）将现有一般教材中分布在三章的内容（基本放大电路、多级放大电路、放大电路的频率响应）整合在第 2 章基本放大电路之中。

2）考虑集成运放输入级和中间级用到差分放大电路，因此，将差分放大电路调整到第 3 章集成运算放大电路中讨论。

3）考虑目前绝大多数情形下，已很少用到变压器耦合的功率放大器，故这部分内容在第 4 章功率放大电路中被删去，重点讨论了 OCL、OTL 和集成功率放大电路。

（3）考虑到实际应用中的负反馈电路一般满足深度负反馈条件，故负反馈电路这部分内容重点讨论了深度负反馈条件下的近似分析法，删去了工程实际中已很少应用的繁琐的框图分析法。

本书可作为高等学校电子信息与电气类本科各专业“模拟电子电路”课程教材和非电子信息与电气类本科相关专业的“模拟电子电路”课程的选用教材，也可供从事电子技术的工程技术人员参考。

本书理论授课学时为56~72小时，包含习题课、课堂讨论等课内教学环节。若教学计划少于56学时，建议可部分或全部舍去带“*”号的内容及有关部分的电路设计内容。

天津大学孙雨耕教授、清华大学华成英教授对本书编写大纲提出过宝贵意见，赵柏树、谢菊芳、杨维明、钟志锋、刘国君、张玲等老师对本书的编写给予了很大的支持，曾梅香老师在绘图和书稿校对方面作了大量的工作，在此一并表示衷心感谢！

因时间仓促和作者水平所限，书中若有疏漏和错误之处，敬请各位教师和读者不吝指正。

作 者

本书常用符号说明

1. 电流和电压符号的含义（以基极电流、发射结电压为例，其他以此类推）

字母符号	字母符号代表的含义
I_{B}（U_{BE}）	大写字母、大写下标，表示直流量或静态电流（电压）
i_{b}（u_{be}）	小写字母、小写下标，表示交流瞬时量
i_{B}（u_{BE}）	小写字母、大写下标，表示包含直流量和交流量的瞬时总量
I_{b}（U_{be}）	大写字母、小写下标，表示交流量有效值
$\dot{I}_{\mathrm{b}}$（$\dot{U}_{\mathrm{be}}$）	表示正弦电流（电压）复数量
ΔI_{B}（ΔU_{BE}）	表示直流变化量
Δi_{B}（Δu_{BE}）	表示瞬时总量的变化量

2. 基本量、单位、符号表

量的名称	量的符号	单位名称	单位符号	量的名称	量的符号	单位名称	单位符号
电流	I，i	安［培］	A	电容	C	法［拉］	F
电压	U，u	伏［特］	V	放大倍数	A	倍或分贝	无或 dB
功率	P，p	瓦［特］	W	时间	t	秒	s
电阻	R，r	欧［姆］	Ω	摄氏温度	t	摄氏度	℃
电导	G，g	西［门子］	S	热力学温度	T	开［尔文］	K
电抗	X，x	欧［姆］	Ω	频率	f，F	赫［兹］	Hz
电纳	B，b	西［门子］	S	角频率	ω，Ω	弧度每秒	rad/s
阻抗	Z，z	欧［姆］	Ω	频带宽度	f_{bw}	赫［兹］	Hz
电感	L	亨［利］	H				

注：单位名称中去掉方括号中的字即为其名称的简称。

3. 下角标的含义

i，I	输入量（例如 u_{i} 为输入电压）
o，O	输出量（例如 u_{o} 为输出电压）
i	电流量（例如 A_i 为电流放大倍数）
u	电压量（例如 A_u 为电压放大倍数）
f	反馈量（例如 u_{f} 为反馈电压，A_{f} 为反馈放大倍数）
s	信号源量（例如 u_{s} 为信号源电压，A_{us} 为源电压放大倍数）

4. 功率、电源电压符号

P_{V}	电源供给的平均功率	V_{CC}	集电极回路电源电压
P_{o}	输出信号功率	V_{EE}	发射极回路电源电压
P_{i}	输入信号功率	V_{DD}	漏极回路电源电压
P_{T}、P_{C}	晶体管损耗功率		

5. 频率符号

f_H	放大电路上限截止频率	f_0	选频回路固有谐振频率
f_L	放大电路下限截止频率	f_P	滤波器通带截止频率
f_{BW}	放大电路通频带		

6. 元器件符号及参数

（1）二极管、稳压二极管

VD	普通二极管	VZ	稳压二极管
I_S、I_R	反向饱和电流	U_Z	稳定电压或反向击穿电压
I_F	最大整流电流	I_Z、$I_{Z\min}$	（最小）稳定电流
U_{BR}	反向击穿电压	$I_{Z\max}$	最大稳定电流
U_R	最大反向工作电压	P_{ZM}	额定管耗
f_M	最高工作频率	r_z	动态电阻
U_{on}	二极管开启电压	$U_T=KT/q$	温度的电压当量
U_D	二极管正向导通电压		

（2）晶体管

VT	晶体管（三极管）	P_{CM}	集电结最大允许功耗
B、b	基极	I_{CM}	集电极最大允许电流
C、c	集电极	g_m	跨导
E、e	发射极	β	共发射极电流放大倍数（系数）
I_{CBO}	发射极开路时集电结反向饱和电流	α	共基极电流放大倍数（系数）
I_{CEO}	基极开路时集电极与发射极间的电流	f_β	共发射极截止频率
U_{CES}	集电极与发射极间的饱和电压降	f_α	共基极截止频率
U_{CEO}	基极开路时集电极与发射极间的反向击穿电压	f_T	特征频率（β下降至1时对应的频率）
		r_{bl}、r_b	基区体电阻
U_{CBO}	发射极开路时集电极与基极间的反向击穿电压	r_{ble}	发射结微变等效电阻
		C_{ble}	混合π形等效电路发射结的等效电容
U_{EBO}	集电极开路时发射极与基极间的反向击穿电压	C_{blc}	混合π形等效电路集电结的等效电容
		U_{on}	发射结开启电压

（3）场效应晶体管

VT	场效应晶体管	I_{DSS}	耗尽型场效应晶体管 $u_{GS}=0$ 时的漏极电流
D、d	漏极	r_{ds}	d-s 间的微变等效电阻
G、g	栅极	I_S	源极电流
S、s	源极	g_m	低频跨导
C_{ds}	d-s 间的等效电容	I_{DM}	最大漏极电流
C_{gs}	g-s 间的等效电容	P_{DM}	最大允许功耗
C_{gd}	g-d 间的等效电容	$U_{(BR)GS}$	栅-源极间的击穿电压
I_D	漏极电流	$U_{(BR)DS}$	漏-源极间的击穿电压
I_{DO}	增强型 MOS 管 $u_{GS}=2U_{GS(th)}$ 时的漏极电流	$U_{GS(off)}$	耗尽型场效应晶体管的夹断电压
		$U_{GS(th)}$	增强型场效应晶体管的开启电压

7. 放大倍数、增益、反馈系数

符号	含义	符号	含义
A	放大倍数或增益的通用符号	$\dot{A}_g$	开环互导放大倍数
$\dot{A}_u$	电压放大倍数：$\dot{U}_o/\dot{U}_i$	$\dot{A}_{uf}$	闭环电压放大倍数
$\dot{A}_{us}$	源电压放大倍数：$\dot{U}_o/\dot{U}_s$	$\dot{A}_{if}$	闭环电流放大倍数
$\dot{A}_{um}$	中频电压放大倍数	$\dot{A}_{rf}$	闭环互阻放大倍数
$\dot{A}_{usm}$	中频源电压放大倍数	$\dot{A}_{gf}$	闭环互导放大倍数
$\dot{A}_{usl}$	低频源电压放大倍数	$\dot{F}_u$	电压反馈系数
$\dot{A}_{ush}$	高频源电压放大倍数	$\dot{F}_i$	电流反馈系数
$\dot{A}_u$	开环电压放大倍数	$\dot{F}_r$	互阻反馈系数
$\dot{A}_i$	开环电流放大倍数	$\dot{F}_g$	互导反馈系数
$\dot{A}_r$	开环互阻放大倍数		

8. 差动放大电路及集成运算放大电路

符号	含义	符号	含义
u_{Id}、u_I	差模输入电压	i_N、u_N	集成运放的反相输入电流、电压
u_{Od}、u_O	差模输出电压	U_{IO}	输入失调电压
u_{Ic}	共模输入电压	I_{IO}	输入失调电流
u_{Oc}	共模输出电压	I_{IB}	输入偏置电流
A_{ud}	差模电压放大倍数	f_H	-3dB 带宽
A_{uc}	共模电压放大倍数	K_{CMR}	共模抑制比
U_T	电压比较器的阈值电压	A_{od}	集成运放的开环差模电压放大倍数
U_{OH}	电压比较器输出的高电平	$U_{Id\,max}$	最大差模输入电压
U_{OL}	电压比较器输出的低电平	$U_{Ic\,max}$	最大共模输入电压
i_P、u_P	集成运放的同相输入电流、电压	I_{REF}、U_{REF}	参考电流、电压

9. 其他符号

符号	含义	符号	含义
η	效率	Q	静态工作点
γ	非线性失真系数	R_i	输入电阻
τ	时间常数	R_o	输出电阻
T	温度、周期	R_b	基极偏置电阻
S	整流电路的脉动系数	K	模拟乘法器的相乘系数
S_r	稳压电路的稳压系数	R_c	集电极负载电阻
D	非线性失真系数	R_e	发射极电阻
φ	相位角	R_g	场效应晶体管栅极偏置电阻
AF	反馈环路放大倍数	R_d	场效应晶体管漏极负载电阻
$1+AF$	反馈深度	R_s	源极电阻、信号源内阻

目　录

第1章　半导体基础知识与半导体器件的工作原理

本章讨论的主要问题

◎本征半导体、N型半导体、P型半导体的共价键结构及其空穴和自由电子两种载流子产生的过程。

◎PN结的形成及其单向导电性。

◎半导体二极管的单向导电性及简单二极管电路的工作原理。

◎双极型晶体管（简称晶体管）的基本结构，在发射结正向电压、集电结反向电压作用下，晶体管内部载流子的运动规律、外部电流分配关系及其截止、放大、饱和三种工作状态的特性。

◎结型场效应晶体管和绝缘栅型场效应晶体管的基本结构，在合适外部电压作用下，其内部载流子的运动规律。

◎ 二极管、晶体管、场效应晶体管的一些主要参数。

本章的重点与难点

◎二极管的单向导电性。

◎晶体管的微观导电机构（内部载流子的运动规律）、晶体管在截止、放大、饱和三种工作状态下的特性。

◎结型场效应晶体管和绝缘栅型场效应晶体管的微观导电机构（内部载流子的运动规律）及其在夹断区、恒流区、可变电阻区三种工作状态下的特性。

1.1　半导体的基础知识

1.1.1　导体、绝缘体和半导体

自然界中的物质按导电性能可分为导体、绝缘体和半导体。

物质的导电特性取决于原子结构。导体一般为低价元素，如铜、铁、铝等金属，其最外层电子受原子核的束缚力很小，它们极易挣脱原子核的束缚成为自由电子，在外电场作用下，这些自由电子产生定向运动（称为漂移运动）形成电流，故金属呈现出较好的导电特性。高价元素（如惰性气体）和高分子物质（如橡胶、塑料等）的最外层电子受原子核的束缚力很强，它们极不易摆脱原子核的束缚成为自由电子，所以其导电性极差，可作为绝缘材料。半导体材料的最外层电子既不像导体那样极易摆脱原子核的束缚、成为自由电子，也不像绝缘体那样被原子核紧紧束缚，因此，半导体的导电特性介于两者之间。

半导体是制造电子器件的主要材料。半导体获得广泛应用的主要原因，不在于它的导电特性介于导体和绝缘体之间，而在于它具有如下几个性能：

(1) 热敏性

导电性能受温度影响很大，利用这一特性可将半导体制成热敏电子元件。

(2) 光敏性

导电性能受光照射强度的影响很大，利用这一特性可将半导体制成光敏电子元件。

(3) 掺杂性

通过掺入微量其他元素物质，可以非常显著地提高其导电性能，例如，在纯净的半导体中掺入百万分之一的其他微量的物质（五价的磷或三价的硼）可使其导电性能增强一百万倍；不仅如此，更为重要的是，在纯净的半导体中，通过掺入不同价元素的微量物质（如五价的磷或三价的硼），可改变其导电的类型，正是这一特性，才使得现代半导体电子器件的制造成为可能。

1.1.2 本征半导体的共价键结构

纯净的、具有晶体结构的半导体称为本征半导体。电子技术中，常用的半导体材料是硅（Si）和锗（Ge），它们都是四价元素，原子最外层轨道上有四个电子，称为价电子。由于硅（Si）和锗（Ge）材料导电性能只与价电子有关（内层电子被原子核束缚很紧，不参与导电），在讨论其导电机构时，采用如图 1-1 所示的简化原子结构模型。由于原子整体呈电中性，故图 1-1 中带 +4 的圆圈部分表示带四个电子电荷量的正离子（也有文献上将这一正离子称之为惯性核或原子实）。

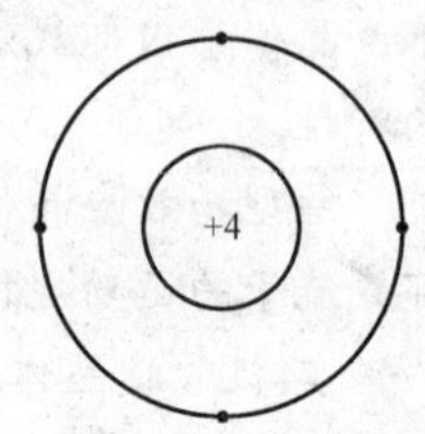

图 1-1 硅和锗的简化原子结构模型

由原子理论可知，原子外层为八个价电子最稳定，因此，当把硅或锗材料制成单晶体（本征半导体）时，硅或锗晶体中每个原子都要从相邻的四个原子获得另外的四个价电子，以达到稳定状态，这样就使得相邻两个原子有一对价电子成为共有电子，这些共有电子一方面围绕自身的原子核运动，另一方面又出现在相邻原子所属的轨道上，即价电子不仅受到自身原子核的作用，同时还受到相邻原子核的吸引。于是，两个相邻的原子共有一对价电子，组成共价键结构。因此，本征半导体中，每个原子都和相邻的四个原子用共价键的形式互相紧密结合起来，其共价键结构平面示意图如图 1-2 所示。

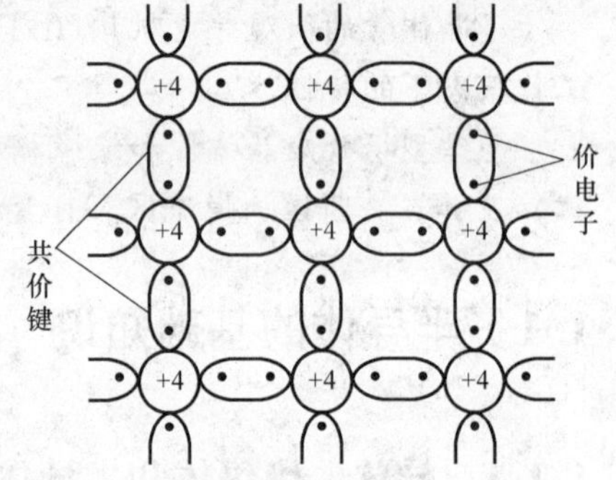

图 1-2 本征半导体共价键结构平面示意图

1.1.3 本征半导体热激发

本征半导体中共价键具有很强的结合力，共价键中的电子称为束缚电子。在热力学温度 $T=0\text{K}$ 和无外界其他因素作用时，价电子全部牢牢地束缚在共价键中，此时，本征半导体相当于绝缘体。

在室温下，只有极少数价电子从热运动中获得足够大的能量才能挣脱共价键的束缚而成为自由电子。在没有外电场作用时，自由电子在半导体中做无规则的运动，半导体中不会出现“电子”电流。

某原子的一个价电子挣脱共价键的束缚成为自由电子后，该原子因失去一个价电子而带一个正的电子电荷量，并在原来共价键中留下了一个空位，这个空位称为“空穴”；为了分析方便，通常将一个正的电子电荷量看做是空穴所具有。本征半导体中这种由于热运动使自由电子与空穴成对“产生”的物理现象称为“热激发”(也称本征激发)，如图1-3所示。空穴的出现是半导体导电机构与导体导电机构显著不同的一个重要特征。

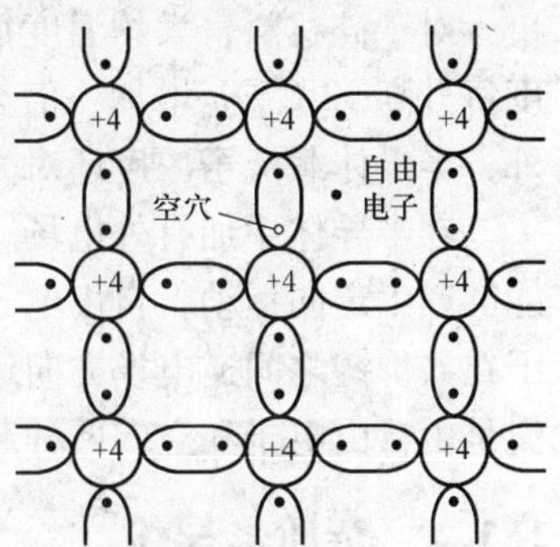

图1-3　本征半导体中的空穴和自由电子

由原子能带理论可知，某一共价键中的束缚电子“跳到”另一出现“空穴”的相邻共价键中（成为另一共价键中的束缚电子）填补其空穴所需的能量，要比该共价键中的束缚电子“跳出”共价键束缚而成为自由电子所需的能量小得多，因此，在室温下，某一共价键中的束缚电子填补相邻共价键中的空穴的过程很容易发生。这种甲共价键中的空穴被乙共价键中的束缚电子填补的结果，使得甲共价键中的空穴“消失”，而空穴却出现在乙共价键中。因此，空穴在两个相邻共价键中的移动，实质上是束缚电子在两个相邻共价键中相反方向移动的结果。需要注意的是，束缚电子在两个相邻共价键中的移动与自由电子的移动是两种不同的“电子运动”过程。为了避免分析这两种不同的“电子运动”过程时发生混淆，通常将束缚电子在相邻共价键中填补空穴的移动过程用“空穴”在相邻共价键中反方向的移动过程来代替。在没有外电场作用时，空穴在半导体中做无规则运动，半导体中不会出现“空穴”电流。

综上所述，半导体中存在两种运载电荷的粒子，即带负电的自由电子和带正电的空穴，它们统称为载流子。

本征半导体中，本征激发使自由电子与空穴总是同时成对“产生”，因此，两种载流子的浓度总是相等的。用 n_i 和 p_i 分别表示自由电子和空穴的浓度，即有 $n_i = p_i$，下标 i 表示本征半导体。在室温下，本征半导体中因“热激发”产生的两种载流子的浓度是很低的，因而其导电性能很差。

室温下，只有少量共价中束缚电了在热运动中获得足够能量挣脱共价的束缚成为自由电子，从而产生少量自由电子-空穴对；另一方面，自由电子在热运动过程中必然会与原子碰撞而发生能量的转移，从而使自身不具有自由电子所应具备的能量而被“空穴”俘获又重新成为共价键中的束缚电子，因而使自由电子与空穴成对消失，这种现象称为自由电子与空穴的“复合”。显然，在一定温度下，两种载流子的产生过程和复合过程是相对平衡的，即自由电子-空穴对产生与复合的数目相等，因而，载流子的浓度也是一定的。

本征半导体中载流子的浓度，除了与半导体材料本身的性质有关以外，还与温度有关。由半导体理论可知，本征半导体中载流子的浓度为

$$n_i = p_i = K_1 T^{3/2} e^{-E_G/(2kT)} \tag{1-1}$$

式中，n_i、p_i分别为自由电子和空穴的浓度（cm^{-3}）；K_1 为与半导体材料有关的常量；T 为热力学温度（K）；k 为玻尔兹曼常数（8.63×10^{-5}eV/K）；E_G为禁带宽度（即热力学温度零度时，挣脱共价束缚所需要的最小能量），单位为 eV（电子伏）。对锗来说，E_G =

0.68eV；对硅来说，$E_G=1.1\text{eV}$。

对于硅材料，大约温度每升高8℃，本征载流子浓度n_i增加 一倍；对于锗材料，大约温度每升高12℃，n_i增加一倍。利用半导体这一热敏特性可制成热敏器件（如热敏电阻）。此外，半导体载流子浓度还对光照强度比较敏感，可制成光敏器件。

在半导体中加有外电场（外电压）时，自由电子与空穴在外电场（外电压）作用下都能够产生定向运动，自由电子逆电场方向运动，空穴顺电场方向运动（注意实际上是价电子在共价键之间逆电场方向运动的结果），对外部呈现出一定的电流。显然，半导体中的电流是由自由电子和空穴两种载流子形成的电流之和。

1.1.4 杂质半导体

通过扩散制造工艺，在本征半导体中掺入微量（例如百万分之几）其他元素的物质（称之为“杂质”）所得到的半导体称为“杂质半导体”。通过掺杂方式不仅可使杂质半导体导电性能大大加强，而且根据掺入杂质价电子的不同，可获得电子型（简称N型，“Negative”第一个字母）和空穴型（简称P型，“Positive”第一个字母）两种杂质半导体。杂质半导体是制造半导体器件的基本材料。

1. N型半导体

在本征硅（或锗）半导体（由于硅和锗都是四价元素，两者的简化原子模型相同，下面以硅为例）中，掺入微量五价元素杂质，如磷，则微量磷杂质的掺入并不改变本征硅半导体中原子的晶格排列，只不过使得原来晶格中的某些硅原子被磷原子所取代。由于磷原子的最外层有五个价电子，磷原子其中的四个价电子与四个相邻硅原子组成四个完整共价键时，还多余一个价电子，如图1-4所示。这个多余的价电子不受共价键的束缚，只受磷原子核的束缚，而磷原子核对这个多余价电子的束缚力较弱。在常温下，每个磷原子多余的一个价电子都能从热运动中获得足够能量而挣脱磷原子核（而不是共价键）的束缚成为自由电子。与此同时，由于磷原子失去一个电子则自身变为一个带正电的不能移动（共价键很强的结合力决定的）的磷离子，也称杂质离子，显然，磷离子不参与导电。由于每掺入一个磷原子就能够在半导体中提供一个自由电子，故称磷原子称为施主原子（或称磷为施主杂质）。其平面共价键结构示意图如图1-4所示。

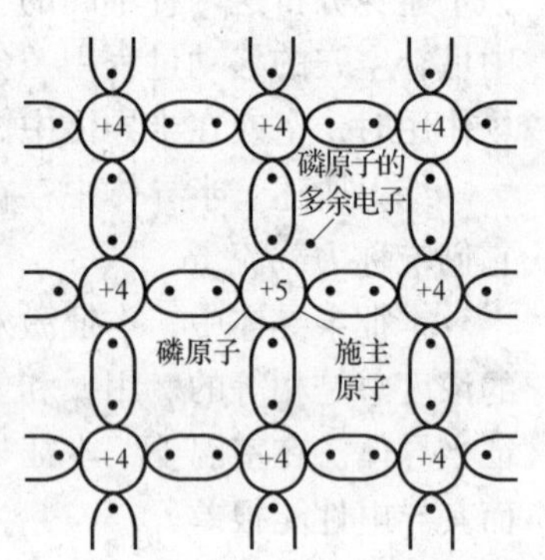

图1-4 N型半导体平面共价键结构示意图

另一方面，由于热激发，这种杂质半导体还会产生极少量的自由电子-空穴对，但其数量远远少于掺入磷原子所获得的自由电子数目。故这种半导体中自由电子浓度远远大于空穴的浓度，即$n_n \gg p_n$（下标n表示N型半导体），所以，自由电子称为多数载流子（简称多子），空穴称为少数载流子（简称少子）。这种半导体称为电子型半导体，简称为N型半导体。

2. P型半导体

通过扩散制造工艺，在本征硅（或锗）半导体中掺入微量的三价元素杂质，如硼，则微量硼杂质的掺入并不改变本征硅半导体中原子的晶格排列，只不过使得原来晶格中的某些硅原子被硼原子所取代。由于硼原子的最外层有三个价电子，每个硼原子在与三个相邻的硅原子组成三个完整共价键时，剩下一个相邻的硅原子的共价键由于缺少一个价电子而不完整，其中留下一价电子的空位，如图 1-5 所示。这里应注意，由于硼原子为电中性，该价电子空位为电中性，因此，该价电子空位不是空穴。其平面共价键结构示意图如图 1-5 所示。但是，当另外两个硅原子组成的完整共价键中某一价电子由于热运动获得足够的能量（常温下都能获得）而填补上述硼原子产生的价电子空位时，则硼原子获得一个电子而变成一个不能移动（共键价结合力决定的）的负离子。与此同时，必然在相邻两硅原子原来完整共价中留下了一个空位，这一空位才称之为空穴。（需要注意的是，两个硅原子完整共价键中失去价电子留下的空位与硼原子不完整共价键中留下的空位不一样，前者带正电，后者不带电）。在电场作用下，相邻硅原子共价键中的束缚电子很容易逆着电场方向定向移动填补空穴形成电流，为了区别于自由电子移动形成的电流，将束缚电子在共价键之间定向移动形成的电子电流用反向移动的空穴电流来代替，因此，空穴也是载流子。每掺入一个硼原子，硼原子就可以从硅原子接收一个价电子，从而在半导体中产生一个空穴，故硼原子称为受主原子（或称硼为受主杂质）。

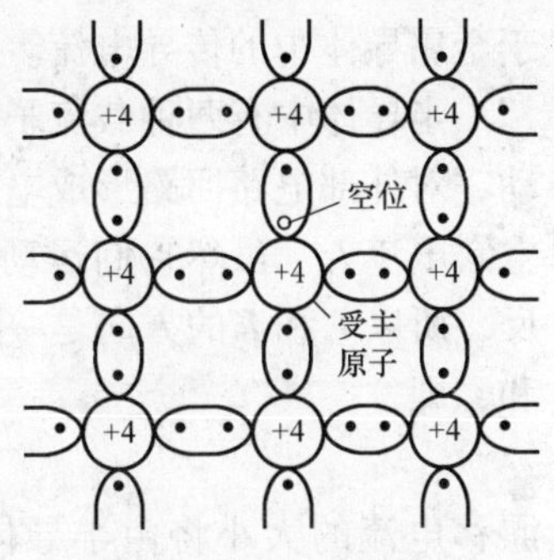

图 1-5　P 型半导体平面共价键结构示意图

另一方面，由于热激发，半导体还会产生极少量的自由电子-空穴对，但其数量远远少于掺入硼原子所获得的空穴数目。因此，这种半导体中空穴浓度远远大于自由电子的浓度，即 $p_p >> n_p$（下标 p 表示 P 型半导体），所以，空穴称为多数载流子（简称多子），自由电子称为少数载流子（简称少子），这种半导体称为空穴型半导体，简称为 P 型半导体。

1.1.5　P 型和 N 型半导体导电机构模型的表示方法

综上所述，P 型和 N 型半导体的导电机构模型分别表示为图 1-6 和图 1-7。图中，带“-”号的圆圈表示不能移动的负离子，带“+”号的圆圈表示不能移动的正离子，小圆圈表示空穴，小黑点表示自由电子。

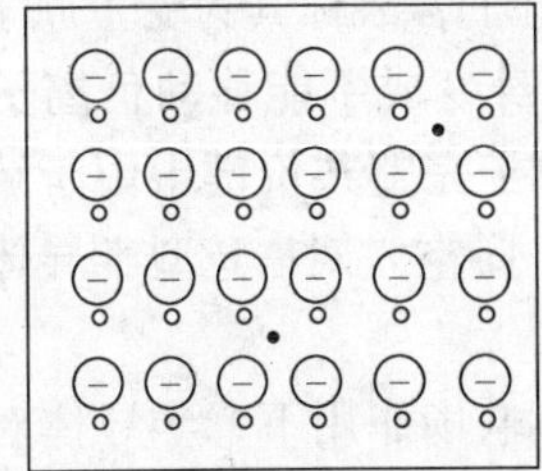

图 1-6　P 型半导体的导电机构模型

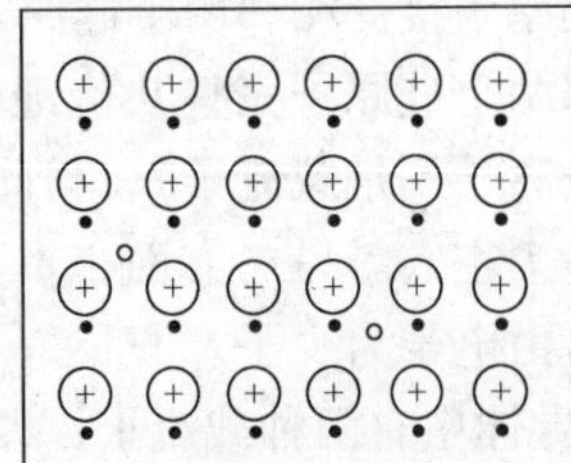

图 1-7　N 型半导体的导电机构模型

1.1.6　半导体中的电流

了解了半导体中的载流子产生过程之后，再来讨论它在电场作用下形成的电流。

1. 漂移电流

在电场作用下，半导体中的载流子做定向漂移运动形成的电流，称为漂移电流。它类似于金属导体中的传导电流。

半导体中有两种载流子：电子和空穴。当半导体外加电场时，电子逆电场方向做定向运动，对外部电路回路形成电子电流 I_n，而空穴顺电场方向做定向运动，对外部电路回路形成空穴电流 I_p。虽然它们运动的方向相反，但是电子带负电，其电流方向与电子运动方向相反，所以 I_n 和 I_p 的方向是一致的，均为空穴流动的方向。因此，半导体中的总电流为两者之和，即

$$I = I_n + I_p \tag{1-2}$$

漂移电流的大小将由半导体中载流子浓度、迁移速度及外加电场的强度等因素决定。

2. 扩散电流

从热力学的观点看，物质总是从浓度高处向浓度低处进行扩散运动，直至浓度平衡。对于物体中的载流子也是如此。在半导体中，当载流子的浓度分布不均匀时，载流子也会从浓度高处向浓度低处做扩散运动，从而形成扩散电流，直至载流子浓度达到平衡为止。

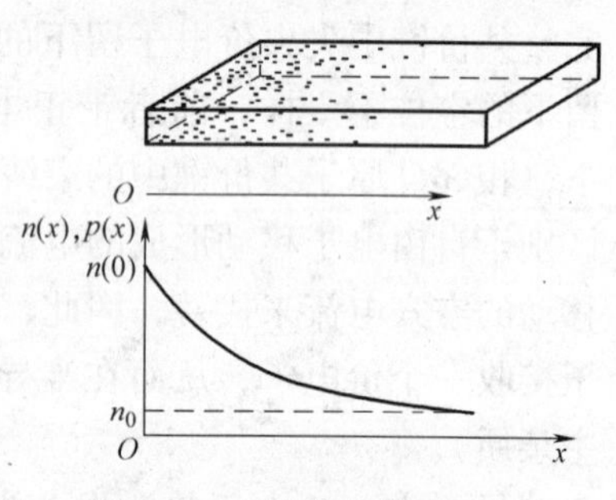

图 1-8　半导体中载流子的浓度分布

半导体中某处的扩散电流主要取决于该处载流子的浓度梯度，浓度梯度越大，扩散电流越大，而与该处的浓度值大小无关。如半导体中载流子的浓度分布曲线如图 1-8 所示，则其扩散电流正比于浓度分布线上某点处的斜率 $dn(x)/dx(dp(x)/dx)$。

综上所述可知：

1）本征半导体在常温下，热激发产生极少量的电子-空穴对，故导电性能很差。

2）在本征半导体中掺入微量的五价元素物质（如磷）可获得 N 型半导体。N 型半导体中，每个磷原子提供一个自由电子，故称其为施主原子，磷原子提供一个自由电子的同时其自身变成不能移动正离子（不参与导电，该正离子不是载流子）。另一方面，本征激发产生少量自由电子-空穴对。N 型半导体中，自由电子为多子，空穴为少子。

3）在本征半导体中掺入微量的三价元素物质（如硼）可获得 P 型半导体。P 型半导体中，每个硼原子接受相邻两个硅原子完整共价键中一个价电子，故称其为受主原子，硼原子在接受相邻两个硅原子完整共价键中一个价电子时，其自身变成不能移动负离子（不参与导电，该负离子不是载流子），与此同时，原相邻两个硅原子完整共价键中由于缺少一价电子而产生一个空穴。另一方面，本征激发产生少量自由电子-空穴对。P 型半导体中，空穴为多子，自由电子为少子。

4）半导体中有两种载流子，即自由电子和空穴。在外电场作用下，半导体对外显示的电流是电子电流和空穴电流之和。空穴在共价键之间定向移动形成空穴电流，实质上是价电子在共价键之间逆着电场方向移动的结果。

总之，本征半导体通过掺杂，可以大大改变半导体内载流子的浓度，并使一种载流子多，而另一种载流子少。对于多子，根据实际需要，可通过掺杂控制其浓度，且多子浓度总是大大于少子浓度，因而温度变化对多子浓度的影响微乎其微；另一方面，由于少子由本征

激发决定，掺杂后使本征激发产生的少子与掺杂所得多子的复合几率大大增加。因此，在相同温度条件下，杂质半导体中少子浓度比本征半导体载流子浓度大大减小。

1.2 PN 结

通过扩散掺杂半导体制造工艺，把本征硅（或锗）片的一边制成 P 型半导体，另一边制成 N 型半导体，则在两者的交界面处会形成一个很薄（为零点几至几十微米）的特殊区域，此区域称之为 PN 结。PN 结是制造半导体器件（二极管、晶体管、集成电路等）的基础。

1.2.1 PN 结的形成

当通过扩散掺杂半导体制造工艺，使 P 型半导体和 N 型半导体紧密结合在一起时，由于P 区一侧空穴多、电子很少，N 区一侧电子多、空穴很少，所以在它们的交界面处存在空穴和电子的浓度差异。于是 P 区中的空穴会向 N 区扩散，并在 N 区与电子复合。而 N 区中的电子也会向 P 区扩散，并在 P 区与空穴复合。扩散、复合的结果使得两种半导体交界面附近基本上不存空穴和自由电子，而且在靠近 P 区一侧留下了一些带负电的三价杂质离子，靠近 N 区一侧留下了一些带正电的五价杂质离子，上述多子扩散的过程和结果的示意图如图 1-9 所示。

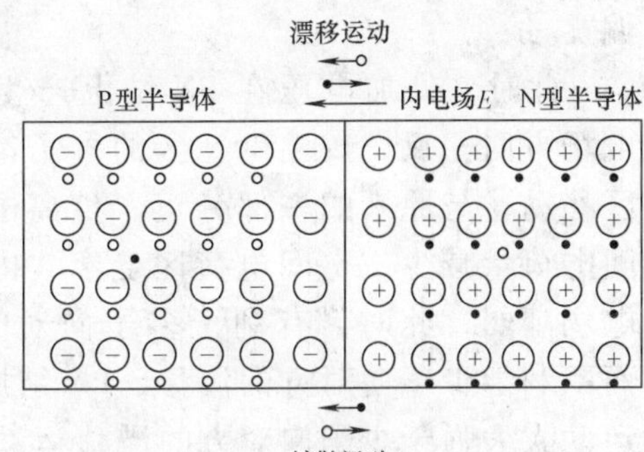

图 1-9　P 区与 N 区多子扩散与少子的漂移运动

两种半导体交界面附近的正、负离子都被束缚在晶格内不能移动，于是交界面两侧形成了很薄的、由杂质离子构成的空间电荷区，这一空间电荷区称为 PN 结。空间电荷区产生一个由 N 区指向 P 区方向的内电场 E，如图 1-9所示。

随着多子扩散的进行，空间电荷区变宽，内电场变强，使多子向对方扩散的阻力加大，从而导致 P 区和 N 区中多子的继续扩散逐渐减弱；另一方面，内电场变强却有利于少子（即 P 区的电子和 N 区的空穴）越过空间电荷区，这种少子在内电场作用下的移动称为漂移运动，如图 1-9 所示。多子的扩散与少子的漂移形成了一对矛盾：一方面，多子的扩散使内电场加强，而内电场加强又导致多子扩散逐渐减弱；另一方面，多子的扩散使内电场加强又导致少子漂移不断加强。由于多子的扩散和少子的漂移是方向相反的运动，当多子扩散和少子漂移的载流子数目相等时，多子扩散和少子漂移的运动达到动态平衡。这时，虽然多子扩散和少子漂移仍在不断进行，但可认为通过交界面的净载流子数为零。因此，动态平衡时，空间电荷区的宽度就不再变化，这就是不受外界电场作用、自由状态下的平衡 PN 结，如图 1-10 所示。

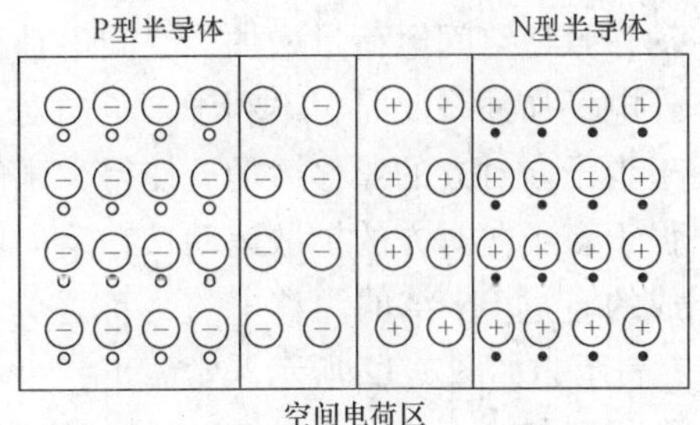

图 1-10　平衡状态下的 PN 结

在空间电荷区内，可以近似地认为载流子（由于复合的原因）已被消耗尽，故PN结又称耗尽层。

实际中，如果P区和N区的掺杂浓度相同，则耗尽层相对于交界面对称，PN结称为对称结，如图1-10所示。如果一边掺杂浓度高（高掺杂），一边掺杂浓度低（低掺杂），PN结称为不对称结，用P^+N或PN^+表示（“+”号表示高掺杂区）。这时交界两边耗尽区宽度不一样，低掺杂区宽度大于高掺杂区宽度。

1.2.2 PN结的单向导电性

1. 外加正向电压时PN结处于导通状态

如图1-11所示（通常接限流电阻R），当P区接电源正极，N区电源接负极（即P区电位高于N区电位）时，称PN结加正向电压，也称PN结正向接法或正向偏置。

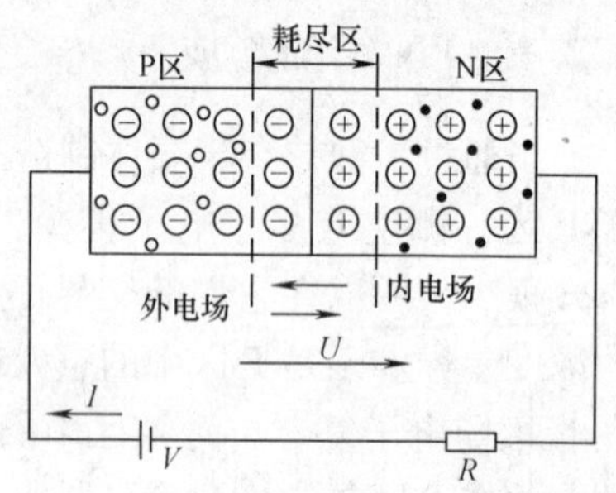

图1-11 PN结加正向电压时导通

此时，外加电压在PN结上产生的外电场和内电场方向相反，P区和N区的多子都要向空间电荷区移动，与原来的一部分正、负离子中和，致使空间电荷量减少，空间电荷区变窄，内电场相应被外电场削弱，此时，有利于多子向对方的扩散运动，而不利于少子向对方的漂移，PN结原来的平衡状态被打破，使得多子向对方的扩散运动大大强于少子向对方的漂移运动，从而形成通过交界面较大的扩散电流（由多子扩散决定），称之为PN结的正向电流，用I表示，如图1-11所示。由于正向电流数值较大，故称PN结处于正向导通状态，PN结所呈现的电阻称为正向电阻，数值通常很小，通常为几十至几百欧。由于PN结正向导通时的结电压通常只有零点几伏（硅材料为0.7V左右，锗材料为0.2V左右），故在回路串联一个适当的限流电阻R，以防PN结正向电流过大而损坏。

2. 外加反向电压时PN结处于截止状态

当P区接电源负极，N区接电源正极（即P区电位低于N区电位）时，如图1-12所示，称PN结加反向电压，也称PN结反向接法或反向偏置。

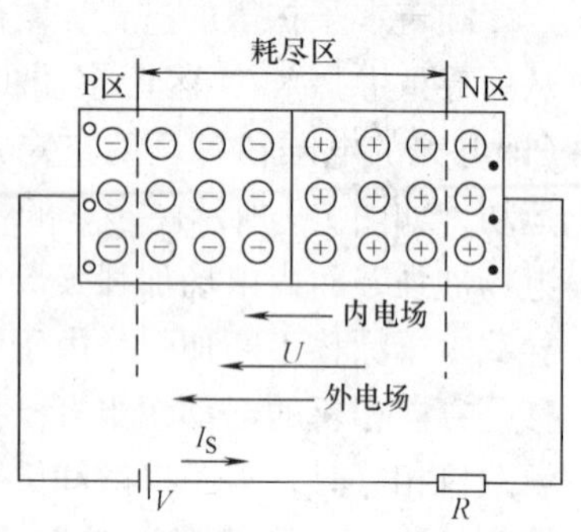

图1-12 PN结加反向电压时截止

此时，外加电压在PN结上产生的外电场和内电场的方向相同，P区和N区的多子都要向远离空间电荷区方向移动，致使空间电荷量增加，空间电荷区变宽，内电场相应被外电场加强，此时，不利于多子向对方的扩散运动，而有利于少子向对方的漂移运动，使得少子向对方的漂移运动大大强于多子向对方的扩散运动；在反向电压作用下，由少子形成的流过PN结的漂移电流，称之为PN结的反向电流，用I_S表示，如图1-12所示。常温下，少子的数目很少，I_S很小，通常在μA数量级，分析中通常可以忽略不计，此时，PN结处于反向截止状态，PN结所呈现的电阻称为反向电阻，其值很大，通常在几兆欧。

另外，由于少数载流子受温度变化的影响，而 PN 结的反向电流是少数载流子形成的，故反向电流受环境温度的影响较大，随温度上升而很快增加。

PN 结外加正向电压时处于低电阻的导通状态，PN 结外加反向电压时处于高电阻的截止状态的导电特性，就是 PN 结的单向导电性。

3. PN 结电流方程

半导体理论分析表明，流过 PN 结的电流 i 与外加电压 u 之间的关系为

$$i = I_S(e^{qu/kT} - 1) = I_S(e^{u/U_T} - 1) \tag{1-3}$$

式中，I_S为反向饱和电流，其大小与 PN 结的材料、制作工艺和温度等有关，室温下，硅材料的 I_S一般小于 1μA；u 为加在 PN 结上的电压（取正或负两种值）；$U_T = kT/q$，为温度的电压当量或热电压；k 为玻耳兹曼常数；q 为电子电荷量；T 为热力学温度。在 $T = 300\text{K}$（室温）时，$U_T \approx 26\text{mV}$。

由式（1-3）可知，所加正向电压 u 只要大于 U_T几倍，则

$$i \approx I_S e^{u/U_T} \tag{1-4}$$

即 i 随 u 呈指数规律变化；加反向电压时，u 取负值，$|u|$ 只要大于 U_T几倍，则有

$$i \approx -I_S \tag{1-5}$$

式（1-5）中，负号表示与正向参考电流方向相反。

反向电流 I_S是由少数载流子的漂移运动形成的。在热激发下，少数载流子数目随温度升高而增加，因此，PN 结的反向电流将随温度升高而增大。

4. PN 结的伏安特性曲线

由式（1-3）可画出 PN 结的伏安特性曲线如图 1-13 所示。图中，$u > 0$ 的部分为正向特性曲线，$u < 0$ 的部分为反向特性曲线。

当正向电压较小时，其产生的外电场不足以削弱 PN 结内电场对多子扩散运动的阻碍作用，PN 结不导通，故 $i \approx 0$；当正向电压增大到某一定值 U_{on}时，PN 结才开始正向导通，此后，随着正向电压 u 增大，正向电流 i 按指数规律迅速增大。U_{on}称为开启电压（也称死区电压 U_{th}）。由图 1-13 可以看出，在反向特性曲线一定的范围内，反向电流不随反向电压的变化而变化。这是由于当温度不变时，少数载流子浓度不变，即使反向电压数值变大，反向电流也不会变大，反向电流趋于饱和，所以将 I_S 称为反向饱和电流。

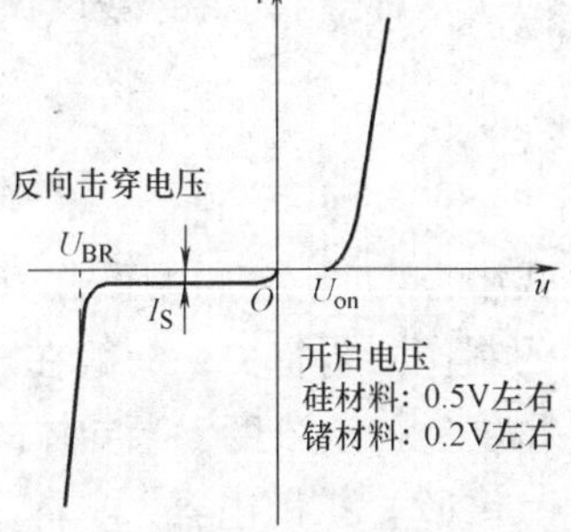

图 1-13　PN 结的伏安特性曲线

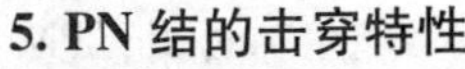

5. PN 结的击穿特性

由图 1-13 看出，当反向电压超过某一值 U_{BR}后，其值稍有增加时，反向电流会急剧增大，这种现象称为 PN 结击穿，U_{BR}称为 PN 结的击穿电压。PN 结发生反向击穿的机理可以分为雪崩击穿和齐纳击穿两种。

（1）雪崩击穿

雪崩击穿发生在低掺杂的情形下，此时，PN 结较宽（达十几至几十微米，这对少子定向漂移速率而言是一段“漫长”的路程），少子漂移通过较宽的 PN 结时，有较长的时间被

PN 结电场不断加速，少子动能不断增大。当反向电压大到一定值时，在耗尽区内，被加速而获得高能的少子，会与中性原子共价键中的价电子相碰撞，并将其撞出共价键，从而产生电子-空穴对。新产生的电子-空穴又被强电场加速后，又会撞出其他共价键中的价电子，从而产生更多新的自由电子-空穴对，结果在耗尽层内像“雪崩”式快速反应一样产生大量“载流子”，致使流过 PN 结的反向电流急剧增加，这种现象称为 PN 结的反向雪崩击穿。由上分析可知，雪崩击穿的本质是碰撞电离。

（2）齐纳击穿

齐纳击穿发生在高掺杂的情形下，因为在高掺杂时，耗尽区很窄（零点几至几微米），不大的反向电压（5V 以下）就能在耗尽区内形成很强的电场。当反向电压大到一定值时，强电场足以将耗尽区内部分中性原子的价电子直接拉出共价键，产生大量的电子-空穴对，使 PN 结反向电流急剧增大。这种现象称为 PN 结反向齐纳击穿或场致击穿。齐纳击穿的本质是场致电离。

一般来说，对于硅材料的 PN 结，$U_{BR}>7V$ 时为雪崩击穿；$U_{BR}<5V$ 时为齐纳击穿；U_{BR} 介于 5～7V 时，两种击穿都有。

上述两种情形的反向击穿后，若不采取限流措施，将会造成 PN 结永久性的损坏，即热击穿，这在实际应用中是要避免的。

6. PN 结的电容特性

实际应用中，经常要在 PN 结上加一交流信号电压，测试观察发现，当交流信号的频率升高到一定程度时，PN 结的单向导电特性受到破坏。理论分析表明，这是 PN 结电容效应影响所致。PN 结电容由势垒电容和扩散电容两部分组成。

（1）势垒电容

从 PN 结的结构看，在 P 区和 N 区之间，夹着一层高阻的耗尽层，这与平板电容器相似。当 PN 结外加交流电压时，其宽度将随交流电压的变化而变化。例如，当外加电压增大时，多子被推向耗尽层，相当于多子存储到耗尽层，类似于电容充电过程；当外加电压减小时，多子被拉向远离耗尽层，相当于多子从耗尽层取出，类似于电容放电过程。

因此，耗尽层中存储的电荷量将随外加电压的变化而改变。这一特性正好表现为电容效应，这种等效电容称为 PN 结的势垒电容，势垒电容用 C_T 表示。理论分析，C_T 可表示为

$$C_T=\frac{dQ}{du}=\frac{C_{T0}}{\left(1-\dfrac{u}{U_B}\right)^n} \tag{1-6}$$

式中，C_{T0} 为外加电压 $u=0$ 时的 C_T 值；U_B（$=U_{th}$）为势垒电压；n 为变容指数，与 PN 结的制作工艺有关，一般在（1/3）～6 之间。C_T 具有非线性，它与 PN 结的结面积、PN 结的宽度、掺杂浓度、半导体的介电常数及外加电压等有关。

（2）扩散电容

PN 结处于正向偏置时，从 P 区扩散到 N 区的空穴和从 N 区扩散到 P 区的自由电子，都称为扩散到对方区域的非平衡少子。由于多子扩散，这种非平衡少子沿扩散方向存在的浓度差异会形成一种特殊形式的电容效应。下面利用图 1-14 中 P 区一侧载流子的浓度分布曲线来说明。

PN 结加一定的正向电压时，由 N 区扩散到 P 区的非平衡少子自由电子，在靠近耗尽区

交界面处的浓度高，远离耗尽区交界面处的浓度低，形成一定的浓度梯度，从而形成一定的扩散电流。

当外加正向电压加大时，多子扩散运动加强（需要注意的是，N 区的多子自由电子扩散到 P 区后即为 P 区的非平衡少子自由电子），则图 1-14 中 P 区靠近耗尽区附近一定区域内从左往右，不仅非平衡少子自由电子的浓度加大，而且浓度梯度也增大，对外部电路显示出的正向电流（即扩散电流）加大。反之，当外加正向电压减小时，正向电流（即扩散电流）也随之减小。

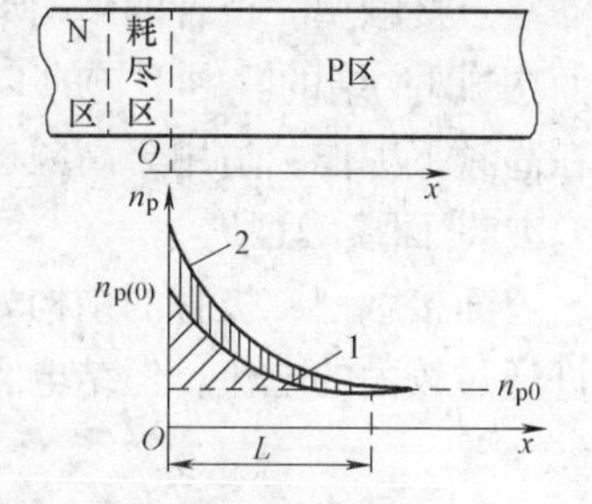

图 1-14　P 区非平衡少子在扩散区域内的浓度分布曲线

图 1-14 所示的两条曲线是在不同正向电压下 P 区非平衡少子在扩散区域内的浓度分布情况。图中曲线 1 对应的正向电压比曲线 2 对应的正向电压小。显然，正向电压越大，在扩散区域内，不仅非平衡少子浓度越高，而且浓度梯度越大。这种正向电压的变化、引起扩散区域内非平衡少子浓度和浓度梯度变化的物理过程，如同电容器的充放电过程一样，这种电容效应所对应的等效电容称为扩散电容，用 C_D表示。

同理，在 N 区一侧，由 P 区扩散到 N 区的非平衡少子空穴的浓度也有上述类似的分布和同样的变化。

综上所述，PN 结的结电容 C_j是势垒电容 C_T与扩散电容 C_D之和，即

$$C_j = C_T + C_D \tag{1-7}$$

由于 C_T与 C_D一般为几皮法（结面积小），多至几十到一二百皮法（结面积大），因此对加在 PN 结上的低频信号而言，其容抗很大，结电容的交流分流作用可忽略不计，只有信号频率很高时，才考虑结电容的影响。

需要指出，结电容 C_j中，PN 结反向偏置时，势垒电容 C_T是主要的；正向偏置时，扩散电容 C_D是主要的。

1.3　半导体二极管

将一个 PN 结引出两个电极并用外壳封装起来，就构成了半导体二极管，其图形符号如图 1-15 所示，由 P 型半导体引出的电极称为正极（阳极），由 N 型半导体引出的电极称为负极（阴极）。

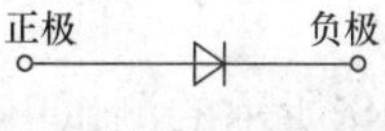

图 1-15　半导体二极管的图形符号

半导体二极管在电子技术领域用途很广，例如用做整流、高频检波和数字电路中的开关元件等。实际中为了适用于各种不同的用途，制成了各种类型的半导体二极管。

1.3.1　半导体二极管常见的几种结构

按照二极管内部 PN 结结构的不同，二极管可分为点接触型、面接触型和平面型三种。

1. 点接触型

点接触型二极管的结构如图 1-16 所示。它是用一根细金属丝和一块半导体熔接在一起而构成 PN 结的。由于它的 PN 结面积小，因而不能通过较大的电流；但它的结电容小，能在高频下工作，适用于高频检波以及小电流高速开关电路。

2. 面接触型

面接触型二极管的结构如图 1-17 所示。它用合金方法制成较大接触面积的 PN 结，故允许通过较大的电流，但结电容大，适用于低频及大功率整流电路。

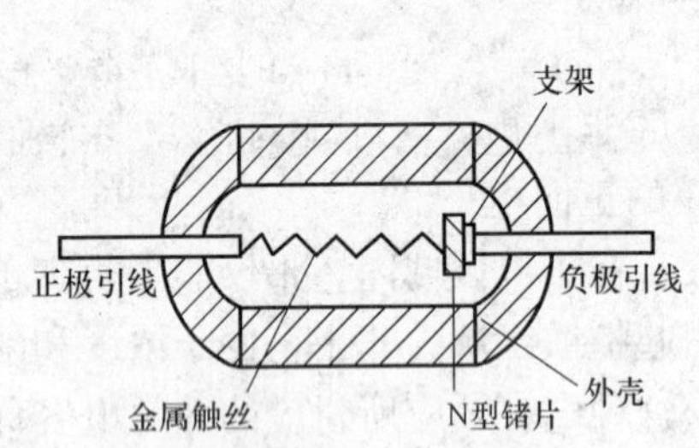

图 1-16　点接触型二极管的结构示意图

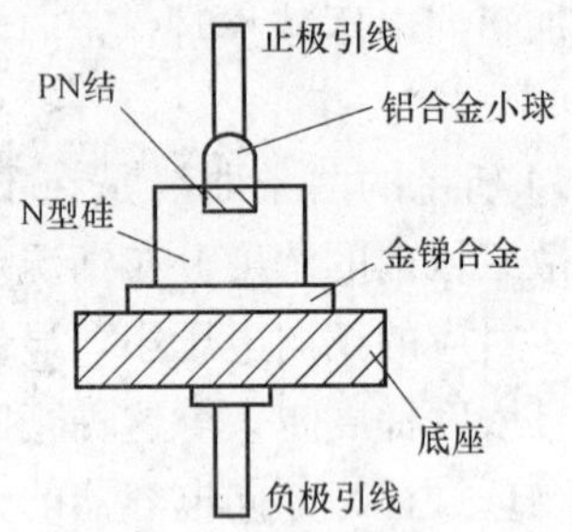

图 1-17　面接触型二极管的结构示意图

3. 平面型

平面型二极管的结构如图 1-18 所示。它用二氧化硅作保护层，使 PN 结不受污染，从而大大减少了 PN 结两端的漏电流。因此，它的质量较好，批量生产中产品性能比较一致。其中，PN 结面积大的作大功率管，PN 结面积小的作高频管或高速开关管。

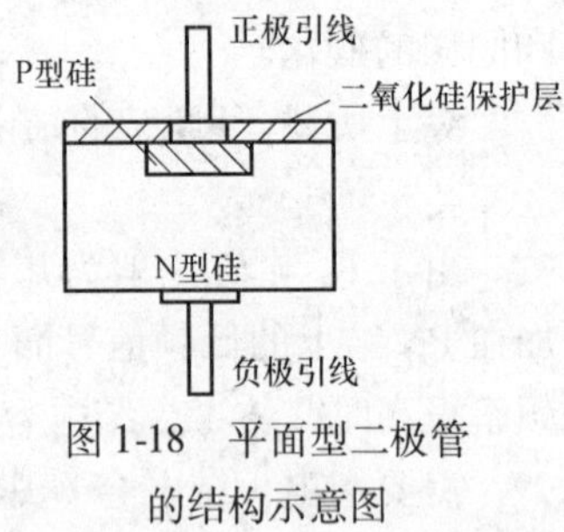

图 1-18　平面型二极管的结构示意图

二极管按所用晶片材料不同，可制成硅管和锗管。它们的工作原理是一样的。

1.3.2　二极管的伏安特性

二极管与 PN 结伏安特性的差异仅在于二极管存在半导体体电阻，因此，当外加正向电压时，其正向导通电压在相同的正向电流情况下，二极管端电压稍大于 PN 结上的正向导通电压。另外，二极管加反向电压时，由于表面漏电阻的影响，使得二极管的反向电流稍大于 PN 结的反向电流。在工程近似分析中，可忽略上述影响。因此，仍可用 PN 结的电流方程式（1-3）来表示二极管的伏安特性，其相应的伏安特性曲线也就与 PN 结的伏安特性曲线基本一样。

二极管的伏安特性可通过如图 1-19 所示的测试电路测试出来，即在二极管两端加上不同极性、不同数值的电压，同时测量流过二极管的电流值，就可得到二极管的伏安特性曲线；也可通过晶体管特性图示仪直接显示。

二极管的伏安特性曲线如图 1-20 所示。由图可知：

（1）正向电压必须超过开启电压 U_{on}（也称门限电压 U_{th}），I 才随 U 增大而明显增大；否则 I 很小，近似为零。硅二极管的开启电压 U_{on} 约为 0.5V，锗二极管的开启电压 U_{on} 约为 0.2V。

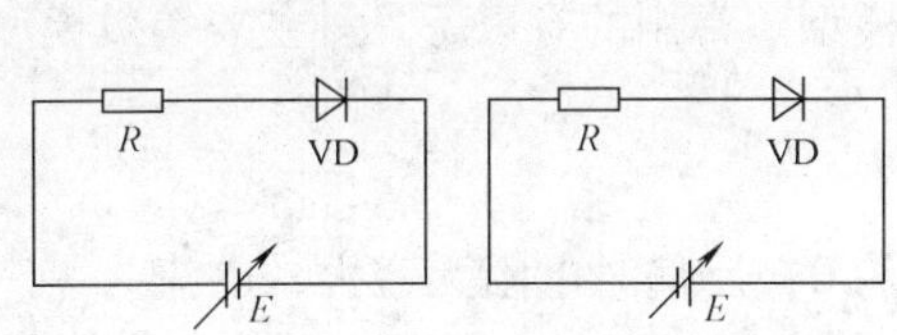

图 1-19　二极管的伏安特性测试电路

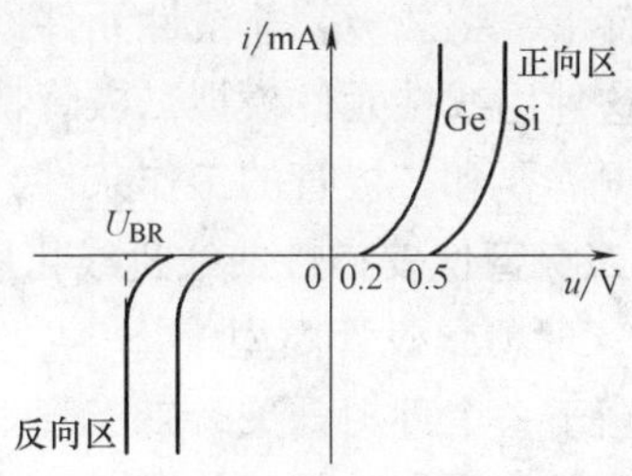

图 1-20　二极管的伏安特性曲线

（2）当正向电压超过开启电压 U_{on}之后，i 随 u 增大按指数规律迅速增大。当正向电流较大时，电流趋于直线变化，且对应的正向导通电压变化范围很小。正常导通后的二极管管压降变化较小，几乎维持不变，这个电压称为二极管的正向导通电压。硅二极管的正向导通电压约为 0.6 ~0.7V，锗二极管约为 0.2 ~0.3V。近似分析时，为简化计算，常认为硅二极管的导通电压约为 0.7V，锗二极管的导通电压约为 0.3V。

（3）在反向电压作用下，由于少子的漂移运动，形成很小的反向电流。在反向电压不超过极限值时，反向电流基本恒定，与反向电压无关，反向电流很小，称为反向饱和电流，记为 I_S。常温下，硅二极管的 I_S在 1μA 以下，锗二极管的 I_S在 10μA 以上。当外加反向电压过高，超过某一数值时，反向电流突然急剧增大，这种现象称为二极管反向击穿。引起击穿的临界点电压称为反向击穿电压 U_{BR}。击穿使二极管失去单向导电性。因此，使用时，应避免二极管外加反向电压超过反向击穿电压 U_{BR}。若没采取限流措施，一旦击穿后，二极管因管耗过大而烧坏，即发生不可逆的热击穿。

1.3.3　二极管的主要参数

半导体二极管的主要参数包括最大整流电流 I_F、反向击穿电压 U_{BR}、最大反向工作电压 U_R、反向电流 I_R、最高工作频率 f_M 等。

1）最大整流电流 I_F是二极管长期连续工作时，允许通过二极管的最大正向电流的平均值，其值与 PN 结的结面积和二极管散热条件有关。点接触型二极管的最大整流电流在几十毫安以下。面接触型二极管的最大整流电流较人，在几百毫安。使用时，二极管实际流过的正向平均电流不应超过此值，否则，会因过热使二极管损坏。

2）反向击穿电压 U_{BR}是二极管反向电流刚开始随反向电压值增大而急剧增加时对应的反向电压值。

3）最大反向工作电压 U_R：二极管正常工作时允许外加的最高反向电压。从安全角度考虑，厂家将最高反向工作电压 U_R按反向击穿电压 U_{BR}的一半规定。点接触型二极管的最大反向工作电压一般是数十伏，面接触型二极管可达数百伏。

4）反向电流 I_R：在规定的最大反向工作电压下的反向电流值。硅二极管的反向电流一般在 nA 级，锗二极管在 μA 级。I_R越小，二极管的单向导电性越好。

5）最高工作频率 f_M：作用在二极管上交流电压的上限工作频率。超过此工作频率时，由于结电容的影响，二极管单向导电性将不能很好体现，从而影响正常工作。

1.3.4　半导体二极管的等效模型

二极管具有非线性伏安特性，分析起来比较麻烦。在工程计算中，为方便起见，通常在一定条件下，将二极管非线性元件进行线性化处理，即用线性元件所组成的电路近似模拟二极管。这种用线性元件模拟二极管特性的电路称为二极管的等效模型或等效电路。实际分析中，根据需要和二极管的工作条件，可用不同的模型。常用的有以下几种主要等效模型。

1. 二极管伏安特性曲线折线化后的等效模型

（1）理想二极管模型

相当于一个理想开关，二极管正向导通电压为0，反偏时电阻无穷大，电流为零。其伏安特性曲线如图1-21所示。图中，⊣▷⊢为理想二极管的图形符号（下同）。

（2）理想二极管串联恒定电压模型

二极管导通后，其电压认为是恒定的U_{on}，且不随电流而变。该模型提供了合理的近似，用途广泛，其伏安特性曲线如图1-22a所示。

（3）折线模型

修正恒定电压模型，认为二极管的电压不是恒定的，而随二极管的电流增加而增加，模型中用一个直流电压源和电阻r_D来作进一步的近似，此直流电压源电压选定为二极管的开启电压U_{on}，硅二极管约为0.5V（锗二极管约为0.2V），r_D的值为100～200Ω。其伏安特性曲线如图1-22b所示。

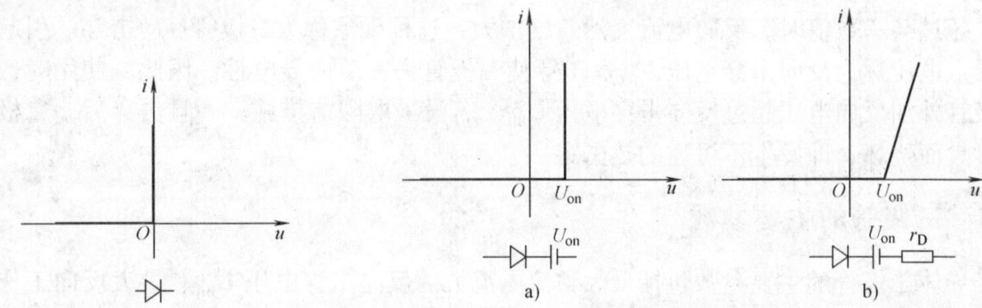

图1-21　理想二极管的伏安特性曲线

图1-22　折线化后二极管修正模型的伏安特性曲线
a）理想二极管串联恒定电压模型的伏安特性曲线
b）理想二极管串联恒定电压和电阻模型的伏安特性曲线

在工程近似分析中，理想二极管模型和理想二极管串联恒定电压模型用得最多。

2. 二极管的微变等效电路模型

实际应用中，经常需要在二极管上加上一直流电压（也称静态电压），以保证二极管处在合适的正向导通状态；同时又在直流电压上叠加一个微小变化的交流信号电压（如几至几十毫伏）。在这种情形下，就要讨论二极管对微小变化交流信号电压的电特性，这种电特性通常用二极管对微小变化交流信号电压呈现的动态（交流）电阻r_d来描述。

r_d是二极管特性曲线上静态工作点Q附近电压的变化与电流的变化之比，即

$$r_d = \Delta u_D / \Delta i_D \tag{1-8}$$

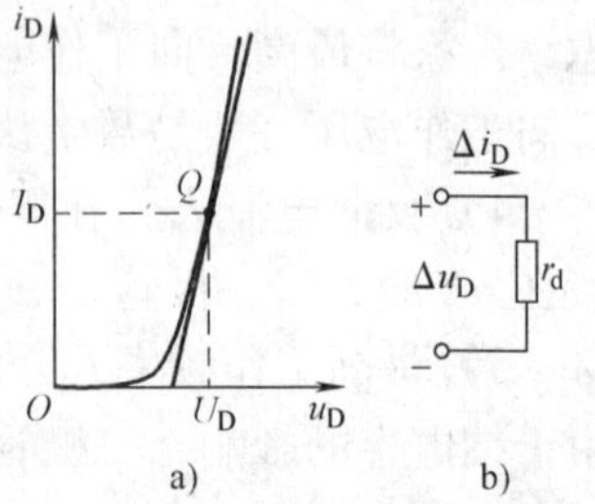

图1-23　二极管微变等效电路图
a）二极管动态电阻的物理意义
b）动态电阻

显然，r_d是在Q附近对微小变化信号所呈现的动态（交流）电阻，可用图1-23a所示的伏安特性曲线Q点切线斜率的

倒数近似表示，Q 点越高，r_d越小，r_d的电路符号如图 1-23b 所示。

Q 点处利用二极管电流方程可得

$$1/r_d = \Delta i_D/\Delta u_D \approx di_D/du_D = d[I_S(e^{u_D/U_T}-1)]/du_D \approx (I_S/U_T)e^{u_D/U_T} \approx I_D/U_T$$

即

$$r_d \approx U_T/I_D \tag{1-9}$$

式中，I_D是 Q 点所对应的直流电流。

3. 二极管应用举例

例 1-1 计算如图 1-24 所示电路中的电流。

解：(1) 利用图 1-22a 所示的二极管恒压模型，

设 $U_{on}=0.7V$，可得：$I=$ (10V - 0.7V) /10kΩ = 0.93mA。

(2) 利用图 1-21 所示的理想二极管模型，可得：$I=10V/10k\Omega=1mA$。

由此可见，它们之间的电流值相差很小，只有 0.07mA 的误差。这种误差在实际应用中是允许的。

例 1-2 试用 $U_{on}=0.7V$ 二极管恒压模型分析图 1-25 所示的二极管双向限幅电路，画出 u_o与 u_i的对应波形。设 $u_i=5\sin\omega t(V)$。

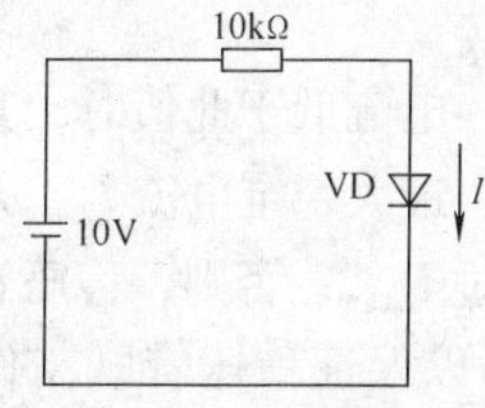

图 1-24 二极管电路

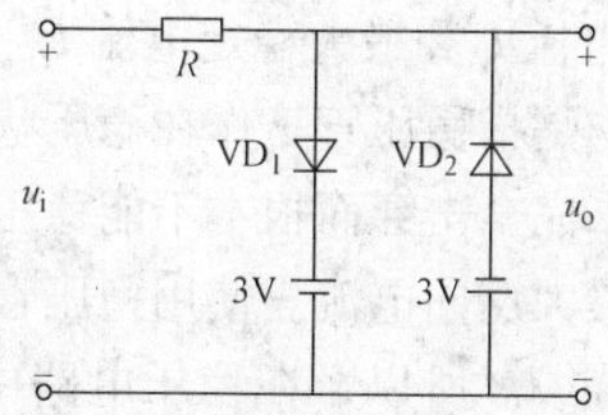

图 1-25 二极管双向限幅电路

解：本题分析关键在于抓住三点：第一，二极管导通后的电压“钳位”作用；第二，二极管截止后视为“开路”；第三，将输入电压 u_i分成三个范围来分析二极管的导通、截止情形。

1) 当 $u_i \geqslant 3.7V$ 时，VD_1导通、VD_2截止，$u_o=3.7V$。

2) 当 $-3.7V < u_i < 3.7V$ 时，VD_1、VD_2均截止，$u_o=u_i$。

3) 当 $u_i \leqslant -3.7V$ 时，VD_1截止、VD_2导通，$u_o=-3.7V$。

所以，u_o和 u_i的波形如图 1-26 所示。

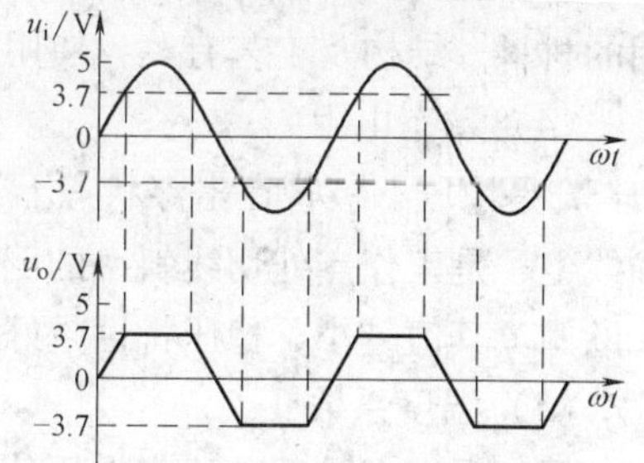

图 1-26 图 1-25 所示电路的电压波形

1.3.5 稳压二极管

稳压二极管是利用特殊工艺制成的面接触型硅半导体二极管，简称为稳压管。它广泛应用于稳压电源及限幅电路中。

1. 伏安特性

稳压二极管的图形符号和伏安特性曲线分别如图 1-27a、b 所示。稳压二极管正常工作时，处在 PN 结的反向击穿状态。稳压管在反向击穿区的伏安特性十分陡峭，电流在较大范围内变化时，稳压管两端的电压变化很小。若与负载相并联的稳压管工作在反向电击穿区，就能起到稳压作用。

稳压管的反向击穿是可逆的。当反向电压值小于击穿电压值时，稳压管又恢复正常。这是由于它在制造时采用了特殊的工艺，而且在使用时通过串联适当阻值的电阻对反向电流加以限制，故能保证稳压管在反向击穿状态下不会因过热而损坏；因此，这种反向击穿属于电击穿。但是，如果反向电流超过允许范围，稳压管也会发生热击穿而损坏。

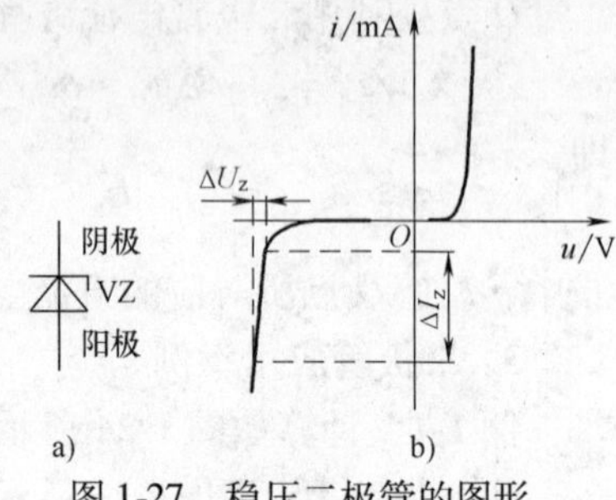

图 1-27　稳压二极管的图形符号和伏安特性曲线

a）图形符号　b）伏安特性曲线

2. 稳压二极管的主要参数

（1）稳定电压 U_Z

稳定电压 U_Z是指当通过稳压管的电流为规定的测试电流 I_Z时，稳压管的击穿电压值。稳压管与负载并联，其击穿电压也就是供给负载上的工作电压。同一型号的稳压管，由于工艺方面的原因，稳压值也有一定的分散性。例如，2CW14 型稳压管在 $I_Z = 10\text{mA}$ 时，U_Z的允许值在 6 ~ 7.5V 之间。

（2）稳定电流 I_Z和最大稳定电流 I_{Zmax}

稳定电流 I_Z是指稳压管工作在稳压状态时的最小参考电流，电流低于此值时，其稳压效果变差，甚至未完全击穿而根本不能稳压，故常将 I_Z记为 $I_{Z\min}$。最大稳定电流 $I_{Z\max}$是指稳压管允许通过的最大反向电流。使用稳压管时，工作电流不能超过 $I_{Z\max}$，否则，稳压管将可能发生热击穿而烧毁。所以，在稳压电路中，应采取限流措施，以保证稳压管既工作在稳压区，又不会发生热击穿而烧毁。

（3）额定管耗 P_{ZM}

P_{ZM}是由稳压管结温限制所限定的一个参数。P_{ZM} 等于 U_Z 和 $I_{Z\max}$ 的乘积。P_{ZM} 与 PN 结所用的材料、结构及工艺有关，使用时不允许超过此值，否则容易损坏。

（4）动态电阻 r_Z

r_Z是稳压二极管在击穿状态下，两端的电压变化量与其电流变化量的比值，反映在特性曲线上，是工作点处切线斜率的倒数。r_Z随工作电流的增大而减小。r_Z的数值一般为几至几十欧姆。其值越小，稳压特性越好。

（5）温度系数 α

温度系数 α 是反映稳定电压值受温度影响的参数，用单位温度变化引起稳压值的相对变化量表示。通常，$U_Z < 5\text{V}$ 的稳压管，其稳压值具有负温度系数（因齐纳击穿具有负温系数）；$U_Z > 7\text{V}$ 的稳压管，其稳压值具有正温度系数（因雪崩击穿具有正温系数）；而 U_Z在 5 ~ 7V之间时，温度系数可达最小（齐纳击穿和因雪崩击穿均有）。

3. 稳压二极管电路分析举例

例 1-3　稳压二极管的稳压电路如图 1-28 所示。图中，U_I为有波动的输入电压，并满足 $U_I > U_Z$。R 为限流电阻，R_L为负载。

设输入电压 U_I、负载电阻 R_L的变化范围和稳压二极管的 $I_{Z\min}$、$I_{Z\max}$ 均为已知，试确定本电路设计中限流电阻 R 的选择原则。

解：由图 1-28 可知，本题分析的关键：当 U_I 和 R_L 变化时，为使输出电压 U_O 稳定，则既要始终保证稳压管处于击穿状态，又要保证稳压管不致于发生热击穿而损坏，为此，I_Z 应始终满足 $I_{Z\min} < I_Z < I_{Z\max}$。

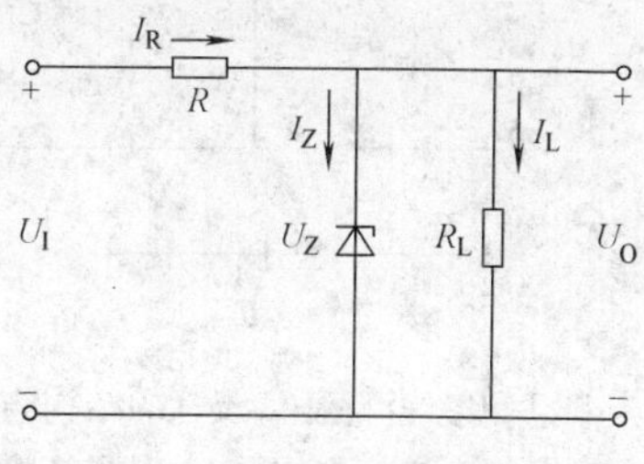

图 1-28　稳压二极管的稳压电路

设 U_I 的最小值为 $U_{I\min}$，最大值为 $U_{I\max}$；当 R_L 为最小值 $R_{L\min}$ 时，I_L 的最大值为 $I_{L\max} = U_Z/R_{L\min}$；当 R_L 为最大值 $R_{L\max}$ 时，I_L 的最小值为 $I_{L\min} = U_Z/R_{L\max}$。

由图 1-28 可知，当 $U_I = U_{I\min}$，$R_L = R_{L\min}$ 时，流过稳压管的电流 I_Z 最小。这时应满足

$$\frac{U_{I\min} - U_Z}{R} - \frac{U_Z}{R_{L\min}} > I_{Z\min} \tag{1-10}$$

$$R < \frac{U_{I\min} - U_Z}{R_{L\min} I_{Z\min} + U_Z} R_{L\min} = R_{\max} \tag{1-11}$$

当 $U_I = U_{I\max}$，$R_L = R_{L\max}$ 时，流过稳压管的电流 I_Z 最大。这时应满足

$$\frac{U_{I\max} - U_Z}{R} - \frac{U_Z}{R_{L\max}} < I_{Z\max} \tag{1-12}$$

$$R > \frac{U_{I\max} - U_Z}{R_{L\max} I_{Z\max} + U_Z} R_{L\max} = R_{\min} \tag{1-13}$$

由式（1-11）、式（1-13）可得，限流电阻的取值范围是

$$R_{\min} < R < R_{\max} \tag{1-14}$$

1.3.6　其他二极管简介

1. 变容二极管

如前所述，PN 结加反向电压时，PN 结呈现一定的势垒电容，该电容随反向电压的增大而减小。利用这一特性制作的二极管，称为变容二极管。它的图形符号如图 1-29 所示。变容二极管的结电容与外加反向电压的关系由式（1-6）决定。它的主要参数有变容指数、结电容的压控范围及允许的最大反向电压等。

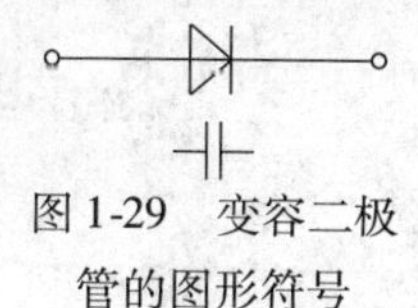
图 1-29　变容二极管的图形符号

2. 肖特基二极管

当金属与 N 型半导体接触时，在其交界面处会形成势垒区，利用该势垒制作的二极管，称为肖特基二极管或表面势垒二极管。它的原理结构图和对应的图形符号如图 1-30 所示。

3. 光敏二极管

光敏二极管是远红外线接收管，是一种将光能转换为电能的半导体器件，PN 结型光敏二极管利用了 PN 结的光敏特性，将接收到的光的变化转换成电流的变化。其结构与普通二极管相似，只是管壳上留有一个能接收入射光线的窗口。光敏二极管的图形符号如图 1-31 所示。

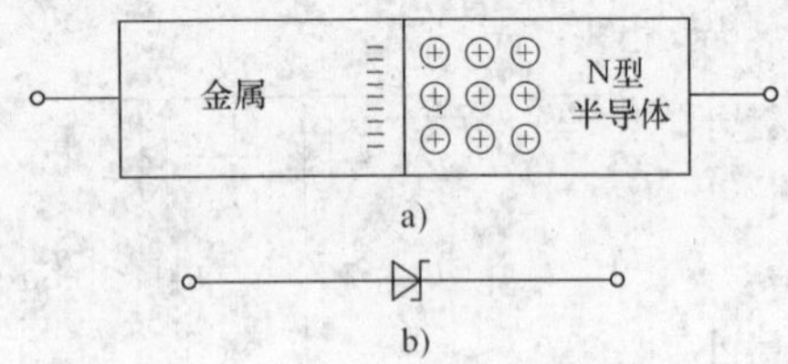

图 1-30　肖特基二极管的结构与符号
a）结构示意图　b）图形符号

图 1-31　光敏二极管的图形符号

4. 发光二极管

图 1-32　发光二极管的图形符号

发光二极管是一种将电能转换为光能的半导体器件，包括可见光、不可见光和激光等不同类型。发光二极管发出的光有红、绿、黄、橙等色，其图形符号如图 1-32 所示。它也是由一个 PN 结构成，因此，具有单向导电性，只有当发光二极管外加正向电压足够大时，注入到 N 区和 P 区足够多的载流子被复合时，才会发出可见光和不可见光。发光二极管的开启电压比普通二极管大，红色的在 1.6～1.8V 之间，绿色的约为 2V。发光二极管因其驱动电压低、管耗小和经久耐用等优点，而被广泛应用在显示电路中。

1.4　晶体管

晶体管是放大电路中的核心元器件。在晶体管中，有空穴和自由电子两种载流子参与导电，所以也称之为双极型晶体管（简称 BJT）。

几种常见的晶体管的外形如图 1-33 所示。

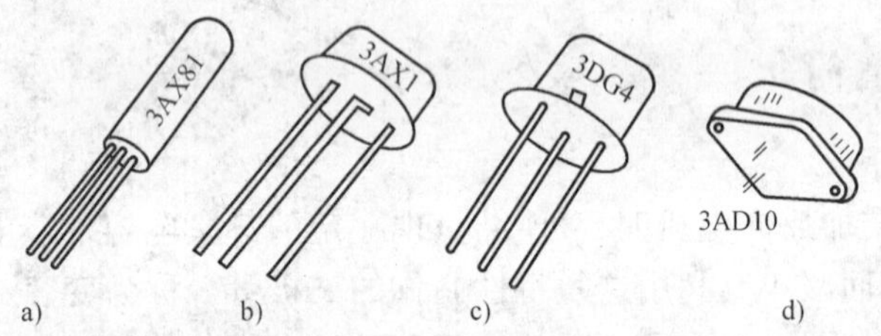

图 1-33　几种常见的晶体管的外形

1.4.1　晶体管的结构及分类

晶体管的种类很多，按照工作频率可分为高频管和低频管；按照功率的大小可分为大、中、小功率管；按半导体材料可分为硅管和锗管。

晶体管的原理结构是在一块半导体基片（硅或锗）上用半导体扩散工艺制成两个 PN 结。按两个 PN 结的组成方式不同有 PNP 型和 NPN 型两类晶体管。其结构示意图和电路符号如图 1-34所示。

晶体管的内部结构分为发射区、基区和集电区，由各区域引出的电极分别称为发射极 E(e)、基极 B(b) 和集电极 C(c)。发射区与基区交界处的 PN 结称为发射结，集电区与基区交界处的 PN 结称为集电结。在晶体管的符号中，箭头表示发射结加正向电压时的发射极

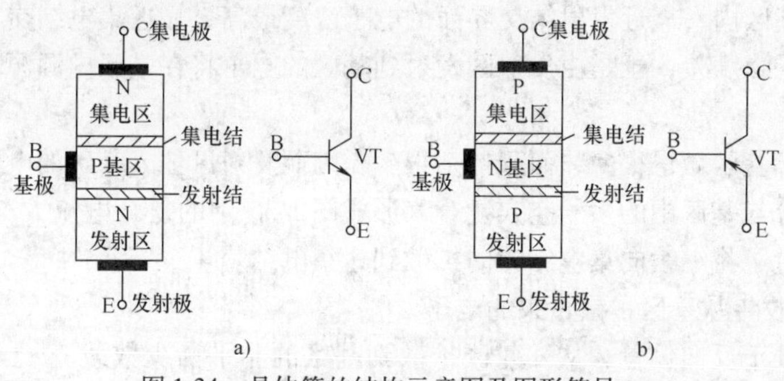

图 1-34　晶体管的结构示意图及图形符号

a）NPN 型　b）PNP 型

电流的方向。

从图 1-34 可见，集电极和发射极之间为两个反向连接的 PN 结，但这并不意味着可以用两只二极管反向连接成一只晶体管。这是由于在制造一只合格的晶体管时，必须满足制造的内部条件：① 发射区掺杂浓度大大于基区；② 基区宽度很薄（仅几微米左右）；③ 发射区与集电区虽是同型半导体，但两者并不对称，集电区掺杂浓度比发射区掺杂浓度小得多，且集电区比发射区的面积大。因此，使用时发射极与集电极不能互换。

显然，两只二极管反向连接无法满足上述三个内部条件，这也就是为什么两只二极管反向连接不能组成一只晶体管的原因。

1.4.2　晶体管内部载流子的传输过程

晶体管实现电流放大作用的实质：是小的基极电流对大的集电极（或发射极）电流的控制作用。而实现这种电流控制作用的外部条件是：发射结加正向偏置直流电压（简称发射结正偏），集电结加反向偏置直流电压（简称集电结反偏）。

下面以图 1-35 所示的 NPN 型晶体管为例，从分析晶体管在满足发射结正偏、集电结反偏外部条件下内部载流子的运动规律出发，导出晶体管内部载流子运动与外部电流的关系。

1. 发射结正偏，发射区多子扩散向基区注入电子

在图 1-35 中，由于发射结正偏，发射结的内电场被削弱，有利于发射结两边半导体中多子的扩散，因此发射区的多数载流子电子不断扩散到基区，形成发射极电流 I_{EN}，其方向与电子的运动方向相反，如图 1-35 中空心箭头所示。与此同时，基区的多子空穴也要向发射区扩散，形成如图 1-35 所示的空穴扩散电流 I_{EP}。但是，由于基区掺杂浓度很低，空穴电流 I_{EP} 比电子电流 I_{EN} 小得多，空穴电流 I_{EP} 与电子电流 I_{EN} 相比可忽略不计。

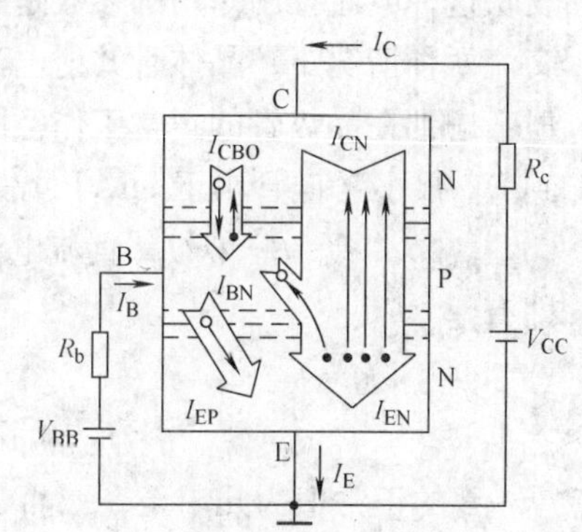

图 1-35　晶体管内部载流子运动与外部电流的关系示意图

2. 电子在基区的扩散与复合

由发射区注入基区的电子成为基区内的少数载流子，为了将这部分少子和基区内原有的在一定温度下处于平衡状态的平衡少子（电子）相区别，常把发射区注入到基区的电子称为非平衡少子。

非平衡少子的大量注入，使得基区内少子的浓度分布发生变化，在基区内，靠近发射结交界面的电子浓度最高、靠近集电结交界面的电子浓度最低，因而形成了浓度差，于是由发射区发射到基区的电子将在基区内源源不断地向集电结方向扩散。

另外，由于基区做得很薄，而且掺杂很少，因而发射区注入基区的电子在扩散过程中将有极少的一部分与基区中的多子空穴复合，形成图 1-35 中的复合电流 I_{BN}，故发射区注入基区的绝大部分电子将继续向集电结方向扩散到达集电结。

3. 集电区收集从基区扩散过来的电子

因集电结处于反向偏置，从发射区扩散到基区的非平衡少数载流子（电子）扩散到集结边界后，它们在集电结反向电压的作用下，顺利漂移到集电区，为集电区所收集，形成图 1-35中的电流 I_{CN}。

4. 集电极的反向饱和电流

在反向电压的作用下，基区中由本征激发产生的少子电子和集电区的少子空穴漂移过集电结而形成漂移电流，称为集电极和基极间的反向饱和电流 I_{CBO}，如图 1-35 所示，I_{CBO}的数值很小，硅管在 1μA 以下，锗管在十几微安，且受温度影响较大。

5. 晶体管的电流关系

综上所述，由图 1-35 可知，晶体管各极电流与内部载流子定向移动所形成的电流满足如下关系：

$$I_E = I_{EN} + I_{EP} = I_{CN} + I_{BN} + I_{EP} \tag{1-15}$$

$$I_C = I_{CN} + I_{CBO} \tag{1-16}$$

$$I_B = I_{BN} + I_{EP} - I_{CBO} \tag{1-17}$$

由式（1-15）~式（1-17）可知

$$I_E = I_C + I_B \tag{1-18}$$

晶体管可看做一个节点，流进晶体管的基极电流 I_B 与集电极电流 I_C 之和等于流出发射极的电流 I_E。

6. 晶体管共射电流放大系数

在放大电路中，晶体管有一种共射极连接方式，此时，基极和发射极作为输入端，集电极和发射极作为输出端。晶体管共射电流放大的实质是基极电流对集电极电流的控制作用，反映这种电流控制作用的参数是晶体管共射电流放大系数。根据工作状态的不同，在直流和交流两种情况下，晶体管共射电流放大系数可分为直流电流放大系数和交流电流放大系数，但考虑到在晶体管的正常工作范围内，两者相差很小，故不加区分，都用 β 表示。同时考虑到 I_{CBO} 很小（硅管小于 1μA），故可忽略不计。β 定义为

$$\beta = I_C / I_B \text{(直流电流放大系数)} = \Delta i_C / \Delta i_B \text{(交流电流放大系数)} \tag{1-19}$$

即有

$$I_C = \beta I_B \text{或} \Delta i_C = \beta \Delta i_B \tag{1-20}$$

$$I_E = I_C + I_B = (1+\beta) I_B \text{或} \Delta i_E = (1+\beta) \Delta i_B \tag{1-21}$$

β 的正常值为几十至一二百，因此，$I_C \gg I_B$，$\Delta i_C \gg \Delta i_B$。如果在放大电路中，基极电流作为输入电流，集电极电流作为输出电流，就可实现用很小的基极输入电流去控制较大的集电极输出电流，这就是晶体管电流放大的实质。

7. 晶体管共基电流放大系数

在放大电路中，晶体管还有一种共基极连接方式，此时，发射极和基极作为输入端，集电极和基极作为输出端。晶体管共基电流放大系数也分为直流电流放大系数和交流电流放大系数，在晶体管正常工作范围内，两者相差很小，故不加区分，都用α表示。共基电流放大系数定义为

$$\alpha = I_C/I_E(\text{直流电流放大系数}) = \Delta i_C/\Delta i_E(\text{交流电流放大系数}) \tag{1-22}$$

式（1-20）、式（1-21）代入式（1-22）可得

$$\alpha = I_C/I_E = \beta I_B/[(1+\beta)I_B] = \beta/(1+\beta) \tag{1-23}$$

又因为

$$\beta = I_C/I_B = I_C/(I_E - I_C) \tag{1-24}$$

式（1-24）分子分母同除以I_E并考虑式（1-22），可得

$$\beta = \alpha/(1-\alpha) \tag{1-25}$$

式（1-23）、式（1-25）两式即为α和β相互转换的关系式。

1.4.3 晶体管的电压放大作用简述

晶体管最基本的用途是放大，一个简单的晶体管放大原理电路如图1-36所示。在基极输入回路中加入待放大的交流小信号u_i，发射结电压在直流电压U_{BE}的基础上增加了Δu_{BE}，于是Δu_{BE}的微小变化会引起基极电流Δi_B发生较大的变化量，从而引起集电极电流的更大变化：$\Delta i_C = \beta\Delta i_B$，若$R_c$足够大（通常为几千欧），则$R_c$上得到的交流信号电压$u_o = \Delta i_C R_c = \beta\Delta i_B R_c$将比输入信号电压$u_i$大许多倍，也就是说该电路对输入信号电压$u_i$进行了有效的放大。

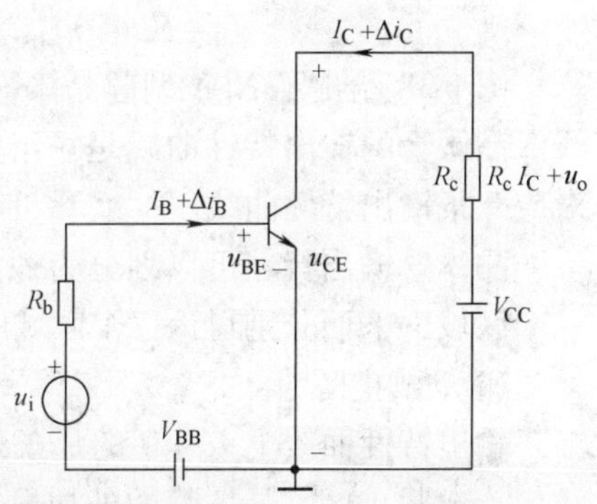

图1-36　晶体管放大原理电路图

1.4.4 晶体管的共射特性曲线

晶体管特性曲线是表示晶体管各极间电压和各极电流之间的关系曲线。晶体管有三个电极，工程分析中常用输入、输出两组曲线族来全面描述晶体管的伏安特性。从电路应用和分析的角度看，了解晶体管电流与电压关系的特性曲线比了解其内部载流子的运动规律更重要。

1. 输入特性

输入特性反映了晶体管集电极与发射极间电压U_{CE}保持不变时，基极电流i_B与发射结电压u_{BE}之间的关系，即

$$i_B = f(u_{BE})|_{U_{CE}=\text{常数}} \tag{1-26}$$

图1-37给出了NPN型硅晶体管3DG100的输入特性曲线。

当$U_{CE}=0$时，集电极与发射极相当于短路，此时，发射结和集电结同方向并联。因此，输入特性曲线与PN结的伏安特性相类似，呈指数曲线，如图1-37中$U_{CE}=0$的那条曲线。

当U_{CE}增大时，曲线将右移，这是因为发射区注入到基区的非平衡少子，有一部分扩散

并越过集电结到达集电区形成集电极电流 i_C，使得在基区被复合的非平衡少子数目减小，导致基极电流 i_B减小，要获得与 $U_{CE}=0$ 时同样的 i_B，就必须增大 u_{BE}，才能使发射区向基区注入更多的非平衡少子（电子）与基区空穴复合。这就是曲线随 U_{CE}增大右移的原因。

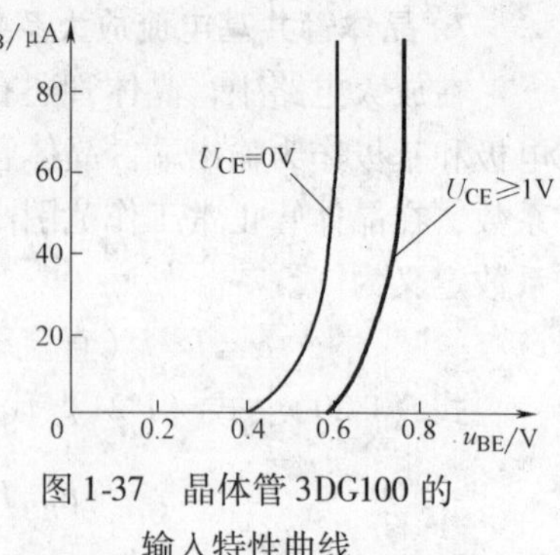

图 1-37　晶体管 3DG100 的输入特性曲线

事实上，$u_{BE}=U_{BE}$ 确定后，当 U_{CE} 增大到一定值（1V）后，集电结足够强的反向电场已足以将发射区注入到基区的非平衡少子的绝大多数吸引收集到集电区，即使 U_{CE}继续增大，也不可能有更多的基区的非平衡少子到达集电区，从而使得非平衡少子在基区复合的数目基本不变，即 i_B基本不变。这就是半导体器件手册只给出一条 $U_{CE}\geqslant 1V$（见图 1-37）代表 U_{CE}为不同值时所有曲线的原因。

2. 输出特性

输出特性是指在基极电流 I_B一定的条件下，晶体管集电极电流 i_C与集-射极间电压 u_{CE}的关系，即

$$i_C=f(u_{CE})\mid_{I_B=\text{常数}} \tag{1-27}$$

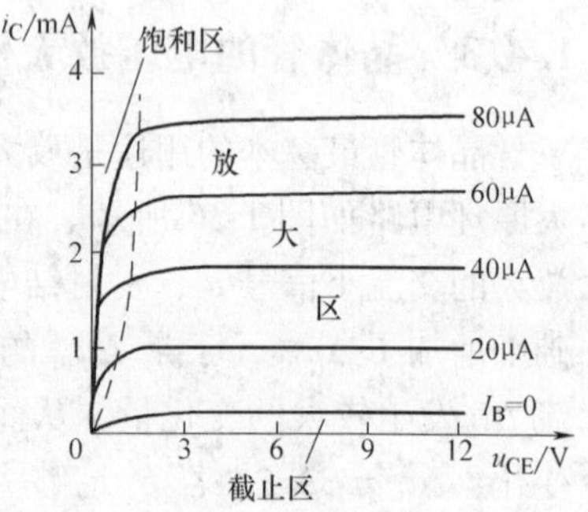

图 1-38　晶体管 3DG100 的输出特性曲线

图 1-38 给出了 NPN 型硅晶体管 3DG100 的输出特性曲线。晶体管的输出特性曲线是一组曲线，一个确定的 I_B就对应一条输出特性曲线。

晶体管输出特性可以划分为截止区、饱和区和放大区三个区域，下面分别讨论三个区域的晶体管特性。

（1）截止区

输出特性曲线上 $I_B=0$ 的那条曲线以下的区域称为截止区。在截止区，晶体管的外加发射结电压小于开启电压 U_{on}（或发射结处于反向偏置），且集电结处于反向偏置，即 $u_{BE}<U_{on}$，$u_{CB}>0$（或 $u_{CE}>u_{BE}$）。此时，没有多子扩散电流通过发射结，$I_B=0$，$i_C\leqslant I_{CEO}=(1+\beta)\ I_{CBO}$，$I_{CEO}$很小，硅管的 I_{CEO}小于 1μA，锗管的 I_{CEO}稍大，几十微安左右。对于图 1-39 所示电路，晶体管处在截止区，若忽略 I_{CEO}，则 $i_C\approx 0$，$u_{CE}\approx V_{CC}$，晶体管的集电极和发射极之间相当于开路，晶体管的集-射极之间相当于一个断开的开关。

综上所述，晶体管处于截止状态的特点是：发射结电压小于开启电压 U_{on}（或发射结处于反向偏置），集电结为反向偏置，基极电流和集电极电流约为零，晶体管集-射极之间相当于开路。

（2）饱和区

在图 1-38 所示的特性曲线图中，虚线与纵轴间的区域称为饱和区，此时，发射结处于正向偏置，集电结也处于正向偏置，$u_{CE}<0.7V$。

在图 1-40 中，V_{CC}一定，如果加大 V_{BB}、增大 i_B，i_C随之增大，R_c上的电压降也增大，u_{CE}相应减小。当增大 i_B，i_C随之增大使 u_{CE}下降到低于 u_{BE}时，u_{BC}为正，集电结由反偏变为正偏，这时集电区收集基区电子的能力大大减弱，i_C将不再随 i_B的增大而增加，这种现象称为晶体管饱和。在饱和区，满足 $\beta i_B>i_C$，此时，基极电流 i_B失去了对集电极电流 i_C的控制

作用，晶体管也就失去了电流放大作用。

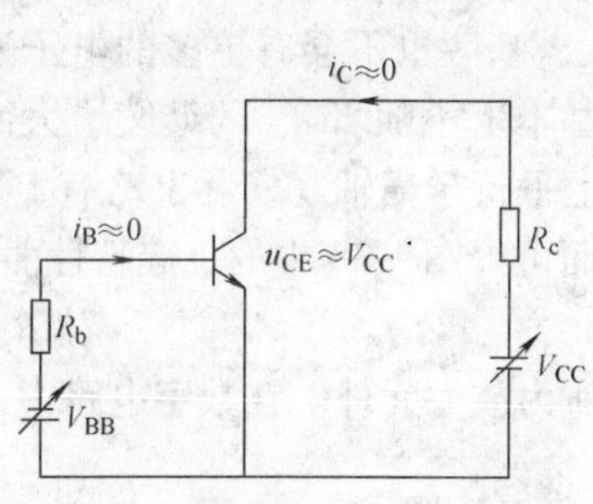

图 1-39　晶体管处在截止状态

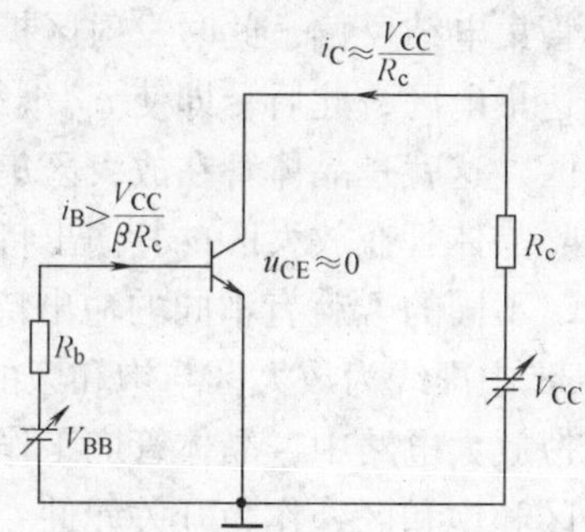

图 1-40　晶体管处在饱和状态

当 $u_{CE}=u_{BE}$，即 $u_{CB}=0$ 时，晶体管处于临界饱和状态；当 $u_{CE}<u_{BE}$，即 $u_{CB}<0$ 时，晶体管处于过饱和（深度饱和）状态。临界饱和状态时的电压 u_{CE} 记为 U_{CES}，在过饱和时，$u_{CE}<U_{CES}$，饱和越深，u_{CE} 的值越小，过饱和时，硅管的 u_{CE} 约为 0.2V，锗管的 u_{CE} 约为 0.1V。因此，过饱和时，晶体管集电极-发射极间近似于短路，晶体管集电极-发射极间相当于一闭合的开关。

图 1-40 中晶体管处于临界饱和状态时，临界饱和集电极电流 I_{CS} 和临界饱和基极电流 I_{BS} 分别为

$$I_{CS}=\frac{V_{CC}-U_{CES}}{R_c}\approx\frac{V_{CC}}{R_c} \tag{1-28}$$

$$I_{BS}=\frac{I_{CS}}{\beta}=\frac{V_{CC}}{\beta R_c} \tag{1-29}$$

图 1-40 中，若加大晶体管的 V_{BB}（或减小 R_b），使之增加到 $i_B>I_{BS}$ 时，晶体管工作在过饱和状态；若减小晶体管的 V_{BB}（或加大 R_b），使 $i_B<I_{BS}$ 时，晶体管工作在放大状态。

综上所述，晶体管处于饱和状态的特点是：集电结和发射结均为正偏，晶体管集-射极间的饱和电压很小，近似于短路，集电极电流的大小取决于外电路，且满足 $\beta i_B>i_C$，基极电流失去了对集电极电流的控制作用。

（3）放大区

图 1-38 所示的输出特性曲线图中，截止区和饱和区之间的区域为放大区，晶体管处在放大区的特点是发射结正偏、集电结反偏。晶体管处在放大区，i_B 一定时，i_C 基本与 u_{CE} 无关；满足 $i_C=\beta i_B$ 的关系，即晶体管的集电极电流 i_C 表现为受控于 i_B 的恒流特性，也正是这一特性才使得晶体管可作为放大元件。

晶体管放大区的特性说明如下：当晶体管发射结正偏使基极电流 i_B 为某一定值时，例如以图 1-38 中 $I_B=40\mu A$ 那条特性曲线为例，在 u_{CE} 开始从 0 逐渐加大过程中，当 $u_{CE}<u_{BE}$ 时，晶体管处在饱和状态，晶体管集电结也正偏，集电结正偏电压阻碍基区电子通过集电结到达集电区，此时晶体管集电区收集电子不足，因而开始集电极电流较小。在 $u_{CE}<u_{BE}$ 从 0 逐渐加大的过程中，随着 u_{CE} 的增大，集电结正偏电压减小，阻碍基区电子通过集电结的作用减弱，因而基区电子通过集电结到达集电区的电子数目增多，故集电极电流 i_C 随着 u_{CE} 的增大而迅速增大。当 u_{CE} 增大到 $u_{CE}=u_{BE}$，即 $u_{CB}=0$ 时，晶体管处于临界饱和状态，此时，i_C、

u_{CE}对应图 1-38 中 $I_B=40\mu A$ 那条特性曲线与虚线交点处的电流、电压值。随着 u_{CE}的继续增大，晶体管集电结反偏，此时发射区扩散到基区的绝大多数电子都能在集电结反偏电压作用下顺利到达集电区，此后，即使 u_{CE}继续进一步增大，基区也不会有更多的电子通过集电结到达集电区，这就是晶体管在放大区集电极电流 i_C基本上不随着 u_{CE}的继续增大而增大的原因。所以，晶体管在放大区，其输出特性曲线基本上平行于横轴（实际上略有上翘）。

显然，不同的 I_B就有不同的输出特性曲线，因而可得图 1-38 中的一簇特性曲线。

图 1-38 中虚线为放大区与饱和区的临界线。

在模拟放大电路中，晶体管应工作在放大区，作为放大元件。在数字电路中，晶体管工作在截止区和饱和区，作为开关元件。

1.4.5 晶体管的主要参数

晶体管的参数是用来评价晶体管性能和选用晶体管的依据。晶体管的参数很多，这里只介绍常用的主要参数。

1. 电流放大系数

共射直流电流放大系数定义为

$$\bar{\beta}=\left.\frac{I_C-I_{CBO}}{I_B+I_{CBO}}\right|_{U_{CE}=\text{常数}}\approx\left.\frac{I_C}{I_B}\right|_{U_{CE}=\text{常数}} \tag{1-30}$$

$\bar{\beta}$ 表示了在无交流信号作用时，集电极直流电流 I_C与基极直流电流 I_B的比值，称之为共射极直流放大系数。

实际应用中晶体管作为放大器件，常工作在既有直流又有交流的情况下，将集电极电流变化量 Δi_C与基极电流变化量 Δi_B的比值，定义为晶体管共射极交流电流放大系数，用 β 表示，即

$$\beta=\left.\frac{\Delta i_C}{\Delta i_B}\right|_{U_{CE}=\text{常数}} \tag{1-31}$$

β 与 $\bar{\beta}$ 的含义不同，但在晶体管放大区一定的电流范围内，两者在数值上的差别不大。工程计算中两者不加区别，因此，在后面的分析中统一用 β。

事实上，由于晶体管输出特性的非线性，β 值的大小与晶体管的工作状态有关。一般 i_C值较大或较小时，输出特性曲线密，β 值小；只有在输出特性曲线中间区域一定的范围内，输出特性曲线才比较均匀且输出特性曲线较稀，故在此中间区域，β 值基本不变且较大。

需要注意的是，由于制造工艺的分散性，即使同一型号的晶体管的 β 值也会有相当大的差别。

2. 极间反向电流

（1）集电极-基极间反向饱和电流 I_{CBO}

I_{CBO}表示当晶体管发射极开路时集电极-基极间的反向电流，测量电路如图 1-41 所示。它和单个 PN 结的反向电流一样，取决于少子的浓度，受温度影响较大。性能良好的小功率锗管的 I_{CBO}小于十几微安，而硅管的 I_{CBO}则小于 $1\mu A$。I_{CBO}越小越好。在环境温度变化较大的场合，宜采用硅管。

（2）集电极-发射极间反向饱和电流 I_{CEO}

I_{CEO}表示当晶体管基极开路时集电极和发射极间的反向饱和电流（也称穿透电流），其

测量电路如图 1-42 所示。I_{CBO}随温度升高增大，$I_{CEO}=(1+\beta)I_{CBO}$受温度影响更为严重。需要注意的是，由于基极开路，上式中β较小，为几至十几倍，所以，不能将放大区β为几十及以上的值代入上式计算I_{CEO}。锗管的I_{CEO}约为几十至几百微安，而硅管的I_{CEO}则小于几微安。

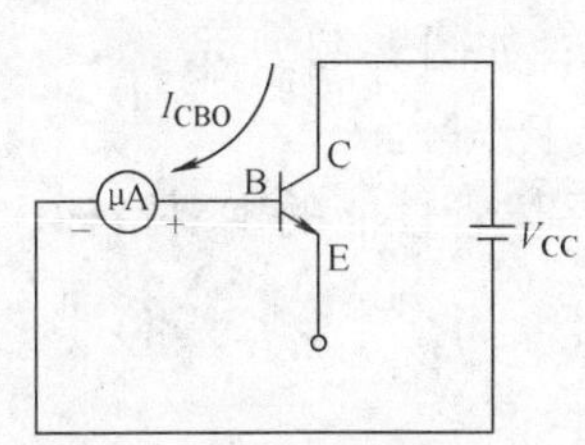

图 1-41　集电极-基极间反向饱和电流的测量电路

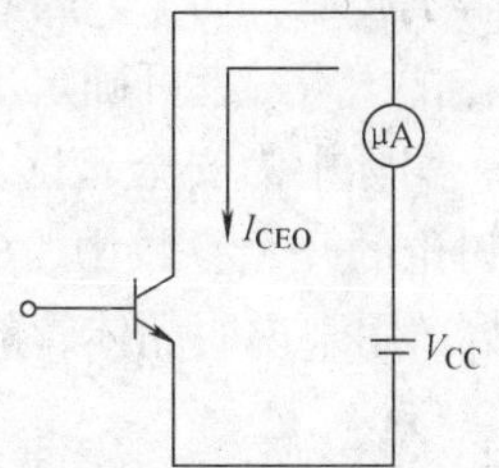

图 1-42　集电极-发射极间反向饱和电流的测量电路

I_{CEO}对晶体管的稳定工作不利，它将产生有害噪声。因此，在放大电路中，一般选用I_{CEO}小的晶体管。

3. 极限参数

（1）集电极最大允许电流I_{CM}

当晶体管集电极电流i_C超过一定值时，晶体管的β值要减小。I_{CM}表示当β值下降到正常值的 2/3 时所对应的集电极电流。可见，当$i_C>I_{CM}$时，晶体管并不一定损坏，而是电流放大性能变差。实际应用中，一般集电极电流i_C不要超过I_{CM}。因此，在使用晶体管时，i_C超过I_{CM}虽然不会使晶体管损坏，但以降低β值为代价。

（2）集电极最大允许功率损耗P_{CM}

P_{CM}表示晶体管集电结允许的功率损耗的最大值，其大小决定于晶体管所允许的温升及散热条件。硅管的最高结温为 150℃，锗管为 75℃。当集电结功率损耗超过P_{CM}时，晶体管性能变坏或因结温过高而烧坏。

对某一晶体管，P_{CM}是一个确定值，即

$$P_{CM}=i_Cu_{CE}=\text{常数} \tag{1-32}$$

对于某一选定的晶体管，在外部温度和散热情形一定的条件下，P_{CM}为一确定值，使用时功率损耗不要超过P_{CM}。

由式（1-32），可在晶体管输出特性曲线上绘出P_{CM}线，如图 1-43 所示。

（3）反向击穿电压

若加在晶体管的两个 PN 结上的反向电压超过规定值就会导致击穿，通常规定以下几种反向电压参数。

1）U_{CEO}为基极开路时，集电极-发射极间的反向击穿电压一般为十几至几十伏，晶体管工作时，集电极-发射极间的电压不要超过此值。手册中给出的U_{CEO}一般是常温（25℃）时测量的值，晶体管在高温下，其U_{CEO}数值要降低，使用时应特别注意。

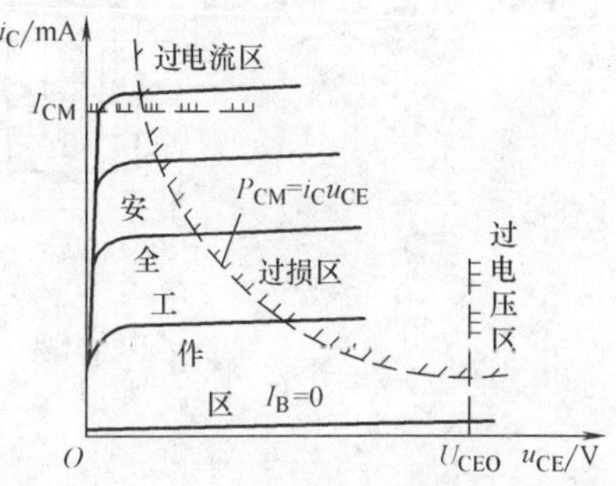

图 1-43　晶体管极限参数与安全工作区

2）U_{CBO}为发射极开路时，集电极-基极间的反向击

穿电压，一般为十几至几十伏，晶体管工作时，集电结最高反向电压不要超过此值。

3）U_{EBO}为集电极开路时，发射极-基极间的反向击穿电压，一般为几伏，晶体管工作时，发射结最高反向电压不要超过此值。

晶体管工作时，加在电路中的电源电压V_{CC}过高（若此时基极开路），则集电极-发射极间的电压U_{CE}有可能大于U_{CEO}，因此，一般取V_{CC}小于（1/3～1/2）U_{CEO}。

由I_{CM}、U_{CEO}、P_{CM}三者可确定出晶体管的安全工作区，如图1-43所示。

综合考虑，实际中为安全起见，晶体管应工作在安全工作区。

在以上所讨论的几个参数中，β、I_{CBO}和I_{CEO}是表明晶体管性能的主要指标；I_{CM}、P_{CM}、U_{CEO}是极限参数，用来说明晶体管的使用限制。

1.5　场效应晶体管

场效应晶体管（FET，Field Effect Transister）是另外一种半导体器件，其工作原理与晶体管的差别在于：晶体管是通过输入电压产生的输入电流对输出电流有效控制的电流控制型器件，工作时，晶体管输入端电极要信号源提供一定的电流，其输入电阻较低，为几十欧至几十千欧；场效应晶体管则是利用输入电压产生的电场效应对输出电流有效控制的电压控制型器件，因此而得名，工作时，场效应晶体管输入端电极不需要信号源提供电流，输入电阻很高（可高达10^7～$10^{12}\Omega$），这是它的突出特点。除此之外，场效应晶体管还具有噪声低、热稳定性好、耗电省和抗辐射能力强等优点，在电子技术中获得广泛应用。

由于场效应晶体管仅靠半导体中的多数载流子导电，故又称为单极型晶体管。

场效应晶体管按其结构可分为结型场效应晶体管（JFET，Junction FET）和绝缘栅型场效应晶体管（IGFET，Insulated Gate FET）两大类。由于绝缘栅型场效应晶体管制造工艺简单，便于集成化，而且性能优于结型场效应晶体管，因而在集成电路（特别是数字集成电路）及其他场合获得了广泛的应用。

1.5.1　结型场效应晶体管

1. 结构及工作原理

结型场效应晶体管简称JFET，有N沟道JFET和P沟道JFET之分。图1-44给出了JFET的平面结构示意图及其图形符号。

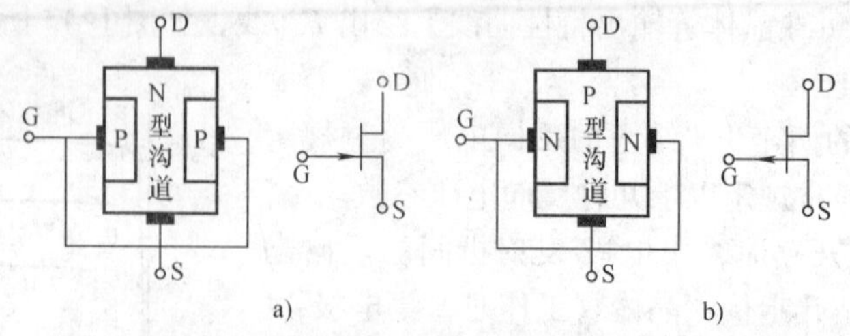

图1-44　结型场效应晶体管的结构示意图及其图形符号

a）N沟道　b）P沟道

N沟道JFET的平面结构示意图如图1-45所示，它是在一块N型半导体两侧通过扩散技术工艺制造两个高掺杂P^+型区域，它们与N型半导体的交界处形成两个PN结（需注意：这两个PN结为不对称PN结，其N区宽度大于P区宽度），将两个P^+区连接在一起后引出一个电极，称为栅极（Gate），常用字母G（或g）表示。两个PN结之间的N型半导体构成导电沟道，在N型半导体的两端各引一个电极，称为源极（Source）和漏极（Drain），分别用字母S（或s）、D（或d）表示。

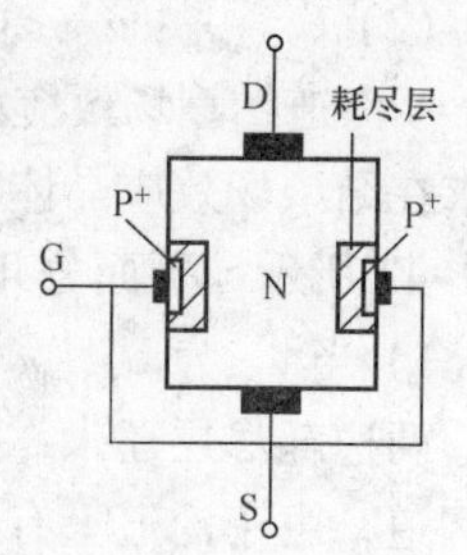

图1-45 N沟道结型场效应管的平面结构示意图

在漏极和源极之间加上一定电压，便在导电沟道中形成电场，在此电场作用下，在N型导电沟道中形成由多数载流子——自由电子产生的漂移电流。

在JFET中，由于源极和漏极具有对称性，因此，实际应用时，JFET的源极和漏极通常是可以互换的。

要使N沟道结型场效应晶体管正常工作，应在栅-源之间加负电压，即$u_{GS}<0$，使PN结处于反向偏置，以便能够通过改变反向电压u_{GS}的大小来调节耗尽层宽度（因为耗尽层宽度随反向电压变化明显改变），达到调节导电沟道宽度，改变导电沟道电阻（沟道越宽，其电阻越小；反之越大），以实现输入电压u_{GS}控制输出漏极电流的目的。$u_{GS}<0$既保证了栅-源之间呈现很高的电阻（这在某些实际应用中是需要的），又实现了对漏极电流的控制。

理解结型场效应晶体管工作原理的关键，是弄清反向电压u_{GS}如何对漏极电流的控制。下面以N沟道结型场效应晶体管为例，分三步讨论其工作原理。

（1）当$u_{DS}=0$时

1）当$u_{GS}=0$时，耗尽层很窄，沟道很宽，沟道电阻很小，如图1-46a所示。

2）当$u_{GS}<0$时，随着u_{GS}的数值增加，耗尽层变宽，沟道变窄，且沟道等宽，如图1-46b所示。

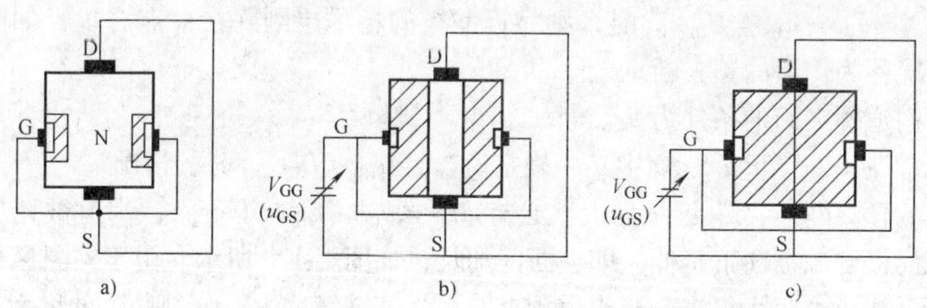

图1-46 当$u_{DS}=0$时，u_{GS}对导电沟道的控制作用

a）$u_{GS}=0$ b）$U_{GS(off)}<u_{GS}<0$ c）$u_{GS}\leqslant U_{GS(off)}$

3）当$u_{GS}<0$时，u_{GS}的数值增加，耗尽层不断变宽，沟道不断变窄，当u_{GS}的数值增加到某一特定值$U_{GS(off)}$（注意$U_{GS(off)}$为负值）时，两边耗尽层完全闭合，导电沟道彻底消失，如图1-46c所示，此种情形称为沟道完全夹断，漏-源极之间呈现很大的电阻（达几兆欧，漏-源极间相当于开路一样），$U_{GS(off)}$称为夹断电压。

可见，沟道完全夹断的条件为$u_{GS}\leqslant U_{GS(off)}$。

(2) $U_{GS(off)} < u_{GS} < 0$ 且 $u_{DS} > 0$ 时

N 沟道结型场效应晶体管在正常工作时，要实现栅-源极间电压对漏极电流的控制作用，要求在结型场效应晶体管的栅-源极间接负电源电压 V_{GG}，在漏-源极间接正电源电压 V_{DD}，如图 1-47 所示。下面分几种情况讨论漏-源极间电压 u_{DS}的变化对沟道的影响。

1）当 u_{GS}为 $U_{GS(off)} < u_{GS} < 0$ 中某一确定值，且 $u_{GD} > U_{GS(off)}$时的情况

两边耗尽层还未靠拢，若 u_{DS}由 0 逐渐加大，在 u_{DS}作用下，漏极电流 i_D从漏极向源极流过沟道，由于沟道上有电压降，因此，沟道各点与栅极间的反向电压不再相等，靠近漏极耗尽层反向电压最高，故耗尽层最宽，而沟道最窄；靠近源极耗尽层反向电压最低，故耗尽层最窄，而沟道最宽，如图 1-47a 所示。

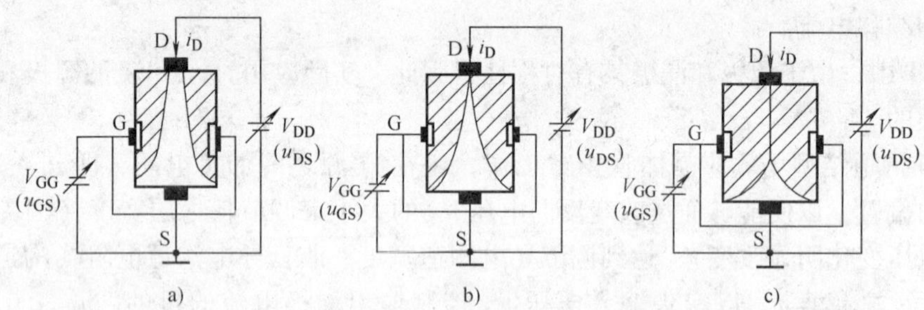

图 1-47　$U_{GS(off)} < u_{GS} < 0$ 且 $u_{DS} > 0$ 的情况

a) $u_{GD} > U_{GS(off)}$　b) $u_{GD} = U_{GS(off)}$　c) $u_{GD} < U_{GS(off)}$

由于 $u_{GD} = u_{GS} - u_{DS}$，所以随着 u_{DS}由 0 逐渐加大，u_{GD}逐渐变负，靠近漏极的导电沟道逐渐变窄；但只要仍满足 $u_{GD} > U_{GS(off)}$，两边耗尽层就不会合拢，沟道就不会出现被耗尽层夹断的区域。此时沟道电阻仍受 u_{GS}控制（漏-源极间表现为一个受 u_{GS}控制的可变电阻），当 u_{GS}一定时，漏极电流 i_D基本上随 u_{DS}增加而线性增大。

2）当 u_{GS}为 $U_{GS(off)} < u_{GS} < 0$ 中某一确定值，且 $u_{GD} = U_{GS(off)}$时的情况

当 u_{DS}继续加大，靠近漏极的耗尽层不断变宽，即靠近漏极的沟道不断变窄。一旦 u_{DS}加大到使得 $u_{GD} = u_{GS} - u_{DS} = U_{GS(off)}$ 时，则靠近漏极的耗尽层刚好在一点合拢，如图 1-47b 所示。此种情况称为沟道的预夹断。

可见，沟道预夹断的条件为 $u_{GD} = U_{GS(off)}$。

3）当 u_{GS}为 $U_{GS(off)} < u_{GS} < 0$ 中某一确定值，且 $u_{GD} < U_{GS(off)}$时的情况

若沟道的预夹断后，u_{DS}继续加大，必有 $u_{GD} = u_{GS} - u_{DS} < U_{GS(off)}$，沟道被耗尽层所夹断的夹断区从漏极到源极向下延伸，即夹断区加长，如图 1-47c 所示。由于夹断区耗尽层电阻要比未夹断区沟道电阻大得多，当沟道预夹断后，若继续增大 u_{DS}，则 u_{DS}的增大部分几乎全部降落在夹断区，而沟道上电位梯度几乎不变，因而漏极电流 i_D不随 u_{DS}增大而增大，即 u_{GS}一定时，此时 i_D呈现出恒流特性。

需要注意的是，此时，沟道中电子能够通过夹断区形成漏极电流 i_D，类似于 NPN 型晶体管处在放大区时，发射区向基区发射的电子能够顺利通过反向电压作用下的集电结的情况。

(3) 当 u_{GS}满足 $U_{GS(off)} < u_{GS} < 0$ 时

在 $u_{GD} = u_{GS} - u_{DS} < U_{GS(off)}$，即 $u_{DS} > u_{GS} - U_{GS(off)}$时，在 $u_{DS} = U_{DS}$不变的条件下，通过改

变 u_{GS}，就可以改变沟道电阻从而改变 i_D。因此，场效应晶体管为电压（u_{GS}）控制（电流 i_D）元件。正是这种 u_{GS}对 i_D的控制作用才使得场效应晶体管能作为放大器件应用。

描述动态时栅-源极间压对漏极电流控制作用（即放大能力）的交流参数是低频跨导 g_m，定义为

$$g_m = \Delta i_D / \Delta u_{GS} \tag{1-33}$$

综上所述，在满足 $U_{GS(off)} < u_{GS} < 0$ 且 $u_{DS} > 0$ 条件下，可得如下结论：

1）可变电阻区

对应图 1-47a，$u_{GD} = u_{GS} - u_{DS} > U_{GS(off)}$时，对应不同的 u_{GS}，漏-源极间呈现不同阻值的电阻，即 u_{GS}的变化能改变漏-源极间电阻的阻值。场效应晶体管的可变电阻区对应于晶体管的饱和区。

2）预夹断区

对应图 1-47b，$u_{GD} = u_{GS} - u_{DS} = U_{GS(off)}$。

3）恒流区

对应图 1-47c，$u_{GD} = u_{GS} - u_{DS} < U_{GS(off)}$，$i_D$表现为基本上与 u_{DS}无关的恒流特性，i_D仅由 u_{GS}决定，i_D可视为受 u_{GS}控制的可控电流源。场效应晶体管的恒流工作区对应于晶体管的放大区。

（4）当 u_{GS}满足 $u_{GS} \leqslant U_{GS(off)}$时

当 u_{GS}满足 $u_{GS} \leqslant U_{GS(off)}$时，漏-源极间的导电沟道被耗尽层完全夹断，漏-栅极间呈现很大的电阻（在十几兆欧以上），此时，$i_D \approx 0$。场效应晶体管完全夹断，这一工作区称为夹断区（截止区）。场效应晶体管的夹断区对应于晶体管的截止区。

2. 结型场效应晶体管的特性曲线

结型场效应晶体管工作时，由于栅极电流为零，所以，场效应晶体管的特性曲线通常有转移特性曲线和输出特性曲线。

（1）转移特性曲线

转移特性曲线描述场效应晶体管工作在恒流区时，在 U_{DS}一定条件下，漏极电流 i_D与栅-源极间电压 u_{GS}之间的函数关系，转移特性函数关系为

$$i_D = f(u_{GS})\Big|_{U_{DS}=\text{常数}} \tag{1-34}$$

理论分析和实测结果表明，场效应晶体管工作在恒流区时（$U_{GS(off)} < u_{GS} < 0$），i_D与 u_{GS}之间近似满足平方律关系，即

$$i_D = I_{DSS}\left(1 - \frac{u_{GS}}{U_{GS(off)}}\right)^2 \tag{1-35}$$

式中，I_{DSS}为 $u_{GS}=0$ 时漏极电流（称漏极饱和电流）；$U_{GS(off)}$为夹断电压，当 $u_{GS} = U_{GS(off)}$时，$i_D = 0$。

由式（1-35）可得结型场效应晶体管的转移特性曲线如图 1-48 所示。

应注意，为了使栅-源极间电压 u_{GS}对沟道宽度及漏极电流有效地控制，结型场效应晶体管耗尽层一定要加反向电压。所以，对 N 沟道，$u_{GS} < 0$，$u_{DS} > 0$；对 P 沟道，$u_{GS} > 0$，$u_{DS} < 0$。

（2）输出特性曲线

输出特性曲线是以 u_{GS}为参变量，漏极电流 i_D与漏-源极间电压 u_{DS}的关系曲线。其函数

关系为

$$i_D = f(u_{DS})\Big|_{U_{GS}=\text{常数}} \tag{1-36}$$

根据上文的讨论，每一个 u_{GS} 对应一条特性曲线，如图 1-49 所示。根据特性曲线的各部分特征，可将其分为四个区域。

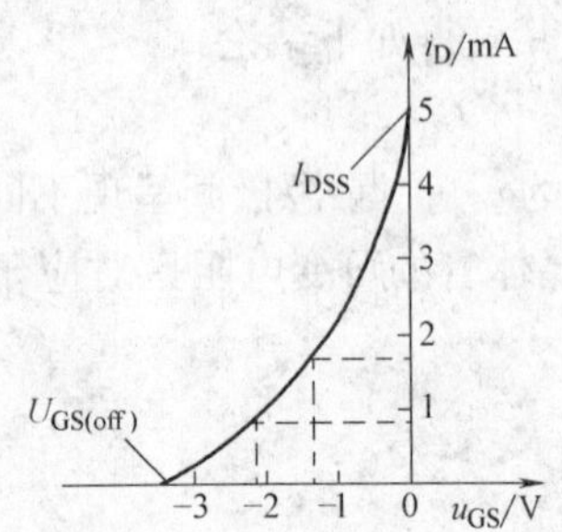

图 1-48　结型场效应晶体管转移特性曲线

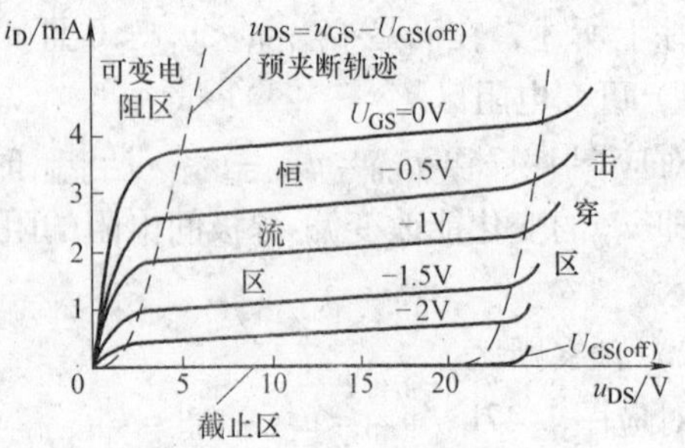

图 1-49　场效应晶体管输出特性曲线

1）可变电阻区

当 u_{DS} 很小，$u_{GD}=u_{GS}-u_{DS}>U_{GS(off)}$ 时，即如图 1-47a 所示，沟道还没有预夹断的情况，此时，u_{DS} 的变化直接影响整个沟道的电场强度，从而影响 i_D 的大小。所以在此区域，随着 u_{DS} 的增大，i_D 增大很快。与双极型晶体管不同，在可变电阻区，JFET 栅源电压 u_{GS} 对 i_D 上升的斜率影响较大；随着 $|u_{GS}|$ 增大，曲线斜率变小，说明 JFET 的漏-源极间呈现的电阻变大，如图 1-49 所示的预夹断轨迹虚线左边区域。在此区域可通过改变 u_{GS} 的值来改变漏-源极间电阻的大小，故称为可变电阻区。

2）恒流区

图 1-49 中预夹断轨迹虚线右边区域，此区对应 $u_{GD}=u_{GS}-u_{DS}<U_{GS(off)}$，$u_{GS}>U_{GS(off)}$。各曲线近似为一簇横轴的平行线。

恒流区对应于双极型晶体管的放大区。其主要特征为：

a）当 $U_{GS(off)}<u_{GS}<0$ 时，u_{GS} 变化，曲线上下平移，i_D 与 u_{GS} 满足平方律关系，u_{GS} 对 i_D 的控制作用很强。

b）u_{GS} 固定，u_{DS} 增大，i_D 增大极小。这是因为，进入预夹断后，$u_{GD}=u_{GS}-u_{DS}<U_{GS(off)}$，且当 u_{DS} 增大时，u_{GD} 变得更负，故靠近漏极区的耗尽层向源极方向延伸，如图 1-47c 所示。此后，u_{DS} 继续增大，u_{DS} 增加部分几乎全部降落在夹断区，沟道电位梯度基本不变，故 i_D 基本不变。这就是 u_{DS} 的变化对 i_D 影响很小的原因，此时，场效应晶体管漏极电流表现出与漏-源极间电压无关的恒流特性。

在恒流区，u_{GS} 一定时，i_D 基本不变，即 i_D 达到饱和，故恒流区也称饱和区（注意不要与晶体管饱和区混淆）。

3）截止区

当 $u_{GS}\leqslant U_{GS(off)}$ 时，沟道被完全夹断，漏-源间的电阻趋于无穷大（实际达十几至几十兆欧），故 $i_D=0$，此工作区域为截止区（也称夹断区）。若利用 JFET 作为电子开关，工作在截止区时漏-源极间相当于一个断开的开关。

4）击穿区

随着 u_{DS} 增大，靠近漏区的耗尽层反向电压 u_{GD}（$=u_{GS}-u_{DS}$）的数值随之变得更大，当 u_{DS} 增大到一定值时，耗尽层被击穿，i_D 随 u_{DS} 急剧变大（这在实际应用中应避免），如图1-49所示的击穿区。

同理可讨论P沟道结型场效应晶体管。P沟道结型场效应晶体管和N沟道结型场效应晶体管的工作原理相同，只是工作时外加电源极性和电流方向相反而已。

1.5.2 绝缘栅场效应晶体管

绝缘栅场效应晶体管在结构上由金属、二氧化硅（SiO_2）绝缘层和半导体材料等组成，又称为金属-氧化物-半导体场效应晶体管（MOSFET，Metal-Oxide-Semiconductor FET），简称MOS管。与结型场效应晶体管一样，绝缘栅场效应晶体管也有栅极、源极和漏极，由于栅极与源极和漏极间通过 SiO_2 绝缘层相互绝缘，由此而得名，它的栅-源间的电阻可达 $10^{10}\Omega$ 以上。绝缘栅场效应晶体管集成工艺简单，在大规模和超大规模数字集成电路中，绝缘栅场效应晶体管应用极为广泛。

根据其内部结构的不同，MOS管也有N型沟道（简称N沟道）和P型沟道（简称P沟道）之分，前者称为NMOS管，后者称为PMOS管。而每一种MOS管又有增强型和耗尽型之分，所以MOS管共有4种类型，即增强型NMOS管、耗尽型NMOS管、增强型PMOS管和耗尽型PMOS管。所谓增强型是指栅-源极间电压 $u_{GS}=0$ 时，漏-源极间不存在导电沟道；而耗尽型是指栅-源极间电压 $u_{GS}=0$ 时，漏-源极间存在导电沟道。显然，前面讨论的结型场效应晶体管属于耗尽型。

NMOS管和PMOS管的工作原理基本相同，只是工作时外加电源极性和电流方向不同，所以下面主要以NMOS管为例讨论MOS管的工作原理和特性曲线。

1. N沟道增强型绝缘栅场效应晶体管

(1) 基本结构

N沟道增强型MOS管的结构如图1-50a所示。它用一块掺杂浓度较低的P型硅片作为衬底（基片），利用扩散工艺在P型硅片制作两个高掺杂 N^+ 型区，并引出两个电极，分别称为源极（S）和漏极（D）；然后，在其表面覆盖一层二氧化硅（SiO_2）绝缘层，并在源极

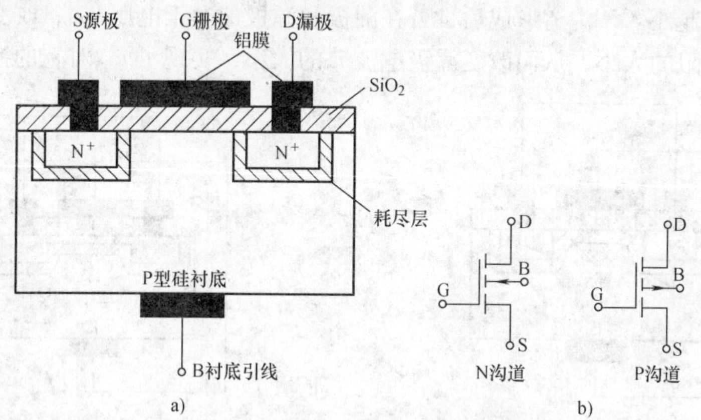

图1-50 N沟道增加型MOS管的结构示意图及图形符号

a）结构示意图 b）图形符号

和漏极之间的 SiO_2 表面制作一层金属铝膜、引出电极作为栅极（G）；在衬底上引出另一个电极 B（也称衬底极）作为衬底引线，一般 B 极在管内与源极连在一起（也有 B 极单独引出场效应晶体管外，使用时再与源极连接在一起），因此，栅极（金属铝膜）与衬底形成一个平行板电容，平行板间以 SiO_2 作为绝缘层。

图 1-50b 示出了 N 沟道和 P 沟道两种增强型绝缘栅场效应晶体管的图形符号。对于 N 沟道绝缘栅场效应晶体管，箭头方向表示由 P 型衬底指向 N 沟道；对于 P 沟道绝缘栅场效应晶体管，其箭头方向与 N 沟道的相反。

（2）工作原理

由图 1-50a 可以看出，增强型 MOS 管漏区和源区被 P 型衬底隔开，形成两个背靠背的 PN 结，所以，当栅-源极间电压 $u_{GS}=0$ 时，漏极和源极之间没有导电沟道，此时，即使在漏极和源极之间加上电压 u_{DS} 也不会产生漏极电流 i_D。

N 沟道增强型 MOS 管作放大管正常工作时，$u_{DS}>0$，所以，漏-源极间的电源电压 V_{DD} 应为正电压。

1）当 $u_{DS}=0$ 时，栅-源极间电压 u_{GS} 对导电沟道的控制作用

① $u_{GS}<U_{GS(th)}$ 时的情况。

在正常工作时，MOS 管的衬底极（B）和源极（S）是连在一起的。若漏-源极间短路，即 $u_{DS}=0$ 时，在栅-源极间加上 $u_{GS}>0$ 的正向电压，由于 SiO_2 绝缘层存在，栅极电流为零。但是，$u_{GS}>0$ 的正向电压在栅极和衬底之间的 SiO_2 绝缘层中产生了由栅极指向衬底的电场，这个电场使靠近 SiO_2 一侧的 P 型半导体中多子（空穴）受到排斥而向远离 SiO_2 下表面运动，从而在 P 型衬底上表面区域留下了不能移动的负离子区，即形成了耗尽层，如图 1-51 所示。

② $u_{GS}\geqslant U_{GS(th)}$ 时的情况。

随着正向电压 u_{GS} 的进一步增加，一方面耗尽层也随着加宽，同时电场将 P 型衬底中的少子电子吸引到 P 型材料上表面的耗尽层与绝缘层之间，形成一个 N 型电子薄层，称为反型层，如图 1-52 所示。这个反型层就构成了漏-源极间的 N 型导电沟道，使 N 型导电沟道刚好开始形成的栅-源极间电压称为开启电压 $U_{GS(th)}$。导电沟道形成后，栅-源极间电压 u_{GS} 越大，作用于半导体表面与绝缘层之间的电场越强，被吸引到反型层中的电子数越多，反型层越宽，沟道电阻越小。N 沟道形成后，若在漏极和源极加上正电压 u_{DS}，改变 u_{GS} 就可以改变 N 型导电沟道电阻的大小，从而改变漏极电流 i_D 的大小，实现了 u_{GS} 对 i_D 的控制。

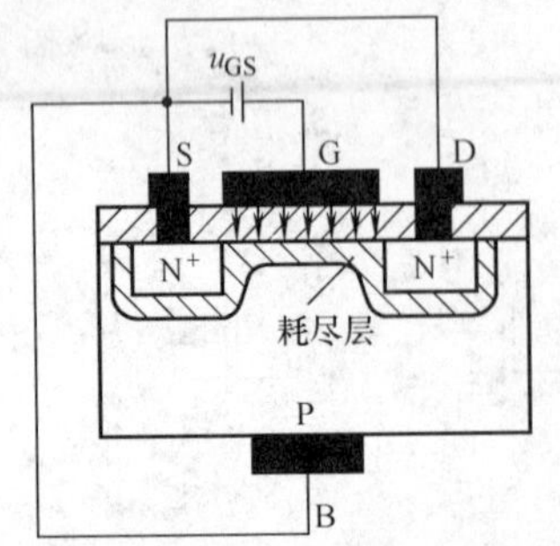

图 1-51　耗尽层的形成

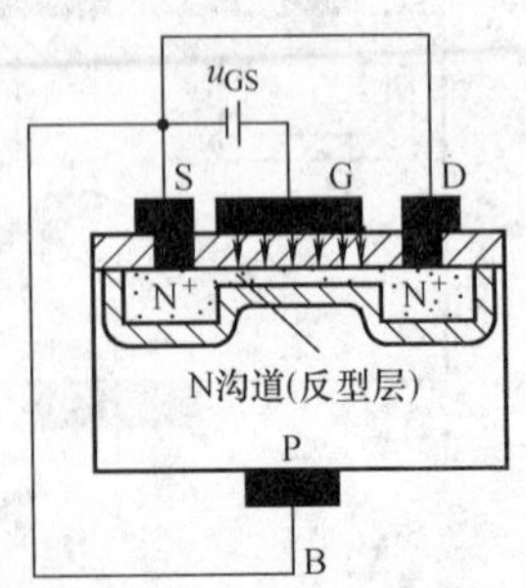

图 1-52　导电沟道的形成

这种在 $u_{GS}>U_{GS(th)}$ 后才开始形成导电沟道，并且随着 u_{GS} 的增加、导电沟道不断加厚的

场效应晶体管称为增强型场效应晶体管。

N 沟道增强型 MOS 管中只有一种载流子（电子）参与导电，所以称之为单极型晶体管。而前述晶体管中有空穴和电子两种载流子参与导电，称之为双极性晶体管。在 NMOS 管中，参与导电的载流子是漏区和源区的多数载流子电子，其温度稳定性比双极型晶体管好得多。

2）u_{GS}为 $u_{GS} > U_{GS(th)}$ 的确定值时，u_{DS}对导电沟道的影响

① $u_{GD} > U_{GS(th)}$ 的情况。

当 $u_{GS} > U_{GS(th)}$ 且为某一定值时，如果在漏极和源极之间加上一定的正向电压 u_{DS}，将产生漏极电流 i_D。因此，由漏极沿着导电沟道至源极将产生电压降，沟道中各点电位将不再相等。在靠近源区、栅极与沟道间的电压最大，其值为 u_{GS}，靠近源区导电沟道最宽（反型层电子最多）；而靠近漏区，栅极与沟道间的电压最小，其值为 $u_{GD} = u_{GS} - u_{DS} > U_{GS(th)}$，因而靠近漏区导电沟道最窄（反型层电子最少）；导电沟道从源区到漏区逐渐变窄，呈楔形分布，如图 1-53 所示。

② $u_{GD} = U_{GS(th)}$ 的情况。

当 u_{DS}增大到使栅极和漏极间电压 $u_{GD} = u_{GS} - u_{DS} = U_{GS(th)}$ 时，导电沟道在靠近漏区的一点处被夹断，场效应晶体管这种状态称之为预夹断，如图 1-54 所示。

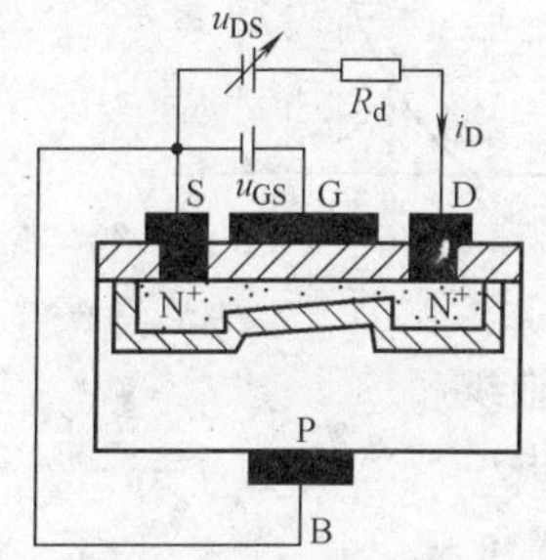

图 1-53　$u_{GD} > U_{GS(th)}$ 时的情况

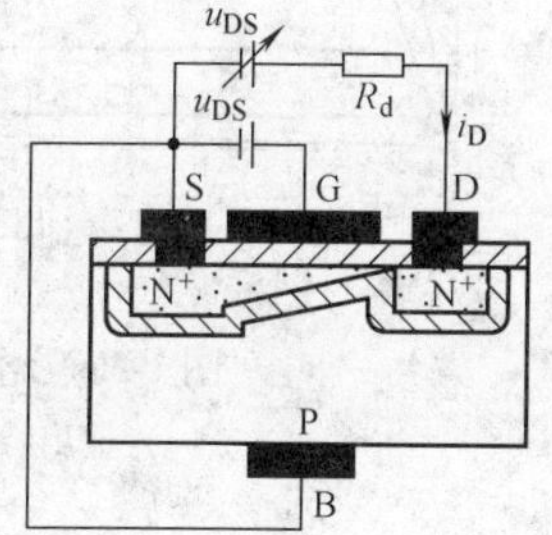

图 1-54　$u_{GD} = U_{GS(th)}$ 的情况

③ $u_{GD} < U_{GS(th)}$ 的情况。

预夹断后，若 u_{DS}继续增大到使栅极和漏极间电压 $u_{GD} = u_{GS} - u_{DS} < U_{GS(th)}$ 时，夹断区耗尽层将向源极延伸，如图 1-55 所示。而且 u_{DS}增大部分几乎全部降落在夹断区耗尽层上（与结型场效应晶体管类似），沟道上的电位梯度基本不变。因此，漏极 i_D 电流几乎不随 u_{DS}增加而变大，场效应管处在恒流区，其漏极 i_D 电流仅由 u_{GS}决定，与 u_{DS}基本无关。

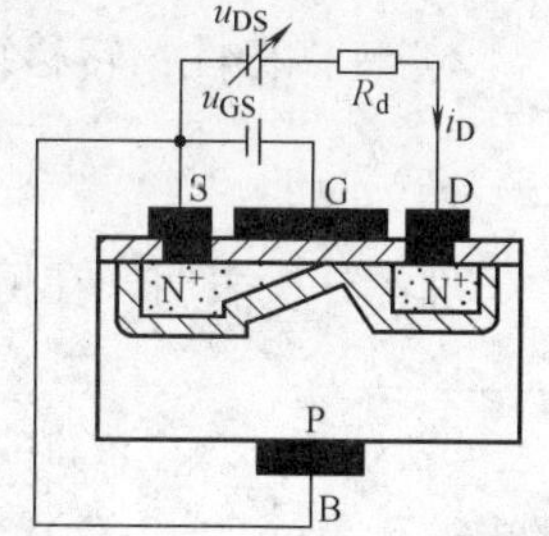

图 1-55　$u_{GD} < U_{GS(th)}$ 的情况

（3）特性曲线

绝缘栅型场效应晶体管的伏安特性也可用输出特性曲线和转移特性曲线来表示。

1）输出特性：输出特性也称漏极特性，它表示 u_{GS}在一定时，漏极电流 i_D 和漏-源极间电压 u_{DS}之间的关系，即

$$i_D = f(u_{DS})\Big|_{U_{GS}=常数} \tag{1-37}$$

图 1-56a 是一增强型 NMOS 管的输出特性曲线，根据不同的工作条件，它可划分为三个区域。

① 可变电阻区。可变电阻区位于输出特性曲线的起始部分，该区的特点是 u_{DS}数值较小，导电沟道处在未预夹断前，如图 1-53 所示；此时，u_{DS}对导电沟道影响不大，在满足 $u_{GS} > U_{GS(th)}$的一定值时，导电沟道电阻一定，故 i_D与 u_{DS}为近似线性关系；但改变 u_{GS}的值，可以改变沟道电阻大小，该区域称为受 u_{GS}控制的可变电阻区，如图 1-56a 左斜线区所示。

② 恒流区。u_{DS}的增加到使 $u_{GD} = u_{GS} - u_{DS} = U_{GS(th)}$后，靠近漏区的导电沟道刚开始在靠近漏极一点被夹断，称为预夹断，如图 1-54 所示。如果 u_{DS}继续增大，夹断区不断向源区延伸，如图 1-55 所示；如前所述，当出现预夹断后，u_{DS}增大的部分几乎全部降落在夹断区，沟道电位梯度基本不变，i_D基本上保持恒定，此工作区为恒流区（或饱和区），这时 i_D主要受 u_{GS}的控制，与 u_{DS}基本无关，如图 1-56a 所示。当场效应晶体管作为放大器件时，应工作在恒流区，所以，恒流区也称为线性放大区。

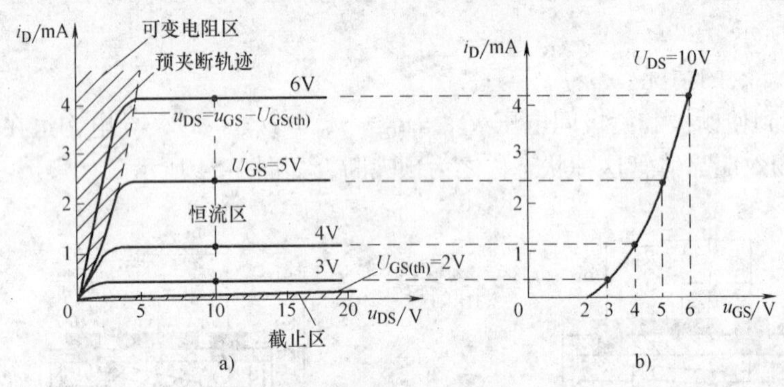

图 1-56　增强型 NMOS 管的特性曲线
a）输出特性曲线　b）转移特性曲线

③ 截止区。当 $u_{GS} < U_{GS(th)}$时，漏-源极间沟道被完全夹断，即漏-源极间无导电沟道，此时 $i_D \approx 0$，MOS 管处在截止区（或夹断区），如图 1-56a 所示。

2）转移特性：转移特性是 U_{DS}一定时，i_D与 u_{GS}之间关系的特性，即

$$i_D = f(u_{GS})\Big|_{U_{DS}=\text{常数}} \tag{1-38}$$

理论分析表明，在恒流区 i_D与 u_{GS}的关系近似为

$$i_D = I_{DO}\left(\frac{u_{GS}}{U_{GS(th)}} - 1\right)^2 \tag{1-39}$$

式中，I_{DO}是 $u_{GS} = 2\,U_{GS(th)}$时的 i_D。

式（1-39）对应的转移特性曲线如图 1-56b 所示。

转移特性曲线可由输出特性曲线求得。如在图 1-56a 中，取 $u_{DS} = 10V$，则对应的 i_D与 u_{GS}的关系曲线如图 1-56b 所示。由于在恒流区内，i_D与 u_{DS}的关系不大，所以不同 u_{DS}下的转移特性基本重合。

2. N 沟道耗尽型场效应晶体管

图 1-57a 为耗尽型 NMOS 管的结构示意图，其图形符号如图 1-57b 所示。从结构上看，耗尽型 NMOS 管与增强型 NMOS 管基本相同，不同的是，耗尽型管子在制造时，已预先在栅极下边的 SiO_2 绝缘层中掺入了大量的金属 Na^+离子或 K^+离子，图 1-57a 中，二氧化硅中

正离子用符号“+”所示。

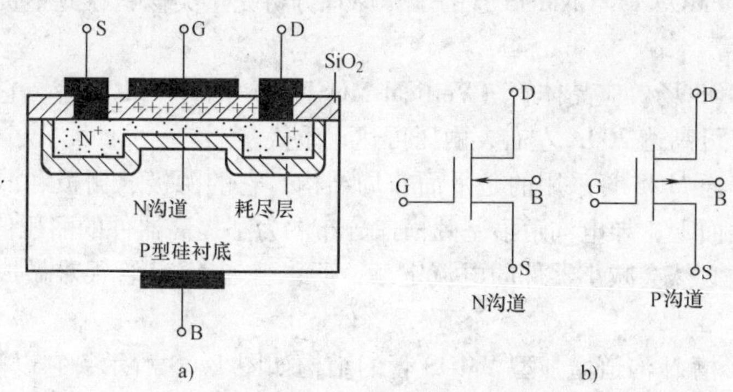

图1-57　耗尽型NMOS管的结构示意图及图形符号

a）结构示意图　b）图形符号

当$u_{GS}=0$时，这些正离子使P型硅衬底表面附近感应出足够宽的N型导电沟道，在u_{DS}的作用下产生漏极电流i_D。显然，当u_{GS}由零向正值增大时，沟道变宽，沟道电阻变小，沟道导电能力增强，i_D增大；当u_{GS}由零变为负值时，u_{GS}产生的电场部分抵消正离子的电场，沟道中感应电子减少，沟道变窄，沟道电阻变大，i_D减小；当u_{GS}朝负方向变到某一值$U_{GS(off)}$时，u_{GS}产生的电场完全抵消了正离子的电场，沟道消失而被完全被夹断，$i_D=0$，这时的栅源电压$U_{GS(off)}$称为夹断电压。

耗尽型NMOS管与增强型NMOS管的工作原理和特性曲线有些类似，如图1-58所示，它们的不同之处在于增强型NMOS管正常工作时u_{GS}只能为大于$U_{GS(th)}$的正值，而耗尽型NMOS管的u_{GS}的值可在正、负值一定的范围内实现对i_D的有效控制，且栅-源极之间仍保持很大的绝缘电阻。实际应用中，耗尽型NMOS管比增强型NMOS管更为方便。

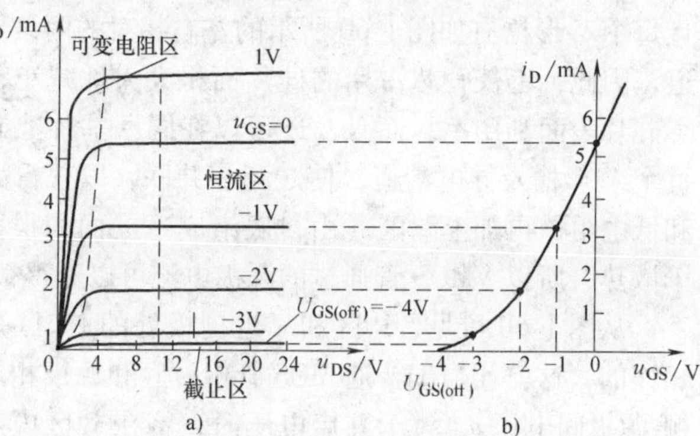

图1-58　耗尽型NMOS管的特性曲线

a）输出特性　b）转移特性

*3. P沟道MOS管

将衬底改为N型半导体，漏区和源区改为P^+型半导体，即可构成P沟道MOS（PMOS）管。P沟道增强型MOS管如图1-59a所示。P沟道MOS管也有增强型和耗尽型之分，其电路符号如图1-59b所示。P沟道MOS管的工作原理与N沟道MOS管相同，应该注意，增强型PMOS管的开启电压$U_{GS(th)}<0$，且正常工作在放大状态时，应满足$u_{GS}<U_{GS(th)}$、

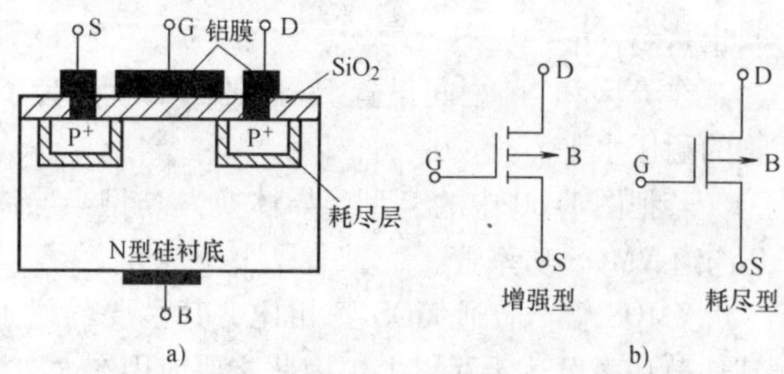

图1-59　增强型PMOS管结构示意图及图形符号

a）结构示意图　b）图形符号

$u_{DS}<0$。耗尽型 PMOS 管的夹断电压 $U_{GS(off)}>0$，且 u_{GS}的值可在正、负值一定的范围内实现对 i_D的有效控制。PMOS 管与 NMOS 管的工作原理分析完全类似，在此不赘述。

***4. VMOS 管**

垂直导电型 MOS 场效应晶体管（Vertical MOSFET）简称 VMOS 管，它是一种大功率器件，目前它的电流可高达 200A 左右，耐压可达上千伏。

前面讨论的普通 MOS 管采用的是平面布局结构，它的源极、栅极和漏极三个电极都布置在基片同一侧表面上，导电沟道沿基片横向分布。为了提高器件的耐压值，就要增加导电沟道长度，但是这必然会减小器件的电流定额，所以普通 MOS 管很难做成高压大电流的功率器件。

垂直导电 V 形槽 N 沟道增强型 VMOS 管的结构如图 1-60 所示，它以高掺杂 N^+ 区为衬底，通过一定工艺在衬底的上面制作低掺杂的外延层 N^- 区，N^- 外延层和 N^+ 衬底共同作为漏区，并引出漏极（D）。在外延层 N^- 区上面又制作一层 P 区，并在 P 区上面制成高掺杂 N^+ 区。从上往下俯视，VMOS 管的 P 区与 N^+ 区均为环状区、作为源区并引出源极（S）。中间制成一个 V 形槽，其上复盖一层 SiO_2 绝缘层，绝缘层上镀上一层金属，作为栅极（G）。VMOS 管因存在 V 形槽而得名。

由于采用了 V 形槽技术，把漏极布置到与源极、栅极半导体上下相对的两面，因而 P 区内的导电沟道沿基片纵向分布，它的长度可以做得比普通 MOS 管小得多，且每个 V 形槽有如图 1-60 所示的左右相对的两条导电沟道，因此，不仅管芯占用的硅片面积大大地减小，提高了硅片表面利用率；而且，还可以在同一基片上制作几百个 V 形槽及导电沟道，使之互相并联，以获得大电流和低电阻，再加上漏区（由衬底组成）的面积很大，便于散热，所以 VMOS 管通过的漏极电流可以做得很大。

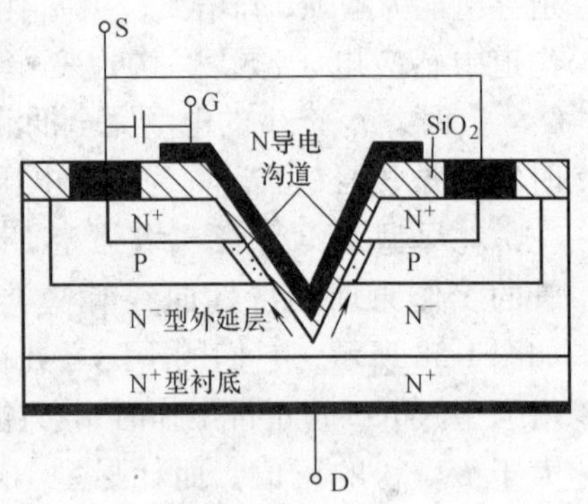

图 1-60　N 沟道增强型 VMOS 管结构示意图

从图 1-60 可见，P 区和靠近栅极处的 N^+ 区是直接相连的，这就相当于普通 MOS 管中衬底和源极相连。当栅-源极间电压 u_{GS}大于开启电压时，将在 P 区内感生 N 型导电沟道，这时若在漏-源极间加上正电压 u_{DS}，则有漏极电流 i_D流通。

当栅-源极间电压 u_{GS}小于开启电压时，P 区内导电沟道消失，漏-源极间（$u_{DS}>0$）被 N^- 区与 P 区之间的耗尽层（u_{DS}使其加上反向电压而呈现很大的电阻）隔断，VMOS 管处于截止状态，$i_D=0$。

在 P 区和 N^+ 之间设置 N^- 区的目的就是为了加宽 PN 结在 N^- 区的宽度，以提高 VMOS 管的耐压水平。

若把图 1-60 中的 P 型半导体换为 N 型半导体，N 型半导体换为 P 型半导体，就构成了 P 沟道 VMOS 功率管。

VMOS 管与普通 MOS 管相比，其主要的优点是工作电流大、耐高压，加上散热片后，其耗散功率可达千瓦以上，因此主要应用在大电流、高电压、大功耗的场合。

5. 各种 MOS 场效应晶体管的比较

为便于比较，将四种 MOS 管的图形符号、电压极性、电流方向和特性曲线分别画在表

1-1 中。图中，MOS 管各电极附近小圆圈中所标的“+”、“-”号表示正常使用时，应加在 MOS 管的直流偏置电压极性。

表 1-1　四种 MOS 管图形符号、特性曲线、工作电压极性

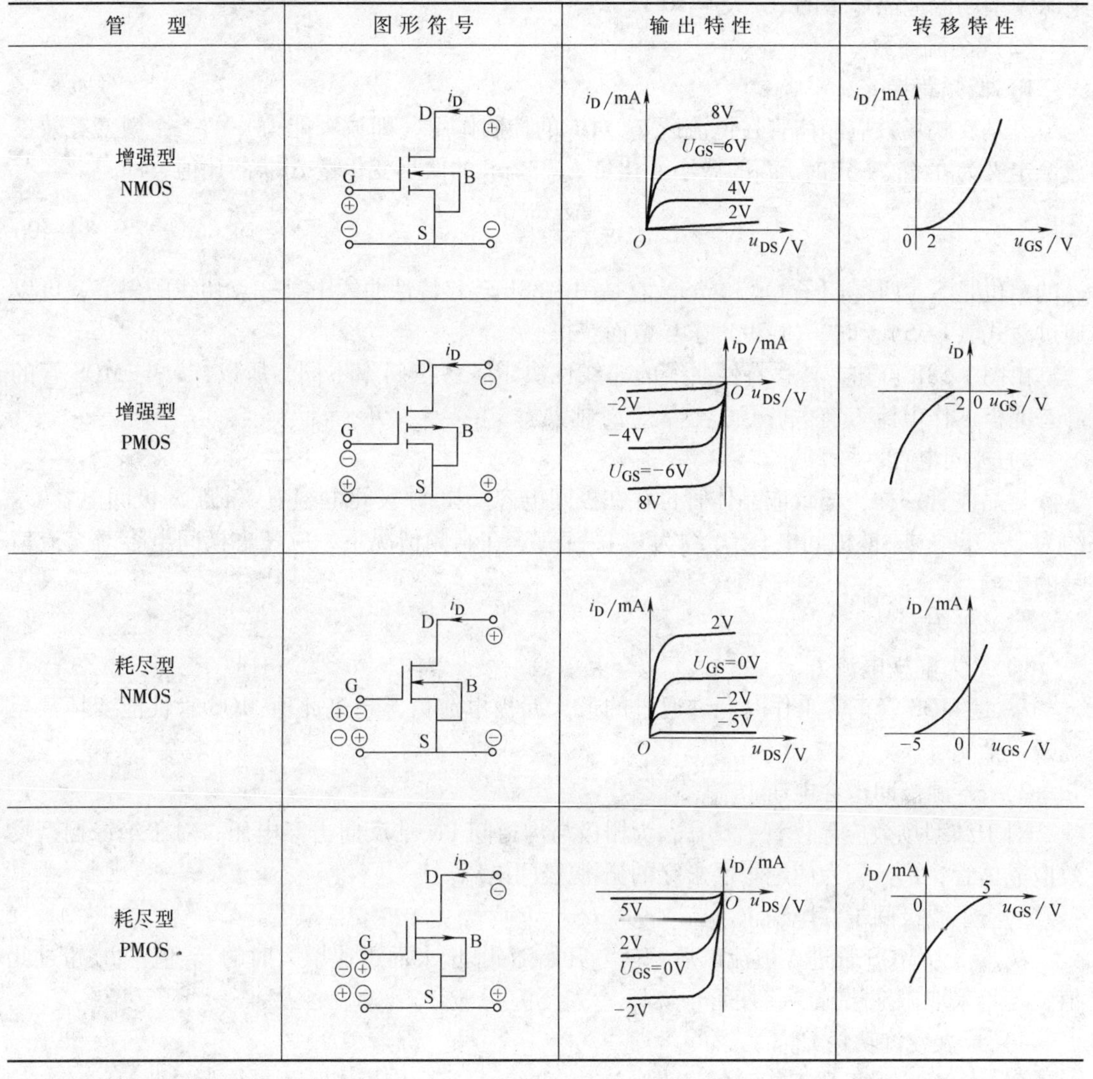

管　　型	图形符号	输出特性	转移特性
增强型 NMOS	i_D D G B S ⊕ ⊖ ⊕ ⊖	i_D/mA 8V U_{GS}=6V 4V 2V O u_{DS}/V	i_D/mA 0 2 u_{GS}/V
增强型 PMOS	i_D D G B S ⊖ ⊖ ⊕ ⊕	i_D/mA O u_{DS}/V −2V −4V U_{GS}=−6V 8V	i_D −2 0 u_{GS}/V
耗尽型 NMOS	i_D D G B S ⊕ ⊕⊖ ⊖⊕ ⊖	i_D/mA 2V U_{GS}=0V −2V −5V O u_{DS}/V	i_D/mA −5 0 u_{GS}/V
耗尽型 PMOS	i_D D G B S ⊖ ⊖⊕ ⊕⊖ ⊕	i_D/mA O u_{DS}/V 5V 2V U_{GS}=0V −2V	i_D/mA 0 5 u_{GS}/V

6. 场效应晶体管的主要参数

（1）直流参数

1）增强型 MOS 管的开启电压 $U_{GS(th)}$：$U_{GS(th)}$ 是在 U_{DS} 一定的情况下，使 $i_D>0$ 的微小电流（通常规定 $i_D=5\mu A$）时，所需 u_{GS} 绝对值的最小值。

2）耗尽型场效应晶体管的夹断电压 $U_{GS(off)}$：$U_{GS(off)}$ 是在 U_{DS} 一定的情况下，使 i_D 为规定的微小电流（通常规定 $i_D=5\mu A$）时的 u_{GS}。它是结型场效应晶体管和耗尽型绝缘栅场效应晶体管的参数。

3）饱和漏极电流 I_{DSS}

对于耗尽型场效应晶体管，在 $U_{GS}=0$ 的情况下，产生预夹断时的漏极电流称为饱和漏

极电流 I_{DSS}。

4）栅-源极间输入直流电阻 R_{GS}

R_{GS}为栅-源极间直流电压 U_{GS}与栅极直流电流之比。结型场效应晶体管的 R_{GS}大于 $10^7\Omega$，绝缘栅型场效应晶体管的 R_{GS}大于 $10^9\Omega$。

（2）交流参数

1）低频跨导 g_m

g_m是反映场效应晶体管在恒流区 u_{GS}对 i_D的控制作用（即放大能力）的一个微变等效参数，定义为在 U_{DS}一定时，i_D的微小变化量 Δi_D与 u_{GS}的微小变化量 Δu_{GS}的比值，即

$$g_m = \left.\frac{\Delta i_D}{\Delta u_{GS}}\right|_{U_{DS}=常数} \tag{1-40}$$

g_m的单位是 S（西［门子］）和 mS。它是图 1-58b 转移特性曲线上某一点切线的斜率，可以通过对式（1-35）和式（1-39）求导数而获得。

由图 1-58b 可知，转移特性曲线的非线性决定了各点斜率不同，所以，g_m与 MOS 管的静态漏极工作电流 I_D有关，且 I_D越大，g_m越大。

2）极间电容

与晶体管一样，场效应晶体管也存在极间电容。栅-源极间电容 C_{gs}和栅-漏极间电容 C_{gd}约为 1 ~ 3pF、漏-源极间电容 C_{ds}约为 0.1 ~ 1pF。在高频情况下，应考虑极间电容对交流信号的影响。

（3）极限参数

1）最大漏极电流 I_{DM}

I_{DM}是 MOS 管正常工作时允许通过的最大漏极电流值，超过此值 MOS 管性能变坏甚至烧毁。

2）栅-源极间击穿电压 $U_{(BR)GS}$

对于结型场效应晶体管，$U_{(BR)GS}$为栅极与沟道间 PN 结反向击穿电压；对于绝缘栅型场效应晶体管，$U_{(BR)GS}$为使绝缘层击穿的栅-源极间电压。

3）漏-源极间击穿电压 $U_{(BR)DS}$

$U_{(BR)DS}$为 MOS 管进入恒流区后，使 i_D开始随 u_{DS}增大而迅速增大时的 u_{DS}值。u_{DS}超过此值，若不采取限流措施、将使管子烧坏。

4）最大允许功耗 P_{DM}

P_{DM}为 MOS 管正常工作时的最大允许功率损耗。实际应用中，不允许超过此值。

（4）MOS 管保存和应用时的注意事项

使用 MOS 管时，除了注意不要超过漏-源极间击穿电压 $U_{(BR)DS}$、栅-源极间击穿电压 $U_{(BR)GS}$、最大漏极电流 I_{DM}和漏极最大允许功率损耗 P_{DM}外，还要注意可能出现的栅极感应电压过高造成绝缘层击穿。这是因为 MOS 管的输入电阻很高，栅极上的感应电荷不易泄放，而且栅极与衬底之间的电容量很小（几皮法），所以栅极上面只要感应出少量电荷就可以产生很高的电压，以致引起绝缘层击穿而损坏 MOS 管。为此，实际中要采取一定的保护措施。例如，在存放 MOS 管时需将各电极引线短路；在电路中，栅-源极间要有直流通路；焊接时，电烙铁外壳要有可靠的接地，以防电烙铁漏电，最好在焊接时将电烙铁的电源插头拔下，快速利用电烙铁的余热焊接；操作人员的手在触摸 MOS 管脚之前，双手应先对地泄放

静电，或戴上特制的防静电手套，以防止静电对 MOS 管造成的危害。

1.5.3 场效应晶体管与晶体管的比较

场效应晶体管和晶体管作为放大电路中的核心元件，两者的比较如下：

(1) 场效应晶体管的栅极（G）、源极（S）、漏极（D）分别对应于晶体管的基极（B）、发射极（E）、集电极（C）。

(2) 场效应晶体管的放大作用是通过栅-源极间电压 u_{GS} 产生的电场实现对漏极电流 i_D 的控制；晶体管的放大作用是通过基-射极间电压 u_{BE} 产生的电流 i_B 对集电极电流 i_C（共射组态）、发射极 i_E（共集组态）的控制实现，或 i_E 对集电极电流 i_C（共基组态）的控制来实现。

(3) 场效应晶体管只有多子参与导电，晶体管有多子和少子两种载流子参与导电；而少子数量受温度和外界辐射等因素的影响较大，所以场效应晶体管比晶体管的温度稳定性好，抗外界辐射的能力强。

(4) 场效应晶体管只有多子参与导电，所以自身产生噪声（主要由少子所产生）要比晶体管小得多，低噪声放大电路常选用场效应晶体管。

(5) 场效应晶体管栅-源极的电阻（输入电阻）可达 $10^7 \sim 10^{10}\Omega$，而晶体管基-射极的电阻（输入电阻）只有几百～几千欧，所以在要求高输入阻抗放大电路（例如电压表的输入级）情况下，常选用场效应晶体管放大电路。

(6) 若绝缘栅场效应晶体管衬底极与源极在内部未连在一起（此时场效应晶体管有四个电极），则绝缘栅场效应晶体管和结型场效应晶体管的源极和漏极一般可以互换使用；而晶体管由于发射区的掺杂浓度大于集电区，由此决定了发射极和集电极一般不能互换使用，否则，放大能力大大减弱。

(7) 场效应晶体管有六种类型，而晶体管只有 NPN、PNP 两种类型，特别是耗尽型绝缘栅场效应晶体管，其栅-源极间电压 u_{GS} 可正可负，因而耗尽型绝缘栅场效应晶体管放大电路的组成和输入信号的极性选择比晶体管放大电路有更大的灵活性。

(8) 场效应晶体管放大电路和晶体管放大电路均可工作于导通和截止的开关状态，但由于场效应晶体管集成工艺更简单，且耗电小，工作电源电压范围宽等优点，使得场效应晶体管在大规模和超大规模数字集成电路中获得普遍应用。

本章小结

1. 本征半导体（硅或锗）中掺入微量五价元素杂质（如磷）或微量三价元素杂质（如硼）可分别制成 N 型和 P 型半导体。N 型半导体中，电子为多子、空穴为少子；P 型半导体中，空穴为多子、电子为少子。

2. P 型半导体和 N 型半导体紧密接触，在两者的交界面处形成一个厚度为零点几至几十微米的空间电荷（不能移动的正、负离子）区，这一空间电荷区称为 PN 结（或耗尽层），PN 结具有单向导电性。PN 结是制造各种半导体器件（二极管、晶体管、场效应晶体管和集成电路等）的基础。

3. 将 PN 结封装并引出两个电极则制成二极管，二极管具有单向导电性，其伏安特性与 PN 结基本相同。

4. 利用两个 PN 结可制成一个晶体管（NPN、PNP），晶体管有放大、饱和和截止三种工作状态（三个工作区）。晶体管工作在放大状态的特点为发射结正偏、集电结反偏，此时满足 $i_C = \beta i_B$，$i_E = i_C + i_B = (1+\beta) i_B$，基极电流 i_B能有效控制集电极电流 i_C（发射极电流 i_E）；饱和状态的特点为发射结正偏、集电结正偏，此时满足 $\beta i_B > i_C$，$i_E = i_C + i_B$，集-射极饱和压降 U_{CES}的数值很小（硅管约 0.2 ~ 0.3V，锗管约 0.1V），集-射极之间相当于一个开关闭合；截止状态的特点为发射结反偏、集电结反偏，此时满足 $i_B \approx 0$，$i_C \approx 0$，$i_E \approx 0$，集-射极间相当于一个开关断开。模拟放大电路中晶体管应使其工作在放大区。

5. 场效应晶体管分结型（N 沟道、P 沟道）和绝缘栅型（N 沟道增强型、P 沟道增强型、N 沟道耗尽型、P 沟道耗尽型）两大类共六种类型。场效应晶体管作为放大器件应用时，应使其工作在恒流区，利用栅-源电压 u_{GS}产生的电场改变漏-源极间导电沟道电阻的大小来控制漏极电流 i_D。此时，漏极电流 i_D与栅-源极间电压 u_{GS}间的关系可用转移特性曲线描述。场效应晶体管有三个工作区：夹断区（截止区）、恒流区（线性区）和可变电阻区，它们分别与晶体管的截止区、放大区和饱和区相对应。

自我检测题

1. 判断下列说法是否正确，用“√”和“×”表示判断结果填入括号内。

（1）在 P 型半导体中如果掺入足够量的五价元素，可将其改型为 N 型半导体。（　）

（2）因为 P 型半导体的多子是空穴，所以，在自由状态下它带正电。（　）

（3）由于多子扩散运动和少子的漂移运动，自由平衡状态下流过 PN 结结电流不为零。（　）

（4）因为晶体管是由两个背靠背的 PN 结构成，所以，可以用两只反向串联的二极管连成一只晶体管。（　）

（5）结型场效应晶体管外加的栅-源极间电压应使栅-源间的耗尽层承受反向电压，才能保证栅-源极间电压有效控制漏极电流。（　）

（6）若耗尽型 N 沟道 MOS 管工作在恒流区时，其栅-源极间电压 u_{GS}可大于零，也可小于零。（　）

2. 选择正确答案填入空内。

（1）PN 结加反向电压时，空间电荷区将________。

A. 变窄　　B. 基本不变　　C. 变宽

（2）二极管加反向电压时，则二极管呈现的电阻________。

A. 很小　　B. 几千欧左右　　C. 几兆 ~ 十几兆欧以上

（3）稳压管作稳压元件应用时，应使其工作在________状态。

A. 正向导通　　B. 反向截止　　C. 反向击穿

（4）当晶体管工作在放大状态时，发射结电压和集电结电压应为________。

A. 发射结反偏、集电结也反偏

B. 发射结正偏、集电结反偏

C. 发射结正偏、集电结也正偏

（5）场效应晶体管作电子开关应用时，应使其工作在________。

A. 夹断区　　B. 恒流区　　C. 可变电阻区

3. 根据二极管的单向导电性，试求图 1-61 所示各电路的输出电压值，设二极管的导通电压 $U_D=0.7V$，反向截止时电阻为无穷大。

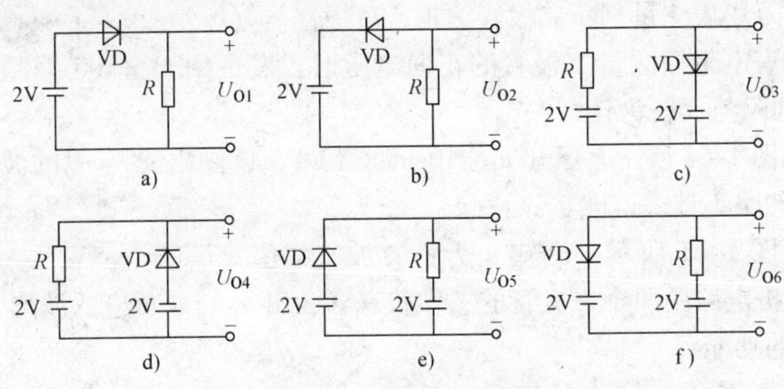

图 1-61 二极管电路

4. 在图 1-62 电路中，已知稳压管的稳压值 $U_Z=6V$，稳定电流的最小值 $I_{Zmin}=5mA$。

（1）试分析图 1-62a、b 所示的两电路能否稳压？

（2）试求图 1-62a、b 所示的两电路中 U_{O1} 和 U_{O2} 的值。

5. 晶体管电路如图 1-63 所示，$V_{CC}=15V$，$\beta=100$，$U_{BE}=0.7V$。试问：

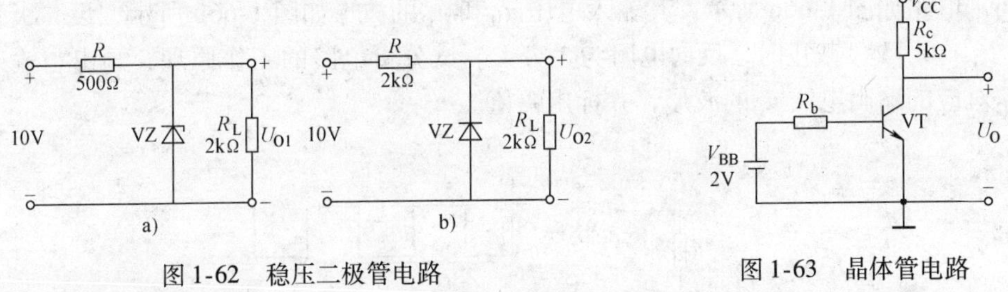

图 1-62 稳压二极管电路

图 1-63 晶体管电路

（1）当 $R_b=50k\Omega$ 时，$U_O=?$

（2）若 VT 临界饱和，则 $R_b\approx?$

6. 耗尽型场效应晶体管完全夹断的条件和预夹断的条件是什么？

思考题与习题

1-1 选择正确答案填入空内。

（1）通过扩散工艺在本征半导体中加入微量____元素杂质可形成 N 型半导体，加入微量____元素杂质可形成 P 型半导体。

A. 五价　　B. 四价　　C. 三价

（2）二极管的反向饱和电流由______形成，当温度升高时，二极管的反向饱和电流将____。

A. 增大　　B. 不变　　C. 减小　　D. 多子　　E. 少子

（3）工作在放大区的某晶体管，如果当 i_B 从 13μA 增大到 23μA 时，i_C 从 1mA 变为 2mA，那么它的交流放大倍数 β 约为________。

A. 77　　B. 87　　C. 100

（4）当场效应晶体管的漏极静态电流 I_D 增大时，它的低频跨导 g_m 将____。

A. 增大　　B. 不变　　C. 减小

1-2　怎样用万用表测量判断二极管的正、负极性与好坏？

1-3　用万用表电阻挡测量二极管的正向电阻时，发现用 $\Omega\times100$ 挡测量的阻值小，用 $\Omega\times1000$ 挡测量的阻值大，为什么？

1-4　电路如图 1-64 所示，已知 $u_i=10\sin\omega t$（V），试画出 u_i 与 u_O 的波形。设二极管的正向导通电压可忽略不计。

1-5　电路如图 1-65 所示，已知 u_i 为一方波，幅值 $\pm U_{im}=\pm5V$，二极管的导通电压 $U_D=0.7V$。试分析电路中两个二极管的工作状态，画出 u_O 与 u_i 对应的波形，标出 u_O 与 u_i 幅值，并说明电路的功能。

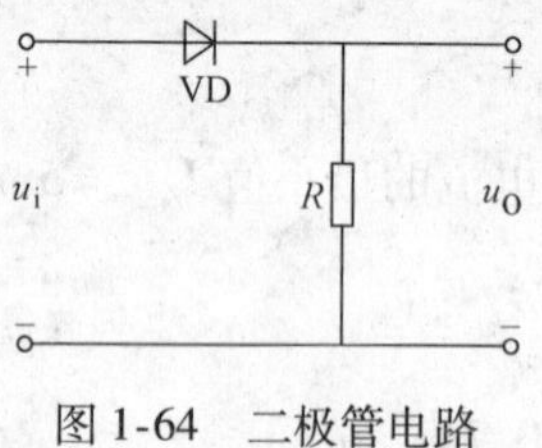

图 1-64　二极管电路

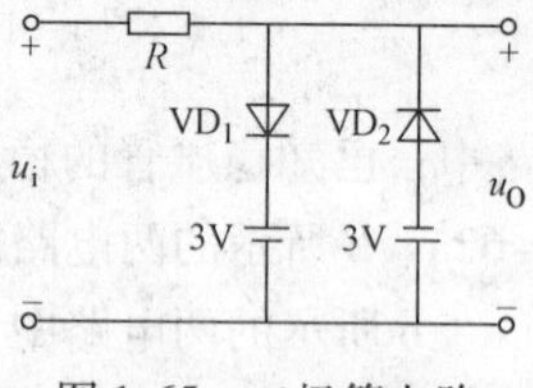

图 1-65　二极管电路

1-6　电路如图 1-66a 所示，其输入电压 u_{I1} 和 u_{I2} 的波形如图 1-66b 所示，设二极管的导通电压 $U_D=0.7V$，截止时，反向电阻为无穷大。试分析电路的工作原理，画出与输入电压 u_{I1} 和 u_{I2} 对应的输出电压 u_O 的波形，并标出幅值。

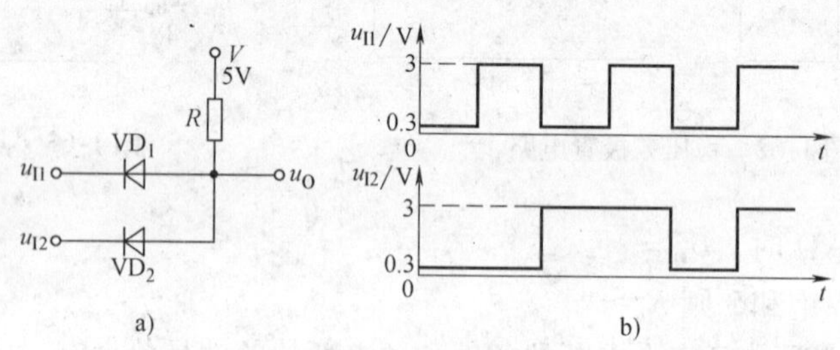

图 1-66　习题 1-6 电路及输入波形图

1-7　电路如图 1-67 所示，二极管的导通电压 $U_D=0.7V$，常温下 $U_T\approx26mV$，电容 C 对交流信号 u_i 可视为短路；若 u_i 为正弦波，且有效值为 10mV。试问二极管中流过的交流电流有效值为多少？

1-8　已知稳压管的稳定电压 $U_Z=6V$，稳定电流的最小值 $I_{Zmin}=5mA$，最大功耗 $P_{ZM}=150mW$。试求如图 1-68 所示电路中电阻 R 的取值范围。

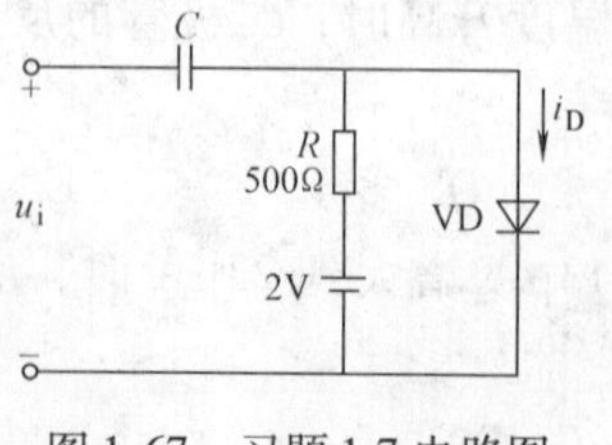

图 1-67　习题 1-7 电路图

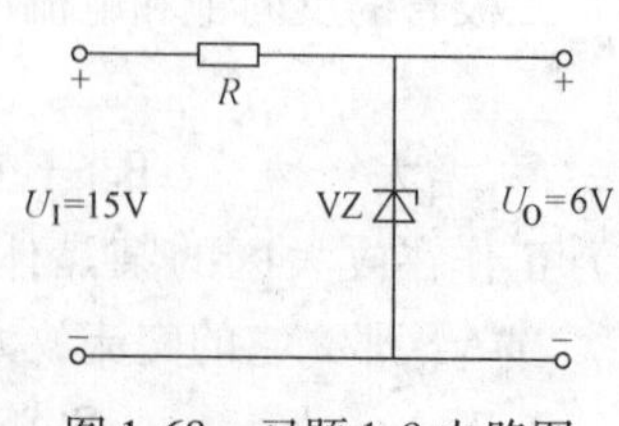

图 1-68　习题 1-8 电路图

1-9　已知如图 1-69 所示电路中稳压管的稳定电压 $U_Z=6V$，最小稳定电流 $I_{Zmin}=5mA$，最大稳定电流 $I_{Zmax}=25mA$。

（1）分别计算 U_I为 10V、15V 和 35V 三种情况下输出电压 U_O的值。

（2）若 $U_I=35V$ 时负载开路，会出现什么现象？为什么？

1-10　有两只晶体管，一只的$\beta=200$，$I_{CEO}=200\mu A$；另一只的$\beta=80$，$I_{CEO}=10\mu A$，其他参数大致相同。应选用哪只晶体管？为什么？

1-11　放大电路中有六只晶体管看不出它们的型号，也无其他标志，现测得放大电路中六只晶体管各极对地端的直流电位如图 1-70 所示。试分别说明它们是硅管还是锗管，并在各图中分别标出各电极的名称。

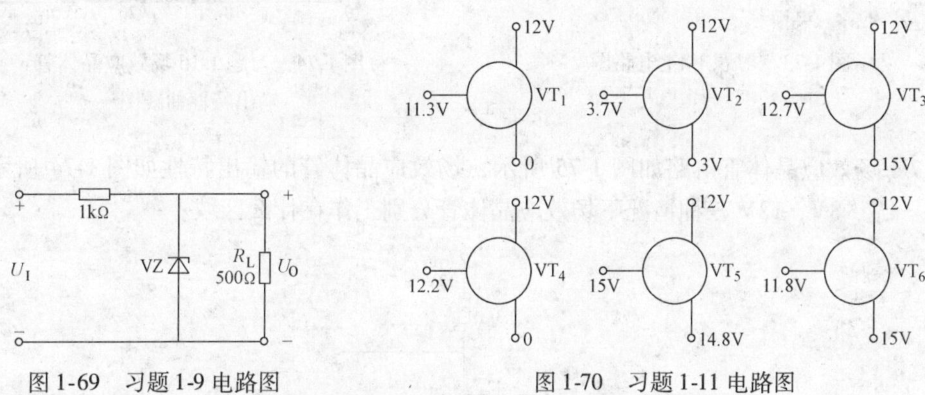

图 1-69　习题 1-9 电路图　　　　图 1-70　习题 1-11 电路图

1-12　电路如图 1-71 所示，设晶体管导通时 $U_{BE}=0.7V$，$\beta=50$。试分析 u_I为 0V、1V、1.5V 三种情况下 VT 的工作状态及输出电压 u_O的值。

1-13　电路如图 1-72 所示，试问β大于多少时晶体管饱和？

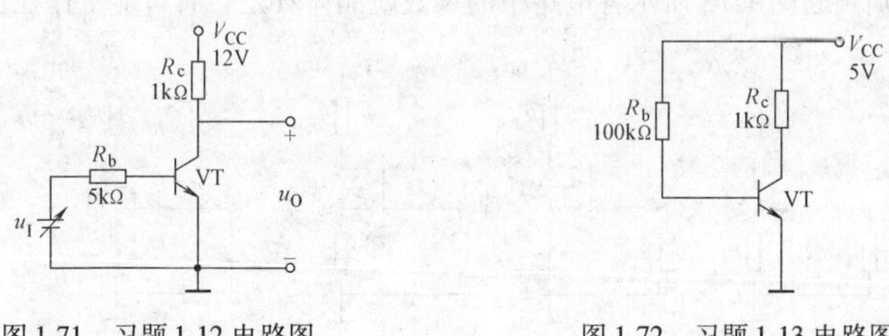

图 1-71　习题 1-12 电路图　　　　图 1-72　习题 1-13 电路图

1-14　根据 NPN 和 PNP 晶体管放大区的工作特性和偏置条件，试分别说明图 1-73 所示的电路中各晶体管有否可能工作在放大状态。

1-15　结型场效应晶体管和绝缘栅场效应晶体管之间有何差异？为什么结型场效应晶体管没有增强型的工作方式？

1-16　已知场效应晶体管的输出特性曲线如图 1-74 所示，画出它在恒流区的转移特性曲线。

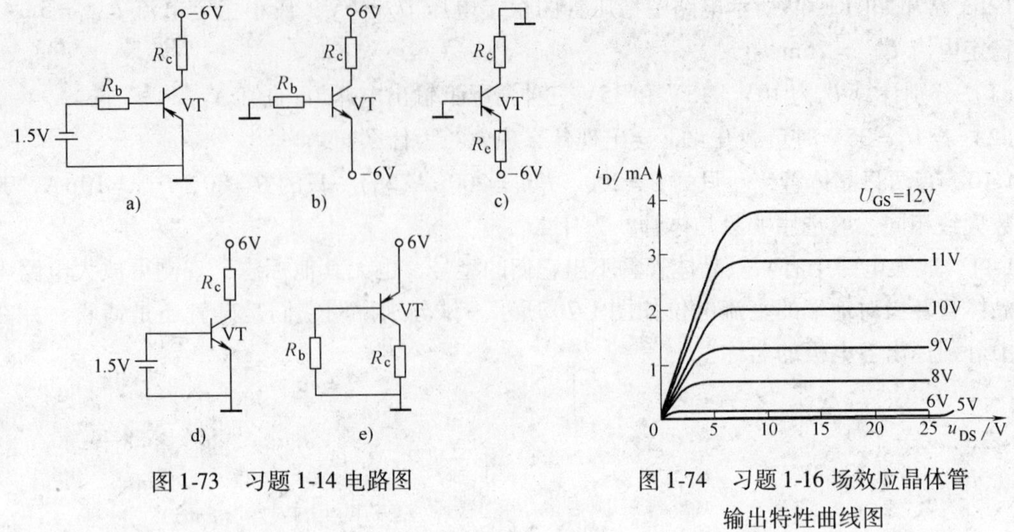

图 1-73　习题 1-14 电路图

图 1-74　习题 1-16 场效应晶体管输出特性曲线图

1-17　场效应晶体管电路如图 1-75 所示，场效应晶体管的输出特性如图 1-74 所示，分析当 $u_I = 4V$、$8V$、$12V$ 三种情况下场效应晶体管分别工作在什么区域。

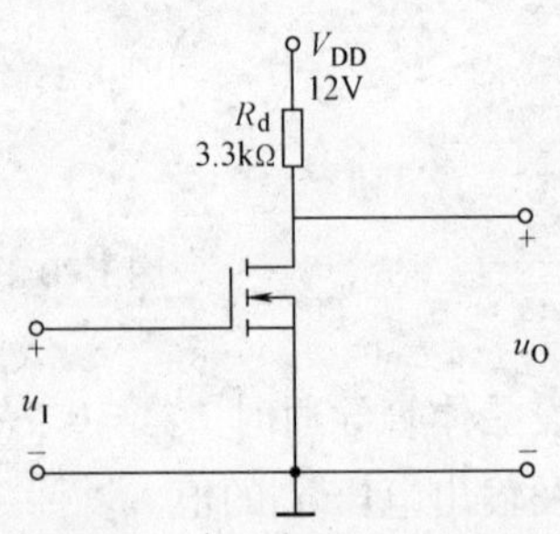

图 1-75　习题 1-17 电路图

1-18　试分别判断图 1-76 所示各电路中的场效应晶体管是否有可能工作在恒流区。

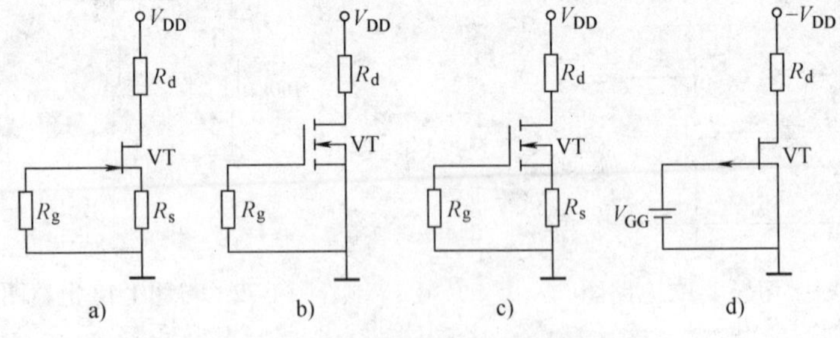

图 1-76　习题 1-18 电路图

第2章 基本放大电路

本章讨论的主要问题

◎放大的基本概念、放大电路主要性能指标的意义。

◎晶体管共射、共基、共集三种基本组态放大电路的结构组成，交、直流工作状态及相关性能指标的分析、计算方法。

◎场效应管共源、共漏两种常用的基本组态放大电路结构组成，交、直流工作状态及相关性能指标的分析、计算方法。

◎放大电路的频率特性（频率响应）及其工程分析方法。

◎放大电路的一般设计原则和设计方法。

本章的重点与难点

◎晶体管共射、共基、共集三种基本组态放大电路交、直流工作状态及相关性能指标的分析、计算方法。

◎放大电路的一般设计原则和设计方法。

2.1 放大与放大电路

2.1.1 放大的概念

电子线路系统和电子设备中都需要有各类放大器。放大器的功能是将变化的电信号（电压、电流）不失真地放大到所需的电平。

电子线路系统和电子设备通常由多级放大电路组成，组成框图如图2-1所示。图中传感器的作用是将各种非电量（如声音、光、温度和压力等）转换成电信号，通过传感器转换来的电信号一般比较弱，其电压信号通常在mV数量级甚至更小，需经若干级电压放大器将其放大，再经末级功率放大器放大得到较强的信号功率去驱动负载（如继电器、扬声器、仪表和电动机等）动作或指示。

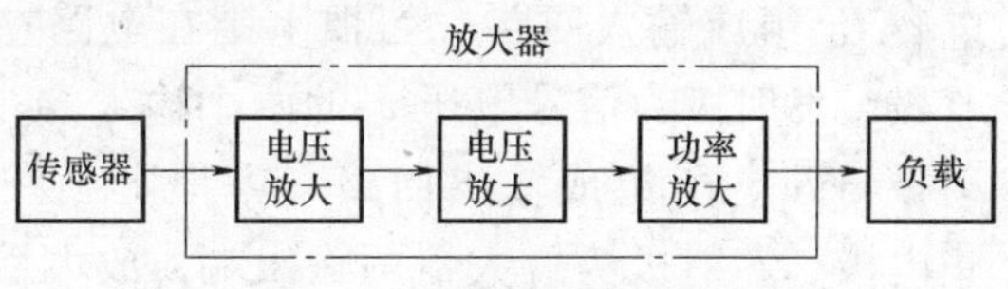

图2-1 电子设备的组成框图

由晶体管与电阻、电容和电感等电路元件构成的放大器（或称放大电路）称之为晶体管放大器。所谓放大是在保持信号（通常指变化的信号，下同）不失真的前提下，使其由小变大、由弱变强。放大器是现代通信、自动控制、电子测量和生物电子等电子系统和电子设备中不可缺少的基本单元电路。

晶体管是放大器中的核心元件，要使放大器不失真地放大信号，就要保证晶体管工作在线性放大区，要满足这一条件，必须给放大器中的晶体管设置合适的直流工作状态。

电子电路中的放大从本质上讲是一种能量转换，即在输入小信号控制下，通过放大器将直流电源的能量转换成负载所获得的、比输入信号源所提供的大得多的能量。因此，晶体管放大器是一种将直流电源能量转换为交流信号能量输出的电路装置，而晶体管是控制能量转换的关键元件。在电子电路中，通常将这种能够实现能量控制和转换的元件称之为有源元件，如晶体管、场效应晶体管等。

实际中，通过传感器转换来的信号通常都不是单一频率的正弦信号，但由于非正弦信号可以分解为不同频率正弦信号的叠加，所以，后面讨论放大器对变化信号（动态信号）的放大时，输入信号以正弦信号为例。分析放大器放大特性时，常称变化的信号（动态信号）为交流信号。

2.1.2 阻容耦合共发射极放大电路的组成

实际待放大的信号通常在零点几至几十毫伏的范围内。下文主要讨论这种小信号放大器的组成原则和工作原理，大信号放大则在第4章功率放大器中讨论。

基本放大器通常是指由一只晶体管构成的单级放大器。任何一个放大器都可看做是一个双端口（输入端口和输出端口）网络，需要放大的交流小信号总是接到放大器的输入端（处在放大器左边），放大后的交流信号总是由放大器的输出端（处在放大器右边）输出到负载。由于放大器的输入端和输出端共有四个端子，而晶体管只有三个电极，因此，放大器中晶体管必然有一个电极处在输入端和输出端的“公共端”。根据输入、输出公共端所接晶体管的电极不同，晶体管放大器有共发射极、共集电极和共基极三种基本连接方式（也称三种基本组态）的放大器。放大器具体电路结构可以“千变万化”，但电路只有共发射极、共基极和共集电极三种基本组态。下面首先说明最常用的共发射极电路（简称共射电路）的一般组成原理。

1. 阻容耦合共发射极放大电路基本结构

阻容耦合共发射极放大电路如图2-2所示。图中，晶体管基极、发射极及待放大的输入信号源 u_s 电阻 R_s、R_b 电容 C_1 组成输入回路（习惯上画在电路左边），因此，基极、发射极为信号电压 u_s 的两个输入端；集电极、发射极与 R_c、R_L 组成输出回路（习惯上画在电路右边），集电极、发射极为放大器两输出端，放大后的输出电压信号 u_o 输出给负载电阻 R_L。该电路发射极为输入和输出的公共端（或发射极为输入回路和输出回路的公共支路），故称图2-2所示电路为共发射极放大电路（简称共射电路）。电路输入和输出的公共端习惯称“地端”（实际中这端并不真正接地）或“零电位端”，常用符号“⊥”表示，如图2-2所示。

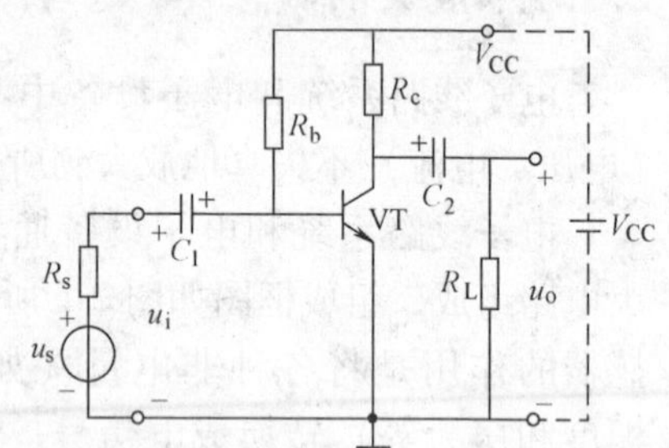

图2-2 阻容耦合共发射极放大电路

2. 各元件的作用

图2-2所示电路的基本功能是不失真（或失真在允许的范围内）地放大交流信号 u_s。要实现放大，必须使晶体管工作在线性放大区。使晶体管工作在线性放大区是通过一定的电路（直流偏置电路）给晶体管设置适当的直流工作电流和直流工作电压来保证的。

（1）V_{CC}的作用

晶体管放大器是一种将直流电源能量转换为变化信号能量的电路装置。例如图 2-2 所示电路，放大器输出给负载电阻 R_L的交流信号能量必然是由直流电压源 V_{CC}提供的能量转换而来的。因此，V_{CC}有两个方面的作用：第一，直流电源 V_{CC}是供给负载电阻 R_L交流信号能量的“源泉”，没有 V_{CC}任何放大器都将失去放大的功能；第二，直流电压源 V_{CC}通过 R_b和 R_c给晶体管提供基极直流 I_B、集电极直流 I_C和集-射极直流电压 U_{CE}，以保证晶体管工作在线性放大区中合适状态。图中虚线支路为直流电源 V_{CC}的正、负极与电路的实际连接方式，在工程电路图中，习惯上采用图中实线的画法，即电源 V_{CC}的负极连到“⊥”端，电源 V_{CC}的正极连到图中注明的那端，图中虚线不必画出。

（2）晶体管 VT 的作用

它是实现能量控制和转换的关键核心元件，没有该元件就不能组成晶体管放大器。

（3）R_b的作用

为使图 2-2 所示电路晶体管工作在线性放大区，发射结必须加合适的正向电压（简称发射结正偏），集电结必须加反向电压（简称集电结反偏）。V_{CC}确定后，只要适当选择 R_b的大小，就可以保证晶体管有合适的基极直流电流 I_B（应注意放大区满足 $I_C=\beta I_B$），使图 2-2 所示电路中晶体管工作在线性放大区的合适状态。在 V_{CC}确定后，改变 R_b的大小，就可以改变基极直流电流 I_B的大小；当 R_b固定后，基极直流电流 I_B的大小也就确定，故 R_b称为固定基极偏置（偏向基极一边设置）电阻。图 2-2 所示电路也称为固定基极偏置（简称固定偏置）共发射极放大电路。

（4）R_c的作用

R_c主要有两方面的作用：一方面，静态时（$u_s=0$），通过 R_c将 V_{CC}电压部分地作用在集电极并提供集电极直流电流 I_C，适当选择 R_c的大小可使晶体管集-射极之间有合适的直流电压 U_{CE}；另一方面，动态时（$u_s\neq0$），将变化的集电极电流信号 Δi_C转换为变化集电极电压信号 Δu_C输出，适当选择 R_c的大小可使集电极输出给负载电阻 R_L的交流信号电压 u_o大于输入信号电压 u_s，从而使电路实现电压放大。

（5）C_1、C_2的作用

C_1、C_2分别称为输入和输出隔直（隔断直流）耦合（传送交流）电容（简称耦合电容）。输入信号 u_s通过电容 C_1将交流信号 u_s传送到放大器基极输入端，同时隔断基极与交流信号源 u_s的直流联系。放大后的集电极交流信号电压经电容 C_2由集电极输出给负载 R_L、C_2同时隔断集电极与负载 R_L的直流联系。为了保证 C_1、C_2能无衰减地传送交流信号，要求 C_1、C_2的电容量足够大，以至它们对交流信号而言，其容抗值趋近于零。对音频放大器而言，C_1、C_2的电容量一般几十至 200μF，故选电解电容。实际应用时，注意电解电容有正、负极性之分，正确接法是，电路静态时电容的正极接电路高电位，负极接电路低电位，如图 2-2 所示（标“+”端为电容的正极，另一端为电容的负极）。

（6）负载 R_L的作用

R_L为外接负载，为放大器输出信号驱动的执行装置（如扬声器、仪表等）。

（7）输入信号源 u_s

u_s为输入信号源电压，为放大器提供待放大的输入电压 u_i，R_s为输入信号源 u_s的内阻。

图 2-2 所示电路是由耦合电容 C_1、C_2和放大器输入端和输出端电阻实现交流信号的传送

（耦合），所以称为阻容耦合放大电路。

3. 晶体管组成共射放大器时应该遵循的原则

综上所述，用晶体管组成共射放大器时应该遵循如下原则：

（1）必须使晶体管工作在放大状态，并且要设置合适的工作点。即当输入为双极性信号（如正弦波）时，选择的工作点应保证在输入为正、负峰值时，晶体管仍应工作在合适的放大状态。

（2）待放大信号 u_i 应能有效地加在发射结上形成发射结交流电压 u_{be}，由此产生交流基极电流 i_b，并通过 i_b 去控制 $i_c(=\beta i_b)$。

（3）要有合适的集电极电阻 R_c，既保证有合适的集-射静态（直流）电压 U_{CE}，又保证能将交流集电极电流 i_c 转换为交流电压 u_o。

（4）已放大后的集电极交流输出信号 u_o 应能有效地作用在外部负载电阻 R_L 上。

4. 直流通路和交流通路

对一个放大器进行定量分析时，分析内容无外乎两个方面。一是直流工作状态（静态工作点）分析，即在没有交流信号输入时，估算晶体管的各极直流电流和极间直流电压。直流工作状态分析的目的是保证放大器具有合适直流工作状态，使放大器能不失真地放大交流信号。二是交流（动态）性能分析，在输入交流信号作用下，确定晶体管各极电流和极间电压的变化量，计算放大器的交流性能指标。

放大器直流电流流经的通路称为直流通路。放大器交流电流流经的通路称为交流通路。直流通路用来计算放大器的直流工作状态；交流通路用来计算放大器的各项交流指标。两者不能混淆。

下面以图 2-2 所示的共射放大器为例，说明如何确定电路的直流通路和交流通路。

（1）画直流通路的原则

将电路中的电容视为开路，电感视为短路。根据这一原则可得图 2-2 所示电路的直流通路如图 2-3a 所示。

（2）画交流通路的原则

将耦合电容 C_1、C_2 视为短路（因为容抗趋近于零），直流电源 V_{CC} 对地也视为短路（因为其内阻常小于零点几欧，V_{CC} 可视为内阻为零的恒压源，交流电流流经 V_{CC} 时不产生交流电压降，故 V_{CC} 对交流而言可视为短路），于是，便得如图 2-3b 所示的交流通路。

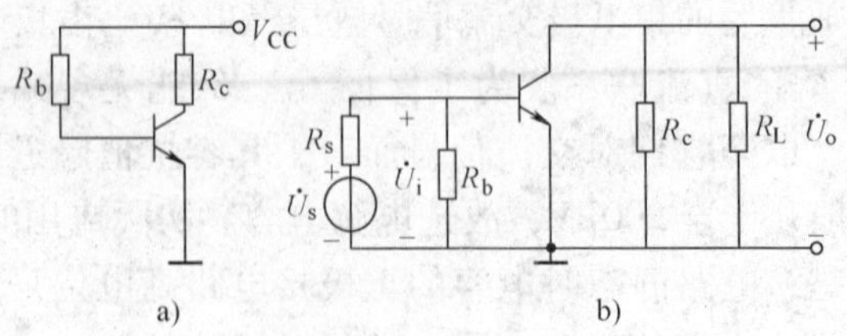

图 2-3　共射放大器的直流通路和交流通路

a）直流通路　b）交流通路

2.1.3　放大器的主要性能指标

从信号传输网络的角度看，可将放大器当做一个有源（含有源元件）二端口网络，其示意图如图2-4所示。输入信号是正弦量，所以图中用大写字母、上方标“˙”且有小写下标的量均表示正弦量的复数量（下同），并按二端口网络的规定标出了电流的正方向（用“箭头”指向表示）和电压的极性（用符号“+”、“-”表示）。这样，放大器的性能指标可以用该网络的端口特性来描述。

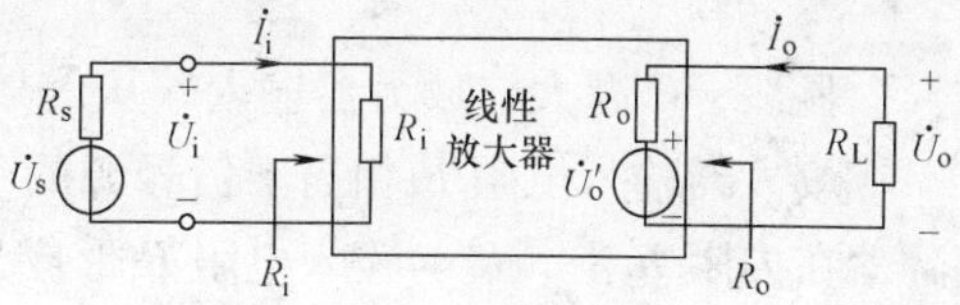

图2-4　放大电路示意图

1. 放大倍数

放大倍数又称为增益，是衡量放大电路放大能力的重要指标，定义为放大器的输出量与输入量的比值。根据输入量和输出量不同，有如下四种不同含义的放大倍数。四种不同放大倍数的含义如式（2-1）~式（2-4）所示。在式（2-1）~式（2-4）中，由于电流量和电压量为正弦量的复数量，所以，四种不同放大倍数也用复数量表示。

电压放大倍数
$$\dot{A}_u=\frac{\dot{U}_o}{\dot{U}_i} \tag{2-1}$$

电流放大倍数
$$\dot{A}_i=\frac{\dot{I}_o}{\dot{I}_i} \tag{2-2}$$

互导放大倍数
$$\dot{A}_g=\frac{\dot{I}_o}{\dot{U}_i} \tag{2-3}$$

互阻放大倍数
$$\dot{A}_r=\frac{\dot{U}_o}{\dot{I}_i} \tag{2-4}$$

$\dot{A}_u$、$\dot{A}_i$ 等参数从不同角度反映了放大器的放大功能。当只研究放大倍数的值而不讨论其相位移时，可将式中的复数量上方的“˙”去掉，用 A_u、A_i、I_i、I_o、U_i、U_o 等参数表示（下同）。

A_u 和 A_i 为无量纲的数值，而 A_g 的单位为西［门子］（S），A_r 的单位为欧［姆］（Ω）。有时为了方便，A_u 和 A_i 可取分贝（dB）为单位，即

$$A_u=20\lg\left|\frac{U_o}{U_i}\right|(\mathrm{dB})$$

$$A_i=20\lg\left|\frac{I_o}{I_i}\right|(\mathrm{dB})$$

衡量放大器的性能除了放大倍数外，放大器输入电阻 R_i 和输出电阻 R_o 也是放大器的重要参数。需要注意的是，输入电阻 R_i 和输出电阻 R_o 是对交流信号而言的交流参数。

2. 输入电阻

放大器输入端与激励信号源相连，放大器输入端对激励信号源呈现的电阻就是放大器输入电阻 R_i，如图2-4所示。输入电阻 R_i 的大小反映放大器输入端从激励信号源 u_s 索取电流的大小。显然，输入电阻 R_i 的大小直接影响输入电压 u_i 的大小。

如图2-4所示，输入电阻 R_i 是从放大器输入端看进去的电阻，它定义为

$$R_i = \frac{U_i}{I_i}$$

显然，R_i越大，放大器输入端从信号源索取的电流越小。

放大器输入电阻R_i相当于信号源的负载，信号源有内阻R_s时，信号源电压会有一部分降落在内阻R_s上，R_s与输入电阻R_i形成分压器，如图 2-4 所示，放大器净输入电压为

$$U_i = \frac{R_i}{R_s + R_i} U_s < U_s$$

为了反映信号源内阻对电路电压增益的影响，通常引入源电压增益，定义为

$$A_{us} = \frac{U_o}{U_s} = \frac{U_i}{U_s}\frac{U_o}{U_i} = \frac{R_i}{R_s + R_i} A_u < A_u$$

显然，输入电阻R_i越大，放大器从信号源所取电流越小，U_i越接近U_s，A_{us}越大。因此，从提高源电压增益A_{us}的角度考虑，输入电阻R_i越大越好。当$R_i \gg R_s$时，则有

$$A_{us} \approx A_u$$

3. 输出电阻

输出电阻R_o是从放大器输出端看进去的电阻。对负载而言，放大器的输出端可等效为一个信号源，R_o正是该信号源的内阻，如图 2-4 所示。外接负载R_L一定时，输出电阻R_o的大小，将影响输出电压u_o的大小，因此，输出电阻R_o是反映放大器输出端带负载能力的一个重要的交流参数。从输出电压的角度考虑，输出电阻R_o越小，放大器输出端带负载能力越强。

求输出电阻R_o有两种方法。一种方法是“加压求流法”，根据图 2-4，将输入电压源短路（若输入为电流源，则将电流源开路），即令$U_s = 0$，则$U_i = 0$，使$U'_o = A_u U_i = 0$，在输出端断开负载R_L并外加交流电压U_o，测得仅在交流电压U_o作用下产生的交流电流I_o，则输出电阻R_o为

$$R_o = \frac{U_o}{I_o}\bigg|_{U_s = 0或I_s = 0}$$

但应注意，这是理论上的一种计算方法。实际通常采用下述的“实验测试法”。

如图 2-4 所示，实验测试基本方法是，在输入端加一定大小的正弦信号电压U_i，在输出电压不失真的情况（通过示波器观察）下，分别测出输出负载R_L开路时的输出电压U_o和带上负载R_L时的电压U_{oL}，由此可计算得出放大器的输出电阻。

输出端负载R_L开路时，测得的输出电压U_o为

$$U_o = U'_o$$

输出带负载R_L时，测得的输出电压U_{oL}为

$$U_{oL} = \frac{R_L}{R_L + R_o} U_o \tag{2-5}$$

由式（2-5），可得出放大器的输出电阻为

$$R_o = \left(\frac{U_o}{U_{oL}} - 1\right) R_L \tag{2-6}$$

若负载R_L一定，根据测得的输出电压U_o和U_{oL}，由式（2-6）即可求得放大器的输出电阻。输出电阻R_o越小，带负载时，输出电压U_{oL}越接近于负载开路时的输出电压U_o，表明

放大器输出电压受负载变化的影响越小，放大器带负载能力越强。因此，R_o是一个表征放大器带负载能力的参数。

当放大器接有负载电阻R_L时，由图2-4可见，由于输出电阻R_o的存在，R_o和R_L形成分压器，则放大器接有负载电阻R_L时的电压增益为

$$A_{uL}=\frac{U_{oL}}{U_i}=\frac{R_L}{R_L+R_o}U_o\frac{1}{U_i}=\frac{R_L}{R_L+R_o}A_u \tag{2-7}$$

即带上负载R_L后，电压放大倍数减小。

当同时考虑信号源内阻R_s及负载电阻R_L时，放大器电压增益为

$$A_{usL}=\frac{U_{oL}}{U_s}=\frac{U_{oL}}{U_i}\frac{U_i}{U_s}=\frac{R_i}{R_s+R_i}\frac{R_L}{R_L+R_o}A_u \tag{2-8}$$

即A_{usL}小于A_{uL}。

综上所述，当信号源内阻R_s比较大时，为了减小信号源内阻R_s对电压放大倍数的影响，应尽可能提高放大电路输入电阻R_i。当负接电阻R_L较小时，为了减小负载电阻R_L对放大倍数的影响，应尽可能减小放大电路输出电阻R_o。

4. 非线性失真系数

由于晶体管输入、输出特性的非线性，使得放大器输出波形总会不可避免地产生不同程度的非线性失真。具体表现为，当输入某一频率的正弦信号时，其输出电流波形中除基波成分之外，还包含有一定的谐波成分。这种非线性失真通常用非线性失真系数描述。放大器非线性失真系数定义为

$$D=\frac{\sqrt{\sum_{n=2}^{\infty}I_{nm}^2}}{I_{1m}} \tag{2-9}$$

式中，I_{1m}为输出电流的基波幅值；I_{nm}为二次谐波以上的各谐波分量幅值。由于小信号放大时非线性失真很小，所以只有在大信号工作时才考虑非线性失真系数指标。

5. 线性失真

放大器的实际输入信号通常是由许多不同频率分量组成的复杂信号（例如，音频信号是由几十赫～几万赫范围内的不同频率分量组成的）。由于放大电路中含有电抗元件（主要是电容），电抗元件对不同频率信号有不同的电抗值，使得放大器对信号中的不同频率分量具有不同的放大倍数和附加相移，造成输出信号中各频率分量间的大小比例和相位关系发生变化，从而导致输出波形相对于输入波形产生畸变失真。这种畸变失真是线性电抗元件引起的，称为放大器的线性失真或频率失真（以区别于晶体管引起的非线性失真）。有关描述线性失真的一些具体指标，如截止频率、通频带等在下文将有详细说明。

6. 最大不失真输出电压

最大不失真输出电压定义为：当输入电压增大到使输出电压非线性失真系数达到额定值（通常定为10%）时的输出电压，一般以有效值U_o表示，也可以用峰-峰值U_{opp}表示，$U_{opp}=2\sqrt{2}U_o$。

2.2 三种基本组态放大电路

基本组态放大器是指共发射极、共集电极和共基极三种连接方式的基本放大器。实际放

大器的具体结构可以“千变万化”，但都是由这三种组态的基本放大器组合而成。三种基本组态放大器是模拟电路的重要基础，读者务必要很好掌握。

下面以实际中用得较多的阻容耦合放大器为例，讨论三种组态的基本放大器的原理，其他耦合方式在后面的相关章节中再具体讨论。

2.2.1 基本共射放大电路

基本共射放大电路兼有电流放大和电压放大的作用，是用得最为普遍的一种小信号放大电路。

1. 固定偏置基本共射放大电路

实现放大的关键是依靠工作在放大区的晶体管，而保证晶体管工作在合适放大状态是靠给晶体管提供合适的基极直流电流 I_B 和集电极直流电流 I_C 及集-射极间电压 U_{CE}，为放大器中晶体管提供合适的基极直流电流 I_B 和集电极直流电流 I_C 及集-射极间电压 U_{CE} 的电路称为直流偏置电路（简称为偏置电路）。常用的偏置电路有固定偏置电路和基极分压式射极偏置电路两种形式。

下面首先讨论如图 2-5 所示的固定偏置基本共射放大电路，图中标出了元件参数值。

对一个放大器进行定量分析时，其分析的内容无外乎两个方面：一是直流工作状态（静态工作点）分析，即在没有信号输入时，估算晶体管的各极直流电流和极间直流电压。直流工作状态分析的目的，是保证放大器具有合适的直流工作状态，从而使放大器能不失真地放大交流信号；二是交流（动态）性能分析，即在输入信号作用下，确定晶体管在工作点附近处各极电流和极间电压的变化量，进而分析计算放大器的交流放大特性及各项交流指标，以满足实际的需要。

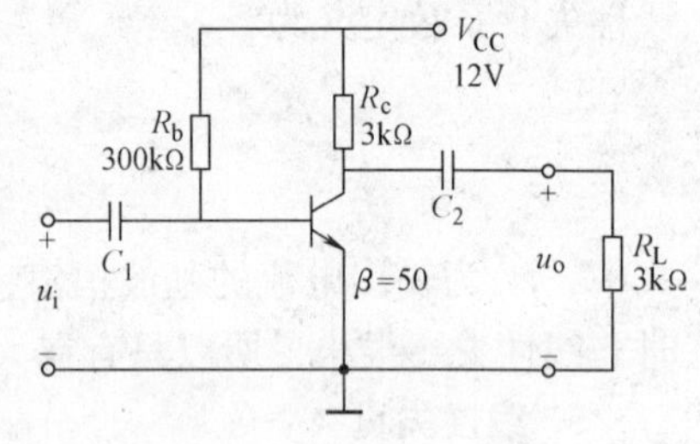

图 2-5　共射放大电路

一个放大器良好的交流放大特性总是建立在稳定、合适的直流工作状态的基础之上的，可见，放大器直流工作状态的分析在放大器特性分析中的重要地位。

2. 共射放大电路的直流工作状态（静态工作点）**分析计算**

放大电路的直流工作状态由晶体管的 I_B、U_{BE}、I_C、U_{CE} 四个直流参数决定，而 I_B、U_{BE} 和 I_C、U_{CE} 又分别对应于晶体管输入、输出特性曲线上的一个点，所以电路直流工作状态又称为电路静态工作点。放大电路静态工作点可通过近似估算法和图解法分析计算。

（1）静态工作点近似估算法

由于元器件参数的分散性，使得放大电路的分析与设计不可能进行精确的定量计算，只能是近似估算。因此，学习电子电路必须对近似估算法给予足够的重视。图 2-5 电路的直流通路如图 2-6a所示，由此分析电路静态工作点。

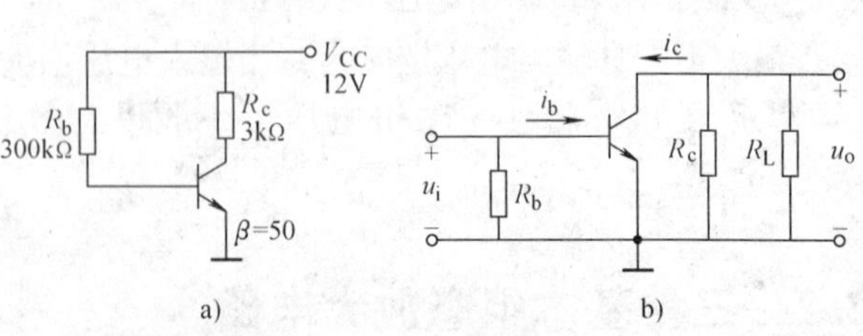

图 2-6　图 2-5 所示共射放大电路的直流通路及交流通路
a）直流通路　b）交流通路

分析思路：首先，从基极电流 I_B

入手（为什么？请读者思考）计算 I_B，再计算 I_C，最后计算 U_{CE}。由于晶体管处在放大区时，$U_{BE} \approx 0.7V$（硅管），故计算其静态工作点时，$U_{BE} \approx 0.7V$通常当已知条件用。所以，静态工作点只需计算 I_B、I_C、U_{CE}三个参数即可。

由图 2-6 所示电路的直流通路，有

$$I_B = (V_{CC} - U_{BE})/R_b \approx V_{CC}/R_b \tag{2-10}$$

$$I_C = \beta I_B \approx \beta V_{CC}/R_b \tag{2-11}$$

$$U_{CE} = V_{CC} - I_C R_c \tag{2-12}$$

可见，在 V_{CC}、R_c和晶体管选定（β 也就确定）后，改变基极偏置电阻 R_b，则基极电流 I_B和集电极电流 I_C、集-射极间电压 U_{CE}也随之改变，所以，该电路可通过调整基极偏置电阻 R_b来调整电路静态工作点。

例 2-1 试估算图 2-5 所示电路的静态工作点：I_B、I_C、U_{CE}的值。

解： 根据式（2-10）~式（2-12）可分别求得 I_B、I_C、U_{CE}的值如下：

$$I_B = (V_{CC} - U_{BE})/R_b \approx V_{CC}/R_b = 40\mu A$$

$$I_C = \beta I_B \approx \beta V_{CC}/R_b = 2mA$$

$$U_{CE} = V_{CC} - I_C R_c = 6V$$

（2）静态工作点图解法

若已知晶体管输出特性曲线，可用图解法求静态工作点 I_C和 U_{CE}。

1）分析的思路

首先，由式（2-10）求出 I_B；然后，在已知的输出特性曲线坐标平面上，根据集电极-发射极回路的负载方程 $u_{CE} = V_{CC} - i_C R_c$（线性方程）作出直流负载线（直线），该直流负载线与 $i_C = f(u_{CE})\mid_{i_B = I_B = 40\mu A}$ 那条输出特性曲线的交点 Q 所对应的集电极电流和集电极-发射极间电压即为所要求出 I_C和 U_{CE}。

2）图解的具体作法

a）由式（2-10）求出 I_B，在输出特性曲线上确定 $i_C = f(u_{CE})\mid_{i_B = I_B = 40\mu A}$那条输出特性曲线，如图 2-7 所示。

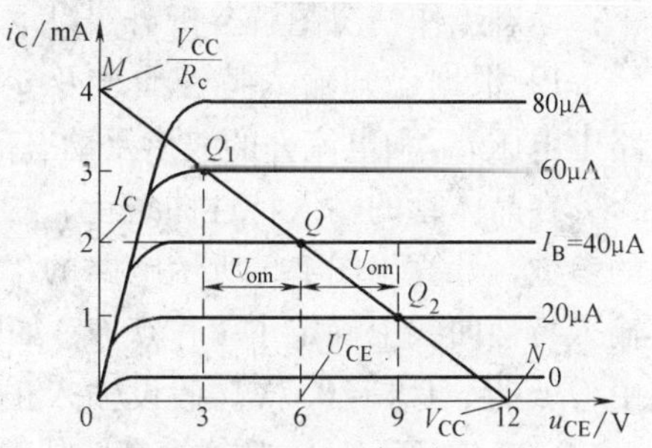

图 2-7 静态工作点及动态时电流、电压变化范围图解

b）在输出特性曲线坐标平面上，作出负载方程 $u_{CE} = V_{CC} - i_C R_c$对应的直流负载线。负载方程 $u_{CE} = V_{CC} - i_C R_c$对应的直流负载线是输出特性曲线坐标平面上的一条直线，故只需确定两点就可作出该直流负载线。通常在纵轴和横轴上选择这两点。根据负载方程 $u_{CE} = V_{CC} - i_C R_c$，令 $u_{CE} = 0$，即可在纵轴上求得 M 点，其对应 i_C值为 V_{CC}/R_c；令 $i_C = 0$，在模轴上求得 N 点，其对应的 u_{CE}值为 V_{CC}。连接 M、N 两点所得的直线 MN 即为集电极直流负载线，如图 2-7 所示，直线 MN 的斜率为 $-1/R_c$，是由直流负载电阻 R_c确定的，故称之为直流负载线。直流负载线与 $i_C = f(u_{CE})\mid_{i_B = I_B = 40\mu A}$那条输出特性曲线的交点为 Q 点，Q 点所对应的集电极电流 I_C和集-射极间电压 U_{CE}即为晶体管的集电极直流（静态）电流和集-射极间的直流（静态）电压。这是因为 V_{CC}、R_c、晶体管集电极组成了一个串联回路，流过 R_c的电流就是流入晶体管集电极的电流 i_C；显然，i_C与 u_{CE}的关系既

要满足负载方程 $u_{CE}=V_{CC}-i_C R_c$，又要满足 $i_C=f(u_{CE})|_{i_B=I_B=40\mu A}$ 那条输出特性曲线对应的电流和电压关系，只有两曲线的交点 Q 才能同时满足上述两方程。

由于集电极电流 I_C 和集-射极间电压 U_{CE} 对应图 2-7 所示输出特性曲线中一个点（Q 点），故 I_C、U_{CE} 称晶体管放大器的静态工作点。

例 2-2 已知图 2-5 所示电路的晶体管输出特性曲线如图 2-7 所示，试用图解法求静态电流 I_C、U_{CE} 的值。

解： 首先，由式（2-10）求出静态基极电流 I_B 为

$$I_B=(V_{CC}-U_{BE})/R_b\approx V_{CC}/R_b=40\mu A$$

其次，根据直流负载线方程 $u_{CE}=V_{CC}-i_C R_c$，在图 2-7 输出特性图中作出直流负载线 MN。纵轴上 M 点电流值为 $V_{CC}/R_c=12V/3k\Omega=4mA$，横轴上 N 点电压值为：$u_{CE}=V_{CC}=12V$。

最后，确定直流负载线 MN 与 $I_B=40\mu A$ 那条输出特性曲线交点（Q 点）所对应的电流和电压值，即为所求的静态电流 I_C、U_{CE}。由图 2-7 可知：$I_C=2mA$、$U_{CE}=V_{CC}-I_C R_c=6V$。与例 2-1 的估算结果相符。

3. 共射放大电路的动态分析

放大电路的动态特性（交流特性）分析一般是指放大电路的放大倍数、输入电阻和输出电阻等交流特性参数分析。

放大电路的动态分析方法主要有两种：图解分析法和微变等效电路分析法。

（1）动态图解分析法

所谓动态图解分析，就是利用已知的晶体管输入特性曲线和输出特性曲线，通过作图的方式分析放大电路的动态（交流）特性。应用动态图解分析法优点是：可直观地看到放大电路中输入和输出电压、电流的变化范围，由此确定电压和电流放大倍数，正确地选择静态工作点以及研究信号的失真等。下面仍以图 2-5 所示电路为例讨论。

动态工作情况图解分析可按以下两步进行：

1）根据已知输入特性曲线及 u_i 分析输入回路中电压 u_{BE} 和电流 i_B 的波形及动态范围

在晶体管的输入特性曲线上，根据前面给定的参数，计算出图 2-5 所示电路的 $I_B=40\mu A$，在输入特性曲线上确定了工作点 Q，如图 2-8 所示。由 Q 点得，$U_{BE}\approx 0.7V$。假设输入正弦信号电压 $u_i=0.02\sin\omega t$（V），晶体管基极与发射极之间的瞬时电压 u_{BE} 应是静态时的直流电压 U_{BE} 与输入交流电压 u_i 的叠加，即

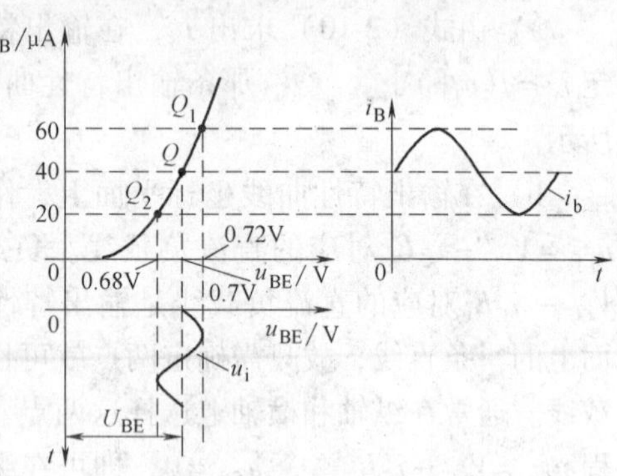

图 2-8 输入回路图解法

$$u_{BE}=U_{BE}+u_i=U_{BE}+0.02\sin\omega t(V) \quad (2\text{-}13)$$

如图 2-8 所示。

根据 u_{BE} 的变化规律，便可在输入特性曲线上找到 u_{BE} 的最大值 0.72V（Q_1 点对应的 u_{BE}）和最小值 0.68V（Q_2 点对应的 u_{BE}），由此可确定 i_B 的变化范围，并画出对应的 i_B 的波形，如图 2-8 所示。u_{BE} 以 Q 点为中心上下变化，变化的电压幅度与 u_i 的幅度相同。由于 u_i

的峰-峰值只有40mV，Q_1Q_2这段曲线可视为直线，因此，基极电流i_B在I_B的基础上同样按正弦规律变化，即

$$i_B = I_B + i_b = I_B + I_{bm}\sin\omega t = 40 + 20\sin\omega t\ (\mu A)$$

由图2-8中可知，对应于峰值为0.02V的输入电压，基极电流i_B在20～60μA之间变化，由此确定了i_B变化的范围与波形。

2）由i_B的变化范围、输出特性曲线及输出端负载线确定u_{CE}和电流i_C的波形

① 图2-5所示电路R_L开路时动态工作的情形。

此时，i_C和u_{CE}是由晶体管的输出特性和电路的参数V_{CC}和R_c共同决定的，它们既要符合晶体管的输出特性曲线关系，又要满足$u_{CE} = V_{CC} - i_C R_c$的线性关系。又因为此时集电极直流电流$I_C$和交流电流$i_c$有一条共同的电流通路，所以，交流负载线与直流负载线重合。在图2-9中，方程$u_{CE} = V_{CC} - i_C R_c$所对应的直线$Q_1Q_2$（直线$Q_1Q_2$的作法前已讨论）既是直流负载线，也是交流负载线。

可见，R_L开路时，输出特性曲线与直流负载线的交点不仅可以确定静态时的电流I_C和电压U_{CE}，还可以确定动态时的电流i_C和电压u_{CE}的变化范围（需要注意，这仅限于R_L开路的情况）。

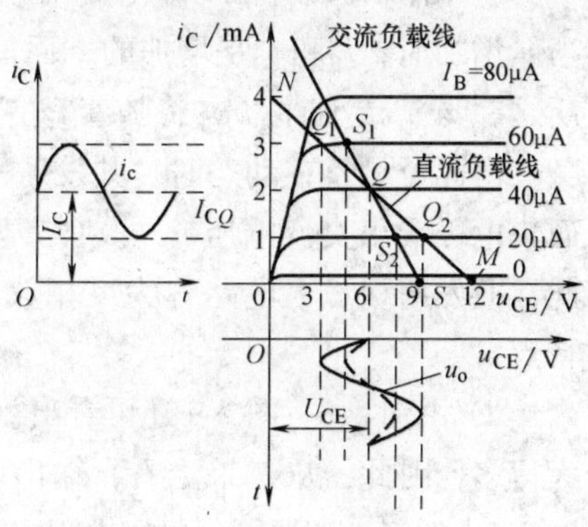

图2-9　输出回路图解法

当放大电路处于静态时，图2-9中对应$I_B = 40\mu A$的输出特性曲线与直流负载线的交点就是静态工作点Q，Q点对应$I_C = 2mA$，$U_{CE} = 6V$。

当放大电路处于动态时，输入信号u_i使i_B沿着负载线Q_1Q_2在20～60μA之间变化，对应于不同的i_B，输出特性曲线与直流负载线的交点便不同。对应于$i_B = 60\mu A$的输出特性曲线与负载线的交点是Q_1，对应于$i_B = 20\mu A$的输出特性曲线与负载线的交点是Q_2，所以，放大电路的动态工作点将随着i_B的变化，沿着负载线在Q_1与Q_2两点之间移动。线段Q_1Q_2是动态工作点的移动轨迹，常称为动态工作范围。

由图2-8可见，在u_i正半周，i_B先由40μA增大到60μA，工作点由Q点移动到Q_1点，与此同时，在图2-9中，i_C由2mA增大到最大值3mA，而u_{CE}由6V减小到最小值3V；当u_i达到正峰值后，u_i下降，i_B由60μA减小到40μA，工作点由Q_1点回到Q点，与此同时，在图2-9中，i_C由最大值3mA回到2mA，而u_{CE}由最小值3V回到6V。

在u_i负半周，其变化规律恰好与上述过程相反，工作点由Q点移到Q_2点，再由Q_2点回到Q点。这样，由i_B的波形就可以画出i_C和u_{CE}的波形，如图2-9所示。

为了便于理解电路工作原理，现将u_{BE}、i_B、i_C和u_{CE}的波形画在相对应的时间轴上，如图2-10所示。

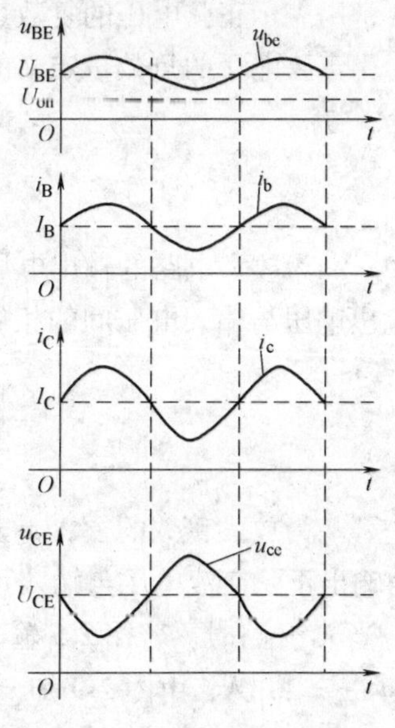

图2-10　放大电路电流电压波形

综上所述，可小结为以下几点：

a）放大电路动态时的电流 i_B、i_C 和电压 u_{BE}、u_{CE} 均含有两个分量，一个是静态时的直流电流分量 I_B、I_C 和直流电压分量 U_{BE}、U_{CE}；另一个是由输入电压 u_i 产生引起的交流电流分量 i_b、i_c 和交流电压分量 u_{be}、u_{ce}。可用以下 4 式表示：

$$u_{BE} = U_{BE} + u_{be}$$

$$i_B = I_B + i_b$$

$$i_C = I_C + i_c$$

$$u_{CE} = U_{CE} + u_{ce}$$

因为静态工作点设置，使晶体管工作在特性曲线的线性放大区，所以，i_b、i_c 和 u_{ce} 的波形与 u_i 形状一样，均为同频率的正弦波。

b）u_{CE} 中的直流电流分量 U_{CE} 被图 2-5 中的电容 C_2 隔断，故只有其交流分量 u_{ce} 可以通过电容 C_2 送到输出端，即放大电路输出给负载 R_L 的交流电压 $u_o = u_{ce}$，显然，$u_o = u_{ce}$ 是与 u_i 同频率的正弦波。

c）由图 2-10 中可以看出，输出电压 u_o 与输入电压 $u_i(=u_{be})$ 的相位相反。这是因为，当 u_i 增加时，i_B 和 i_C 是增加的，而晶体管的电压降 $u_{CE} = V_{CC} - i_C R_c$ 将随着 i_C 的增加而减小。反之，当 u_i 减小时，u_{CE} 将随着 i_C 的减小而增加。

由此可见，在动态时，共发射极放大电路中，集电极电位和基极电位变化方向相反，因而集电极输出交流电压 $u_o = u_{ce}$ 与基极输入交流电压 u_i 的极性相反（即两者相位相反），因此，共发射极放大电路称为反相放大电路。“反相放大”是共发射极放大电路的一个基本特点。

d）由图 2-8、图 2-9 还可看出，输出电压 $u_o(=u_{ce})$ 的幅度比输入电压 $u_i(=u_{be})$ 的幅度大得多，因此，从效果上看，输出电压 u_o 是电路将 u_i 放大了以后的信号电压。这是因为在图 2-5 中适当地选取了集电极电阻 R_c（通常为几千欧），使得 $u_o = u_{ce} = i_c R_c = \beta i_b R_c \gg u_i$。

在交流放大电路中，通常以正弦信号作为放大电路交流特性研究的基本信号，电压放大倍数常用表示正弦电压的复数量来定义，或用有效值或幅值来定义。

用正弦电压的复数量定义的电压放大倍数为

$$\dot{A}_u = \frac{\dot{U}_o}{\dot{U}_i} = A_u \angle \varphi \tag{2-14}$$

式中，A_u 为放大电路的输出电压与输入电压的有效值（或幅值）之比，而它的辐角 φ 则表示输出电压与输入电压间的相位差。因此，式（2-14）实际上包含了下面两式的含义

$$A_u = \frac{U_o}{U_i} = \frac{U_{om}}{U_{im}} \tag{2-15}$$

$$\varphi = \varphi_o - \varphi_i \tag{2-16}$$

式中，A_u 为放大倍数的模，φ_o 为输出正弦交流电压的相位、φ_i 为输入正弦交流电压的相位、φ 为输出正弦交流电压与输入正弦交流电压的相位差。

当 R_L 开路时，若图 2-5 输入交流信号幅值 $U_{im} = 20\text{mV}$，由图 2-8 可知，基极交流电流幅值为 $I_{bm} = 20\mu\text{A}$，由图 2-9 知，当 $I_{bm} = 20\mu\text{A}$ 时，在输出特性坐标平面上，动态工作点沿负载 *MN* 在 Q_1、Q_2 之间变化，由图 2-9 可确定输出电压幅值 $U_{om} = 3\text{V}$。因此，电压放大倍数为

$$\dot{A}_u = \frac{\dot{U}_{om}}{\dot{U}_{im}} = \frac{3V - 6V}{0.02V} = -150 \tag{2-17}$$

式中，负号表示放大电路的输出电压与输入电压有180°的相位差。

② 图2-5所示电路接上负载R_L动态工作的情形。

放大电路工作时，放大以后的信号u_o总是要驱动执行装置（等效为负载R_L）工作，电路如图2-5所示。放大电路输出端接上负载R_L后，其动态工作情况就与上述情形有所不同了。由于耦合电容对交流视为短路，此时，放大电路输出回路交流电流与直流电流流经的通路就不一样了。集电极直流电流I_C只流经R_c，而交流电流i_c流经的通路为R_c和R_L，这点可从图2-6b所示的交流通路中看出。因此，放大电路输出端接上负载R_L后，交流负载线与直流负载线就不再重合了。下面分析放大电路接上负载R_L后的动态工作情况。

图2-5所示电路在静态时，由于电容C_2的隔直流作用，负载电阻R_L上没有直流电流流过，即R_L的接入后不会改变放大电路的静态工作点，故其直流负载线仍为图2-9中所示的直线Q_1Q_2。

图2-5所示电路的交流通路如图2-6b所示，图中标出的所有电压和电流都是交流分量，且在图中标出了交流电压和交流电流的参考（规定）极性。由图2-6b可见，在放大电路的输入回路中，输入电压u_i加在晶体管的发射结上；在输出回路中，集电极交流电流分量i_c不仅流过R_c，也流过R_L，$R_c /\!/ R_L$称为放大电路的交流负载电阻，即

$$R'_L = R_c /\!/ R_L = R_cR_L/(R_c + R_L) \tag{2-18}$$

按照图2-5所示电路中的参数，有

$$R'_L = 3k\Omega /\!/ 3k\Omega = 1.5k\Omega \tag{2-19}$$

由图2-6b可知，动态时，集电极与发射极间交流电压u_o为

$$u_o = -i_cR'_L \tag{2-20}$$

式中，负号表示$u_{ce} = u_o$的实际极性与图2-6b中标出u_o的参考（规定）极性相反。当i_c确定后，输出交流电压$u_{ce} = u_o$大小由$R_c /\!/ R_L$决定。此时，动态工作点应沿着交流负载线移动。交流负载线如何确定呢？要确定交流负载线，必须弄清交流负载线的两个特征：第一，当交流输入信号u_i过零时（即$u_i = 0$既是静态点，也是动态的一个特殊点），则$i_C = I_C$、$u_{CE} = U_{CE}$，所以，交流负载线必然通过静态点Q点；第二，集电极输出交流电压$u_o = u_{ce}$等于i_c与$R_c /\!/ R_L$的乘积，所以，交流负载线的斜率必为$-1/(R_c /\!/ R_L)$。

因此，过静态点Q点作一条斜率为$-1/(R_c /\!/ R_L)$的直线，即为交流负载线。

交流负载线的作法如下：（参看图2-9）：① 由前述静态图解法确定静态点Q点；② 在输出特性曲线坐标平面的横轴u_{CE}上确定Q点对应的直流电压$U_{CE} = 6V$，在横轴上以$U_{CE} = 6V$为起点向右截取$I_C(R_c /\!/ R_L) = 2mA \times 1.5k\Omega = 3V$线段确定对应的电压$u_{CE} = 9V$的$S$点，连接$Q$点和横轴上电压为9V的$S$点所得直线$QS$即为交流负载线，如图2-9所示。显然，直线$QS$满足交流负载线的两个特征。

由图2-9可知，放大电路输出端接负载R_L后，动态工作点将沿交流负载线移动。对于图2-5所示的放大电路，在同样的输入电压u_i的作用下，接入负载R_L时的动态工作点将沿线段S_1S_2移动，显然，其动态工作范围$S_1 \sim S_2$所对应的电压u_{CE}的变化范围要比负载R_L断开时$Q_1 \sim Q_2$所对应的电压u_{CE}的变化范围要小。所以，在u_i不变的条件下，接入负载R_L后，输出

电压的幅值变小，即电压放大倍数变小。而且负载电 R_L越小，交流负载线越陡，电压放大倍数下降得也越多。

例 2-3 已知图 2-5 所示电路中，输入信号 $u_i = 0.02\sin\omega t$（V）、晶体管输入特性曲线和输出特性曲线分别如图 2-8 和图 2-9 所示，试用图解法求放大电路电压放大倍数 A_u。

解：首先由输入特性和输入信号 u_i确定基极交流电流的最大值和最小值。

第一步，由 $I_B = (V_{CC} - U_{BE})/R_b \approx V_{CC}/R_b = 40\mu A$，在图 2-8 输入特性曲线上确定 Q 点。

第二步，在图 2-8 输入特性曲线上 Q 点确定的 U_{BE}上叠加输入信号 $u_i = 0.02\sin\omega t$（V），由 u_i的正峰值点对应的电压值 u_{BEmax}确定 Q_1点对应的最大基极电流 $i_{Bmax} = 60\mu A$，由 u_i的负峰值点对应的电压值 u_{BEmin}确定 Q_2点确定的最小基极电流 $i_{Bmin} = 20\mu A$，如图 2-8 所示。

第三步，在图 2-9 输出特性曲线上作出直流负载线 Q_1Q_2确定静态集电极电流 $I_C = 2mA$、静态集-射极间电压 $U_{CE} = 6V$。

第四步，在图 2-9 输出特性曲线上作出交流负载线 QS，它与 $i_{Bmax} = 60\mu A$ 输出特性曲线的交点 S_1点确定了 $i_{Cmax} = 3mA$、$u_{CEmin} = 4.5V$，它与 $i_{Bmin} = 20\mu A$ 输出特性曲线的交点 S_2点确定了 $i_{Cmin} = 1mA$、$u_{CEmax} = 7.5V$。

第五步，由图 2-9 可知，输出电压的幅值 $U_{om} = u_{CEmax} - U_{CE} = (7.5 - 6)V = 1.5V$，所以电压放大倍数 A_u的数值为 $A_u = 1.5/0.02 = 75$。

（2）静态工作点的选择与波形失真

1）晶体管非线性引起的失真

在放大区内，晶体管的非线性表现在输入特性曲线的弯曲部分和输出特性曲线间距不均匀部分，一般而言，当晶体管在集电极电流较小值的一定范围内，输出特性曲线间距较小，对应的β较小；晶体管在集电极电流为中间值的一定范围内，输出特性曲线间距较大，对应的β较大，如图 2-11b 所示。如果输入信号的幅值比较大，由图 2-11 可见，输入特性曲线和输出特性曲线的非线性，将在静态工作点的基础上，使交流电流 i_b、i_c和 u_{ce}的正、负半周不对称，从而产生非线性失真。因此，如果输入信号的幅值比较大，要避免（或减小）非线性失真，放大电路静态工作点可以适当选高些，即 I_B、U_{BE}选大些，动态时，使 i_B、u_{BE}处在输入特性的接近线性的工作范围内。

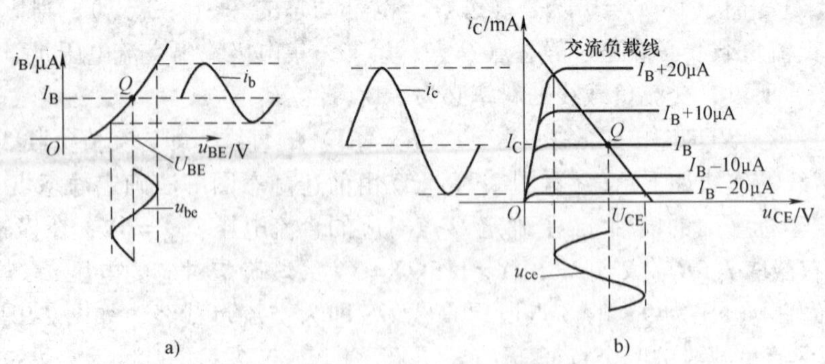

图 2-11 特性曲线的非线性引起的失真

a）输入特性非线性引起的失真 b）输出特性曲线不均匀引起的失真

2）静态工作点设置不合适产生的失真

放大电路的静态工作点设置不合适，也会产生失真甚至是严重的失真。

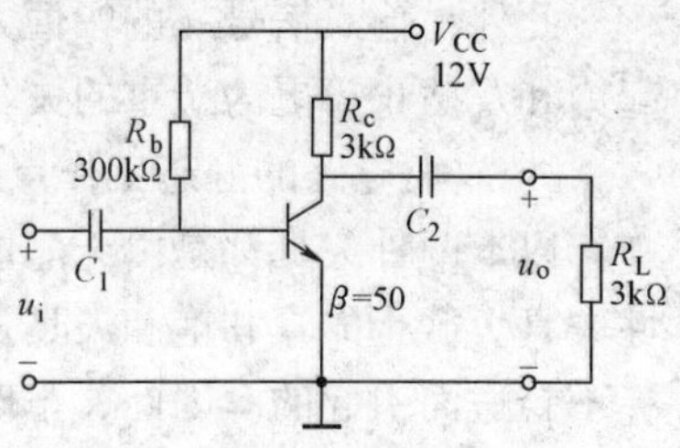

图 2-12　共射放大电路

下面仍以图 2-5a 所示电路为例，具体计算一下 $R_b=1200\text{k}\Omega$ 和 $R_b=180\text{k}\Omega$ 这两种情况下的静态工作点设置不合适所引起的失真。为讨论方便，现将图 2-5 所示电路重画于图 2-12 中。

① 当 $R_b=1200\text{k}\Omega$ 时工作情形。

当 R_b 由 300kΩ 变到 1200kΩ 时，有

$$I_B=(12-0.7)\text{V}/1200\text{k}\Omega\approx10\mu\text{A} \tag{2-21}$$

$$I_C=\beta I_B=0.5\text{mA} \tag{2-22}$$

$$U_{CE}=V_{CC}-I_CR_c=12\text{V}-3\text{k}\Omega\times0.5\text{mA}=10.5\text{V} \tag{2-23}$$

当 $R_b=1200\text{k}\Omega$ 时，工作点选得很低（$I_C=0.5\text{mA}$，$U_{CE}=10.5\text{V}$），如图 2-13 中的 Q 点，此时静态基极电流 I_B 较小，当 u_i 为负半周一定的电压范围内，使得 $u_{BE}<U_{on}$，晶体管处于截止状态，电流 i_B、i_C 为零。因此，使 i_b、i_c、u_o 波形严重失真，如图 2-13 所示。这种失真是因为晶体管工作状态进入到截止区引起的，称为截止失真。从输出电压 u_o 的波形看，正半周顶部被截去了，故又称为顶部失真。

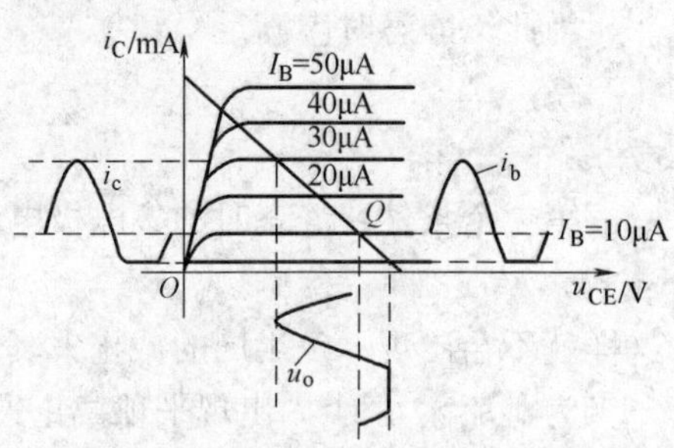

图 2-13　静态工作点偏低引起的截止失真

要避免这种截止失真，只需要加大 I_B、$I_C(=\beta I_B)$ 即可，其办法是减小基极偏置电阻 R_b，例如，将 R_b 减小到图 2-12 中的 300kΩ。

② 当 $R_b=180\text{k}\Omega$ 时工作情形。

当 R_b 由 300kΩ 变到 180kΩ 时，有

$$I_B=(12-0.7)\text{V}/180\text{k}\Omega\approx66\mu\text{A} \tag{2-24}$$

$$I_C=\beta I_B=3.3\text{mA} \tag{2-25}$$

$$U_{CE}=V_{CC}-I_CR_c=12-3\times3.3=2.1\text{V} \tag{2-26}$$

此时，静态基极电流 I_B 较大，当 u_i 在正半周的一定电压范围内，晶体管处于饱和状态，i_B 增加，i_C 不增加，即 i_C 达到饱和，从而造成 i_c、u_o 波形严重失真，如图 2-14 所示。这种失真是因为晶体管的工作状态进入到饱和区而引起的，所以称为饱和失真。从输出电压 u_o 的波形看，负半周底部被截去了，也称之为底部失真。

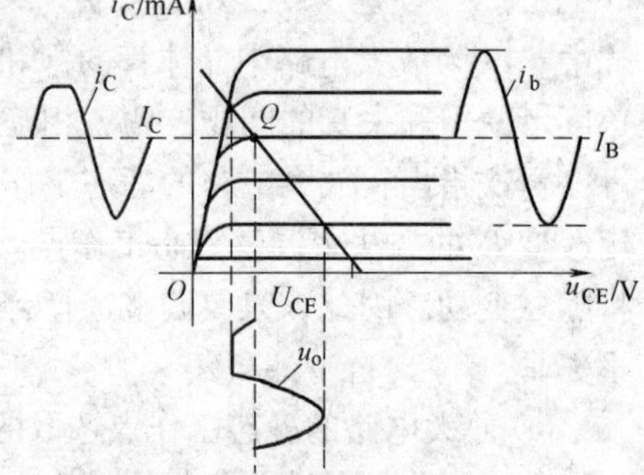

图 2-14　静态工作点偏高引起的饱和失真

显然，要避免这种饱和失真，就是要减小 I_B，从而减小 $I_C(=\beta I_B)$，其办法是，加大基极偏置电阻 R_b，例如，将 R_b 加大到图 2-12 中 300kΩ。

因此，要使放大电路不产生非线性失真，且希望输出电压动态变化的范围尽可能大，电路必须要有一个合适的静态工作点。若输出信号幅值较大，一般静态工作点 Q 应设置在交流负载线的中点。

此外，输入信号 u_i 的幅值太大，将使放大电路的工作范围超过特性曲线的线性范围而引起饱和及截止等更为严重的失真。

③ 放大电路的静态工作点应满足三个条件。

以上两种失真都是由于晶体管进入特性曲线的非线性工作区域后引起的，所以称为非线性失真。截止失真和饱和失真是非线性失真最严重的两种情形，它们均是由于静态工作点选择不合适而引起的。因此，正确地选择放大电路的静态工作点是保证放大器具有良好的交流放大特性的重要基础。

一般放大电路的静态工作点应满足以下三个条件：

第一个条件：静态时的基极电流 I_B 要比基极交流电流分量 i_b 的幅值 I_{bm} 大，即

$$I_B > I_{bm} \tag{2-27}$$

这样就不会出现输入回路引起 i_B 的负半周截止失真。

为此，静态时应满足

$$U_{BE} > U_{on} + U_{bem} \tag{2-28}$$

或

$$U_{BE} - U_{on} > U_{bem} \tag{2-29}$$

第二个条件：静态时的集电极电流 I_C 要比集电极交流分量 i_c 的幅值 I_{cm} 大，即

$$I_C > I_{cm} = \beta I_{bm} \tag{2-30}$$

这样就不会出现 i_C 负半周的截止失真。

为避免 u_{ce} 正半周出现平顶截止失真，根据前述交流负载线的作法，还要求满足

$$I_C(R_c /\!/ R_L) > U_{om} \tag{2-31}$$

式中，U_{om} 为要求输出的交流电压的幅值。式（2-30）、式（2-31）分别是从电流和电压的角度考虑截止失真的问题，两者相互联系，式（2-31）考虑了负载 $R_c /\!/ R_L$ 的影响。

第三个条件：静态时的管压降 U_{CE} 应大于集电极交流电压 u_o 的幅值 U_{om} 与晶体管临界饱和电压降 U_{CES}（硅管约为0.7V，为留有余地，常取临界饱和电压降 $U_{CES}>1V$）之和，即

$$U_{CE} > U_{CES} + U_{om} = U_{CES} + I_C(R_c /\!/ R_L) \tag{2-32}$$

这样就不会出现 u_{ce} 负半周的平底饱和失真。

根据晶体管的电流饱和条件，要避免饱和失真，应满足

$$\beta(I_B + I_{bm}) < I_{CS} = (V_{CC} - U_{CES}) / R_c \approx V_{CC} / R_c \tag{2-33}$$

式中，I_{CS} 为放大电路中晶体管的饱和电流。式（2-32）、式（2-33）分别是从电压和电流的角度考虑饱和失真的问题，两者相互联系。

再次指出：放大电路的静态工作点由参数 V_{CC}、R_c 和 R_b 决定。当 V_{CC}、R_c 选定后，通常用改变 R_b 的方法来调整静态工作点。这是因为，改变 R_b，则 I_B 改变，静态工作点 I_C、U_{CE} 都将随之变动。因此，只要调整选择合适的 R_b，就可保证有合适的 I_B、I_C 和 U_{CE}，使输出波形不失真。

④ 放大电路的静态工作点选取的一般原则。

静态工作点的选择要根据输出电压 u_o 的幅值和交流负载综合考虑。若输入信号 u_i 幅度较大（如几十毫伏以上），则输出电压 u_o 的幅值也较大（达几伏以上），为了减小波形失真，静态工作点最好选择在交流负载线的中点，这样可以保证输出电压 u_o 正、负半周对称。

当输入信号 u_i 幅度不大（如几毫伏以下）时，其输出电压 u_o 的幅值较小（几百毫伏以下），此时，为降低直流电源 V_{CC} 的功率消耗，在不产生失真（或失真在允许的条件）的前

提下，常把静态工作电流（I_B、I_C）选得小一些，静态工作点可选择在交流负载线的中点偏下。

⑤ 图解分析法的优缺点。

运用图解法分析放大电路，其优点是：能直观地了解输入电压、电流和输出电压、电流的波形及其相互间的关系，估算出波形不失真时输出电压的最大幅度。

其缺点是：作图繁琐，由于晶体管特性参数的分散性，晶体管特性曲线与实际不可能很好相符，因此，计算电压的放大倍数也会产生误差，而且不能定量计算放大电路的输入电阻、输出电阻等参数，特别是对于复杂的放大电路（如多级放大电路），应用图解法更加困难。

因此，它通常应用在研究大信号放大电路输出信号的动态范围和波形失真的情况；在分析小信号放大电路动态特性时，常采用下面介绍的微变等效电路分析法。

（3）晶体管微变等效电路

由于晶体管的输入与输出特性曲线都是非线性的，所以晶体管放大电路是一个非线性电路。但是，很多实际情况下，遇到的是将微弱的交流小信号电压（几十微伏到十几毫伏）进行放大，此时，放大电路的输入和输出电压、电流都比较小，可认为晶体管工作在输入与输出特性曲线的线性区域内，对于微小变化信号（交流小信号）来说，晶体管特性由非线性转化为线性。此时，可以用一个与之等效的线性电路来表示小信号情形下的晶体管，这就是晶体管的微变等效电路。有了晶体管的微变等效电路，就可以运用分析线性电路的方法来研究小信号晶体管放大电路。

1）晶体管共射低频 h 参数

放大器低频（这里所说的低频是晶体管结电容等可视为开路，耦合电容等可视为短路频率范围内的频率，本书后面若无特别指明，均属低频情况）微变等效电路的核心是晶体管微变等效电路，引出放大电路的微变等效电路之前，先建立晶体管微变等效电路模型。

晶体管作为一个有源双口网络，它可以采用 z 参数（开路阻抗参数）、y 参数（短路导纳参数）或 h（hybrid）参数（混合参数）进行分析。

在模拟电路分析和设计中，常用 h 参数等效电路模型，因为它不仅物理意义明确、参数容易测量，而且十分简便。微变等效电路是分析小信号放大电路交流特性的一个基本工具，读者务必很好地理解和掌握。

h 参数等效电路是对变化的小信号（即交流小信号）等效的，因此，h 参数等效电路是一个交流小信号电路模型，只能用它来分析和计算小信号放大电路的交流特性和交流参数，而不能用它来分析和计算小信号放大电路的直流特性和直流参数。

下面以图 2-15 所示的共射连接方式的晶体管双口网络为例，导出晶体管共射 h 参数低频微变等效电路。

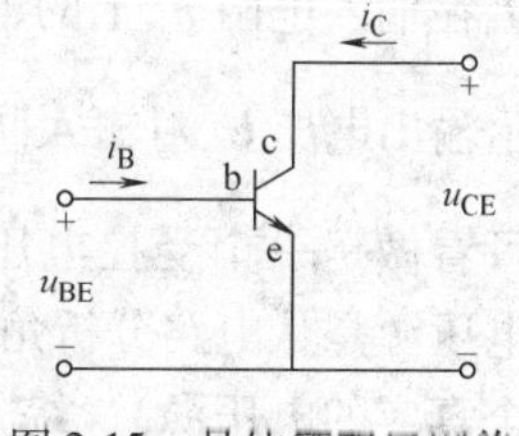

图 2-15　晶体管双口网络

图 2-15 所示的晶体管双口网络中，输入和输出回路的电压、电流关系可以分别表示为

$$u_{BE} = f_1(i_B, u_{CE}) \tag{2-34}$$

$$i_C = f_2(i_B, u_{CE}) \tag{2-35}$$

式中，i_B、u_{BE}、i_C、u_{CE} 均为瞬时电流量和瞬时电压量。为了讨论小信号情形下各变化量（即交流量）之间的关系，在静态工作点处，对式（2-34）、式（2-35）分别取全微分，得

$$\mathrm{d}u_{BE} = \left.\frac{\partial u_{BE}}{\partial i_B}\right|_{U_{CE}} \cdot \mathrm{d}i_B + \left.\frac{\partial u_{BE}}{\partial u_{CE}}\right|_{I_B} \cdot \mathrm{d}u_{CE} \tag{2-36}$$

$$\mathrm{d}i_C = \left.\frac{\partial i_C}{\partial i_B}\right|_{U_{CE}} \cdot \mathrm{d}i_B + \left.\frac{\partial i_C}{\partial u_{CE}}\right|_{I_B} \cdot \mathrm{d}u_{CE} \tag{2-37}$$

由于 $\mathrm{d}u_{BE}$表示 u_{BE}的变化量，可用交流电压 $\dot{U}_{be}$代替；同理，$\mathrm{d}i_B$用交流电流 $\dot{I}_b$代替；$\mathrm{d}i_C$用交流电流 $\dot{I}_c$代替；$\mathrm{d}u_{CE}$用交流电压 $\dot{U}_{ce}$代替。由电路分析可从式（2-36）、式（2-37）得出如下 h 参数方程

$$\dot{U}_{be} = h_{ie}\dot{I}_b + h_{re}\dot{U}_{ce} \tag{2-38}$$

$$\dot{I}_c = h_{fe}\dot{I}_b + h_{oe}\dot{U}_{ce} \tag{2-39}$$

符号下标 e 表示共发射极接法，式中

$$h_{ie} = \left.\frac{\partial u_{BE}}{\partial i_B}\right|_{U_{CE}} \tag{2-40}$$

$$h_{re} = \left.\frac{\partial u_{BE}}{\partial u_{CE}}\right|_{I_B} \tag{2-41}$$

$$h_{fe} = \left.\frac{\partial i_C}{\partial i_B}\right|_{U_{CE}} \tag{2-42}$$

$$h_{oe} = \left.\frac{\partial i_C}{\partial u_{CE}}\right|_{I_B} \tag{2-43}$$

四个 h 参数代表的意义如下：h_{ie}为输出端交流短路时的基-射极间输入电阻，单位为欧姆（Ω）；h_{re}为输入端交流开路时的反向电压传输系数（无量纲）；h_{fe}为输出端交流短路时的正向电流传输系数或电流放大系数（无量纲）；h_{oe}为输入端交流开路时的输出电导，单位为西［门子］（S）。h_{ie}、h_{re}、h_{fe}、h_{oe}具有不同的量纲，故称之为共射接法晶体管的 h 参数（混合参数）。

上述四个 h 参数，均可在放大电路的静态工作点 Q 处求得。h 参数字母符号的下标 i、r、f、o 分别代表输入、反向、正向和输出的意思。

2）晶体管 h 参数等效电路模型

由式（2-38）输入回路电压方程可知，输入电压 $\dot{U}_{be}$由两部分组成，一个是 $h_{ie}\dot{I}_b$，表示输入电流 $\dot{I}_b$在输入电阻 h_{ie}上的电压降；另一个是 $h_{re}\dot{U}_{ce}$，表示输出电压 $\dot{U}_{ce}$对输入回路的反作用（内反馈），它可看做是一个受控电压源（受控于 $\dot{U}_{ce}$，这种受控电压源是从电路分析角度出发虚拟的，它并不是一个真实的电压源）。综上所述，可得图 2-16 左边的输入等效电路。

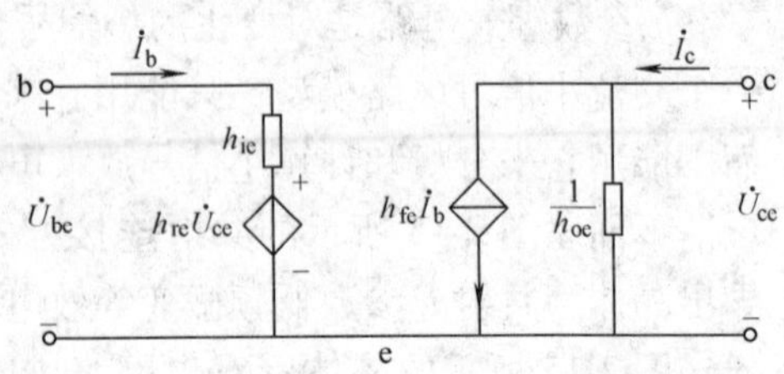

图 2-16　晶体管 h 参数等效电路

由式（2-39）输出回路电流方程可知，输出电流 $\dot{I}_c$由两个并联支路电流相加组成，一个是 $\dot{I}_b$引起的电流 $h_{fe}\dot{I}_b$，它可看做是一个受控电流源（受控于 $\dot{I}_b$），这种受控电流源也是从

电路分析角度虚拟的，并不是一个真实的电流源，它反映了输入电流 $\dot{I}_b$对输出电流 $\dot{I}_c$的控制作用（即放大作用）；另一个是输出电压 $\dot{U}_{ce}$在输出电阻 $1/h_{oe}$支路产生的电流 $h_{oe}\dot{U}_{ce}$。因此，可得图 2-16 右边的输出等效电路。

综上所述，图 2-16 是将晶体管线性化处理后的晶体管 h 参数等效电路。在小信号放大器交流特性分析时，可用该模型代替晶体管。

3）关于晶体管 h 参数等效电路模型的几点说明

① 电流源 $h_{fe}\dot{I}_b$的性质。引入的电流源 $h_{fe}\dot{I}_b$，是从电路分析出发虚拟（假设）出来的，它反映了晶体管在放大区、基极电流对集电极电流的控制作用（即电流放大作用），当 $\dot{I}_b=0$（$\dot{U}_{be}=0$）时，$h_{fe}\dot{I}_b=0$，可见电流源 $h_{fe}\dot{I}_b$受控于 $\dot{I}_b$，所以称 $h_{fe}\dot{I}_b$为受控电流源，$h_{fe}\dot{I}_b$不是一真实的独立电流源。

②电流源 $h_{fe}\dot{I}_b$的方向。图 2-16 等效电路中，规定电压以公共端为“－”端，电流以流进基极和集电极的方向为正方向（用“箭头”指向表示）。电流源 $h_{fe}\dot{I}_b$不仅大小受控于 $\dot{I}_b$、而且其方向也由 $\dot{I}_b$的方向（即 $\dot{U}_{be}$的方向）决定。

③ 电压源 $h_{re}\dot{U}_{ce}$的性质和方向。$h_{re}\dot{U}_{ce}$也是一个受控电压源（受控于 $\dot{U}_{ce}$），而不是一真实的独立电压源。它反映了输出交流电压 $\dot{U}_{ce}$对输入电路回路电流 $\dot{I}_b$的影响，它在电路中的极性由 $\dot{U}_{ce}$的极性决定。

④ h 参数等效电路为交流等效模型。h 参数等效电路是对交流小信号的等效交流模型，所以，只能用它来分析放大电路的交流特性和交流参数，而不能用它来分析电路的静态工作点，也不能用它来分析电路的电流、电压的瞬时量。

需要说明的是，h 参数是在静态工作点（Q 点）求出的，所以，h 参数实际上与静态工作点（Q 点）有关。

4）简化的晶体管 h 参数等效电路模型

含有 4 个 h 参数的微变等效电路全面反映了晶体管在放大状态下，交流电压和交流电流的关系。用它们来分析计算，一般结果是比较准确的，但分析计算过程比较复杂。由于晶体管参数的分散性很大，加之放大电路中其他元件数值也有比较大的偏差，从工程实际考虑，没有必要采用精确的等效电路。事实上，h_{re}通常在 10^{-3} ~ 10^{-4}之间，h_{oe}通常在 10^{-5}以下，它们的值很小，对电路影响完全可以忽略不计。因此，可将图 2-16 简化成图 2-17 的电路模型。

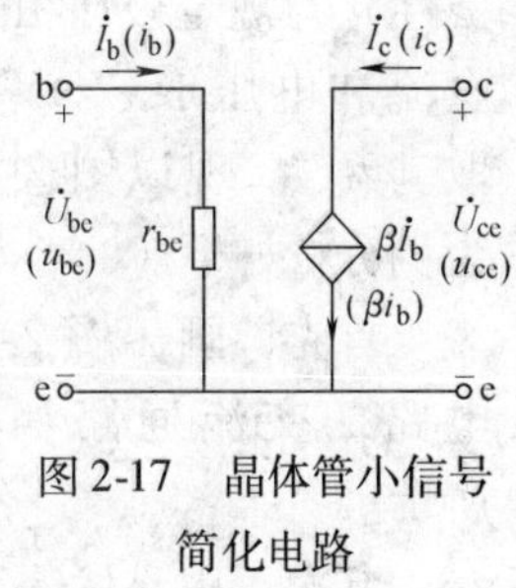

图 2-17　晶体管小信号简化电路

习惯上，在图 2-17 的简化电路模型中，通常用 β 代替 h_{fe}，用 r_{be}代替 h_{ie}。

用简化电路模型分析带来的误差完全在工程允许的范围内，后面分析一般采用图 2-17 的简化电路模型。

5）h 参数的确定：严格讲，β 值的大小与静态工作点有关，但在一定的范围内，β 值的大小随静态工作点变动变化很小。一般万用表都可以测量出 β 值。

另一个参数 r_{be} 可用下式估算：

$$r_{be} \approx r_b + (1+\beta) r_e \tag{2-44}$$

式中，r_b 为基区半导体的体电阻，约为 200 ~ 300Ω；r_e 为发射结交流电阻，由第 1 章中关于 PN 结的讨论可知，$r_e = U_T/I_E$，$U_T = kT/q$ 为温度电压当量，室温下 $T = 300\text{K}$ 时，$U_T \approx 26\text{mV}$，I_E 为发射极直流电流。由于从交流角度分析，流过 r_e 的交流为 $I_e = (1+\beta) I_b$，根据等效变换原理，将 r_e 由发射极回路折算到基极回路时，电流减小至原来的 $1/(1+\beta)$，则电阻必然增大（$1+\beta$）倍。所以，r_e 由发射极回路折算到基极回路时就变为（$1+\beta$）r_e。由于 r_{be} 是从基极看进去，基极与发射极间的交流电阻，因此，式（2-44）等号右边第二项应为（$1+\beta$）r_e。

式（2-44）还可表示为

$$r_{be} \approx 200\Omega + (1+\beta)(U_T/I_E) \tag{2-45}$$

式中，U_T 的单位为 mV，I_E 的单位为 mA，则 r_{be} 的单位为 Ω。一般 r_{be} 在几百至几千欧。

（4）共射放大电路微变等效电路分析法

利用晶体管 h 参数等效电路模型分析共射放大电路的交流特性称为共射放大电路微变等效电路分析法。其分析步骤为：第一步，根据直流通路估算直流工作点电流 I_E 和已知 β，由式（2-44）估算 r_{be}；第二步，确定放大器交流通路（画放大器交流通路原则前已讨论），用晶体管微变等效电路模型替换晶体管放大器交流通路中的晶体管，得到放大器的微变等效电路；第三步，在放大器的微变等效电路中标出电流、电压的规定极性：电压以公共端为“-”，电流的正方向规定（对 NPN 晶体管），$\dot{I}_b$ 和 $\dot{I}_c$ 流进基极和集电极为正方向（以“箭头”指向表示），$\dot{I}_e$ 流出发射极为正方向；第四步，根据放大器的微变等效电路和有关交流特性参数的定义，写出其表达式，计算放大器的各项交流参数指标。

需要注意的是，根据放大器的微变等效电路和有关交流特性参数的定义写表达式时，若电流和电压的实际极性（通常是以放大器输入端加一个对公共端为“+”的正输入信号 $\dot{U}_i$ 为基础，来确定放大器的微变等效电路中电流和电压的实际极性）与规定极性相同，则该电流和电压取“+”，否则，取“-”。现以图 2-18a 电路为例分析如下。

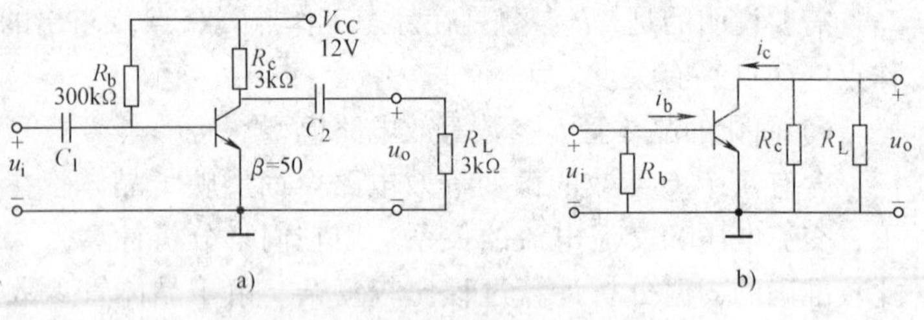

图 2-18 共射放大电路及其交流通路
a）共射电路 b）交流通路

首先，画出图 2-18a 所示电路的交流通路如图 2-18b 所示。

其次，用晶体管简化等效电路代替图 2-18b 交流通路中的晶体管，可得微变等效电路如图 2-19 所示。

第三，在微变等效电路中标出交流电压、交流电流的规定（参考）极性，如图 2-19 中“+”、“-”及箭头指向所示。

第四，根据图 2-19 所示的微变等效电路，求出放大器电压放大倍数、输入电阻 R_i 和输出电阻 R_o 的表达式。

1）求电压放大倍数。由图 2-19 可知，电压放大倍数为

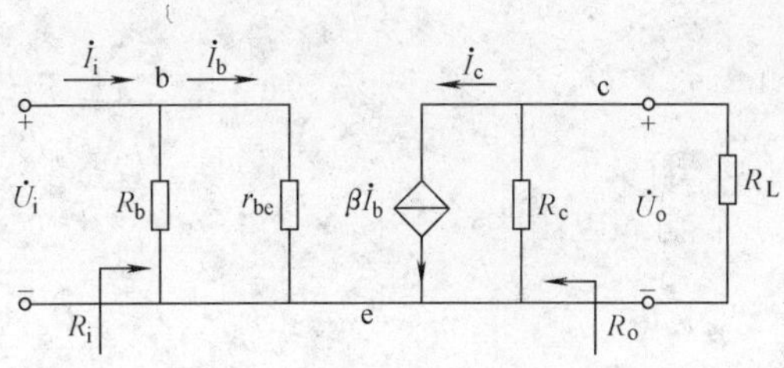

图 2-19　共射放大电路的微变等效电路

$$\dot{A}_u = \frac{\dot{U}_o}{\dot{U}_i} = \frac{-\beta\dot{I}_b R'_L}{\dot{I}_b r_{be}} = \frac{-\beta R'_L}{r_{be}} \qquad (2\text{-}46)$$

式中，$R'_L = R_c /\!/ R_L = R_c R_L/(R_c + R_L)$

式（2-45）中，$\dot{U}_o$取“－”表示在微变等效电路输入信号极性 $\dot{U}_i$的（实际极性与规定极性相同）作用下，$\dot{U}_o$的实际极性与规定极性相反（为什么？请读者思考），$\dot{A}_u$ 为“－”说明共射放大电路输出电压与输入电压相位相反，即共射放大电路为反相放大电路。

若 R_L开路，则电压放大倍数为

$$\dot{A}_u = \frac{\dot{U}_o}{\dot{U}_i} = \frac{-\beta\dot{I}_b R_c}{\dot{I}_b r_{be}} = \frac{-\beta R_c}{r_{be}} \qquad (2\text{-}47)$$

A_u的值通常在几十至一百多的范围内。

2）求输入电阻、输出电阻。由图 2-19 微变等效电路可知，输入电阻为

$$R_i = \frac{U_i}{I_i} = \frac{I_i(R_b /\!/ r_{be})}{I_i} = R_b /\!/ r_{be} \qquad (2\text{-}48)$$

实际中，R_b比 r_{be}大几十到几百倍，所以有

$$R_i \approx r_{be} \qquad (2\text{-}49)$$

3）求输出电阻。从放大电路的输出端向放大电路看进去的交流等效电阻，称为放大电路的输出电阻，用 R_o表示。需要注意，R_o是相对外接负载 R_L而言的放大电路的一个内部参数，因此，求 R_o时，不能将外接负载 R_L考虑在内。

从理论上讲，求 R_o的方法是：将放大电路输入端信号电压源 U_i短路（若为电流源，则开路。为什么？请读者思考），去掉输出端负载电阻 R_L，然后在输出端加交流电 U_o，则 U_o产生的电流为 I_o，U_o与 I_o之比即为输出电阻 R_o，所以有

$$R_o = \frac{U_o}{I_o}\bigg|_{U_s(\text{或}U_i)=0} \qquad (2\text{-}50)$$

由图 2-19 可知，放大电路输入端信号电压源 U_i短路（实际中采取去掉 U_i），$U_i=0$，则 $I_b=0$，受控电流源 $\beta I_b=0$，即受控电流源支路相当于开路，故有

$$R_o = R_c \qquad (2\text{-}51)$$

例 2-4　已知晶体管基区体电阻 $r_b=300\Omega$，试用微变等效电路法求图 2-18a 所示电路的电压放大倍数、输入电阻和输出电阻。

解：微变等效电路如图 2-19 所示。首先求 r_{be}，由前面分析可知

$$I_B = (V_{CC} - U_{BE})/R_b \approx V_{CC}/R_b = 40\mu A$$

$$I_E \approx I_C = \beta I_B \approx \beta V_{CC}/R_b = 2mA$$

故　$$r_{be} = r_b + (1+\beta)U_T/I_E = 300\Omega + 51\times(26mV/2mA) = 0.963k\Omega$$

电压放大倍数为

$$\dot{A}_u = \frac{\dot{U}_o}{\dot{U}_i} = \frac{-\beta R'_L}{r_{be}} = -\frac{50 \times 1.5}{0.963} = -78$$

输入电阻为

$$\dot{R}_i = \frac{\dot{U}_i}{\dot{I}_i} = R_b // r_{be} \approx 0.96\text{k}\Omega$$

输出电阻为

$$R_o = R_c = 3\text{k}\Omega$$

4. 工作点稳定的共发射极放大电路

为了使放大电路不失真地放大交流信号，必须给晶体管设置合适的静态工作点，使之工作在放大区。在图 2-12 所示的基本放大电路中，当电源电压 V_{CC}和集电极电阻 R_c确定之后，静态工作点 Q 是由基极电流 I_B决定的，电流 I_B称为基极偏置电流。而 V_{CC}和电阻 R_b是提供偏置电流的电路，称为基极偏置电路。由于 V_{CC}和电阻 R_b确定后，偏置电流 I_B是固定的，所以，图 2-12 所示的基本放大电路称为固定偏置放大电路。

固定偏置放大电路的优点是电路比较简单，易于调整；但缺点是在外部因素影响下，静态工作点不稳定。影响静态工作点不稳定的因素中，以温度的影响最大。温度对晶体管静态工作点的影响，集中表现为集电极电流 I_C的变化，特别是当环境温度变化很大时，晶体管静态集电极电流 I_C变化很大，导致静态工作点 Q 点上移而接近饱和区，或下移而靠近截止区，严重时发生截止或饱和失真。

为了保证放大电路可靠而正常地工作，应采取稳定放大电路静态工作点的措施。稳定静态工作点的关键就在于稳定静态集电极电流 I_C。具体方法是改进偏置电路的形式，使之既能建立合适的静态工作点，又能在温度变化时具有稳定静态工作点的作用。

实际中通常采用图 2-20 所示的分压式射极偏置放大电路，与图 2-12 所示固定偏置电路相比，增加了电阻 R_{b1}、R_e和电容 C_e。其直流通路如图 2-21 所示。R_{b1}、R_{b2}构成分压电路，为晶体管基极提供合适的直流电位。

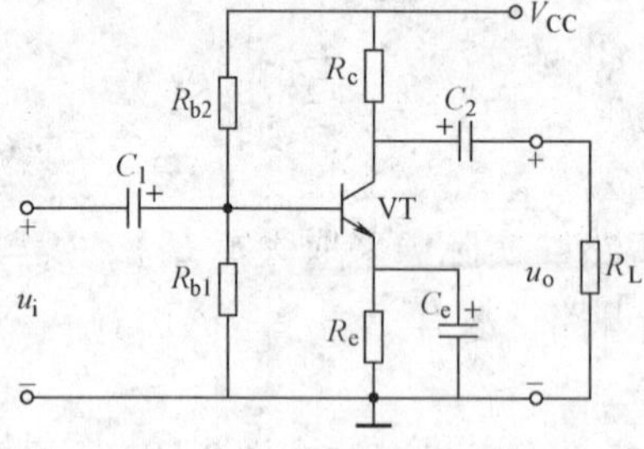

图 2-20　静态工作点稳定电路

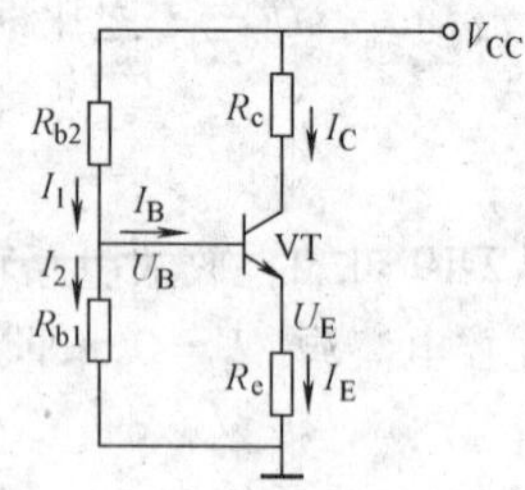

图 2-21　图 2-20 所示电路的直流通路

（1）工作点稳定条件与稳定过程

温度变化对静态工作点的影响集中反映在静态集电极电流 I_C的变化上，因此要保持工作点的稳定，就要设法保证 I_C基本不变。图 2-20 所示电路采取了两个方面的措施来稳定 I_C。

1）由基极电阻 R_{b1}、R_{b2}分压而得到固定的基极电位 U_B

图 2-20 所示电路能够稳定静态工作点，要求适当地选择 R_{b1}、R_{b2}，使图 2-21 所示的直

流通路满足如下条件：

$$I_1 \gg I_B \tag{2-52}$$

实际中一般取

$$I_1 = (5 \sim 10) I_B$$

则有

$$I_1 = I_2 + I_B \approx I_2 \tag{2-53}$$

因此，晶体管基极电位为

$$U_B \approx R_{b1} V_{CC} / (R_{b1} + R_{b2}) \tag{2-54}$$

U_B（一个下角标表示对公共端而言，下同）由电源电压 V_{CC} 和分压电阻 R_{b1}、R_{b2} 来决定，与晶体管的参数基本无关，使得 U_B 不随温度变化而很稳定（当然忽略了分压电阻 R_{b1}、R_{b2} 受温度的影响）。

U_B 的选取原则如下：对硅晶体管而言，$U_B = (3 \sim 5) U_{BE}$；对锗晶体管而言，$U_B = (5 \sim 10) U_{BE}$。

2）利用发射极电阻 R_e 上的电压 U_E 自动调整 I_B、I_C

图 2-20 所示的放大电路中晶体管增加发射极电阻 R_e，目的是为了通过发射极电流 $I_E (I_E = I_B + I_C)$ 在 R_e 上产生直流负反馈电压 $U_E = I_E R_e$。当环境温度升高时，集电极电流 I_C 的变大，必然会引起发射极电流 I_E 的变大，从而引起发射极电位 U_E 的增大，使加在发射结上的电压 $U_{BE} (= U_B - U_E)$ 减小，引起基极电流 I_B 和集电极电流 I_C 的减小（实际上是牵制了 I_C 的增大），反之，牵制 I_C 的减小。这一自动控制过程（直流负反馈）可简述如下（“↑”表示增加，“↓”表示减小）：

温度 $T \uparrow \rightarrow I_C \uparrow \rightarrow I_E \uparrow \rightarrow U_E (= I_E R_e) \uparrow \rightarrow U_{BE} (= U_B - U_E) \downarrow \rightarrow I_B \downarrow \rightarrow I_C \downarrow$

以上过程相反亦成立。

总之，当温度变化使静态集电极电流变化时，自动控制过程将会牵制集电极电流的变化，从而也牵制了 U_{CE} 的变化，达到自动稳定电路静态工作点的目的。

发射极电阻 R_e 越大，同样的集电极电流变化所引起的 U_E 变化就越大，反向控制（牵制）I_C 变化的作用就越强，电路的静态工作点就越稳定；但 R_e 也不能选得过大，因为，R_e 过大必然使得 U_{CE} 太小，使晶体管靠近饱和区，在较大输入信号 u_i 的作用下，容易发生饱和失真。实际中，R_e 一般取 $1 \sim 2\text{k}\Omega$。

另外，分压电阻 R_{b1}、R_{b2} 越小，基极电流 I_B 对基极电位 U_B 的影响也就越小，基极电位 U_B 也就越稳定，则集电极电流变化所引起的 U_E 变化对 U_{BE} 反方向变化的控制作用越强，电路的静态工作点也就越稳定。实际中，一般根据以下原则来确定 $R_{b1} + R_{b2}$ 的值：硅晶体管：$I_1 \approx V_{CC} / (R_{b1} + R_{b2}) = (5 \sim 10) I_B$；锗晶体管：$I_1 \approx V_{CC} / (R_{b1} + R_{b2}) = (10 \sim 20) I_B$。$R_{b1} + R_{b2}$ 的值通常在几十千欧至几百千欧之间，不能选得太小。这是因为 $R_{b1} + R_{b2}$ 的值选得太小，一方面，不仅分压电阻的功率消耗大；另一方面，还会使放大电路的输入电阻 R_i 降低，这在大多数情况下也是不希望的。

3）R_e 的两端并联电容 C_e 的作用

图 2-20 所示的放大电路中 R_e 的两端并联了一个电容 C_e，称为交流旁路电容，其容量一般为几十微法至一二百微法（根据输入信号频率的高低确定）。C_e 的选取原则是：对输入交流信号而言，其容抗值很小（一般可视为零）。如果 R_e 的两端没有并联 C_e，则交流分量 i_c、

直流分量 I_C 均流过 R_e，R_e 在稳定直流分量 I_C 的同时，也会稳定交流分量 i_c，即抑制了交流电流 i_c 的变化，使得 i_c 的幅度降低，导致与 i_c 成正比的输出电压 u_o 幅度降低，电路的电压放大能力减弱（这就是后面章节中要讨论的负反馈）。为了使电路的电压放大能力不致于因 R_e 的引入而减弱，可在 R_e 的两端并联一个对交流信号视为短路（容抗约为零）的大电解电容 C_e，则 R_e 两端的交流电压为零，R_e 对电路的交流放大能力也就没有影响。

（2）静态工作点的计算

根据图 2-21 所示的直流通路，其静态工作点的计算方法是：从基极电压 U_B 入手，先算 I_E、然后计算 I_B、U_{CE}。步骤如下：

$$U_B = R_{b1}V_{CC}/(R_{b1}+R_{b2}) \tag{2-55}$$

$$I_E = (U_B - U_{BE})/R_e$$

当满足 $U_B \gg U_E$ 时，则有

$$I_E \approx U_B/R_e = R_{b1}V_{CC}/[R_e(R_{b1}+R_{b2})] \approx I_C \tag{2-56}$$

$$I_B = I_E/(1+\beta) \tag{2-57}$$

$$U_{CE} = V_{CC} - I_C R_c - I_E R_e \approx V_{CC} - I_C(R_c + R_e) \tag{2-58}$$

（3）交流参数计算

1）电压放大倍数

图 2-20 所示电路的微变等效电路如图 2-22 所示，也为共射组态放大电路，它与图 2-18a 所示的固定偏置电路的微变等效电路（见图 2-19）基本相同，其交流参数表达式也相同。

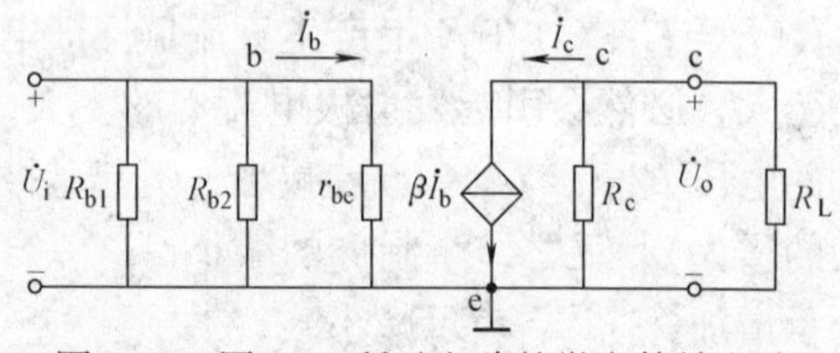

图 2-22　图 2-20 所示电路的微变等效电路

电压放大倍数为

$$\dot{A}_u = \frac{\dot{U}_o}{\dot{U}_i} = \frac{-\beta\dot{I}_b R'_L}{\dot{I}_b r_{be}} = \frac{-\beta R'_L}{r_{be}} \tag{2-59}$$

式中，$R'_L = R_c /\!/ R_L = \dfrac{R_c R_L}{R_c + R_L}$

电压放大倍数也为负，同样表示输出交流电压与输入交流电压相位相反。

2）输入电阻和输出电阻

输入电阻为

$$R_i = \frac{\dot{U}_i}{\dot{I}_i} = r_{be} /\!/ R_{b1} /\!/ R_{b2} \tag{2-60}$$

实际中通常满足

$$R_{b1} /\!/ R_{b2} \gg r_{be}$$

故输入电阻可近似表示为

$$R_i = r_{be} \tag{2-61}$$

R_i 通常为几百至几千欧。

输出电阻为

$$R_o = R_c \tag{2-62}$$

R_o通常在几千欧左右。

例 2-5 电路如图 2-23 所示，晶体管的$\beta=100$，$r_b=100\Omega$。

（1）求电路的静态工作点 Q 点、$\dot{A}_u$、R_i和 R_o；

（2）源电压增益 $\dot{A}_{us}$；

（3）若电容 C_e开路，将引起电路的哪些动态参数发生变化？如何变化？

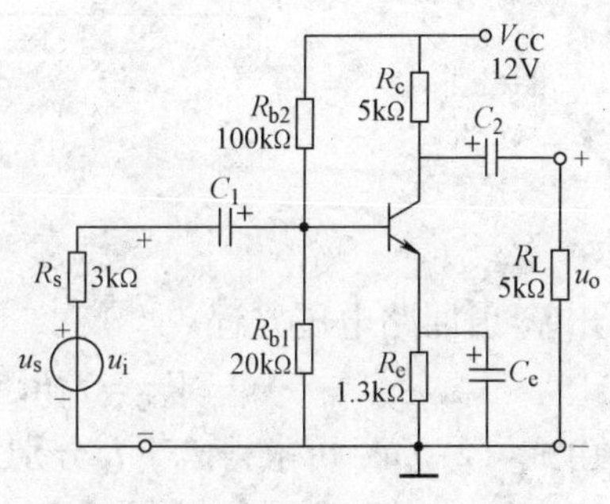

图 2-23 静态工作点稳定的共射放大电路

解：（1）静态分析如下：

$$U_B \approx \frac{R_{b1}}{R_{b1}+R_{b2}}V_{CC}=2V$$

$$I_E=\frac{U_B-U_{BE}}{R_e}\approx 1mA$$

$$I_B=\frac{I_E}{1+\beta}\approx 10\mu A$$

$$U_{CE}\approx V_{CC}-I_E(R_c+R_e)=5.7V$$

交流参数分析如下：

$$r_{be}=r_b+(1+\beta)\frac{26mV}{I_E}\approx 2.73k\Omega$$

$$\dot{A}_u=-\frac{\beta(R_c /\!/ R_L)}{r_{be}}=-91.6$$

$$R_i=R_{b1}/\!/R_{b2}/\!/r_{be}=r_{be}=2.73k\Omega$$

$$R_o=R_c=5k\Omega$$

（2）源电压增益 $\dot{A}_{us}$为

$$\dot{A}_{us}=[R_i/(R_i+R_s)]\dot{A}_u=-43.6$$

即信号源内阻 R_s的存在使电压放大倍数下降，若 R_o一定，希望源电压增益 $\dot{A}_{us}$大些，则应想办法提高放大器输入电阻 R_i。

（3）若电容 C_e开路，则 R_i增大

$$R_i=R_{b1}/\!/R_{b2}/\!/[r_{be}+(1+\beta)R_e]\approx 14.8\ k\Omega。$$

同时$\left|\dot{A}_u\right|$减小，即

$$\dot{A}_u\approx -\frac{R'_L}{R_e}=-1.9$$

2.2.2 共集电极放大电路

共集电极放大电路也是一种应用广泛的放大电路，其基本电路如图 2-24a 所示，信号由基极输入，由发射极输出，故又称为射极输出器。

1. 静态工作点的计算

射极输出器的直流通路如图 2-24b 所示，其静态工作点计算由基-射回路入手，首先列

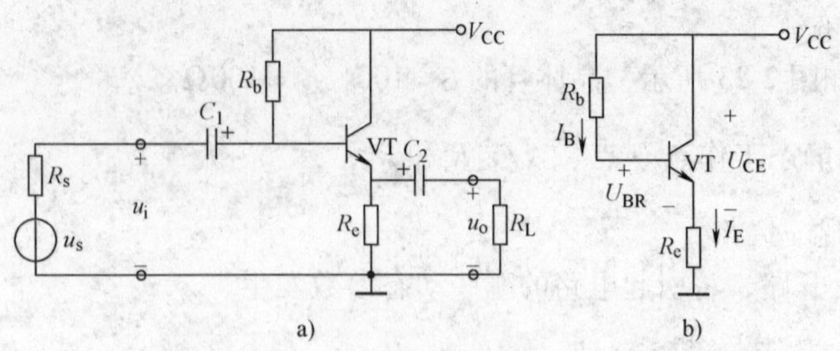

图 2-24　晶体管共集放大电路

a）基本电路　b）直流通路

出基-射回路电压方程

$$V_{CC} = I_B R_b + U_{BE} + I_E R_e = I_B R_b + U_{BE} + (1+\beta) I_B R_e \tag{2-63}$$

由式（2-63）可求得 I_B、I_E 分别为

$$I_B = (V_{CC} - U_{BE}) / [R_b + (1+\beta) R_e] \tag{2-64}$$

$$I_E = (1+\beta) I_B \tag{2-65}$$

U_{CE} 为

$$U_{CE} = V_{CC} - I_E R_e \tag{2-66}$$

2. 交流参数的计算

图 2-24a 所示放大电路的交流通路和微变等效电路分别如图 2-25a、b 所示。从射极输出器的交流通路可以看出，输入交流信号从基极输入，输出交流信号从发射极输出，集电极是交流信号输入、输出回路的公共端，故射极输出器也称为共集电极放大电路。

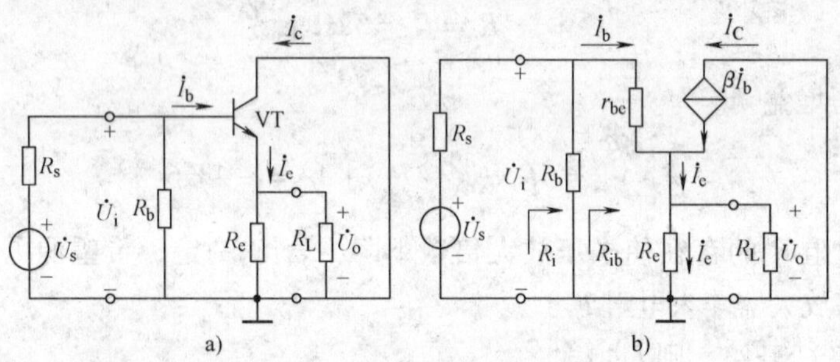

图 2-25　共集放大电路的交流通路及其微变等效电路

a）交流通路　b）微变等效电路

下面计算电压放大倍数、输入电阻和输出电阻，并说明其特点。

（1）电压放大倍数

根据图 2-25b 所示的射极输出器的微变等效电路可得

$$\dot{U}_i = \dot{I}_b r_{be} + \dot{I}_e R'_L = \dot{I}_b r_{be} + (1+\beta) \dot{I}_b R'_L$$

式中，$R'_L = R_e // R_L$

又因为

$$\dot{U}_o = \dot{I}_e R'_L = (1+\beta) \dot{I}_b R'_L$$

所以有

$$\dot{A}_u = \frac{\dot{U}_o}{\dot{U}_i} = \frac{(1+\beta)R'_L}{r_{be}+(1+\beta)R'_L} \tag{2-67}$$

即放大电路的电压放大倍数为正，$\dot{U}_o$与$\dot{U}_i$同相。由于一般情况下，$r_{be} \ll (1+\beta)R'_L$，故电压放大倍数小于近似等于1，因此有$\dot{U}_o \approx \dot{U}_i$，即发射极输出交流电压跟随基极输入交流电压变化，故射极输出器又称为电压跟随器。

射极输出器虽然没有电压放大作用，但因发射极输出交流电流是基极输入交流电流的$(1+\beta)$倍，故射极输出器具有较大的电流放大作用和功率放大作用。

（2）输入电阻

由图2-25b可知，不考虑R_b，从基极向右看进去的电阻输入电阻R_{ib}为

$$R_{ib} = U_i/I_b = [\,I_b r_{be} + (1+\beta)I_b R'_L]/\,I_b = r_{be} + (1+\beta)R'_L \tag{2-68}$$

$(1+\beta)R'_L$可以理解为将发射极电阻R'_L折算到基极电路的等效电阻，由于电流减小至$1/(1+\beta)$，故根据等效变换原理，电阻必然加大到$(1+\beta)$倍。R_{ib}可达几十千欧到几百千欧。

考虑R_b后，电路的输入电阻为

$$R_i = R_b /\!/ [\,r_{be} + (1+\beta)R'_L] \tag{2-69}$$

一般R_b为几十千欧到几百千欧，故射极输出器的输入电阻比较大，可达几万欧以上，比共射极放大电路的输入电阻高几十倍以上。在实际要求放大电路的输入电阻高的情况下（例如晶体管毫伏表的输入级放大电路等），可用射极输出器。输入电阻很大是射极输出器的一个显著特点。

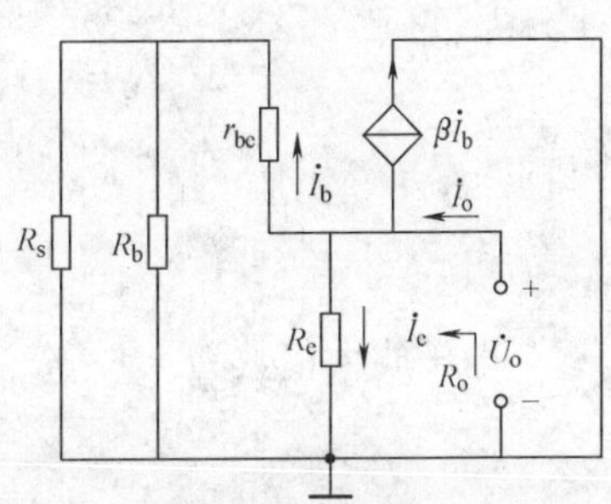

图2-26　射极输出器求输出电阻的等效电路

（3）输出电阻

求射极输出器的输出电阻的等效电路如图2-26所示。即令输入电压源U_s短路，保留内阻R_s，将R_L去掉后，在输出端加一交流电压U_o，此时，仅由U_o在输出端产生的交流电流I_o为

$$I_o = I_b + \beta I_b + I_e = \frac{U_o}{r_{be}+R'_s} + \beta\frac{U_o}{r_{be}+R'_s} + \frac{U_o}{R_e}$$

式中，$R'_s = R_s R_b/(R_s + R_b)$。

则输出电阻为

$$R_o = \frac{U_o}{I_o} = \frac{1}{\dfrac{1+\beta}{r_{be}+R'_s} + \dfrac{1}{R_e}} = \frac{R_e(r_{be}+R'_s)}{(1+\beta)R_e + (r_{be}+R'_s)} = R_e /\!/ \frac{(r_{be}+R'_s)}{1+\beta} \tag{2-70}$$

实际中通常满足

$$(1+\beta)R_e \gg (r_{be}+R'_s)$$

$$R_o \approx \frac{r_{be}+R'_s}{1+\beta} \approx \frac{r_{be}+R'_s}{\beta} \tag{2-71}$$

式中，$r_{be}+R'_s$通常为几百至几千欧，β为几十至一二百，故R_o通常为几至几十欧。输出电阻很小（带负载的能力很强），是射极输出器的又一显著特点。

在实际中，有些负载是低阻值的（例如扬声器只有几至十几欧），此时，前面讨论的共射放大电路就不宜直接驱动低阻值的负载，这种情况下，就可以用射极输出器去驱动低阻值负载。

由于射极输出器具有输入电阻大和输出电阻小的特点，因此，在多级放大电路中，常作为输入级、输出级和缓冲级等电路。这是因为，用做输入级，可以减轻激励电压源的负载，例如晶体管电压表输入级用射极输出器，可保证测量的精确度；用做输出级，可以提高放大电路的带负载能力；用做中间缓冲级，可以隔离前、后级电路之间的相互影响，提高多级放大电路整体的工作性能。另外，由于它的输出电阻小，具有恒压输出的特性，还可用作简单的恒压装置。

综上所述，射极输出器有三个显著的特点：① 为同相放大器，且电压放大倍数小于约等于1；② 输入电阻很大，为十几至几十千欧；③ 输出电阻很小、约几到几十欧。

例 2-6 在图 2-24a 所示电路中，已知 $V_{CC}=12V$，$R_b=270k\Omega$，$R_s=1k\Omega$，$R_e=2.7k\Omega$，$R_L=2.7k\Omega$，晶体管基区体电阻 $r_b=200\Omega$，$\beta=60$，$U_{BE}=0.7V$，试求电路的静态工作点及 A_u、R_i、R_o。

解： 首先求电路的静态工作点。

由图 2-24b 所示直流通路可列出如下方程

$$I_B R_b + U_{BE} + I_E R_e = R_b I_E/(1+\beta) + U_{BE} + I_E R_e = V_{CC}$$

$$I_E = (V_{CC} - U_{BE})/[R_e + R_b/(1+\beta)] \approx 1.57mA$$

$$I_B = I_E/(1+\beta) \approx 26\mu A$$

$$U_{CE} = V_{CC} - I_E R_e = 7.8V$$

$$r_{be} = r_b + (1+\beta)U_T/I_E \approx 1.21k\Omega$$

电压放大倍数为

$$A_u = \frac{U_o}{U_i} = \frac{(1+\beta)R'_L}{r_{be}+(1+\beta)R'_L} = 0.99$$

输入电阻为

$$R_i = \frac{R_b[r_{be}+(1+\beta)R'_L]}{R_b + r_{be} + (1+\beta)R'_L} = 63.8k\Omega$$

输出电阻为

$$R_o \approx \frac{r_{be}+R'_s}{1+\beta} \approx 36\Omega$$

2.2.3 共基极放大电路

图 2-27 给出了一个实用的晶体管共基极放大电路。图中，R_{b1}、R_{b2}、R_e、R_c 等构成分压式射极偏置电路，为晶体管设置合适而稳定的工作点。输入信号经耦合电容 C_1 从发射极输入，输出信号由集电极经耦合电容 C_2 输出给负载 R_L，而基极通过旁路电容 C_b 交流接地（需要注意，C_b 不可缺少），基极作为输入、输出的公共端。因此，对交流信号而言，图 2-27 所示的放大电路为共基极放大电路。

1. 静态工作点的计算

图 2-27 所示电路的直流通路与图 2-20 静态工作点稳定电路的直流通路（见图 2-21）基

本相同，其静态工作点的计算与图 2-20 所示电路静态工作点的计算完全一样，即由式（2-55）~式（2-58）确定，在此不赘述。

2. 交流参数的计算

图 2-27 所示放大电路微变等效电路如图 2-28 所示（为什么图中没有 R_{b1}、R_{b2}？请读者思考）。

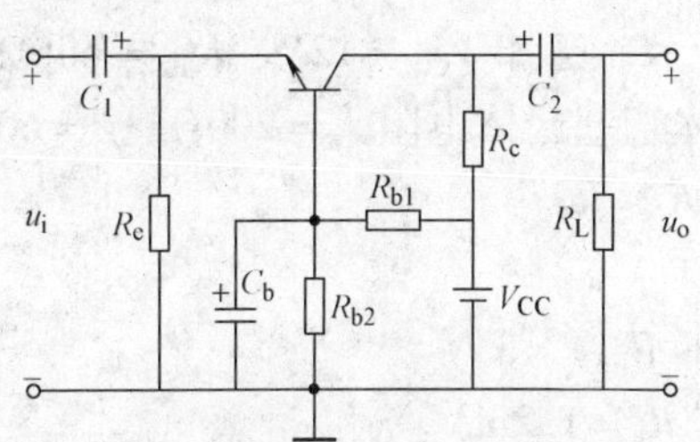

图 2-27 晶体管共基极放大电路

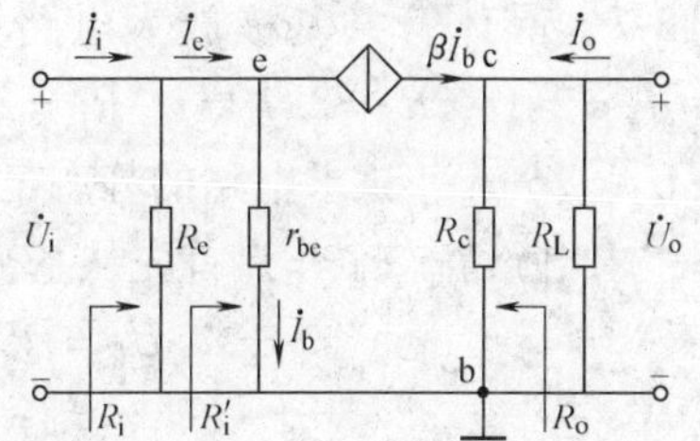

图 2-28 共基极放大电路微变等效电路

（1）电压放大倍数

由图 2-28 可知

$$\dot{U}_i = \dot{I}_b r_{be}$$

$$\dot{U}_o = \beta\dot{I}_b(R_c /\!/ R_L)$$

则电压放大倍数为 （2-72）

$$\dot{A}_u = \frac{\dot{U}_o}{\dot{U}_i} = \frac{\beta R_L'}{r_{be}}$$

式中，

$$R_L' = R_c /\!/ R_L$$

由式（2-72）可以看出，与共射放大电路电压放大倍数相比，仅相差一个“-”号。共射放大电路的电压放大倍数为负，表示输出交流电压与输入交流电压相位相反，共射放大电路为反相放大电路；共基放大电路的电压放大倍数为正，表示输出交流电压与输入交流电压相位相同，共基放大电路为同相放大电路，读者应注意两者差别。A_u的数值通常为几十。

（2）输入电阻

由图 2-28 所示电路可知，未考虑 R_e影响时

$$R_i' = \frac{\dot{U}_i}{\dot{I}_e} = \frac{\dot{I}_b r_{be}}{\dot{I}_b + \beta\dot{I}_b} = \frac{r_{be}}{1+\beta}$$

考虑 R_e影响时的输入电阻为

$$R_i = R_e /\!/ R_i' = R_e /\!/ \frac{r_{be}}{1+\beta} \tag{2-73}$$

实际中，通常满足 R_e比 $r_{be}/(1+\beta)$ 大十几至几十倍，所以有

$$R_i \approx r_{be}/(1+\beta) \tag{2-74}$$

R_i通常在十几至几十欧。输入电阻小，是共基极放大电路的一个显著特点。

（3）输出电阻

由图 2-28 可知，若 $\dot{U}_{i}=0$，则 $\dot{I}_{b}=0$，$\beta\dot{I}_{b}=0$，显然，输出电阻为

$$R_{o}=R_{c} \tag{2-75}$$

与共射极放大电路情况相同，R_{o}通常也在几百欧姆至几千欧姆左右。

综上所述，可以看出，共基极放大电路具有以下两个特点：① 输出电压与输入电压同相位，电压放大倍数较大，其值与共发射极电路相同；② 输入电阻很低，输出电阻较高。

例 2-7　晶体管共基极放大电路如图 2-27 所示，已知 $V_{CC}=12V$、$R_{b1}=60k\Omega$、$R_{b2}=20k\Omega$、$R_{e}=2k\Omega$、$R_{c}=2.7\ k\Omega$、$R_{L}=2.7\ k\Omega$，晶体管基区体电阻 $r_{b}=200\Omega$、$\beta=60$、$U_{BE}=0.6V$，$U_{T}=26mV$，试求电路的静态工作点及 A_{u}、R_{i}、R_{o}。

解：求电路静态工作点首先从基极电压入手。

$$U_{B}=V_{CC}R_{b2}/(R_{b1}+R_{b2})=3V$$

$$I_{C}\approx I_{E}=(U_{B}-U_{BE})/R_{e}=1.2mA$$

$$I_{B}=I_{E}/(1+\beta)\approx 20\mu A$$

$$U_{CE}\approx V_{CC}-I_{C}(R_{c}+R_{e})\approx 6.4V$$

$$r_{be}=r_{b}+(1+\beta)U_{T}/I_{E}\approx 1.5k\Omega$$

电压放大倍数为

$$A_{u}=\frac{U_{o}}{U_{i}}=\frac{\beta R_{L}'}{r_{be}}=54$$

输入电阻为

$$R_{i}=R_{e}/\!/\frac{r_{be}}{1+\beta}\approx\frac{r_{be}}{1+\beta}\approx 25\Omega$$

输出电阻为

$$R_{o}=R_{c}=2.7\ k\Omega$$

2.2.4　三种基本放大器的性能比较

以上讨论了共射、共集和共基三种基本放大器，为了便于比较，现将它们的性能特点列于表 2-1 中。其中，共射极电路既有电压增益，又有电流增益，所以应用最广，常用作各种放大器的主放大级。

表 2-1　共射、共基、共集放大器的性能比较

性　能	共　射	共　基	共　集
A_{u}	$-\frac{\beta R_{L}'}{r_{be}}$ 大（几十至一二百） u_{i} 与 u_{o} 反相	$\frac{\beta R_{L}'}{r_{be}}$ 大（几十至一二百） u_{i} 与 u_{o} 同相	$\frac{(1+\beta)R_{L}'}{r_{be}+(1+\beta)R_{L}'}$ 小（≈1） u_{i} 与 u_{o} 同相
A_{i}	约为 β（大）	约为 α（≤1）	约为（$1+\beta$）（大）
G_{p}	大（几千）	小（几十至一二百）	小（几十至一二百）
R_{i}	r_{be} 中（几百至几千欧）	$\frac{r_{be}}{1+\beta}$ 低（几至几十欧）	$R_{b}/\!/[r_{be}+(1+\beta)R_{L}']$ 大（几万欧）

（续）

性　能	共　射	共　基	共　集
R_o	高（$\approx R_c$）	高（$\approx R_c$）	低$\left(\frac{r_{be}+R'_s}{1+\beta}\right)$
高频特性	差	好	好
用途	单级放大或多级放大器的中间级	宽带放大、高频电路	多级放大器的输入、输出级和中间缓冲级

2.3　多级放大电路

实际中由各类传感器获得的初始电信号通常很微弱（一般在几十微伏至几毫伏之间），这种微弱的电信号通常需要放大几千至几万倍以上才能驱动负载正常工作。单级共射（或共基）极放大电路只能放大几十至一百多倍，因此，单级放大电路放大倍数满足不了实际需要。为此，需要将多个单级放大电路首尾连接（即前一级放大电路的输出连到后一级放大电路的输入）起来组成多级放大电路，将微弱的电信号逐级放大以满足实际要求。

2.3.1　放大电路的级间耦合方式

多级放大电路各级之间连接的方式称为级间耦合方式。级间耦合方式有多种形式，但无论采取何种级间耦合方式，都应满足两个基本要求：一是要确保各级放大器有合适的静态工作点；二是应使前一级放大电路的输出信号尽可能不衰减（或衰减尽可能小）地加到后一级的放大电路输入端。常用的耦合方式有三种，即阻容耦合、直接耦合和变压器耦合。

1. 阻容耦合放大电路

阻容耦合是通过电容将后一级放大电路的输入端与前一级放大电路的输出端相连接，二级共射阻容耦合放大电路如图2-29所示。由于电容C_1、C_2、C_3（称为耦合电容）选得较大，对输入交流信号而言视为短路。耦合电容的隔直流作用，使各级的静态工作点互不影响，这样就给静态工作点调试和分析带来很大方便。而且，交流信号也能由前一级放大电路的输出端几乎不衰减地通过耦合电容加到后一级放大电路的输入端，实现将交流信号逐级放大。

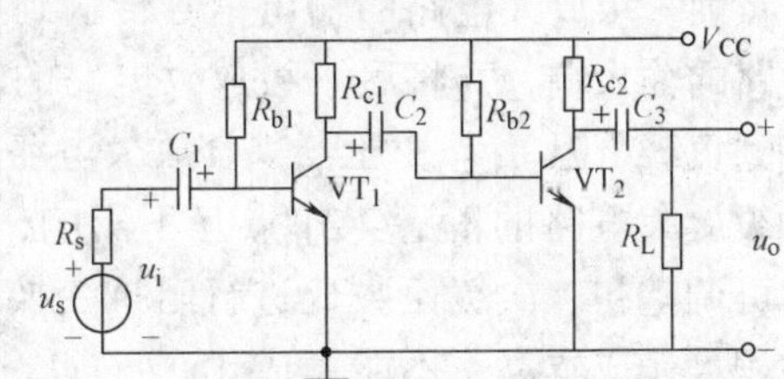

图2-29　二级共射阻容耦合放大电路

2. 直接耦合放大电路

直接耦合是指通过导线（或电阻、二极管等）将后一级放大电路的输入端与前一级放大电路的输出端相连接，如图2-30a～d所示电路就是几种常见的直接耦合放大电路。显然，直接耦合放大电路各级的静态工作点互相影响，这样就给静态工作点调试和分析带来一些不方便。

图2-30a中，R_{e2}抬高VT_2的发射极电位，从而抬高VT_2的基极（即VT_1的集电极）电位，使VT_1的集电极与发射极之间有合适的直流电压U_{CE1}（否则，$U_{CE1}=U_{BE2}$，VT_1处于临界饱

和状态）。

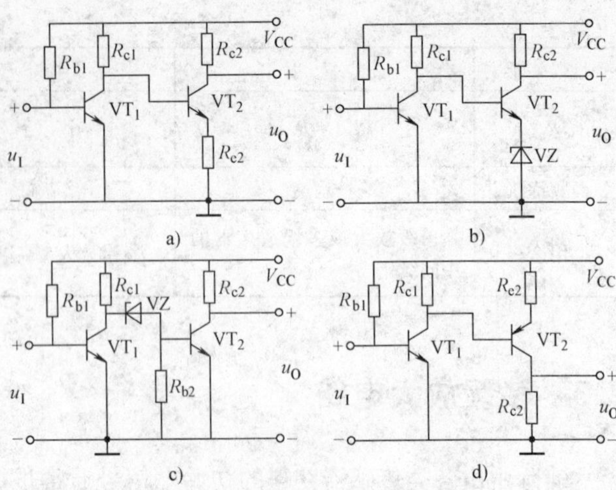

图 2-30　几种常见的直接耦合放大电路

图 2-30b 中，稳压二极管 VZ 电压抬高 VT_2 的发射极电位，从而抬高 VT_2 的基极（即 VT_1 的集电极）电位，使 VT_1 的集电极与发射极之间有合适的直流电压 $U_{CE1}=U_{BE2}+V_{DZ}$，否则，$U_{CE1}=U_{BE2}$，VT_1 处于临界饱和状态。

图 2-30c 中，稳压二极管与图 2-30b 图中稳压二极管具有相同的转移直流电平的作用，使 VT_1 的集电极与发射极之间有合适的直流电压 $U_{CE1}=U_{BE2}+V_{DZ}$，否则，$U_{CE1}=U_{BE2}$，VT_1 处于临界饱和状态。

图 2-30d 电路利用 NPN、PNP 晶体管工作电压相反的特性实现二级之间的联接，R_{e2} 的作用是既保证 VT_1 有合适的 U_{CE1}，而且还可增大 VT_1 集电极电压的动态范围。

直接耦合带来的另一个问题是零点漂移现象。造成零点漂移最主要的原因是放大电路的静态工作点受温度影响而产生的波动。在多级直接耦合放大电路中，由于输入级产生的零点漂移电压会逐级被放大，当放大电路有输入信号时，输出端零点漂移电压将会干扰有用信号，严重时，零点漂移电压将会完全"湮没"有用信号，致使放大电路丧失工作能力。为了减小直接耦合放大电路的零点漂移，工程上除了采用高质量的电路元件和高稳定性的电源外，抑制零点漂移的简单而且有效的措施是采用差动放大电路，该电路将在后面有关章节中讨论。

3. 变压器耦合放大电路

变压器耦合放大电路如图 2-31 所示。变压器 T_1 将前一级放大电路的输出信号传输到后一级放大电路的输入端，T_2 将后一级放大电路的输出信号传输到负载电阻 R_L。变压器耦合放大电路的优点是：各级放大电路的静态工作点互不影响，且根据需要，可调整初、次级匝数比进行阻抗变换；缺点是：体积大、成本高、不能集成化。目前，变压器耦合放大电路除极少情况用到外，一般很少应用。

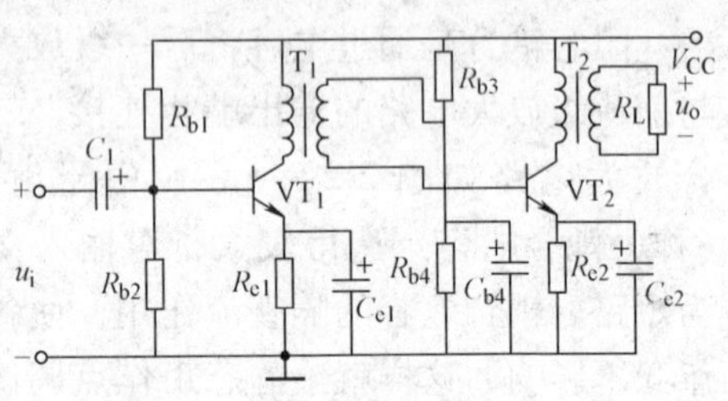

图 2-31　变压器耦合放大电路

2.3.2　多级放大电路的分析

1. 静态分析

对于阻容耦合多级放大电路，由于各级电路的静态工作点互不影响，可以分别计算各级的静态工作点，方法同单级放大电路一样。

对直接耦合多级放大电路，各级之间的直流工作状态相互影响，因此，不能独立计算各级的静态工作点。在分析具体电路时，找出"突破口"，根据具体电路结构，首先观察电路中哪部分的电流和电压能确定，然后，以此为基础分析其他各级的静态电压和电流。

2. 动态分析

动态分析时，无论是阻容耦合还是直接耦合多级放大电路，只要将各级的微变等效电路首尾连接起来，即可得到多级放大电路的微变等效电路。但是，在多级放大电路中，由于前一级的输出电压作为后一级的输入电压，后一级放大电路的输入电阻应视为前一级放大电路输出端的负载。因此，在计算前一级放大电路电压放大倍数时，必须考虑这一因素。

多级放大电路的输入电阻就是输入级（第一级）的输入电阻，输出电阻就是输出级（末级）的输出电阻。

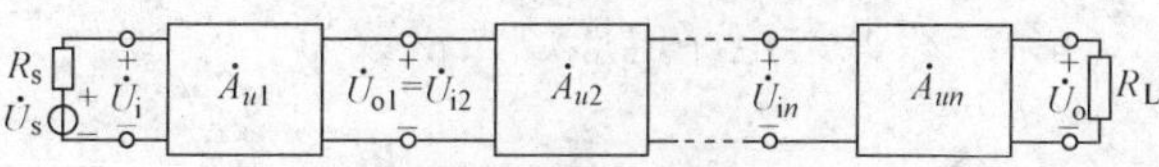

图 2-32 多级放大电路框图

（1）多级放大电路电压放大倍数计算

多级放大电路的框图如图 2-32 所示，由图可知，前一级放大电路的输出电压就是后一级的输入电压，所以多级放大电路的电压放大倍数为

$$\dot{A}_u=\frac{\dot{U}_o}{\dot{U}_i}=\frac{\dot{U}_{o1}}{\dot{U}_i}\frac{\dot{U}_{o2}}{\dot{U}_{o1}}\cdots\frac{\dot{U}_o}{\dot{U}_{o(n-1)}}=\dot{A}_{u1}\dot{A}_{u2}\cdots\dot{A}_{un} \tag{2-76}$$

即多级放大电路的总电压放大倍数等于各级放大电路电压放大倍数的乘积。需要注意的是，计算前一级放大电路电压放大倍数时，必须将后一级放大电路的输入电阻作为前一级放大电路输出端的负载考虑。

（2）输入电阻

输入电阻是对外部输入（或激励）信号源而言的，所以，多级放大电路的输入电阻就是其第一级（也称为输入级）的输入电阻，即

$$R_i=R_{i1} \tag{2-77}$$

（3）输出电阻

输出电阻是对外部负载（信号最终驱动的执行的机构）电阻 R_L 而言的，所以，多级放大电路的输出电阻就是最后一级（也称输出级）的输出电阻，即

$$R_o=R_{on} \tag{2-78}$$

需要指出：计算多级放大电路输入电阻和输出电阻时，可直接利用已有的公式。但要注意，当共集放大电路（射极输出器）作为输入级时，则多级放大电路的输入电阻与第二级放大电路的输入电阻（即第一级放大电路输出所带的负载）有关；而当共集放大电路（射极输出器）作为输出级（即最后一级）时，则多级放大电路的输出电阻与倒数第二级（末前级）放大电路的输出电阻（即最后一级放大电路输入信号源内阻）有关。

3. 多级放大电路分析计算举例

例 2-8 图 2-33 所示为阻容耦合三级放大器，VT_1、VT_2 等组成共射电路，VT_3 等组成共集电路，且三级均为静态工作稳定电路，试写出三级放大器总电压放大倍数、输入电阻及输出电阻的表达式（设晶体管电流放大倍数均为 β）。

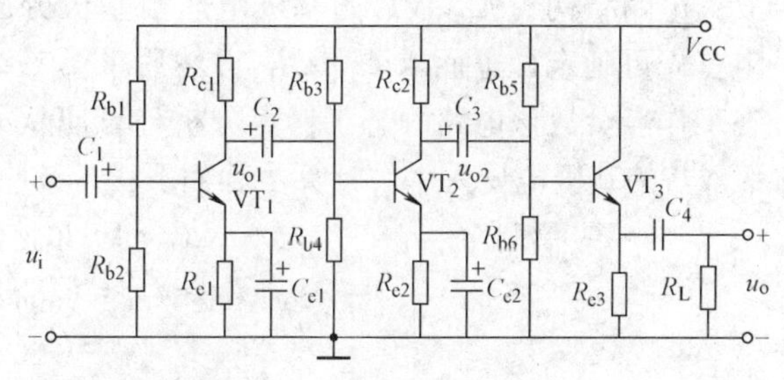

图 2-33 阻容耦合放大电路

解： 将 C_1、C_2、C_3、C_4、C_{e1}、C_{e2} 和

V_{CC}对交流视为短路，即可得到电路的交流通路（略），用晶体管微变等效电路代替交流通路中的晶体管，即可得到电路的微变等效电路（略）。

根据上面的讨论，第一级共射电路电压放大倍数为

$$\dot{A}_{u1}=\frac{\dot{U}_{o1}}{\dot{U}_{i}}=-\frac{\beta R_{c1}/\!/R_{b3}/\!/R_{b4}/\!/r_{be2}}{r_{be1}} \tag{2-79}$$

第二级共射电路电压放大倍数为

$$\dot{A}_{u2}=\frac{\dot{U}_{o2}}{\dot{U}_{i2}}=-\frac{\beta R_{c2}/\!/R_{b5}/\!/R_{b6}/\!/[r_{be3}+(1+\beta)(R_{L}/\!/R_{e3})]}{r_{be2}} \tag{2-80}$$

在计算第一、二级共射电路电压放大倍数时，均将后一级电路输入电阻作为前一级的负载考虑。

第三级共集电路电压放大倍数近似为

$$\dot{A}_{u3}=\frac{\dot{U}_{o}}{\dot{U}_{i3}}=1$$

所以三级电路总电压放大倍数为

$$\dot{A}_{u}=\frac{\dot{U}_{o}}{\dot{U}_{i}}=\dot{A}_{u1}\dot{A}_{u2}\dot{A}_{u3} \tag{2-81}$$

输入电阻为

$$R_{i}=R_{b1}/\!/R_{b2}/\!/r_{be1} \tag{2-82}$$

输出电阻为

$$R_{o}=R_{e3}/\!/\frac{r_{be3}+R_{c2}/\!/R_{b5}/\!/R_{b6}}{(1+\beta)} \tag{2-83}$$

式（2-83）考虑了第二级输出电阻R_{c2}对末级输出电阻R_{o}的影响。

例 2-9 图 2-34 所示电路为二级直接耦合放大电路。设晶体管电流放大系数均为β，VT_1、VT_2的基极与发射极交流电阻分别为r_{be1}、r_{be2}，两只晶体管的静态发射结电压为U_{BE1}、U_{BE2}。试求：

（1）各级电路静态工作点的表达式；

（2）总电压放大倍数、输入电阻和输出电阻。

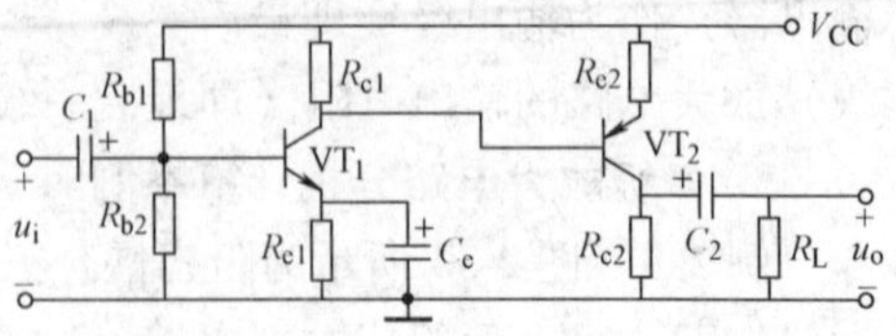

图 2-34 二级直接耦合放大电路

解：（1）分析图 2-34 所示电路为二级直接耦合放大电路结构可知，VT_1的基极电压由基极分压电阻首先可确定，进而求U_{E1}、I_{E1}，然后求第二级静态工作点。故该电路静态工作点分析计算应从第一级VT_1的基极电压入手。计算步骤如下：

$$U_{B1}=V_{CC}R_{b2}/(R_{b1}+R_{b2}) \tag{2-84}$$

$$I_{C1}\approx I_{E1}=(U_{B1}-U_{BE1})/R_{e1} \tag{2-85}$$

$$I_{B1}=I_{E1}/(1+\beta) \tag{2-86}$$

$$U_{CE1}\approx V_{CC}-I_{C1}(R_{c1}+R_{e1}) \tag{2-87}$$

$$U_{C1}=V_{CC}-I_{C1}R_{c1}=U_{B2} \tag{2-88}$$

$$I_{C2}\approx I_{E2}=[V_{CC}-(U_{C1}-U_{BE2})]/R_{e2} \tag{2-89}$$

$$I_{B2}=I_{E2}/(1+\beta) \tag{2-90}$$

$$U_{CE2}=-[V_{CC}-I_{C2}(R_{c2}+R_{e2})] \tag{2-91}$$

（2）图 2-34 所示电路的交流通路如图 2-35 所示。

$$\dot{A}_u=\frac{\dot{U}_o}{\dot{U}_i}=\dot{A}_{u1}\dot{A}_{u2} \tag{2-92}$$

$$\dot{A}_{u1}=\frac{\dot{U}_{o1}}{\dot{U}_i}=-\frac{\beta(R_{c1}/\!/R_{i2})}{r_{be1}} \tag{2-93}$$

$$R_{i2}=r_{be2}+(1+\beta)R_{e2} \tag{2-94}$$

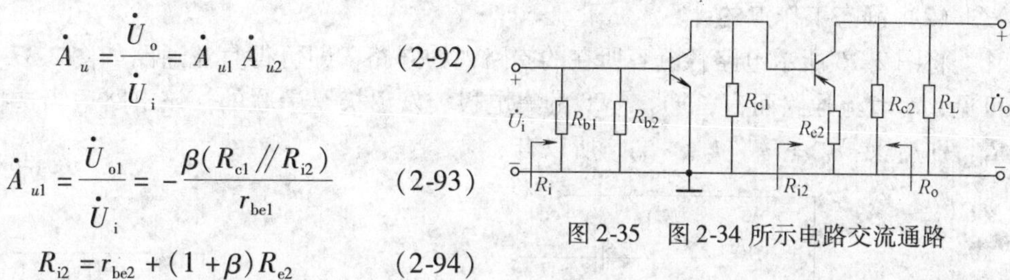

图 2-35　图 2-34 所示电路交流通路

$$\dot{A}_{u2}=\frac{\dot{U}_o}{\dot{U}_{i2}}=-\frac{\beta(R_{c2}/\!/R_L)}{r_{be2}+(1+\beta)R_{e2}} \tag{2-95}$$

$$R_i=R_{b1}/\!/R_{b2}/\!/r_{be1} \tag{2-96}$$

$$R_o=R_{c2} \tag{2-97}$$

综上所述可知，多级放大电路分析时，应注意如下几点：

1）阻容耦合多级放大器中，各级放大电路的静态工作点相互独立，各级放大电路的静态工作点可分别估算。

2）直接耦合放大电路各级的静态工作点相互影响，实际分析中，可根据具体的电路，首先分析计算电路中可以确定的静态电流和电压，然后，逐步分析电路中其他部分的静态电流和电压。

3）前一级的输出电压是后一级的输入电压。

4）后一级的输入电阻是前一级的交流负载电阻。

5）总电压放大倍数等于各级电压放大倍数的乘积，计算前一级电压放大倍数时，需将后一级的输入电阻作为前一级的负载电阻考虑。

6）输入电阻即为第一级的输入电阻。

7）输出电阻即为最后一级的输出电阻。

2.3.3　晶体管组合电路

在电子技术应用中，有时将晶体管按不同连接方式组合起来、形成晶体管组合电路，以满足实际需要。

1. 共射-共基（CE-CB）组合放大电路

共射-共基（CE-CB）组合放大电路如图 2-36 所示。

（1）各元件的作用及工作原理

C_1、C_2为耦合电容、C_3、C_e为交流旁路电容，图中所有电容对交流信号而言可视为短路，所以，VT_1发射极交流接“⊥”，为共射组态，VT_2基极交流接“⊥”，为共基组态。故图 2-36 所示电路为共射-共基（CE-CB）组合放大电路。R_{b1}、R_{b2}、R_{b3}、R_e组成 VT_1、VT_2的静态工作点稳定的直流偏置电路。R_c为集电极负载电阻，VT_2的集电极为输出端，R_L为外接负载电阻，VT_1的基极为输入端，u_s、R_s为激励信号源电压和内阻。

输入端激励信号源电压u_s经VT_1的共射放大电路放大，放大后的信号u_{o1}由VT_1的集电极输出，直接送到共基放大电路VT_2的发射极，放大后的信号由VT_2的集电极经耦合电容C_2输出给负载R_L。

(2) 静态工作点的计算

将图2-36所示电路各电容所在的支路视为开路，即可得直流通路如图2-37所示。由图可见，对直流通路而言，VT_1、VT_2的集电极、发射极是串联的。该电路适当选择R_{b1}、R_{b2}、R_{b3}，应满足$I_3 \gg I_{B1}$、$I_2 \gg I_{B2}$，所以有

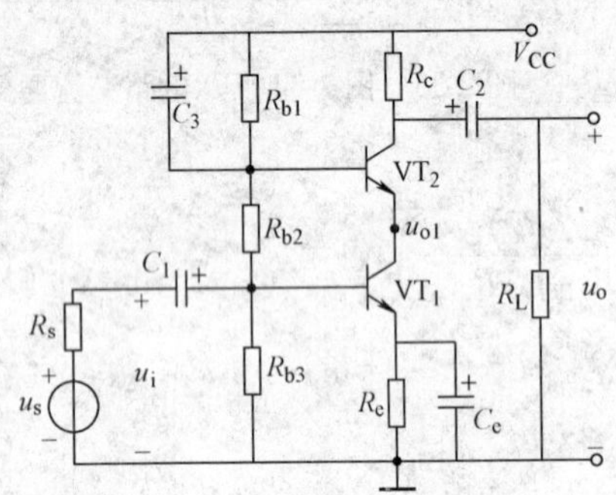

图2-36 共射-共基组合放大电路

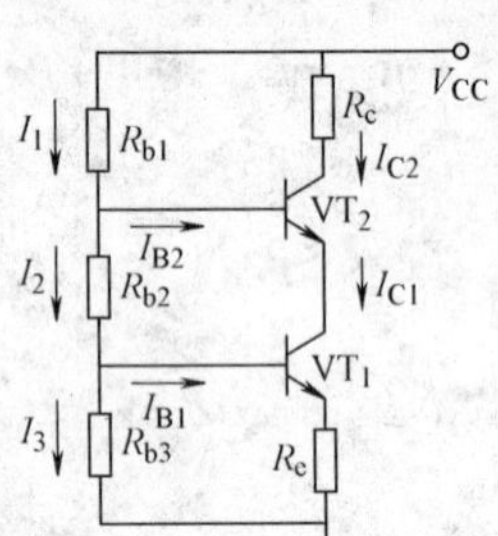

图2-37 图2-36所示电路的直流通路

$$I_1 \approx I_2 \approx I_3$$

显然，电路静态工作点的计算应从VT_1、VT_2的基极电位U_{B1}、U_{B2}入手。

$$U_{B1} = R_{b3}V_{CC}/(R_{b1}+R_{b2}+R_{b3}) \tag{2-98}$$

$$U_{B2} = (R_{b2}+R_{b3})V_{CC}/(R_{b1}+R_{b2}+R_{b3}) \tag{2-99}$$

所以

$$I_{C2} \approx I_{E2} = I_{C1} \approx I_{E1} = (U_{B1} - U_{BE1})/R_e \tag{2-100}$$

$$I_{B1} = I_{E1}/(1+\beta_1) \tag{2-101}$$

$$I_{B2} = I_{E2}/(1+\beta_2) \tag{2-102}$$

$$U_{CE2} = V_{CC} - I_{C2}R_c - (U_{B2} - U_{BE2}) \tag{2-103}$$

$$U_{CE1} = U_{E2} - U_{E1} = (U_{B2} - U_{BE2}) - (U_{B1} - U_{BE1}) \tag{2-104}$$

(3) 交流参数的计算

图2-36所示电路的交流通路如图2-38所示。

1) 电压增压

将图2-38看成两级放大器，则总电压放大倍数为

$$A_u = A_{u1}A_{u2} = [-\beta_1 r_{eb2}/r_{be1}][\beta_2(R_c /\!/ R_L)/r_{be2}] \tag{2-105}$$

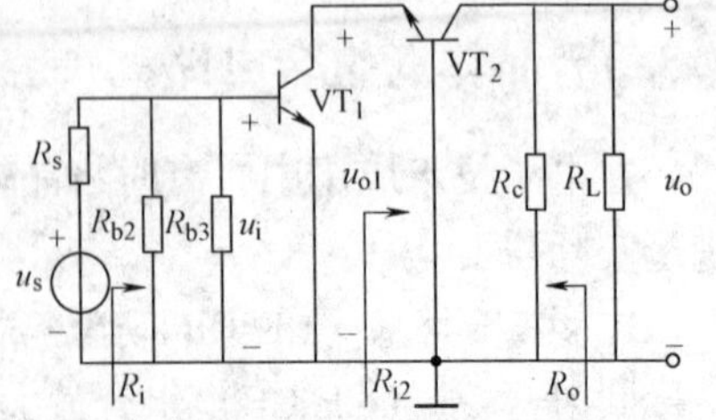

图2-38 图2-36所示电路的交流通路

若VT_1、VT_2的参数相同：$\beta_1 = \beta_2 = \beta$、$r_{be2} = r_{be1} = r_{be}$，并考虑到$r_{eb2} = r_{be2}/(1+\beta)$、$1+\beta \approx \beta$，则式（2-105）变为

$$A_u = A_{u1}A_{u2} = -\beta(R_c /\!/ R_L)/r_{be}$$

也就是说，在两只晶体管参数相同的情况下，图 2-36 所示共射-共基（CE-CB）组合放大电路的电压放大倍数与单管共射电路（在相同的负载情形下）电压放大倍数相同，但是这种电路对高频信号的放大性能要比单管共射电路性能好得多。因此，图 2-36 所示共射-共基（CE-CB）组合放大电路在高频电路中经常用到。

2）输入电阻

$$R_i = R_{b2} // R_{b3} // r_{be1} \tag{2-106}$$

3）输出电阻

$$R_o = R_c \tag{2-107}$$

2. 其他组合放大电路

实际应用中，除了要求放大电路有较高的电压放大倍数之外，往往还对输入、输出电阻及其他性能提出某些要求。此时，可根据三种基本放大电路的特性，将它们进行不同组合，可以获得满足实际需要的不同组合放大电路。实际中还常用到共集-共射（CC-CE）和共射-共集（CE-CC）组合放大电路，共集-共射和共射-共集组合放大器的交流通路分别如图 2-39、图 2-40 所示。

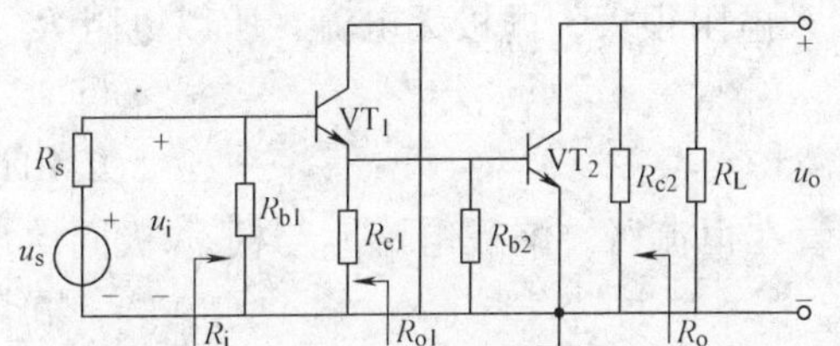

图 2-39　共集-共射组合电路交流通路

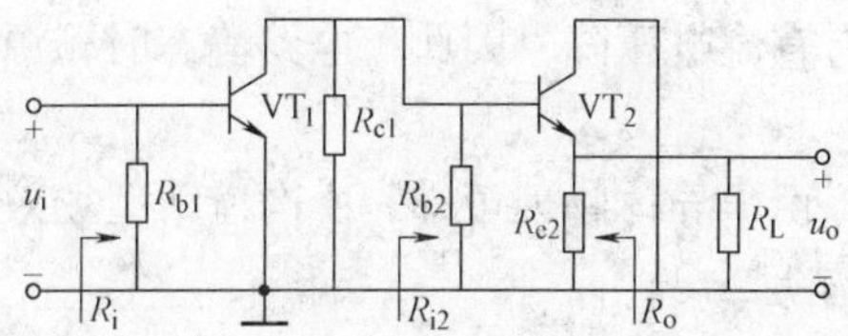

图 2-40　共射-共集组合放大电路交流通路

例如，图 2-39 所示电路中，一般满足 $R_i \gg R_s$，所以有 $u_i \approx u_s$，从而使电路的源电压增益大大提高。图 2-39 所示电路通常应用在要求高输入电阻的场合。

图 2-40 所示电路利用共集放大器输出电阻小的特点，将它作为输出级，带负载的能力很强，当 R_L变化时，输出电压 u_o基本不变，从而解决了共射电路负载电路能力差的问题。图 2-40 所示电路通常应用在低阻值负载电阻 R_L 和负载电阻 R_L变化范围较大的场合。

组合电路实质上就是两级放大电路，因此，其静态工作点和交流参数的计算方法与前面讨论的多级放大电路相同。

2.4　场效应晶体管基本放大电路

在恒流区，场效应晶体管通过栅-源极间电压 u_{GS}有效控制漏极电流 i_D，因此，场效应晶体管和晶体管一样作为放大元件可组成具有电压放大作用的场效应晶体管放大电路。与晶体管相对应，场效应晶体管放大电路也有共源极、共漏极和共栅极放大电路。由于在模拟电路中，共栅极电路很少应用，故本节只讨论共源极、共漏极两种基本组态的场效应晶体管放大电路。

场效应晶体管放大电路与晶体管放大电路在电路结构上相似，要使电路具有放大功能，必须给电路设置合适的静态工作点，以保证场效应晶体管工作在恒流区。

场效应晶体管具有输入电阻高、噪声低的特点，常用作多级放大电路的输入级以及要求低噪声的弱信号放大电路。

2.4.1 共源极放大电路

场效应晶体管放大电路中，若场效应晶体管的栅极和源极作为输入端、漏极和源极作为输出端，则称之为共源极放大电路。

场效应晶体管放大电路也可以用图解法、估算法和微变等效电路法来分析它们的直流工作状态和交流特性。

1. 直流偏置电路的设置及静态工作点的计算方法

同晶体管放大电路一样，场效应晶体管放大电路要实现交流电压放大，必须首先设置合适的静态工作点（直流工作状态），使场效应晶体管工作在恒流区。给场效应晶体管提供合适的栅-源极直流电压和漏极直流电流的电路称为场效应晶体管放大电路直流偏置电路。下面讨论常见的三种偏置电路。

（1）固定偏压方式

N 沟道结型场效应晶体管固定偏压偏置放大电路如图 2-41 所示，图中，V_{GG}、R_g支路为栅-源固定偏置电路。由于场效应晶体管的直流输入电阻很大，栅极无电流，所以电阻 R_g上没有直流电压降，因此，电路静态时栅源偏压为

$$u_{GS} = U_{GS} = -V_{GG} \tag{2-108}$$

由半导体物理可知，N 沟道结型场效应晶体管在恒流区，漏极电流 i_D与栅-源极间电压 u_{GS}满足

$$i_D = I_{DSS}[1-(u_{GS}/U_{GS(off)})]^2 \tag{2-109}$$

式中，I_{DSS}为 $u_{GS}=0$ 时的漏极电流。

图 2-41 所示电路在静态时的漏极电流和漏-源极间电压为

$$I_D = I_{DSS}[1-(-V_{GG}/U_{GS(off)})]^2 \tag{2-110}$$

$$U_{DS} = V_{DD} - I_D R_d \tag{2-111}$$

由于图 2-41 所示电路的栅极偏压是由外加固定电源 V_{GG}供给的，所以称为固定偏压电路。

需要指出，R_g上几乎没有直流电压降，但 R_g却不可缺少。这是因为，若没有 R_g，则输入信号电压 u_i将经过耦合电容 C_1、V_{GG}对地交流短路，u_i不能加在栅-源极之间，电路不能对输入信号 u_i进行放大。

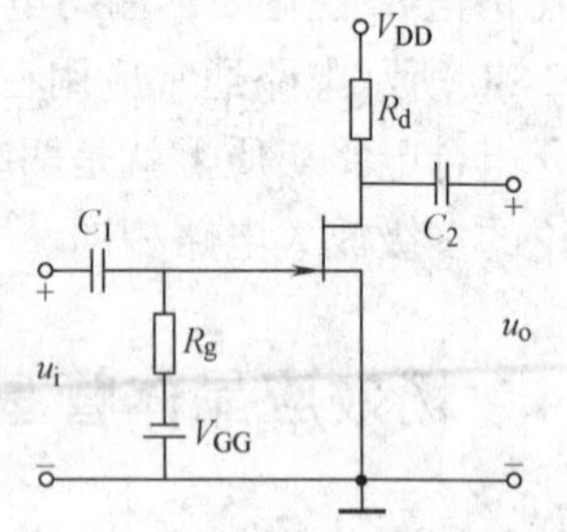

图 2-41 固定偏压偏置放大电器

为了发挥场效应晶体管放大电路输入电阻高的优点，R_g不能取得太小，通常取几至十几兆欧。这种固定偏压方式需要设置单独的电源 V_{GG}，既不方便又不经济，目前很少用到这种偏压电路。

（2）自偏压方式

自偏压偏置电路如图 2-42 所示，场效应晶体管为 N 沟道结型管，在源极接入电阻 R_s，当有漏极电流流过 R_s时，在 R_s上将产生电压降。由于静态时 R_g上无电流，故静态时栅-源极间直流电压为

$$u_{GS} = U_{GS} = U_G - U_S = -I_D R_s \tag{2-112}$$

式（2-112）代入式（2-109）可得

$$I_D = I_{DSS}[1-(-I_D R_s/U_{GS(off)})]^2 \tag{2-113}$$

由式（2-112）及式（2-113）可解得 I_D 和 U_{GS}。

静态时，U_{DS} 为

$$U_{DS} = V_{DD} - I_D(R_d + R_s) \tag{2-114}$$

在已知转移特性和输出特性曲线条件下，也可以用图解法求静态工作点，可作为练习题请读者自行分析。

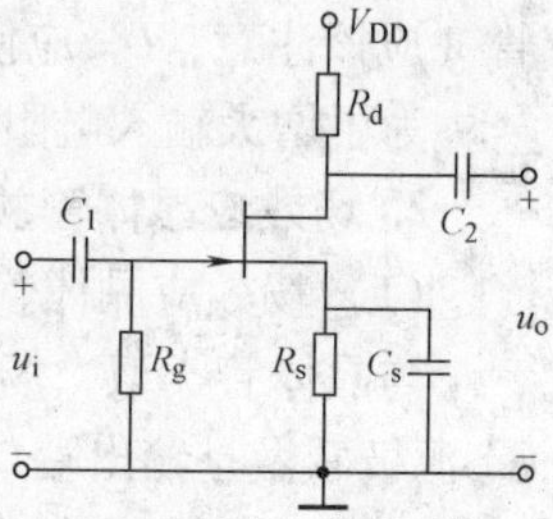

图 2-42　自偏压偏置电路

由于栅源偏压是场效应晶体管本身的漏极电流 I_D 流过 R_s 产生的，不需另接偏置电路，故称为自给式偏置电路（简称为自偏压电路）。注意：自偏压电路只能适用于耗尽型场效应晶体管放大电路（为什么？请读者思考）。

图 2-42 所示电路中 C_s 为源极旁路电容，对交流信号而言，其容抗值约为零，它用来消除交流信号在 R_s 上产生交流电压降，避免栅-源间净输入信号减小使电路的放大倍数降低。由于自偏压方式不需要另加电源 V_{GG}，电路比较简单，因此目前应用较广泛。

（3）自偏压与分压式方式

自偏压与分压式偏置电路如图 2-43 所示，它是在自偏压的基础上，在栅极连接了 R_{g1}、R_{g2}、R_{g3} 组成的分压电路。电源 V_{DD} 通过 R_{g1}、R_{g2} 的分压经 R_{g3} 加到栅极上。图中，场效应晶体管为 N 沟道增强型 MOS 管，为了保证栅极静态电压的稳定，分压电阻 R_{g1}、R_{g2} 不能取得太大（否则，其阻值不稳，使得栅极静态电位不稳定），但 R_{g1}、R_{g2} 又不能太小，否则降低电路输入电阻。为此，电路中引入了高阻值电阻 R_{g3}。由于 R_{g3} 上没有直流电压降，所以，R_{g3} 的引入，对栅-源直流电压 U_{GS} 没有任何影响，但却大大增大了电路的输入电阻。

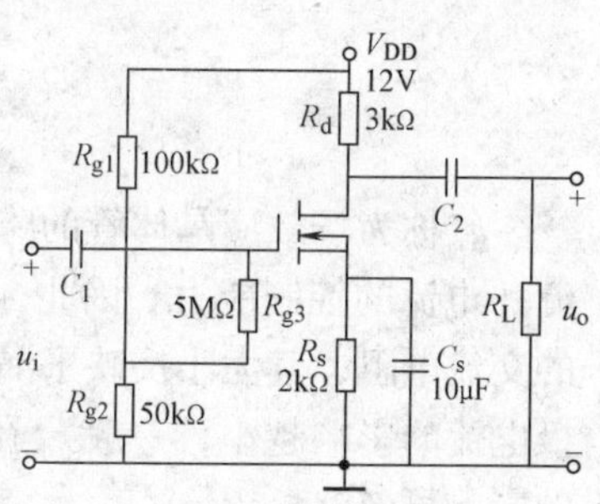

图 2-43　自偏压与分压式偏置电路

静态时，栅极电位为

$$U_G = V_{DD} R_{g2}/(R_{g1} + R_{g2}) \tag{2-115}$$

由于漏极电流 I_D 流过 R_s，故静态时，源极电位为

$$U_S = I_D R_s \tag{2-116}$$

因此，静态时，电路的栅源偏压为

$$U_{GS} = U_G - U_S = [V_{DD} R_{g2}/(R_{g1} + R_{g2})] - I_D R_s \tag{2-117}$$

对于 N 沟道增强型 MOS 晶体管，一般满足 $U_{GS} > U_{GS(th)} > 0$，故要求 $U_G > R_s I_D$；对于 N 沟道耗尽型 MOS 晶体管，一般满足 $U_{GS} > U_{GS(off)} < 0$，故要求 $U_G < R_s I_D$。

因此，在分压式偏置电路中，要求合理地选择 R_{g1}、R_{g2}，以满足上述 U_{GS} 偏置条件。

静态时，在恒流区，对 N 沟道增加型 MOS 晶体管有电流方程式

$$i_D = I_D = I_{DO}[(U_{GS}/U_{GS(th)}) - 1]^2 \tag{2-118}$$

联解式（2-117）、式（2-118）可求得 I_D、U_{GS}，然后求得漏-源静态电压

$$U_{DS} = V_{DD} - I_D(R_d + R_s)$$

由式（2-117）可知，适当选取 R_{g1}、R_{g2} 和 R_s 的值，可使 U_{GS} 或正或负。因此，这种偏置电路既适用于 N 沟道增强型场效应晶体管（U_{GS} 取大于 $U_{GS(th)}$ 的合适正值），也可用于 N 沟道耗尽型场效应晶体管（U_{GS} 取大于 $U_{GS(off)}$ 的合适负值），该电路还适用于结型场效应晶体

管（应该注意，U_{GS}应使栅－源间 PN 结反偏）。

为了增大输入电阻，图 2-43 所示电路中电阻 R_{g3}通常取几兆欧。

2. 场效应晶体管放大电路的动态分析

（1）场效应晶体管的微变等效电路

与晶体管类似，场效应晶体管也可看做是一个双端口网络，栅-源极看做是输入端口、漏-源极看做是输出端口。对交流小信号而言，场效应晶体管也可用一个微变等效电路来表示。下面以常用的共源极电路为例，引出场效应晶体管工作在恒流区的微变等效电路。

场效应晶体管在恒流区，漏极电流 i_D是栅-源极间电压 u_{GS}和漏-源极间电压 u_{DS}的函数

$$i_D = f(u_{GS}, u_{DS})$$

对上式取全微分

$$\mathrm{d}i_D = \left.\frac{\partial i_D}{\partial u_{GS}}\right|_{U_{DS}} \mathrm{d}u_{GS} + \left.\frac{\partial i_D}{\partial u_{DS}}\right|_{U_{GS}} \mathrm{d}u_{DS} \tag{2-119}$$

定义

$$g_m = \left.\frac{\partial i_D}{\partial u_{GS}}\right|_{U_{DS}} \tag{2-120}$$

$$\frac{1}{r_{ds}} = \left.\frac{\partial i_D}{\partial u_{DS}}\right|_{U_{GS}} \tag{2-121}$$

g_m称为场效应晶体管的跨导，它反映了栅-源极间变化（交流）电压对漏极变化的（交流）电流的控制能力。因此，g_m是反映场效应晶体管放大能力的一个参数。r_{ds}为漏-源之间的交流电阻，其大小反映了漏-源电压对漏极电流的影响程度，r_{ds}越大，漏-源极间电压对漏极电流的影响越小，一般 r_{ds}在几兆欧。故恒流区，场效应晶体管漏-源极间电压对漏极电流的影响可忽略。

小信号情况下，可认为场效应晶体管是一个线性元件。因此，g_m和 r_{ds}近似为常数。

用正弦量复数量 $\dot{I}_d$、$\dot{U}_{gs}$和 $\dot{U}_{ds}$分别代替变化量 $\mathrm{d}i_D$、$\mathrm{d}u_{GS}$、和 $\mathrm{d}u_{DS}$，则式（2-119）可表示为

$$\dot{I}_d = g_m \dot{U}_{gs} + \dot{U}_{ds}/r_{ds} \tag{2-122}$$

由式（2-122）并考虑到场效应晶体管的栅极电流为零，可得场效应晶体管的微变等效电路如图 2-44a 所示。

在场效应晶体管放大电路中，r_{ds}比漏极电阻大得多，实际分析时，通常忽略 r_{ds}的分流影响，即可得到场效应晶体管简化的微变等效电路如图 2-44b 所示。

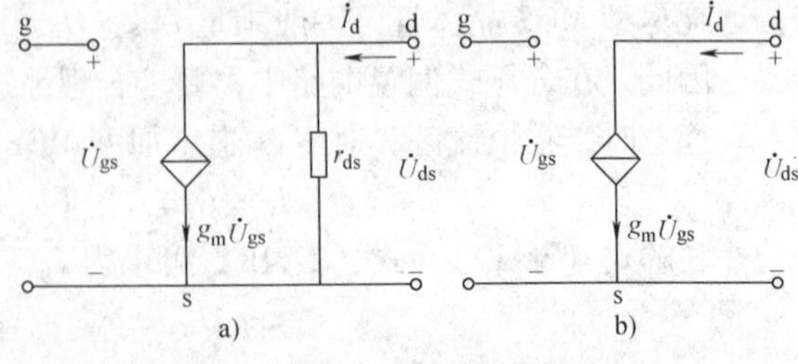

图 2-44 场效应晶体管微变等效电路及简化的微变等效电路
a）微变等效电路 b）简化的微变等效电路

在图 2-44 中，$g_m \dot{U}_{gs}$为受控于输入电压 $\dot{U}_{gs}$的受控电流源，其大小和方向由 $\dot{U}_{gs}$的大小和方向决定，故场效应晶体管为压控元件。

对于 N 沟道结型场效应晶体管，由式（2-109）求微分可得 g_m为

$$g_m = -\frac{2I_{DSS}}{U_{GS(off)}}\left(1-\frac{u_{GS}}{U_{GS(off)}}\right) \tag{2-123}$$

令

$$g_{mo} = -\frac{2I_{DSS}}{U_{GS(off)}} \tag{2-124}$$

则式（2-123）可写为

$$g_m = g_{mo}\left(1-\frac{U_{GS}}{U_{GS(off)}}\right) \tag{2-125}$$

对于处在恒流区的 N 沟道增加型 MOS 晶体管，有电流方程式

$$i_D = I_{DO}[(u_{GS}/U_{GS(th)})-1]^2 \tag{2-126}$$

由式（2-126），i_D对u_{GS}求微分可得g_m为

$$g_m = \frac{2I_{DO}}{U_{GS(th)}}\left(\frac{u_{GS}}{U_{GS(th)}}-1\right) = \frac{2}{U_{GS(th)}}\sqrt{I_{DO}i_D} \tag{2-127}$$

在小信号情况下

$$i_D = I_D + i_d \approx I_D$$

所以，式（2-127）可表示为

$$g_m = \frac{2I_{DO}}{U_{GS(th)}}\left(\frac{u_{GS}}{U_{GS(th)}}-1\right) = \frac{2}{U_{GS(th)}}\sqrt{I_{DO}I_D} \tag{2-128}$$

式（2-128）表明，g_m与静态漏极电流I_D紧密相关，I_D越大，g_m越大。

（2）共源放大电路的微变等效电路

场效应晶体管放大电路的微变等效电路的画法与晶体管放大电路相同，即电路中的耦合电容和旁路电容对交流信号视为短路，电源V_{DD}对交流信号也视为短路。由此可得，图 2-43 所示电路的微变等效电路如图 2-45 所示。

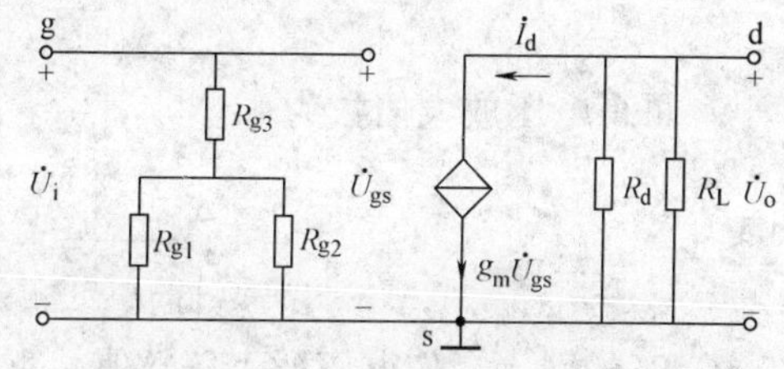

图 2-45　图 2-43 所示电路的微变等效电路

1）电压放大倍数：由图 2-45 所示的微变等效电路可知

$$\dot{A}_u = \frac{\dot{U}_o}{\dot{U}_i} = \frac{\dot{U}_o}{\dot{U}_{gs}} \tag{2-129}$$

$$\dot{U}_o = -g_m\dot{U}_{gs}R_d /\!/ R_L = -g_m\dot{U}_{gs}R'_L \tag{2-130}$$

式中，负号表示输出电压$\dot{U}_o$的实际极性与图中规定的极性相反。

由式（2-129）和式（2-130）可得图 2-43 所示的共源放大电路电压放大倍数为

$$\dot{A}_u = \frac{\dot{U}_o}{\dot{U}_i} = -g_mR'_L \tag{2-131}$$

式中，负号表示输出电压与输入电压的相位相反。共源放大电路为反相放大电路。

2）输入电阻：由图 2-45 所示的微变等效电路可知，共源放大电路输入电阻为

$$R_i = R_{g3} + (R_{g1} /\!/ R_{g2}) \tag{2-132}$$

3）输出电阻：由图 2-45 所示的微变等效电路可知，共源放大电路输出电阻为

$$R_o = R_d \tag{2-133}$$

例 2-10 场效应晶体管放大器电路如图 2-46 所示，已知场效应晶体管在静态工作点附近的跨导为 $g_m = 5mA/V = 5mS$，其他元件参数如图所示。试画出其低频小信号等效电路，并计算电压放大倍数、输入电阻和输出电阻。

解： 图 2-46 所示电路的小信号等效电路如图 2-47 所示，其输出电压计算如下：

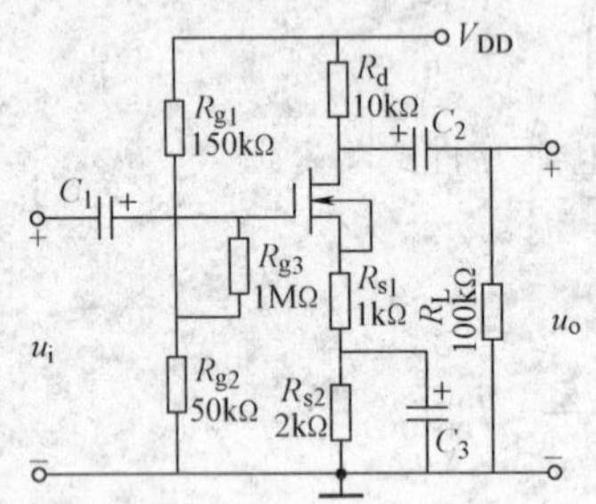

图 2-46 共源场效应晶体管放大电路

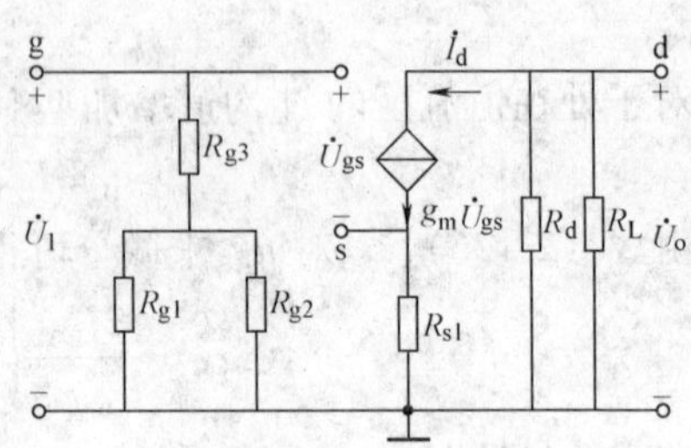

图 2-47 图 2-46 所示电路的微变等效电路

$$\dot{I}_d = g_m \dot{U}_{gs} = g_m(\dot{U}_i - \dot{I}_d R_{s1})$$

$$\dot{I}_d = \frac{g_m}{1 + g_m R_{s1}} \dot{U}_i$$

$$\dot{U}_o = -\dot{I}_d (R_d /\!/ R_L) = -\frac{g_m (R_d /\!/ R_L)}{1 + g_m R_{s1}} \dot{U}_i$$

可得电压放大倍数为

$$\dot{A}_u = \frac{\dot{U}_o}{\dot{U}_i} = -\frac{g_m}{1 + g_m R_{s1}} (R_d /\!/ R_L) = -7.5$$

R_{s1}的引入，使电压放大倍数值减小了，由后文的负反馈理论可知，R_{s1}的引入却可以改善电路的交流特性。

由图 2-47 可知，输入电阻为

$$R_i = R_{g3} + (R_{g1} /\!/ R_{g2}) = 1.0375\text{M}\Omega \approx 1\ \text{M}\Omega$$

输出电阻为

$$R_o = R_d = 10\text{k}\Omega$$

3. 场效应晶体管共源极放大电路与晶体管共发射极放大电路的性能比较

1）共源极放大电路的输入电阻很高（几兆欧），共发射极放大电路的输入电阻较低（几百至几千欧）。

2）共源极放大电路中输入回路耦合电容 C_1 的作用与共发射极放大电路中输入回路耦合电容 C_1 的作用相同。但是共源极放大电路输入电阻比共发射极放大电路的输入电阻高几个数量级，所以，共源极放大电路中输入回路耦合电容 C_1 的值比共发射极放大电路中输入回路耦合电容 C_1 的值可以取得小得多，如共源极放大电路中输入回路耦合电容 $C_1 = 0.01\mu F$，而共发射极放大电路中输入回路耦合电容 $C_1 = 30\mu F$。

3）两者的输出电阻为漏（集电）极电阻 R_d（R_c）。

4）两者均为反相放大电路。

2.4.2 共漏极放大电路

场效应晶体管共漏极放大电路与晶体管共集电极放大电路（射极输出器）类似，其典型放大电路如图2-48所示。因为该电路交流信号从源极输出，故共漏极放大电路又称为源极输出器。

1. 静态工作点的计算

图2-48所示的共漏极放大电路的静态工作点的设置方法与图2-43所示的自偏压与分压式共源极放大电路相同，其静态工作点计算方法也相同，在此不重复讨论。

2. 微变等效电路及动态分析

图2-48所示共漏极放大电路的微变等效电路如图2-49所示。由微变等效电路可求得电压放大倍数 A_u、输入电阻 R_i 和输出电阻 R_o。

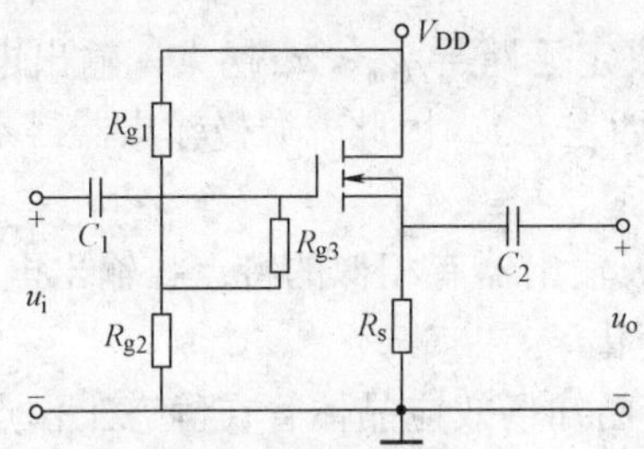

图2-48 共漏极放大电路

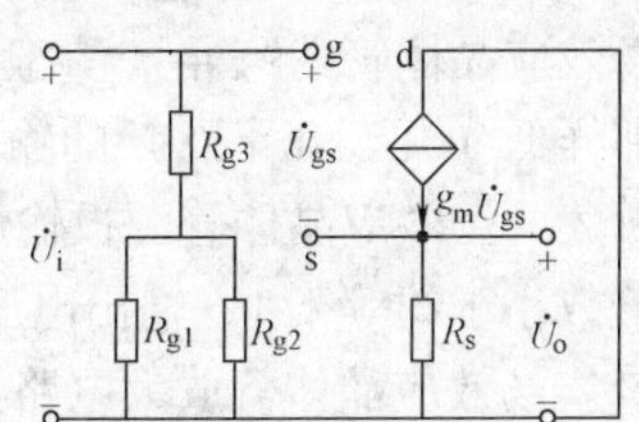

图2-49 图2-48所示电路的微变等效电路

（1）电压放大倍数

由图2-49可知

$$\dot{U}_o = g_m \dot{U}_{gs} R_s \tag{2-134}$$

$$\dot{U}_i = \dot{U}_{gs} + \dot{U}_o = \dot{U}_{gs} + g_m \dot{U}_{gs} R_s \tag{2-135}$$

所以，电压放大倍数为

$$\dot{A}_u = \dot{U}_o / \dot{U}_i = g_m R_s / (1 + g_m R_s) \tag{2-136}$$

式（2-136）中，$\dot{A}_u$为正，表明电路输出电压与输入电压同相，故共漏电路为同相放大电路。

实际中，通常满足 $g_m R_s >> 1$，所以，共漏电路电压放大倍数小于或等于1。

若输出端带上负载电阻 R_L 后，则电压放大倍数为

$$\dot{A}_u = \dot{U}_o / \dot{U}_i = g_m (R_s /\!/ R_L) / [1 + g_m (R_s /\!/ R_L)] \tag{2-137}$$

（2）输入电阻

由图2-49可知，输入电阻为

$$R_i = R_{g3} + (R_{g1} /\!/ R_{g2}) \tag{2-138}$$

由于 R_{g3} 通常取几兆欧以上，所以源极输出器的输入电阻很大。

（3）输出电阻

为求源极输出器的输出电阻，将输入端短路（令图 2-49 所示电路中 $\dot{U}_{i}=0$），在输出端加 $\dot{U}_{o}$，求 $\dot{I}_{o}$，如图 2-50 所示。需要注意：此时 $\dot{U}_{i}=0$，$\dot{U}_{gs}=-\dot{U}_{sg}=-\dot{U}_{o}$却不等于零。因此，图 2-50 中受控电流源电流 $g_m\dot{U}_{gs}$不为零，且方向与 $\dot{U}_{gs}$上"+"下"−"的情形相反。

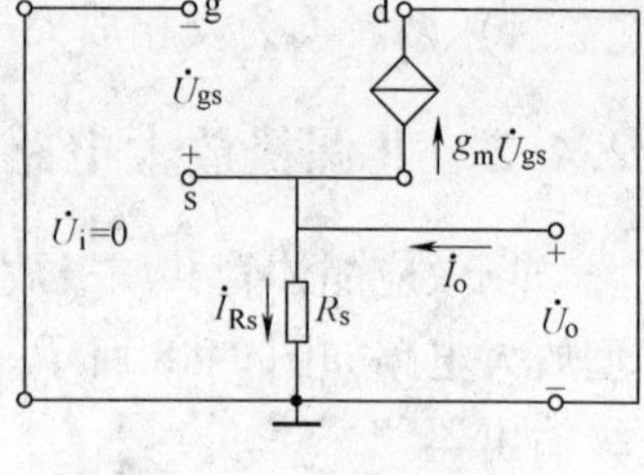

图 2-50　求共漏电路输出电阻等效电路

由图 2-50 可知

$$\dot{I}_{o}=\dot{I}_{Rs}-g_m\dot{U}_{gs}=(\dot{U}_{o}/R_s)+g_m\dot{U}_{o}$$

输出电阻为

$$R_o=U_o/I_o=R_s /\!/ (1/g_m) \tag{2-139}$$

实际中，通常满足 $R_s \gg (1/g_m)$，故有

$$R_o \approx 1/g_m \tag{2-140}$$

式（2-140）说明：源极输出器的输出电阻主要决定于跨导 g_m，g_m越大，输出电阻越小。由于场效应晶体管的跨导 g_m一般来说较小（几毫西左右），因此，源极输出器得不到射极跟随器那样低（几至几十欧）的输出电阻。

综上所述，场效应晶体管源极输出器与晶体管射极输出器有相似的特点：输出电阻小、电压放大倍数小于约等于 1、输出电压跟随输入电压变化。

例 2-11　场效应晶体管放大电路如图 2-48 所示，已知场效应晶体管在静态工作点附近的跨导为 $g_m=5\text{mA/V}=5\text{mS}$，$R_s=3\text{k}\Omega$。试计算电路的电压放大倍数和输出电阻。

解：由式（2-136）可得电压放大倍数为

$$\dot{A}_u=\dot{U}_{o}/\dot{U}_{i}=g_mR_s/(1+g_mR_s)\approx 0.94$$

由式（2-139）可得输出电阻为

$$R_o=U_o/I_o=R_s /\!/ (1/g_m)\approx 0.188\text{k}\Omega$$

2.5　放大电路的频率特性

本节将讨论放大电路频率特性的实际背景、意义及其分析方法。

2.5.1　频率特性的一般概念

在放大电路中，由于耦合电容、旁路电容及晶体管结电容等电抗元件的影响，当输入信号频率过低或过高时，不仅放大电路的电压放大倍数减小，而且，输出电压还会产生附加相移；放大电路对不同频率信号表现出的不同传输特性，称为放大电路的频率特性（或称频率响应）。

1. 频率失真概述

在电子技术实际中，待放大的信号，如语音信号、图像信号和生物电信号等，都不是单一频率信号，而是由许多不同频率分量组成的占据一定的频率范围的复杂信号。要不失真（或失真在允许范围内）地放大这些多频率成分信号，要求放大电路对信号中的每一个频率分量都能均匀（或基本均匀）放大，否则，放大电路输出信号就要失真。

例如，假设某待放大的输入信号 u_i 是由如图 2-51a 虚线所示基波（ω_1）和三次谐波

（$3\omega_1$）两个频率分量所组成，两分量合成后的信号 u_i波形如图 2-51a 实线所示。由于放大电路中电抗元件的存在，若放大器对三次谐波的电压放大倍数小于对基波的电压放大倍数，放大后的信号中基波（ω_1）和三次谐波（$3\omega_1$）两个频率分量的大小比例将不同于输入信号，则放大电路的输出信号将出现失真，波形图如图 2-51b 实线所示。这种由于放大电路对不同频率成分放大倍数不同引起信号的失真称为振幅频率失真（简称为幅频失真）。

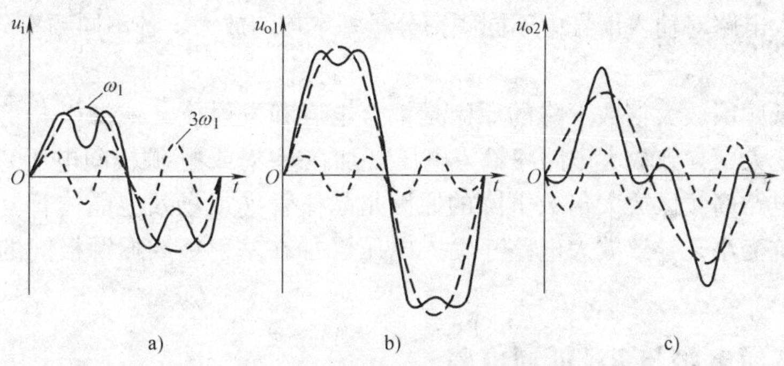

图 2-51　频率失真波形示意图

a）待放大信号　b）振幅频率失真　c）相位频率失真

同样，若各频率成分经放大后，相位变化不一致，也会引起信号的失真。图 2-51c 实线示出了三次谐波（$3\omega_1$）成分相位变化不一致引起失真后的波形，这种失真称之为相位频率失真（简称相频失真）。

一般而言，放大电路的失真分为线性失真和非线性失真。线性失真和非线性失真都会使输出信号产生畸变，但两者的原因和结果不同。

原因不同：线性失真由电路中的线性电抗元件（如电容等）引起，非线性失真由电路中的非线性元件（如晶体管或场效应晶体管的特性曲线的非线性等）引起。

结果不同：线性失真只会使各频率分量信号的幅值比例关系和时间关系（表现相位偏移）发生变化，但不产生输入信号中没有的新的频率分量信号；而非线性失真会产生输入信号中所没有的新的频率分量信号。

由以上讨论可知，分析放大电路的频率特性是电子工程实际中的一个十分现实的重要问题。

本节主要讨论阻容耦合放大电路的耦合电容、旁路电容和晶体管结电容对放大电路频率特性的影响。

2. 频率特性及通频带的概念

阻容耦合放大电路的幅频特性如图 2-52 所示，在低频和高频区放大倍数有所下降，而中间一段比较平坦。为方便起见，可将幅频特性划分为三个区域，即中频区、低频区和高频区。

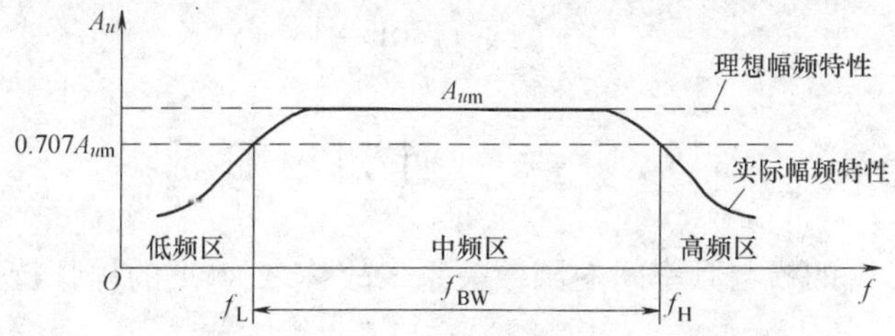

图 2-52　阻容耦合放大电路的幅频特性曲线图

设放大电路中频区中间一段频率范围内的中频电压放大倍数为 A_{um}，当频率上升和下降到使电压放大倍数 A_u 下降为中频电压放大倍数为 $1/\sqrt{2}A_{um}$（$0.707A_{um}$）时，所对应的频率分别称为上限截止频率（简称上限频率）f_H 和下限截止频率（简称下限频率）f_L。上限频率 f_H 和下限频率 f_L 之间的频率范围称为放大电路通频带（半功率频带）f_{BW}，故有

$$f_{BW}=f_H-f_L \tag{2-141}$$

要保证放大电路对输入信号中不同频率分量基本均匀放大，各不同频率分量应处在放大电路通频带内。

放大电路低频区放大倍数下降的原因是耦合电容和发射极（或源极）旁路电容随频率降低，其容抗变大，导致放大电路净输入电压（加在基-射或栅-源极间电压）和输出电压减小所致；放大电路高频区放大倍数下降的原因是晶体管（或场效应晶体管）极间电容随频率升高、其容抗变小，导致放大电路净输入电压（加在基射极或栅源极间的电压）和输出电压减小所致。

2.5.2 *RC* 高通电路与 *RC* 低通电路

阻容耦合放大电路低频特性和高频特性的分析，最终可等效为 *RC* 高通电路和 *RC* 低通电路率特性的分析，所以，作为预备知识，下面首先讨论这两种 *RC* 电路的频率特性。

1. *RC* 高通电路

图 2-53 为 *RC* 高通电路，设输出电压 $\dot{U}_o$ 与输入电压 $\dot{U}_i$ 之比为 $\dot{A}_u$，则有

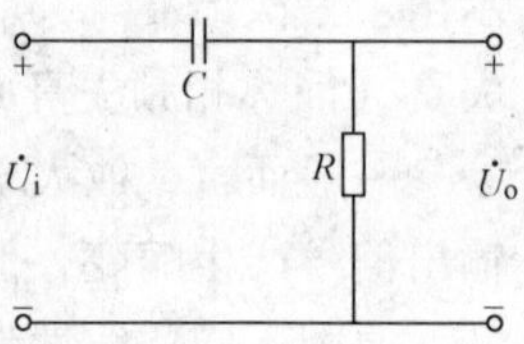

$$\dot{A}_u=\frac{\dot{U}_o}{\dot{U}_i}=\frac{R}{R+\frac{1}{j\omega C}}=\frac{1}{1+\frac{1}{j\omega RC}} \tag{1-142}$$

图 2-53　高通电路

式中，ω 为输入信号角频率，*RC* 为电路的时间常数 τ（$\tau=RC$），令

$$f_L=1/(2\pi RC) \tag{2-143}$$

则式（2-142）变为

$$\dot{A}_u=\frac{1}{1-j\frac{f_L}{f}} \tag{2-144}$$

$\dot{A}_u$ 的模和相角可分别表示如下：

$$|\dot{A}_u|=\frac{1}{\sqrt{1+\left(\frac{f_L}{f}\right)^2}} \tag{2-145}$$

$$\varphi=\arctan\left(\frac{f_L}{f}\right) \tag{2-146}$$

式（2-145）表明了 $\dot{A}_u$ 的模与频率间的函数关系，故称之为 $\dot{A}_u$ 的幅频特性；式（2-146）表明了 $\dot{A}_u$ 的相角 φ（即输出电压 $\dot{U}_o$ 与输入电压 $\dot{U}_i$ 之间的相位差）与频率间的函数关系，故

称之为 $\dot{A}_u$ 的相频特性。设 $\dot{A}_u$ 的模为 $|\dot{A}_u| = A_u$，则由式（2-145）、式（2-146）可知：

① 当 $f \gg f_L$ 时，$A_u \approx 1$、$\varphi \approx 0$；

② 当 $f = f_L$ 时，$A_u \approx 1/\sqrt{2}$、$\varphi = 45°$；

③ 当 $f \ll f_L$ 时，$A_u \approx f/f_L$，即 A_u 随 f 下降而按比例下降；当 f 趋于 0 时，A_u 趋近于 0，φ 趋于 90°。

由以上分析可知，对于图 2-53 所示的高通电路，信号频率越低，输出电压衰减越大，输出电压与输入电压的相位差越大。只有当信号频率远高于 f_L 时，输出电压与输入电压才近似相等。

图 2-53 所示的高通电路的幅频特性曲线和相频特性曲线如图 2-54 所示。

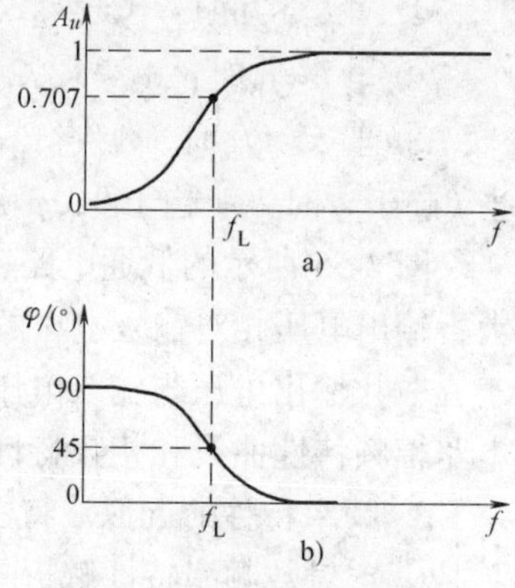

图 2-54　高通电路的幅频特性及相频特性

a）幅频特性　b）相频特性

2. RC 低通电路

图 2-55 为低通电路，设输出电压 $\dot{U}_o$ 与输入电压 $\dot{U}_i$ 之比为 $\dot{A}_u$，则有

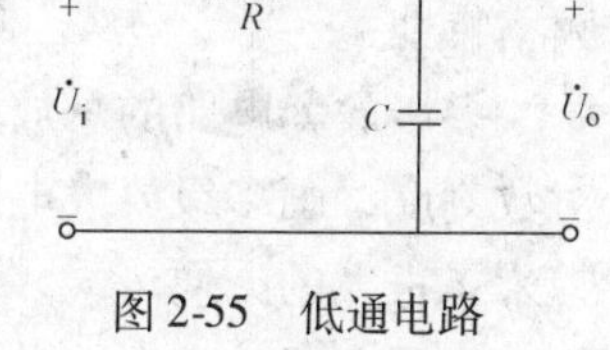

图 2-55　低通电路

$$\dot{A}_u = \frac{\dot{U}_o}{\dot{U}_i} = \frac{1}{1 + j\omega RC} \tag{2-147}$$

式中，ω 为输入信号角频率，RC 为电路时间常数 τ，令

$$f_H = 1/(2\pi RC) \tag{2-148}$$

则式（2-147）可表示为

$$\dot{A}_u = \frac{\dot{U}_o}{\dot{U}_i} = \frac{1}{1 + jf/f_H} \tag{2-149}$$

$\dot{A}_u$ 的模可表示为：

$$|\dot{A}_u| = \frac{1}{\sqrt{1 + \left(\frac{f}{f_H}\right)^2}} \tag{2-150}$$

$\dot{A}_u$ 的相角可表示为：

$$\varphi = -\arctan\left(\frac{f}{f_H}\right) \tag{2-151}$$

式（2-150）表明了 $\dot{A}_u$ 幅值与频率间的函数关系，称为 $\dot{A}_u$ 的幅频特性；式（2-151）表明 $\dot{A}_u$ 的相角 φ（即输出电压 $\dot{U}_o$ 与输入电压 $\dot{U}_i$ 之间的相位差）与频率间的函数关系，称为 $\dot{A}_u$ 的相频特性。设 $\dot{A}_u$ 的模为 $|\dot{A}_u| = A_u$（下同），则由式（2-150）、式（2-151）可知：

① 当$f \ll f_H$时，$A_u \approx 1$、$\varphi \approx 0$；

② 当$f = f_H$时，$A_u \approx 1/\sqrt{2}$、$\varphi = -45°$；

③ 当$f \gg f_H$时，$A_u \approx f_H/f$，即A_u随f升高而按比例下降；当f趋于∞时，A_u趋于0，φ趋于$-90°$。

图2-55所示的低通电路，信号频率越高，输出电压衰减越大，输出电压相对输入电压的相移越大。只有当信号频率远低于f_H时，输出电压与输入电压才近似相等。图2-55所示的低通电路幅频特性曲线和相频特性曲线示意图如图2-56所示。

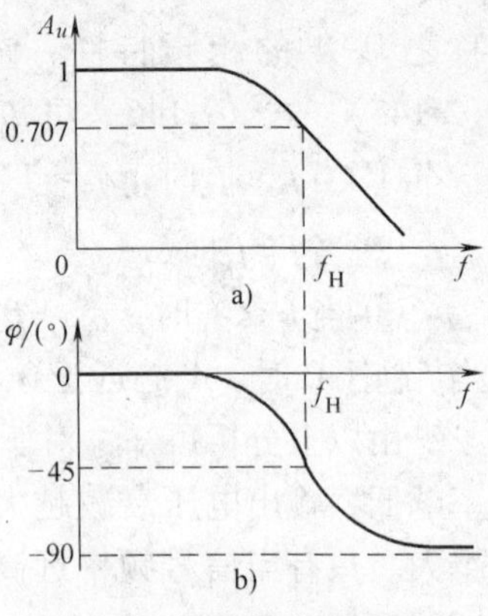

图2-56 低通电路的幅频特性及相频特性

a）幅频特性 b）相频特性

3. 频率特性的近似波特图

（1）对数频率特性解析式

放大电路频率特性分析中，为了展宽“视野”和作图方便，幅频特性曲线图和相频特性曲线图横轴对应的频率通常取对数刻度；作幅频特性曲线图时，纵轴对应的电压传输系数A_u也取对数刻度；这种采用对数刻度画出的频率特性曲线称为频率特性的波特图（也称对数频率特性）。

多级放大电路的总放大倍数是各级放大倍数乘积，电压放大倍数A_u对应的纵坐标若取对数刻度，画多级放大电路幅频特性的波特图时，只需将各级对数增益相加即可，这给作图带来了很大的方便。

由于多级放大电路总相移等于各级相移之和，画相频特性波特图时，相角对应的纵坐标不再取对数刻度。

由式（2-145），高通电路的对数幅频特性表达式为

$$20\lg|\dot{A}_u| = -20\lg\sqrt{1+\left(\frac{f_L}{f}\right)^2} \tag{2-152}$$

将式（2-152）与式（2-146）综合考虑可知：① 当$f \gg f_L$时，$20\lg A_u \approx 0$、$\varphi \approx 0$；② 当$f = f_L$时，$20\lg A_u = -3\text{dB}$、$\varphi = 45°$；③ 当$f \ll f_L$时，$20\lg A_u \approx 20\lg(f/f_L)$，$f$下降10倍，$20\lg A_u$下降20dB，即对数幅频特性曲线在此频率范围内，可用斜率为20dB/10倍频的直线近似表示，$\varphi \approx 90°$。

由式（2-150），低通电路的对数幅频特性表达式为

$$20\lg|\dot{A}_u| = -20\lg\sqrt{1+\left(\frac{f}{f_H}\right)^2} \tag{2-153}$$

将式（2-153）与式（2-151）综合考虑可知，当① 当$f \ll f_H$时，$20\lg A_u \approx 0$、$\varphi \approx 0$；② 当$f = f_H$时，$20\lg A_u = -3\text{dB}$、$\varphi = -45°$；③ 当$f \gg f_H$时，$20\lg A_u \approx -20\lg(f/f_H)$，即$f$上升10倍、$20\lg A_u$下降20dB，即对数幅频特性曲线在此频率范围内，可用斜率为−20dB/10倍频的直线近似表示；$\varphi \approx -90°$。

在工程实际近似分析中，为表示简便，常将放大电路对数频率特性波特图折线化，这种用若干条直线段来近似代替放大电路实际对数频率特性的折线称为近似波特图（简称波特图）。

（2）波特图的作法

1）幅频特性的波特图。

① 高通电路幅频特性波特图的作法。高通电路幅频特性曲线只需要用两条直线段表示：当$f \geqslant f_L$时，$20\lg A_u \approx 0$，幅频特性曲线用重合于横轴的线段近似表示；当$f < f_L$时，用斜率为20dB/10倍频的直线段近似表示。故高通电路幅频特性近似波特图如图2-57a所示。

② 低通电路幅频特性波特图的作法。低通电路幅频特性曲线也只需要用两条直线段表示：当$f \leqslant f_H$时，$20\lg A_u \approx 0$，幅频特性曲线用重合于横轴的线段表示；当$f > f_H$时，用斜率为-20dB/10倍频的直线段近似表示。故低通电路幅频特性波特图如图2-58a所示。

2）相频特性的波特图。

① 高通电路相频特性波特图的作法。高通电路相频特性曲线只需要用3条直线段表示：当$f \geqslant 10f_L$时，$\varphi \approx 0$，相频特性曲线用重合于横轴的线段近似表示；当$f < 0.1f_L$时，$\varphi \approx 90°$，用$\varphi \approx 90°$且平行于横轴的线段近似表示；当$0.1f_L < f < 10f_L$时，用斜率为$-45°$/10倍频的直线段近似表示。故高通电路相频特性波特图如图2-57b所示。

② 低通电路相频特性波特图的作法。低通电路相频特性曲线也只需要用3条直线段表示：当$f \leqslant 0.1f_H$时，$\varphi \approx 0$，相频特性曲线用重合于横轴的线段表示；当$f > 10f_H$时，$\varphi \approx -90°$，用过$\varphi \approx -90°$且平行于横轴的线段近似表示；当$0.1f_H < f < 10f_H$时，用斜率为$-45°$/10倍频的直线段近似表示。故低通电路相频特性波特图如图2-58b所示。

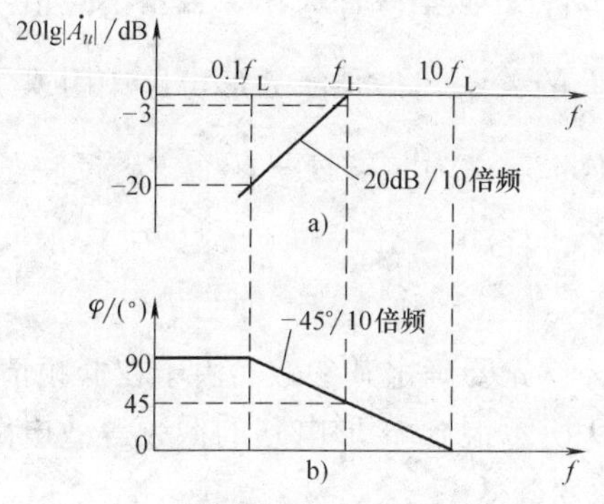

图2-57 高通电路频率特性波特图
a）幅频特性 b）相频特性

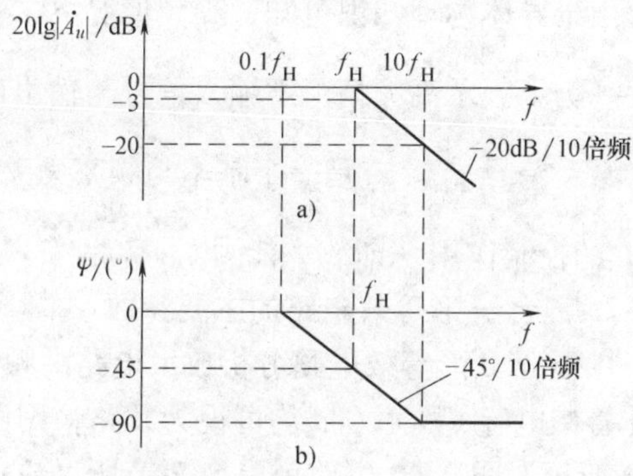

图2-58 低通电路频率特性波特图
a）幅频特性 b）相频特性

采用波特图的优点是：作图十分方便，而误差小于工程允许的误差范围。近似波特图幅频特性的最大误差出现在f_L、f_H两个转折处。例如，在f_L、f_H处，$20\lg A_u$的最大误差为3dB（即比实际大3dB）；在其他频率点，$20\lg A_u$的最大误差都小于3dB，且离f_L、f_H两个频率点越远，误差越小。

波特图相频特性的最大误差出现在$0.1f_L$、$10f_L$、$0.1f_H$、$10f_H$四个转折点处，在$0.1f_L$、$0.1f_H$两个转折点处，最大误差为5.71°，在$10f_L$、$10f_H$两个转折点处，最大误差为$-5.71°$；

且频率离 $0.1f_L$、$10f_L$、$0.1f_H$、$10f_H$四个转折点越远，误差越小。

由于波特图作图方便、误差小，因此，在工程实际近似分析中应用十分普遍。

2.5.3 晶体管的高频等效电路

要讨论放大电路的高频放大特性，首先应讨论高频等效电路模型。下面以共射组态为例，引出晶体管高频等效电路模型。

1. 晶体管高频混合 π 形等效电路

在高频区，由于晶体管集电结电容和发射结电容呈现的阻抗减小，它们对高频交流电流的分流作用不可忽略。考虑晶体管极间电容影响的高频 π 形（指 π 形电路结构）小信号的等效电路如图 2-59 所示。在图中忽略了集电结电阻 r_{b1c}（十几兆欧以上）和集-射极间电阻 r_{ce}（几兆欧以上）分流影响。

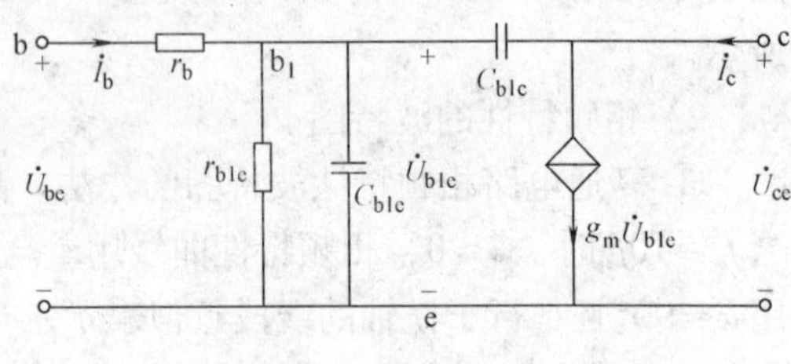

图 2-59 高频 π 形小信号的等效电路

图中，C_{b1e}、C_{b1c}分别为晶体管的发射结、集电结电容；r_b为晶体管基区体电阻，在200 ~ 300Ω 之间；r_{b1e}为基-射极间交流等效电阻；$g_m\dot{U}_{b1e}$为受控于发射结净输入电压 $\dot{U}_{b1e}$的受控电流源。由于 C_{b1e}、C_{b1c}的存在，高频情形下，使得 $\dot{I}_c$和 $\dot{I}_b$的大小和它们之间的相位差均与信号频率有关，即 β 是信号频率的函数，故用复数 $\dot{\beta}$ 表示。高频情况下，用 $\dot{\beta}$ 表示 $\dot{I}_c$和 $\dot{I}_b$之间的关系就不方便了。

由半导体物理知识可知，高频情况下，$\dot{I}_c$与 $\dot{U}_{b1e}$近似呈线性关系，且基本与信号频率无关。为了表示高频情形下输入信号与输出电流 $\dot{I}_c$的关系，在混合 π 形电路中引入了一个新参数：跨导 g_m。g_m是一个基本与频率无关的常数，定义为 $g_m = \dot{I}_c / \dot{U}_{b1e}$，$g_m$反映了 $\dot{U}_{b1e}$ 对 $\dot{I}_c$的控制作用（即放大能力）。

2. 混合 π 形等效电路的主要参数

用混合 π 形等效电路分析放大电路高频特性，首先要确定其参数。由于在低频情况下，晶体管结电容 C_{b1e}、C_{b1c}均可视为开路，则图 2-59 所示混合 π 形电路的低频等效电路如图 2-60 所示。图 2-60 电路就是 2.2 节所讨论过的微变等效电路。

下面介绍混合 π 形等效电路有关参数的获取方法。

基区体电阻 r_b 取 200 ~ 300Ω，或从电子器件手册查得。

由节 2.2 讨论可知

$$r_{b1e} = (1+\beta_0)U_T/I_E \tag{2-154}$$

式中，β_0为低频区晶体管的电流放大系数。

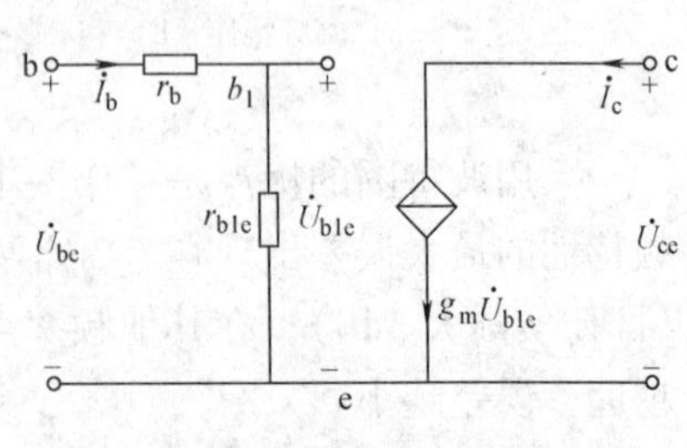

图 2-60 混合 π 形电路的低频等效电路

比较图 2-60 所示电路和 2.2 节所讨论过的微变等效电路。显然有

$$\dot{I}_c = g_m \dot{U}_{b'e} = \beta_0 \dot{I}_b \tag{2-155}$$

由图2-60可知

$$\dot{U}_{b'e} = \dot{I}_b r_{b'e} \tag{2-156}$$

由式（2-155）、式（2-156）可得

$$g_m = \beta_0 / r_{b'e}$$

将式（2-154）代入上式，并考虑到$\beta_0 \gg 1$，可得

$$g_m = \beta_0 / r_{b'e} \approx I_E / U_T \tag{2-157}$$

需要注意，g_m是一个交流参数，但它与静态发射极电流I_E有关。

一般通过查手册可得到C_{ob}，而$C_{b'c}$与C_{ob}近似相等。

3. 晶体管电流放大系数的频率特性

由图2-59混合π形等效电路可知，在高频区，当输入电压$\dot{U}_{be}$的幅值一定时，若频率升高时，$C_{b'e}$的容抗值减小，故净输入电压$\dot{U}_{b'e}$的幅值减小，$\dot{U}_{b'e}$与$\dot{U}_{be}$间的相移也将变大，从而导致$\dot{I}_c = g_m \dot{U}_{b'e}$的幅值减小。由于$\dot{I}_c$与$\dot{U}_{b'e}$有基本相同的附加相移，在高频区，若频率升高时，$\dot{I}_c$与$\dot{U}_{be}$的附加相移变大。

根据共射电流放大系数定义

$$\dot{\beta} = \left.\frac{\dot{I}_c}{\dot{I}_b}\right|_{U_{CE}}$$

即$\dot{\beta}$是在晶体管集-射间交流短路时$\dot{I}_c$与$\dot{I}_b$之比。令图2-59所示的混合Π形等效电路集-射极间交流短路，就可得到求$\dot{\beta}$的等效电路如图2-61所示。

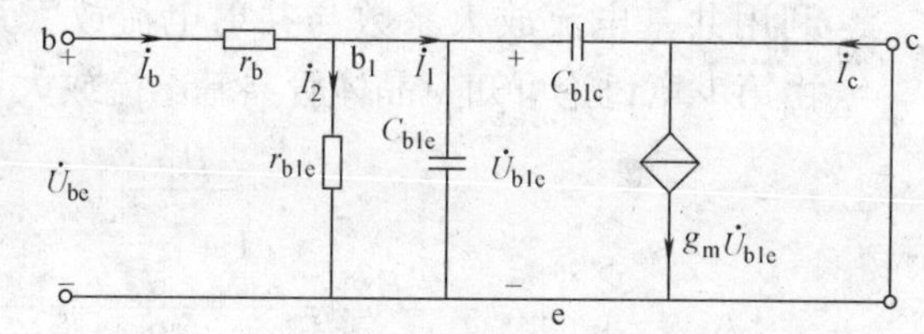

图2-61　计算晶体管$\dot{\beta}$的等效电路

由图2-61可知

$$\dot{\beta} = \frac{\dot{I}_c}{\dot{I}_b} = \frac{\dot{I}_c}{\dot{I}_1 + \dot{I}_2} = \frac{g_m \dot{U}_{b'e}}{\dot{U}_{b'e}\left(j\omega C + \frac{1}{r_{b'e}}\right)} = \frac{\beta_0}{1 + j\omega r_{b'e} C} \tag{2-158}$$

式中，$C = C_{b'e} + C_{b'c}$，$g_m = \beta_0 / r_{b'e}$。令

$$f_\beta = 1/(2\pi r_{b'e} C) \tag{2-159}$$

将式（2-159）代入式（2-158），可得

$$\dot{\beta} = \frac{\beta_0}{1 + j\frac{f}{f_\beta}} \tag{2-160}$$

f_β称为晶体管的共射截止频率。在器件手册上可查得f_β和C_{ob}（约为$C_{b'c}$），可通过式（2-159）计算求得$C = C_{b'e} + C_{b'c}$，故发射结电容$C_{b'e} = C - C_{ob}$也可求得。

由式（2-160）可知，当$f = f_\beta$时，$|\dot{\beta}| = \beta_0/\sqrt{2} \approx 0.707\beta_0$。所以，当$f = f_\beta$时，晶体

管仍有较大的电流放大能力。

式（2-160）对应的对数幅频特性和相频特性表达式为

$$20\lg|\dot{\beta}| = 20\lg\beta_0 - 20\lg\sqrt{1+\left(\frac{f}{f_\beta}\right)^2} \tag{2-161}$$

$$\varphi = -\arctan\frac{f}{f_\beta} \tag{2-162}$$

根据式（2-161）、式（2-162）可画出 $\dot{\beta}$ 幅频特性和相频特性波特图如图 2-62 所示。

由式（2-161）可以看出，随着频率 f 的上升，$|\dot{\beta}|$ 将减小，当 f 上升到某一频率 f_T 时，$|\dot{\beta}|=1$，f_T 称为特征频率 f_T。当 $f=f_T$ 时，令式（2-161）等于 0，由此可求得 f_T。

令

$$20\lg\beta_0 - 20\lg\sqrt{1+\left(\frac{f_T}{f_\beta}\right)^2} = 0$$

即

$$\sqrt{1+\left(\frac{f_T}{f_\beta}\right)^2} = \beta_0$$

因为 β_0 为几十以上，所以，$f_T \gg f_\beta$，则由上式可得

$$f_T \approx \beta_0 f_\beta \tag{2-163}$$

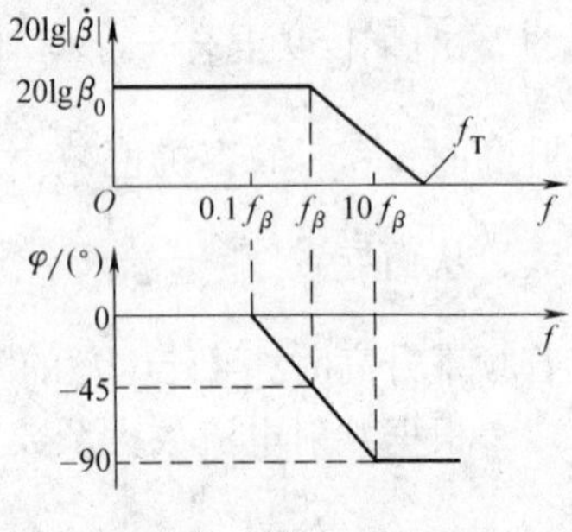

图 2-62　$\dot{\beta}$ 的波特图

可见晶体管特征频率 f_T 要比共射截频率 f_β 高得多。

利用共基电流放大系数与共射电流放大系数关系，可求得晶体管共基截止频率 f_α。由第 1 章讨论可知，晶体管共基电流放大系数与共射电流放大系数关系为

$$\dot{\alpha} = \frac{\dot{\beta}}{1+\dot{\beta}} = \frac{\dfrac{\beta_0}{1+j\dfrac{f}{f_\beta}}}{1+\dfrac{\beta_0}{1+j\dfrac{f}{f_\beta}}} = \frac{\beta_0}{1+\beta_0+j\dfrac{f}{f_\beta}} = \frac{\dfrac{\beta_0}{1+\beta_0}}{1+j\dfrac{f}{(1+\beta_0)f_\beta}}$$

令

$$\alpha_0 = \frac{\beta_0}{1+\beta_0} \tag{2-164}$$

$$f_\alpha = (1+\beta_0)f_\beta \tag{2-165}$$

则有

$$\dot{\alpha} = \frac{\alpha_0}{1+jf/f_\alpha} \tag{2-166}$$

式中，f_α 为晶体管的共基截止频率。当 $f=f_\alpha$ 时，$|\dot{\alpha}|$ 下降到 $0.707\alpha_0$。

由于 β_0 为几十以上，比较式（2-163）和式（2-165）可得

$$f_\alpha = (1+\beta_0)f_\beta \approx f_T \tag{2-167}$$

可见，晶体管共基截止频率 f_α 远远高于共射截止频率 f_β。这就意味着，同样一只晶体管

组成放大电路时，共基组态高频放大特性要比共射组态好得多。这也是在高频情况下，放大电路为什么有时要连成共基组态的原因。

2.5.4 场效应晶体管的高频等效电路

在高频区，无论是 MOS 晶体管或结型场效应晶体管，其高频小信号等效电路都可以用图2-63所示的电路表示。图中，C_{gs}表示栅-源极间电容，C_{gd}表示栅-漏极间电容，C_{ds}表示漏-源极间电容。因为场效应晶体管的栅-源极间电阻r_{gs}和栅-漏极间电阻r_{gd}很大（几至几十兆欧），故图中忽略这两个电阻的分流影响。

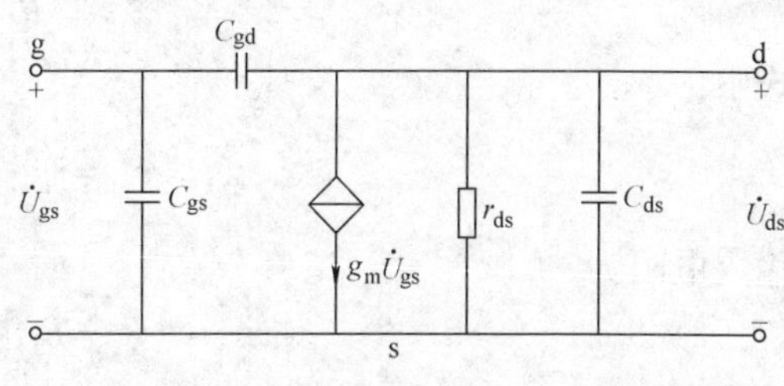

图 2-63 场效应晶体管 π 形高频等效电路

2.5.5 放大电路的频率特性

实际信号都不是单一频率成分，而是许多不同强度、不同频率成分组合而成的复杂信号。放大电路要不失真地放大这种复杂信号，要求放大电路对复杂信号中各不同频率成分具有相同（或基本相同）的放大能力。放大电路对不同频率信号的放大特性称之为放大电路的频率特性。

1. 单级阻容耦合共射放大电路的频率特性

阻容耦合共射放大电路如图 2-64 所示。为了分析方便，讨论频率特性时，一般将阻容耦合放大电路划分为三个区域，即中频区、低频区和高频区。在中频区，耦合电容和发射极旁路电容的容抗很小，可视为短路，晶体管极间电容的容抗很大，可视为开路；在低频区，耦合电容和发射极旁路电容的容抗较大，而不能视为短路，晶体管极间电容的容抗很大，更可视为开路；在高频区，耦合电容和发射极旁路电容的容抗很小，更可视为短路，但晶体管极间电容的容抗变小而不能视为开路。

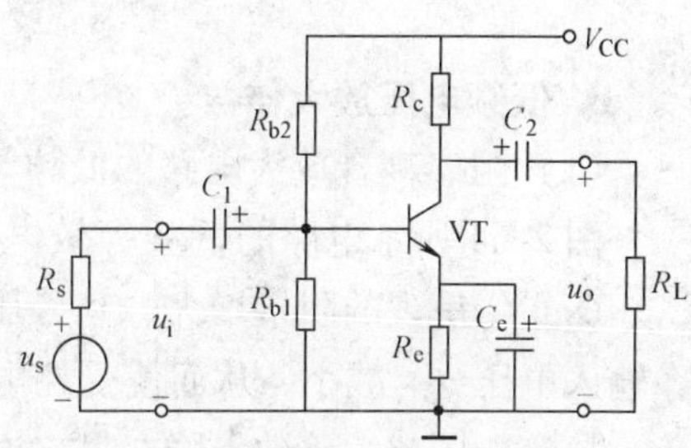

图 2-64 阻容耦合放大电路

综上所述，讨论放大电路低频区频率特性时，需要考虑耦合电容和发射极旁路电容的影响；讨论放大电路高频区频率特性时，需要考虑晶体管极间电容的影响；讨论放大电路中频区频率特性时，耦合电容、发射极旁路电容和晶体管极间电容的影响均可忽略；例如，2.2 节中的阻容耦合放大电路就是在中频区进行讨论的。

下面通过讨论阻容耦合共射放大电路的电压放大倍数与信号频率间的关系，来研究共射放大电路的频率特性。

2. 中频电压放大倍数

现将图 2-64 所示电路（2.2 节已讨论过）的中频电压放大倍数、输入电阻和输出电阻表达式重新归纳如下：

中频电压放大倍数为

$$\dot{A}_{um}=-\frac{\beta_0(R_c /\!/ R_L)}{r_{be}} \tag{2-168}$$

中频源电压放大倍数为

$$\dot{A}_{usm}=-\frac{R_i}{R_s+R_i}\frac{\beta_0(R_c /\!/ R_L)}{r_{be}} \tag{2-169}$$

式中

$$r_{be}=r_b+(1+\beta_0)\frac{26\text{mV}}{I_E} \tag{2-170}$$

输入电阻为

$$R_i=R_{b1} /\!/ R_{b2} /\!/ r_{be}\approx r_{be} \tag{2-171}$$

输出电阻为

$$R_o=R_c \tag{2-172}$$

考虑到$\beta_0=g_m r_{b'e}$，所以，式（2-168）、式（2-169）也可以表示为如下形式：

$$\dot{A}_{um}=-\frac{r_{b'e}}{r_{be}}g_m(R_c /\!/ R_L) \tag{2-173}$$

$$\dot{A}_{usm}=-\frac{R_i}{R_s+R_i}\frac{r_{b'e}}{r_{be}}g_m(R_c /\!/ R_L) \tag{2-174}$$

将式（2-171）代入式（2-174），也可得源电压增益的近似表达式为

$$\dot{A}_{usm}\approx-\frac{r_{b'e}}{R_s+r_{be}}g_m(R_c /\!/ R_L) \tag{2-175}$$

3. 低频电压放大倍数

（1）阻容耦合放大电路的低频等效电路

图2-64所示电路的低频等效电路如图2-65所示。在低频区，随着频率的下降，电容C_1、C_2、C_e呈现的阻抗增大，其分压加大。一方面，C_1、C_e分压加大使得加在基-射极间的净输入电压$u_{b'e}$减小，从而使受控电流源的数值（$g_m U_{b'e}=\beta_0 I_b$）减小，输出交流电压u_o减小，导致电压放大倍数下降；另一方面，C_2的分压加大使得加在负载电阻R_L上的电压u_o减小，也导致电压放大倍数下降。

图2-64所示电路中，由于$R_b=R_{b1} /\!/ R_{b2}$通常在十几至几十千欧，故图2-65所示电路图中忽略了R_b的分流影响。

为了定量研究C_1、C_e对电路低频特性的影响，现将图2-65所示电路中的R_e、C_e由发射极等效变换到基极回路，得如图2-66所示的等效电路。由于在发射支路流过R_e、C_e并联电路的电流为$\dot{I}_e=(1+\beta)\dot{I}_b$，等效变换到基极回路时，流过其中的电流为$\dot{I}_b$。根据等效变换原理，$R_e$、$C_e$并联电路由发射极支路变到基极回路时，其阻抗值必增大（$1+\beta$）倍，故R_e变为$(1+\beta)R_e$、C_e变为$C_e/(1+\beta)$。下面通过数学分析可进一步说明这点。在图2-65中，R_e、C_e并联电路上的电压为

$$\frac{(1+\beta)\dot{I}_b}{\frac{1}{R_e}+j\omega C_e}=\frac{\dot{I}_b}{\frac{1}{(1+\beta)R_e}+j\omega\frac{C_e}{1+\beta}} \tag{2-176}$$

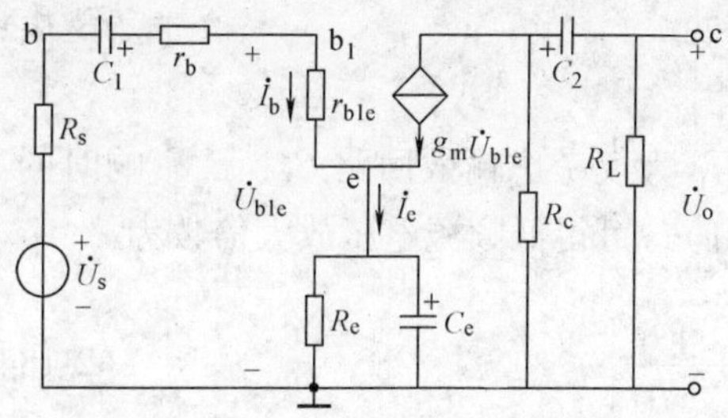

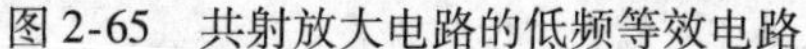

图 2-65　共射放大电路的低频等效电路

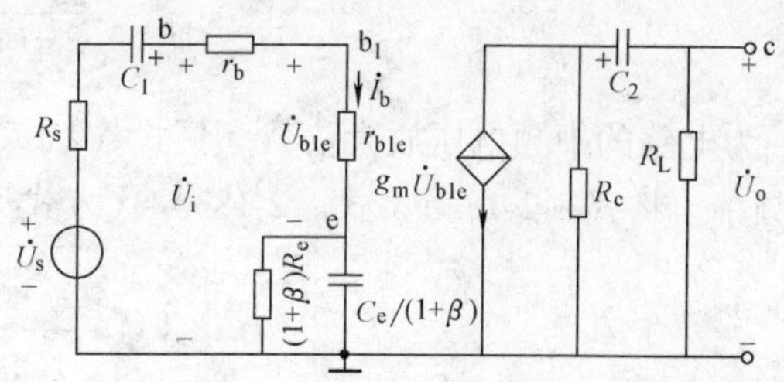

图 2-66　图 2-65 所示电路的等效变换电路

式（2-176）右边即为图 2-66 中基极回路 $(1+\beta)R_e$ 与 $C_e/(1+\beta)$ 并联电路两端的电压，数学分析也说明了图 2-66 所示电路输入回路与图 2-65 所示电路输入回路互为等效。

另一方面，由图 2-65 所示电路可见，因为有受控电流源 $g_m U_{b1e}$ 的隔离作用，C_2 对电路低频特性的影响与输入回路无关。

（2）阻容耦合放大电路低频特性分析

由图 2-66 所示电路可见，C_2 对电路低频特性的影响与输入回路无关，这样，在分析电路低频特性时，可以将输入回路、输出回路分开单独考虑，在讨论 C_1、C_e 对低频特性的影响时可将 C_2 视为短路；反之，在讨论 C_2 对低频特性的影响时，可将 C_1、C_e 视为短路。然后，将两者对频率特性的影响加以比较，综合考虑。

1）单独考虑 C_1、C_e 对电路低频特性的影响

图 2-66 所示电路满足下列关系

$$(1+\beta)R_e \gg \frac{1}{\omega C_e/(1+\beta)} \tag{2-177}$$

故可以忽略 $(1+\beta)R_e$ 的分流作用，则有

$$\dot{U}_{b1e} = \frac{r_{b1e}}{R_s + r_{be} + \dfrac{1}{j\omega C}}\dot{U}_s \tag{2-178}$$

式中，

$$C = \frac{C_1 C_e}{(1+\beta)C_1 + C_e} \tag{2-179}$$

输出电压（将 C_2 视为短路）为

$$\dot{U}_o = -g_m \dot{U}_{b1e} R'_L = -g_m \dot{U}_{b1e}(R_c /\!/ R_L) \tag{2-180}$$

由式（2-178）、式（2-180）可得低频源电压放大倍数为

$$\dot{A}_{us1} = \frac{\dot{U}_o}{\dot{U}_s} = -g_m R'_L \frac{r_{b1e}}{R_s + r_{be}} \frac{1}{1 + \dfrac{1}{j\omega(R_s + r_{be})C}} \tag{2-181}$$

令

$$\dot{A}_{usm} = -g_m R'_L \frac{r_{b1e}}{R_s + r_{be}} \tag{2-182}$$

$$f_{L1}=\frac{1}{2\pi(R_s+r_{be})C} \tag{2-183}$$

$\dot{A}_{usm}$为电路的中频电压放大倍数（见式（2-175））；f_{L1}为仅考虑输入回路C_1、C_e影响时的下限频率。将式（2-182）、式（2-183）代入式（2-181），可得低频源电压放大倍数为

$$\dot{A}_{usl}=\frac{\dot{U}_o}{\dot{U}_s}=\dot{A}_{usm}\frac{1}{1+\frac{f_{L1}}{jf}} \tag{2-184}$$

在图2-66中，忽略$(1+\beta)R_e$分流的影响，将两串联电容合并为电容C，令$R=R_s+r_{be}$，则图2-66中输入回路就是2.5.2节中讨论过的一个典型的RC高通电路（见图2-53）。因此，前面讨论的RC高通电路的相关结论在此也适用。这点还可通过式（2-144）和式（2-184）看出（两式在形式上相似），两式的差别仅在于将式（2－144）中的1（这是RC高通电路的最大传输系数）换成了$\dot{A}_{usm}$（这是因为电路具有放大作用所致）。

式（2-184）的对数幅频特性和相频特性表达式为

$$20\lg|\dot{A}_{usl}|=20\lg|\dot{A}_{usm}|-20\lg\sqrt{1+\left(\frac{f_{L1}}{f}\right)^2} \tag{2-185}$$

$$\varphi=-180°+\arctan\frac{f_{L1}}{f} \tag{2-186}$$

式（2-186）中第一项（－180°）表示共射电路输出与输入电压在中频区的相位差，第二项表示在低频区的附加相移。

① 当$f\gg f_{L1}$时（工程分析中取$f\geqslant10f_{L1}$，下同），则$20\lg|\dot{A}_{usl}|\approx20\lg|\dot{A}_{usm}|$，$\varphi\approx-180°$，即放大电路处在中频区。其幅频特性波特图可用过$20\lg|\dot{A}_{usm}|$且平行于横轴的直线段表示，相频特性波特图可用过$\varphi\approx-180°$的水平线段表示。

② 当$f=f_{L1}$时，则$20\lg|\dot{A}_{usl}|\approx20\lg|\dot{A}_{usm}|-3\text{dB}$，$\varphi=-135°$。

③ 当$f\ll f_{L1}$时（工程分析中常取$f\leqslant0.1f_{L1}$，下同），则频率每减小10倍，增益$20\lg|\dot{A}_{usl}|$下降20dB。在近似波特图中，通常认为当$f\leqslant f_{L1}$时，其幅频特性波特图可用斜率为20dB/10倍频的直线段近似代表（2.5.2节讨论RC高通电路曾指出，这样处理所带来的最大误差为3dB）；当$f\ll f_{L1}$时，$\varphi\approx-90°$，其相频特性波特图可用$\varphi\approx-90°$，且平行于横轴的直线段表示。

④ 当$0.1f_{L1}<f<10f_{L1}$时，频率增加10倍，相移减小45°。在这一频率范围内，相频特性波特图，可用斜率为－45°/10倍频的直线段近似表示。

综上所述，式（2-185）、式（2-186）所对应的波特图如图2-67所示。

2）单独考虑C_2对低频特性的影响

在单独考虑输出回路耦合电容C_2对电路低频特性影响时，C_1、C_e对交流可视为短路。为分析方便起见，利用诺顿-戴维南等效变换原理，将图2-66所示的输出回路等效变换为图2-68所示的低频等效电路，由图可知

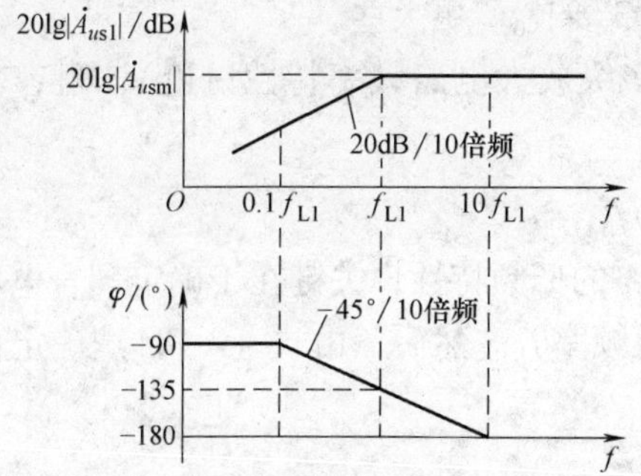

图 2-67　阻容耦合放大电路低频特性波特图

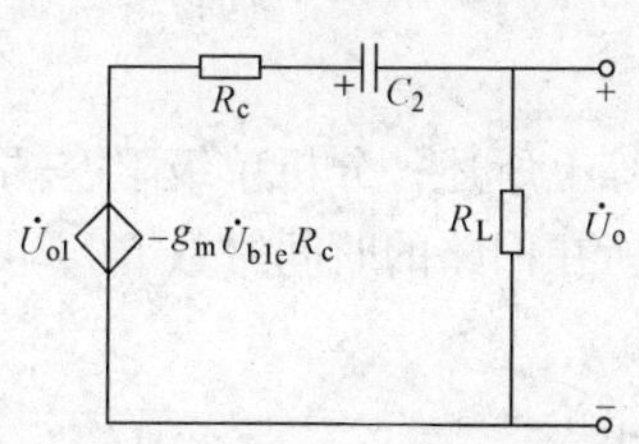

图 2-68　输出回路低频等效电路

$$\dot{U}_{o} = -g_{m}\dot{U}_{\mathrm{ble}}R_{c}\frac{R_{L}}{(R_{c}+R_{L})+\frac{1}{\mathrm{j}\omega C_{2}}}$$

$$= -g_{m}\dot{U}_{\mathrm{ble}}R'_{L}\frac{1}{1+\frac{1}{\mathrm{j}\omega C_{2}(R_{c}+R_{L})}}$$

$$= -g_{m}R'_{L}\frac{r_{\mathrm{ble}}}{R_{s}+r_{\mathrm{be}}}\frac{1}{1+\frac{1}{\mathrm{j}\omega C_{2}(R_{c}+R_{L})}}\dot{U}_{s}$$

则低频源电压放大倍数为

$$\dot{A}_{us1} = \frac{\dot{U}_{o}}{\dot{U}_{s}} = \frac{\dot{A}_{usm}}{1+\frac{f_{L2}}{\mathrm{j}f}} \tag{2-187}$$

式中，

$$\dot{A}_{usm} = -g_{m}R'_{L}\frac{r_{\mathrm{ble}}}{R_{s}+r_{\mathrm{be}}}$$

为中频源电压放大倍数；

$$f_{L2} = \frac{1}{2\pi(R_{c}+R_{L})C_{2}} \tag{2-188}$$

f_{L2}为仅考虑输出回路电容 C_2影响时的下限频率。

由于通常情形下，C_1、C_2和 C_e的大小在同一数量级，在十几到几十微法之间，(R_s+r_{be}) 与 (R_c+R_L) 在同一数量级，而 C 为 C_1和 $C_e/(1+\beta)$ 两电容的串联值，满足

$$C_1 \approx C_2 \gg [C_e/(1+\beta)] > C$$

比较式 (2-183)、式 (2-188) 可知

$$f_{L1} \gg f_{L2}$$

放大电路下限频越高，低频特性越差。显然，阻容耦合共射放大电路的低频特性主要由基-射输入回路决定。若 C_1、C_2和 C_e的大小在同一数量级，则阻容耦合共射放大电路的下限频率 f_L满足

$$f_L \approx f_{L1} \tag{2-189}$$

即低频电压放大倍数近似由式 (2-184) 决定（为什么？请读者自行思考）。因此，阻

容耦合共射放大电路低频特性要好，通常选择 C_e 要比 C_1 更大些。

若 f_{L1} 与 f_{L2} 相差不大，可以证明（见后面多级放大电路频率特性讨论），阻容耦合共射放大电路的下限频率 f_L 满足

$$f_L \approx 1.1\sqrt{f_{L1}^2 + f_{L2}^2} \tag{2-190}$$

综上所述，分析单级阻容耦合共射放大电路的低频特性，关键在于确定耦合电容与旁路电容所在回路的时间常数 RC，并由此确定下限频率 f_L。然后，由式（2-184）确定低频放大倍数。

结论：

① C_1、C_e、C_2 越大，下限频率越低，电路低频放大特性越好，附加相移也越小。

② 因为 C_e 等效到基极回路时要除以 $(1+\beta)$，所以，若要求 C_e 对电路低频特性的影响与 C_1 相同，则应使 $C_e=(1+\beta)C_1$，这就是实际电路中发射极旁路电容的取值往往比 C_1 要大得多的原因。

③ 静态工作电流 I_E 取得越低，输入电阻 r_{be} 越大，由输入回路确定的下限频率 f_{L1} 越小，则低频特性越好。但静态工作电流 I_E 取得低，应以放大电路不出现非线性截止失真为前提。

④ 在输出回路中 R_c、R_L 越大，由输出回路决定的下限频率 f_{L2} 越低，电路的低频特性也越好，但 R_c、R_L 的取值还需考虑其他因素。

⑤ C_1、C_e、C_2 的影响使放大电路具有高通特性，在下限频率点处，附加相移为正值，说明输出电压对输入电压有一个超前的附加相移。

4. 高频电压放大倍数

（1）晶体管混合 π 形电路中集电结电容的密勒等效变换

在共射电路中，由于晶体管集电结电容跨接在输入和输出端之间，这给频率特性的分析带来不便，为此，通常将晶体管集电结电容分别等效变换到输入端和输出端。

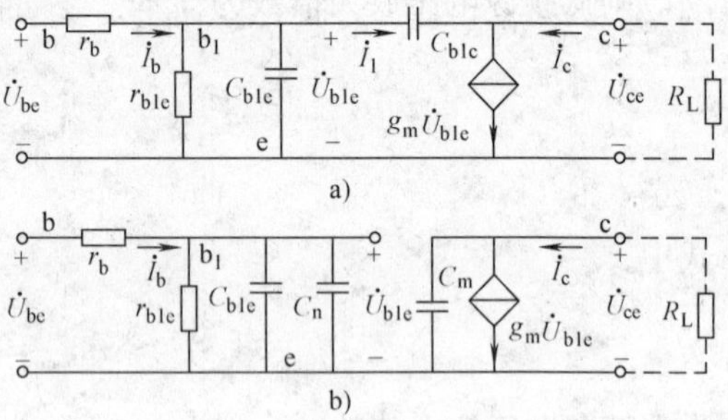

图 2-69 混合 π 形电路及其密勒等效变换
a）混合 π 形电路 b）混合 π 形电路密勒等效电路

图 2-69a 为晶体管混合 π 形电路，由图可知，流过集电结电容 C_{b1c} 的电流为

$$\dot{I}_1=\frac{\dot{U}_{b1e}-\dot{U}_{ce}}{\dfrac{1}{j\omega C_{b1c}}}=\frac{\dot{U}_{b1e}\left(1-\dfrac{\dot{U}_{ce}}{\dot{U}_{b1e}}\right)}{\dfrac{1}{j\omega C_{b1c}}}=\frac{\dot{U}_{b1e}(1-\dot{K})}{\dfrac{1}{j\omega C_{b1c}}}=\frac{\dot{U}_{b1e}}{\dfrac{1}{j\omega(1-K)C_{b1c}}} \tag{2-191}$$

式中，

$$\dot{K}=\frac{\dot{U}_{ce}}{\dot{U}_{b1e}}\approx -K \tag{2-192}$$

$\dot{K}$ 为共射电路电压放大倍数。在近似计算时，$\dot{K}$ 取中频放大倍数 $-K$（K 为正实数），负号表示在中频区共射电路为反相放大电路。

图 2-69a 中，由 C_{b1c} 左端往右看，根据式（2-191）可知，C_{b1c} 这条支路呈现的阻抗为

$$\frac{\dot{U}_{\mathrm{b1e}}}{\dot{I}_1}=\frac{1}{\mathrm{j}\omega(1-\dot{K})C_{\mathrm{b1c}}}=\frac{1}{\mathrm{j}\omega(1+K)C_{\mathrm{b1c}}} \tag{2-193}$$

由 C_{b1c} 左端往右看，C_{b1c} 这条支路呈现的阻抗为一个等效电容 $(1+K)C_{\mathrm{b1c}}$ 的容抗。令

$$C_{\mathrm{n}}=(1+K)C_{\mathrm{b1c}} \tag{2-194}$$

由于 $(1+K)\gg1$，故，$C_{\mathrm{n}}=(1+K)C_{\mathrm{b1c}}\gg C_{\mathrm{b1c}}$。显然，由式（2-194）所确定的电容 C_{n} 是与发射结电容 C_{b1e} 相并联的。图 2-69a 所示基-射输入回路可等效变换为图 2-69b 所示基-射输入回路。故发射结总电容为

$$C_{\pi}=C_{\mathrm{b1e}}+C_{\mathrm{n}}=C_{\mathrm{b1e}}+(1+K)C_{\mathrm{b1c}} \tag{2-195}$$

由于电路的放大作用，使得 $C_{\mathrm{n}}=(1+K)C_{\mathrm{b1c}}\gg C_{\mathrm{b1c}}$ 的效应称为密勒效应，C_{n} 称为密勒等效电容。

同理可证明，图 2-69a 所示电路 C_{b1c} 由 c-$\mathrm{b_1}$ 两端等效变换到 c-e 两端的密勒等效电容为

$$C_{\mathrm{m}}=(1+K)C_{\mathrm{b1c}}/K \tag{2-196}$$

由于 $1+K\approx K$，所以有 $C_{\mathrm{m}}\approx C_{\mathrm{b1c}}$。因此，图 2-69a 所示集-射输出回路可等效变换为图 2-69b 所示的集-射输出回路。

晶体管集电结电容 C_{b1c} 约为零点几到几皮法、发射结电容约为几到十几皮法，而中频电压放大倍数 K 约为几十。因此，图 2-69b 所示电路满足

$$C_{\pi}=C_{\mathrm{b1e}}+C_{\mathrm{n}}=C_{\mathrm{b1e}}+(1+K)C_{\mathrm{b1c}}\gg C_{\mathrm{m}}=(1+K)C_{\mathrm{b1c}}/K\approx C_{\mathrm{b1c}} \tag{2-197}$$

由图 2-69b 可知，当 $\dot{U}_{\mathrm{be}}$ 幅度一定时，频率越高，发射结阻抗越小，U_{b1e} 越小，受控电流源电流值 $g_{\mathrm{m}}\dot{U}_{\mathrm{b1e}}$ 越小，流经负载电阻 R_{L} 产生的输出电压越小，即电压放大倍数数值减小，且输出电压与输入电压 $\dot{U}_{\mathrm{be}}$ 的相位差也变大。

密勒等效后，C_{π} 通常比 C_{m} 大几十到几百倍，因此，影响放大电路高频特性的是发射结电容 $C_{\pi}=C_{\mathrm{b1e}}+C_{\mathrm{n}}$；而 $C_{\mathrm{m}}\approx C_{\mathrm{b1c}}$ 影响很小，相对于 C_{π} 而言，可忽略不计，故可得到图 2-69b 简化等效电路如图 2-70 所示。图 2-70 所示的等效电路是分析放大电路高频特性的基础。

（2）高频电压放大倍数分析计算

应用图 2-70 所示的晶体管高频简化等效电路，图 2-64 所示的共射放大电路的高频小信号等效电路如图 2-71 所示，图中忽略了 $R_{\mathrm{b1}}/\!/R_{\mathrm{b2}}$ 的分流影响。

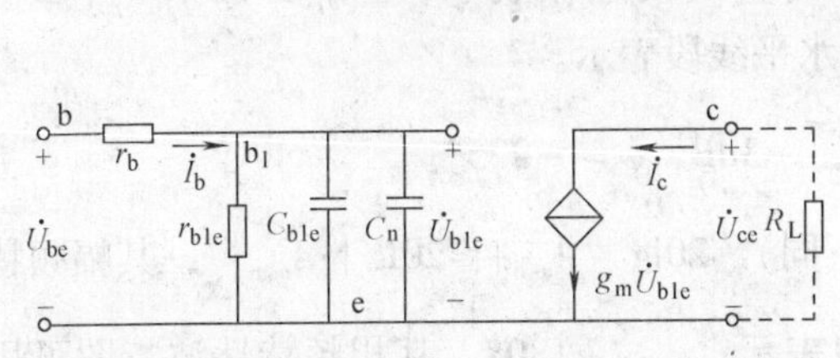

图 2-70　图 2-69b 所示电路的简化等效电路

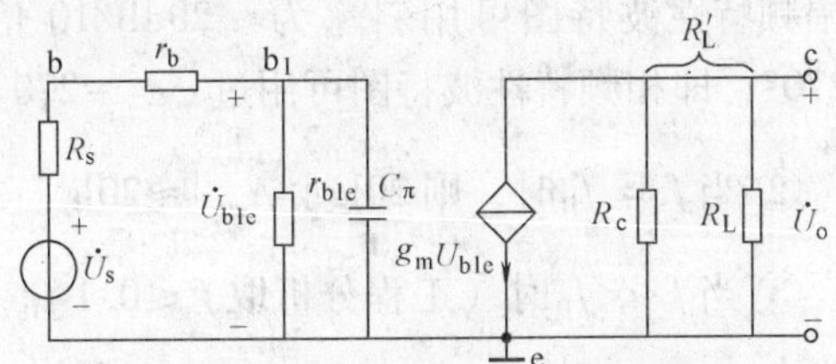

图 2-71　共射电路高频等效电路

现将图 2-71 电路的输入电路重画于图 2-72a，若将 C_{π} 视为负载（图中用虚线连接），利用戴维南等效变换，可得图 2-72b 电路。

图 2-72 电路中

$$R=(R_{\mathrm{s}}+r_{\mathrm{b}})/\!/r_{\mathrm{b1e}} \tag{2-198}$$

$$\dot{U}_{si}=\dot{U}_s r_{b1e}/(R_s+r_{be}) \qquad (2\text{-}199)$$

由图 2-72b 电路可得

$$\dot{U}_{ble}=\frac{\frac{1}{j\omega C_\pi}}{R+\frac{1}{j\omega C_\pi}}\dot{U}_{si}=\frac{1}{1+j\omega RC_\pi}\left(\frac{r_{ble}}{R_s+r_{be}}\right)\dot{U}_s \qquad (2\text{-}200)$$

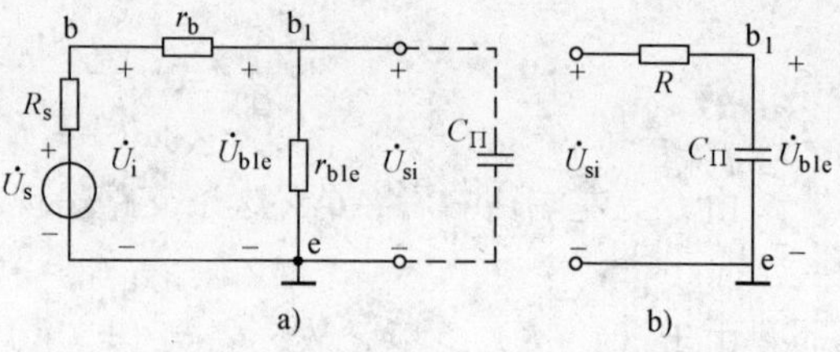

图 2-72　图 2-71 输入电路的等效变换

a）图 2-71 电路的输入电路　b）等效变换电路

由图 2-71 并考虑到式（2-200）可得

$$\dot{U}_o=-g_m R'_L\dot{U}_{ble}=\left(-g_m R'_L\frac{r_{ble}}{R_s+r_{be}}\right)\frac{1}{1+j\omega RC_\pi}\dot{U}_s \qquad (2\text{-}201)$$

高频源电压放大倍数为

$$\dot{A}_{ush}=\frac{\dot{U}_o}{\dot{U}_s}=\left(-g_m R'_L\frac{r_{ble}}{R_s+r_{be}}\right)\frac{1}{1+j\omega RC_\pi}=\frac{\dot{A}_{usm}}{1+j\frac{f}{f_H}} \qquad (2\text{-}202)$$

式中，$\dot{A}_{usm}$为中频电压放大倍数，f_H为上限频率，且

$$\begin{cases}\dot{A}_{usm}=-g_m R'_L\dfrac{r_{ble}}{R_s+r_{be}}\\ f_H=\dfrac{1}{2\pi RC_\pi}\end{cases} \qquad (2\text{-}203)$$

$\dot{A}_{ush}$的对数幅频特性和相频特性的表达式为

$$20\lg|\dot{A}_{ush}|=20\lg|\dot{A}_{usm}|-20\lg\sqrt{1+\left(\frac{f}{f_H}\right)^2} \qquad (2\text{-}204)$$

$$\varphi=-180°-\arctan\left(\frac{f}{f_H}\right) \qquad (2\text{-}205)$$

① 当$f\gg f_H$时（工程分析取$f\geqslant 10f_H$，下同），则 $20\lg|\dot{A}_{ush}|\approx 20\lg|\dot{A}_{usm}|-20\lg(f/f_H)$，即频率升高至 10 倍，增益 $20\lg|\dot{A}_{ush}|$ 下降 20dB，在近似波特图中，通常认为当$f\geqslant f_H$时，其幅频特性波特图可用斜率为 –20dB/10 倍频的直线段近似表示；当 $f\geqslant 10f_H$时，$\varphi\approx-270°$，即相频特性波特图可用过$\varphi\approx-270°$的水平线段表示。

② 当$f=f_H$时，则 $20\lg|\dot{A}_{ush}|\approx 20\lg|\dot{A}_{usm}|-3\text{dB}$，$\varphi=-225°$。

③ 当$f\ll f_H$时（工程分析取$f\leqslant 0.1f_H$，下同），$20\lg|\dot{A}_{ush}|\approx 20\lg|\dot{A}_{usm}|$，其幅频特性波特图可用过 $20\lg|\dot{A}_{usm}|$ 的水平直线段近似表示；$\varphi\approx-180°$，其相频特性波特图可用$\varphi\approx-180°$，且平行于横轴的直线段表示。

④ $0.1f_H<f<10f_H$时，相频特性波特图可用斜率为 –45°/10 倍频的直线段近似表示。

式（2-204）、式（2-205）所对应的波特图如图 2-73 所示。

5. 共射电路频率特性完整波特图

（1）共射电路电压放大倍数一般表达式（标准形式）

综上所述，在低、中、高整个频率范围内，共射电路电压放大倍数应为

$$\dot{A}_{us}=\frac{\dot{A}_{usm}}{\left(1+\frac{f_L}{jf}\right)\left(1+j\frac{f}{f_H}\right)}=\frac{\dot{A}_{usm}}{\left(1-j\frac{f_L}{f}\right)\left(1+j\frac{f}{f_H}\right)} \tag{2-206}$$

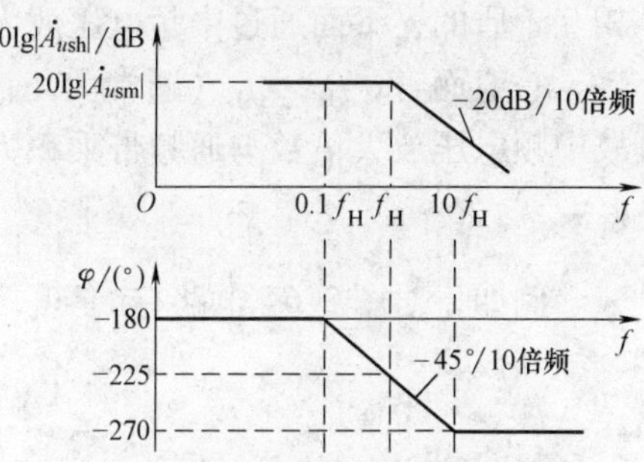

图 2-73　共射放大电路高频特性波特图

式（2-206）的正确性说明如下。

① 当 $f_L \ll f \ll f_H$ 时（对应中频区），f_L/f、f/f_H 均趋于零，则式（2-206）变为 $\dot{A}_{us}\approx\dot{A}_{usm}$，即为中频电压放大倍数。

② 当 $f<f_L$ 时（对应低频区），必有 $f\ll f_H$，f/f_H 趋于零，则式（2-206）变为 $\dot{A}_{us}\approx\dot{A}_{usl}$，即为低频电压放大倍数。

③ 当 $f>f_H$ 时（对应高频区），必有 $f\gg f_L$，f_L/f 趋于零，则式（2－206）变为 $\dot{A}_{us}\approx\dot{A}_{ush}$，即为高频电压放大倍数。

因此，式（2-206）全面反映了电路在低、中、高整个频率范围内的放大特性。

若放大电路有输入和输出回路决定的两个下限频率 f_{L1}、f_{L2}，两个上限频率 f_{H1}、f_{H2}，则该电路电压放大倍数可表示为

$$\dot{A}_{us}=\frac{\dot{A}_{usm}}{\left(1+\frac{f_{L1}}{jf}\right)\left(1+\frac{f_{L2}}{jf}\right)\left(1+j\frac{f}{f_{H1}}\right)\left(1+j\frac{f}{f_{H2}}\right)}$$

$$=\frac{\dot{A}_{usm}}{\left(1-j\frac{f_{L1}}{f}\right)\left(1-j\frac{f_{L2}}{f}\right)\left(1+j\frac{f}{f_{H1}}\right)\left(1+j\frac{f}{f_{H2}}\right)} \tag{2-207}$$

（2）共射电路频率特性完整波特图

将图 2-67 和图 2-73 综合在同一个坐标平面上，可得共射电路频率特性完整波特图如图 2-74所示。

6. 放大电路频率特性的改善和增益与带宽关系

为改善共射放大电路的低频特性，需加大耦合电容和射极旁路电容（对低频特性影响更为突出）及其回路电阻，以减小下限频率 f_L。在信号频率很低的场合，可考虑采用直接耦合电路（$f_L=0$）。

为改善共射放大电路高频特性，应选发射结电容和集电结电容小的晶体管以减小回路时间常数，提高上限频率 f_H。

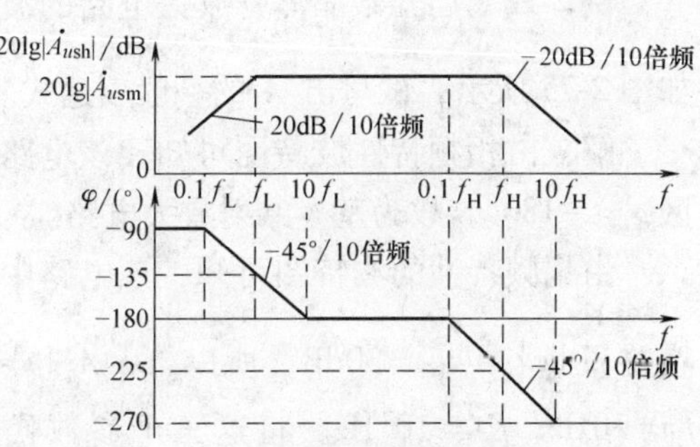

图 2-74　共射放大电路频率特性完整波特图

加大中频电压放大倍数和提高上限频率是

相互矛盾的，下面通过中频电压放大倍数与带宽乘积来说明。

一般而言，$f_H \gg f_L$（通常大几百到几千倍）。所以，放大电路通频带 $f_{BW} = f_H - f_L \approx f_H$。故中频电压放大倍数与通频带乘积为

$$|\dot{A}_{usm}| f_{BW} \approx |\dot{A}_{usm}| f_H$$

例如，对图 2-64 电路有

$$|\dot{A}_{usm}| f_H = \left(g_m R'_L \frac{r_{b1e}}{R_s + r_{be}}\right) \frac{1}{2\pi R C_\pi} \tag{2-208}$$

式中，R、C_π 分别为

$$R = (R_s + r_b) /\!/ r_{b1c} \tag{2-209}$$

$$C_\pi = C_{b1e} + (1+K) C_{b1c} = C_{b1e} + (1 + g_m R'_L) C_{b1c} \tag{2-210}$$

实际中通常满足

$$g_m R'_L \gg 1$$

$$(1 + g_m R'_L) C_{b1c} \gg C_{b1e}$$

故有

$$C_\pi = C_{b1e} + (1 + g_m R'_L) C_{b1c} \approx g_m R'_L C_{b1c} \tag{2-211}$$

将式（2-209）、式（2-211）代入式（2-208），可得中频增益-带宽乘积为

$$\begin{aligned}|\dot{A}_{usm}| f_H &\approx \left(g_m R'_L \frac{r_{b1e}}{R_s + r_{be}}\right) \frac{1}{2\pi R C_\pi} \\ &= \left(g_m R'_L \frac{R_{b1e}}{R_s + r_{be}}\right) \frac{1}{2\pi \dfrac{(R_s + r_b) r_{b1e}}{(R_s + r_b) + r_{b1e}} g_m R'_L C_{b1c}} \\ &= \frac{1}{2\pi (R_s + r_b) C_{b1c}}\end{aligned} \tag{2-212}$$

式（2-212）表明，增益-带宽乘积由信号源内阻 R_s、晶体管基区体电阻 r_b 和集电结电容 C_{b1c} 三个参数决定。当信号源和晶体管确定后，R_s、r_b、C_{b1c} 就基本确定，则电路增益-带宽乘积为一个基本不变的常数。这就意味着，对某一个电路而言，增益增大多少倍，带宽就减小多少倍。

为了改善电路的高频特性，展宽通频带，应选 r_b、C_{b1c} 较小的高频晶体管，并尽量减小 C_π 所在回路的总等效电阻。

例 2-12 已知某晶体管放大电路的波特图如图 2-75 所示，试写出 $\dot{A}_u$ 的一般表达式。

解： 由相频特性波特图可知，该电路中频区 $\varphi = -180°$，故为基本共射放大电路。

由幅频特性的波特图可知，该电路中频区增益 $20\lg|\dot{A}_u| = 30\text{dB}$，所以，$|\dot{A}_u| \approx 32$，$f_L = 10\text{Hz}$，$f_H = 10^5\text{Hz}$。将这三个参数代入式（2-206）可得

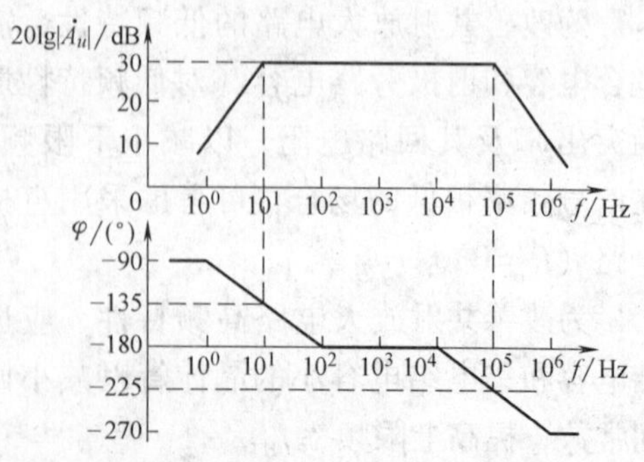

图 2-75 例 2-12 所示电路的波特图

$$\dot{A}_u \approx \frac{-32}{\left(1+\frac{10}{\mathrm{j}f}\right)\left(1+\mathrm{j}\frac{f}{10^5}\right)} \text{或} \ \dot{A}_u \approx \frac{-3.2\mathrm{j}f}{\left(1+\mathrm{j}\frac{f}{10}\right)\left(1+\mathrm{j}\frac{f}{10^5}\right)}$$

式中，负号表示在中频区共射电路输出电压与输入电压反相。

若本题未注明是晶体管放大电路，该题解答也适用于场效应晶体管共源电路。

例 2-13 已知某共射放大电路的波特图如图 2-76 所示，试写出该电路电压放大倍数 $\dot{A}_u$ 的表达式。

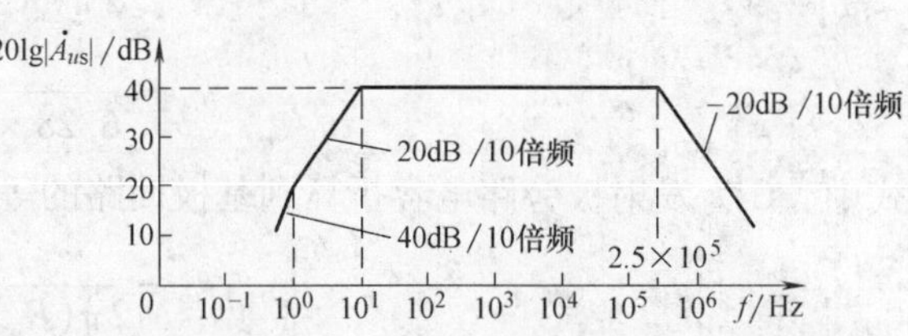

图 2-76 例 2-13 所示电路幅频特性波特图

解： 由波特图可知，中频电压增益为 40dB，又指出了电路为共射放大电路，故为反相放大电路，即中频电压放大倍数为 -100。由波特图还可知，下限截止频率为 1Hz 和 10Hz，上限截止频率为 250kHz。将这些参数代入放大电路一般电压放大倍数表达式，故该电路 $\dot{A}_u$ 的表达式为

$$\dot{A}_u = \frac{-100}{\left(1+\frac{1}{\mathrm{j}f}\right)\left(1+\frac{10}{\mathrm{j}f}\right)\left(1+\mathrm{j}\frac{f}{2.5\times10^5}\right)}$$

或

$$\dot{A}_u = \frac{10f^2}{(1+\mathrm{j}f)\left(1+\mathrm{j}\frac{f}{10}\right)\left(1+\mathrm{j}\frac{f}{2.5\times10^5}\right)}$$

例 2-14 共射极放大电路如图 2-77 所示，设晶体管的 $\beta = 100$，$r_{\mathrm{be}} = 6\mathrm{k\Omega}$，$r_{\mathrm{b}} = 100\Omega$，$f_{\mathrm{T}} = 100\mathrm{MHz}$，集电结电容 $C_{\mathrm{b1c}} = 4\mathrm{pF}$，发射结电容 $C_{\mathrm{b1e}} = 26.9\mathrm{pF}$，其他参数如图所示。试求：

（1）中频电压放大倍数 $\dot{A}_{u\mathrm{sm}}$；

（2）下限频率 f_{L}；

（3）上限频率 f_{H}。

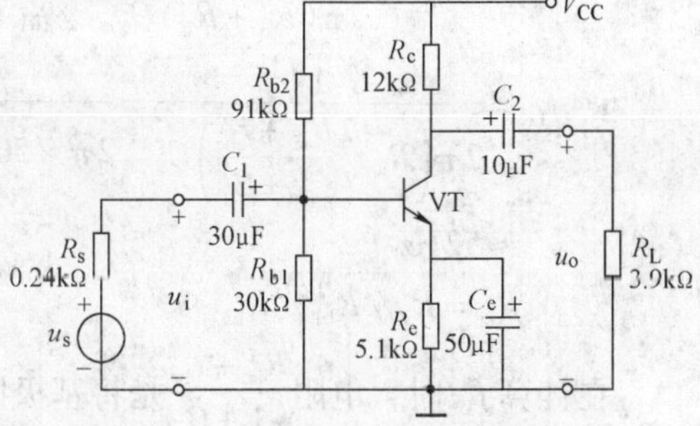

图 2-77 静态工作点稳定电路

解：（1）中频电压放大倍数为

$$\dot{A}_{u\mathrm{sm}} = -\frac{R_{\mathrm{i}}}{R_{\mathrm{s}}+R_{\mathrm{i}}} p g_{\mathrm{m}} R'_{\mathrm{L}}$$

其中

$$R_{\mathrm{i}} = r_{\mathrm{be}} /\!/ R_{\mathrm{b1}} /\!/ R_{\mathrm{b2}} = 6\mathrm{k\Omega} /\!/ 30\mathrm{k\Omega} /\!/ 91\mathrm{k\Omega} \approx 4.7\mathrm{k\Omega}$$

$$p = \frac{r_{\mathrm{ble}}}{r_{\mathrm{be}}} = \frac{6-0.1}{6} \approx 0.98$$

$$g_{\mathrm{m}} = \frac{\beta}{r_{\mathrm{ble}}} = \frac{100}{5.9\mathrm{k\Omega}} \approx 16.9\mathrm{mA/V}$$

$$R'_{\mathrm{L}} = R_{\mathrm{c}} /\!/ R_{\mathrm{L}} = 12\mathrm{k\Omega} /\!/ 3.9\mathrm{k\Omega} \approx 2.9\mathrm{k\Omega}$$

故有

$$\dot{A}_{usm}=-\frac{4.7}{0.24+4.7}\times 0.98\times 16.9\times 2.9\approx -45.7$$

（2）估算下限频率f_L有以下两种解法。

解法一： 输入、输出回路下限截止频率f_{L1}、f_{L2}分别为

$$f_{L1}\approx\frac{1}{2\pi(R_s+r_{be})C}$$

$$\approx\frac{1}{6.28\times(0.24+6)\times 10^3\times 0.5\times 10^{-6}}\text{Hz}\approx 51\text{Hz}$$

式中，C 为发射极旁路电容折算到基极回路的等效电容，$C\approx C_e/\beta=0.5\mu\text{F}$。

$$f_{L2}=\frac{1}{2\pi(R_c+R_L)C_2}$$

$$\approx\frac{1}{6.28\times(12+3.9)\times 10^3\times 10\times 10^{-6}}\text{Hz}\approx 1\text{Hz}$$

由于$f_{L1}\gg f_{L2}$，所以，共射放大电路的下限频率$f_L\approx f_{L1}\approx 51\text{Hz}$。

由于$C\approx C_e/(1+\beta)\approx 0.5\mu\text{F}$，使得$f_{L1}\gg f_{L2}$，这也说明了决定电路下限频率特性的主要因素是发射极旁路电容所在的输入回路。

解法二： 电路中有两个耦合电容C_1和C_2以及一个旁路电容C_e， 因此，也可以先分别计算出它们对应的基极回路、集电极回路、发射极回路所决定的相应的下限频率f_{L1}、f_{L2}和f_{Le}。需要注意：在计算某一电容所在回路下限频率时，其余两个电容可视为交流短路。

$$f_{L1}=\frac{1}{2\pi(R_s+R_i)C_1}=\frac{1}{2\pi(0.24+4.7)\times 10^3\times 30\times 10^{-6}}\text{Hz}\approx 1.07\text{Hz}$$

$$f_{L2}=\frac{1}{2\pi(R_c+R_L)C_2}=\frac{1}{2\pi(12+3.9)\times 10^3\times 10\times 10^{-6}}\text{Hz}\approx 1.0\text{Hz}$$

$$f_{Le}=\frac{1}{2\pi\left(R_e/\!/\frac{R_{si}+r_{be}}{1+\beta}\right)C_e}=\frac{1}{2\pi\times 50\times 10^{-6}\left[5.1/\!/\frac{6+(0.24/\!/30/\!/91)}{101}\times 10^3\right]}\text{Hz}$$

$$\approx 52\text{Hz}$$

$$R_{si}=R_s/\!/R_{b1}/\!/R_{b2}$$

在计算f_{Le}时，电阻$\frac{R_{si}+r_{be}}{1+\beta}$是将基极回路电阻$R_{si}+r_{be}$折算到发射极的电阻，故电阻需减小至$1/(1+\beta)$。

由于$f_{Le}\gg f_{L1}\approx f_{L2}$，所以，共射放大电路的下限频率$f_L\approx f_{Le}\approx 52\text{Hz}$。

由以上分析计算可知，两种方法计算出的下限频率f_L基本相同。

（3）估算上限频率f_H。

高频等效电路如图 2-78 所示。在图 2-78 中，根据给定参数和上面有关计算公式可算出

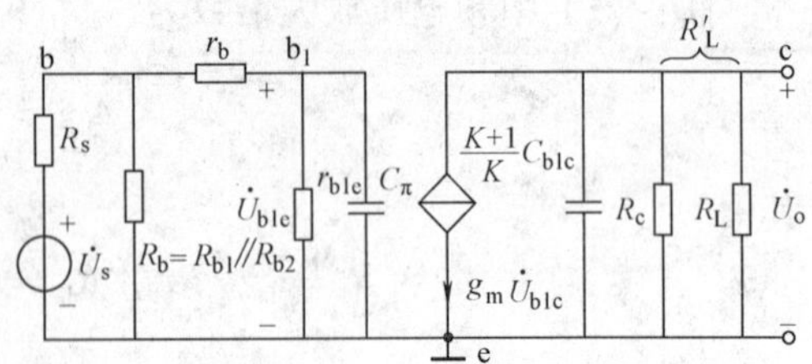

图 2-78　图 2-77 电路高频等效电路

$$C_\pi=C_{b1e}+(1+g_mR'_L)C_{b1c}=26.9\times 10^{-12}\text{F}+(1+16.9\times 2.9)\times 4\times 10^{-12}\text{F}=226.9\text{pF}$$

$$R=r_{b1e}/\!/[r_b+(R_s/\!/R_{b1}/\!/R_{b2})]=5.9\text{k}\Omega/\!/[0.1+(0.24/\!/30/\!/91)]\text{k}\Omega=0.32\text{k}\Omega$$

由图 2-78 输入回路决定的上限频率为

$$f_{H1}=\frac{1}{2\pi RC_{\pi}}\approx\frac{1}{2\pi\times320\times226.9\times10^{-12}}\text{MHz}\approx2.19\text{MHz}$$

输出回路的时间常数为

$$\tau_{H2}=R_{L}'\frac{K+1}{K}C_{blc}\approx2.9\times10^{3}\times\frac{16.9\times2.9+1}{16.9\times2.9}\times4\times10^{-12}\text{s}\approx11.8\times10^{-9}\text{s}$$

由输出回路决定上限频率为

$$f_{H2}=\frac{1}{2\pi\tau_{H2}}\approx\frac{1}{2\pi\times11.8\times10^{-9}}\text{Hz}\approx13.5\text{MHz}$$

总的上限频率可由下式近似估算（下面多级放大电路频率特性中将证明）：

$$\frac{1}{f_H}\approx1.1\sqrt{\frac{1}{f_{H1}^2}+\frac{1}{f_{H2}^2}}\approx1.1\sqrt{\frac{1}{(2.19\text{MHz})^2}+\frac{1}{(13.5\text{MHz})^2}}\approx0.509\times10^{-6}\text{s}$$

$$f_H\approx\frac{1}{0.509\times10^{-6}\text{s}}\approx1.97\text{MHz}$$

由于$f_{H1}\ll f_{H2}$，在近似计算时，也可认为电路总的上限频率$f_H\approx f_{H1}\approx2.19\text{MHz}$。

*2.5.6 多级放大电路的频率特性

在阻容耦合多级放大电路中，由于存在多个高通电路和低通电路，决定了多级放大电路有多个下限频率和上限频率。阻容耦合多级放大电路总的下限频率和总的上限频率又如何确定呢？这就是本节要讨论的问题。

1. 多级放大电路电压放大倍数

设 n 级放大电路中，各级电压放大倍数分别为 $\dot{A}_{u1}$，$\dot{A}_{u2}$，…，$\dot{A}_{un}$，则 n 级放大电路总电压放大倍数为

$$\dot{A}_u=\dot{A}_{u1}\dot{A}_{u2}\cdots\dot{A}_{un}=\prod_{k=1}^{n}\dot{A}_{uk}\tag{2-213}$$

其对数幅频特性为

$$\begin{aligned}20\lg|\dot{A}_u|&=20\lg|\dot{A}_{u1}|+20\lg|\dot{A}_{u2}|+\cdots+20\lg|\dot{A}_{un}|\\&=\sum_{k=1}^{n}20\lg|\dot{A}_{uk}|\end{aligned}\tag{2-214}$$

其相频特性为

$$\varphi=\varphi_1+\varphi_2+\cdots+\varphi_n=\sum_{k=1}^{n}\varphi_k\tag{2-215}$$

下面以具有完全相同放大特性的单级放大电路组成的两级放大电路为例，说明两级放大电路总截止频率与单级放大电路截止频率的关系。

设 $\dot{A}_{u1}=\dot{A}_{u2}$，即有 $\dot{A}_{um1}=\dot{A}_{um2}$、$f_{L1}=f_{L2}$、$f_{H1}=f_{H2}$，故两级放大电路中频电压增益为

$$20\lg|\dot{A}_{um}|=20\lg|\dot{A}_{um1}\dot{A}_{um2}|=40\lg|\dot{A}_{um1}|$$

当$f=f_{L1}=f_{L2}$时，单级放大电路低频电压增益满足

$$20\lg|\dot{A}_{ul1}|=20\lg|\dot{A}_{ul2}|=20\lg|\dot{A}_{um1}|-20\lg\sqrt{2}=20\lg|\dot{A}_{um1}|-3\text{dB}$$

而当$f=f_{L1}=f_{L2}$时，两级放大电路低频增益满足

$$20\lg\ |\ \dot{A}_{ul}\ |=40\lg\ |\ \dot{A}_{um1}\ |\ -40\lg\sqrt{2}=40\lg\ |\ \dot{A}_{um1}\ |\ -6\text{dB}$$

上式说明，当$f=f_{L1}=f_{L2}$时，两级放大电路低频增益下降了6dB。根据下限频率的定义，使两级放大电路低频增益下降3dB所对应的频率即为两级放大电路的下限频率f_L。因此，单级放大电路下限频率$f_{L1}=f_{L2}$必然处在两级放大电路通频带以外，且有两级放大电路下限频率$f_L>f_{L1}=f_{L2}$。

同理分析，当$f=f_{H1}=f_{H2}$时，两级放大电路高频增益下降6dB。因此，单级放大电路上限频率$f_{H1}=f_{H2}$必然处在两级放大电路通频带以外，且有两级放大电路上限频率$f_H<f_{H1}=f_{H2}$。

由以上分析可知，多级放大电路通频带比其中的单级放大电路通频带窄。

2. 多级放大电路截止频率

(1) 下限频率

设一个n级放大电路每级低频电压放大倍数和中频电压放大倍数分别记为$\dot{A}_{ulk}$和$\dot{A}_{umk}$，每级下限截止频率记为f_{Lk}，将$\dot{A}_{ulk}$的表达式代入式（2-213）并取模可得n级放大电路低频电压放大倍数模值为

$$|\ \dot{A}_{ul}\ |=\prod_{k=1}^{n}\frac{|\ \dot{A}_{umk}\ |}{\sqrt{1+\left(\frac{f_{Lk}}{f}\right)^2}}$$

当$f=f_L$时

$$|\ \dot{A}_{ul}\ |=\prod_{k=1}^{n}\frac{|\ \dot{A}_{umk}\ |}{\sqrt{2}}$$

比较以上两式有

$$\prod_{k=1}^{n}\sqrt{1+\left(\frac{f_{Lk}}{f_L}\right)^2}=\sqrt{2}$$

上式等号两边各取二次方可得

$$\prod_{k=1}^{n}\left[1+\left(\frac{f_{Lk}}{f_L}\right)^2\right]=2$$

展开上式可得

$$1+\sum_{k=1}^{n}\left(\frac{f_{Lk}}{f_L}\right)^2+\text{高次方项}=2$$

由于（f_{Lk}/f_L）<1，故可忽略高次方项，可得

$$f_L=\sqrt{\sum_{k=1}^{n}f_{Lk}^2} \tag{2-216}$$

加上忽略高次方项修正系数，可得

$$f_L=1.1\sqrt{\sum_{k=1}^{n}f_{Lk}^2} \tag{2-217}$$

式（2-217）定量说明了$f_L>f_{Lk}$。

（2）上限频率

设一个 n 级放大电路每级高频电压放大倍数和中频电压放大倍数分别记为 $\dot{A}_{uhk}$ 和 $\dot{A}_{umk}$，每级上限截止频率记为 f_{Hk}，将 $\dot{A}_{uhk}$ 的表达式代入式（2-213）并取模，可得 n 级放大电路高频电压放大倍数为

$$|\dot{A}_{uh}| = \prod_{k=1}^{n} \frac{|\dot{A}_{umk}|}{\sqrt{1+\left(\frac{f}{f_{Hk}}\right)^2}}$$

当 $f=f_H$ 时，有

$$|\dot{A}_{uh}| = \prod_{k=1}^{n} \frac{|\dot{A}_{umk}|}{\sqrt{2}}$$

比较上两式有

$$\prod_{k=1}^{n} \sqrt{1+\left(\frac{f_H}{f_{Hk}}\right)^2} = \sqrt{2}$$

上式等号两边取二次方得

$$\prod_{k=1}^{n} \left[1+\left(\frac{f_H}{f_{Hk}}\right)^2\right] = 2$$

展开上式，得

$$1+\sum\left(\frac{f_H}{f_{Hk}}\right)^2 + \text{高次方项} = 2$$

由于（f_H/f_{Hk}）<1，故可忽略高次方项，可得

$$\frac{1}{f_H} \approx \sqrt{\sum_{k=1}^{n} \frac{1}{f_{Hk}^2}} \tag{2-218}$$

加上忽略高次方项修正系数，可得

$$\frac{1}{f_H} \approx 1.1 \sqrt{\sum_{k=1}^{n} \frac{1}{f_{Hk}^2}} \tag{2-219}$$

式（2-219）定量说明了 $f_H < f_{Hk}$。

综上所述，多级放大电路的级数越多，其通频带越窄。

由式（2-216）可知，若多级放大电路中，某一级电路的下限频率比其余各级下限频率高得多，则可近似认为该级电路的下限频率就是多级放大电路的下限频率。

由式（2-218）可知，若多级放大电路中，某一级电路的上限频率比其余各级上限频率低得多，则可近似认为该级电路的上限频率就是多级放大电路的上限频率。

式（2-217）、式（2-219）适用于多级放大电路中各级截止频率相差不多的情况。此外，若单级放大电路有多个下限频率和上限频率，也可用式（2-217）、式（2-219）确定电路的下限频率 f_L 和上限频率 f_H。

例 2-15 已知两级共射放大电路的电压放大倍数为

$$\dot{A}_u = \frac{200 \times jf}{\left(1+j\frac{f}{5}\right)\left(1+j\frac{f}{10^4}\right)\left(1+j\frac{f}{2.5\times10^5}\right)}$$

试求：

（1）两级共射放大电路的中频电压放大倍数 $|\dot{A}_{um}|$、下限频率 f_L 和上限频率 f_H；

（2）写出对数幅频特性表达式；

（3）画出幅频特性波特图。

解：（1）由电压放大倍数的表达式可知，分母中后两项为标准形式，故两级共射放大电路有 10^4Hz、2.5×10^5Hz 两个上限频率，分母中第一项为非标准形式，分子也为非标准形式。为此，需首先将电压放大倍数的表达式变换成一般标准形式。将分子和分母同乘以 $5/(\mathrm{j}f)$，即可得电压放大倍数标准形式的表达式为

$$\dot{A}_u=\frac{10^3}{\left(1-\mathrm{j}\frac{5}{f}\right)\left(1+\mathrm{j}\frac{f}{10^4}\right)\left(1+\mathrm{j}\frac{f}{2.5\times10^5}\right)}$$

由上式可知：$f_{H1}=10^4$Hz、$f_{H2}=2.5\times10^5$Hz，$f_{H2}\gg f_{H1}$，故可求出

$$|\dot{A}_{um}|=10^3$$
$$f_L=5\text{Hz}$$
$$f_H\approx10^4\text{Hz}$$

（2）对数幅频特性和相频特性分别为

$$20\lg|\dot{A}_u|=20\lg10^3-20\lg\sqrt{1+\left(\frac{5}{f}\right)^2}-20\lg\sqrt{1+\left(\frac{f}{10^4}\right)^2}-20\lg\sqrt{1+\left(\frac{f}{2.5\times10^5}\right)^2}\tag{2-220}$$

$$\varphi=0°+\arctan\left(\frac{5}{f}\right)-\arctan\left(\frac{f}{10^4}\right)-\arctan\left(\frac{f}{2.5\times10^5}\right)\tag{2-221}$$

（3）由式（2-220）可知，中频电压增益为 60dB，当 $10^4\text{Hz}<f<2.5\times10^5\text{Hz}$ 时，上限频率 $f_{H1}=10^4$Hz 的回路对电路高频幅频特性产生影响，故幅频特性波特图按 −20dB/10 倍频下降；当 $f>2.5\times10^5$Hz 时，对应上限频率为 $f_{H1}=10^4$Hz 和上限频率为 $f_{H2}=2.5\times10^5$Hz 的两回路对电路高频幅频特性同时产生影响，故幅频特性波特图按 −40dB/10 倍频下降；当 $f_L<5$Hz 时，幅频特性波特图按 20dB/10 倍频上升。所以，幅频特性波特图如图 2-79 所示。

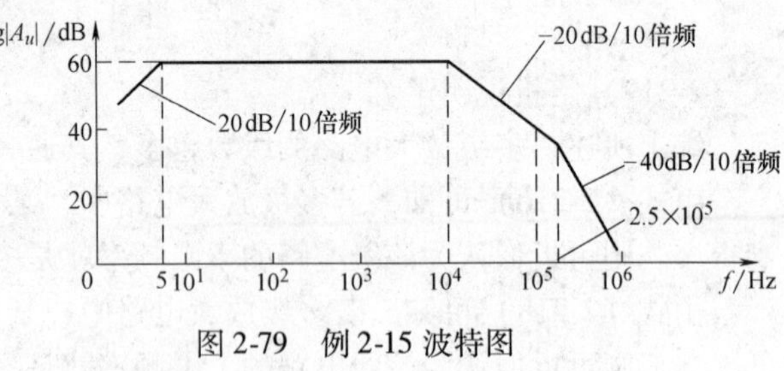

图 2-79　例 2-15 波特图

2.6　基本放大电路的设计

2.6.1　基本放大电路设计的一般原则

一个电子设备，一般是由若干级基本放大电路组成的多级放大电路系统。基本放大电路

在多级放大电路所处的位置（输入级、中间级、输出级）不同，其输入信号的大小与放大电路的动态范围不同，电路的交、直流工作状态也有一定的差异，因而设计要求和设计原则也会不一样。本节所讨论的基本放大电路的设计，限于输入级、中间级的小信号（输入信号为几至几十毫伏）共射极、共基极的放大电路和输出级小功率的射极输出器。

基本放大电路设计的一般原则主要从如下几方面考虑。

1. 放大电路组态的确定

如果放大电路激励信号源不允许输出较大的电流（否则，会影响激励信号源正常工作），此时，放大电路可采用高输入电阻的射极输出器或场效应晶体管放大器；如果激励信号源内阻虽较高，但激励信号源输出较大的电流并不影响其正常工作，输入级放大电路可采用射极输出器或共射极放大电路等，视具体要求而定。例如，希望电压放大倍数高，选共射极放大电路；希望输入电阻大，选射极输出器等。

2. 电路结构的选择

为了保证电路能在环境温度变化大的情况下正常工作，一般选择基极分压式射偏置的静态工作点稳定电路。

3. 静态工作点的设置

静态工作点设置主要根据激励信号源的电压大小、电路电流和电压动态范围等因素考虑。一般而言，对小信号电压放大电路，集电极静态电流 I_C 可在 0.4～2mA 的范围内选择，集-射极静态电压 U_{CE} 可在 3～9V 的范围内选择；选择的基本原则是，激励信号源电压越小，电路电流、电压动态范围也越小，为了减小管耗，I_C、U_{CE} 可选低些；反之可选高些。例如，对激励信号源电压为微伏级或毫伏级的弱信号的输入级电路而言，为了减小噪声，I_C 可低至 0.1～0.2mA，U_{CE} 可低至 1.5～2V。对于阻容耦合放大电路，各级静态工作点可单独考虑；对于直接耦合放大电路，还需考虑各级静态工作点的影响。

4. 直流电源 V_{CC} 的选择

直流电源 V_{CC} 主要根据输出电压动态范围选择，输出电压动态范围大，V_{CC} 选高些，反之选低些。一般根据实际情形，在 6～18V 范围内选择。当然，在多级放大电路中，由于各级电路共用一组直流电源 V_{CC}，还应综合考虑其他各级对 V_{CC} 的需求，一般选工程系列值，如：6V，9V，12V，15V，18V，…

5. 电压放大倍数的确定

一般来说，单级放大电路电压放大倍数在几十至一百倍的范围内选择，不要选得太大，不要单纯追求减少多级放大电路的级数而片面提高单级放大电路电压放大倍数，还应全面考虑电路的其他性能（如电路稳定性、失真等）。

6. 耦合电容和发射极旁路电容大小的选择

耦合电容和发射极旁路电容的大小选择主要根据交流信号的最低频率而定，为了减小信号电压的衰减，要求所选择的耦合电容和旁路电容对交流信号的最低频率的容抗值很小。对音频放大器而言，耦合电容一般选十至几十微法，发射极旁路电容一般选几十至一二百微法。

7. 晶体管的选择

对于小信号放大电路，不需特别考虑晶体管的极限参数，一般选小功率晶体管均能满足小信号放大电路中晶体管极限参数的要求，主要考虑的是温度影响和电流放大系数。若希望电路受温度影响小，选 I_{CEO} 小的硅晶体管（多为 NPN 型）；电流放大系数 β 不要选得太大，一般选 50～80 为宜，否则，有可能使电路不稳定。

需要着重指出，由于元件参数的分散性和产品取值的系列性，元件参数的选择不可能按理论设计结果取值，只能选择与理论设计结果相近系列值的元件。因此，理论设计出来的电路不可能完全满足实际需要，要满足实际需要，最终还需通过实验调整。

2.6.2 晶体管基本放大电路的设计

1. 阻容耦合共射极基本放大电路设计

设计一工作稳定的阻容耦合小信号共射基本放大电路。已知条件：信号频率 $f=1\text{kHz}$、负载电阻 $R_L=6\text{k}\Omega$，晶体管 3DG6 电流放大系数 $\beta=50$。设计要求：电压放大倍数 $A_u\geqslant 80$，输出电压有效值 $U_o\geqslant 2.5\text{V}$，能在温度变化范围较大的环境中正常工作，输入电阻无特殊要求。

设计步骤和设计方法如下：

（1）根据能在温度变化范围较大的环境中正常工作的设计要求，选择基极分压式静态工作点稳定电路，如图 2-80 所示，其直流通路如图 2-81 所示。

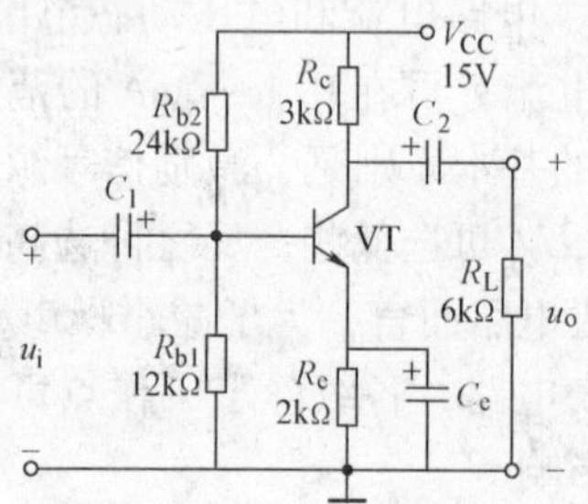

图 2-80 静态工作点稳定的共射放大电路

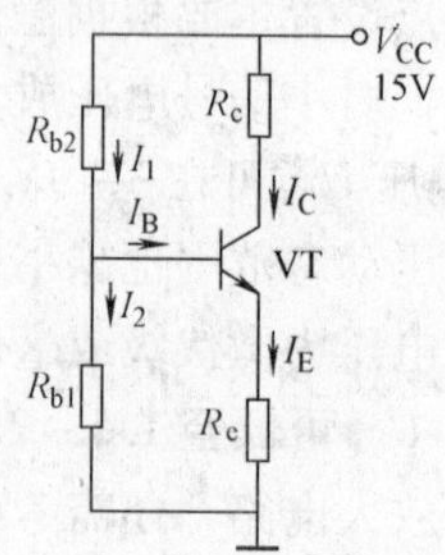

图 2-81 图 2-80 电路直流通路

（2）按设计要求，输出电压的幅值应满足

$$U_{om}\geqslant\sqrt{2}U_o\approx 1.4\times 2.5\text{V}=3.5\text{V}$$

考虑留有一定余量，按 $U_{om}=4\text{V}$ 设计。

按设计要求，电压放大倍数 $A_u\geqslant 80$，考虑留有一定余量，按 $A_u=100$ 设计，输入电压的幅值为

$$U_{im}=U_{om}/A_u=4\text{V}/100=40\text{mV}$$

对于小信号（输入电压在几十毫伏以下）放大电路，集电极静态电流在 1～2mA 的范围内选择，且晶体管输入电阻 r_{be} 可近似按 1 kΩ 估算，基极交流电流的幅值为

$$I_{bm}=U_{im}/r_{be}=40\text{mV}/1\text{ k}\Omega=40\mu\text{A}$$

集电极交流电流的幅值为

$$I_{cm}=\beta I_{bm}=50\times 40\mu\text{A}=2\text{mA}$$

（3）确定交流负载电阻 R_L' 和集电极电阻 R_c

1）由 $U_{om}=4\text{V}$ 和 $I_{cm}=2\text{mA}$ 确定交流负载电阻 R_L' 为

$$R_L'=U_{om}/I_{cm}=4\text{V}/2\text{mA}=2\text{ k}\Omega$$

2）由已知 $R_L=6\text{k}\Omega$ 和 $R_L'=R_L/\!/R_c=2\text{ k}\Omega$ 可求得 $R_c=3\text{k}\Omega$。

(4) 集电极静态电流 I_C 和静态集-射电压 U_{CE} 的确定

集电极静态电流 I_C 的选择要以晶体管在输入信号负峰值时，不能进入截止区；输入信号正峰值时，不能进入饱和区为基本原则。应满足静态电流 $I_C \geqslant I_{cm}$；硅晶体管 3DG6 的穿透电流 I_{CEO} 很小（小于几微安）可忽略，考虑到前面 $I_{cm}=2mA$ 的选择已留有一定余量，故选择晶体管集电极静态电流

$$I_C = I_{cm} = 2mA$$

静态集-射电压 U_{CE} 的选择主要以晶体管在输入信号正峰值时，不能进入饱和区为原则，为此，应满足

$$U_{CE} \geqslant U_{CES} + U_{om} = 0.7V + 4V = 4.7V$$

式中，$U_{CES}=0.7V$ 为晶体管的临界饱和电压降，为留有一定余量，现确定静态集-射极间电压 $U_{CE}=5V$。

(5) 发射极电阻 R_e 的确定

根据静态工作点稳定条件：晶体管静态基极电位 $U_B \geqslant (5\sim10)U_{BE}=(3\sim5)V$（硅管），现选 $U_B=4.7V$，所以，由图 2-81 所示的直流通路可求得

$$R_e = U_E/I_E \approx (U_B - U_{BE})/I_C = (4.7-0.7)V/2mA = 2k\Omega$$

(6) 电源 V_{CC} 的确定

V_{CC} 的选择既要满足输出电压幅值等方面的要求，也不宜选得过大，否则，有可能造成晶体管击穿损坏。事实上，当 U_{CE}、I_C、R_c、R_e 确定后，V_{CC} 也就确定了。由图 2-81 所示的直流通路可求得

$$V_{CC} \approx U_{CE} + I_C(R_c + R_e) = 5V + 2mA \times (3k\Omega + 2k\Omega) = 15V$$

考虑到前面设计对输出电压幅度和电压放大倍数都已留有余量，所以，本例设计确定 $V_{CC}=15V$。静态时，R_c 上有 6V 的电压降，而 $U_{om}=4V$，故不会出现截止失真。

(7) 基极偏置电阻 R_{b1}、R_{b2} 的确定

由图 2-81 可知，要使静态工作点稳定，其稳定条件为

$$I_1 \geqslant (5\sim10)I_B$$

已知

$$I_B = I_C/\beta = 2mA/50 = 40\mu A$$

选 $I_1 = 10I_B = 0.4mA$，则可认为 $I_1 \approx I_2$。因此，R_{b1}、R_{b2} 分别为

$$R_{b1} \approx U_B/I_1 = 4.7V/0.4mA \approx 11.8\ k\Omega$$

$$R_2 \approx (V_{CC} - U_B)/I_1 = (15V - 4.7V)/0.4mA \approx 25.8\ k\Omega$$

按系列值 $R_{b1}=12k\Omega$，$R_{b2}=24k\Omega$ 确定。

(8) 晶体管管耗验证

一般而言，小信号放大器中晶体管管耗较小，不会超过额定值，但为可靠起见，参数设计完毕后，通常还需验证。晶体管管耗 P_C 可按静态值估算

$$P_C = U_{CE} I_C = 5V \times 2mA = 10mW$$

查手册可知，晶体管 3DG6 的最大管耗 P_{CM} 为 100mW，集-射击穿电压 $U_{CEO} \geqslant (15\sim30)V$。所以，设计参数未超过晶体管极限参数，晶体管能安全工作。

(9) 耦合电容 C_1、C_2 和发射极旁路电容 C_e 的选择

对于频率为几千赫左右的低频信号而言，耦合电容 C_1、C_2 一般取十至几十微法，发射

极旁路电容 C_e一般几十至一二百微法（为什么 C_e取得比 C_1、C_2大些？请读者思考）。现按 C_1、C_2取 10μF、C_e取 50μF 设计。

设计完毕后的电路参数如图 2-80 所示。经验算（作为练习，读者可自行验算）满足设计要求。

再次强调指出，设计出来的电路最终必须通过实验调整。

2. 阻容耦合共基极基本放大电路设计

图 2-82 为一典型工作点稳定的共基极放大电路，其直流通路与图 2-80 共射极放大电路直流通路完全相同，如图 2-81所示。

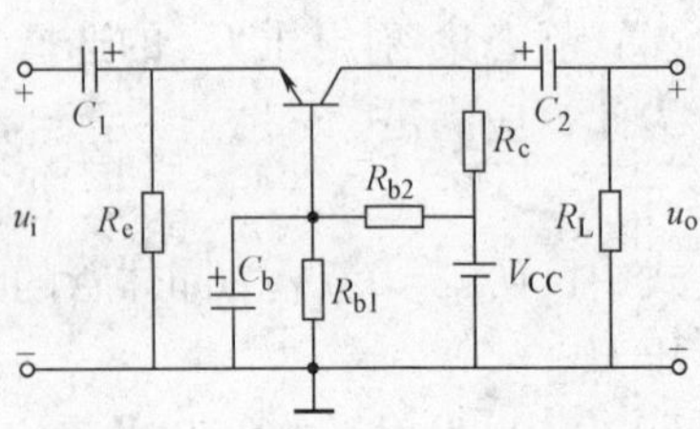

图 2-82　晶体管共基极放大电路

图 2-82 所示的共基极放大电路与图 2-80 所示的共射极放大电路输出电阻完全相同，均为 $R_o = R_c$，两者差异在于，共基极放大电路的电压放大倍数 $\dot{A}_u = \beta(R_c /\!/ R_L)/r_{be}$、输入电阻 $R_i = R_e /\!/ [r_{be}/(1+\beta)] \approx r_{be}/(1+\beta)$；共射极放大电路的电压放大倍数 $\dot{A}_u = -\beta(R_c /\!/ R_L)/r_{be}$、输入电阻 $R_i = R_{b1} /\!/ R_{b2} /\!/ r_{be} \approx r_{be}$。

由于两者直流通路相同，且电压放大倍数数值相同，均为 $|\dot{A}_u| = \beta(R_c /\!/ R_L)/r_{be}$，这就决定了共射极放大电路的设计方法和步骤也适用于共基极放大电路。故共基极放大电路的设计不再赘述。

3. 阻容耦合共集电极基本放大电路（射极输出器）**设计**

设计一个如图 2-83 所示的射极输出器。已知条件：负载电阻 $R_L = 300\Omega$、晶体管电流放大系数 $\beta = 50$。设计要求：输出电压有效值 $U_o = 2.5\text{V}$。

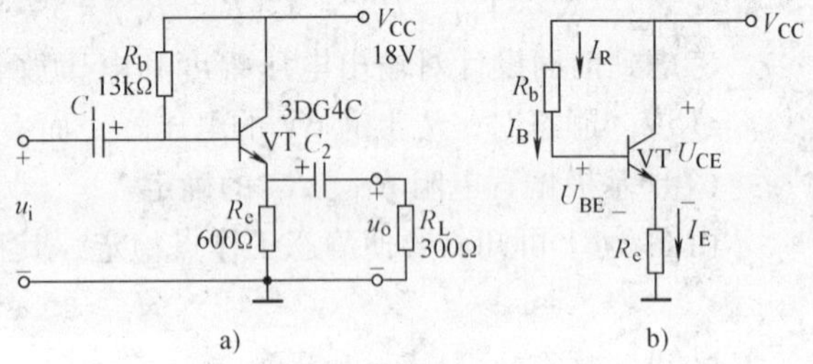

图 2-83　晶体管共集放大电路

a）基本电路　b）直流通路

设计步骤和设计方法如下：

（1）确定输出电压的幅值

$$U_{om} \approx 1.4 \times 2.5\text{V} = 3.5\text{V}$$

留有一定的余量，输出电压的幅值按U_{om} = 4V，则输出电压的峰-峰值（输出电压的跟随范围）为 $2U_{om} = 8\text{V}$。考虑到晶体管饱和压降 $U_{CES} = 1\text{V}$，输入电压为负峰值时晶体管不要靠近截止区，输出电压变化（跟随）范围应确定在 1 ~9V 之间，由此可确定晶体管的静态集-射极间电压 $U_{CE} = 5\text{V}$。

（2）确定输出电流的幅值和发射极电阻 R_e

由已知条件和设计要求可算出流经负载 R_L的电流幅值为

$$I_{om} = U_{om}/R_L = 4\text{V}/300\Omega = 13.3\text{mA}$$

设发射极交流电流的幅值为 I_{em}，流经发射电阻 R_e交流电路的电流幅值为 I_{Re}，则有

$$I_{em} = I_{Re} + I_{om}$$

要使输出电压波形不截止失真，发射极静态电流 I_E必须大于发射极交流电流的幅值 I_{em}，即满足

$$I_E > I_{em} > I_{om} = 13.3\text{mA}$$

为了减小电源 V_{CC} 的取值，同时又避免晶体管靠近截止区引起非线性失真，通常取发射极静态电流 I_E 比输出交流电流的幅值 I_{om} 大 $I_{om}/2$ 左右。本例取 $I_E = 20\text{mA}$，这样，发射极电流的变化范围 $2I_{em} = 2I_E = 40\text{mA}$。发射极交流负载为

$$R'_L = R_e // R_L = U_{om}/I_{em} = 4\text{V}/20\text{mA} = 200\Omega$$

由上式和 $R_L = 300\Omega$ 可求得发射极电阻为

$$R_e = 600\Omega$$

（3）电源 V_{CC} 的确定

电源 V_{CC} 为

$$V_{CC} = U_{CE} + I_E R_e = 5\text{V} + 20\text{mA} \times 0.6\text{k}\Omega = 17\text{V}$$

按电源标准化设计，可取 $V_{CC} = 18\text{V}$，此时，若 $I_E = 20\text{mA}$、$R_e = 600\Omega$ 不变，则 $U_{CE} = 6\text{V}$，这有利于提高输出电压的变化范围。

（4）确定基极偏置电阻 R_b

首先，根据 $I_E = 20\text{mA}$ 和 β 确定 I_B

$$I_B = I_E/(1+\beta) = 20\text{mA}/51 \approx 0.4\text{mA}$$

则基极偏置电阻 R_b 为

$$R_b = (U_{CE} - U_{BE})/I_B = (6\text{V} - 0.7\text{V})/0.4\text{mA} = 13.3\text{k}\Omega$$

取系列值 $R_b = 13\ \text{k}\Omega$。

（5）选择晶体管

晶体管工作时，管耗 P_C、集-射极间最高电压 U_{CEmax}、集电极最大电流 I_{Cmax} 应分别小于晶体管相对应的极限参数 P_{CM}、U_{CEO}、I_{CM}。

$P_C = U_{CE}I_E = 6\text{V} \times 20\text{mA} = 120\text{mW}$，$U_{CEmax} = V_{CC} = 18\text{V}$，$I_{Cmax} = 2\ I_{em} = 40\text{mA}$。

可以选择高频小功率硅晶体管 3DG4C，其极限参数为 $P_{CM} = 300\text{mW}$，集-射极间击穿电压 $U_{CEO} = 30\text{V}$，$I_{CM} \geqslant 30\text{mA}$。前两项指标均可满足要求，$I_{CM}$ 虽小了一些，但考虑到电流超过 I_{CM} 时，只不过引起 β 下降，不致使晶体管损坏，故还是可行的。

（6）选取耦合电容

耦合电容的原则同共射极电路。

至此，电路设计已完成，电路参数都标在图 2-83a 所示的电路图上。

本章小结

1. 常用的晶体管基本放大电路有三种接法（组态），即共射极接法、共基极接法和共集电极接法（射极输出器）。对放大电路定量分析的主要任务有两个：第一，静态分析，确定放大电路的静态工作点；第二，动态分析，求出电压放大倍数、输入电阻和输出电阻等。放大电路的基本分析方法有两种：图解法和估算法。用图解法分析放大电路静态工作点时，要分别画出晶体管（非线性）和负载回路（线性）的伏安特性曲线，然后根据两者的交点求解。用估算法分析电路静态工作点时，要根据具体电路结构，首先找到突破口，求出某一电压或电流参数，然后逐步展开，求出其他参数。

用图解法分析放大电路动态特性时，先画出交流负载线，以此为基础分析电流、电压的动态范围，由此分析交流特性和估算电压放大倍数。

微变等效电路是一种小信号交流等效电路。微变等效电路法是用于分析小信号放大电路动态（交流）参数的一种基本方法，通常用来计算电路电压放大倍数、输入电阻、输出电阻等交流参数，不能用它来分析计算确定静态工作点。

估算法的特点是简单方便，只要知道了电路参数，就可以定量估算电路静态工作点和有关的交流参数。

图解法的特点是直观，它可帮助人们合理设置静态工作点和负载，直观地分析有关电路参数变化对电路直流工作状态和交流特性的影响。

动态图解法通常适用于简单电路，微变等效电路法可用于任何简单的或复杂的放大电路。实际分析中常常将这两种方法结合起来使用。

2. 放大电路良好的交流特性是建立在合适、稳定的直流工作状态（静态工作点）的基础之上。晶体管是一种温度敏感元件，当温度变化时，晶体管的各种参数将随之发生变化，集中表现为集电极静态电流I_C的变化，严重时甚至导致放大电路不能正常工作。因此，放大电路的静态工作点稳定问题是电路设计时要考虑的重要问题之一。常用的分压式工作点稳定电路实际上是采用直流负反馈的原理，使I_C的变化影响晶体管发射结电压U_{BE}的变化，从而保持静态工作点基本不变。

3. 场效应晶体管放大电路具有高输入阻抗、低噪声的特点，因而获得广泛应用，特别是作为高输入阻抗电子设备的输入级，具有晶体管难以达到的独特优势。与晶体管放大电路相对应，场效应晶体管放大电路也有图解法和估算法两种分析法。读者学习过程中，要善于将晶体管放大电路和场效应晶体管放大电路进行类比，从中找出异同点。

4. 多级放大电路常用的耦合方式有两种：阻容耦合和直接耦合。分立元件放大电路中常用阻容耦合，集成电路中常用直接耦合。多级放大电路的电压放大倍数为各级电压放大倍数的乘积，计算前一级的电压放大倍数时要将后一级输入电阻作为前一级的负载电阻考虑。多级放大电路的输入电阻等于第一级的输入电阻，输出电阻等于末级的输出电阻。

5. 实际中需放大的信号通常是多频率成分组成的复杂信号（如声音信号、图像信号等），要保证这些复杂信号能够被不失真地放大，要求放大电路对复杂信号中各不同频率成分均匀放大，放大电路频率特性反映了放大电路对不同频率信号的放大能力。对放大电路频率特性的分析最终归结到求电路的中频电压放大倍数、上限和下限截止频率。影响低频特性变坏的主要因素是耦合电容和发射极旁路电容（主要影响），影响高频特性变坏的主要因素是晶体管发射结电容和集电结电容（密勒效应使集电结电容对高频特性的影响成为主要因素）。放大电路级数增加，总通频带变窄。

自我检测题

1. 判断下列说法是否正确，正确的在括号内打“√”，错误的打“×”。

（1）交流放大电路既然放大的是交流信号，那么就不需要设置静态工作点。（　）

（2）共射、共基、共集三种组态放大电路都有功率放大作用。（　）

（3）交流放大电路中输出的交流电流不是由直流电源提供的。（　）

（4）交流放大电路中输出的交流电流是交流信号源提供的。（　）

（5）放大电路中晶体管只有设置合适的直流工作状态才能正常工作。（　）

（6）直接耦合放大电路低频特性比阻容耦合放大电路低频特性差些。（　）

(7) 共基极放大电路输出电压的顶部失真属饱和失真。(   )

(8) 现测得两个共射放大电路空载时电压放大倍数数值分别为 50 和 60，将它们连成两级放大电路，其电压放大倍数数值为 3000。(   )

(9) 直接耦合放大电路不能放大交流信号。(   )

(10) 晶体管放大电路高频放大倍数下降的主要原因是晶体管结电容的影响。(   )

(11) 三种基本组态晶体管放大电路中，共集组态输出电阻最小。(   )

(12) 三种基本组态晶体管放大电路中，共基组态输入电阻最小。(   )

2. 试分析图 2-84 所示各电路能否放大正弦交流信号，说明原因。设图中所有电容对交流信号均可视为短路。

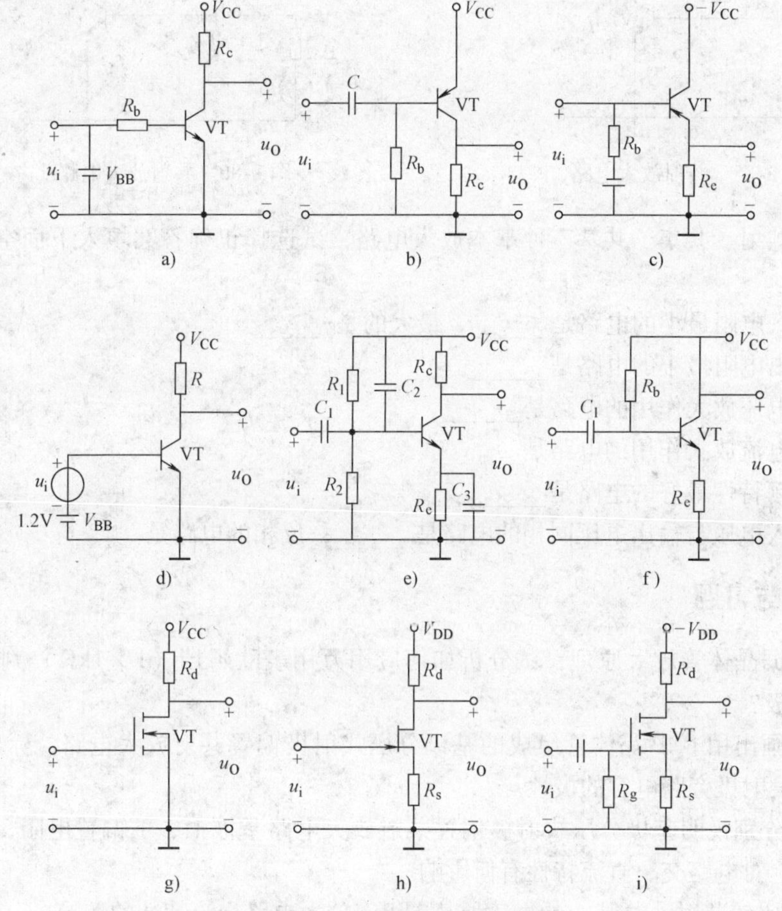

图 2-84　自我检测题 2 电路

3. 在图 2-85 所示电路中，已知 $V_{CC}=12V$，晶体管的 $\beta=100$，$R'_b=100k\Omega$。

(1) 静态时，测得 $U_{BE}=0.7V$，若要基极电流 $I_B-20\mu A$，则 R'_b与 R_W之和 $R_b\approx$ ____ kΩ；若测得 $U_{CE}=6V$，则 $R_c\approx$ ____ kΩ。

(2) 若测得输入电压有效值 $U_i=5mV$ 时，输出电压有效值 $U_o=0.6V$，则电压放大倍数 $A_u\approx$ ____ 。

（3）若负载电阻 R_L 的值与 R_c 相等，则带上负载后输出电压有效值 U_o = ______V。

4. 电路如图2-86所示。已知：$V_{CC}=12V$，晶体管的集电结电容 $C_{b1c}=4pF$，特征频率 $f_T=50MHz$，$r_b=100\Omega$，$\beta_0=80$。试求：

（1）中频电压放大倍数 $\dot{A}_{usm}$。

（2）发射结总等效电容 C_π。

（3）f_H 和 f_L。

（4）画出波特图。

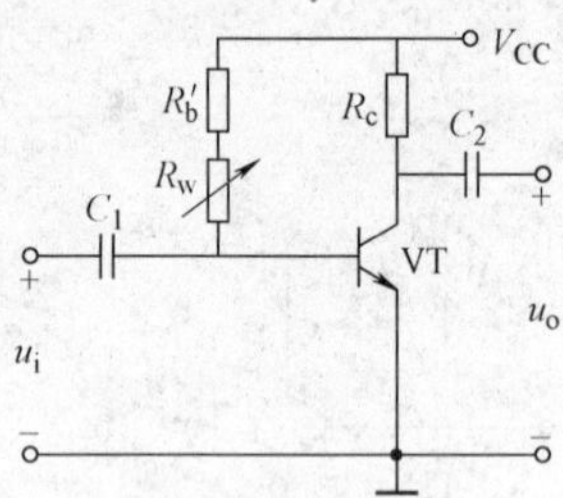

图2-85　共射放大电路

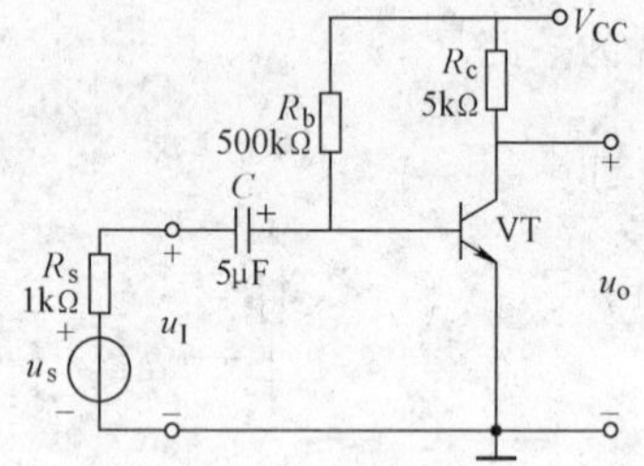

图2-86　共射放大电路

5. 现有共射、共集、共基三种基本放大电路，试选择正确答案填入下面空内，答案可以有多种。

（1）输入电阻最小的电路是______，最大的是______。

（2）输出电阻最小的电路是______。

（3）有电压放大作用的电路是______。

（4）有电流放大作用的电路是______。

（5）高频特性最好的电路是______。

（6）输入电压与输出电压同相的电路是______；反相的电路是______。

思考题与习题

2-1　根据晶体管放大原理，试分析如何应用万用表欧姆挡（1×1kΩ）判别晶体管e、b、c三个电极？

2-2　试画出用PNP晶体管组成的基极分压式射极偏置共射放大电路，标出电源电压、耦合电容及发射极旁路电容的极性。

2-3　试分别说明基极分压式射极偏置共射放大电路基极上、下偏置电阻，发射极旁路电容断开时，对电路交、直流特性有何影响。

2-4　试比较共射、共基、共集三种基本组态放大电路交流特性的差异。

2-5　在相关参数对应相同的条件下，共射-共基放大电路与单管共射放大电路的 A_u、R_i、R_o 有何关系？

2-6　高频晶体管可以组成低频放大电路吗？为什么？

2-7　低频晶体管可以组成高频放大电路吗？为什么？

2-8　增强型场效应晶体管放大电路可以采用自生偏压电路吗？为什么？

2-9　阻容耦合放大电路中的耦合电容和发射极旁路电容在同数量级时，影响电路低频特性的主要因素是什么？为什么？

2-10　分别改正图 2-87 所示各电路中的错误，使它们有可能放大正弦波信号。要求保留电路原来的共射接法和耦合方式。

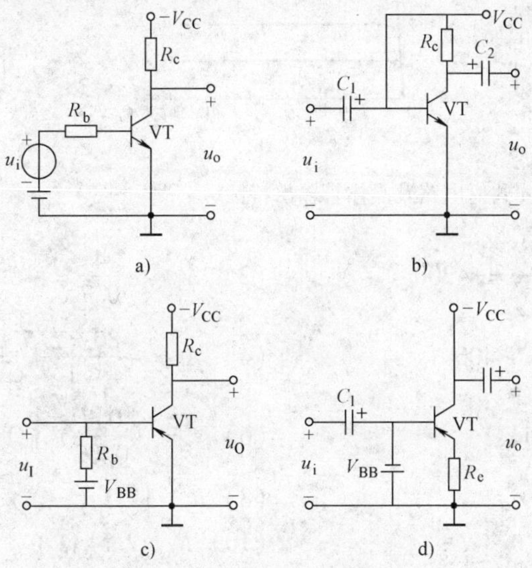

图 2-87　需改正的电路

2-11　画出图 2-88 所示各电路的直流通路和交流通路。设所有电容对交流信号均可视为短路。

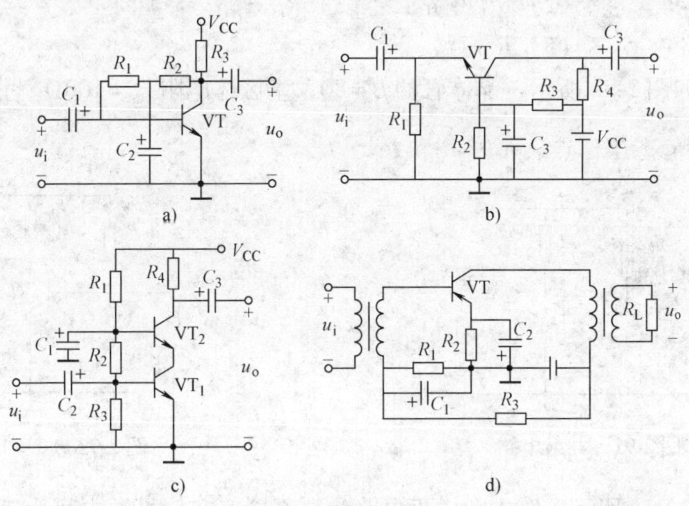

图 2-88　题 2-11 电路

2-12　电路如图 2-89a 所示，图 2-89b 是晶体管的输出特性，静态时 $U_{BE}=0.7V$。试用图解法分别求出 $R_L=\infty$ 和 $R_L=3k\Omega$ 时的静态工作点和最大不失真输出电压 U_o（有效值）。

2-13　在图 2-90 所示电路中，已知晶体管的 $\beta=80$，$r_{be}=1k\Omega$，$u_i=20mV$；静态时 $U_{BE}=0.7V$，$U_{CE}=4V$，$I_B=20\mu A$。判断下列结论是否正确，凡对的在括号内打“√”，否则打“×”。

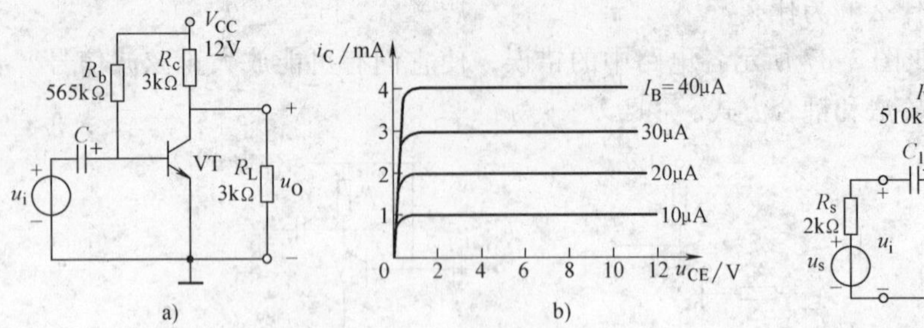

图 2-89　共射电路及晶体管输出特性　　　　图 2-90　阻容耦合电路

（1）$\dot{A}_u = -\frac{4}{20 \times 10^{-3}} = -200$（　）　　（2）$\dot{A}_u = -\frac{4}{0.7} = -5.71$（　）

（3）$\dot{A}_u = -\frac{80 \times 5}{1} = -400$（　）　　（4）$\dot{A}_u = -\frac{80 \times 2.5}{1} = -200$（　）

（5）$R_i = \left(\frac{20}{20}\right)k\Omega = 1k\Omega$　　（6）$R_i = \left(\frac{0.7}{0.02}\right)k\Omega = 35k\Omega$（　）

（7）$R_i \approx 3k\Omega$（　）　　（8）$R_i \approx 1k\Omega$（　）

（9）$R_o \approx 5k\Omega$（　）　　（10）$R_o \approx 2.5k\Omega$（　）

（11）$\dot{U}_S \approx 20mV$（　）　　（12）$\dot{U}_S \approx 60mV$（　）

2-14　电路如图 2-91 所示，已知晶体管的 $\beta = 50$，在静态（$u_I = 0$）时，下列情况下，试分析晶体管集电极电位分别为多少。设 $V_{CC} = 12V$，晶体管饱和管电压降 $U_{CES} = 0.5V$。

（1）正常情况　　（2）R_{b1}短路　　（3）R_{b1}开路

（4）R_{b2}开路　　（5）R_c短路

2-15　电路如图 2-92 所示，晶体管的 $\beta = 80$，基区体电阻 $r_b = 100\Omega$。分别计算当 $R_L = \infty$ 和 $R_L = 3k\Omega$ 时的静态工作点、$\dot{A}_u$、R_i 和 R_o。

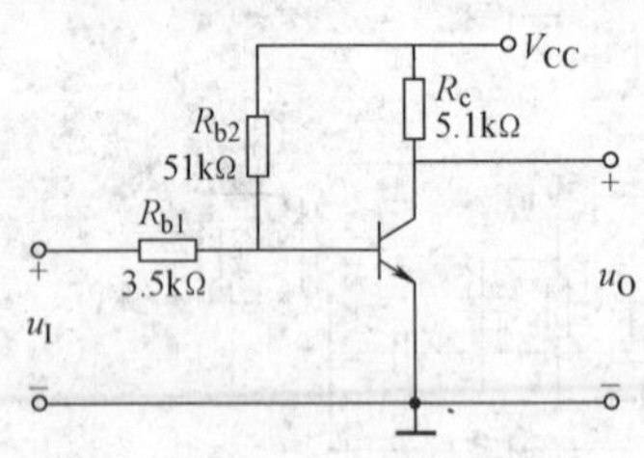

图 2-91　共射电路

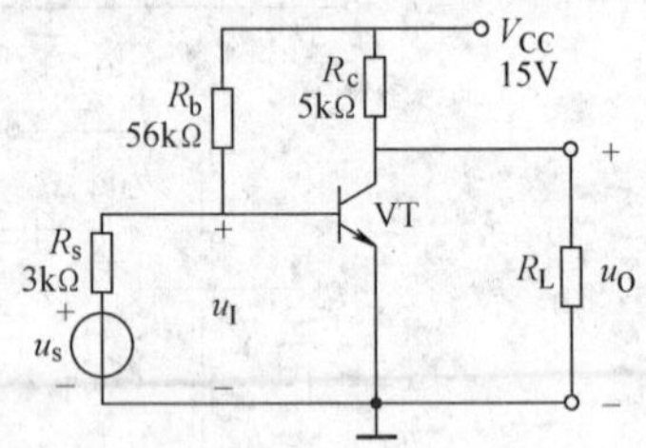

图 2-92　共射电路

2-16　在图 2-93a 所示电路中，由于电路参数不同，在信号源电压为正弦波时，测得输出波形如图 2-93b、c、d 所示，试说明电路分别产生了什么失真，如何消除。

2-17　若 PNP 晶体管组成的单级共射电路中，输出电压波形出现如图 2-93b、c、d 所示，则分别产生了什么失真？

2-18　已知图 2-94 所示电路中晶体管的 $\beta = 100$，$r_{be} = 1k\Omega$。

（1）若要求晶体管静态管电压降 $U_{CE} = 6V$，R_b应大约为多少千欧？

（2）若要求 u_i 和 u_o 的有效值分别为 2mV 和 200mV，则负载电阻 R_L应大约为多少千欧？

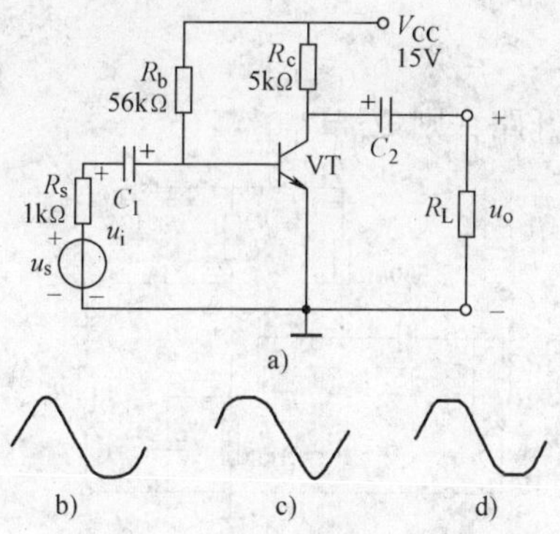

图 2-93　共射电路及失真波形

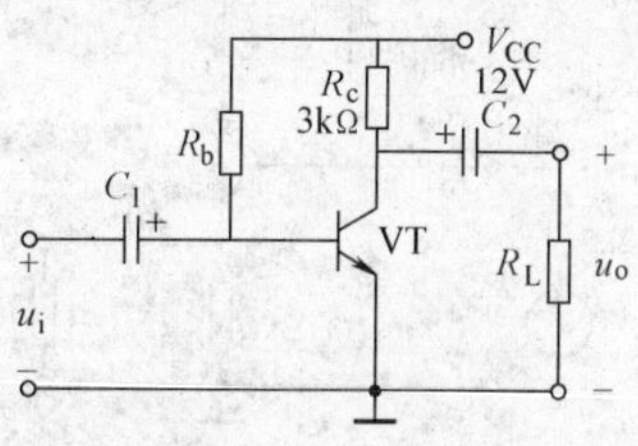

图 2-94　共射电路

2-19　在图 2-94 所示电路中，设静态时 $I_C = 2mA$，晶体管饱和管电压降 $U_{CES} = 0.6V$。试问：当负载电阻 $R_L = \infty$ 和 $R_L = 3k\Omega$ 时，电路的最大不失真输出电压各为多少伏？

2-20　电路如图 2-95 所示，晶体管的 $\beta = 100$，$r_b = 100\Omega$。

（1）求电路的静态工作点、电压放大倍数 $\dot{A}_u$、输入电阻 R_i 和输出电阻 R_o。

（2）若电容 C_e 开路，则将引起电路的哪些动态参数发生变化？如何变化？

2-21　试求出图 2-88a 所示电路的静态工作点、$\dot{A}_u$、R_i 和 R_o 的表达式。

2-22　试求出图 2-88b 所示电路的静态工作点、$\dot{A}_u$、R_i 和 R_o 的表达式。设静态时，R_2 中的电流远大于晶体管 VT 的基极电流。

2-23　试求出图 2-88c 所示电路的静态工作点、$\dot{A}_u$、R_i 和 R_o 的表达式。设静态时，R_2 中的电流远远大于晶体管 VT_2 的基极电流且 R_3 中的电流远大于晶体管 VT_1 的基极电流。

2-24　设图 2-96 所示电路为一双信号输出电路，所加输入电压为正弦波时，试问：

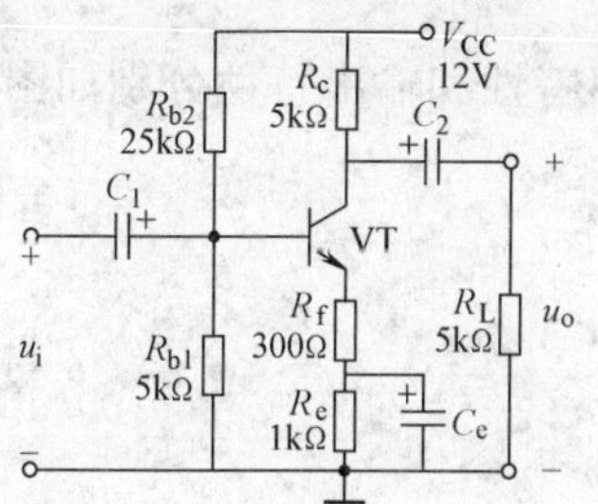

图 2-95　基极分压式射极偏置电路

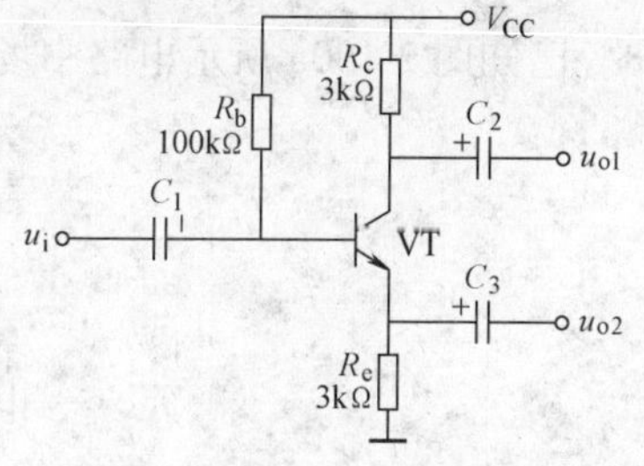

图 2-96　双信号输出电路

（1）$\dot{A}_{u1} = \dot{U}_{o1}/\dot{U}_i \approx ?$　　$\dot{A}_{u2} = \dot{U}_{o2}/\dot{U}_i \approx ?$

（2）画出输入电压和输出电压 u_i、u_{o1}、u_{o2} 的波形，并说明电路的功能。

2-25　射极输出器如图 2-97 所示，晶体管的 $\beta = 80$，$r_{be} = 1k\Omega$。

（1）求出电路的静态工作点。

（2）分别求出当 $R_L = \infty$ 和 $R_L = 3k\Omega$ 时电路的 $\dot{A}_u$、R_i，比较两种情形下 $\dot{A}_u$ 的大小，说明射极输出器的输出特性的特点。

（3）求出 R_o。

2-26　电路如图 2-98 所示，晶体管的 $\beta = 60$，基区体电阻 $r_b = 100\Omega$。

（1）求解电路的静态工作点、$\dot{A}_u$、R_i和R_o。

（2）设$U_s=10\text{mV}$（有效值），问$U_o=$？若C_3开路，则$U_o=$？

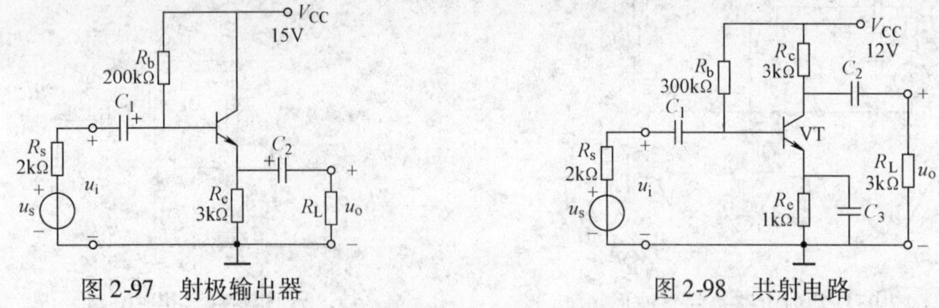

图2-97　射极输出器　　　　图2-98　共射电路

2-27　改正图2-99所示各电路中的错误，使它们有可能放大正弦波电压。要求保留电路的共源接法。

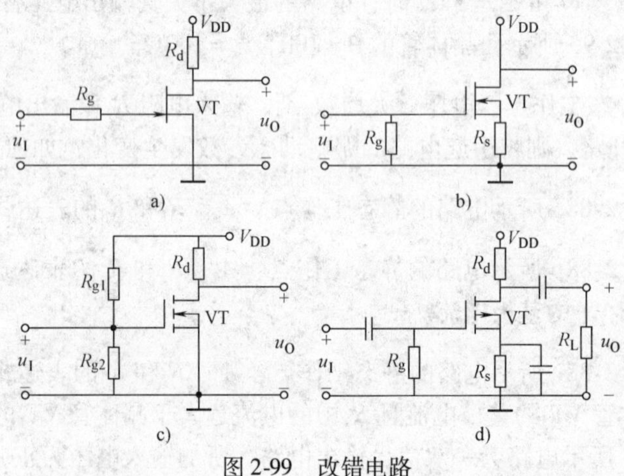

图2-99　改错电路

2-28　已知图2-100a所示电路中场效应晶体管的转移特性和输出特性分别如图2-100b、c所示。

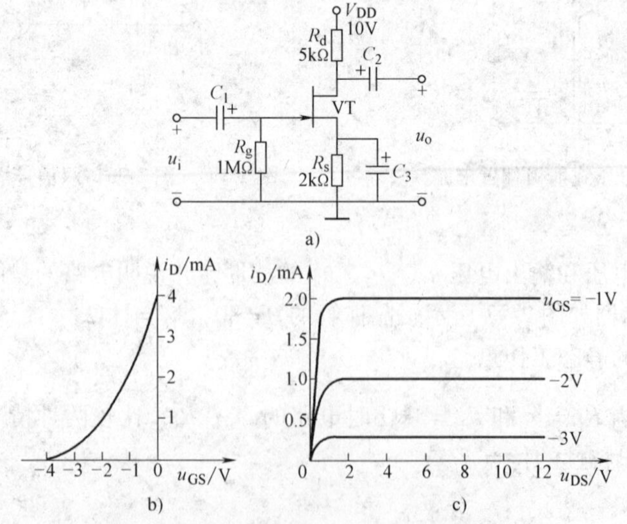

图2-100　场效应晶体管电路及特性曲线

（1）利用图解法求解电路的静态工作点。

（2）利用等效电路法求解 $\dot{A}_u$、R_i 和 R_o。

2-29　已知图 2-101a 所示电路中场效应晶体管的转移特性如图 2-101b 所示。求解电路的静态工作点和 $\dot{A}_u$。

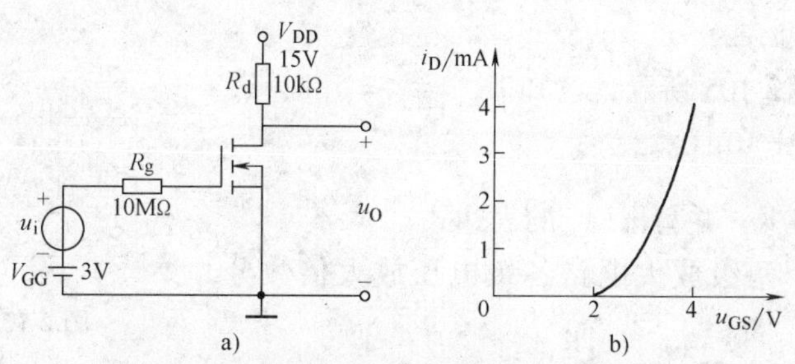

图 2-101　场效应晶体管电路及转性特性曲线

2-30　电路如图 2-102 所示，已知场效应晶体管的低频跨导为 g_m，试写出 $\dot{A}_u$、R_i 和 R_o 的表达式。

2-31　在图 2-103 所示电路中，已知晶体管的 r_b、C_{b1c}、C_{b1e}，$R_i \approx r_{be}$。

填空：除要求填写表达式的之外，其余各空填入① 增大；② 基本不变；③ 减小。

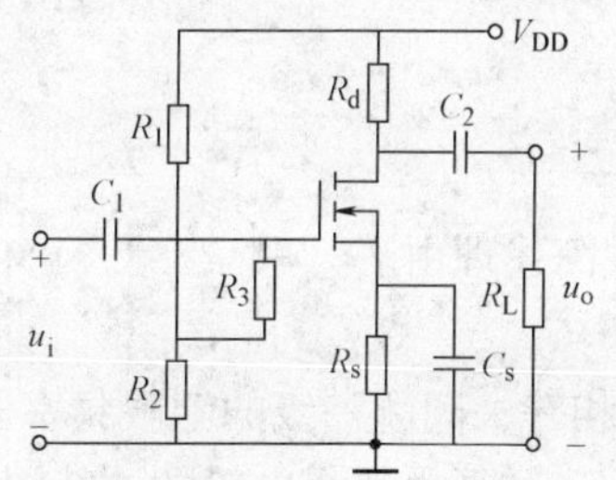

图 2-102　场效应晶体管放大电路

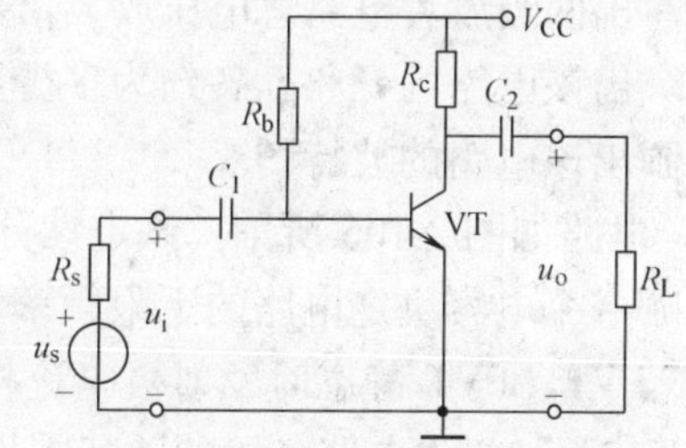

图 2-103　共射电路

（1）在空载情况下，下限频率的表达式 f_L = ________。当 R_s 减小时，f_L 将__；当带上负载电阻后，f_L 将____。

（2）在空载情况下，若 b－e 间等效电容为 C_π，则上限频率的表达式 f_H = ______；当 R_s 为零时，f_H 将____；当 R_b 减小时，g_m 将____，C_π 将____，f_H 将____。

2-32　已知某电路的幅频特性如图 2-104 所示，试问：

（1）该电路的耦合方式。

（2）该电路由几级放大电路组成？

（3）当 $f=10^4$ Hz 时，附加相移为多少？当 $f=10^5$ Hz 时，附加相移又约为多少？

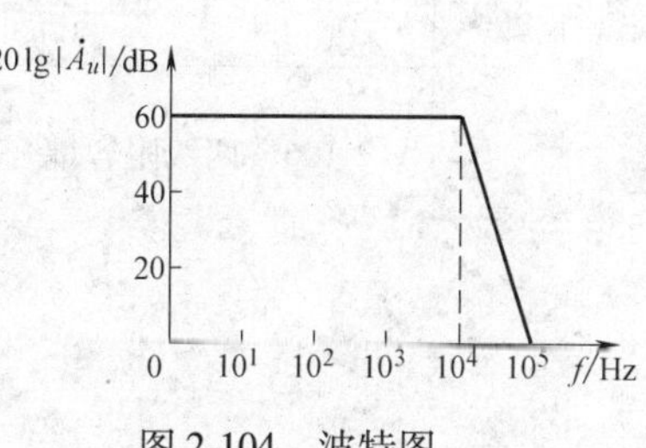

图 2-104　波特图

2-33　若某电路的幅频特性如图 2-104 所示，试写出 $\dot{A}_u$ 的表达式，并近似估算该电路的上限频率 f_H。

2-34　已知某电路电压放大倍数

$$\dot{A}_u = \frac{-10jf}{\left(1+j\dfrac{f}{10}\right)\left(1+j\dfrac{f}{10^5}\right)}$$

试求解：

（1）$\dot{A}_{um}=?\ f_L=?\ f_H=?$

（2）画出波特图。

2-35　电路如图 2-105 所示，已知 $C_{gs}=C_{gd}=5\text{pF}$，$g_m=5\text{mS}$，$C_1=C_2=C_s=10\mu\text{F}$。

试求 f_H、f_L各约为多少，并写出 $\dot{A}_{us}$的表达式。

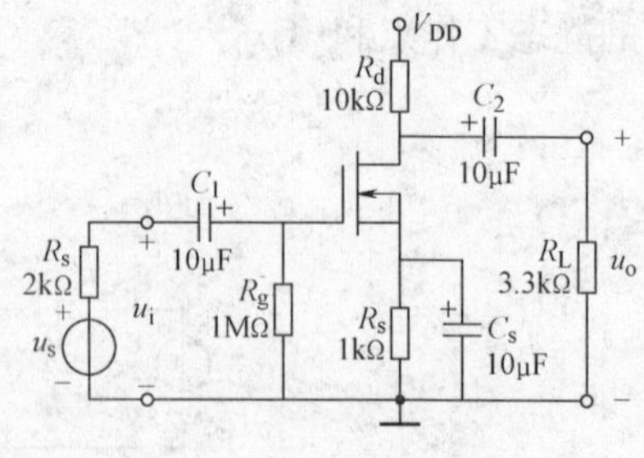

图 2-105　共源电路

2-36　已知一个两级放大电路各级电压放大倍数分别为

$$\dot{A}_{u1}=\frac{\dot{U}_{o1}}{\dot{U}_i}=\frac{-25jf}{\left(1+j\dfrac{f}{4}\right)\left(1+j\dfrac{f}{10^5}\right)}$$

$$\dot{A}_{u2}=\frac{\dot{U}_o}{\dot{U}_{i2}}=\frac{-2jf}{\left(1+j\dfrac{f}{50}\right)\left(1+j\dfrac{f}{10^5}\right)}$$

（1）写出两级放大电路总电压放大倍数的表达式。

（2）求出该电路的f_L和f_H各约为多少。

（3）画出该电路的波特图。

2-37　电路如图 2-106 所示。试定性分析下列问题，并简述理由。

（1）哪一个电容决定电路的下限频率？

（2）若 VT_1和 VT_2静态时发射极电流相等，且 r_b和 C_π相等，问哪一级的上限频率低？

2-38　若两级放大电路各级的波特图均如图 2-107 所示，试画出整个电路的波特图。

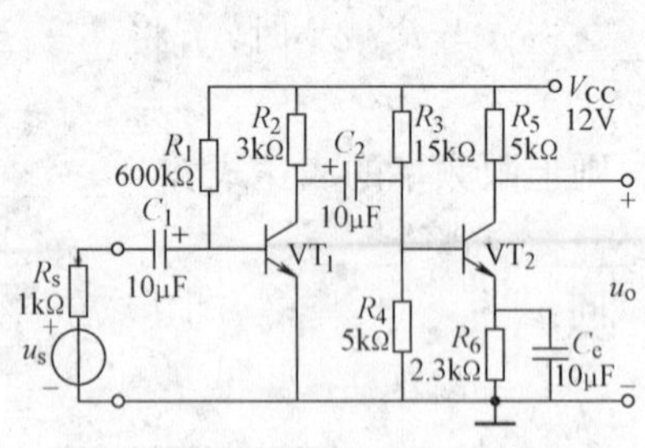

图 2-106　两级阻容耦合电路

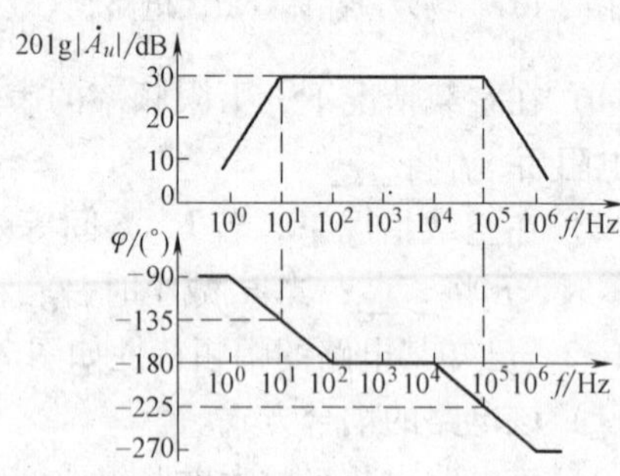

图 2-107　单级放大电路的波特图

第3章　集成运算放大电路

本章讨论的主要问题

◎集成运算放大电路的特点、组成结构、各组成部分的作用。

◎集成运算放大电路中电流源的作用，各类电流源的特点、工作原理。

◎四种不同输入、输出方式差分（动）放大电路的特点，工作原理及其分析、设计方法。

◎集成运算放大电路的主要性能指标。

◎集成运算放大电路内部电路的组成及其工作原理。

◎集成运算放大电路的选择和应用中注意的问题。

本章的重点、难点

◎集成运算放大电路中电流源的作用，各类电流源的特点，电流计算方法。

◎四种不同输入、输出方式差分（动）放大电路的特点，工作原理及其分析、设计方法。

3.1　集成运算放大电路的特点及电流源电路

3.1.1　集成运放的特点及组成

1. 集成运放的特点

本节所讨论的集成电路，最初多用于实现各种模拟信号的数学运算，故被称为集成运算放大电路，简成集成运放。目前，集成运放已广泛应用模拟信号的处理、变换和产生等电路系统中。

在半导体专门制造工艺基础上，将晶体管、场效应晶体管、二极管、电阻和电容等电子元器件，集中制作在一块厚约0.2~0.25mm、面积约为0.5mm^2的P型硅材料“基片”上的具有特定功能的电路，称之为集成运算放大电路（这里指模拟集成电路）。集成运放根据需要，引出若干电极，用外壳封装，其外型有金属圆壳和双列直插式结构。

集成运放是“元器件”与“电路”紧密结合的“产物”。集成运放电路由于具有体积小、耗电省、性能优良、工作可靠等优点而获得广泛应用。

集成运放是一种直接耦合的多级放大电路，它具有电压增益高、输入电阻大、输出电阻小、静态工作点漂移小等特点。由于在电路的选择及构成形式上受到集成工艺条件的严格制约，使得集成运放内部电路在设计上具有许多不同于分立元件电路的特点，主要表现在以下几个方面：

1）由于各元件通过相同的集成工艺集中制造在一个很小的基片上，元件参数偏差具有一致性，温度变化的一致性好；而且，容易制造出两个特性相同的晶体管和阻值基本相等的两个电阻。

2）由于集成电路中一般只能制造几十皮法以下的小电容（常用 PN 结电容构成，且误差也较大），不能制造大电容，故级间采用直接耦合方式。

3）集成电路中的电阻是由硅半导体的体电阻构成，因此，不能制成大电阻，一般约为几十欧至 20kΩ。在集成电路中，若需要更大的动态电阻，通常用有源器件代替或引出电极用外接电阻的方法解决。

4）为了保持电路性能优良，通常尽可能利用对称结构的电路以改善电路性能。

2. 集成运放的电路组成

集成运放种类繁多、形式多样、各具特色。但从电路的组成结构看，一般是由输入级、中间放大级、输出级和电流源偏置电路四部分组成，其组成框图如图 3-1 所示。

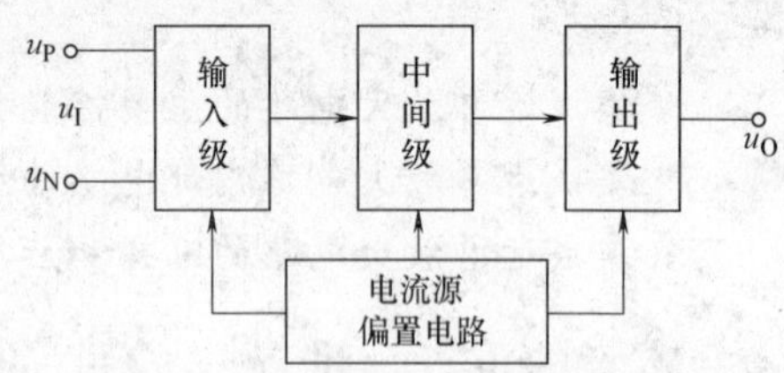

图 3-1　集成运放电路的组成框图

（1）输入级

输入级也称前置级，它是由一个对称性很好、性能优良的差分（动）放大电路组成。对输入级电路的主要要求是：输入电阻高、差模放大倍数较大、抑制共模信号的能力强、静态电流小（可提高晶体管电路的输入电阻和减小噪声）。输入级性能对集成运放性能产生很大影响。

（2）中间级

对中间级放大电路的主要要求是：具有较强的电压放大能力，多采用共射（共源）电路，且常采用复合管作放大管，或以恒流源作放大管的集电极有源负载。

（3）输出级

对输出级放大电路的主要要求是：输出动态范围大、带负载的能力强（输出电阻小）、非线性失真小等。输出级一般采用互补对称放大电路。

（4）偏置电路

偏置电路的作用是给输入级、中间级、输出级放大电路提供合适的直流工作电流和电压（静态工作点），以保证各放大电路具有良好的交流放大性能。由于集成电路结构与分立元件电路有较大差异，集成电路常采用电流源电路作为输入级、中间级、输出级放大电路的直流偏置电路。

3.1.2　集成运放的电压传输特性

集成运放有同相输入和反相输入两个输入端，所谓“同相”和“反相”是指运放的输入电压和输出电压之间的相位关系，集成运放的电路符号如图 3-2a 所示。集成运放是一个双端输入、单端输出、具有高（差模）电压放大倍数、高输入电阻、低输出电阻、温度稳定性很好的直接耦合多级放大电路。

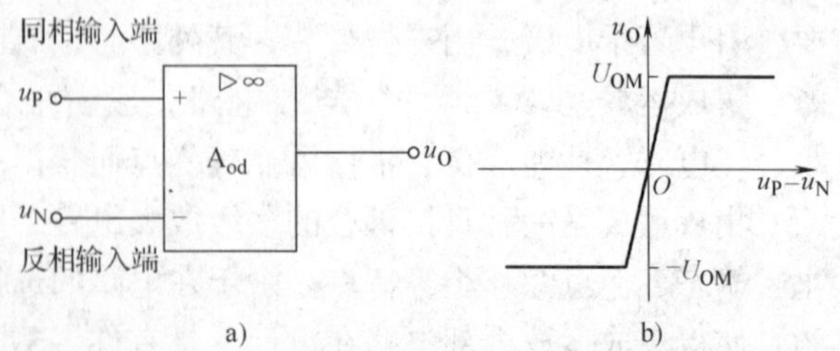

图 3-2　集成运放的图形符号及电压传输特性

a）图形符号　b）电压传输特性

集成运放输出电压 u_O 与输入电压（即 $u_P - u_N$）之间的关系称为电压传输特性，即

$$u_O = f(u_P - u_N)$$

对于正、负两组对称电源供电的集成运放，电压传输特性如图 3-2b 所示。由电压传输特性曲线可知，集成运放有线性放大区（简称线性区）和饱和区（非线性区）两部分。在线性区，集成运放输出电压 u_O 与输入电压（$u_P - u_N$）之间满足线性关系，曲线的斜率为电压放大倍数；在非线性区，输出电压 u_O 只有两种取值，U_{OM} 或 $-U_{OM}$。

由于集成运放放大的是输入差值（差模）信号电压（$u_P - u_N$），在没有引入外部反馈电路（称电路处在开环状态）时，其电压放大倍数称为差模开环电压放大倍数，记为 A_{od}。因此，集成运放工作在线性区时，有

$$u_O = A_{od}(u_P - u_N)$$

一般 A_{od} 在几十万倍左右，因此，集成运放线性放大区输入电压（$u_P - u_N$）值很小。例如，如果某集成运放 $A_{od} = 5 \times 10^5$、$\pm U_{OM} = \pm 14\text{V}$，则线性区输入电压（$u_P - u_N$）的取值范围在 $-28 \sim 28\mu\text{V}$ 之间。可见，线性区输入电压（$u_P - u_N$）的取值范围非常小，输入电压（$u_P - u_N$）超过这一范围，输出电压 u_O 不是 14V，就是 −14V。

3.1.3 集成运放中的电流源电路

电流源对提高集成运放的性能起着极为重要的作用。一方面它为各级放大电路提供稳定的直流偏置电流，以保证各级放大电路具有良好的交流放大特性；另一方面它也可作为有源负载，提高单级放大器的增益。下面从晶体管实现恒流输出的原理入手，介绍集成运放中常用的电流源电路。

1. 单管电流源电路

图 3-3a 画出了晶体管基极电流为 $i_B = I_B$ 的一条输出特性曲线。由图可见，当 $i_B = I_B$ 一定时，只要晶体管工作在放大区，$i_C = I_C$ 就基本恒定，因此，基极电流 I_B 固定的晶体管，从集电极看进去相当于一个恒流源。它的动态内阻 r_{ce} 是一个很大的电阻（在几兆欧以上）。为了使 I_C 更加稳定，可以采用基极分压式射极偏置电路（引入电流负反馈），便得到图 3-3b 所示的单管电流源电路。图 3-3c 为电流源电路符号，图中 R_o 为等效电流源的动态内阻。用负反馈电路理论可以证明，图 3-3b 电流源电路输出电阻 R_o 满足

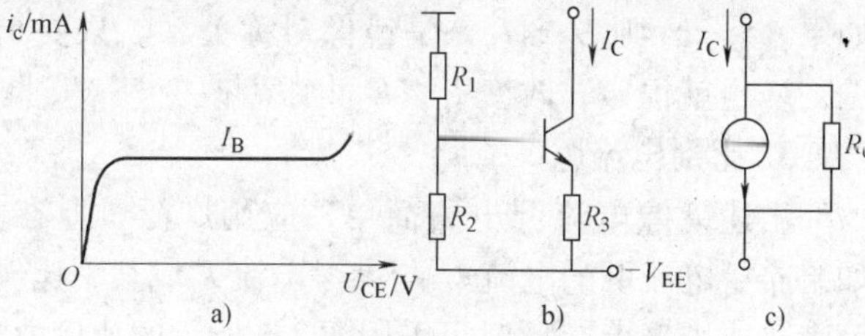

图 3-3 晶体管单管电流源电路

a）晶体管的恒流特性

b）单管恒流源电路 c）等效电流源电路符号

$$R_o \approx r_{ce}\left(1 + \frac{\beta R_3}{r_{be} + R_3 + R_b}\right) \quad (3\text{-}1)$$

式中，r_{ce} 为晶体管集-射极间交流电阻（数值为几兆欧）；β 为晶体管共射电流放大系数；$R_b = R_1 /\!/ R_2$。通常 R_o 在几十兆欧。因此，图 3-3b 所示电路晶体管在放大区近似为一理想电流源（内阻 R_o 无穷大），其电流 I_C 近似认为是与负载无关的恒定电流。

由以上分析可知，晶体管实现恒流特性是有条件的，即要保证恒流管始终工作在放大状态，否则将失去恒流作用。这一点对所有晶体管电流源都适用。

2. 镜像电流源

在单管电流源中，要用三个电阻，电阻不便集成，而晶体管容易集成。为此，在集成电路中通常用一个与恒流管 VT_2 特性完全相同（这在集成电路中很容易做到）的晶体管 VT_1 代替图 3-3b 中的电阻 R_2 和 R_3，且将晶体管 VT_1 的集电极和基极短接在一起，便得到图 3-4 所示的镜像电流源电路。由于晶体管 VT_1 的集-射极间电压 U_{CE1} 与基-射极间电压 U_{BE1} 相等，所以，可以认为晶体管 VT_1 工作在临界放大状态（此时，虽然 $U_{CB1}=0$，但发射区注入到基区的电子存在浓度梯度，致使电子仍能扩散到集电区形成集电极电流 I_{C1}），故有 $I_{C1}=\beta I_{B1}$。

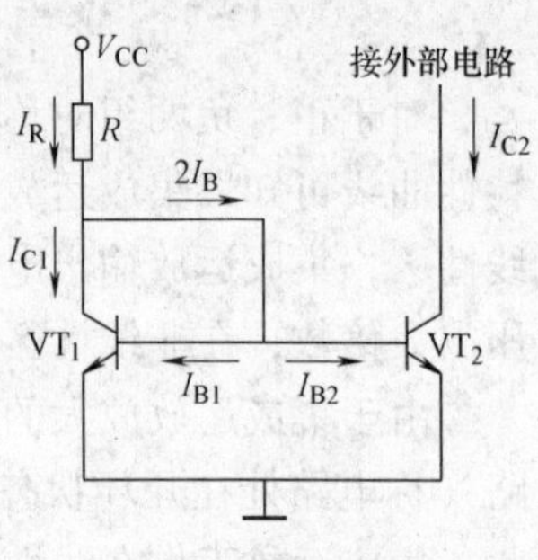

图 3-4 镜像电流源

集成电路中，晶体管 VT_1 与晶体管 VT_2 的特性较容易做得相同，满足 $\beta_1=\beta_2=\beta$，又由于 U_{BE1} 与 U_{BE2} 相等，故有 $I_{B1}=I_{B2}=I_B$，$I_{C1}=I_{C2}=I_C=\beta I_B$，即 I_{C1}、I_{C2} 呈（平面）镜像对称关系，故称图 3-4 所示电路为镜像电流源。I_{C2} 为电流源向外部电路（图 3-4 中未画出）提供的电流（比如外部放大电路静态集电极电流或发射极电流等）。

电阻 R 中的电流称为参考电流（基准电流）I_R，其表达式为

$$I_R=\frac{V_{CC}-U_{BE}}{R}\approx\frac{V_{CC}}{R} \tag{3-2}$$

由于两只晶体管特性相同，且发射结并联在一起，所以两只晶体管的基极电流 I_B 相同、集电极电流 I_C 也相同。由图可知

$$I_{C2}=I_{C1}=I_R-2I_{B1}=I_R-2\frac{I_{C2}}{\beta}$$

由此可得

$$I_{C2}=\frac{\beta}{\beta+2}I_R \tag{3-3}$$

如果 $\beta\gg2$，则 $I_{C2}\approx I_R$，呈镜像对称关系。只要 V_{CC}、R 一定，则 I_R 一定，由式（3-2）可见，I_{C2} 也就恒定；改变 I_R，I_{C2} 也跟着改变。

3. 比例电流源

上述镜像电流源电路简单，应用广泛。但在集成电路中，如果希望电流源的电流 I_{C2} 与参考电流 I_R 成某一比例关系，且 I_{C2} 可大于或小于 I_R，此时可采用图 3-5 所示的比例电流源电路。

由图可知

$$U_{BE1}+I_{E1}R_{e1}=U_{BE2}+I_{E2}R_{e2} \tag{3-4}$$

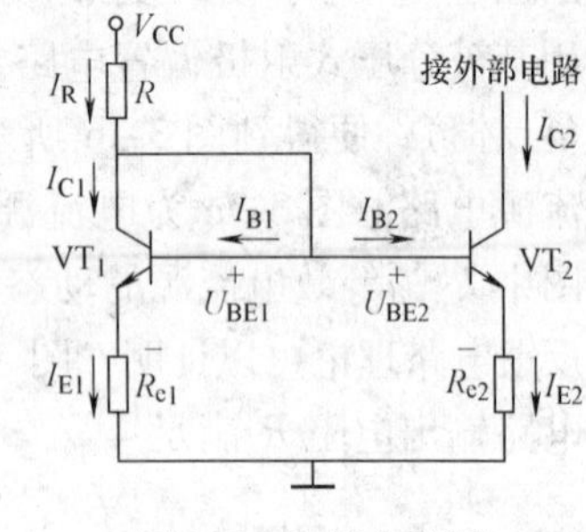

图 3-5 比例电流源

因为

$$I_E\approx I_S e^{\frac{U_{BE}}{U_T}}$$

所以

$$U_{BE1}=U_T\ln\frac{I_{E1}}{I_S}$$

$$U_{BE2}=U_T\ln\frac{I_{E2}}{I_S}$$

故

$$U_{BE1}-U_{BE2}=U_T\ln\frac{I_{E1}}{I_{E2}}$$

$$=-U_T\ln\frac{I_{E2}}{I_{E1}} \tag{3-5}$$

当两只晶体管的发射极电流相差10倍以内时，例如设 $I_{E2}=10I_{E1}$，则式（3-5）取绝对值后变为

$$|U_{BE1}-U_{BE2}|=\left|U_T\ln\frac{I_{E2}}{I_{E1}}\right|=U_T\ln10\approx60\text{mV}$$

即室温下，两只晶体管的发射极电流相差10倍时，它们的 U_{BE} 相差只有60mV，仅为放大区两管 U_{BE} 电压（700mV左右）的10%以内。因此，近似计算时，完全可认为 $U_{BE1}\approx U_{BE2}$，则式（3-4）可简化为

$$I_{E1}R_{e1}=I_{E2}R_{e2} \tag{3-6}$$

考虑到 $\beta>>2$，$I_{C1}\approx I_{E1}\approx I_R$，$I_{C2}\approx I_{E2}$，由此，利用式（3-6）可得

$$I_{C2}\approx\frac{R_{e1}}{R_{e2}}I_R \tag{3-7}$$

即 I_{C2} 与 I_R 成比例关系，其比值由 R_{e1} 和 R_{e2} 确定，故图3-5所示电路称为比例电流源。根据实际需要，R_{e1} 和 R_{e2} 的值通常在几百至几千欧的范围内选取。

可求出参考电流 I_R 为

$$I_R=\frac{V_{CC}-U_{BE1}}{R+R_{e1}}\approx\frac{V_{CC}}{R+R_{e1}} \tag{3-8}$$

由于 R_{e1} 和 R_{e2} 具有电流负反馈的作用，和镜像电流源相比，比例电流源的输出电流 I_{C2} 具有更好的温度稳定性。

4. 微电流源

在集成电路中，有时需要几至几十微安的小电流作为输入级电路的静态工作电流。如果采用镜像电流源，由式（3-2）可知，R 必然取得很大，达几百千欧，要制作这么大的电阻，集成工艺上是很困难的。为此，可用如图3-6所示的微电流源。

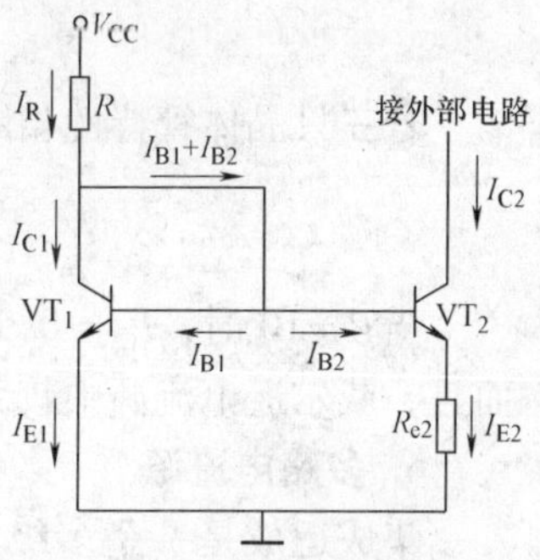

与图3-5所示的比例电流源相比，微电流源在晶体管 VT_1 发射极上去掉了电阻 R_{e1}。考虑到式（3-5），由图可知

$$I_{E2}=\frac{1}{R_{e2}}(U_{BE1}-U_{BE2})=\frac{U_T}{R_{e2}}\ln\frac{I_{E1}}{I_{E2}} \tag{3-9}$$

当 $\beta_1>>2$ 时，$I_{E1}\approx I_{C1}\approx I_R$，$I_{E2}\approx I_{C2}$，由此可得

$$R_{e2}=\frac{U_T}{I_{C2}}\ln\frac{I_R}{I_{C2}} \tag{3-10}$$

图3-6　微电流源

电路设计时，当 I_R 和所需要的小电流 I_{C2} 一定时，由式（3-10）可计算出所需的电阻 R_{e2}。

例3-1　试设计一个输出电流为10μA的微电流源。已知电源 $V_{CC}=15\text{V}$。

解： 为了使集成电路功耗减小，设定参考电流 $I_R=1\text{mA}$，由设计要求知，微电流源向外

部电路提供的电流 $I_{C2}=10\mu A$，将 $I_R=1mA$、$I_{C2}=10\mu A$ 代入式（3-10），则 R_{e2} 为

$$R_{e2}=\left(\frac{26\times10^{-3}}{10\times10^{-6}}\ln\frac{1000}{10}\right)\Omega\approx12k\Omega$$

因为 $V_{CC}=15V$，要使 $I_R=1mA$，则根据

$$I_R=\frac{V_{CC}-U_{BE1}}{R}\approx\frac{V_{CC}}{R} \tag{3-11}$$

可求得 $R\approx15k\Omega$。

由以上分析可知，要得到 $10\mu A$ 的电流，在 $V_{CC}=15V$ 时，采用微电流源电路，所需的总电阻不超过 $27k\Omega$；如果采用镜像电流源，则电阻 R 要大到 $1.5M\Omega$，在集成电路制作这么大的电阻是十分困难的。

5. 威尔逊电流源

以上介绍的几种电流源，虽然电路简单，但有两个共同的缺点：电流源晶体管发射极电流负反馈电阻 R_e 不可能取得很大（在十几千欧以内），这就限制了电流源电流温度稳定性的进一步提高。图 3-7 所示的威尔逊电流源电路较好地解决了这一问题。

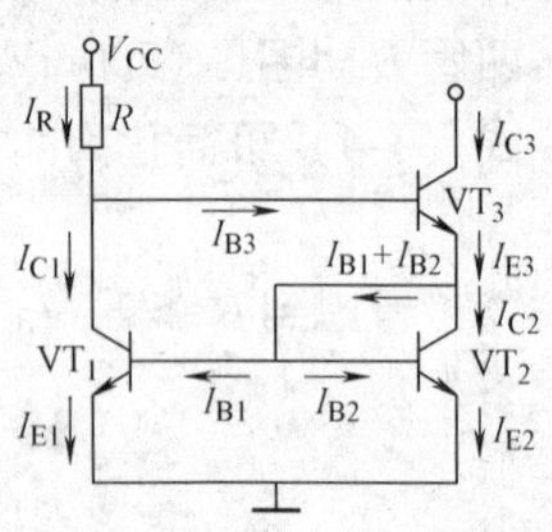

图 3-7　威尔逊电流源

图 3-7 中，电流源 VT_3 的发射极串联了 VT_2，因 VT_2 的集-射极间动态内阻 r_{ce2} 很大，r_{ce2} 对 VT_3 产生了很强的电流负反馈，从而使 I_{C3} 非常稳定。

由图 3-7 知，参考电流为

$$I_R=\frac{V_{CC}-U_{BE3}-U_{BE2}}{R}=\frac{U_{CC}-2U_{BE}}{R}$$

$$I_R=I_{C1}+I_{B3}=I_{C1}+\frac{I_{C3}}{\beta_3}$$

$$I_{C1}=I_{C2},\quad I_{C3}=\frac{\beta_3}{1+\beta_3}I_{E3}$$

$$I_{E3}=I_{C2}+\frac{I_{C1}}{\beta_1}+\frac{I_{C2}}{\beta_2}$$

若三只晶体管特性相同，则 $\beta_1=\beta_2=\beta_3=\beta$，求解以上各式，可得

$$I_{C3}=\left(1-\frac{2}{\beta^2+2\beta+2}\right)I_R\approx I_R \tag{3-12}$$

当 $\beta=10$ 时，$I_{C3}\approx0.984I_R$，可见，即使 β 很小时，输出电流 I_{C3} 受 β 的影响也大大减小，而且，威尔逊电流源中较大的动态内阻 r_{ce2} 使输出电流 I_{C3} 受温度的影响也大大减小。

6. 多路电流源

集成运放是一个多级放大电路，各级的静态工作点不一样，因此，需要多个电流源为各级放大电路提供不同的静态工作电流。图 3-8 所示电路就是由比例电流源组成的一个多路（三路）电流源，为了减小 $VT_1\sim VT_4$ 四只晶体管基极电流对参考电流 I_R 的分流影响，增加了一只放大晶体管

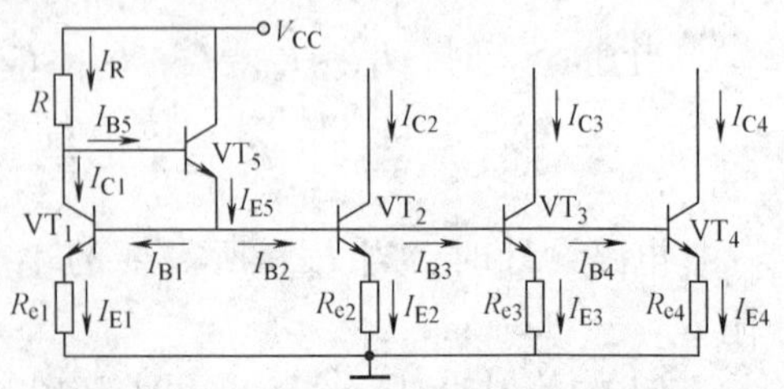

图 3-8　由比例电流源组成的多路电流源

VT_5。$VT_1 \sim VT_4$四只晶体管的特性相同。由图 3-8 可知

$$U_{BE1}+I_{E1}R_{e1}=U_{BE2}+I_{E2}R_{e2}=U_{BE3}+I_{E3}R_{e3}=U_{BE4}+I_{E4}R_{e4}$$

由比例电流源分析可知，图 3-8 中，即使各晶体管发射极电流相差 10 倍时，各晶体管发射结电压 U_{BE}也仅相差 60mV 左右。所以，在近似计算中，可认为

$$U_{BE1}\approx U_{BE2}\approx U_{BE3}\approx U_{BE4}$$

故可得近似关系

$$I_{E1}R_{e1}\approx I_{E2}R_{e2}\approx I_{E3}R_{e3}=I_{E4}R_{e4} \tag{3-13}$$

当 $I_{E1}\approx I_R$确定后（I_R如何确定？请读者思考），只要适当选择各晶体管发射极电阻，就可得到所需要的电流源电流。

在集成电路中，有些多路电流源是由多集电极晶体管实现的，其电路如图 3-9a 所示。

在图 3-9a 所示电路中，通过集成工艺制作了一个三集电极横向 PNP 晶体管 VT 组成的双路电流源（横向 PNP 晶体管是采用标准工艺，在制作 NPN 晶体管过程中，同时制作出来的一种 PNP 晶体管），横向 PNP 晶体管 VT 的三个集电区互相隔离，而发射区和基区是公共的，当基极电流 I_B一定时，各集电极电流之比等于各集电区面积之比。因此，在制作时，根据需要，通过控制各集电结面积的大小，就可获得所需要的电流源电流。图 3-9a 所示电路的等效电路如图 3-9b 所示（需要注意：发射极是公共的，由于画图不便，这点在图中没有反映出来），因此，从电路结构看，类似前面讨论的镜像电流源（这里仅就电路结构而言，因为此处各晶体管的集电极电流不相等）。

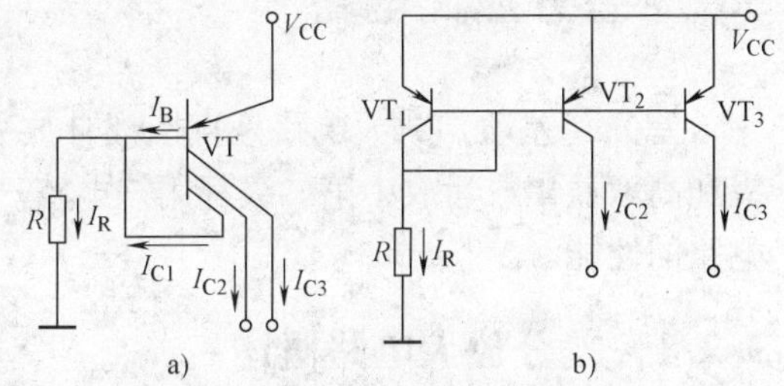

图 3-9　多集电极管构成的多路电流源

a）三集电极横向 PNP 晶体管　b）等效电路

7. 以电流源为有源负载的放大电路

通过多级放大电路级联，使得集成运放有很高的电压增益（几万至几十万倍）。在电压增益一定时，为了简化电路结构、减少级数，就必须提高单级放大电路（特别是输入级和中间级）的电压增益。要提高单级放大电路的电压增益，就应加大集电极电阻 R_c，但 R_c过大又势必使得晶体管进入饱和区而不能正常工作。人们知道，晶体管集-射极间的直流电阻 R_{CE}（$=U_{CE}/I_C$）为几至十几千欧，而集-射极间的交流电阻 r_{ce}为几百千欧至几兆欧。因此，在集成运放中，放大器多以电流源作有源负载取代集电极电阻 R_c，既能保证电路增益大（r_{ce}很大），同时又使电路晶体管不进入饱和区（R_{CE}较小），这就很好地解决了交、直流工作状态对集电极电阻 R_c不同要求的矛盾。

典型的有源负载共射放大电路如图 3-10a 所示（需要注意，图中 VT_1的基极偏置电路未画出），VT_2、VT_3镜像电流源中，VT_3作为放大晶体管 VT_1的集电极有源负载。所以，VT_1的电压增益只需将共射增益表达式中的 R_c用 r_{ce3}取代即可。

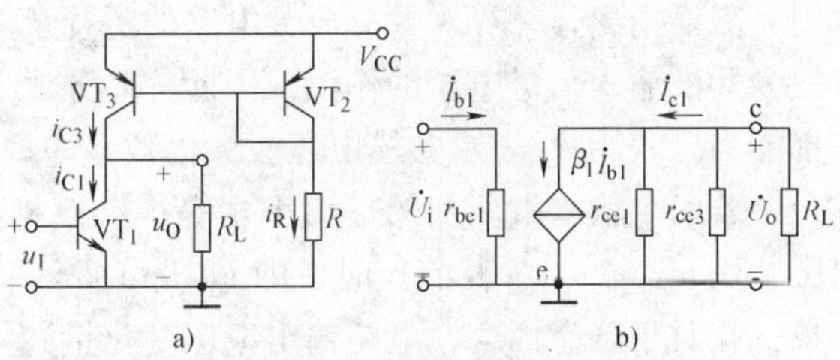

图 3-10　有源负载共射放大电路

a）电路　b）交流等效电路

图 3-10a 所示电路的交流等效电路如图 3-10b 所示，由此，可得图 3-10a 所示电

路的电压放大倍数为

$$\dot{A}_u = \frac{\dot{U}_o}{\dot{U}_i} = -\beta_1 \frac{r_{ce1} /\!/ r_{ce3} /\!/ R_L}{r_{be1}} \tag{3-14}$$

一般满足 $r_{ce1} /\!/ r_{ce3} >> R_L$，则

$$\dot{A}_u \approx \frac{-\beta_1 R_L}{r_{be1}} \tag{3-15}$$

式（3-15）表明，图 3-10b 中的集电极电流 $\beta \dot{I}_{b1}$ 几乎全部流经负载 R_L，从而使 $|\dot{A}_u|$ 增大很多。

3.2 差分放大电路

差分（差动）放大电路是直接耦合放大电路中用得较多的一种电路，集成运放的输入级和高增益集成运放中第二级都用该电路。差分放大电路的性能在很大程度上影响集成运放电路的性能。

3.2.1 差分放大电路概述

差分放大电路由两只对称的晶体管（或场效应晶体管）组成，其电路性能具有单管放大电路许多不具备的优点。

差分放大电路的框图如图 3-11 所示。它有两个输入端，输入信号电压分别为 u_{I1}、u_{I2}；输出信号电压为 u_O。相对于静态而言，电路输出电压变化量与输入电压变化量之间的表达式为

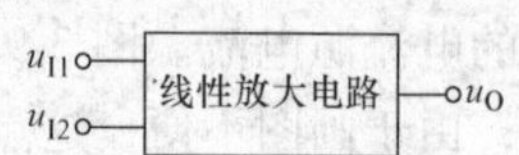

图 3-11 差分放大电路的框图

$$\Delta u_O = A_{ud} \Delta u_I = A_{ud}(u_{I1} - u_{I2}) \tag{3-16}$$

由于该电路只对两输入信号电压的差值具有放大作用，故称之为差分（差动）放大电路。式中，A_{ud}是反映差分放大电路对两输入信号电压之差值具有放大能力的参数，称为差模电压放大倍数。

在电路理想对称情形下，由式（3-16）可知，若两个输入端加的是大小相等、极性（对公共端而言，下同）相同的输入电压（称为共模输入信号电压，用 u_{Ic} 表示）时，即 $u_{I1} = u_{I2} = u_{Ic}$时，相对于静态而言，电路输出电压变化量 $\Delta u_O = 0$，所以，放大电路两个输入端加的共模输入信号电压对输出电压毫无影响，即差分放大电路对共模信号有很强的抑制作用。需要指出，外界对差分放大电路的干扰及温度变化对电路静态工作点的影响通常都可等效为共模输入信号电压的作用，因此，差分放大电路具有很好的温度稳定性和很强的抑制干扰能力。若用 A_{uc} 表示共模电压放大倍数，即理想情形：$A_{uc} = 0$。

若两个输入端所加的是大小相等、极性相反的输入信号电压（称之为差模输入信号电压，用 $u_{Id1} = -u_{Id2}$ 表示）时，即 $u_{I1} = u_{Id1} = -u_{I2} = -u_{Id2}$时，若用 A_{ud} 表示差模电压放大倍数，相对于静态而言，电路输出电压变化量为

$$\Delta u_O = A_{ud} \Delta u_I = A_{ud}(u_{I1} - u_{I2}) = 2\,A_{ud} u_{I1} = -2\,A_{ud} u_{I2} \tag{3-17}$$

从而实现对差模信号的有效放大。

实际中，若电路不是完全对称，且 $u_{I1} \neq u_{I2}$，此时可视为差模输入信号电压和共模输入信号电压共同作用于输入端，差模输入信号电压为

$$u_{Id} = u_{I1} - u_{I2} \tag{3-18}$$

而共模输入信号电压为

$$u_{Ic1} = u_{Ic2} = u_{Ic} = (u_{I1} + u_{I2})/2 \tag{3-19}$$

即差模输入信号电压是两输入信号电压之差，共模输入信号电压是两输入信号电压的算术平均值。此时，可用差模输入信号电压和共模输入信号电压分别表示两个输入信号电压，有

$$\begin{cases} u_{I1} = u_{Ic} + u_{Id}/2 \\ u_{I2} = u_{Ic} - u_{Id}/2 \end{cases} \tag{3-20}$$

在差模输入信号电压和共模输入信号电压同时作用时，处在线性放大区的差分放大电路相对于静态时的输出电压为

$$\Delta u_O = \Delta u_{Od} + \Delta u_{Oc} = A_{ud}\, u_{Id} + A_{uc}\, u_{Ic} \tag{3-21}$$

式中，Δu_{Od}和 Δu_{Oc}分别为相对于静态时的差模输出电压和共模输出电压。

需要指出，一般而言，待放大的信号通常可以等效为差模输入信号，而干扰信号常可以等效为共模输入信号，所以，总是希望差模电压放大倍数 A_{ud}尽可能大些，而共模电压放大倍数 A_{uc}越小越好，这是设计差分放大电路时要考虑的基本原则。

3.2.2 基本差分放大电路的工作原理及性能分析

1. 电路的基本结构

基本差分放大电路（有的文献称之为长尾式差分放大电路）如图 3-12 所示。它是两个性能相同的晶体管组成的对称电路，且集电极电阻满足 $R_{c1} = R_{c2} = R_c$。由于是直接耦合，为了保证静态（$u_{I1} = u_{I2} = 0$，即两个晶体管基极接“地”）时，晶体管能处在放大区，电路中用了 V_{CC}、$-V_{EE}$两个电源。两个发射极连接在一起，通过电阻 R_e与 $-V_{EE}$相连，负载电阻 R_L接在两个晶体管的集电极之间，即输出电压 u_O取自于两个晶体管的集电极之间，输入电压 u_I加在两个晶体管的基极之间，电路的这种连接方式称为双端输入（两输入端均不接“地”的对称输入）、双端输出（两输出端均不接“地”对称输出）的连接方式。

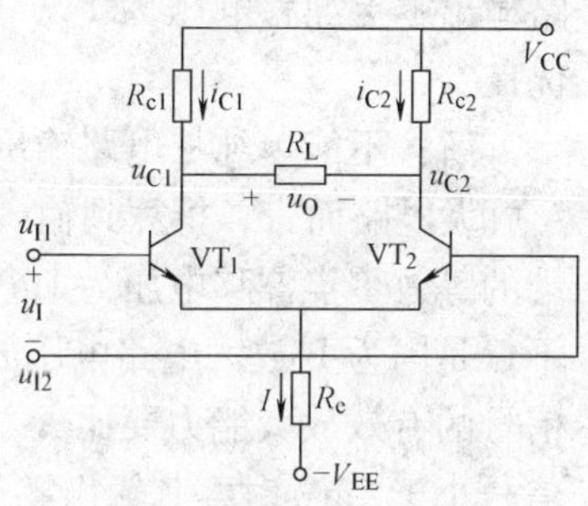

图 3-12　双端输入-双端输出基本差分放大电路

2. 静态工作点计算

图 3-12 所示电路在静态时，$u_{I1} = u_{I2} = 0$。静态工作点计算步骤和方法如下。

1）从发射极电位入手，首先算出长尾电阻 R_e中电流 I，即

$$I = [U_E - (-V_{EE})]/R_e = (V_{EE} - 0.7\text{V})/R_e \tag{3-22}$$

式中，U_E为晶体管发射极直流电位；V_{EE}为正值。

2）由于 VT_1、VT_2的特性相同，所以，两只晶体管的集电极电流为

$$i_{C1} \approx I_{C1} \approx I_{C2} \approx I_{E1} \approx I_{E2} \approx I/2 \tag{3-23}$$

3）计算晶体管的集-射极间电压

$$U_{CE1} = U_{CE2} = U_{C1} - U_{E1} = V_{CC} - I_{C1} R_c + 0.7\text{V} \tag{3-24}$$

由式（3-24）可知，静态时，$u_{C1} = U_{C1} = u_{C2} = U_{C2}$，所以，必有 $u_O = u_{C1} - u_{C2} = 0$，即

输入电压为零时，输出电压为零。这是双端输出差分放大电路应满足的正常直流工作状态。

静态时，$u_O=U_O=0$，流过负载电阻 R_L 的直流电流为零，即静态时，负载电阻 R_L 可视为开路，这就意味着计算电路静态工作点时可不考虑负载电阻 R_L。

3. 零点漂移现象及差分放大电路抑制零点漂移的原理

（1）零点漂移现象

电路在静态时，由于环境温度变化、电源电压波动等因素（主要是环境温度变化）的影响，电路输出端电压偏离设定的值而缓慢地上下漂移，这种现象称为零点漂移（简称零漂）。

在直接耦合多级放大电路中，当第一级静态工作点由于某种原因（比如温度变化）稍有微小变化时，这种微小变化的电压会被后面的放大电路逐级放大，使得放大电路输出端产生较大的零点漂移电压。当这种零点漂移电压大到与有用信号相当甚至更大时，输出端就无法区分零点漂移电压与有用信号电压了，即零点漂移电压严重干扰了有用信号，致使放大电路无法正常工作。因此，零点漂移电压是一种有害的干扰信号。显然，放大电路输出端的零点漂移电压越小越好。

实际中，温度变化是放大电路产生零点漂移的主因，为了衡量不同电压放大倍数电路零点漂移的程度，不是用放大电路输出零点漂移电压的绝对大小来评价，而是温度变化 1℃ 时，将输出零点漂移电压除以放大倍数折算到电路输入端，得到输入等效零点漂移电压作为衡量电路温度稳定性的温漂指标。为什么要折算到输入端呢？下面通过一例说明。

例 3-2 现有 A、B 两个直接耦合放大电路，其电压放大倍数分别为 $A_{uA}=100$、$A_{uB}=1000$，在相同的温度环境和外部条件下，A 放大电路输出零点漂移电压为 0.5V，B 放大电路输出零点漂移电压为 1V，试问能否根据输出零点漂移电压的大小评判哪一电路性能更优良？

解： 不能单纯从电路输出零点漂移电压的绝对大小来判断电路性能优良。这是因为，对 A 放大电路而言，折算到输入端的等效零点漂移电压为 5mV；而 B 放大电路，折算到输入端的等效零点漂移电压为 1mV。由此，可以断定 B 放大电路比 A 放大电路的性能优良。这不仅是因为 B 放大电路电压放大倍数比 A 放大电路的大，更为主要的是 B 放大电路对微弱信号的有效放大能力要比 A 放大电路强得多。因为，对 A 放大电路而言，当待放大的输入信号小于 5mV 时，其输出零点漂移电压将会把有用信号完全“淹没”，而在输出端无法取出有用信号；而对 B 放大电路言，只有当待放大的输入信号小于 1mV 时，其输出零点漂移电压才将有用信号完全“淹没”。

所以，A 放大电路的输入信号不能小于 5mV，B 放大电路的输入信号不能小于 1mV，B 放大电路有效放大微弱信号的能力要比 A 放大电路强得多。

在实际中，通过传感器获得待放大的有用信号是很小的（为几十微伏至几毫伏），因此，讨论放大电路对微弱信号的有效放大能力更具有实际意义。

（2）抑制零点漂移的原理

对于图 3-12 所示电路，无论是温度的变化，还是电源电压的波动，都会引起两个晶体管的集电极电流和集电极电压作同样的变化，其效果等效于在两个输入端加上了共模信号，由于电路的对称性，两个晶体管集电极之间的温漂电压仍为零，即抑制了零点漂移，或者说图 3-12 所示电路的共模放大倍数为零。

实际中，两个晶体管不可能完全对称，由于长尾电阻 R_e 的负反馈作用，也使电路输出端零点漂移较单管电路大大减小（类似第 2 章静态工作稳定电路，请读者自行分析）。

关于差分放大电路对零点漂移（共模信号）的抑制作用，还将在下面的定量分析中进一步讨论。

4. 差分放大电路的主要技术指标计算

差分放大电路的主要性能技术指标有差模放大倍数、输入电阻、输出电阻、共模放大倍数和共模抑制比等。下面分四种情形分别讨论。

（1）双端输入-双端输出的情形

双端输入-双端输出也称平衡（对称）输入-平衡（对称）输出，是指输入、输出端均无接地端，而单端输入或单端输出，是指输入或输出端中有一个端子接地的非平衡输入或非平衡输出。

1）差模放大倍数

设图 3-12 所示电路的输入端加了一对差模信号，即 $u_{I1}=u_{id1}=-u_{id2}=-u_{I2}=u_{id}/2$；此时，$VT_1$ 的集电极电流 i_{C1} 增加，VT_2 的集电极电流 i_{C2} 减小，在电路完全对称的情形下，$i_{C1}(i_{E1})$ 的增加量 $\Delta i_{C1}(\Delta i_{E1})$ 等于 i_{C2} 的减小量 $\Delta i_{C2}(\Delta i_{E2})$，即有 $\Delta i_{E1}=-\Delta i_{E2}$，或 $\Delta i_{E1}+\Delta i_{E2}=0$，$R_e$ 两端的电压恒定不变。所以，对差模信号而言，R_e 相当于“短路”，两个晶体管的发射极相当于接“地”。

另一方面，在电路对称的情形下，u_{C1} 的增加量 Δu_{C1} 等于 u_{C2} 的减小量 Δu_{C2}，则负载电阻 R_L 的中点电位必然恒定不变，所以，R_L 的中点也相当于接“地”，即 R_L 被分为两个 $R_L/2$，分别接在两只晶体管的集电极与“地”之间。

综上所述，可得图 3-12 所示电路的差模交流通路如图 3-13 所示（图中标出了电流、电压变化量的规定极性，下同），因电路对称，实际满足 $\Delta u_{Id1}=-\Delta u_{Id2}$、$\Delta u_{Od1}=-\Delta u_{Od2}$。图 3-13 所示电路差模电压放大倍数为

$$A_{ud}=\frac{\Delta u_{Od}}{\Delta u_{Id}}=\frac{\Delta u_{Od1}-\Delta u_{Od2}}{\Delta u_{Id1}-\Delta u_{Id2}}=\frac{2\Delta u_{Od1}}{2\Delta u_{Id1}}=\frac{\Delta u_{Od1}}{\Delta u_{Id1}}$$

$$=\frac{-\beta\left(R_c /\!/ \frac{1}{2}R_L\right)}{r_{be}} \tag{3-25}$$

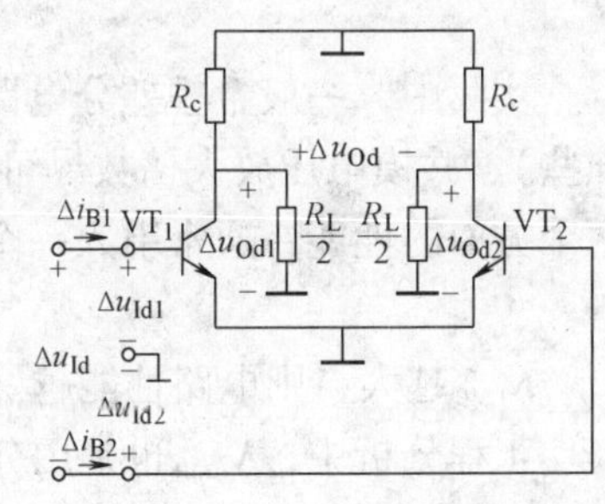

图 3-13　图 3-12 所示电路的差模交流通路

式中，“-”号表示图 3-13 中 Δu_{Od} 的实际极性与规定极性相反（即应为左“-”右“+”）。

当电路未接负载电阻 R_L 时，式（3-25）变为

$$A_{ud}=-\frac{\beta R_c}{r_{be}} \tag{3-26}$$

若输入信号源 $u_{sd1}=-u_{sd2}$ 均有内阻 R_s，则源电压差分放大倍数为

$$A_{usd}=\frac{-\beta\left(R_c /\!/ \frac{1}{2}R_L\right)}{R_s+r_{be}} \tag{3-27}$$

当电路未接负载电阻 R_L 时，则式（3-27）变为

$$A_{usd} = -\frac{\beta R_c}{R_s + r_{be}} \tag{3-28}$$

由式（3-26）、式（3-28）可知，未接负载 R_L 时，双端输入-双端输出差分电路的电压放大倍数与单管共射电路电压放大倍数的表达式完全相同。可见，差分电路是以双倍的元器件换取电路抑制零点漂移的能力。

2）输入电阻

根据输入电阻的定义，由图 3-13 可知，输入电阻为

$$R_i = \frac{\Delta u_{Id}}{\Delta i_{B1}} = \frac{\Delta u_{Id1} - \Delta u_{Id2}}{\Delta i_{B1}} = \frac{2\Delta u_{Id1}}{\Delta i_{B1}} = 2r_{be} \tag{3-29}$$

即为单管共射电路输入电阻的两倍。

3）输出电阻

从两个晶体管的集电极之间看，电路的输出电阻（需要注意，输出电阻是相对外部负载 R_L 而言，因此，计算电路的输出电阻不能考虑外部负载 R_L）为

$$R_o = 2R_c \tag{3-30}$$

也为单管共射电路输出电阻的两倍。

4）共模放大倍数与共模抑制比

由前面的分析可知，零点漂移电压可等效为输入端共模输入信号电压，用 Δu_{Ic} 表示。一个差分电路的对称性越好，零点漂移越小，其抑制共模信号的能力越强，共模放大倍数数值越小，电路的性能越优良。图 3-12 所示电路若完全对称，则共模输出电压 $\Delta u_{Oc} = 0$，故其共模放大倍数为

$$A_{uc} = \Delta u_{Oc} / \Delta u_{Ic} = 0 \tag{3-31}$$

实际中，一般希望差分电路差模电压放大倍数尽可能大些（对有用差模信号放大能力强些）、共模电压放大倍数尽可能小（抑制共模信号的能力强），为了综合考察差分电路这两个方面的性能，通常引入一个参数——共模抑制比，用符号 K_{CMR} 表示，定义为

$$K_{CMR} = |A_{ud} / A_{uc}| \tag{3-32}$$

K_{CMR} 越大，则电路性能越好。图 3-12 所示电路若完全对称，则 $K_{CMR} = \infty$。

工程分析中，K_{CMR} 也常用分贝数表示，并定义为

$$K_{CMR} = 20\lg\left|\frac{A_{ud}}{A_{uc}}\right|(\text{dB}) \tag{3-33}$$

（2）双端输入-单端输出的情形

双端输入-单端输出差分放大电路如图 3-14 所示。这里所说的单端输出是指由一只晶体管的集电极与“地”之间的输出。

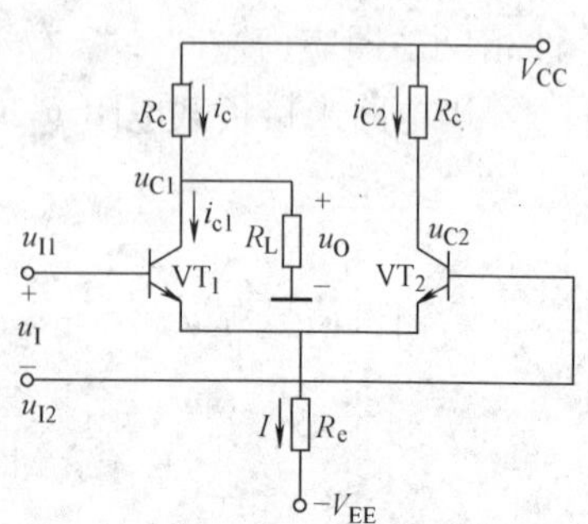

图 3-14　双端输入-单端输出基本差分放大电路

1）静态工作点计算

静态工作点计算方法与双端输入-双端输出电路基本相同，唯一不同之处就是图 3-14 所示电路中，负载电阻 R_L 的接入使得电路静态时，$U_{CE1} < U_{CE2}$。计算 U_{CE1} 时，可将 VT_1 的集电极视为负载，对 VT_1 的集电极回路应用戴维南定理，可得等效电路如图 3-15 所示。图中，V_{CC1} 和 R_c' 分别为

$$V_{CC1}=R_LV_{CC}/(R_c+R_L) \tag{3-34}$$

$$R_c'=R_c/\!/R_L \tag{3-35}$$

由图3-15可知，U_{CE1}为

$$U_{CE1}=V_{CC1}-I_{C1}R_c'+0.7V \tag{3-36}$$

I_{C1}、I_{C2}、U_{CE2}由式（3-22）、式（3-23）、式（3-24）计算。

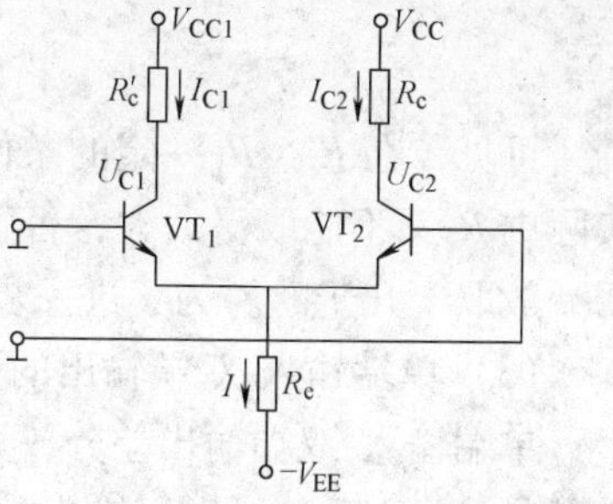

2）差模放大倍数

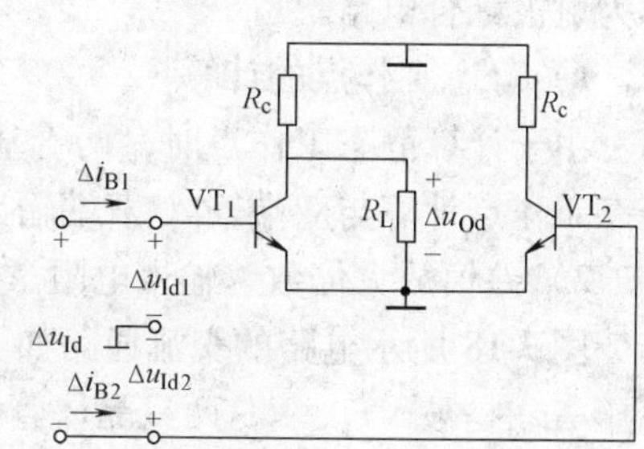

图3-15　图3-14所示电路的直流等效电路

在差模输入信号作用下，其交流通路如图3-16所示，由于只有一只晶体管的集电极输出电压，双端输入-单端输出差分放大电路差模放大倍数应为双端输出时的一半，即

$$A_{ud}=\frac{\Delta u_{Od}}{\Delta u_{Id}}=\frac{\Delta u_{Od}}{\Delta u_{Id1}-\Delta u_{Id2}}=\frac{\Delta u_{Od}}{2\Delta u_{Id1}}=\frac{-\beta(R_c/\!/R_L)}{2r_{be}} \tag{3-37}$$

当负载R_L开路时，则

$$A_{ud}=-\frac{\beta R_c}{2r_{be}} \tag{3-38}$$

图3-16　图3-14所示电路的差模交流通路

双端输入-单端输出的接法常用于将平衡输入信号转换为非平衡输出信号，在双端输入条件下，集成运放输入级就是这种接法。

需要指出，也可以由图3-14电路VT_2的集电极单端输出，此时，VT_2的集电极单端输出电压相位（或变化方向）与VT_1的集电极单端输出电压相位（或变化方向）相反。

由于单端输出只利用了一只晶体管的集电极输出电压，实际中为了进一步简化电路，可将另一只晶体管的集电极电阻（例如图3-14中VT_2的集电极电阻R_c）去掉。

3）输入电阻

由图3-16可知，输入电阻为

$$R_i=\frac{\Delta u_{Id}}{\Delta i_{B1}}=\frac{\Delta u_{Id1}-\Delta u_{Id2}}{\Delta i_{B1}}=\frac{2\Delta u_{Id1}}{\Delta i_{B1}}=2r_{be} \tag{3-39}$$

4）输出电阻

输出电阻为

$$R_o=R_c \tag{3-40}$$

5）共模放大倍数

在共模信号Δu_{Ic}的作用下，两只晶体管电流变化相同，故两只晶体管发射极电位变化均为$\Delta u_E=2\Delta i_{E1}R_e=2\Delta i_{E2}R_e$，对每只晶体管而言，相当于发射极单独接入了$2R_e$的电阻，因此，其共模交流通路如图3-17所示。由图3-17可知，其共模放大倍数为

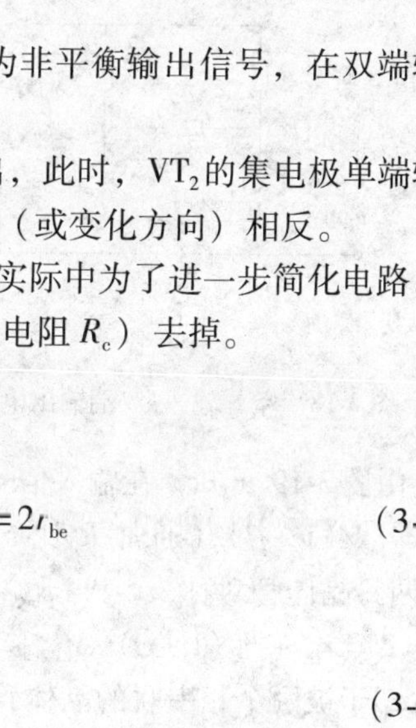

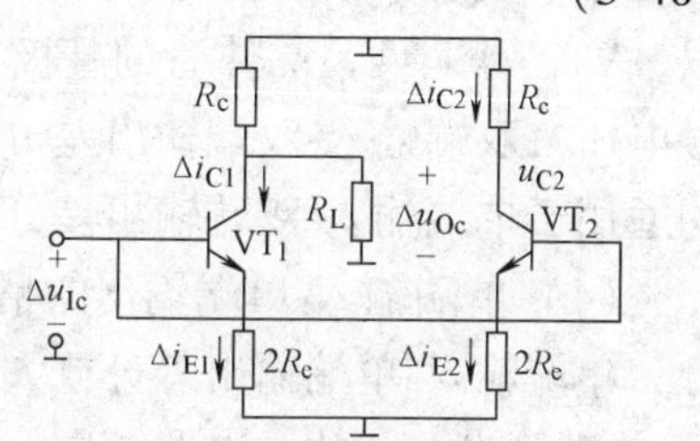

图3-17　图3-14所示电路的单端输出共模交流通路

$$A_{uc}=\frac{\Delta u_{Oc}}{\Delta u_{Ic}}=\frac{-\beta(R_c/\!/R_L)}{r_{be}+(1+\beta)2R_e} \tag{3-41}$$

实际中，$2(1+\beta)R_e$通常比r_{be}大几十至几百倍，故式（3-41）可近似表示为

$$A_{uc} \approx -\frac{(R_c /\!/ R_L)}{2R_e} \tag{3-42}$$

可见，在 R_c、R_L一定的条件下，R_e越大，A_{uc}越小，电路抑制共模信号的能力越强。但实际中 R_e又不能取得太大，否则，$(I_{E1}+I_{E2})R_e$太大，致使 V_{EE}高到不合适的程度，实际中，R_e一般取十几千欧。为了进一步减小 A_{uc}，通常用恒流源代替 R_e。

（3）单端输入-双端输出的情形

单端输入-双端输出差分放大电路如图 3-18 所示，由于 VT_2的基极接地，所以 VT_2的输入信号是经 VT_1的发射极输出，作用在 VT_2的发射极而实现信号传输的，故图 3-18 所示电路称为射极耦合电路。

1）静态工作点的计算

由于计算静态工作点时，两管基极均接“地”，所以，单端输入-双端输出差分放大电路静态工作点计算与双端输入-双端输出差分放大电路完全相同，不再赘述。

2）差模放大倍数、输入电阻、输出电阻

图 3-18 所示电路的交流通路如图 3-19 所示。从形式上看，图 3-19 是单端输入，但输入电压 Δu_{Id}是被 VT_1、VT_2两只晶体管的发射结均分的，因此，实质上仍是“双端输入”。这点可通过下面分析知道。

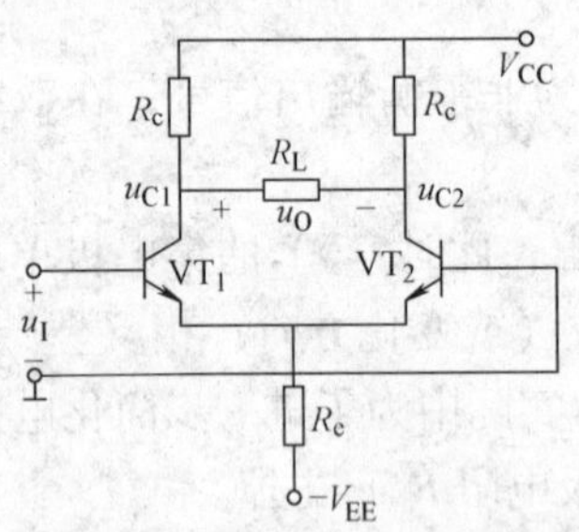

图 3-18 单端输入-双端输出电路

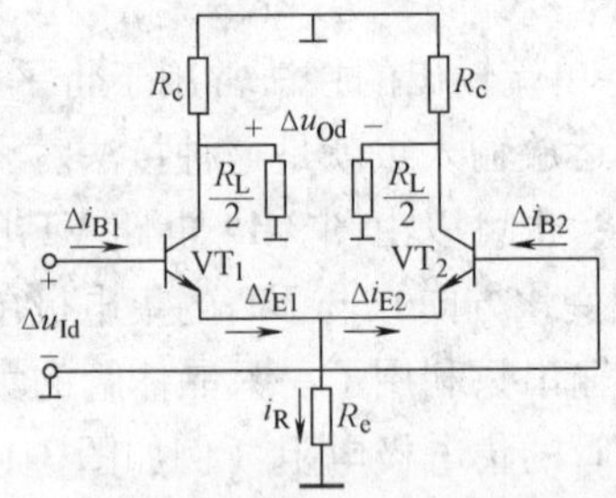

图 3-19 单端输入-双端输出电路的差模交流通路

由图 3-19 可知，在输入信号 Δu_{Id}的作用下，$\Delta i_{E1}=\Delta i_{E2}+i_R$。但对 VT_2而言，满足 $R_e \gg r_{eb2}=r_{be2}/(1+\beta)$（通常 R_e比 r_{eb2}大几百倍以上），故 i_R可忽略，所以有 $\Delta i_{E1}\approx\Delta i_{E2}$。$VT_1$、$VT_2$两只晶体管对称，$r_{be1}\approx r_{be2}\approx r_{be}$，$\beta_1\approx\beta_2\approx\beta$，故有 $\Delta u_{Id}=\Delta u_{BE1}+\Delta u_{EB2}\approx\Delta i_{B1}r_{be1}+\Delta i_{E2}r_{eb2}=\Delta i_{B1}r_{be}+[(1+\beta)\Delta i_{B2}][r_{be}/(1+\beta)]=\Delta i_{B1}r_{be}+\Delta i_{B2}r_{be}=2\Delta i_{B1}r_{be}=2\Delta i_{B2}r_{be}$，即相当 Δu_{Id}于被两个相串联的晶体管发射结交流电阻 r_{be}均分，故有 $\Delta u_{BE1}=\Delta u_{EB2}=-\Delta u_{BE2}$；所以，$VT_1$、$VT_2$两只晶体管的基极-发射极之间加的是一对大小相等、极性相反的差模输入信号电压。双端输入-双端输出差分放大电路有关技术指标计算公式式（3-25）~式（3-30）均适用于单端输入-双端输出差分放大电路。

（4）单端输入-单端输出的情形

单端输入-单端输出差分放大电路的静态工作点及有关技术指标的计算方法，与双端输入-单端输出差分放大电路相同，在此不赘述。

5. 对任意输入信号的放大特性

如果在差分放大器的两个输入端分别加上任意信号 u_{I1}和 u_{I2}，u_{I1}和 u_{I2}既不是差模信号、也不是共模信号，分析时可以把 u_{I1}和 u_{I2}分解成如下形式：

$$u_{I1}=\frac{u_{I1}-u_{I2}}{2}+\frac{u_{I1}+u_{I2}}{2}=u_{Id1}+u_{Ic1} \tag{3-43}$$

$$u_{I2}=-\frac{u_{I1}-u_{I2}}{2}+\frac{u_{I1}+u_{I2}}{2}=u_{Id2}+u_{Ic2} \tag{3-44}$$

由式（3-43）、式（3-44）可以看出，差分电路两输入端相当于输入了共模信号

$$u_{Ic1}=u_{Ic2}=\frac{u_{I1}+u_{I2}}{2}=u_{Ic} \tag{3-45}$$

和一对差模信号

$$u_{Id1}=-u_{Id2}=\frac{u_{I1}-u_{I2}}{2} \tag{3-46}$$

差模输入电压为

$$u_{Id}=u_{Id1}-u_{Id2}=u_{I1}-u_{I2} \tag{3-47}$$

此时，电路相对于静态时的输出电压为

$$\Delta u_O=\Delta u_{Od}+\Delta u_{Oc}=A_{ud}u_{Id}+A_{uc}u_{Ic} \tag{3-48}$$

式中，Δu_{Od}和Δu_{Oc}分别为电路相对于静态时的差模输出电压和共模输出电压。

若电路完全对称，则$A_{uc}=0$（对应K_{CMR}为无穷大），式（3-48）中等号右边第二项为0。

3.2.3 具有恒流源的差分放大电路

1. 典型电路

实际中，由于元器件参数的分散性，电路不可能对称，长尾差分放大电路中，R_e越大，A_{uc}越小，电路抑制共模信号的能力越强。但实际中R_e又不能取得太大，一般取十几千欧。因此，长尾差分放大电路共模抑制比K_{CMR}不高。为了进一步增强抑制共模信号的能力、通常用恒流源代替R_e，得到如图3-20a所示的具有恒流源的差分放大电路，R_1、R_2、R_3和VT_3组成恒流源电路，适当选择电阻R_1、R_2，满足$I_2 >> I_{B3}$，则$I_1=I_2+I_{B3}\approx I_2$，电路静态工作点计算从恒流源入手，静态时有

$$U_{R2}=\frac{R_2}{R_1+R_2}V_{EE} \tag{3-49}$$

$$I_{C3}\approx I_{E3}=\frac{U_{R_2}-U_{BE}}{R_3} \tag{3-50}$$

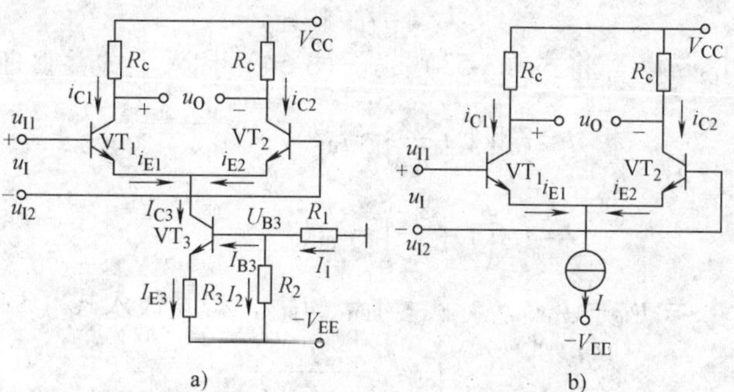

图3-20 具有恒流源的差分放大电路

a）恒流源差分电路 b）简化的恒流源差分电路

$$I_{C1}=I_{C2}=\frac{1}{2}I_{C3} \tag{3-51}$$

$$U_{CE1}=U_{CE2}=V_{CC}+U_{BE}-I_{C1}R_c \tag{3-52}$$

由式（3-50）可知，若 U_{BE}的变化忽略不计，则 VT_3的集电极电流 I_{C3}基本不受温度影响，故可认为是一恒定的电流，则由 R_1、R_2、R_3和 VT_3组成电路可以视为恒流源电路。

由于 VT_3工作在放大区，而且又有 R_3引入很强的电流负反馈，使得恒流源动态电阻高达几十兆欧，VT_1、VT_2的发射极接入了几十兆欧的动态电阻，对共模信号产生极强的负反馈，使共模放大倍数 $A_{uc}\approx 0$，$K_{CMR}\to\infty$。而恒流源直流电压 $U_{CE3}+I_{E3}R_3$却可以只有几至十几伏，V_{EE}只需取几至十几伏就够了。

在电路分析中，常用恒流源符号代替恒流源电路，便得到简化等效电路如图 3-20b 所示，图中 $I=I_{C3}$。

图 3-20a 所示电路，对差模输入 $u_{I1}=-u_{I2}=u_I/2$，由于 VT_1、VT_2的对称性，VT_3的集电极对地电压恒定不变，双端输入时，VT_1、VT_2的发射极仍可视为交流接“地”；单端输入也与长尾电路相同。所以，具有恒流源的差分放大电路的差模等效电路与长尾电路完全一样，因此，长尾电路差模技术指标的分析计算方法完全适用于恒流源差分放大电路。在此不重复讨论。

2. 传输特性

前面讨论的差分放大电路的差模放大特性，实际上是指在输入为小信号的情形（比如，差模输入信号电压为几至十几毫伏），此时，差分放大电路工作在线性放大区。当输入信号幅度较大时，电路的放大特性有无变化呢？为此，有必要讨论电路的输出信号（通常用电流或电压信号）和差模输入信号（通常用电压信号）之间的关系，这种关系称为电路的传输特性。

分析差分放大电路的传输特性的基础是 PN 结的伏安特性方程。下面以图 3-20b 所示电路为例讨论其传输特性。

在图 3-20b 所示电路中，由 PN 结的伏安特性方程可知，在放大区，VT_1，VT_2的发射极电流分别为

$$i_{E1}=I_S(e^{u_{BE1}/U_T}-1)\approx I_Se^{u_{BE1}/U_T} \tag{3-53}$$

$$i_{E2}=I_S(e^{u_{BE2}/U_T}-1)\approx I_Se^{u_{BE2}/U_T} \tag{3-54}$$

则恒流源电流为

$$I=i_{E1}+i_{E2}$$

由于 $i_{C1}\approx i_{E1}$、$i_{C2}\approx i_{E2}$，将式（3-53）、式（3-54）代入上式并整理可得

$$I=i_{E1}\left(1+\frac{i_{E2}}{i_{E1}}\right)\approx i_{C1}(1+e^{\frac{u_{BE2}-u_{BE1}}{U_T}}) \tag{3-55}$$

$$I=i_{E2}\left(1+\frac{i_{E1}}{i_{E2}}\right)\approx i_{C2}(1+e^{\frac{u_{BE1}-u_{BE2}}{U_T}}) \tag{3-56}$$

由于 $u_I=u_{I1}-u_{I2}=u_{Id}=u_{BE1}+u_{EB2}=u_{BE1}-u_{BE2}$，将其代入式（3-55）、式（3-56）可得

$$i_{C1}\approx\frac{I}{1+e^{-u_I/U_T}} \tag{3-57}$$

$$i_{C2}\approx\frac{I}{1+e^{u_I/U_T}} \tag{3-58}$$

式（3-57）、式（3-58）说明，晶体管集电极电流 i_{C1}、i_{C2} 只对差模电压 $u_I = u_{Id} = u_{I1} - u_{I2} = u_{BE1} - u_{BE2}$ 有所反映，即小信号差模电压 $u_I = u_{Id}$ 使一只晶体管的集电极电流增加，另一只晶体管的集电极电流减小，反映了电路在线性放大区对差模信号的放大能力。

晶体管在 $u_{I1c} = u_{I2c} = u_{Ic}$ 共模电压的作用下，两基极之间的电压 $u_I = u_{I1c} - u_{I2c} = 0$，则由式（3-57）、式（3-58）可知集电极电流 i_{C1}、i_{C2} 为

$$i_{C1} = i_{C2} = \frac{I}{2} \tag{3-59}$$

即电路完全对称时，晶体管的集电极电流 i_{C1}、i_{C2} 与静态时相同，对共模输入电压 u_{Ic} 无放大作用，体现了很强的抑制共模信号的能力。

显然，电路差模输出电压为

$$u_O = u_{Od} = u_{C1} - u_{C2} = V_{CC} - i_{C1}R_c - (V_{CC} - i_{C2}R_c) = (i_{C2} - i_{C1})R_c \tag{3-60}$$

由式（3-57）、式（3-58），可绘出差分放大电路输出电流 i_{C1}、i_{C2} 和差模输出电压 u_{Od} 与差模输入电压 $u_I = u_{Id}$ 之间的传输特性曲线分别如图 3-21、图 3-22 所示。分析该曲线，可以得出如下结论。

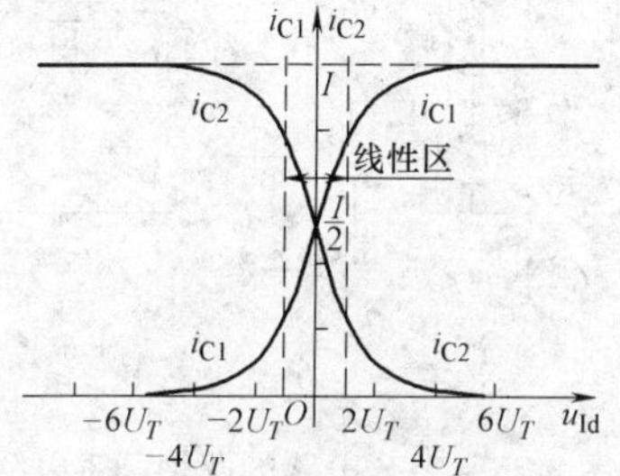

图 3-21　差分放大电路的电流传输特性

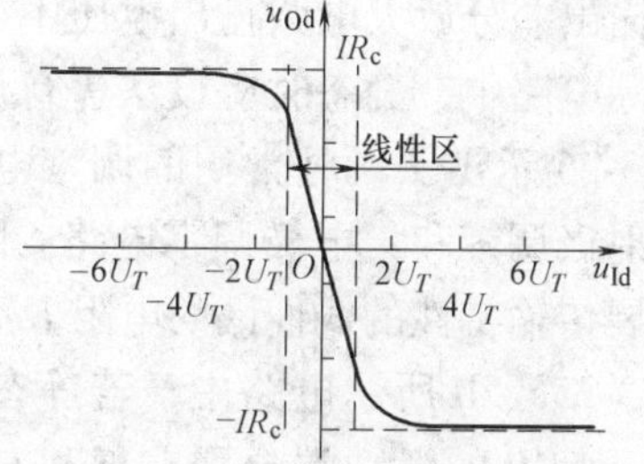

图 3-22　差分放大电路的电压传输特性

① 两只晶体管的集电极电流之和恒等于 I：当 $u_I = u_{Id} = 0$，即差分电路处于静态时，$i_{C1} = i_{C2} = I_C = I/2$。当差模电压输入时，一只晶体管的电流增大，另一只晶体管的电流减小，且增大量等于减小量，两只晶体管电流之和恒等于 I。

② 传输特性具有非线性特性：由图 3-21 不难看出，在静态工作点附近，当 $|u_{Id}| \leqslant U_T \approx$ 26mV（室温下）时，即 u_{Id} 在 $-26 \sim 26$mV 之间，传输特性近似为线性，i_{C1}、i_{C2} 和 u_{Od} 与 u_{Id} 呈线性关系。

当 $|u_{Id}| \geqslant U_T$ 时，传输特性的非线性逐渐明显，电路工作在非线性区。当 $|u_{Id}| \geqslant 4U_T$，即 u_{Id} 超过 100mV 时，一只晶体管的集电极电流趋近于最大值 I（该管饱和），另一只晶体管的集电极电流趋近于零（该管截止），此后，$|u_{Id}|$ 继续增大时，i_{C1}、i_{C2} 和 u_O 将保持不变。这表明差分电路在大信号输入时，具有良好的限幅特性或电路具有开、关（对应晶体管的饱和、截止）特性。

实际中，为了扩展传输特性的线性范围，可在每个差放管的发射极串接负反馈电阻 R（或在基极串接电阻 R_b），如图 3-23 所示。扩展后的电流传输特性曲线如图 3-24 所示。显然，R（或 R_b）越大，扩展的线性区范围将越大，但随着线性区范围的扩大，曲线的斜率减小，表明差分放大器的差分放大倍数将随之降低，图 3-24 中曲线 3 所对应的 R（或 R_b）要比曲线 2 所对应的 R（或 R_b）大些。

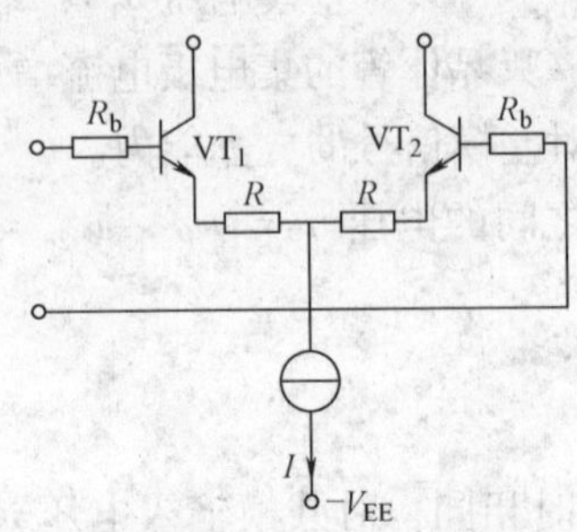

图 3-23　接入 R（或 R_b）线性工作区扩展的差分电路

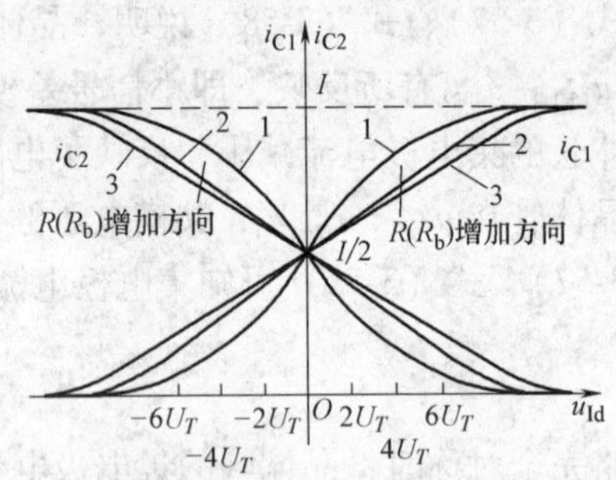

图 3-24　线性区扩展后的差分电路传输特性
1—未加 R（或 R_b）的传输特性
2、3—加了 R（或 R_b）的传输特性

3. 双端输出差分放大电路调零

静态时，要求双端输出差分放大电路的输出电压为零。但由于差分放大电路对称是相对的，不对称是绝对的。这就使得电路在静态时，双端输出差分放大电路输出电压不可能为零，实际电路中，静态时应设法进行调零补偿。图 3-25 示出了两种常用的调零电路，分别称为射极调零和集电极调零电路。图中接入了扩展传输特性的线性区的电阻 R_b。

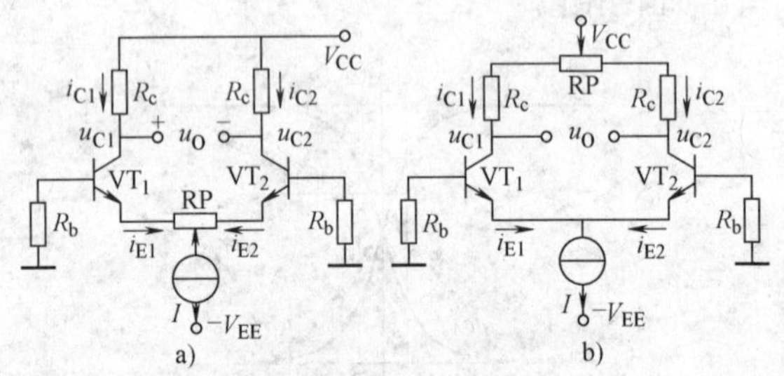

图 3-25　差分电路的两种调零电路
a）发射极调零电路　b）集电极调零电路

在图 3-25a、b 所示电路中，若静态时，$u_{C1}>u_{C2}$，则 RP 的滑动端分别左移和右移，反之 RP 的滑动端分别右移和左移（为什么？请读者思考）。

例 3-3　图 3-26 所示电路中，设参数完全对称，晶体管的 β 均为 50，$r_b=100\Omega$，$U_{BE}\approx 0.7V$。试计算 RP 滑动端在中点时 VT_1 和 VT_2 的发射极静态电流 I_E，以及差模电压放大倍数 A_{ud} 和输入电阻 R_i、输出电阻 R_o。

解： RP 滑动端在中点时 VT_1 和 VT_2 的发射极静态电流分析如下：

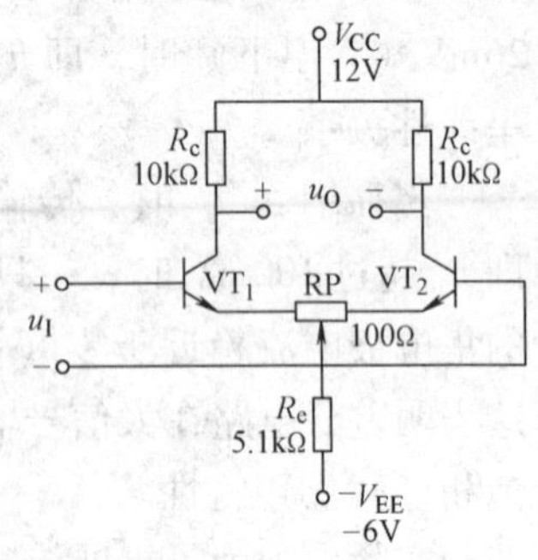

图 3-26　长尾式差分电路

$$U_{BE}+I_E\frac{RP}{2}+2I_ER_e=V_{EE}$$

$$I_E=\frac{V_{EE}-U_{BE}}{\frac{RP}{2}+2R_e}\approx 0.517mA$$

A_{ud}、R_i、R_o分析如下：

$$r_{be}=r_b+(1+\beta)\frac{26mV}{I_E}\approx 5.18k\Omega$$

$$A_{ud}=-\frac{\beta R_c}{r_{be}+(1+\beta)\frac{RP}{2}}\approx -97$$

$$R_i = 2r_{be} + (1+\beta)RP \approx 20.5\text{k}\Omega$$

$$R_o = 2R_c = 20\text{k}\Omega$$

例 3-4 电路如图 3-27 所示，VT_1和 VT_2的β均为 40，r_{be}均为 3kΩ。试问：若输入直流信号 $u_{I1}=20\text{mV}$，$u_{I2}=10\text{mV}$，则电路的共模输入电压 u_{Ic}、差模输入电压 u_{Id}和输出动态电压Δu_O分别是多少？

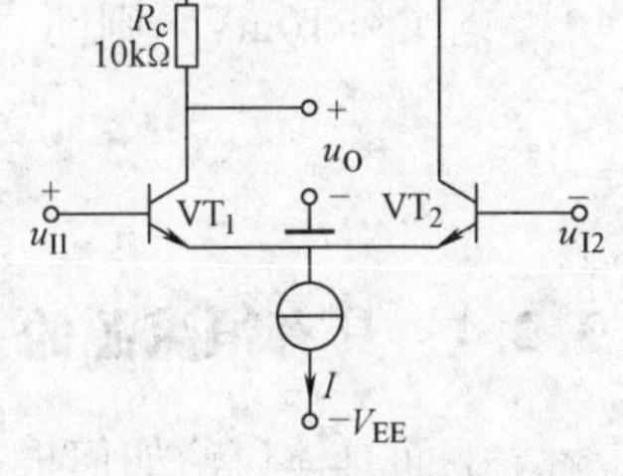

图 3-27 恒流源差分电路

解： 电路的共模输入电压 u_{Ic}、差模输入电压 u_{Id}、差模放大倍数 A_{ud}和动态电压 Δu_O分别为

$$u_{Ic} = \frac{u_{I1}+u_{I2}}{2} = 15\text{mV}$$

$$u_{Id} = u_{I1} - u_{I2} = 10\text{mV}$$

$$A_{ud} = -\frac{\beta R_c}{2r_{be}} \approx -67$$

$$\Delta u_O = A_{ud}u_{Id} \approx -0.67\text{V}$$

由于恒流源为理想电流源，且晶体管完全对称，则单端输出差分电路的共模放大倍数为零，故 Δu_O仅由差模输入电压和差模放大倍数决定。

在图 3-27 所示电路中，由于只利用了 VT_1集电极输出的变化电压，所以，VT_2的集电极电阻可省去。

例 3-5 电路如图 3-28 所示，晶体管的$\beta=50$，$r_b=100\Omega$。

（1）计算静态时 VT_1和 VT_2的集电极电流和集电极电位。

（2）在直流输入电压 u_I的作用下，用直流电压表测得 $u_O=2\text{V}$，u_I是多大？若 $u_I=10\text{mV}$，则 u_O是多大？

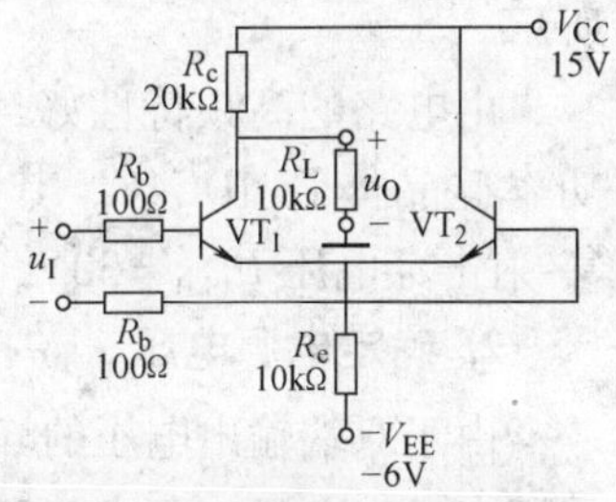

图 3-28 带负载 R_L的双端输入-单端输出差分电路

解：（1）由于 VT_1的集电极接入了负载 R_L，故静态时，流过 R_c的电流等于 VT_1的集电极和流过 R_L的电流之和。在计算 VT_1的集电极电压时，可在 VT_1的集电极断开，用戴维南定理计算出左边电路的等效电阻和等效电源分别为

$$R_L' = R_c // R_L \approx 6.67\text{k}\Omega,\ V_{CC}' = \frac{R_L}{R_c+R_L}V_{CC} = 5\text{V}$$

静态时 VT_1和 VT_2的集电极电流和集电极电位分别为

$$I_{C1} = I_{C2} = I_C \approx I_E \approx \frac{V_{EE}-U_{BE}}{2R_e} = 0.265\text{mA}$$

$$U_{C1} = V_{CC}' - I_C R_L' \approx 3.23\text{V}$$

$$U_{C2} = V_{CC} = 15\text{V}$$

（2）首先，求出输出电压变化量，再求解差模放大倍数，最后求出输入电压，求解过程如下。

在直流输入电压 u_I的作用下，相对于静态时，电路输出电压的变化量为

$$\Delta u_O = u_O - U_{C1} \approx -1.23\text{V}$$

其次，求解差模放大倍数

$$r_{be} = r_b + (1+\beta)\frac{26\text{mA}}{I_E} \approx 5.1\text{k}\Omega$$

$$A_{ud} = -\frac{\beta R'_L}{2(R_b + r_{be})} \approx -32.7$$

最后求出输入电压

$$u_I = \frac{\Delta u_O}{A_{ud}} \approx 37.6\text{mV}$$

若 $u_I = 10\text{mV}$，则

$$\Delta u_O = A_{ud} u_I \approx -0.327\text{V}$$

$$u_O = U_{C1} + \Delta u_O \approx 2.9\text{V}$$

3.2.4 具有恒流源的差分放大电路的设计

下面具体讨论如何根据设计要求确定差分放大电路的一般设计原则和方法。

设计要求：温度稳定性好，高频特性好；差动电压放大倍数 $A_{ud} = 100$；输出电压的峰-峰值 $U_{opp} = 10\text{V}$；负载电阻 $R_L = 8\text{k}\Omega$；双端（平衡）输入，双端（平衡）输出。

设计原则和方法讨论如下。

1. 确定电路和选取晶体管

根据温度稳定性好的设计要求，可选用硅 NPN 型晶体管组成的具有恒流源的差分放大电路如图 3-29 所示。

由电路的高频特性好，可以选择 $\beta = 50$ 的高频小功率硅晶体管 3DG4C，其极限参数为 $P_{CM} = 300\text{mW}$，集-射击穿电压 $U_{CEO} = 30\text{V}$，$I_{CM} \geqslant 30\text{mA}$。

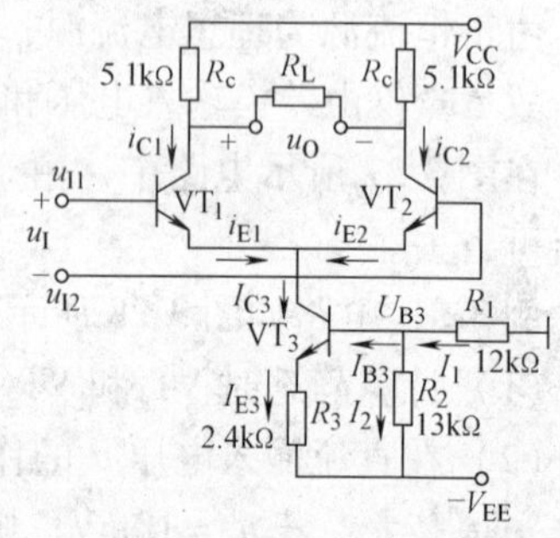

图 3-29 具有恒流源的差分放大电路

2. 确定电源电压

由于双端输出电压的峰-峰值 $U_{opp} = 10\text{V}$，故单端输出电压的峰-峰值 $U_{opp1} = U_{opp}/2 = 5\text{V}$，为留有一定余量，要求每只晶体管静态时的 U_{CE} 应大于 $U_{opp}/2$，以保证晶体管不进入饱和区；负载 R_c 上的直流电压也应大于 $U_{opp}/2$，以保证输出电压不会出现截止失真，可按 $(1.3 \sim 1.6)(U_{opp} + U_{CES})$ 的原则选择 V_{CC}。选系列值 $V_{CC} = 15\text{V}$，$-V_{EE} = -15\text{V}$（一般取 $V_{EE} = V_{CC}$）。

3. 确定晶体管的静态工作电压 U_{CE}

一般各晶体管的静态工作电压 U_{CE} 可按下式确定：

$$U_{CE1} = U_{CE2} = U_{CE3} = U_{opp}/2 + (1 \sim 3)\text{V}$$

式中，$U_{opp}/2$ 是单端输出的幅值；$(1 \sim 3)\text{V}$ 是考虑晶体管处在最低电压 U_{CEmin} 时，仍能远离饱和区、保持较好的线性放大特性。现选择

$$U_{CE1} = U_{CE2} = U_{CE3} = 7\text{V}$$

4. 集电极电阻 R_c 的确定

R_c 的大小可由 $A_{ud} = 100$、$\beta = 50$、晶体管输入电阻 r_{be} 确定。由于负载电阻 $R_L = 8\text{k}\Omega$，双端输出电压的峰-峰值 $U_{opp} = 10\text{V}$，可选定 VT_1、VT_2 的集电极静态电流 I_C 在 2mA 以内，2.6 节曾指出，如果晶体管集电极静态电流 I_C 选在 1 ~ 2mA 的范围内，晶体管输入电阻 r_{be} 可近似按 1 kΩ 估算。由于

$$A_{ud} = \beta R_c // (R_L/2) / r_{be} = 100$$

所以有

$$R_c // (R_L/2) = 100\ r_{be}/\beta = 2k\Omega$$

由此解得

$$R_c = 4k\Omega$$

为了使差动电压放大倍数 A_{ud} 留有一定余量，设计选择 $R_c = 5.1k\Omega$。

5. 确定晶体管集电极静态工作电流

根据 R_c 的大小可确定晶体管集电极静态工作电流。确定 R_c 时，已考虑到了负载 R_L 将使总动态负载电阻减小的因素，为了避免输出电压顶部出现截止失真，一般按下列公式确定 R_c 上的直流电压降

$$I_C R_c = U_{opp}/2 + (2 \sim 5)V = 5V + (2 \sim 5)V$$

现取 $I_C R_c = 8V$，由此可确定晶体管 VT_1、VT_2 的静态集电极电流 $I_{C1} = I_{C2}$ 为

$$I_{C1} = I_{C2} = 8V/5.1k\Omega \approx 1.6mA$$

晶体管 VT_3 的静态集电极电流 I_{C3} 为

$$I_{C3} = I_{C1} + I_{C2} \approx 3.1mA$$

6. 恒流源电路中 R_1、R_2、R_3 的确定

由于静态时，$U_{E1} = U_{E2} = -0.7V$、$U_{CE3} = 7V$、$U_{E3} = U_{E1} - U_{CE3} = -7.7V$，所以有

$$R_3 = [U_{E3} - (-V_{EE})]/I_{E3} \approx 7.3V/3.1mA \approx 2.4k\Omega$$

为保证恒流管 VT_3 的静态集电极电流 I_{C3} 的稳定，要求电路电流 $I_2 = (5 \sim 10)I_{B3}$，现取

$$I_2 = 10I_{B3} = 10I_{C3}/\beta = 10 \times 3.1mA \div 50 \approx 0.6mA$$

所以有

$$R_1 + R_2 \approx V_{EE}/I_2 = 15V/0.6mA \approx 25k\Omega$$

又因 VT_3 的基极电压为

$$U_{B3} \approx -V_{EE} R_1/(R_1 + R_2) = U_{E3} + U_{BE3} = -7.7V + 0.7V = -7V$$

所以可求得电阻 R_1 为

$$R_1 = (0 - U_{B3})/I_1 \approx -U_{B3}/I_2 \approx 7V/0.6mA \approx 12\ k\Omega$$

则电阻 R_2 为

$$R_2 \approx 25\ k\Omega - 12\ k\Omega = 13\ k\Omega$$

设计完毕的电路如图 3-29 所示，电阻参数标示在图中。

最后，经验算满足设计要求，晶体管也未超过极限参数。

需要指出，由于电路不可能完全对称，实际中，通常需要在晶体管 VT_1、VT_2 的发射极间接一个 100 ~ 200Ω 的可调电阻，其滑动端接晶体管 VT_3 的集电极，供电路静态时调零所用。

3.3 集成运算放大电路的输出级电路

对于集成运放的输出级电路一般要求满足三点：一是输出电阻低（带负载的能力强）；二是非线性失真尽可能小；三是有一定满足实际需要的输出功率。目前普遍应用的是双晶体管互补型共集电路（射极跟随器）。

3.3.1 互补型共集电路

互补型共集输出级原理电路如图 3-30 所示。VT_1、VT_2是两个特性相同的异型硅晶体管，它们分别与负载 R_L构成射极跟随器。

由图 3-30 可知，静态时，$u_i=0$（输入端接“地”），VT_1、VT_2均截止，$i_o=0$、$u_o=0$。

动态时，设输入信号 u_i为正弦波，首先不考虑晶体管发射结开启电压影响（假设发射结开启电压为零）。

当 $u_i>0$ 时，VT_1 导通、VT_2 截止，此时 V_{CC} 供电，VT_1发射极电流 i_{E1}（即正半周时输出电流 i_o）流经 R_L输出正半周电压 u_o。输出电流 i_o通路如图 3-30 中实线所示。

当 $u_i<0$ 时，VT_2 导通、VT_1 截止，此时 $-V_{CC}$ 供电，VT_2的发射极电流 i_{E2}（即负半周时输出电流 i_o）流经 R_L 输出负半周电压 u_o。输出电流 i_o如图中虚线所示。

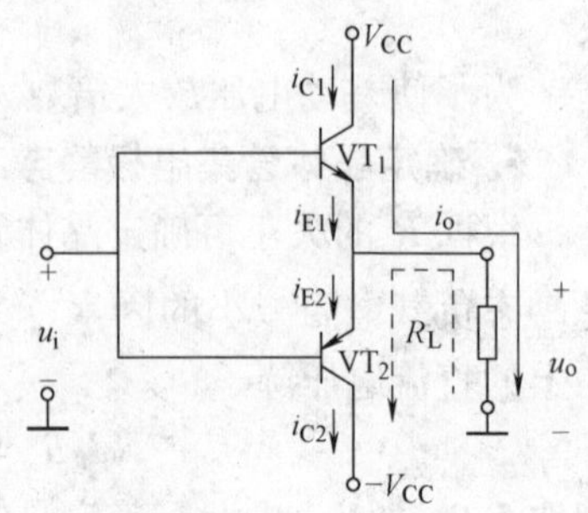

图 3-30　互补型共集输出级原理电路

在 u_i作用下，VT_1、VT_2以互补（互相补充）的方式分别工作在 u_i的正、负半周，$\pm V_{CC}$ 通过 VT_1、VT_2交替地给负载 R_L供电，负载 R_L获得正、负半周的输出电压 u_o。

在输入电压幅值足够大时，最大输出电压幅值为$(V_{CC}-|U_{CES}|)$，U_{CES}为晶体管集-射极间饱和电压降。当忽略 U_{CES}时，最大输出电压幅值近似为 V_{CC}，最大输出电流幅值近似为 V_{CC}/R_L。

由于晶体管基-射极间实际存在开启电压（硅晶体管约为 0.5V 左右），以硅晶体管为例，在 u_i正、负半周内，只有当输入信号 u_i的绝对值大于 0.5V 时，某一晶体管才导通。而 u_i在 $-0.5\sim0.5V$ 之间时，VT_1、VT_2 均截止，输出电流 $i_o\approx0$、输出电压 $u_o\approx0$。因此，输出电压 u_o波形在两只晶体管轮流工作的衔接处（即 u_i过零的附近范围内）出现失真，如图 3-31 所示。这种失真称为交越失真，图中利用两只晶体管的合成转移特性曲线形象地说明了交越失真产生的原因。

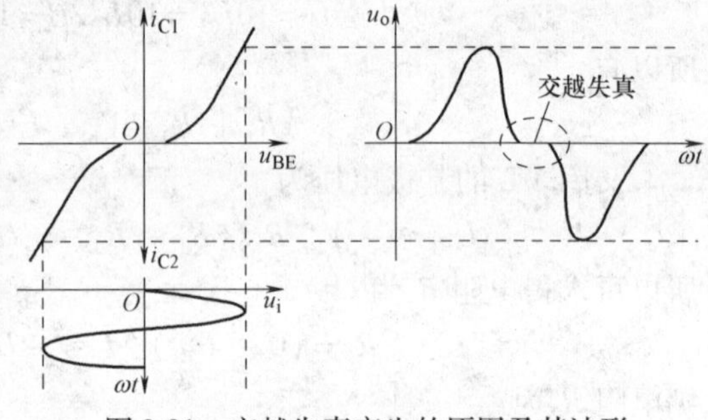

图 3-31　交越失真产生的原因及其波形

3.3.2 设置静态偏置的互补型共集输出级电路

图 3-30 所示电路产生交越失真的原因是晶体管存在开启电压 U_{on}。为了消除交越失真，静态时，可以分别给两只晶体管发射结适当设置正向发射结电压 U_{BE}，其绝对值$|U_{BE}|$等于或稍大于开启电压$|U_{on}|$，使两只晶体管在静态时处于微导通状态；动态时，每只晶体管发射结瞬时电压 $u_{BE}=U_{BE}+u_{be}$，只要输入信号 $u_i\neq0$，则 $u_{be}\neq0$，就有 $|u_{BE}|=|U_{BE}+u_{be}|>|U_{on}|$，$VT_1$、$VT_2$即可在输入信号正、负半周内轮流导通，从而消除了晶体管开启电压 U_{on}引起的交越失真。在集成运放中，互补型共集输出级电路常用的直流偏置方式如图 3-32 所示。

在图 3-32a 中，R_1、VD_1、VD_2、R_2组成 VT_1、VT_2的基极偏置电路，静态时（$u_i=0$），导通二极管 VD_1、VD_2的直流电压 $U_{D1}+U_{D2}(=U_{BE1}+U_{EB2}=U_{BE1}-U_{BE2})$ 提供了使 VT_1、VT_2 微导通的发射结正向偏置电压。

动态时，当 $u_i>0$ 时，VT_1 随着 u_i 的增加，导通程度加强，VT_2 稍后截止，此时 V_{CC} 供电，VT_1 管发射极电流 i_{E1}（即正半周时输出电流 i_o）流经 R_L 输出正半周电压 u_o。

当 $u_i<0$ 时，VT_2 随着 u_i 的降低，导通程度加强，VT_1 稍后截止，此时 $-V_{CC}$ 供电，VT_2 发射极电流 i_{E2}（即负半周时输出电流 i_o）流经 R_L 输出负半周电压 u_o。

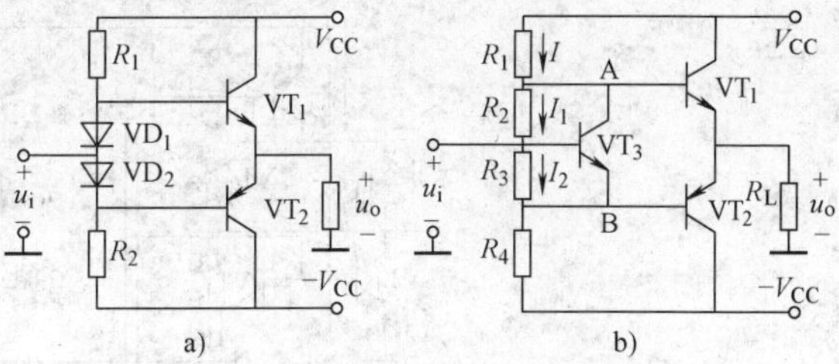

图 3-32　消除交越失真的互补共集输出级电路

a）二极管静态偏置电路　b）晶体管倍增偏置电路

由于直流电压 $U_{D1}+U_{D2}$ 为 VT_1、VT_2 提供了微导通直流偏置电压，从而消除了 u_i 在过零附近的一定电压范围内（例如对硅晶体管而言，u_i 在 $-0.5\sim0.5V$ 之间）的交越失真。

另一方面，二极管 VD_1、VD_2 的动态电阻很小（十几至几十欧），可认为 VT_1、VT_2 的动态基极电位近似相等、即 $u_{b1}\approx u_{b2}\approx u_i$，保证了 VT_1、VT_2 输入交流电压的对称性。

图 3-32a 所示电路的缺点是：$U_{D1}+U_{D2}$ 难以很好地满足为 VT_1、VT_2 提供微导通直流偏置电压的需要，且不便调整。

在集成运放电路中，普遍采用的是图 3-32b 所示电路。图中满足 $I_2\gg I_{B3}$，所以有

$$U_{BE3}\approx\frac{R_3}{R_2+R_3}U_{AB} \tag{3-61}$$

或

$$U_{AB}\approx U_{BE3}\left(1+\frac{R_2}{R_3}\right) \tag{3-62}$$

式中，U_{AB}、U_{BE3} 分别为 A、B 两点间和 VT_3 的发射结直流电压。

由式（3-62）可见，U_{AB} 是 U_{BE3} 的（$1+R_2/R_3$）倍，所以该电路也称为 U_{BE} 的倍增电路。调整 R_3、R_2 的比值，可以改变 VT_1、VT_2 所需要的发射结直流电压值；同时也可在一定范围内获得 PN 结任意倍数的温度系数，较好地实现对 VT_1、VT_2 的温度补偿。

*3.4　集成运算放大电路简介

3.4.1　集成运算放大器 F007 原理简介

双极型集成运放 F007 是一种通用型运算放大器。由于它性能好、价格便宜，所以是目前应用较为普遍的集成运放之一。从应用的角度考虑，了解集成运放的外部特性比分析集成运放内部电路的原理更为重要。但是，弄清集成运放内部电路的原理有助于理解集成运放的外部特性和正确使用集成运放。因此，对初学者，初步分析并理解集成运放内部电路的原理也是必要的。目前，集成运放种类繁多，内部具体电路结构“千变万化”，不可能（也无必要）去逐一分析，但无论电路结构怎样变化，集成运放内部电路的工作原理大同小异。

下面以双极型通用集成运放 F007 为例，对其内部电路的工作原理进行简要分析，以帮助读者正确理解集成运放的外部特性和外围电路作用。

F007 的内部电路原理图如图 3-33 所示。图中各引出端所标数字为组件的引脚编号。

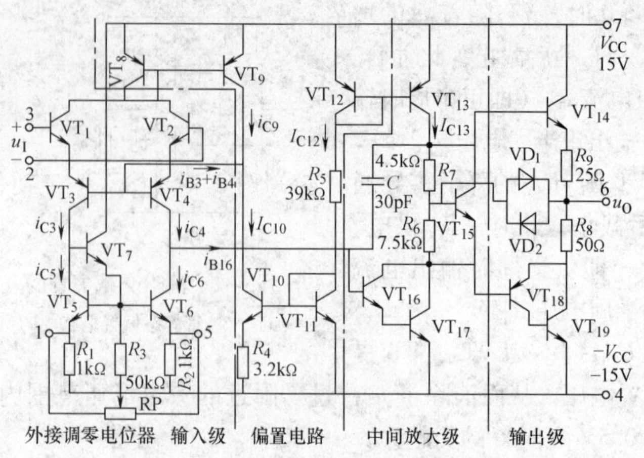

图 3-33　F007 集成运放内部电路原理图

集成运放由输入级、中间放大级、输出级和偏置电路四个基本部分组成。四个基本部分的电路（除复合管留到第 4 章讨论外）前面都已讨论。下面对 F007 内部电路整体结构和工作原理作一扼要分析。

1. 偏置电路及各级电路静态工作点定性分析

集成运放中的偏置电路都是由 3.1 节中讨论过的有关电流源组成，而电流源中的参考电流（或基准电流）则是唯一能够首先直接估算出来的电流。因此，集成运放直流工作状态分析首先应从电流源中的参考电流入手。F007 由 ±15V 双电源供电。由图 3-33 可知，偏置电路中，从 V_{CC}经 VT_{12}、R_5、VT_{11}到 $-V_{CC}$所组成的回路中的直流电流 I_{C12}能够直接估算出来，故 R_5中的电流 I_{C12}为电流源中的参考电流。VT_{10}、VT_{11}、R_4组成微电流源，而 VT_{10}的集电极电流 I_{C10}等于 VT_9的集电极电流 I_{C9}与 VT_3、VT_4两只晶体管的基极电流 I_{B3}、I_{B4}之和，即 $I_{C10}=I_{C9}+I_{B3}+I_{B4}$；因此，微电流源中的 VT_{10}既为 VT_3、VT_4提供了静态基极电流 I_{B3}、I_{B4}，也为 VT_9提供集电极电流 I_{C9}，同时，又通过 VT_8、VT_9组成镜像电流源（$I_{C8}=I_{C9}$）为 VT_1、VT_2提供了静态集电极电流 I_{C1}、I_{C2}。VT_{12}、VT_{13}组成镜像电流源，其中 VT_{13}的集电极电流 I_{C13}既给 VT_{16}、VT_{17}提供静态集电极电流 I_{C16}、I_{C17}，同时流经 R_6、R_7、VT_{15}组成的 U_{BE}电压倍增电路，使输出级的 VT_{14}、VT_{19}处于微导通状态，以消除交越失真。

2. 输入级

如图 3-33 所示，输入信号 u_I加在 VT_1、VT_2的基极，信号从 VT_4的集电极单端（对地）输出至中间放大级输入端（VT_{16}的基极），从而实现信号对地输出（实际中通常要求如此）的转换。故输入级是双端输入-单端输出差分放大电路。需要说明的是，由于晶体管共集电路和共基电路的高频特性比共射电路要好得多，所以，为了使集成运放有较好的高频特性，电路的输入级采用了由 VT_1、VT_2和 VT_3、VT_4互为对称的共集-共基变形的差分电路；对 VT_1、VT_2而言，信号由基极输入、发射极输出，是共集组态（射极输出器）；对 VT_3、VT_4而言，信号由发射极输入（分别由 VT_1、VT_2的发射极输出而获得）、集电极输出，是共基组态。同时，VT_1、VT_2采用共集组态，大大提高了集成运放的输入电阻。

VT_5、VT_6和 VT_7组成加射极输出器（VT_7）的电流源电路，一方面，VT_5、VT_6作为 VT_3、VT_4的集电极有源负载，从而有效提高输入级电压放大倍数；另一方面，VT_7将 VT_3的集电极动态电流（用电流变化量 Δi 表示）转换为输出电流 Δi_{B16} 的一部分。因为电路对称，在差模输入信号作用时，$\Delta i_{C3}=-\Delta i_{C4}$，$\Delta i_{C5}\approx\Delta i_{C3}$（忽略 VT_7 的动态基极电流），$\Delta i_{C5}=\Delta i_{C6}$（因为 $R_1=R_2$）。所以有 $\Delta i_{B16}=\Delta i_{C4}-\Delta i_{C6}\approx 2\Delta i_{C4}$，即此时差分电路虽然是单端输出，但输出电流加倍，当然也使电压放大倍数增大到双端输出。

VT_5、VT_6 和 VT_7 组成加射极输出器（VT_7）的电流源电路还对共模信号具有很强的抑制作用。当共模输入时，$\Delta i_{C3}=\Delta i_{C4}$，$\Delta i_{C6}=\Delta i_{C5}\approx\Delta i_{C3}$（忽略 VT_7 的动态基极电流），则 $\Delta i_{B16}=\Delta i_{C4}-\Delta i_{C6}\approx 0$。由此可知，共模信号基本上不会传递到第二级输入端，有效提高了整个电路的共模抑制比。

3. 中间级

中间级是以 VT_{16}、VT_{17} 组成的复合管（具体见第 4 章功放电路）为放大管，以 VT_{12}、VT_{13} 组成的电流源作为其有源负载的共射放大电路，这种电路具有很强的电流和电压放大能力。

4. 输出级

输出级晶体管工作在大信号情况下，晶体管允许的最大管耗 P_{CM} 较大，由于制造工艺的原因，对于 P_{CM} 较大的异型管很难做到较好的对称，而对于 P_{CM} 较大的同型管却容易做到较好的对称，在图 3-33 所示电路的输出级中，VT_{14}、VT_{19} 均用 NPN 型晶体管，而通过 PNP 型的 VT_{18} 与 VT_{19} 组成 PNP 型复合管（即 VT_{18} 的发射极为复合管的发射极，VT_{19} 的发射极为复合管的集电极，见第 4 章功放电路），以取得较好的对称性。为了更进一步改善输出级电路的对称性，在发射极接入了两个不同阻值的电阻 R_9、R_8。R_7、R_6 和 VT_{15} 组成 U_{BE} 电压倍增电路，以使 VT_{14}、VT_{18}、VT_{19} 静态时处于微导通状态，消除交越失真。R_9、R_8 还作为输出电流的取样电阻与 VD_1、VD_2 组成输出级过电流保护电路，以防集成电路过电流而损坏。过电流保护的原理如下：由图可知，$u_{BE14}+i_oR_9=u_{R7}+u_{D1}$。输出电流在正常范围内时，$VD_1$、$VD_2$ 均截止，对电路不起作用。例如，当 VT_{14} 导通，且输出电流 i_o 超过正常范围内时，则 $u_{BE14}+i_oR_9$ 变大到使 VD_1 导通，通过 R_7、VD_1 分去 VT_{14} 的一部分基极电流，从而限制了 VT_{14} 的发射极电流，保护了 VT_{14}。同理分析，VD_2 在 VT_{18}、VT_{19} 导通时起保护作用。

图 3-33 所示电路中，电容 C 起相位补偿作用，防止电路有可能产生自激振荡；外接电位器 RP 起调零作用，改变其滑动端，可改变 VT_5、VT_6 的发射极的电阻，以补偿输入级的不对称，保证电路零输入时零输出。

F007 集成运放的差模电压放大倍数可达几十万，输入电阻可达 2MΩ 以上。

3.4.2 集成运算放大器的主要性能指标

1. 输入失调电压 U_{IO}

一个理想的集成运放，当输入电压为零时，输出电压也为零。但实际运放中的输入级差分电路不可能完全对称，中间级、输出级电平也会偏移，因此，当输入电压为零时，输出电压不为零；要使静态时输出电压为零，运放两个输入端之间必须外加一定的直流补偿电压，这一直流补偿电压称为输入失调电压，用 U_{IO} 表示。输入失调电压 U_{IO} 主要反映运放输入级差动电路的对称程度和电路电位配合好坏的程度。U_{IO} 越大，说明电路的对称程度和电路电位配合越差，一般 U_{IO} 为 $\pm(1\sim10)$mV。

2. 输入偏置电流 I_{IB}

输入偏置电流 I_{IB} 是指静态情形下，使集成运放输出电压为零时，输入级差分电路两个输入端基极电流的平均值。对于图 3-33 所示电路，$I_{IB}=(I_{B1}+I_{B2})/2$，一般为 10nA ~ 1μA。

3. 输入失调电流 I_{IO}

输入失调电流 I_{IO}是指静态情形下，使集成运放输出电压为零时，输入级差分电路两个输入端基极电流之差。对于图 3-33 所示电路，$I_{IO}=I_{B1}-I_{B2}$，I_{IO}越小说明电路越对称，一般为 10nA ~0.1μA。

4. 开环差模电压放大倍数 A_{od}

开环差模电压放大倍数 A_{od}是指无外加反馈时的差模电压放大倍数，常用分贝（dB）表示，其分贝数为 $20\lg|A_{od}|$，一般在 105 ~107dB 之间。理想运放的 A_{od}为∞ 。

5. 共模抑制比 K_{CMMR}

共模抑制比等于差模电压放大倍数 A_{od}与共模电压放大倍数 A_{oc}之比的绝对值，即 $K_{CMMR}=|A_{od}/A_{oc}|$，常用分贝（dB）表示，其分贝数为 $K_{CMMR}=20\lg|A_{od}/A_{oc}|$，一般在 100dB 以上。

6. 差模输入电阻 r_{id}

差模输入电阻 r_{id}是对差模信号而言的等效电阻。对于双极型晶体管集成运放，一般$r_{id}>1\text{M}\Omega$，对于场效应晶体管集成运放，r_{id}可达 100MΩ 以上。

7. 输出电阻 r_o

由于输出级采用射极输出器，输出电阻 r_o很小，r_o一般在几至几十欧。r_o越小，集成运放带负载的能力越强。

8. 最大差模输入电压 U_{Idmax}

当集成运放所加差模输入信号大到一定值，输入级差分电路中，一只晶体管饱和，另一只晶体管截止，截止管发射结将承受较大的反向电压。最大差模输入电压 U_{Idmax}是指不使截止管发射结反向击穿时所允许的最大差模输入电压。运放中 NPN 型晶体管的差分电路输入级的 U_{Idmax}约为几伏，而横向 PNP 晶体管的 U_{Idmax}可达几十伏。

9. 最大共模输入电压 U_{Icmax}

U_{Icmax}为输入级能正常工作（有效放大差模信号）时允许输入的最大共模输入电压。当共模输入电压超过此值时，集成运放将不能对差模信号有效放大。

10. −3dB 带宽 f_H

f_H是 A_{od}下降 3dB 时的信号频率。集成运放是直接耦合放大电路，下限频率$f_L=0$，可以放大频率很低的低频信号；但集成运放内部晶体管较多，且连线的布线十分密集，晶体管结电容和连线的分布电容对高频信号的传输十分不利，因此，集成运放不适用于高频信号的情形，例如，F700C 的 f_H仅为 7Hz。

需要指出的是，实际中要使集成运放工作在线性放大区，必须要引入深度负反馈（见第 5 章），引入深度负反馈的集成运放的上限频率可达几十万赫以上。

还有其他一些反映运放温漂特性的参数，不再一一介绍。

3.5 集成运放的选择和使用

1. 运放的选择

随着集成电路技术的发展，集成运放的种类越来越多。集成运放按其技术指标可分为通用型、高速型、高阻型、低功耗型、大功率型和高精度型等；按其内部电路所用器件可分为双极型和单极型；按其供电方式可分为单电源供电和双电源供电；按每一集成块中所含运算放大器中的数目可分为单运放、双运放和四运放等。

在应用集成运放时，应根据具体情况综合考虑输入信号的特点、负载的性质、电路的精度要求、功耗的要求、供电电源、工作环境以及芯片的价格等多种因素，通过查器件手册，选择型号合适、性价比高的集成运放。

2. 运放的使用

当选定集成运放的型号后，查阅器件手册，即可得到器件的各项参数。但手册中给出的只是典型值，由于材料和制造工艺的分散性，每个运放的实际参数与手册上给定的典型值存在一定差异。若要求较高，应用时还需对参数进行测试。测试可以采用一些简单电路和方法来手工完成，也可以采用专门的参数测试仪器进行自动测试。

使用元器件时，根据引脚图和符号图连接外部电路，包括电源、外接偏置电阻、消振电路及调零电路等。有的运算放大器内部已有消振措施，无需外部再接消振元件。

由于运算放大器的内部电路参数不可能完全对称，以致静态时，输出电压不为零。因此，在使用运放时，要外接调零电路。调零时首先应将电路接成闭环，将两个输入端接“地”，然后，调节调零电位器，使输出电压为零。

3. 运放的保护

为防止损坏运放器件，在电路应用中还要采取一些保护措施。

（1）输入端保护

如果集成运放输入端的共模或差模电压过高，可能使输入级某一个晶体管的发射结被反向击穿而损坏。常用的集成运放输入端保护电路如图 3-34 所示。在集成运放的输入端接入反向并联的二极管 VD_1、VD_2将输入电压限制在二极管的正向电压降以内。

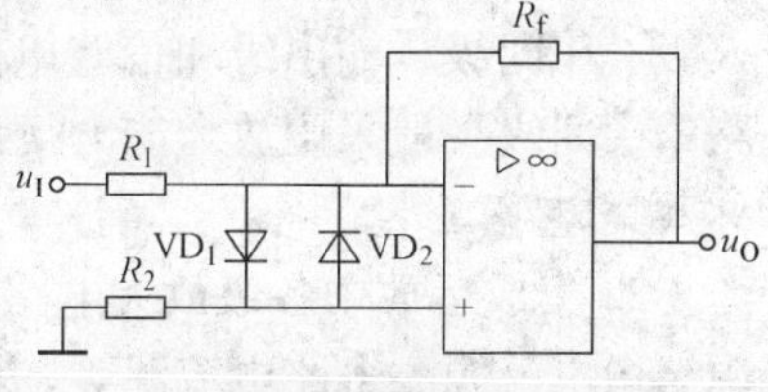

图 3-34　集成运放输入端保护电路

（2）输出端保护

为防止输出电压过大，可利用稳压管来保护，如图 3-35 所示，将两个稳压管反向串联，使输出电压 u_O限制稳压管的稳定电压的范围内。

（3）电源保护

为防止正、负电源接反，可在电源端串联二极管来保护，如图 3-36 所示。

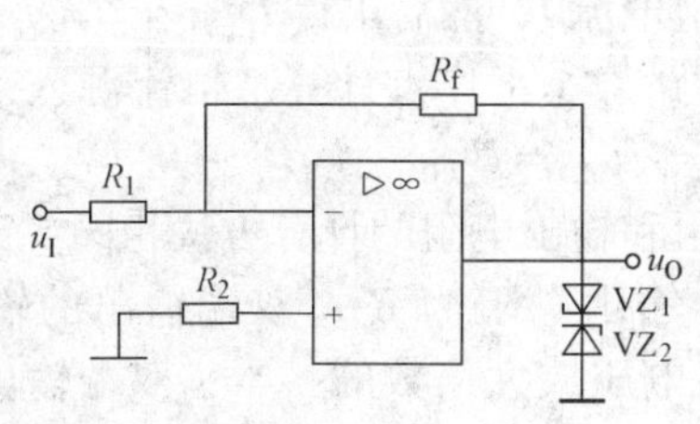

图 3-35　集成运放输出保护

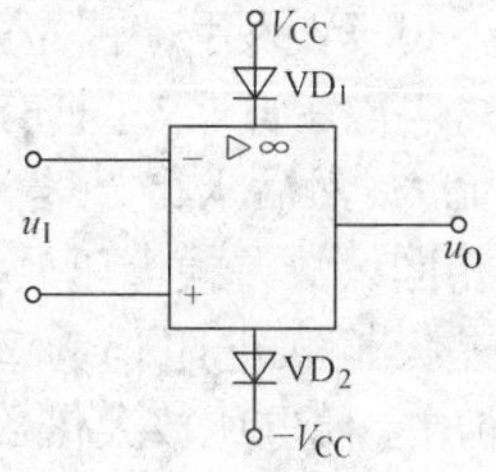

图 3-36　集成运放电源保护

4. 使用中存在的问题

集成运放在使用中，还可能会遇到下列常见的问题。

(1) 不能调零

当输入电压为零时，有时集成运放的输出电压调不到零，而且输出电压处于两个极限状态，等于正的或负的最大输出电压值。

出现这种异常现象的原因可能是：应用电路接线有误或有虚焊点、反馈极性接错或负反馈电路断开、集成运放内部已损坏等。

(2) 严重漂移

如果集成运放的温漂过于严重，大大超过手册规定的数值，则属于不正常现象。

造成温漂过于严重的原因可能是：存在虚焊点、运放严重自激振荡或受到强电磁场的干扰、集成运放靠近发热元件、输入回路的保护二极管受到光的照射、调零电位器滑动端接触不良、集成运放本身已损坏或质量不合格等。

(3) 产生自激

自激振荡是经常出现的现象，表现为当输入信号等于零时，用示波器可观察到运放的输出端存在一个频率较高、近似为正弦波的输出信号。但是这个信号不稳定，当人体或金属物体靠近时，输出波形将产生明显的变化。

常用的消除自激振荡的措施主要有：按规定部位和参数接入校正网络；防止交流负反馈极性接错形成正反馈；合理安排接线，防止杂散电容过大等。

本章小结

1. 集成运放是一个高输入电阻、低输出电阻、高增益直接耦合的多级放大电路，由输入级、中间级、输出级和偏置电路四个部分组成。输入级采用温度稳定性好的差动放大电路，中间级一般采用放大能力很强的复合管共射放大电路，输出级采用低输出电阻的互补对称共集电路。

2. 集成运放中各级放大电路的偏置电路普遍采用的电流源包括镜像电流源、比例电流源、微电流源、多路电流源等。对电流源电路分析由参考电流入手，根据具体电路结构很容易求电流源电流与参考电流之间的关系。电流源电路还可作放大电路有源负载，不仅有效解决电路偏置电压的合理设置，而且大大提高放大电路电压增益。

3. 差分放大电路利用电路的对称性、保证电路静态工作点的稳定，是一种温度稳定性好（抑制零点漂移强）的放大电路。从信号的对称或非对称输入、输出方式划分，共有四种形式；这四种形式又分为长尾式差动电路和具有恒流源的差动电路，后者比前者抑制共模信号的能力更强。长尾式差动电路静态工作点计算（以硅 NPN 晶体管为例）由晶体管发射极电位 $U_E = -0.7V$ 入手，首先算出长尾电阻 R_e 上电流 I，然后求得 $I_{C1} = I_{C2} = I/2$，$U_{CE1} = U_{CE2} = V_{CC} - I_{C1}R_c + 0.7V$；具有恒流源的差动电路静态工作点计算从恒流源入手，首先算出恒流源电流 I，然后求得 $I_{C1} = I_{C2} = I/2$，$U_{CE1} = U_{CE2} = V_{CC} - I_{C1}R_c + 0.7V$。两种电路差模等效电路相同，故差模电压放大倍数、输入电阻和输出电阻的计算方法相同。无论双端或单端输入，差模输入电阻均为 $2r_{be}$；单端输出的输出电阻为 R_c；双端输出的输出电阻为 $2R_c$；单端输出差模电压放大倍数为单管共射电路电压放大倍数的一半；双端输出差模电压放大倍数等于单管共射电路电压放大倍数，若带上负载电阻 R_L，总负载为 $R_c // (R_L/2)$。

自我检测题

1. 选择合适答案填入空内。

(1) 集成运放电路采用直接耦合方式，所以它只能放大________。

A. 缓慢变化的直流信号　　B. 交流信号

C. 缓慢变化的直流信号和交流信号

(2) 通用型集成运放高频特性______。

A. 很好　　B. 很差　　C. 较好

(3) 集成运放制造工艺使得同类半导体管的________。

A. 指标参数准确　　B. 参数不受温度影响　　C. 参数一致性好

(4) 集成运放的输入级采用差分放大电路主要是为了________。

A. 减小零点漂移　　B. 增大放大倍数　　C. 提高输入电阻

(5) 为减小输出电阻，集成运放的输出级多采用________。

A. 互补对称共集放大电路　　B. 共射放大电路　　C. 共射-共基放大电路

(6) 差分放大电路的差模信号是两个输入端信号的________，共模信号是两个输入端信号的______。

A. 差　　B. 和　　C. 平均值

(7) 用恒流源取代长尾式差分放大电路中的发射极电阻 R_e，将使电路的________。

A. 差模放大倍数数值增大　　B. 抑制共模信号能力增强

C. 差模输入电阻增大

2. 判断下列说法是否正确，用"√"或"×"表示判断结果填入括号内。

(1) 运放的输入失调电压 U_{IO} 越大越好。(　　)

(2) 运放的输入失调电流 I_{IO} 是两端电流之差，其值越小，说明电路的对称性和电位配置越好。(　　)

(3) 运放的共模抑制比 $K_{CMR}=\left|\frac{A_d}{A_c}\right|$ 越大，其温度稳定性越好。(　　)

(4) 有源负载可以增大放大电路的电压放大倍数。(　　)

(5) 单端输出差动放大电路比双端输出差动放大电路抑制共模信号的能力更强。(　　)

3. 电路如图 3-37 所示，已知 $\beta_1=\beta_2=\beta_0=100$。各晶体管的 U_{BE} 均为 0.7V，试求 I_{C2} 的值。

4. 电路如图 3-38 所示，所有晶体管均为硅管，β 均为 60，$r_b=100\Omega$，静态时 $|U_{BE}|\approx 0.7V$。试求：

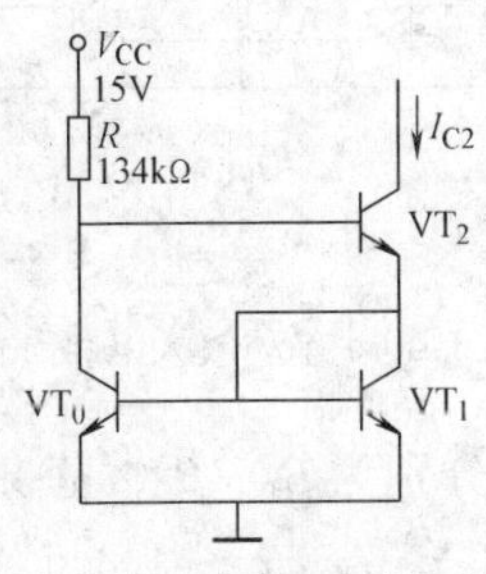

图 3-37　电流源电路

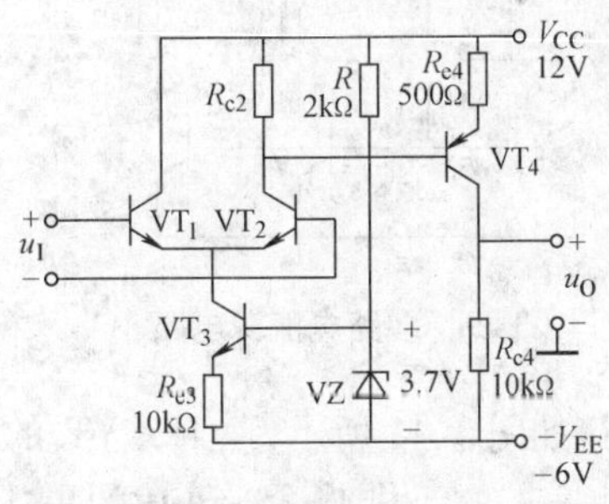

图 3-38　两级直接耦合电路

（1）静态时 VT_1 和 VT_2 的发射极电流。

（2）若静态时 $u_O>0$，则应如何调节 R_{c2} 的值才能使 $u_O=0V$？若静态 $u_O=0V$，则 R_{c2} 的值是多少？电压放大倍数为多少？

5. 根据下列要求，将应优先考虑使用的集成运放填入空内。已知现有集成运放的类型是：① 通用型；② 高阻型；③ 高速型；④ 低功耗型；⑤ 高压型；⑥ 大功率型；⑦ 高精度型。

（1）作低频放大器，应选用________。

（2）作宽频带放大器，应选用________。

（3）作幅值为 1μV 以下微弱信号的量测放大器，应选用________。

（4）作内阻为 100kΩ 信号源的放大器，应选用________。

（5）负载需 5A 电流驱动的放大器，应选用________。

（6）要求输出电压幅值为 ±80V 的放大器，应选用________。

（7）宇航仪器中所用的放大器，应选用________。

思考题与习题

3-1　通用型集成运放一般由几部分电路组成，每一部分常采用哪种基本电路？简述每一部分主要功能及性能的要求。

3-2　已知一个集成运放的开环差模增益 A_{od} 为 100dB，最大输出电压峰-峰值 $U_{opp}=\pm14V$，分别计算差模输入电压 $u_I(=u_P-u_N)$ 为 10μV、100μV、1mV、1V 和 −10μV、−100μV、−1mV、−1V 时的输出电压 u_O。

3-3　多路电流源电路如图 3-39 所示，已知所有晶体管的特性均相同，U_{BE} 均为 0.7V。试求 I_{C1}、I_{C2} 各为多少。

3-4　图 3-40 所示电路的参数理想对称，$\beta_1=\beta_2=\beta$，$r_{be1}=r_{be2}=r_{be}$。

（1）写出 RP 的滑动端在中点时 A_{ud} 的表达式。

（2）写出 RP 的滑动端在最右端时 A_{ud} 的表达式。

比较两个结果有什么不同。

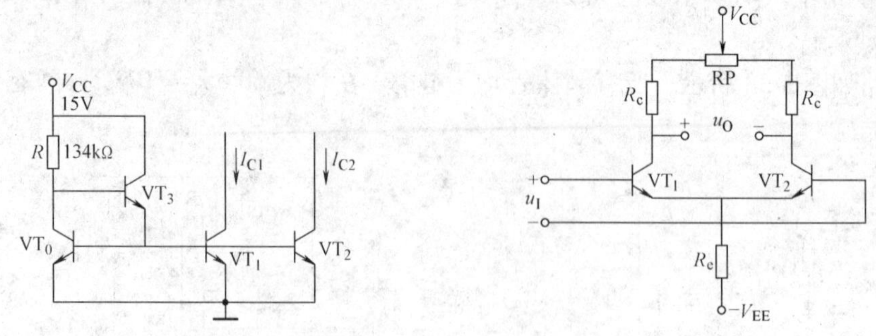

图 3-39　多路电流源电路　　图 3-40　差动放大电路

3-5　电路如图 3-41 所示，$VT_1\sim VT_5$ 的电流放大系数分别为 $\beta_1\sim\beta_5$，基-射极间动态电阻分别为 $r_{be1}\sim r_{be5}$，写出 A_u、R_i 和 R_o 的表达式。

3-6　图 3-42 所示为多集电极晶体管构成的多路电流源。已知集电极 c_0 与 c_1 所接集电区的面积相同，c_2所接集电区的面积是c_0的两倍，$I_{C0}/I_B=4$，基-射极间电压约为0.7V。试求解I_{C1}、I_{C2}各为多少。

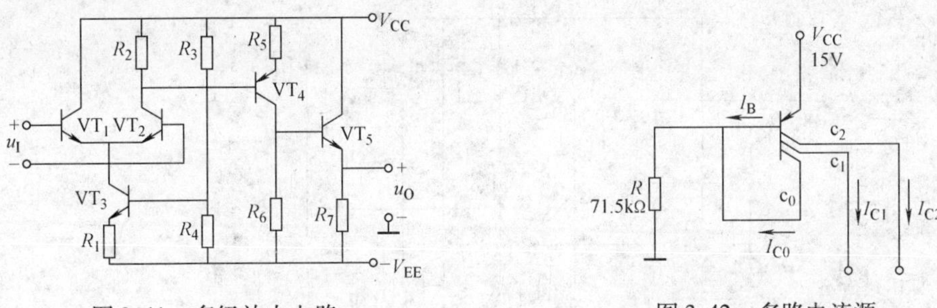

图3-41　多级放大电路　　　　图3-42　多路电流源

3-7　比较图3-43所示的两个电路，分别说明它们是如何消除交越失真和如何实现过流保护的。

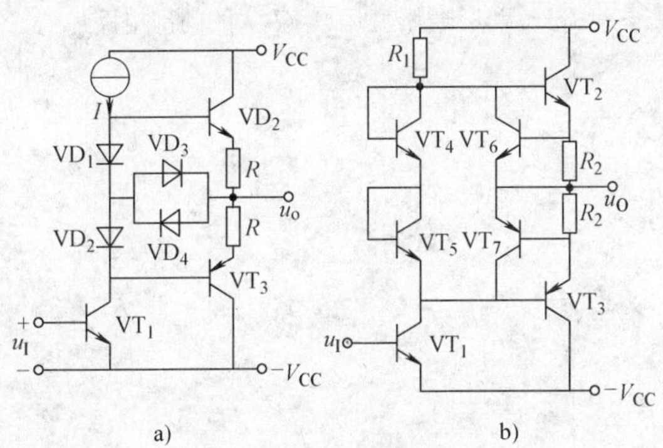

图3-43　互补对称电路

∗3-8　图3-44所示为简化的高精度运放电路原理图，试分析：

(1) 两个输入端中哪个是同相输入端，哪个是反相输入端？

(2) VT_3与VT_4的作用。

(3) 电流源I_3的作用。

(4) VD_2与VD_3的作用。

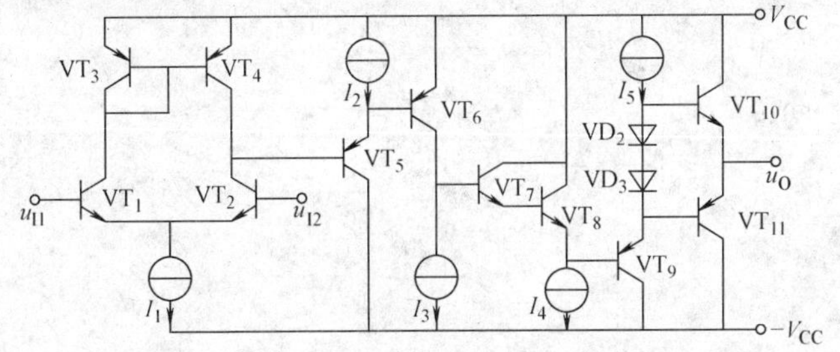

图3-44　简化的高精度运放电路原理图

∗3-9　通用型运放F747的内部电路如图3-45所示，试分析：

(1) 偏置电路由哪些元件组成？基准电流约为多少？

（2）哪些是放大管，组成几级放大电路，每级各是什么基本电路？

（3）VT_{19}、VT_{20}和 R_8 组成的电路的作用是什么？

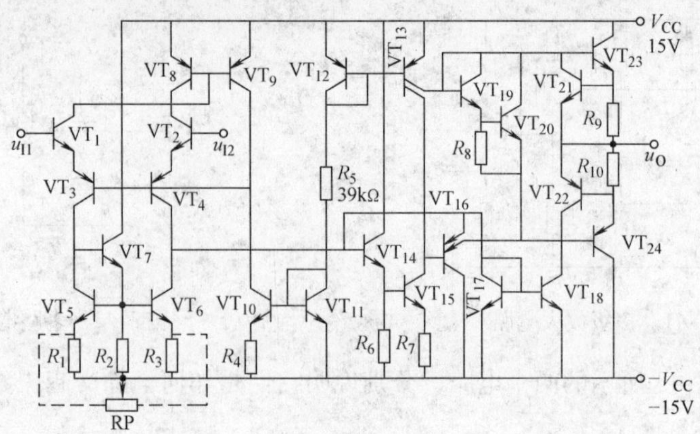

图 3-45　通用型运放 F747 的内部电路

第 4 章　功率放大电路

本章讨论的主要问题

◎互补对称功率放大电路的主要特点。

◎OCL 与 OTL 功率放大电路的输出功率、效率、管耗等参数的计算方法。

◎OTL 功率放大电路的设计原则与设计方法。

◎集成功率放大电路的原理及其应用。

本章的重点、难点

◎功率放大电路的输出功率、效率、管耗等参数的计算方法。

◎OTL 功率放大电路的设计原则与设计方法。

4.1　概述

1. 功率放大器的特点

在电子设备中，信号被放大后，最终驱动负载，如扩音机输出信号驱动扬声器等。驱动一个实际负载通常需要较大的功率。能输出较大功率以满足驱动实际负载需要的放大电路称为功率放大电路。

如前所述，放大电路实质上是一个能量转换器，从能量控制的角度看，功率放大电路与电压放大电路没有实质上的区别，只不过功率放大电路与电压放大电路所完成的任务及其动态条件不一样。电压放大电路处在电子设备的输入级和中间级，一般工作在较小信号状态，它的主要任务是将小信号进行电压放大，使其输出电压满足实际要求，输出的功率并不一定较大，分析的主要技术指标有电压放大倍数、输入电阻和输出电阻等。

功率放大电路处在电子设备的末级和末前级，通常工作在大信号状态，对它的主要要求是：在不失真（或失真在允许范围内）条件下，输出满足实际需要（或尽可能大）的信号功率。因此，功率放大电路分析中会出现一些电压放大电路未曾涉及的特殊问题，其主要表现在如下几个方面。

（1）输出给负载的功率要足够大

输出给负载足够大的功率是分析或设计一个功率放大电路时，必须考虑的一个重要技术指标。

以正弦输入信号为例，最大输出功率是指在输出不超过规定的非线性失真指标时，功率放大电路最大输出电压有效值和最大输出电流有效值的乘积。为了获得最大输出功率，要求功率放大电路要有足够大的输出电流和输出电压的幅值。因此，功率放大管通常工作在接近极限参数的运行状态。

（2）效率要尽可能高

放大器实质上是一个能量转换器，它是将直流电源供给的能量通过功率放大电路转换成交流能量输送给负载，由于输出功率较大，这里就遇到一个如何将直流能量尽可能多的转换成交流信号能量的转换效率问题。从节省能源的角度考虑，当然要求转换效率尽可能高。所谓效率，是指负载上获得的有用交流信号功率与直流电源供给放大电路的直流功率的比值，比值越大，效率越高。

（3）非线性失真小

由于功率放大器中的晶体管工作在大信号状态，晶体管器件的非线性问题就显得十分突出，因此，输出信号不可避免地会产生一定的非线性失真。而且，输出功率越大，非线性失真越严重。因此，在满足输出功率条件下应尽可能减小非线性失真。

（4）功率放大管的安全问题必须考虑

由于功率放大管工作在大信号状态下，功率消耗（转换为热能）也会相当大，导致功率放大管会发热，因此，散热问题就成为一个必须考虑的重要问题（如可加金属散热片）。

普通功率放大管的外壳较小、散热效果差，所以允许的耗散功率低。当加上散热片后，功率放大管能及时散热，则允许的耗散功率可以提高很多。例如低频大功率管 3AD6 在不加散热片时，允许的最大功耗 P_{CM} 仅为 1W，加了 120mm × 120 mm × 4 mm 的散热片后，其 P_{CM} 可达到 10W。在大功率放大电路中，功率放大管一般加有散热片。

此外，功率放大管承受的电压较高、通过的电流较大，损坏的可能性也较大，所以，功率放大管安全运行的保护问题必须足够重视。

在分析方法上，由于晶体管工作在大信号状态下，一般采取估算法和图解法相结合的分析方法。

2. 工作状态分类

根据直流工作点的设置不同，功率放大电路的工作状态可分为甲类（A 类）、乙类（B 类）、甲乙类（AB 类）和丙类（C 类）等。为了便于分析和理解，现将甲类（A 类）、乙类（B 类）、甲乙类（AB 类）和丙类（C 类）四种功率放大电路的波形画出，分别如图 4-1 ~ 图 4-4 所示。

图 4-1 中，功率放大电路的静态工作点 Q 较高（I_C较大），在信号的一个完整周期内变化时，晶体管均导通，导通角等于 360°，称之为甲类工作状态。

图 4-2 中，功率放大电路的静态工作点 Q 选在截止点（$U_{BE}=U_{on}$，$I_C=0$），晶体管只有在信号的正半周导通，在信号的负半周截止，导通角等于 180°，称之为乙类工作状态。

图 4-3 中，功率放大电路的静态工作点 Q 选在截止点偏高一点，静态时晶体管处于微导通状态（$I_C>0$，但较小），晶体管在信号的一个周期内只有大半个周期内导通，导通角大于 180°，称之为甲乙类工作状态。

图 4-4 中，功率放大电路静态工作点 Q 选在临界截止点偏低一些（$U_{BE}<U_{on}$）、静态时晶体管处于完全截止状态（$I_C=0$），晶体管在信号的一个周期内只有小半个周期内导通，导通角小于 180°，称之为丙类工作状态。

分析表明，甲类功率放大电路工作时非线性失真虽小，但效率太低，理想情形的最大效率为 50%；且静态时，电源供给电路的功率 $I_C V_{CC}$ 全部转化为无用的管耗（热损耗）。乙类工作状态时，波形只有半周，严重失真，但效率却很高，理想情形的最大效率可达 78.5%，为解决波形严重失真的问题，实际中采用两只异型晶体管组成对称互补电路（例如第 3 章讨论过的集成运放输出级电路），但由于转移特性曲线起始段的非线性（见图4-2），将引起交越失真（第3章分析集成运放输出级时已讨论过）。为了解决乙类功率放大电路交越失真的问题，通常采用甲乙类互补功率放大电路，即给电路设置合适的静态工作点，使晶体管处于微导通，如图4-3所示（其消除交越失真的原理在第3章集成运放互补输出级中已讨论，在此不重复讨论）。功率放大电路的丙类工作状态主要用于高频谐振功率放大器中，这里不予讨论。

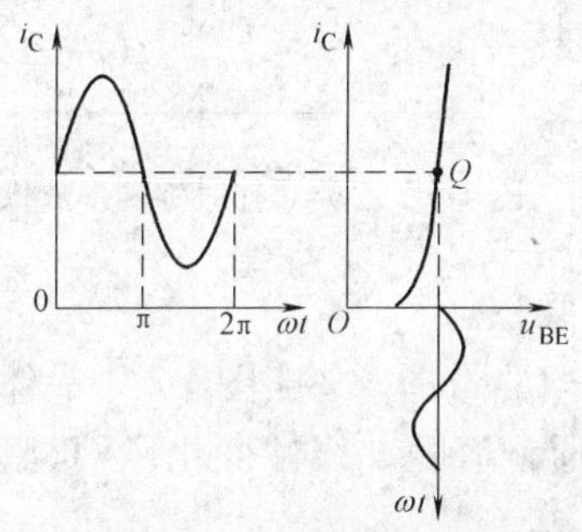

图4-1 甲类功率放大电路的波形示意图

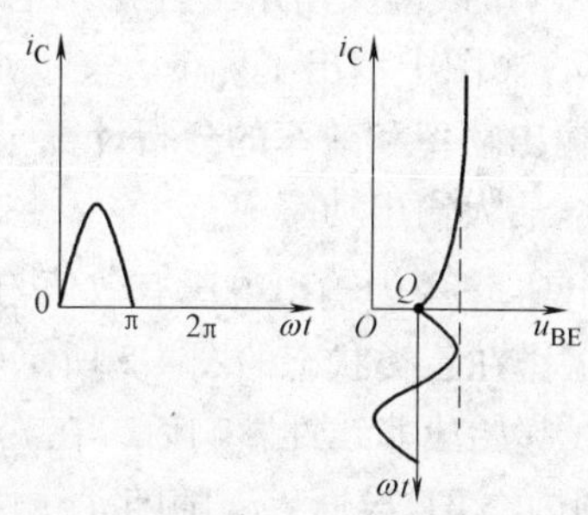

图4-2 乙类功率放大电路的波形示意图

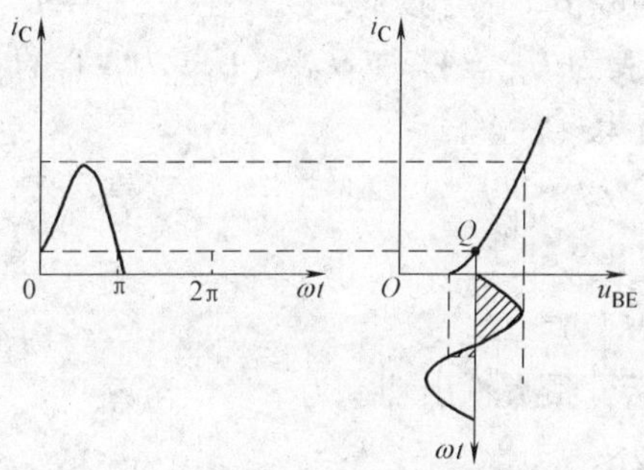

图4-3 甲乙类功率放大电路的波形示意图

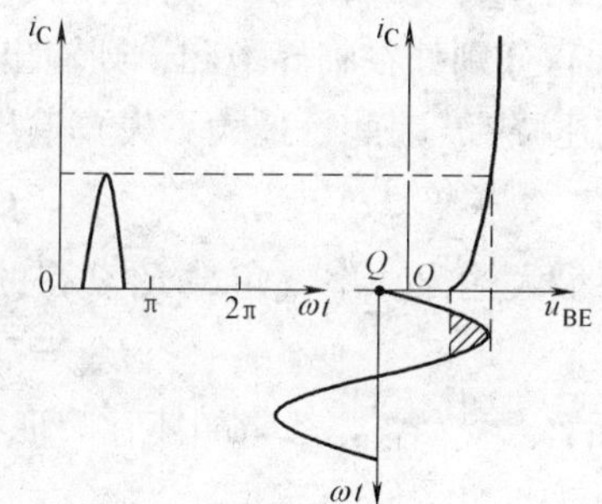

图4-4 丙类功率放大电路的波形示意图

4.2 互补功率放大电路

当前应用普遍的是无输出变压器的OTL（Output Transfomerless）功率放大电路（故本节不讨论已很少使用的有输出变压器的功率放大电路）和无输出电容的OCL（Output Capacitorless）功率放大电路。本节首先讨论应用较普遍的OCL功率放大电路，然后对应分析OTL功率放大电路。

4.2.1 双电源乙类互补功率放大电路（OCL电路）

1. 电路组成

OCL功率放大电路如图4-5所示。该电路的电路结构和工作原理在3.3节中已讨论过，在此不重复。下面重点讨论功率放大电路输出功率、效率及管耗等问题。

图4-5中偏置电路R_1、VD_1、VD_2、R_2为VT_1、VT_2设置了克服死区电压影响的发射结偏置电压：$U_{BE1}=U_{D1}=U_{on1}$、$|U_{BE2}|=U_{D2}=|U_{on2}|$，$U_{on1}$、$U_{on2}$分别为$VT_1$、$VT_2$的开启电压。电路的静态工作点和波形示意图如图4-2所示。这样可以保证当$u_i>0$时，VT_1导通，VT_2截

止；当 $u_i<0$ 时，VT_2 导通，VT_1 截止，每只晶体管的导通角为 180°，使得 u_O 跟随 u_i 变化，从而有效消除 VT_1、VT_2 死区电压的不利影响。

在正弦输入信号 u_i 的正、负半周内，两只晶体管分别交替导通和截止，电流 i_{C1}、i_{C2} 的方向分别如图 4-5 中两虚线箭头所示（注意两电流流经负载 R_L 的方向相反）。图中示出了 i_{C1}、i_{C2}、u_O 的波形。

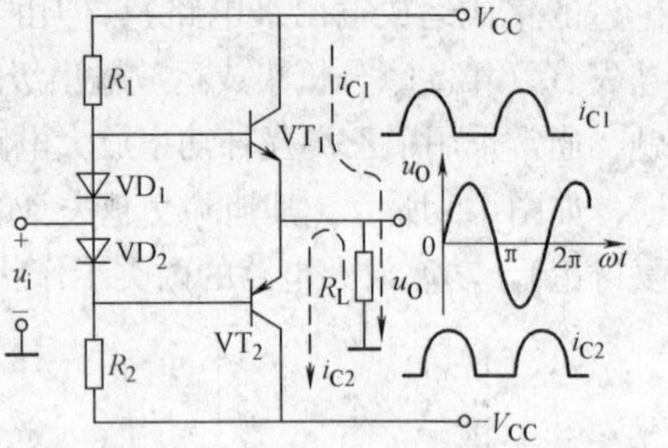

图 4-5　乙类互补对称功率放大电路

2. 输出功率和效率的分析计算

（1）最大输出功率 P_{om}

输出功率 P_o 为输出电压有效值与输出电流有效值的乘积。

设工作在乙类状态的图 4-5 所示电路的输入电压 $u_i=U_{im}\sin\omega t$，忽略图 4-2 中晶体管转移特性由线起始段非线性影响后，在 u_i 正半周内，VT_1 导通，i_{C1} 随 u_i 线性变化，VT_2 截止；在 u_i 负半周内，VT_2 导通，i_{C2} 随随 u_i 线性变化，VT_1 截止。

由于 OCL 电路为射极输出器，无电压放大能力，显然，当负载 R_L 一定时，输入信号 u_i 的幅值 U_{im} 越大，输出功率也越大。若输入信号 u_i 的幅值 U_{im} 足够大，以致在 U_{im}、$-U_{im}$ 时，VT_1、VT_2 分别处在临界饱和，则输出电压的幅值可表为 $U_{om}=V_{CC}-U_{CES}$（U_{CES} 为 VT_1 的临界饱和电压降），因此，最大不失真输出电压的有效值为

$$U_o=(V_{CC}-U_{CES})/\sqrt{2}$$

此时，最大输出功率（负载 R_L 获得的最大功率）为

$$P_{om}=U_o^2/R_L=(V_{CC}-U_{CES})^2/2R_L \tag{4-1}$$

若 $V_{CC}\gg U_{CES}$，忽略晶体管的饱和电压降 U_{CES} 后，最大输出功率为

$$P_{om}\approx(V_{CC})^2/2R_L \tag{4-2}$$

（2）最大效率 η

由于 VT_1、VT_2 两只晶体管具有对称性，所以下面分析只需以 VT_1 为例即可。忽略晶体管的基极电流和转移特性起始段的非线性影响，VT_1 导通后，电源 V_{CC} 供给的电流可表示为

$$i_C=\frac{V_{CC}-U_{CES}}{R_L}\sin\omega t \tag{4-3}$$

在负载获得最大交流功率条件下，电源 V_{CC} 对电路所供给的平均功率为其输出的平均电流与电源电压 V_{CC} 的乘积，其平均功率的表达式为

$$\begin{aligned}P_V&=\frac{1}{\pi}\int_0^{\pi}i_C V_{CC}\mathrm{d}(\omega t)\\&=\frac{1}{\pi}\int_0^{\pi}\frac{V_{CC}-U_{CES}}{R_L}(\sin\omega t)V_{CC}\mathrm{d}(\omega t)\\&=\frac{2}{\pi}\frac{V_{CC}(V_{CC}-U_{CES})}{R_L}\end{aligned} \tag{4-4}$$

若 $V_{CC}\gg U_{CES}$，在忽略晶体管的饱和电压降 U_{CES} 后，式（4-4）可近似表示为

$$P_V=\frac{2}{\pi}\frac{V_{CC}^2}{R_L} \tag{4-5}$$

忽略晶体管的饱和电压降 U_{CES} 后，电路转换的效率 η 为

$$\eta = \frac{P_{om}}{P_V} = \frac{\frac{1}{2}\frac{V_{CC}^2}{R_L}}{\frac{2}{\pi}\frac{V_{CC}^2}{R_L}} = \frac{\pi}{4} \approx 78.5\% \tag{4-6}$$

需要说明的是，大功率晶体管饱和电压降一般为2 ~3V，为了减小饱和失真，最大输出功率 P_{om}、P_V应分别由式（4-1）、式（4-4）计算。

由式（4-1）、式（4-4）可得考虑到大功率晶体管饱和电压降 U_{CES}后，效率的计算公式为

$$\eta = \frac{P_{om}}{P_V} = \frac{\pi}{4}\frac{V_{CC} - U_{CES}}{V_{CC}} \tag{4-7}$$

考虑到大功率晶体管2 ~3V 的饱和电压降 U_{CES}后，实际效率小于78.5%，一般可达60% ~70%。

3. 电路设计时晶体管的选择

在OCL电路中，主要根据晶体管集-射极间承受的最大电压、最大集电极电流和最大管耗来选择晶体管。

（1）最大电压降

由以上分析可知，在OCL电路中，当一只晶体管临界饱和时，也正是另一截止管集-射极间承受最大电压之时。由图4-5知，每只晶体管集-射间承受的最大电压为

$$U_{CE1max} = |U_{CE2max}| = 2V_{CC} - U_{CES} \approx 2V_{CC} \tag{4-8}$$

为了保证晶体管工作时不发生击穿，选取时，应使晶体管集-射极间承受的最大电压小于反向击穿电压 U_{CEO}，即满足

$$U_{CE1max} = |U_{CE2max}| \approx 2V_{CC} < U_{CEO} \tag{4-9}$$

（2）最大集电极电流

由以上分析可知，晶体管的发射极电流就是流经负载 R_L的电流，且负载 R_L的最大电压为 $V_{CC} - U_{CES}$，故晶体管的最大集电极电流

$$I_{Cmax} \approx I_{Emax} = (V_{CC} - U_{CES})/R_L \approx V_{CC}/R_L \tag{4-10}$$

为保证晶体管正常工作，实际选择时，应使晶体管所允许的最大集电极电流 I_{CM}满足

$$I_{CM} > I_{Cmax} \approx I_{Emax} \approx V_{CC}/R_L \tag{4-11}$$

（3）最大管耗

功率放大电路正常工作时，电源供给电路的功率除了转换为有用的交流信号功率输出给负载外，其余部分消耗在晶体管上，即晶体管消耗的功率 $P_T \approx P_V - P_o$。晶体管消耗的功率等于集-射极间的电压与集电极电流的乘积。考虑到两只晶体管在信号的一个周期内各导通半个周期，且两只晶体管通过的电流和集-射极间的电压在数值上对应相等（在时间上错开了半个周期），管耗相等。因此，只需求出一只晶体管的管耗即可。

设晶体管的集-射极间的瞬时电压 u_{CE}和集电极瞬时电流 i_C分别为

$$u_{CE} = (V_{CC} - U_{om}\sin\omega t), i_C = U_{om}\sin\omega t/R_L$$

所以，每只晶体管的管耗可表示为

$$P_{T1} = P_{T2} = P_T = \frac{1}{2\pi}\int_0^{\pi}(V_{CC} - U_{om}\sin\omega t)\frac{U_{om}\sin\omega t}{R_L}d(\omega t)$$

$$= \frac{1}{R_L}\left(\frac{V_{CC}U_{om}}{\pi} - \frac{U_{om}^2}{4}\right) \tag{4-12}$$

利用微分求极值的方法$\frac{dP_T}{dU_{om}}=0$，可求得当

$$U_{om} = \frac{2V_{CC}}{\pi} \approx 0.6V_{CC} \tag{4-13}$$

时，管耗达到最大值。将式（4-13）代入式（4-12），可得每只晶体管的最大管耗为

$$P_T = P_{Tmax} = \frac{V_{CC}^2}{\pi^2 R_L} \tag{4-14}$$

在忽略晶体管的饱和电压降 U_{CES}后，考虑到式（4-2），则 P_T与最大输出功率 P_{om}的近似关系为

$$P_T = P_{Tmax} = \frac{2P_{om}}{\pi^2} \approx 0.2P_{om} \tag{4-15}$$

要求所选择的晶体管的最大管耗 P_{CM}满足

$$P_{CM} > P_{Tmax} = \frac{2P_{om}}{\pi^2} \approx 0.2P_{om} \tag{4-16}$$

式（4-16）为电路设计提供了选择功率放大管功耗的一个依据。例如，负载要求的最大功率 $P_{om}=10W$，那么只要选一个功耗 P_{CM}至少大于 $0.2P_{om}=2W$ 的功率放大管就行了。

式（4-9）、式（4-11）、式（4-16）是选择功率放大管的三个主要依据，特别是确定最大管耗 P_{CM}应留有一定的余量。大功率情形下，还应加合适的散热片。

例 4-1 在图 4-6 所示电路中，已知 $V_{CC}=16V$，$R_L=4\Omega$，VT_1 和 VT_2 的饱和电压降 $|U_{CES}|=2V$，输入正弦电压足够大。试求：

（1）最大输出功率 P_{om}和效率 η 各为多少？

（2）每只晶体管的最大功耗 P_{Tmax}为多少？

（3）为了使输出功率达到 P_{om}，输入电压的有效值约为多少？

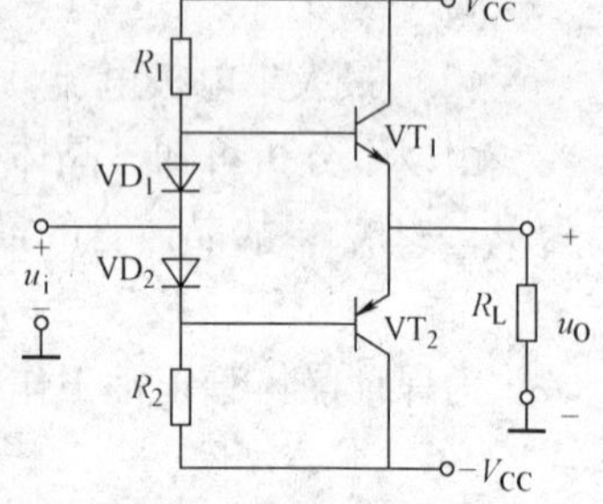

图 4-6　互补对称功率放大电路

解：（1）由式（4-1）、式（4-7）知，最大输出功率和效率分别为

$$P_{om} = \frac{(V_{CC} - |U_{CES}|)^2}{2R_L} = 24.5W$$

$$\eta = \frac{\pi}{4}\,\frac{V_{CC} - |U_{CES}|}{V_{CC}} \approx 69.8\%$$

（2）由晶体管的最大功耗与最大输出功率的关系可知，晶体管的最大功耗为

$$P_{Tmax} \approx 0.2P_{omax} = \frac{0.2V_{CC}^2}{2R_L} = 6.4W$$

需要注意：本例中，此处不能用 $P_{Tmax} \approx 0.2P_{om}$（为什么？请读者思考）。

（3）当输出功率为 P_{om}时，即输出电压幅值 U_{om}为 14V 时，由于 VT_1、VT_2为射极输出器电路，电压放大倍数约等于 1，故输入电压有效值约等于输出电压有效值，即

$$U_i \approx U_o \approx \frac{V_{CC} - |U_{CES}|}{\sqrt{2}} \approx 9.9V$$

4.2.2 采用复合管组成的准互补功率放大电路

在功率放大电路（特别是输出功率为几至几十瓦的中、大功率放大电路）中，为了进一步提高输出功率（即提高驱动负载的电流），或减小功率放大电路输入端的驱动电流，功率放大管通常采用两只晶体管（一只小功率管与一只中、大功率管）组成复合管。

1. 复合管组成

图 4-7 示出了两只晶体管组成复合管的四种连接方法。图 4-7a、b 为同类型（NPN 或 PNP）晶体管组成与它们同型的复合管，VT_1的基极为复合管基极，VT_2的发射极为复合管发射极，VT_1、VT_2的集电极为复合管集电极；图 4-7c、d 为不同类型晶体管组成与 VT_1同类型的复合管，VT_1的基极为复合管基极，VT_2的发射极为复合管集电极，VT_1的发射极与 VT_2的集电极连接在一起组成复合管发射极。例如，在 3.4 节中讨论的 F007 集成运放输出级中 PNP 型晶体管 VT_{18}与 NPN 型晶体管 VT_{19}组成 PNP 型复合管，VT_{18}的基极为复合管的基极，VT_{19}的发射极为复合管的集电极，VT_{18}的发射极与 VT_{19}的集电极连接在一起为复合管发射极。

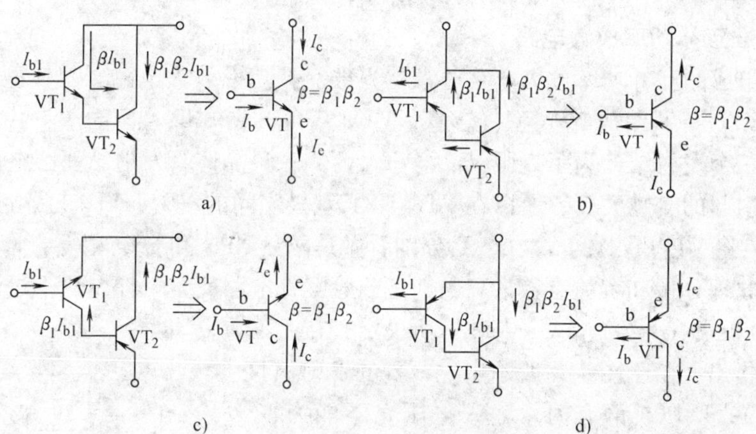

图 4-7 复合管的几种连接方法

a)、b）同型管的连接 c)、d）异型管的连接

无论是同型管还是异型管，组成复合管应遵循下面的原则：

1）在合理的外加偏置电压下，每只晶体管的各电极电流应有正常的电流通路，且均应工作在放大区。

2）为了提高电流放大能力，应将 VT_1（小功率管）的集电极（或发射极）电流作为 VT_2（大功率管）的基极电流。

显然，图 4-7 中，各晶体管的连接符合上述原则。

2. 复合管参数

（1）复合管共射交流电流放大系数 β

对图 4-7a（图 4-7b 也一样）而言，复合管的基极电流 $I_b = I_{b1}$，集电极电流 I_c等于 VT_1的集电极电流 I_{c1}和 VT_2的集电极电流 I_{c2}之和，VT_2的基极电流 I_{b2}等于 VT_1的发射极电流 I_{e1}，所以有

$$I_c = I_{c1} + I_{c2} = \beta_1 I_{b1} + \beta_2(1+\beta_1)I_{b1} = (\beta_1+\beta_2+\beta_1\beta_2)I_{b1} \tag{4-17}$$

由于$\beta_1\beta_2 >> \beta_1+\beta_2$，所以，复合管共射电流放大系数$\beta$为

$$\beta = I_c/I_{b1} \approx \beta_1\beta_2 \tag{4-18}$$

同理可证，式（4-18）对图4-7c、d所示的异型复合管也成立。

（2）复合管等效交流电阻r_{be}

1）同型管组成的复合管等效交流电阻r_{be}

对图4-7a（图4-7b也一样）而言，有

$$U_{be} = I_b r_{be} = U_{be1} + U_{be2} = I_{b1}r_{be1} + I_{b2}r_{be2} = I_{b1}[r_{be1} + (1+\beta_1)r_{be2}] \tag{4-19}$$

所以，复合管的等效交流电阻为r_{be}为

$$r_{be} = U_{be}/I_{b1} = r_{be1} + (1+\beta_1)r_{be2} \tag{4-20}$$

2）异型管组成的复合管等效交流电阻r_{be}

对图4-7d（图4-7c也一样）而言，复合管的发射结就是VT_1的发射结，则复合管发射结的等效交流电阻r_{be}就是VT_1的发射结等效交流电阻，为r_{be1}，即有

$$r_{be} = U_{be1}/I_{b1} = r_{be1} \tag{4-21}$$

3. 复合管准互补功率放大电路

由复合管组成的互补功率放大电路通常称为准互补功率放大电路，其典型电路如图4-8所示。图中，VT_1、VT_2组成NPN型复合管，VT_3、VT_4组成PNP型复合管。由于VT_1与VT_3的基极之间有三个发射结，为了克服VT_1、VT_2、VT_3三只晶体管发射结死区电压和转移特性起始段非线性引起的交越失真，所以在VT_1与VT_3基极之间的VD_1、VD_2支路上串接了100～300Ω电阻R_3。将VT_1、VT_2与VT_3、VT_4分别看做是两只NPN和PNP型复合管，则图4-8所示电路的工作原理分析和有关参数计算与前述双管互补电路完全一样，只不过有关复合管参数由式（4-18）、式（4-20）、式（4-21）所决定，在此不重复。

需要特别指出：由于图4-8所示电路VT_5的发射极接$-V_{CC}$（$-18V$），所以，静态时，输入电压u_I不能为零，而应为一合适的负直流电平，否则，小功率晶体管VT_5将因电流过大而损坏。

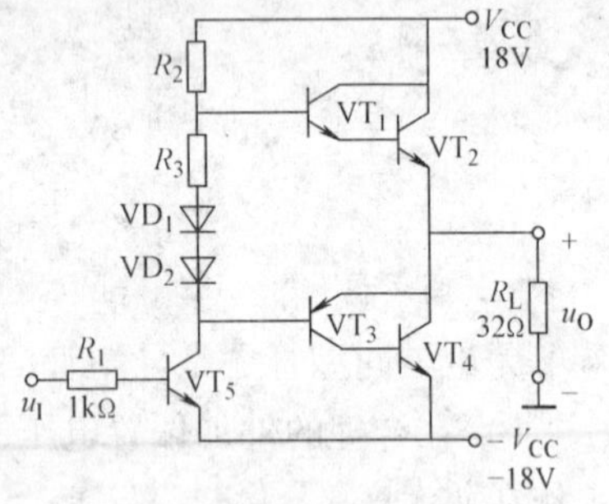

图4-8　复合管准互补功率放大电路

例4-2　在图4-8所示电路中，已知二极管的导通电压$U_D = 0.7V$，晶体管导通时的$|U_{BE}| = 0.7V$，静态时（u_I不能为零，而为一合适的负直流电压），$u_O = U_O = 0V$。

试问：

（1）VT_1、VT_3和VT_5基极的静态电位各为多少？

（2）设$R_2 = 10k\Omega$，$R_3 = 100\Omega$。若VT_1和VT_3基极的静态电流可忽略不计，则VT_5的集电极静态电流为多少？静态时，u_I为多少？

（3）若静态时$I_{B1} > I_{B3}$，则应调节哪个参数可使$I_{B1} = I_{B3}$？如何调节？

（4）电路中二极管的个数可以是1、2、3、4吗？你认为哪个最合适？为什么？

解：（1）VT_1、VT_3和VT_5基极的静态电位分别为

$$U_{B1} = 1.4V \quad U_{B3} = -0.7V \quad U_{B5} = -17.3V$$

（2）静态时，VT_5的集电极电流和输入电压分别为

$$I_{C5} \approx \frac{V_{CC} - U_{B1}}{R_2} = 1.66\text{mA}$$

$u_I \approx u_{B5} = -17.3\text{V}$（忽略了 R_1 上的直流电压降）

（3）若静态时 $I_{B1} > I_{B3}$，说明 VT_3 的发射结静态电压 U_{BE3} 小了，则应增大 R_3，使 R_3 上的直流电压加大，则 VT_5 的集电极直流电位 $U_{C5} = U_{B3}$ 将下降，而静态时 $u_O = U_O = 0V$，故 VT_3 的发射结静态电压绝对值 $|U_{BE3}|$ 将变大，则 I_{B3} 变大。所以，适当加大 R_3 的阻值，可使 $I_{B1} = I_{B3}$。

（4）采用如图所示的两只二极管加一个可调小阻值电阻（几百欧）合适，也可只用 VD_1、VD_2、VD_3 三只二极管。这样一方面可使输出级晶体管工作在临界导通状态，消除交越失真；另一方面在交流通路中，VD_1、VD_2、VD_3 之间的动态电阻又比较小，可忽略不计，VT_1 和 VT_3 的基极对交流而言可近似看做是交流等电位，这样就可以使两复合管在正、负半周分别导通时，基极交流电压对称，从而减小交流信号的失真。

需要指出的是，为了保证电路工作在乙类状态，采用图 4-8 所示的两只二极管加一个几百欧的可调电阻 R_3，这就使得 VT_1 和 VT_3 的基极对交流而言不是交流等电位，造成 VT_1 基极输入的交流电压值小于 VT_3 基极输入的交流电压值，导致输出电压 u_O 的正峰值小于负峰值，即 u_O 的正、负半周不对称而失真。为了解决这一问题，实际中，通常在 VT_1 和 VT_3 的基极之间并上一个对交流信号而言容抗趋近于零的电解电容（几十至一二百微法），这样，就可以使得 VT_1 和 VT_3 的基极可近似看做是交流等电位，从而避免了 u_O 的正、负半周不对称而引起的失真。

4.2.3 双电源甲乙类互补功率放大电路

乙类功放电路虽然克服了开启电压（死区电压）引起的交越失真，但却不能消除转移特性起始段指数曲线明显非线性引起的失真。为此，实际中通常使 OCL 电路静态工作点设置在如图 4-3 所示的甲乙类工作状态，静态时使晶体管处于微导通状态（I_C 为几毫安，大功率放大电路的 I_C 为十几毫安）使工作点处在转移特性线性区，这样既可消除转移特性起始段指数曲线明显非线性引起的交越失真，又不至于使效率降低得太多（静态工作电流 I_C 选得越大，效率越低）。因此，前面乙类 OCL 电路原理分析及所得结论基本上都适用于甲乙类互补功率放大电路，在此不再重复。

为了使 OCL 电路工作在甲乙类状态，采取的措施之一是，在图 4-8 所示电路中，适当加大 VD_1、VD_2 支路中的串联电阻，以增加功率放大管的发射结电压，使其处于微导通状态，以满足实际需要；采取的措施之二是，采用图 3-32b 所示的电压倍增电路。

4.2.4 单电源准互补功率放大电路（OTL 电路）

1. 基本电路

单电源准互补功率放大基本电路（工作在甲乙类状态）如图 4-9 所示。图中，VT_5 为推动级放大管，R_1、R_2 分别为 VT_5 的基极偏置电阻、集电极电阻。与图 4-8 准互补 OCL 电路的功率放大部分相比，其主要差别为：省去了 $-V_{CC}$，增加了一个与负载 R_L 相串联的、对交流信号其容抗趋近于零的大耦合电容 C_2（例如在音响功率放大电路中，C_2 通常取几百至一二千微法左右）和输入耦合电容 C_1。其他元件的作用与图 4-8 准互补 OCL 电路相同，在此不赘述。

2. 静态分析

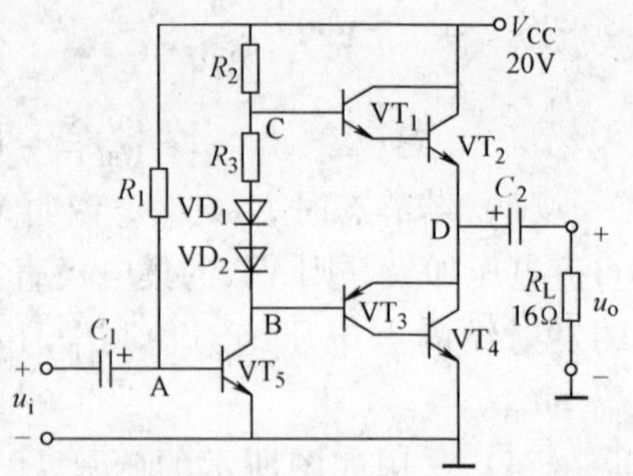

图 4-9 单电源准互补功率放大基本电路

为保证电路的对称性，静态时，要求 D 点的直流电位 $U_D = V_{CC}/2$，由于电容 C_2 的隔直作用，静态时，$u_o = 0$。只要适当的选择电阻 R_1、R_2 和 R_3，即可保证静态时 D 点的直流电位 $U_D = V_{CC}/2$，即静态时，大耦合电容 C_2 已充有 $V_{CC}/2$ 的电压，其极性为左“+”右“-”。

该电路静态工作点的计算从 VT_5 的基极电流入手，首先求 $I_{B5} = (V_{CC} - 0.7V)/R_1$，再计算 $I_{C5} = \beta_5 I_{B5}$，然后计算 C 点电位（VT_1 的基极电流很小，可忽略）：$U_C = U_{B1} = V_{CC} - I_{C5}R_2$，最后算出 $U_D = U_C - 1.4V$。显然，当 VT_5 选定（β_5 确定）后，只要适当调整 R_1（也即调整 I_{B5} 和 I_{C5}）和适当选择 R_2 和 R_3，即可保证 $U_C = V_{CC} - I_{C5}R_2 = (V_{CC}/2) + 1.4V$，则可保证静态时，$U_D = V_{CC}/2$。需要注意：静态时，电容 C_2 上有直流电压（$V_{CC}/2$），其极性为左“+”右“-”，该电压可看做是为 VT_3、VT_4 提供工作电压（动态时，VT_1、VT_2 截止）的等效电源电压。

3. 动态分析

当 u_i 负半周时，经 VT_5 反相放大，其输出电压使 VT_1、VT_2 导通，VT_3、VT_4 截止，VT_2 的发射极电流 i_{E2} 通过 C_2（对 C_2 充电）流经负载 R_L 输出正半周电压 u_o。需要注意：由于 C_2 选得很大，使得时间常数 $R_LC_2 \gg T$（T 为信号周期），故在输出正半周电压 u_o 期间，C_2 两端电压基本不变（仍近似为静态时的 $V_{CC}/2$）。因此，在输出正半周电压 u_o 期间，VT_2 的集-射极间总的等效工作电压为电源电压 V_{CC} 减去 C_2 两端电压，即总的等效工作电压为 $V_{CC}/2$。

当 u_i 正半周时，经 VT_5 反相放大，其输出电压使 VT_1、VT_2 截止，VT_3、VT_4 导通，C_2 通过 VT_4 导通管和负载 R_L 放电（需要注意：放电电流（约为 i_{C4}）流经 R_L 的方向为由“下”往“上”），输出负半周电压 u_o。由于时间常数 $R_LC_2 \gg T$（T 为信号周期），故输出负半周电压 u_o 期间，C_2 两端电压基本不变（仍近似为静态时的 $V_{CC}/2$）。此时，C_2 上的电压 $V_{CC}/2$ 作为 VT_3、VT_4 的工作电压（在此期间，VT_1、VT_2 截止，电源 V_{CC} 无法作用在 VT_3、VT_4 上）。正是由于 C_2 两端电压 $V_{CC}/2$ 在动态时也基本不变（事实上是一周期内，u_o 负半周 C_2 放电失去的电荷被 u_o 正半周内，V_{CC} 通过导通管 VT_1、VT_2 对 C_2 充电给予了补充，以维持电容两端电压始终近似不变），才使得图 4-9 所示电路可以省去电源 $-V_{CC}$。

由以上分析可知，从等效的观点看，VT_1、VT_2 复合管与 VT_3、VT_4 复合管的工作电压数值均为 $V_{CC}/2$，从而保证了电路的对称性。

4. 关于动态技术指标计算的说明

由于 OTL 电路与 OCL 电路工作原理基本一样，因此，前面 OCL 电路分析时，所得到功率和效率的有关结论和公式仍然适用。但必须注意，图 4-9OTL 电路输出电压的幅值 $U_{om} = (V_{CC}/2) - U_{CES}$，所以在应用式（4-1）、式（4-5）、式（4-12）、式（4-14）等公式计算 P_{om}、P_V、P_T 和 P_{Tmax} 时，只需用 $V_{CC}/2$ 代替 V_{CC} 即可。

例 4-3 已知图 4-9 所示电路中，VT_1 和 VT_2 的饱和管电压降 $|U_{CES}| = 2V$，导通时的 $|U_{BE}| = 0.7V$，输入电压足够大。试求：

（1）A、B、C、D 点的静态电位各为多少？

（2）为了减小失真，保证 VT_2 和 VT_4 工作在远离饱和状态的放大区，设晶体管的饱和电压降 $|U_{CES}|\geqslant 3V$，电路的最大输出功率 P_{om} 和效率 η 各为多少？

解：（1）静态电位分别为 $U_A=U_{BE5}=0.7V$；由于电路中两对复合管的工作电压应对称，故 $U_D=10V$，$U_B=U_D-|U_{BE5}|=10V-0.7V=9.3V$，$U_C=U_D+U_{BE1}+U_{BE2}=10V+1.4V=11.4V$。

（2）最大输出功率和效率分别为

$$P_{om}=\frac{\left(\frac{1}{2}V_{CC}-|U_{CES}|\right)^2}{2R_L}\approx 1.53W$$

$$\eta=\frac{\pi}{4}\frac{\frac{1}{2}V_{CC}-|U_{CES}|}{\frac{1}{2}V_{CC}}\approx 55\%$$

4.2.5 单电源准互补功率放大电路设计

试设计一个如图 4-9 所示的单电源准互补音频功率放大电路。

设计要求：额定输出功率 $P_o=5W$；负载阻抗 $R_L=8\Omega$；下限截止频率 $f_L=50Hz$。

设计步骤和方法如下。

1. 确定电源 V_{CC}

以输入正弦信号为例，输出功率与 V_{CC}、R_L、晶体管饱和电压降 U_{CES} 的关系为

$$P_o=\left[\frac{\left(\frac{1}{2}V_{CC}-U_{CES}\right)}{\sqrt{2}}\right]^2\Big/R_L=(V_{CC}-2U_{CES})^2/(8R_L)$$

由上式可得

$$V_{CC}=\sqrt{8R_LP_o}+2U_{CES}$$

考虑到大功率管饱和电压降 U_{CES} 较大，为减小靠近饱和区引起的非线性失真，取 $U_{CES}=3V$，将 $R_L=8\Omega$，$P_o=5W$，$U_{CES}=3V$ 代入上式，可求得的 V_{CC} 值为

$$V_{CC}\approx 23.9V$$

电源电压取系列值：$V_{CC}\approx 24V$。

2. 选择功率管 VT_2、VT_4

选择功率管主要以三个极限参数 U_{CEO}、I_{CM}、P_{CM} 为依据。

每只功率管可能承受的最大电压 $U_{CEmax}=V_{CC}\approx 24V$。

每只功率管可能承受的最大电流 I_{Cmax} 为

$$I_{Cmax}=V_{CC}/(2R_L)=24V/(2\times 8\Omega)=1.5A$$

每只功率管的最大管耗为

$$P_{Cmax}=0.2\times(V_{CC}/2)^2/2R_L=0.2\times(24V)^2/(8\times 8\Omega)=1.8W$$

查手册，功率管 VT_2、VT_4 可选 3DD6 系列硅晶体管，其极限参数为 $U_{CEO}=30V$、$I_{CM}=3A$、$P_{CM}=10W$（附加 120mm×120mm×4mm 铝质散热片），能满足实际要求；电流放大系数选 $\beta=50$。

3. 选择晶体管 VT_1、VT_3

VT_1、VT_3 的选择余地较大，为了保证功率放大电路驱动电流较小，晶体管 VT_1、VT_3 的

选择主要从电流放大系数考虑，现分别选 $\beta=60$ 的 NPN、PNP 型小功率硅晶体管即可（如 VT_1 选 3DG8C、VT_3 选 3CG21 等）。

4. 选择功率管 VT_2、VT_4 的静态集电极电流

为了减小功率管 VT_2、VT_4 特性曲线的非线性影响，功率放大电路应工作在甲乙类状态。对输出功率为 10W 左右的功率放大电路而言，大功率管 VT_2、VT_4 的静态集电极电流一般可按 $I_C=20mA$ 左右选择，现选 $I_C=20mA$。

5. 选择晶体管 VT_5 的静态集电极电流

晶体管 VT_5 的静态集电极电流的选择主要由功率放大电路的动态驱动电流和 VT_1 的静态基极电流确定。VT_1、VT_2 或 VT_3、VT_4 组成的复合管电流放大系数 $\beta=60\times50=3000$，VT_1 的静态基极电流 $I_{B1}=20mA/3000\approx7\mu A$，功率放大电路的最大动态驱动电流 $I_{bmax}=1500mA/3000=0.5mA$。为保证功率推动级电路晶体管 VT_5 有较好线性，留有一定的余量，晶体管 VT_5 的静态集电极电流一般选择原则为

$$I_{C5}=3(I_{bmax}+I_{B1})\sim5(I_{bmax}+I_{B1})$$

现选择 $I_{C5}=4(I_{bmax}+I_{B1})=4\times(0.5mA+0.007mA)\approx2mA$。

6. 电阻 R_2 的确定

电阻 R_2 的值由 VT_1 的基极电位 U_{B1} 和 VT_5 的静态集电极电流 I_{C5} 确定。静态时有

$$U_{B1}=U_{BE1}+U_{BE2}+V_{CC}/2=0.7V+0.7V+12V=13.4V$$

所以，电阻 R_2 为

$$R_2=(V_{CC}-U_{B1})/(I_{C5}+I_{B1})=(24V-13.4V)/(2mA+0.007mA)\approx5.3k\Omega$$

R_2 可选系列值 $5.1k\Omega$。

7. R_3、VD_1、VD_2 的选择

偏置电路 R_3、VD_1、VD_2 为功率放大电路提供合适的静态偏压，使功率放大电路工作在甲乙类状态。VD_1、VD_2 选普通小功率硅二极管即可；R_3 可选 300Ω 左右的可调电阻，以供调整，使静态时，$I_{C2}=I_{C4}\approx20mA$。

8. 晶体管 VT_5、R_1 的选择

VT_5 可选电流放大系数 $\beta_5=60\sim80$ 的小功率 NPN 型硅晶体管即可（如 3DG8C），现 $\beta_5=60$。R_1 为

$$R_1=(V_{CC}-U_{BE5})/I_{B5}=\beta_5(V_{CC}-U_{BE5})/I_{C5}=60\times(24V-0.7V)/2mA=699k\Omega$$

R_1 可选 $600k\Omega$ 左右的固定电阻，串上 $100k\Omega$ 左右的可调电阻以供调整。

9. 输出端耦合电容 C_2 和输入端耦合电容 C_1 的选择

输出端耦合电容 C_2 和输入端耦合电容 C_1 的选择，分别由输出回路时间常数和输入回路时间常数决定。输入回路的时间常数为 $R_iC_1\approx r_{be5}C_1$，$r_{be5}\approx1k\Omega$；输出回路时间常数为 $(R_L+R_o)C_2$。由复合管共集电路输出电阻计算方法可得：当 VT_1 和 VT_2 导通时，输出电阻 $R_o\approx4\Omega$；VT_3 和 VT_4 导通时，输出电阻 $R_o\approx3\Omega$。所以有

$$(R_L+R_o)\ll r_{be5}$$

因此，由下限截止频率 $f_L=50Hz$ 决定了输出端耦合电容 C_2 应比输入端耦合电容 C_1 取得大得多。换句话说，决定电路低频特性的主要因素是输出回路时间常数 $(R_L+R_o)C_2$。所以 C_2 应取为

$$C_2=1/2\pi f_L(R_L+R_o)=1/[2\pi\times50Hz\times(8+3)\Omega]\approx290\mu F$$

留有一定余量，取 $C_2=500\mu F$。

输入端耦合电容 C_1 取 $C_1=30\mu F$ 足够。

将上述设计参数标注在图 4-9 中，即可得到设计完毕后的电路（在此从略）。

经验算（从略），上述参数选择满足设计要求。为帮助读者更好理解和掌握设计方法，请读者自行验算。

最后指出，为了改善电路的交流特性和保证电路静态工作点的稳定，实际功率放大电路还需引入交、直流负反馈，这一问题还将在第 5 章中进一步讨论。

4.3 集成功率放大电路

4.3.1 DG4100 内部电路组成简介

随着模拟集成电路的迅速发展，集成功率放大电路在模拟电子设备中获得了广泛应用。

为了帮助读者对模拟集成功率放大电路外围电路各元件的作用和电路工作原理有更好的理解，现以 DG4100 系列单片集成功放为例，扼要介绍其内部电路组成结构和工作原理。

DG4100 系列单片集成功放的内部电路如图 4-10 所示。它由三级直接耦合放大电路和一级准互补对称功率放大电路组成，并由单电源供电，输入及输出均通过耦合电容与信号源和负载相连，因此，DG4100 系列单片集成功放是 OTL 互补对称功率放大电路。

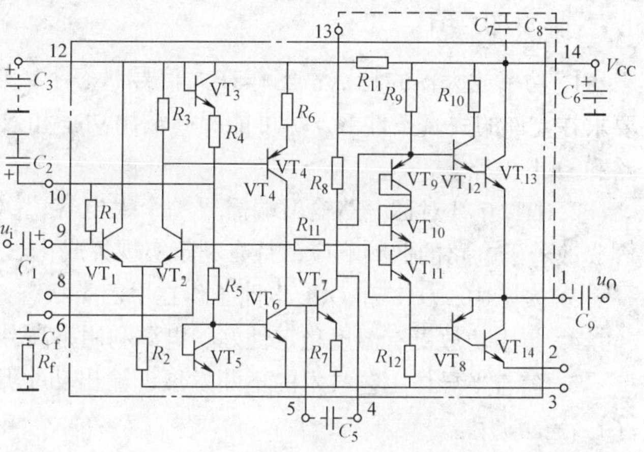

图 4-10 DG4100 集成功放内部原理电路及外接元件电路图

输入级为 VT_1、VT_2 等元件组成的差动放大电路，由 VT_2 的集电极单端输出至 VT_4 的基极；第二级由 VT_4、VT_6 等组成，VT_6 作为放大管 VT_4 的有源负载，信号由 VT_4 的集电极输出至 VT_7 的基极；VT_7 等组成第三级放大电路，信号由 VT_7 的集电极输出至第四级功放电路；第四级功率放大电路中，VT_{12}、VT_{13} 组成 NPN 型复合管，VT_8、VT_{14} 组成 PNP 型复合管，集电结短接连成二极管的 VT_9、VT_{10}、VT_{11} 和 R_9、R_{12} 等组成克服功率放大管死区电压影响的偏置电路；集电结短接连成二极管的 VT_3、VT_5、R_4、R_5 等组成偏置电路，为 VT_1（通过基极电阻 R_1）提供静态基极偏置电流；VT_4 的静态基极偏置电流由 VT_2 集电极电流中极小的一部分来提供；VT_2 的静态基极偏置电流由引脚 1 输出端静态直流电压 $V_{CC}/2$ 通过基极电阻 R_{11} 提供，这种偏置电路有双重作用：其一，形成四级之间的直流负反馈，使电路静态工作点十分稳定（请读者自行分析）；其二，R_{11} 和引脚 6 外接的 C_f、R_f 引入的交流电压串联负反馈可使输出电阻减小和进一步减小非线性失真（见第 5 章）；VT_7 的静态基极偏置电流由 VT_4 的集电极电流中极小的一部分来提供。

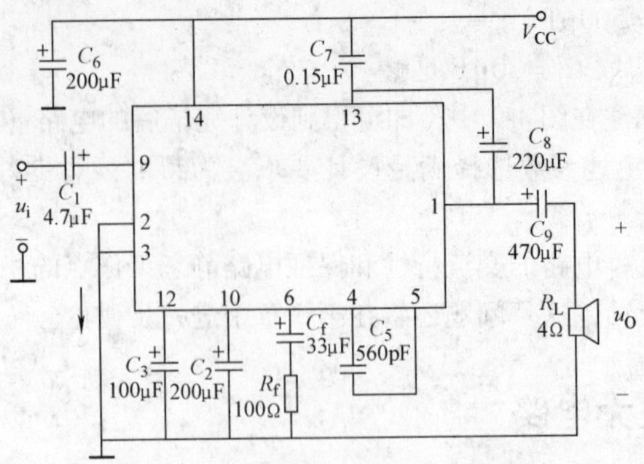

图 4-11　DG4100 集成功放外围电路的典型连接方法

4.3.2　DG4100 集成功放的应用

DG4100 集成功放的外部典型连接电路如图 4-11 所示，由于负载为扬声器，故图 4-11 为一音频功率放大电路。输入信号 u_i 由耦合电容 C_1 输入到引脚 9 输入端，放大后的信号经耦合电容 C_9 加在 4Ω 扬声器上。要弄清图 4-11 所示电路各外围电路元件的作用，需结合图 4-10 所示内部原理电路综合分析。作为读图练习，图 4-11 所示电路各外围电路元件的作用留给读者思考。

本 章 小 结

1. 功率放大器的特点：工作在大信号状态下，输出电压和输出电流动态范围都很大。要求在允许的失真条件下，尽可能提高输出功率和效率。常用的互补型功放电路有 OTL 电路和 OCL 电路。

2. OTL 互补对称电路输出端需要一个大电容；OCL 互补对称电路省去了输出端的大电容，改善了电路的低频响应，且有利于实现集成化。

3. 实际中，OTL 和 OCL 电路工作在甲乙类状态，以减小非线性失真。

4. 集成功放具有温度稳定性好、电源利用率高、功耗较低和非线性失真小等优点。

5. 随着半导体工艺技术的不断发展，输出功率几十瓦以上的集成功率放大器已经得到了广泛的应用。

自我检测题

1. 选择合适的答案，填入空内。

（1）在输入电压为正弦波时，功率放大电路输出交流功率是________提供的。

A. 直流电源　　B. 输入交流信号源　　C. 直流电源、输入交流信号源共同

（2）功率放大电路的转换效率是指________。

A. 输出功率与晶体管所消耗的功率之比

B. 最大输出功率与电源提供的平均功率之比

C. 晶体管所消耗的功率与电源提供的平均功率之比

（3）在 OCL 乙类功放电路中，若最大输出功率为 10W，则电路中功率放大管的集电极最大功耗约为________。

A. 10W　　B. 5W　　C. 2W

（4）在选择功放电路中的晶体管时，应当考虑的主要参数有________。

A. β　　B. I_{CM}　　C. I_{CBO}

D. U_{CEO}　　E. P_{CM}

（5）图 4-12 所示电路中，若输入信号为正弦信号，晶体管饱和电压降的数值为$|U_{CES}|$，则可能输出最大功率 P_{om} = ________。

A. $\dfrac{(V_{CC}-U_{CES})^2}{2R_L}$　　B. $\dfrac{\left(\frac{1}{2}V_{CC}-U_{CES}\right)^2}{R_L}$　　C. $\dfrac{\left(\frac{1}{2}V_{CC}-U_{CES}\right)^2}{2R_L}$

2. 电路如图 4-13 所示，已知 VT_1 和 VT_2 的饱和电压降$|U_{CES}|=2V$，直流功耗可忽略不计。

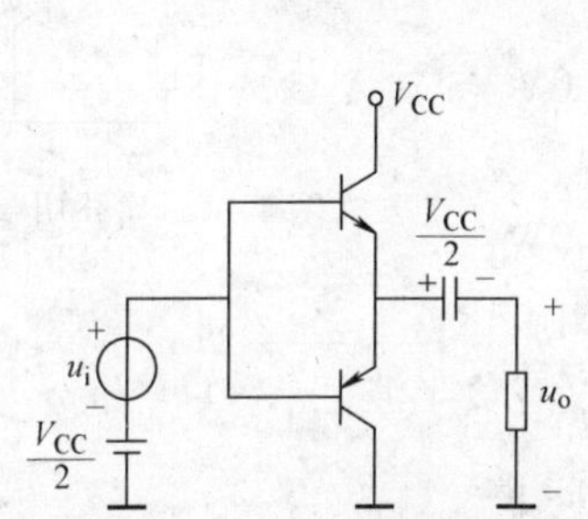

图 4-12　互补对称电路

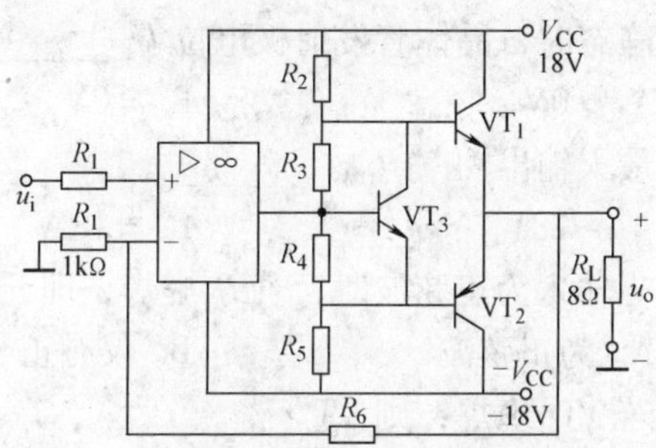

图 4-13　功率放大电路

回答下列问题：

（1）R_3、R_4 和 VT_3 的作用是什么？

（2）负载上可能获得的最大输出功率 P_{om} 和电路的转换效率 η 各为多少？

（3）设最大输入电压的有效值为 1V，为了使电路的最大不失真输出电压的峰值达到 16V，电阻 R_6 至少应取多少？

思考题与习题

4-1　分析下列说法是否正确，凡对者在括号内打"√"，凡错者在括号内打"×"。

（1）在 OCL 功率放大电路中，输出功率越大，功率放大管的功耗越大。（　）

（2）功率放大电路的最大输出功率是指在基本不失真情况下，负载上可能获得的最大交流功率。（　）

（3）当 OCL 电路的最大输出功率为 1W 时，功率放大管的最大耗散功率应等于 1W。（　）

（4）电路具有功率放大特点是：

1）电路输出电压大于输入电压。（　）

2）电路输出电流大于输入电流。（　）

3）电路输出功率大于信号源提供的输入功率。（　）

（5）功率放大电路与电压放大电路的区别是：

1）前者比后者电源电压高。（　　）

2）前者比后者电压放大倍数数值大。（　　）

3）前者比后者效率高。（　　）

4）在电源电压相同的情况下，前者比后者的最大不失真输出电压大。（　　）

（6）在电源电压相同的情况下，功率放大电路比电流放大电路的输出功率大。（　　）

（7）功率放大电路输出的交流功率不是直流电源提供的。（　　）

（8）功率放大电路输出的交流功率是输出交流电压有效值和输出交流电流有效值的乘积，所以，功率放大电路一定要同时具备电压放大和电流放大能力。（　　）

4-2　已知电路如图 4-14 所示，VT_1 和 VT_2 的饱和电压降 $|U_{CES}|=3V$，$V_{CC}=15V$，$R_L=8\Omega$，选择正确答案填入空内。

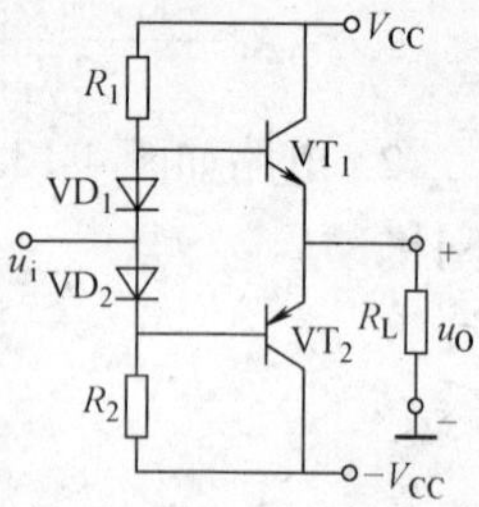

（1）电路中 VD_1 和 VD_2 的作用是消除________。

A. 饱和失真　　B. 截止失真　　C. 交越失真

（2）静态时，晶体管发射极电位 U_E________。

A. >0V　　B. =0V　　C. <0V

（3）最大输出功率 P_{OM}________。

A. ≈28W　　B. =18W　　C. =9W

图 4-14　互补功率放大电路

（4）当输入为正弦波时，若 R_1 虚焊，即开路，则输出电压________。

A. 为正弦波　　B. 仅有正半波　　C. 仅有负半波

（5）若 VD_1 虚焊，则 VT_1________。

A. 可能因功耗过大烧坏　　B. 始终饱和　　C. 始终截止

4-3　在图 4-15 所示电路中，已知 VT_2 和 VT_4 的饱和电压降 $U_{CES}=2V$，静态时电源电流可忽略不计。试问负载上可能获得的最大输出功率 P_{om} 和效率 η 各为多少？

4-4　估算图 4-15 所示电路中，VT_2 和 VT_4 的最大集电极电流、最大电压降和集电极最大功耗，设 VT_2 和 VT_4 的饱和电压降 $U_{CES}=2V$。

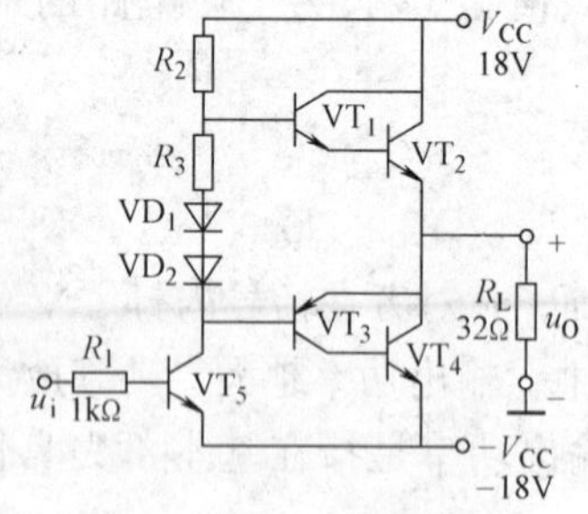

图 4-15　准互补功率电路

4-5　在图 4-16 所示电路中，已知 $V_{CC}=15V$，VT_1 和 VT_2 的饱和电压降 $|U_{CES}|=2V$，输入电压足够大。求解：

（1）最大不失真输出电压的有效值。

（2）负载电阻 R_L 上电流的最大值。

（3）最大输出功率 P_{om} 和效率 η。

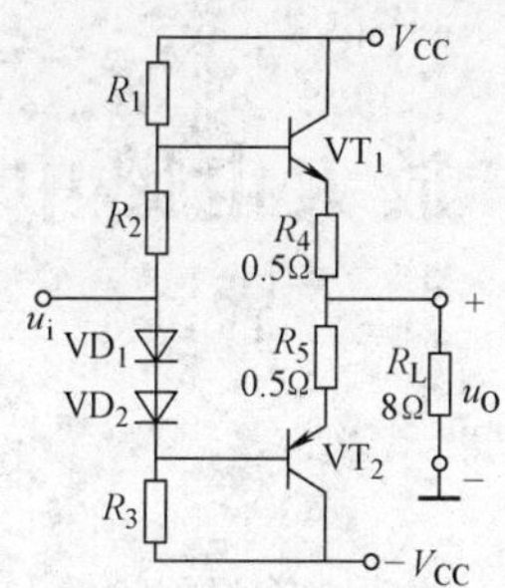

图 4-16 互补对称电路

4-6 OTL 电路如图 4-17 所示。

（1）为了使得最大不失真输出电压幅值最大，静态时 VT_2 的发射极电位应为多少？若不合适，则一般应调节哪个元件参数？

（2）若 VT_2 和 VT_4 的饱和电压降 $U_{CES}=3V$，输入电压足够大，则电路的最大输出功率 P_{om} 和效率 η 各为多少？

（3）VT_2 和 VT_4 的 I_{CM}、U_{CEO} 和 P_{CM} 应如何选择？

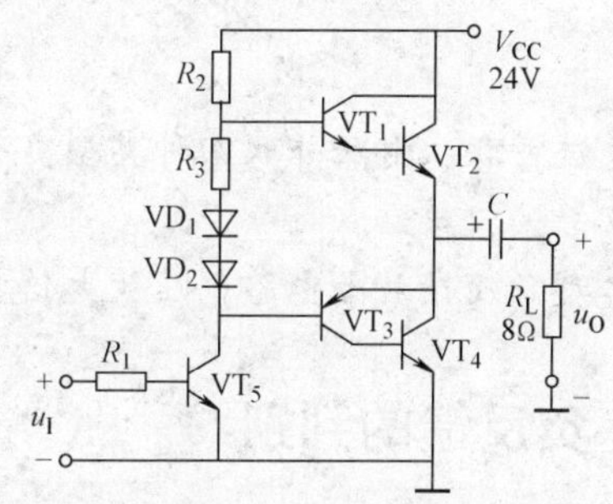

图 4-17 OTL 电路

4-7 电路如图 4-14 所示。在出现下列故障时，分别产生什么现象？

（1）R_1 开路；（2）VD_1 开路；（3）R_2 开路；（4）VT_1 集电极开路；

（5）R_1 短路；（6）VD_1 短路。

4-8 电路如图 4-15 所示。在出现下列故障时，分别产生什么现象？

（1）R_2 开路； （2）VD_1 开路； （3）R_2 短路；

（4）VT_1 集电极开路； （5）R_3 短路。

第 5 章　放大电路中的反馈

本章讨论的主要问题

◎ 放大电路中反馈的概念，正、负反馈的判别方法，交、直流负反馈的作用。

◎电流串联、电压串联、电流并联、电压并联四种类型负反馈放大电路的特点及其判别方法。

◎四种类型负反馈放大电路放大倍数一般表达中反馈系数和放大倍数的含义及其计算方法。

◎负反馈对放大电路性能的改善。

◎深度负反馈条件下四种类型负反馈放大电路电压放大倍数的近似计算方法。

◎放大电路中的正反馈的作用。

本章的重点与难点

◎电流串联、电压串联、电流并联、电压并联四种类型负反馈放大电路的特点及其判别方法。

◎深度负反馈条件下四种类型负反馈放大电路电压放大倍数的近似计算方法。

5.1　反馈的概念及正、负反馈的判别

1. 反馈的基本概念

电子电路中的反馈，是指将放大电路的输出信号（电流或电压信号）的一部分或全部，通过一定的外部网络（称之为反馈网络）回送到放大电路的输入端（或输入回路）和外部输入信号叠加（以电流形式并联叠加，或以电压形式串联叠加）后，共同作用于放大电路的输入端（或输入回路），使放大电路的某些性能获得有效改善的一种控制过程。放大电路通过反馈网络回送到输入端（或输入回路）的那部分信号称为反馈信号。

2. 正、负反馈的概念

反馈分正反馈和负反馈两种。一般而言，反馈放大电路由基本放大电路和反馈网络组成，其组成框图如图 5-1 所示。由于各电量可以是电流量或电压量，故电量用符号 $\dot{X}$ 表示。图中标出各电量的含义。符号⊗表示叠加环节（叠加电路），其作用是使输入量和反馈量相加或相减，从而获得净输入量作用在基本放大电路的输入端，若反馈的结果使电路净输入量增加（即输入量与反馈量相加），则为正反馈；反之为负反馈。

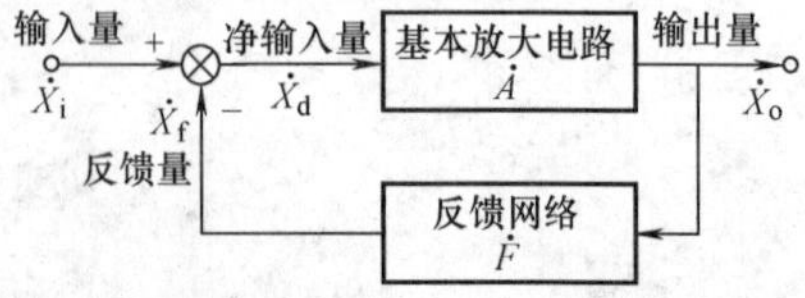

图 5-1　反馈放大电路框图

一般而言，一个性能良好的放大电路通常都是负反馈放大电路。所以，实际中的放大电

路通常采用负反馈放大电路；正反馈一般在自激振荡电路（第 7 章）中应用。本章主要讨论负反馈放大电路。图 5-1 中，输入量 $\dot{X}_i$的符号为“ + ”，反馈量 $\dot{X}_f$的符号为“ - ”、表示通过叠加电路后，净输入量为 $\dot{X}_d = \dot{X}_i - \dot{X}_f$，即图 5-1 表示的是负反馈电路的框图。图中的“箭头”指向表示信号传输方向，信号经基本放大电路由左向右传输称为正向传输，信号经反馈网络由右向左传输称为反向传输，从信号传输方向的角度看，基本放大电路和反馈网络组成了一个信号传输的闭合环路（简称闭环）电路，也称反馈环路；断开反馈网络后的电路称之为开环电路。

3. 直流反馈和交流反馈

1）直流反馈

若反馈环路内，只存在直流分量的作用，则该反馈环只产生直流反馈。直流负反馈主要用于稳定电路静态工作点。

2）交流反馈

若反馈环路内，只存在交流分量的作用，则该反馈环只产生交流反馈。交流负反馈用来改善放大器的性能；交流正反馈主要用来产生自激振荡。

3）若反馈环路内，有直流分量和交流分量同时作用，则该反馈环既产生直流反馈，又产生交流反馈。

在第 2 章，曾经讨论过的基极分压式静态工作点稳定偏置电路，就是一个反馈电路的例子，由于 R_e两端并联了一个大电容 C_e，R_e两端的电压只反映集电极电流直流分量 I_C的变化，故电路引入了直流反馈。当 R_e两端不并联大电容 C_e时，R_e两端的电压既反映集电极电流直流分量 I_C的变化，同时也反映集电极电流交流分量 i_c的变化，R_e对交流信号所起的反馈作用称为交流反馈。下面讨论的内容主要是针对交流反馈而言的。

4. 正、负反馈判断的方法

对于一个具体电路反馈的判断，关键抓住如下几点：

1）首先要会识别电路中有无反馈，然后才谈得上判断正、负反馈。根据反馈的基本概念，电路中有无反馈识别方法是：看放大电路的输出端（或输出回路）与输入端（或输入回路）之间跨接了电路（反馈网络）没有，若跨接了，则有反馈；否则，无反馈。

2）会正确识别反馈信号。由于反馈信号是指放大电路通过反馈网络由输出端（或输出回路）回送到输入端（或输入回路）的那部分信号（可以是电流或电压），所以，反馈信号要在输入端（或输入回路）去找。

3）要会正确判断正、负反馈。正、负反馈判断的方法是瞬时极性法，即在电路的输入端加一正极性的交流信号 u_i，根据基本放大器组态（共射、共基、共集）特点（同相放大器还是反相放大器）标出输出交流电压的瞬时极性，然后标出输出交流信号通过反馈网络回送到输入端（或输入回路）反馈交流信号电压（或电流）的瞬时极性，若反馈交流信号使基本放大器净输入交流信号（例如，若基本放大器为共射电路，净输入交流信号为 i_b或 u_{be}）变小，则为负反馈；反之，为正反馈。

例 5-1 试用瞬时极性法判断图 5-2 所示电路两级之间是正反馈还是负反馈。设图中所有电容对交流信号而言，其容抗为零。

解：（1）首先识别电路中有无反馈。图 5-2 所示电路是两级阻容耦合共射放大电路，基极为输入端，集电极为输出端，发射极为输入（或输入回路）和输出（或输出回路）的公共端（或公共支路）。观察电路可知，在 VT_2 的输出端集电极和 VT_1 的输入回路发射极支路跨接了电路 R_f、C_f，显然，电路中引入了反馈。

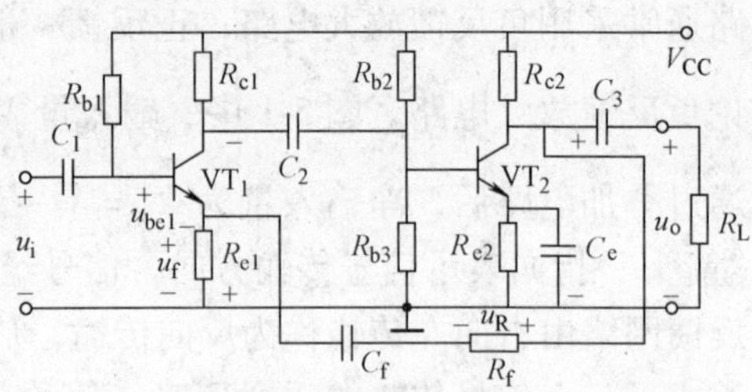

图 5-2　应用瞬时极断法判断正、负反馈

（2）然后用瞬时极性法判断电路是正反馈还是负反馈。假设在放大电路输入端加上正极性的交流输入信号 u_i，根据共射电路为反相放大电路的特点，在图中标出了在正交流电压 u_i 作用下，VT_1、VT_2 的集电极对“地”的实际交流电压瞬时极性。正极性的交流输出信号 u_o 被反馈电路 R_f、R_{e1} 分压，输入回路中，R_{e1} 上的电压 $u_f \approx u_o R_{e1}/(R_{e1}+R_f)$（忽略了 VT_1 的发射极电流 i_{e1} 的影响）即为交流反馈电压，极性如图所示；净输入交流电压 $u_{be}=u_i-u_f<u_i$，故电路为负反馈。需要注意，u_{be} 的减小，必然导致输出电压 u_o 的减小，因此，负反馈使电压放大倍数减小。

例 5-2　试用瞬时极性法判断图 5-3a、b 所示电路是正反馈还是负反馈。设图中所有电容对交流信号而言，其容抗为零。

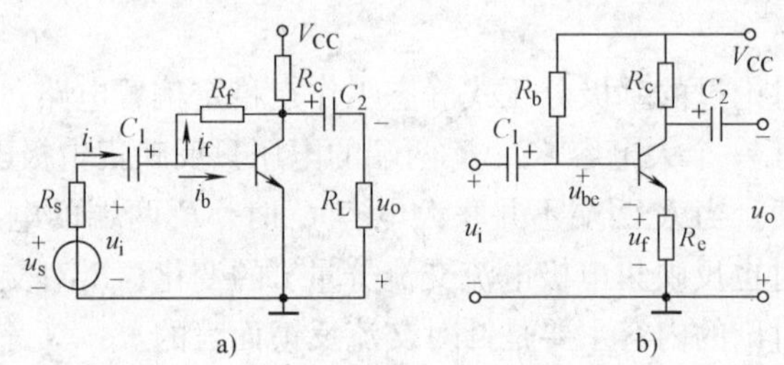

图 5-3　瞬时极性法判断电路正、负反馈

解： 图 5-3a 为共射电路，其集电极输出端与基极输入端之间跨接了电阻 R_f，故电路有反馈。在 u_s 正信号作用下，图中标出了输入端相关交流电流和输出交流电压 u_o 的实际瞬时极性。由图可知，净输入电流 $i_b=i_i-i_f<i_i$，所以为负反馈。i_b 的减小，必然导致输出电流 i_c 和输出电压 u_o 的减小，因此，图 5-3a 所示电路的负反馈也使电压放大倍数减小。

思考：若将电阻 R_f 的右端改接到电源 V_{CC} 端，电路有无反馈？

图 5-3b 所示电路晶体管发射极虽未接“地”，但该电路基极-发射极与信号源等组成输入回路，集电极-发射极与负载等组成输出回路，发射极支路为输入回路和输出回路的公共支路，故仍为共射电路。图 5-3b 所示电路晶体管发射极电阻 R_e 跨接在输入回路和输出回路之间，故电路有反馈。R_e 上的电压 u_f 即为反馈信号电压。

假设在图 5-3b 所示电路的输入端加交流正信号 u_i，图中标出了相关交流电压的实际瞬时极性。由图可知，净输入电压 $u_{be}=u_i-u_f<u_i$，所以为负反馈。需要注意，u_{be} 的减小，使 i_b 减小，而 i_b 减小导致输出电流 i_c 和输出电压 u_o 的减小，因此，图 5-3b 所示电路的负反馈也使电压放大倍数减小。

思考：图 5-3a、b 所示电路有无直流负反馈？

5.2　负反馈放大电路的四种基本类型及放大倍数的一般表达式

5.2.1　负反馈放大电路的四种基本类型

根据反馈网络与基本放大电路在输出端（或输出回路）和输入端（或输入回路）的连接方式不同，负反馈放大电路可分为四种不同的基本负反馈类型，分别是电压串联负反馈、电流串联负反馈、电压并联负反馈和电流并联负反馈。

不同负反馈类型的电路具有不同的性能，正确判断负反馈类型是定量分析负反馈电路的关键和前提，负反馈类型判断错误必然导致分析计算的错误。判断负反馈类型需着重注意如下两点：

1）电压反馈还是电流反馈。

一个电路是电压反馈还是电流反馈，是根据反馈信号通过反馈网络取自（或取样）于输出端电压还是输出回路电流来定义的；若是前者，为电压反馈；若是后者，为电流反馈。一个最简单的判断的方法是：假设将电路输出端对“地”交流短路（即令输出交流电压 $u_o=0$），若反馈信号不存在了，则电路引入的一定是电压反馈；否则，就是电流反馈。

2）串联反馈还是并联反馈。

一个电路是串联反馈还是并联反馈，是根据反馈信号与外部输入信号在电路的输入端是以电流的方式（以支路并联的方式）叠加，还是在电路的输入回路以电压的方式（以串联的方式）叠加来定义的；若是前者，为并联反馈；若是后者，为串联反馈。具体判断方法是：若反馈网络是引到了输入信号 u_i 的非接“地”的输入端，则必为并联反馈；若反馈网络不是引到输入信号 u_i 的非接“地”的输入端，则必为串联反馈。以第一级为发射极未接“地”的共射电路为例，若反馈网络引到基极，则必为并联反馈；若反馈网络引到（或处在）发射极（发射极支路），则必为串联反馈。

上述两点，读者只有通过反复练习才能真正体会和掌握。下面举例说明。

1. 电压串联负反馈

在5.1节分析图5-2所示电路时，已得到反馈电压 $u_f \approx u_o R_{e1}/(R_{e1}+R_f)$，即反馈电压 u_f 取自（或取样）于输出电压 u_o，取样系数（反馈系数）为 $R_{e1}/(R_{e1}+R_f)$；显然，输出端对“地”交流短路时，即令 $u_o=0$，则必有 $u_f \approx 0$。所以，图5-2所示电路为电压负反馈。

另一方面，反馈电阻 C_f、R_f 连接到 VT_1 放大管的发射极（反馈网络不是引到输入信号 u_i 的非接“地”的输入端 VT_1 的基极），反馈信号 u_f 与输入信号 u_i 在 VT_1 的基-射输入回路以电压的方式反向串联叠加，即 u_f 的存在使净输入电压（$u_{be}=u_i-u_f<u_i$）减小，所以，最后确定图5-2所示电路为电压串联负反馈电路。

电压负反馈电路的主要特点之一是使输出电压 u_o 稳定（即输出电阻减小，带负载的能力强），这是因为，当某种原因引起输出电压 u_o 变化时，能够通过反馈电路改变 u_f，从而自动调整净输入电压 u_{be}，使 u_o 的变化受到牵制，故输出电压 u_o 稳定。例如，图5-2所示电路，当 u_i 一定时，若负载 R_L 减小使输出电压 u_o 下降，则电路将发生如下自动调整过程：

$$R_L\downarrow \rightarrow u_o\downarrow \rightarrow u_f\downarrow \rightarrow u_{be}\uparrow$$

$$u_o\uparrow \leftarrow$$

可见，自动调整的负反馈过程牵制了 u_o变化，使输出电压 u_o稳定。

为了帮助读者对电压串联负反馈电路基本原理的理解，现画出电压串联负反馈电路的原理框图如图 5-4 所示，图中标出的交流电压为实际的瞬时极性。图中不仅表明了反馈信号 $\dot{U}_f$取样于输出电压 $\dot{U}_o$，而且还清楚示出了反馈电压 $\dot{U}_f$与输入电压 $\dot{U}_i$串联叠加（相减）得到净输入电压 $\dot{U}_d = \dot{U}_{be} = \dot{U}_i - \dot{U}_f$。

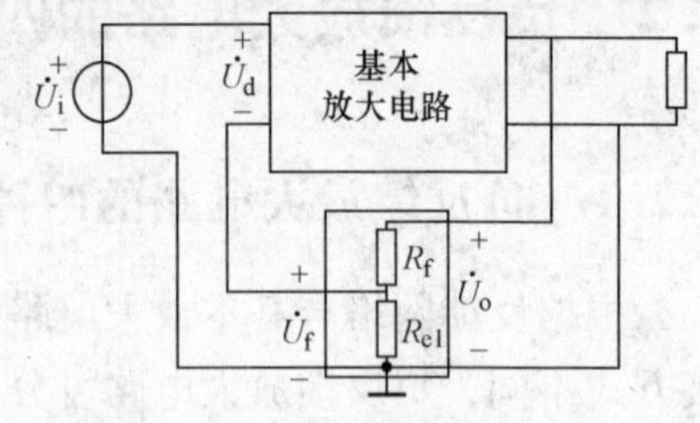

图 5-4　电压串联负反馈放大电路的框图

2. 电流串联负反馈

以图 5-3b 所示电路为例，反馈电压 $u_f = i_e R_e \approx i_c R_e$，即反馈电压 u_f取自（或取样）于输出电流 i_c，故为电流负反馈（需要注意，该电路令 $u_o = 0$ 时，$i_c \neq 0$）。

另一方面，反馈电阻 R_e处在输入回路发射极，反馈信号 u_f与输入信号 u_i以电压的方式在基-射输入回路反向串联叠加，即 u_f的存在，使净输入电压（$u_{be} = u_i - u_f < u_i$）减小，所以，最后确定图 5-3b 所示电路为电流串联负反馈电路。

电流串联负反馈电路的主要特点之一是使输出电流 i_c稳定。这是因为，当某种原因引起输出电流 i_c变化时，通过反馈电路改变 u_f，自动调整净输入电压 u_{be}牵制 i_c变化，使输出电流 i_c稳定。例如，图 5-3b 所示电路，当 u_i一定时，若负载 R_c加大使输出电流 i_c下降，则电路将发生如下自动调整过程：

$$R_c\uparrow \to i_c \approx i_e\downarrow \to u_f\downarrow \to u_{be}\uparrow \to i_b\uparrow \to i_c \approx i_e\uparrow$$

可见，自动调整的负反馈过程牵制了 i_c变化，使输出电流 i_c稳定。

电流串联负反馈电路的原理框图如图 5-5 所示，图中标出的电压和电流为实际瞬时极性。图中不仅表明了反馈信号 $\dot{U}_f$取样于输出电流 $\dot{I}_o$，而且还示出了反馈电压 $\dot{U}_f$与输入电压 $\dot{U}_i$串联叠加（相减）获得净输入电压 $\dot{U}_d = \dot{U}_{be} = \dot{U}_i - \dot{U}_f$。

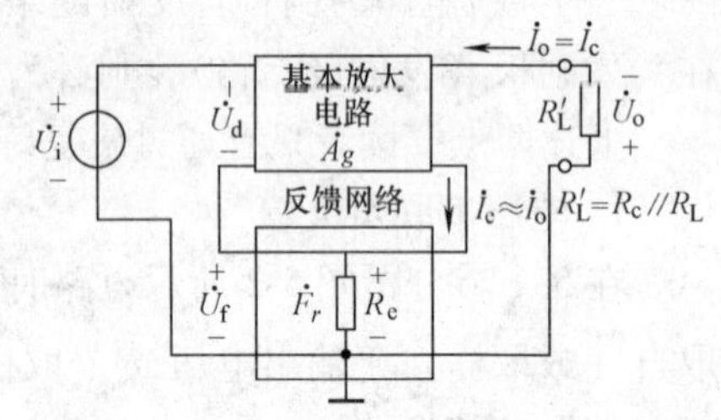

图 5-5　电流串联负反馈放大电路的框图

需要注意，图 5-3b 所示电路中晶体管集电极电阻 R_c本应处于基本放大电路中，在画图 5-3b 所示电路的框图图 5-5 时，考虑了电路带上负载 R_L的情形，由于带上负载 R_L后，流过总负载 $R_c // R_L$的电流为输出电流为 $\dot{I}_o$，为了表明这一点，在图 5-5 中，将 R_c从基本放大电路中抽出来与 R_L并联后画在框图中。

3. 电压并联负反馈

以图 5-3a 所示电路为例，在正极性输入交流电压 u_i的作用下，相关交流电流、交流电压的实际瞬时极性如图中所示。反馈电流 $i_f = (u_i - u_o) / R_f$，由于电压放大作用，输出电压 u_o的值远大于输入电压 u_i的值，忽略 u_i，$i_f \approx -u_o/R_f$，反馈信号 i_f取样于输出电压 u_o，故图 5-3a 所示电路为电压负反馈。

另一方面，反馈电阻 R_f连接到放大管基极，反馈信号 i_f与输入信号 i_i以电流的方式并联叠加，反馈电流 i_f 的存在，使净输入电流 i_b（$=i_i-i_f<i_i$）减小，所以，图 5-3a 所示电路为电压并联负反馈电路。

电压并联负反馈电路的主要特点之一是使输出电压 u_o 稳定（即输出电阻减小，带负载的能力强），这是因为，当某种原因引起输出电压 u_o 变化时，能够通过反馈电路自动改变 i_f，从而自动调整净输入电流 i_b，从而牵制 u_o 变化，使输出电压 u_o 稳定。例如，图 5-3a 所示电路，当 i_i 一定时，若负载 R_L 载减小使输出电压 u_o 下降，则电路将发生如下自动调整过程：

$$R_L\downarrow\rightarrow u_o\downarrow\rightarrow i_f\downarrow\rightarrow i_b\uparrow\rightarrow i_c\uparrow\rightarrow u_o\uparrow$$

可见，自动调整的负反馈过程牵制了 u_o 变化，使输出电压 u_o 稳定。

电压并联负反馈放大电路的原理框图如图 5-6 所示，图中标出的电压和电流为实际瞬时极性。图中表明了反馈电流信号 $\dot{I}_f$ 取样于输出电压 $\dot{U}_o$（$\dot{I}_f\approx-\dot{U}_o/R_f$），反馈电流 $\dot{I}_f$ 与输入电流 $\dot{I}_i$ 并联叠加（相减）获得净输入电流 $\dot{I}_d=\dot{I}_b=\dot{I}_i-\dot{I}_f$。

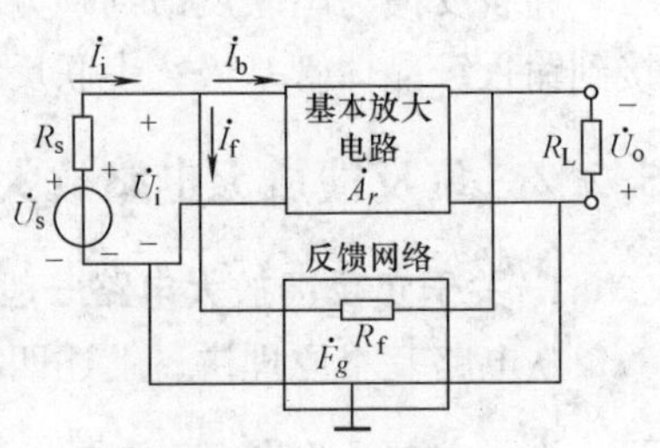

图 5-6　电压并联负反馈放大电路的框图

4. 电流并联负反馈

电流并联负反馈电路如图 5-7 所示。在正极性输入交流电压 u_i 的作用下，相关交流电流、交流电压的实际瞬时极性如图中所示。因为射极跟随作用，u_{e2} 的数值与 u_{o1} 的数值近似相等，且极性相同。由于 VT_1 电路放大作用，$u_{e2}\approx u_{o1}>>u_i$，忽略 u_i 后，流过 R_f 的反馈电流 i_f 可表为

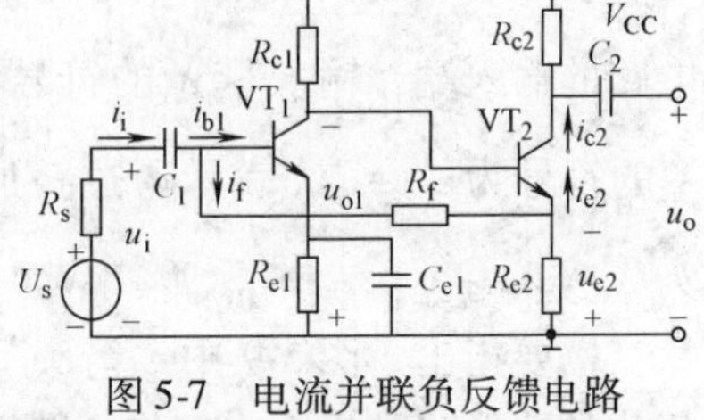

图 5-7　电流并联负反馈电路

$$i_f=R_{e2}i_{e2}/(R_{e2}+R_f)\approx R_{e2}i_{c2}/(R_{e2}+R_f)$$

上式表明，反馈电流 i_f 与输出电流 i_{c2} 成比例（即取样于输出电流 i_{c2}），故为电流反馈。

另一方面，反馈电阻 R_f 连接到放大管 VT_1 的基极，反馈信号 i_f 与输入信号 i_i 以电流的方式并联叠加，使净输入电流 i_{b1}（$=i_i-i_f<i_i$）减小，所以，图 5-7 电路为电流并联负反馈电路。

电流并联负反馈电路的主要特点之一是使输出电流 i_c 稳定。这是因为，当某种原因引起输出电流 i_c 变化时，能够通过反馈电路改变 i_f，自动调整净输入电流 i_b 从而牵制了 i_c 变化，使输出电流 i_c 稳定。图 5-7 所示电路中，当 i_i 一定时，若负载 R_{c2} 加大使输出电流 i_{c2} 下降，则电路将发生如下自动调整过程：

$$R_{c2}\uparrow\rightarrow i_{c2}\approx i_{e2}\downarrow\rightarrow i_f\downarrow\rightarrow i_{b1}\uparrow\rightarrow i_{c2}\approx i_{e2}\uparrow$$

可见，自动调整的负反馈过程牵制了 i_{c2} 变化，使输出电流 i_{c2} 稳定。

电流并联负反馈电路的原理框图如图 5-8 所示，图中标出的电压和电流为实际的瞬时极性。由图可见，反馈电流信号 $\dot{I}_f$ 取样于输出电流 $\dot{I}_{e2}$（$\approx\dot{I}_o=\dot{I}_{c2}$），反馈电流 $\dot{I}_f$ 与输入电流 $\dot{I}_i$ 并联叠加（相减）获得净输入电流 $\dot{I}_d=\dot{I}_{b1}=\dot{I}_i-\dot{I}_f$。

现将四种类型负反馈判别方法归纳如下：

电压反馈与电流反馈判别方法：对共射组态电路，电压反馈一般从放大电路的集电极输出电压采样，即反馈网络在输出端连到放大电路晶体管的集电极；电流反馈一般从放大电路的发射极采样，即反馈网络在输出端连到放大电路输出级晶体管的发射极（多级反馈），或反馈电阻处在放大电路中晶体管的发射极（单级反馈）。

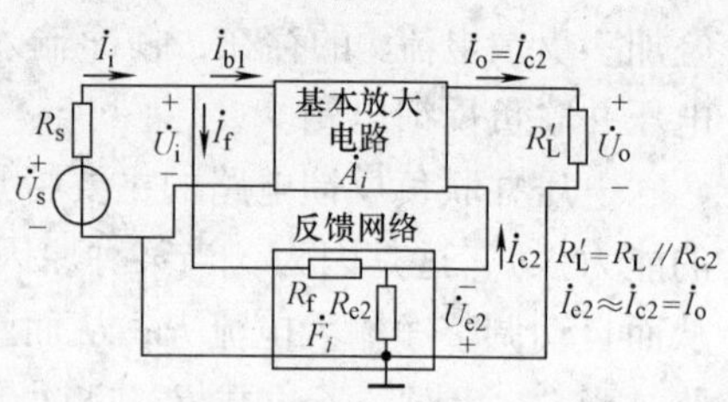

图 5-8　电流并联负反馈放大电路的框图

并联反馈与串联反馈判别方法：对共射组态电路，并联反馈的反馈网络在电路输入端连接到输入级晶体管基极；串联反馈的反馈网络在电路输入回路连接到输入级晶体管发射极。

5.2.2　负反馈放大电路放大倍数的一般表达式

1. 关于负反馈放大电路一般框图的几点说明

从电路基本原理讲，上述四种基本类型的负反馈电路都可用如图 5-1 所示的一般框图表示。为了方便，将图 5-1 重画，如图 5-9 所示，各 $\dot{X}$ 量的含义图中均已标明，符号⊗表示叠加环节（叠加电路），对负反馈而言，其作用是使输入量和反馈量相减获得净输入量作用在基本放大电路的输入端，输入量 $\dot{X}_i$ 的符号为“+”，反馈量 $\dot{X}_f$ 的符号为“-”，表示通过叠加电路后净输入量为 $\dot{X}_d=\dot{X}_i-\dot{X}_f$。

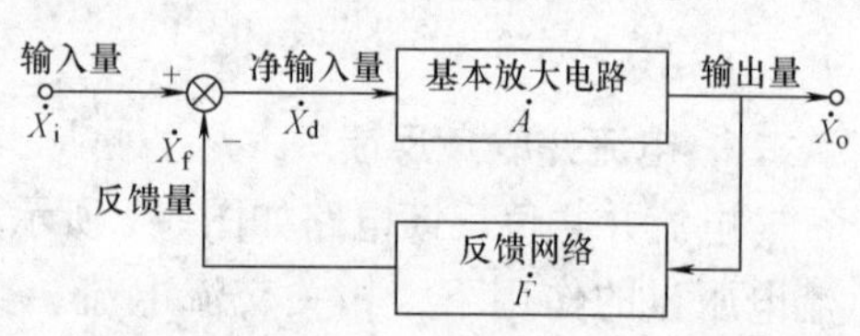

图 5-9　负反馈放大电路的一般框图

需要指出，图 5-9 中“箭头”指向的信号传输方向是一种理想化的情形，实际情形与理想化的情形略有出入。例如，图 5-9 中，认为信号只能经基本放大电路由左向右传输，事实上，在第 2 章讨论晶体管 h 参数等效电路时，引入了晶体管的共射反向传输系数 h_{re}，h_{re} 的存在，就使得基本放大电路可通过 h_{re} 使信号由右向左传输，不过，基本放大电路通过 h_{re} 由右向左传输的信号强度远远小于经基本放大电路由左向右传输的信号强度，在工程近似分析中，完全可以忽略基本放大电路通过 h_{re} 使信号由右向左的传输。同理，输入信号也可通过反馈网络由左向右传输，但输入信号通过反馈网络由左向右传输的信号强度远远小于经反馈网络由右向左传输的信号强度，近似分析中完全可以忽略输入信号通过反馈网络由左向右传输。

2. 负反馈放大电路的一般表达式

根据图 5-9，负反馈放大电路有关参数定义如下：

无反馈基本放大路的放大倍数（开环放大倍数）为

$$\dot{A}=\frac{\dot{X}_o}{\dot{X}_d} \tag{5-1}$$

反馈系数为

$$\dot{F}=\frac{\dot{X}_f}{\dot{X}_o} \tag{5-2}$$

引入反馈后的闭环放大倍数为

$$\dot{A}_{\mathrm{f}}=\frac{\dot{X}_{\mathrm{o}}}{\dot{X}_{\mathrm{i}}} \tag{5-3}$$

由图 5-9 知

$$\dot{X}_{\mathrm{i}}=\dot{X}_{\mathrm{d}}+\dot{X}_{\mathrm{f}}=\dot{X}_{\mathrm{d}}+\dot{F}\dot{A}\dot{X}_{\mathrm{d}} \tag{5-4}$$

所以闭环放大倍数为

$$\dot{A}_{\mathrm{f}}=\frac{\dot{X}_{\mathrm{o}}}{\dot{X}_{\mathrm{i}}}=\frac{\dot{A}}{1+\dot{A}\dot{F}} \tag{5-5}$$

式（5-5）称为负反馈放大电路的一般表达式。

式（5-5）是从负反馈出发导出的，事实上对一般意义上的反馈也成立。下面分三种情形说明：

1）若$|1+\dot{A}\dot{F}|>1$，则$|\dot{A}_{\mathrm{f}}|<|\dot{A}|$，引入反馈后，放大倍数减小了，即为负反馈（需要注意：这与前面负反馈使净入量减小的概念是一致的）。

2）若$|1+\dot{A}\dot{F}|<1$，则$|\dot{A}_{\mathrm{f}}|>|\dot{A}|$，引入反馈后，放大倍数变大了，即为正反馈。正反馈使放大电路的性能变坏，甚至不能正常工作，一般情形下，放大电路中不引入正反馈。

3）$|1+\dot{A}\dot{F}|=0$，则$|\dot{A}_{\mathrm{f}}|\to\infty$，表明放大电路在没有输入信号时，放大电路也有输出信号，放大电路变为一个自激振荡电路（第 7 章将讨论）。

3. 反馈深度

由以上讨论可知，负反馈放大电路的$|1+\dot{A}\dot{F}|$越大，闭环放大倍数$|\dot{A}_{\mathrm{f}}|$越小，负反馈越深，即$|1+\dot{A}\dot{F}|$是表明放大电路负反馈程度的指标，称之为反馈深度。为了讨论方便，下面有时用$1+AF$代替$|1+\dot{A}\dot{F}|$。负反馈对放大电路许多性能的改善都与反馈深度直接相关。

需要指出，由于本章是在中频范围内讨论负反馈电路，耦合电容、旁路电容视为短路，晶体管结电容视为开路，式（5-1）~式（5-5）所表示的各量均为实数（正、负实数），为了书写方便，在后面的分析中，有时将这些量上面的“.”省掉。

4. 四种不同类型负反馈电路的放大倍数和反馈系数的不同含义

必须注意：对于四种不同类型负反馈电路，在运用负反馈电路放大倍数一般表达式（即式（5-5））时，$\dot{A}$、$\dot{F}$和$\dot{A}_{\mathrm{f}}$具有不同的含义。

（1）$\dot{A}$的含义

运用式（5-1）时，对于电流（电压）反馈，$\dot{X}_{\mathrm{o}}$表示$\dot{I}_{\mathrm{o}}$（$\dot{U}_{\mathrm{o}}$）；对于串联（并联）反馈，$\dot{X}_{\mathrm{d}}$表示$\dot{U}_{\mathrm{d}}$（$\dot{I}_{\mathrm{d}}$）；$\dot{A}$的量纲由$\dot{X}_{\mathrm{o}}$、$\dot{X}_{\mathrm{d}}$两者的量纲决定。对于电压串联负反馈，$\dot{A}=\dot{A}_u=\dot{U}_{\mathrm{o}}/\dot{U}_{\mathrm{d}}$称为开环电压放大倍数；对于电流串联负反馈，$\dot{A}=\dot{A}_g=\dot{I}_{\mathrm{o}}/\dot{U}_{\mathrm{d}}$称为开环互导放大倍数；对于电压并联负反馈，$\dot{A}=\dot{A}_r=\dot{U}_{\mathrm{o}}/\dot{I}_{\mathrm{d}}$称为开环互阻放大倍数；对于电流并联负反馈，$\dot{A}=\dot{A}_i=\dot{I}_{\mathrm{o}}/\dot{I}_{\mathrm{d}}$称为开环电流放大倍数。

(2) $\dot{F}$ 的含义

运用式(5-2)时，对于电流(电压)反馈，$\dot{X}_o$表示 $\dot{I}_o$($\dot{U}_o$)；对于串联(并联)反馈，$\dot{X}_f$表示 $\dot{U}_f$($\dot{I}_f$)；$\dot{F}$ 的量纲由 $\dot{X}_o$、$\dot{X}_f$两者的量纲决定。对于电压串联负反馈，$\dot{F}=\dot{F}_u=\dot{U}_f/\dot{U}_o$称为电压反馈系数；对于电流串联负反馈，$\dot{F}=\dot{F}_r=\dot{U}_f/\dot{I}_o$称为互阻反馈系数；对于电压并联负反馈，$\dot{F}=\dot{F}_g=\dot{I}_f/\dot{U}_o$称为互导反馈系数；对于电流并联负反馈，$\dot{F}=\dot{F}_i=\dot{I}_f/\dot{I}_o$称为电流反馈系数。

(3) $\dot{A}_f$的含义

由 $\dot{A}$ 和 $\dot{F}$ 的含义及式(5-1)、式(5-2)可知，$\dot{A}$ 和 $\dot{F}$ 具有相反的量纲，则 $\dot{A}\dot{F}$ 无量纲，所以，$\dot{A}_f$与 $\dot{A}$ 具有相同的量纲。

四种不同反馈类型$\dot{A}$、$\dot{F}$和$\dot{A}_f$的不同含义归纳于表 5-1 中。

需要着重指出的是，负反馈的实质是输出量$\dot{X}_o$($\dot{U}_o$或$\dot{I}_o$)通过反馈网络对净输入量$\dot{X}_d$($\dot{U}_d$或$\dot{I}_d$)的自动调节控制，从而保证输出量$\dot{X}_o$的稳定。而 R_s的大小直接关系到这种调节控制的强弱(即负反馈的强弱)。

表 5-1 四种不同反馈类型条件下 $\dot{A}$、$\dot{F}$ 和 $\dot{A}_f$不同含义的比较

反馈方式	电压串联型	电压并联型	电流串联型	电流并联型
被取样的输出信号 $\dot{X}_o$	$\dot{U}_o$	$\dot{U}_o$	$\dot{I}_o$	$\dot{I}_o$
参与比较的输入量 $\dot{X}_i$、$\dot{X}_f$、$\dot{X}_d$	$\dot{U}_i$、$\dot{U}_f$、$\dot{U}_d$	$\dot{I}_i$、$\dot{I}_f$、$\dot{I}_d$	$\dot{U}_i$、$\dot{U}_f$、$\dot{U}_d$	$\dot{I}_i$、$\dot{I}_f$、$\dot{I}_d$
开环放大倍数 $\dot{A}=\dot{X}_o/\dot{X}_d$	$\dot{A}_u=\dot{U}_o/\dot{U}_d$	$\dot{A}_r=\dot{U}_o/\dot{I}_d$	$\dot{A}_g=\dot{I}_o/\dot{U}_d$	$\dot{A}_i=\dot{I}_o/\dot{I}_d$
反馈系数 $\dot{F}=\dot{X}_f/\dot{X}_o$	$\dot{F}_u=\dot{U}_f/\dot{U}_o$	$\dot{F}_g=\dot{I}_f/\dot{U}_o$	$\dot{F}_r=\dot{U}_f/\dot{I}_o$	$\dot{F}_i=\dot{I}_f/\dot{I}_o$
闭环放大倍数 $\dot{A}_f=\dot{A}/(1+\dot{A}\dot{F})$	$\dot{A}_{uf}=\dot{A}_u/(1+\dot{A}_u\dot{F}_u)$	$\dot{A}_{rf}=\dot{A}_r/(1+\dot{A}_r\dot{F}_g)$	$\dot{A}_{gf}=\dot{A}_g/(1+\dot{A}_g\dot{F}_r)$	$\dot{A}_{if}=\dot{A}_i/(1+\dot{A}_i\dot{F}_i)$
对 R_s的要求	小	大	小	大

对于图 5-10 所示的电流串联负反馈放大电路，反馈电压 u_f为加到输入回路的电压调节控制量，在反馈电阻 R_e确定后，信号源内阻 R_s越大，则反馈电压 u_f对输入回路的电压调节作用越弱(也即串联负反馈越弱)。取极限情形，当 $R_s\to\infty$ 时(当然，这种极限情形实际中是不存在的，这里取极限情形分析是为了帮助读者理解)，反馈电压 u_f也就失去了对输入回路的电压调节作用，负反馈也就不存在了。

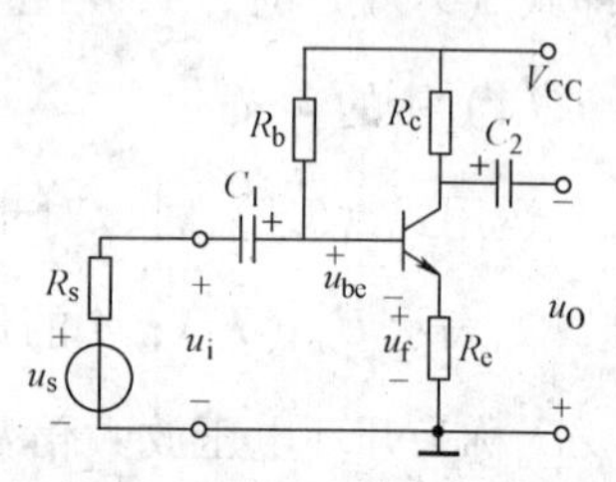

图 5-10 电流串联负反馈放大电路

同理也可分析图 5-2 所示的电压串联负反馈放大电路。

对于串联负反馈放大电路，当负反馈网络确定后，若要负反馈作用明显，希望信号源内阻 R_s 小些。这一结论告诉人们，在负反馈电路设计中，若信号源内阻 R_s 很大，则不宜采用串联负反馈放大电路。

对图 5-7 电流并联负反馈放大电路，反馈电流 i_f 为加到输入端的电流调节控制量。当 R_f、R_{e2} 确定后，R_s 越小，反馈电流 i_f 对净输入电流 i_{b1} 的调节控制作用越小，即负反馈越弱，反之负反馈越强。这是因为，R_s 越大时，输入电流 i_i 越可视为恒流，则反馈电流 i_f 引起的净输入电流 $i_d = i_{b1} = i_i - i_f$ 的变化越大，即负反馈越强。当极限情形 $R_s = 0$ 时，则净输入电流 $i_d = i_{b1} = u_s / r_{be1}$ 为一个由 u_s 和 r_{be1} 决定的且与反馈电流 i_f 大小无关的一个常量（忽略 r_{be1} 变化），即反馈电流 i_f 失去了对净输入电流 $i_d = i_{b1}$ 的调节控制作用，故负反馈作用也就不存在了。

同理也可分析图 5-3a 所示电压并联负反馈放大电路的情形。

对于并联负反馈放大电路，当负反馈网络确定后，若要负反馈作用明显，希望信号源内阻 R_s 大些。这一结论告诉人们，在负反馈电路设计中，若信号源内阻 R_s 很小，则不宜采用并联负反馈放大电路。

5.3 负反馈对放大电路性能的改善

负反馈虽然使放大电路的放大倍数下降，但在许多方面可以改善放大电路特性。现分别讨论如下。

5.3.1 提高放大倍数的稳定性

负反馈稳定放大倍数的实质是负反馈对电路的自动控制调节作用。实际中，工作环境条件（如温度、湿度）会经常变化、器件更换或老化、电源电压不稳等因素都会导致基本放大电路的放大倍数不稳定。

设开环放大倍数相对稳定度为 $\Delta A/A$，闭环放大倍数相对稳定度为 $\Delta A_f/A_f$。

若无反馈时开环放大倍数变化量为 $\Delta A = A_2 - A_1$，相应负反馈放大电路闭环放大倍数变化量为

$$\Delta A_f = A_{f2} - A_{f1}$$

将式（5-5）代入上式，得

$$\Delta A_f = \frac{A_2 - A_1}{(1 + FA_1)(1 + FA_2)} = \frac{\Delta A}{(1 + FA_1)(1 + FA_2)}$$

用 $A_{f1} = A_1 / (1 + FA_1)$ 去除上式两边，则

$$\frac{\Delta A_f}{A_{f1}} = \frac{1}{1 + FA_2} \frac{\Delta A}{A_1}$$

当 ΔA 足够小时，$\Delta A_f \approx dA_f$ 并且 $A_1 \approx A_2 \approx A$，$A_{f1} \approx A_{f2} \approx A_f$。在此种情况下，上式可写为

$$\frac{dA_f}{A_f} = \frac{1}{1 + FA} \frac{dA}{A} \tag{5-6}$$

事实上，对式（5-5）直接微分也可得到式（5-6）。对于负反馈放大电路，反馈深度 $1 + FA > 1$，闭环放大倍数的相对变化量比开环放大倍数的相对变化量要小，即闭环放大倍数的稳定性比开环放大倍数的稳定性有了提高，且反馈深度 $1 + FA$ 越大，负反馈放大电路

闭环放大倍数越稳定。

例 5-3 设计一个负反馈放大电路，要求闭环放大倍数 $A_f=100$，当开环放大倍数 A 变化 $\pm10\%$ 时，A_f 的相对变化量要求在 $\pm0.5\%$ 以内，试确定开环放大倍数 A 及反馈系数 F 的值。

解： 因为

$$\frac{\Delta A_f}{A_f}=\frac{1}{1+AF}\frac{\Delta A}{A}$$

由上式和已知条件可确定反馈深度为

$$D=1+AF\geqslant\frac{\Delta A/A}{\Delta A_f/A_f}=\frac{10\%}{0.5\%}=20$$

又因为

$$A_f=\frac{A}{1+AF}$$

所以开环放大倍数为

$$A=A_f(1+AF)\geqslant100\times20=2000$$

$$AF\geqslant20-1=19$$

$$F\geqslant\frac{19}{A}=\frac{19}{2000}=0.95\%$$

5.3.2 展宽通频带

在许多实际场合，待放大的信号各不同频率成分分布在较宽的频率范围内，相应要求放大电路有较宽的通频带。在放大电路中引入负反馈是展宽其通频带的有效措施之一。对此，讨论如下。

由 2.5 节的讨论可知，放大电路高频放大倍数可表示为

$$\dot{A}_h=\frac{\dot{A}_m}{1+j\dfrac{f}{f_H}} \tag{5-7}$$

当反馈网络为纯阻网络时，反馈系数 F 为不随频率变化的一个常数（需要注意：若反馈网络中含耦合电容，但耦合电容对高频成分相当于短路，此时，可不考虑耦合电容的高频影响，高频区反馈系数 F 也可视为不随频率变化的一个常数），则引入负反馈后的高频放大倍数可表示为

$$\dot{A}_{hf}=\frac{\dot{A}_h}{1+\dot{F}\dot{A}_h}=\frac{\dot{A}_m/(1+jf/f_H)}{1+\dot{F}[\dot{A}_m/(1+jf/f_H)]}$$

$$=\frac{\dot{A}_m}{1+\dot{F}\dot{A}_m+jf/f_H}=\frac{A_m/(1+\dot{F}\dot{A}_m)}{1+j[f/(1+\dot{F}\dot{A}_m)f_H]}$$

$$=\frac{\dot{A}_{mf}}{1+j[f/(1+\dot{F}\dot{A}_m)f_H]} \tag{5-8}$$

令引入负反馈上限频率为

$$f_{Hf} = (1 + FA_m)f_H \tag{5-9}$$

则式（5-8）变为

$$\dot{A}_{hf} = \frac{\dot{A}_{mf}}{1 + jf/f_{Hf}} \tag{5-10}$$

由于负反馈深度 $1 + FA_m > 1$，所以，$f_{Hf} = (1 + FA_m)f_H > f_H$，即负反馈使上限频率提高至 $(1 + FA_m)$ 倍。

需要注意的是，不同类型的负反馈，式（5-9）中 F 和 A_m 的意义不一样。例如，对于电压串联负反馈电路，是将电压放大倍数的上限频率增大到基本放大电路的 $(1 + FA_m)$ 倍；对于电流并联负反馈电路，是将电流放大倍数的上限频率增大到基本放大电路的 $(1 + FA_m)$ 倍；对于电压并联负反馈电路，是将互阻放大倍数的上限频率增大到基本放大电路的 $(1 + FA_m)$ 倍；对于电流串联负反馈电路，是将互导放大倍数的上限频率增大到基本放大电路的 $(1 + FA_m)$ 倍。

当反馈网络不含 L、C 等电抗元件时，反馈系数 F 不随频率变化，同理可分析，引入负反馈后，负反馈放大电路的下限频率的可表为

$$f_{Lf} = \frac{f_L}{(1 + \dot{F}\dot{A}_m)} \tag{5-11}$$

由于负反馈深度 $1 + FA_m > 1$，所以，$f_{Lf} = f_L/(1 + FA_m) < f_L$，即负反馈使下限频率降低至 $1/(1 + FA_m)$。对于不同类型的负反馈，式（5-11）中 F 和 A_m 的意义不一样。

由于 $f_H \gg f_L$，开环放大电路的通频带为

$$f_{BW} = f_H - f_L \approx f_H \tag{5-12}$$

由于 $f_{Hf} \gg f_{Lf}$，负反馈放大电路的通频带为

$$f_{BWf} = f_{Hf} - f_{Lf} \approx f_{Hf} = (1 + FA_m)f_H > f_{BW} = f_H \tag{5-13}$$

即负反馈使通频带提高至 $(1 + FA_m)$ 倍。为简便，后面分析用 A 代替 A_m。

值得指出的是，若放大电路有多个转折频率，且反馈网络不是纯阻网络，即反馈系数是随频率变化而变化的函数，此时，问题比较复杂，式（5-13）虽不成立，但负反馈使通频展宽的结论仍然成立。

5.3.3 减小非线性失真

晶体管（或场应管）的伏安特性具有非线性，特别是放大电路输入、输出信号较大时，非线性更为明显，放大电路不可避免地出现一定程度的非线性失真。

负反馈可减小非线性失真。对此，通过图 5-11 作一定性说明。

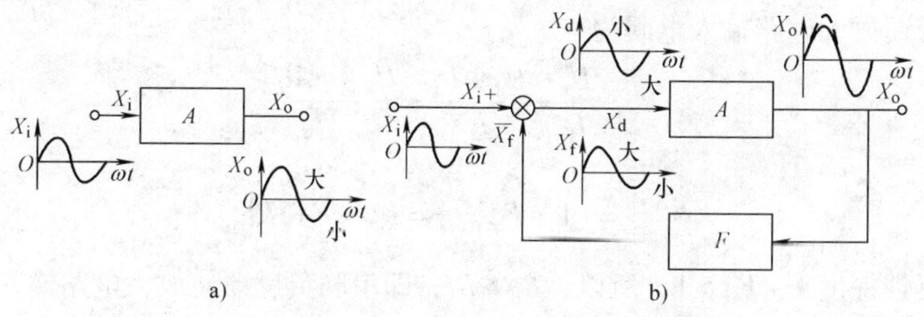

图 5-11 负反馈减小非线性失真示意图

a）无反馈的情形 b）有负反馈的情形

图 5-11a 所示框图表示无反馈的情形，同相放大电路对输入正弦信号 X_i 正半周放大能力强、负半周放大能力弱，结果，输出信号 X_o 为非正弦信号，即正的幅值大于负的幅值，输出信号 X_o 发生非线性失真。

图 5-11b 所示框图表示有负反馈的情形，由于反馈系数 F 可视为常数，无反馈时，输出信号 X_o 正的幅值大于负的幅值，如图中 X_o 虚线所示，经反馈网络后，反馈信号 X_f 也是正的幅值大于负的幅值，如图中 X_f 所示，输入正弦信号 X_i 与反馈信号 X_f 在叠加电路相减后所得到的净输入信号 $X_d = X_i - X_f$ 必然是正的幅值小于负的幅值，如图中 X_d 所示，净输入信号 X_d 出现与输出信号 X_o 相反方向的预失真，无反馈放大电路正半周放大能力强、负半周放大能力弱，使得预失真的净输入信号 X_d 经基本放大电路放大后的输出信号 X_o 得到非线性补偿，从而减小了非线性失真。

需要指出，上面讨论的负反馈减小非线性失真是指反馈环内（如晶体管非线性）引起的非线性失真。如果失真发生在反馈环外部（例如，外部输入信号 X_i 本身失真等）时，引入负反馈也将无济于事。

5.3.4 改变输入电阻

在电子电路应用中，根据实际需要，有时希望放大电路的输入电阻高些，有时希望低些。引入负反馈可改变放大电路的输入电阻。

负反馈放大电路中输入电阻的改变取决于反馈网络与基本放大电路输入端的连接方式(串联负反馈还是并联负反馈)。

1. 串联负反馈使输入电阻提高

在串联（包括电流串联或电压串联）负反馈的情形下，由于反馈电压 $\dot{U}_f$ 抵消了输入信号电压 $\dot{U}_i$ 的一部分，使净输入电压 $\dot{U}_d = \dot{U}_i - \dot{U}_f$ 减小，其结果相当于输入电流 I_i 减小，从而使得负反馈放大电路中的输入电阻 $R_{if} = U_i/I_i$ 比无反馈时放大电路中的输入电阻 R_i 要大。

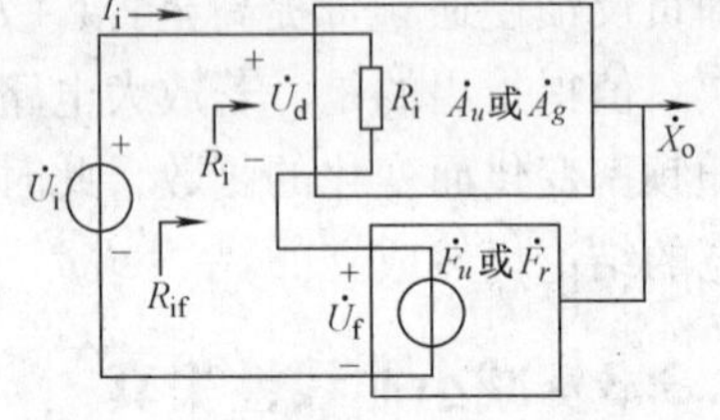

图 5-12 串联负反馈放大电路的框图

图 5-12 为串联负反馈放大电路框图，根据输入电阻定义，基本放大电路输入电阻的大小为

$$R_i = \frac{\dot{U}_d}{\dot{I}_i} \tag{5-14}$$

串联负反馈放大电路输入电阻为

$$\begin{aligned} R_{if} &= \frac{U_i}{I_i} = \frac{U_d + U_f}{I_i} = \frac{U_d + FAU_d}{\dot{I}_i} \\ &= (1 + FA)\frac{U_d}{I_i} = (1 + FA)R_i \end{aligned} \tag{5-15}$$

由于负反馈深度 $1 + FA > 1$，所以，$R_{if} > R_i$，即串联负反馈使放大电路输入电阻提高。

需要指出，应用式（5-15）时，对于电压串联负反馈，FA 为 F_uA_u；对于电流串联负反馈，FA 为 F_rA_g，而且 FA 无量纲。

2. 并联负反馈使输入电阻减小

图 5-13 为并联（包括电流并联或电压并联）负反馈放大电路框图。由图 5-13 可知，在相同的输入电压 $\dot{U}_i$ 作用下：无并联负反馈时，放大电路输入电流 $\dot{I}_{i1}=\dot{I}_d$；引入并联负反馈后，输入电流 $\dot{I}_i=\dot{I}_d+\dot{I}_f$，一般满足 $\dot{I}_f>>\dot{I}_d$，所以，$\dot{I}_i>>\dot{I}_{i1}$，显然，引入并联负反馈后，放大电路输入电阻比无并联负反馈时要减小。

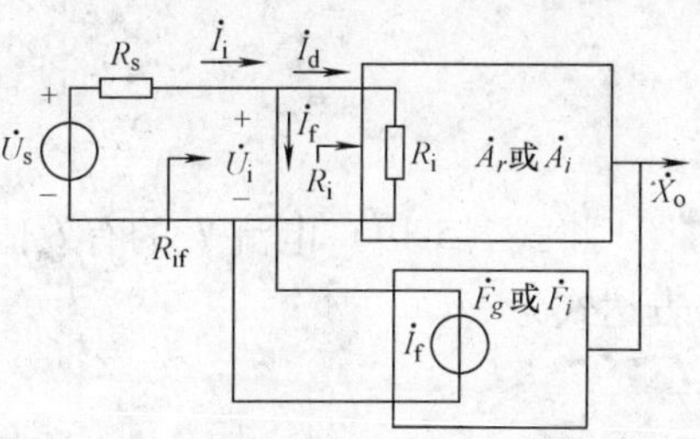

图 5-13　并联负反馈放大电路的框图

由图 5-13 可知，无并联负反馈时，$\dot{I}_f=0$，相当于反馈网络开路，根据输入电阻定义，基本放大电路输入电阻的大小为

$$R_i=\frac{U_i}{I_{i1}}=\frac{U_i}{I_d} \tag{5-16}$$

引入并联负反馈后，放大电路输入电阻为

$$\begin{aligned}R_{if}&=\frac{U_i}{I_i}=\frac{U_i}{I_d+I_f}=\frac{U_i}{I_d+FAI_d}\\&=\frac{1}{1+FA}\frac{U_i}{I_d}=\frac{1}{1+FA}R_i\end{aligned} \tag{5-17}$$

由于负反馈深度 $1+FA>1$，所以，$R_{if}<R_i$，即并联负反馈使放大电路输入电阻减小。

需要注意，应用式（5-17）时，对于电压并联负反馈，FA 为 F_gA_r；对于电流并联负反馈，FA 为 F_iA_i。

5.3.5　改变输出电阻

在电子电路应用中，根据实际需要，有时希望放大电路的输出电阻高些，有时希望低些。引入负反馈可改变放大电路的输出电阻。

负反馈对放大电路中输出电阻的改变取决于反馈信号的取样方式（电压取样还是电流取样，即是电压负反馈还是电流负反馈）。

1. 电压负反馈使输出电阻减小

电压负反馈使电路输出电压稳定，从效果上看，相当于电路的输出电阻减小。

电压负反馈放大电路的框图如图 5-14 所示。令输入量 $\dot{X}_i=0$，在输出端加交流电压 $\dot{U}_o$，产生电流 $\dot{I}_o$，电路的输出电阻的大小为

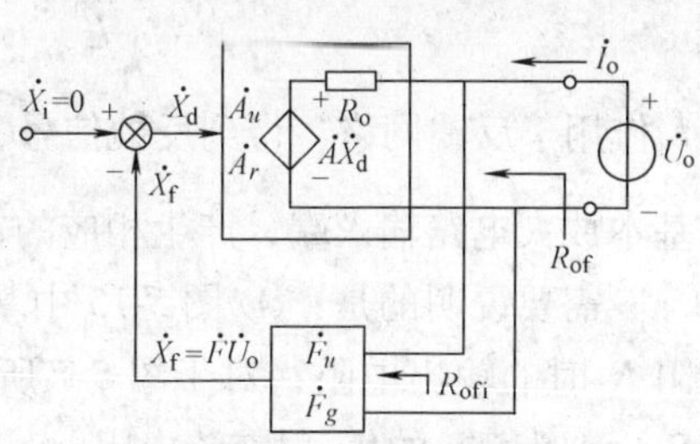

图 5-14　电压负反馈放大电路的框图

$$R_{of}=\frac{U_o}{I_o} \tag{5-18}$$

$\dot{U}_o$作用于反馈网络，得到反馈量 $\dot{X}_f=\dot{F}\dot{U}_o$，此时，净输入量 $\dot{X}_d=\dot{X}_i-\dot{X}_f=-\dot{X}_f=-\dot{F}\dot{U}_o$ 作用于基本放大电路输入端，产生相应的输出电压 $\dot{A}\dot{X}_d=-\dot{A}\dot{X}_f=-\dot{A}\dot{F}\dot{U}_o$。设基本放大电路的输出电阻为 R_o，在 $\dot{U}_o$的作用下，流过输出电阻 R_o的电流 $\dot{I}_o$的表达式为

$$\dot{I}_o = \frac{\dot{U}_o - \dot{A}\dot{X}_d}{R_o} = \frac{\dot{U}_o - (-\dot{A}\dot{X}_f)}{R_o}$$

$$\frac{\dot{U}_o + \dot{U}_o\dot{A}\dot{F}}{R_o} = \frac{\dot{U}_o(1+\dot{A}\dot{F})}{R_o} \tag{5-19}$$

将式（5-19）电流 $\dot{I}_o$的有效值 I_o代入式（5-18），可得电压负反馈放大电路输出电阻的表达式为

$$R_{of} = \frac{U_o}{I_o} = \frac{R_o}{1+AF} \tag{5-20}$$

由于负反馈深度 $1+AF>1$，所以，引入电压负反馈后，可使输出电阻减小到 $R_o/(1+AF)$。

需要注意的是，不同的反馈形式，A、F 的含义不同：对于电压串联负反馈，$F=F_u=U_f/U_o$，$A=A_u=U_o/U_i$；对于电压并联负反馈，$F=F_g=I_f/U_o$，$A=A_r=U_o/I_d$。

需要指出：图 5-14 中基本放大电路的输出电阻 R_o为没有考虑反馈网络输入电阻 R_{ofi}时的输出电阻，若考虑 R_{ofi}对基本放大电路输出端的负载作用，则无反馈基本放大电路输出电阻为 $R_o /\!/ R_{ofi}$，但在实际中满足 $R_{ofi} \gg R_o$，所以，无反馈基本放大电路输出电阻约为 R_o；对于图 5-2 所示电压串联负反馈电路而言，基本放大电路的输出电阻 R_o近似为 R_{c2}；对于图 5-3a 所示电压并联负反馈电路而言，基本放大电路的输出电阻 R_o也近似为放大管的集电极电阻 R_c。

2. 电流负反馈使输出电阻增大

电流负反馈使电路输出电流稳定，从效果上看，相当于电路的输出电阻增大。

电流负反馈放大电路的框图如图 5-15 所示。令输入量 $\dot{X}_i=0$，在输出端加交流电压 $\dot{U}_o$，产生电流 $\dot{I}_o$，电路的输出电阻的大小为

$$R_{of} = \frac{U_o}{I_o} \tag{5-21}$$

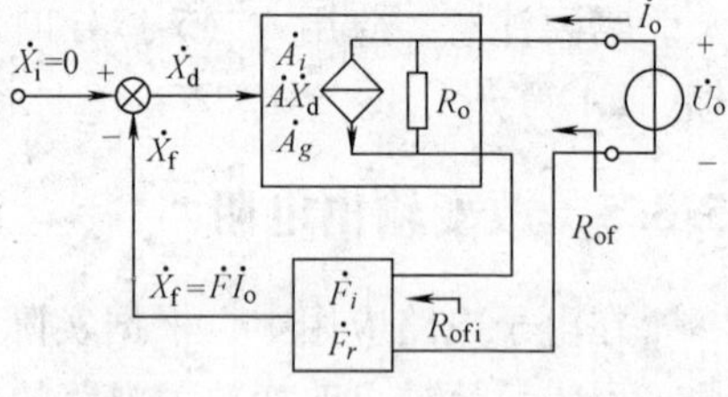

图 5-15　电流负反馈放大电路的框图

$\dot{I}_o$作用于反馈网络，得到反馈信号 $\dot{X}_f=\dot{F}\dot{I}_o$，而净输入量 $\dot{X}_d=\dot{X}_i-\dot{X}_f=-\dot{X}_f=-\dot{F}\dot{I}_o$作用于基本放大电路输入端，产生相应的输出电流 $\dot{A}\dot{X}_d=-\dot{A}\dot{X}_f=-\dot{A}\dot{F}\dot{I}_o$。

需要说明的是：① 图 5-15 中基本共射放大电路的输出电阻 R_o为没有考虑集电极负载电阻 R_c时的输出电阻；对于图 5-7 所示电流并联负反馈电路而言，基本放大电路的输出电阻 R_o近似为 VT_2的集-射交流电阻 r_{ce2}；对于图 5-3b 电流串联负反馈电路而言，基本放大电路输出电阻 R_o也近似为放大管的集-射交流电阻 r_{ce}。② 考虑到反馈网络在输出端的负载作用，图 5-15 中基本放大电路的输出电阻实际应为 R_o+R_{ofi}，R_{ofi}为反馈网络输入电阻，在分立元件电路中，通常满足 $R_o \gg R_{ofi}$（大几十至几百倍），所以，基本放大电路的输出电阻约为 R_o。

由于 $R_o \gg R_{ofi}$，可忽略 $\dot{U}_o$在 R_{ofi}上的分压，即认为 R_o上的电压约为 $\dot{U}_o$，故 $\dot{I}_o$为

$$\dot{I}_o \approx \dot{U}_o/R_o + (\dot{A}\dot{X}_d) = \dot{U}_o/R_o + (-\dot{A}\dot{F}\dot{I}_o)$$

整理上式可得

$$\dot{I}_o = \frac{\dot{U}_o / R_o}{1 + \dot{A}\dot{F}} \tag{5-22}$$

将 $\dot{I}_o$的有效值 I_o代入式（5-21）可得电流负反馈放大电路输出电阻的表达式为

$$R_{of} = \frac{U_o}{I_o} = (1 + AF) R_o \tag{5-23}$$

由于负反馈深度 $1 + AF > 1$，所以，引入电流负反馈后，可使输出电阻增大到（$1 + AF$）R_o（注意没有考虑 R_c）。若考虑 R_c后，则输出电阻为 $R_{of} /\!/ R_c \approx R_c$（$R_{of}$比 R_c大几百倍）

需要注意的是，不同的反馈形式，A、F 的含义不同。对于电流串联负反馈，$F = F_r = U_f / I_o$，$A = A_g = I_o / U_d$；对于电流并联负反馈，$F = F_i = I_f / I_o$，$A = A_i = I_o / I_d$。

电流负反馈能稳定输出电流，所以，电流负反馈放大电路可以用来直接驱动需要稳定电流的负载（例如用某些电流型仪表直接取代 R_c）。

例 5-4 有一无反馈放大电路，其技术参数为 $A_u = 1000$、$R_i = 10\text{k}\Omega$、$R_o = 10\text{k}\Omega$，$f_H = 100\text{kHz}$、$f_L = 10\text{kHz}$，在该电路中引入电压串联负反馈后，若无反馈开环放大倍数 A_u变化 $\pm 10\%$ 时，要求闭环电压放大倍数变化不超过 $\pm 1\%$，求引入电压串联负反馈后的技术参数：F_u、A_{uf}、R_{if}、R_{of}、f_{Hf}、f_{Lf}。

解：本题所求解的技术参数都与负反馈深度有关，因此，首先需求反馈深度。电路中引入电压串联负反馈后，由式（5-6）可知其反馈深度为

$$1 + F_u A_u = \frac{\Delta A_u / A_u}{\Delta A_{uf} / A_{uf}} = \frac{\pm 10}{\pm 1} = 10$$

所以

$$F_u A_u = 9$$

电压反馈系数为

$$F_u = \frac{9}{A_u} = 0.009$$

要求的技术参数分别为

$$A_{uf} = \frac{A_u}{1 + F_u A_u} = \frac{1000}{10} = 100$$

$$R_{if} = (1 + F_u A_u) r_i = 10 \times 10\text{k}\Omega = 100\text{k}\Omega$$

$$R_{of} = \frac{R_o}{1 + F_u A_u} = \frac{1}{10} \times 10\text{k}\Omega = 1\text{k}\Omega$$

$$f_{Hf} = (1 + F_u A_u) f_H = 10 \times 100\text{kHz} = 1000\text{kHz}$$

$$f_{Lf} = \frac{1}{1 + F_u A_u} f_L = \frac{1}{10} \times 10\text{kHz} = 1\text{kHz}$$

综上所述，负反馈有以下特点：

1）负反馈使放大电路的放大倍数下降，但却换得了放大倍数稳定度的提高，频带展宽，非线性失真减小，且性能改善的程度均与反馈深度（$1 + AF$）有关。

2）被改善的对象就是被取样的对象。例如，电流负反馈取样的对象是输出电流，则有关输出电流的交流性能得到改善（如稳定输出电流、输出电阻增大，闭环电流放大倍数和

闭环互导放大倍数稳定度提高等）；而电压负反馈取样的对象是输出电压，则有关输出电压的交流性能得到改善（如稳定输出电压、输出电阻减小，闭环电压放大倍数和闭环互阻放大倍数稳定度提高等）。

3）负反馈只能改善在负反馈环节以内的放大器性能，但对反馈环以外的外部输入信号的失真、与输入信号混在一起干扰、噪声及其他反馈环以外的不稳定因素是无能为力的。

4）负反馈能对放大电路性能进行多方面的改善，从本质上讲，是通过反馈量对输入量的自动控制调节，来达到自动调整输出量并使之稳定的目的。因此，对负反馈放大电路原理的理解应抓住负反馈过程的这种自动调整作用。

5.4 深度负反馈放大电路

深度负反馈是指反馈深度 $1+AF \gg 1$ 的负反馈。负反馈放大电路从理论上讲通常有三种分析方法，即等效电路法、分离法（框图法）和近似估算法。

等效电路法是把反馈放大电路中的非线性器件用线性电路等效，然后根据电路理论来求解各项指标。其求解过程十分复杂，可借助计算机实现。

分离法（框图法）是将负反馈放大电路分离成基本放大器和反馈网络两部分（用两个方框表示），然后分别求出基本放大器的各项指标和反馈网络的反馈系数，再按有关公式，分别求得 A_f、R_{if}、R_{of}、f_{Hf}等。其分析过程也很复杂。

近似估算法是在反馈深度 $1+AF \gg 1$ 的条件下，忽略某些次要因素，近似计算电路的某些指标（如反馈系数、闭环放大倍数等）。其主要优点是分析简单，误差通常在工程实际允许的范围内。

等效电路法、分离法（框图法）虽然从理论上讲，分析结果比较精确，但由于过程复杂，除了少数有某些特殊要求的场合用到外，一般较少用到。事实上，由于电路元件参数的分散性（通常每个元件参数的误差约在 ±10%），这就意味着，从工程实际的角度讲，不可能也无必要对电路进行过于精确的分析计算，因为任何精确分析计算结果最终要落实到选择具体的元件，而元件（如电阻、电容等）只能取标准系列值，不可能选择一个元件与理论精确要求的参数完全相符，电子电路满足实际要求的根本办法（或决定性的步骤）是最终通过实验修正调整。因此，工程近似估算法在实际中获得了广泛应用。故本节对等效电路法、分离法（框图法）不予讨论。

一个性能优良的放大电路往往都是深度负反馈放大电路。所以，本节涉及的电路都是深度负反馈放大电路。由于放大倍数是衡量负反馈放大电路特性的一个最重要的指标，本节将运用近似估算法，重点讨论深度负反馈放大电路放大倍数的分析与计算。

5.4.1 深度负反馈的实质

由负反馈放大电路的一般表达式式（5-5）可知，若满足$|1+\dot{A}\dot{F}| \gg 1$ 的深度负反馈条件，则有

$$\dot{A}_f \approx 1/\dot{F} \tag{5-24}$$

由 A_f和 F 的定义

$$\dot{A}_{f}=\dot{X}_{o}/\dot{X}_{i}, \dot{F}=\dot{X}_{f}/\dot{X}_{o}$$

故深度负反馈条件下有

$$\dot{A}_{f}=\dot{X}_{o}/\dot{X}_{i}\approx 1/\dot{F}=\dot{X}_{o}/\dot{X}_{f} \tag{5-25}$$

即$\dot{X}_{i}\approx\dot{X}_{f}$，在深度负反馈条件下，净输入量$\dot{X}_{d}=\dot{X}_{i}-\dot{X}_{f}\approx 0$。可见，深度负反馈的实质是反馈量$\dot{X}_{f}$对外部输入量$\dot{X}_{i}$的深度调节，致使净输入量$\dot{X}_{d}$在近似估算时可以忽略不计。显然，$|1+AF|$越大，在近似估算时忽略净输入量$\dot{X}_{d}$所带来的误差越小。实际负反馈放大电路中，通常$|1+\dot{A}\dot{F}|>10$，所以应用式（5-24）计算放大倍数所带来的误差一般都在工程允许的范围之内。

不同的反馈类型，忽略的净输入量$\dot{X}_{d}$也不同。对于深度电压（或电流）串联负反馈电路有

$$\dot{U}_{i}\approx\dot{U}_{f}$$

即近似计算时，净输入电压$\dot{U}_{d}=\dot{U}_{be}$可忽略不计。对于深度电压（或电流）并联负反馈电路有

$$\dot{I}_{i}\approx\dot{I}_{f}$$

即近似计算时，净输入电流$\dot{I}_{d}=\dot{I}_{b}$可忽略不计。

5.4.2 反馈系数的确定

由式（5-24）可知，计算深度负反馈放大电路放大倍数只需正确求出电路中的反馈系数$\dot{F}$，找出反馈网络并确定反馈类型，便可根据定义求出反馈系数。

反馈网络确定后，反馈量仅取决于输出量，而与外部的输入量无关，即求反馈量$\dot{X}_{f}$时，只需考虑输出量通过反馈网络回送到输入端（或输入回路）的那部分电流（或电压）量。

1. 并联反馈求反馈系数的方法

对于并联负反馈电路，求反馈系数的方法是：若为电压并联负反馈电路，令输入端短路（令$\dot{U}_{i}=0$），则反馈电流$\dot{I}_{f}\approx\dot{U}_{o}/R_{f}$，根据定义求出反馈系数$\dot{F}_{g}=\dot{I}_{f}/\dot{U}_{o}=(\dot{U}_{o}/R_{f})/\dot{U}_{o}=1/R_{f}$；若为电流并联负反馈电路，令输入端短路（令$\dot{U}_{i}=0$），则反馈电流$\dot{I}_{f}\approx B\dot{I}_{o}$，$B$通常为反馈网络中并联电阻电路的分流比（或分流系数），根据定义求出反馈系数$\dot{F}_{i}=\dot{I}_{f}/\dot{I}_{o}=B$。需要注意：在实际中，还需根据具体电路和信号的规定极性确定反馈系数$\dot{F}_{g}$、$\dot{F}_{i}$的符号是“+”或“-”（在下面的例题中将具体说明）。

2. 串联反馈求反馈系数的方法

对于串联负反馈电路，求反馈系数的方法是：若为电压串联负反馈电路，令输入端交流开路（令$\dot{I}_{i}=0$），则反馈电压$\dot{U}_{f}\approx B\dot{U}_{o}$，$B$通常为反馈网络中串联电阻电路的分压比（或

分压系数），根据定义求出反馈系数 $\dot{F}_u=\dot{U}_f/\dot{U}_o=(B\dot{U}_o)/\dot{U}_o=B$；若为电流串联负反馈电路，令输入端交流开路（令 $\dot{I}_i=0$），则反馈电压 $\dot{U}_f\approx\dot{I}_oR$（$R$ 通常为输入回路和输出回路公共支路上的电阻），根据定义求出反馈系数 $\dot{F}_r=\dot{U}_f/\dot{I}_o=(\dot{I}_oR)/\dot{I}_o=R$。需要注意：在实际中，还需根据具体电路和信号的规定极性确定反馈系数 $\dot{F}_u$、$\dot{F}_r$的符号是"+"或"−"（在下面的例题中将具体说明）。

5.4.3　深度负反馈放大电路的放大倍数分析

对于负反馈放大电路，关心的是反映其电压放大能力的电压放大倍数，因为现实中需要传输和处理的许多信号通常都是弱电压信号，而要使这些弱电压信号满足实际需要，必须通过放大电路进行电压放大。对于四种不同类型的负反馈电路，一般表达式式（5-5）中放大倍数、反馈系数具有不同的含义。利用近似公式 $\dot{A}_f=1/\dot{F}$，除电压串联负反馈可由 $\dot{F}_u$直接求出闭环电压放大倍数 $\dot{A}_{uf}=1/\dot{F}_u$以外，另外三种类型的负反馈电路只能利用近似公式 $\dot{A}_f=1/\dot{F}$ 先求出 $\dot{A}_{if}$、$\dot{A}_{gf}$、$\dot{A}_{rf}$，最终还需将 $\dot{A}_{if}$、$\dot{A}_{gf}$、$\dot{A}_{rf}$转换为 $\dot{A}_{uf}$或 $\dot{A}_{usf}$。下面通过具体电路加以讨论。

1. 深度电压串联负反馈电路的闭环电压放大倍数分析

例 5-5　图 5-16a 所示电压串联负反馈放大电路满足深度负反馈条件，且电路中所有电容对交流信号均可视为短路，试估算其闭环电压增益 $\dot{A}_{uf}=\dot{U}_o/\dot{U}_i$。

解： 图 5-16a 所示电路为两级之间的电压串联负反馈放大电路，C_F、R_f、R_{e1}组成两级之间的反馈网络。R_{e1}上的电压即为反馈电压 $\dot{U}_f$。由于满足深度负反馈条件，可认为图 5-16a 所示电压串联负反馈放大电路 VT_1发射结的净输入电压 $\dot{U}_{be1}\approx0$，则 $\dot{U}_i\approx\dot{U}_f$。

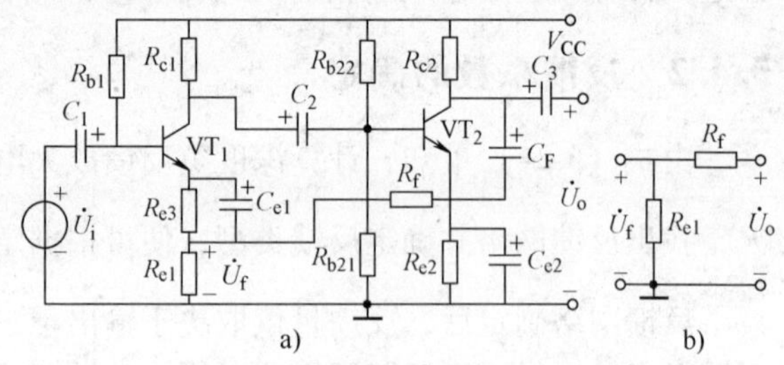

图 5-16　电压串联负反馈放大电路及反馈网络

a）电路　b）反馈网络

根据前面讨论，对于串联负反馈电路，求反馈系数的方法是：令输入端交流开路（令 $I_i=0$），则必然有 $\dot{I}_{e1}=0$。于是可得图 5-16b 所示的反馈网络，可见，反馈电压为

$$\dot{U}_f\approx\frac{R_{e1}}{R_{e1}+R_f}\dot{U}_o$$

所以闭环电压放大倍数为

$$\dot{A}_{uf}=\frac{\dot{U}_o}{\dot{U}_i}\approx\frac{\dot{U}_o}{\dot{U}_f}=\frac{R_{e1}+R_f}{R_{e1}}=1+\frac{R_f}{R_{e1}}$$

需要说明，图 5-16 所示电路实际上有两个反馈环，C_F、R_f、R_{e1}与放大电路组成两级间

的级间反馈环；此外，VT_1的发射极电阻 R_{e1} 还与输入级放大电路构成单级反馈（电流串联负反馈）环。但是，两级间的负反馈总是要比第一级单级负反馈强烈得多，所以，负反馈放大电路的特性改善主要由两级间的负反馈决定，故第一级单级负反馈对电路的影响可以忽略不计。这就是在本例分析中为什么没有考虑 R_{e1} 构成的单级电流串联负反馈的原因，即在计算 R_{e1} 上的反馈电压 $\dot{U}_f$时，忽略 VT_1 发射极电流 $\dot{I}_{e1}$ 在 R_{e1} 上产生的电压降，而认为反馈电压 $\dot{U}_f$仅由两级间电压串联负反馈所确定。以后遇到多反馈环的问题，都可只考虑多级间负反馈而忽略单级负反馈。

2. 深度电流串联负反馈电路闭环电压放大倍数分析

例 5-6 图 5-17a 所示为电流串联负反馈放大电路，满足深度负反馈条件，电路中所有电容对交流信号均可视为短路，试估算其闭环电压增益 $\dot{A}_{uf}=\dot{U}_o/\dot{U}_i$。

解：图 5-17a 所示电路为三级之间的电流串联负反馈放大电路，R_{e3}、R_f、R_{e1} 等组成三级之间的反馈网络。显然，R_{e1}上的电压即为反馈电压 $\dot{U}_f$。由于满足深度负反馈条件，可认为图 5-17a 所示电流串联负反馈放大电路 VT_1发射结的净输入电压 $\dot{U}_{be1}\approx 0$，则 $\dot{U}_i\approx\dot{U}_f$。

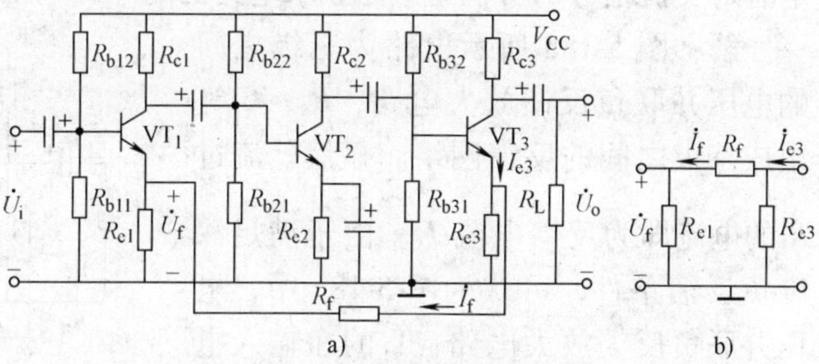

图 5-17　电流串联负反馈放大电路及反馈网络

a）电路　b）反馈网络

根据前面的讨论，对于串联负反馈电路，求反馈系数的方法是：令输入端交流开路（令 $\dot{I}_i=0$），必有 $\dot{I}_{e1}=0$。于是可得图 5-17b 所示的反馈网络，可见，输出电流 $\dot{I}_{e3}\approx\dot{I}_{c3}=\dot{I}_o$ 被电阻（R_f+R_{e1}）与 R_{e3}并联分流，根据并联电路的分流关系，流过 R_{e1} 的电流 $\dot{I}_f$ 为

$$\dot{I}_f=\frac{R_{e3}}{R_{e1}+R_f+R_{e3}}\dot{I}_{e3}$$

所以反馈电压为

$$\dot{U}_f=\dot{I}_f R_{e1}=\frac{R_{e3}R_{e1}}{R_{e1}+R_f+R_{e3}}\dot{I}_{e3}$$

所以互阻反馈系数为

$$\dot{F}_r\approx\frac{\dot{U}_f}{\dot{I}_{e3}}=\frac{R_{e3}R_{e1}}{R_{e1}+R_f+R_{e3}}$$

闭环互导放大倍数为

$$\dot{A}_{gf}\approx\frac{\dot{I}_{e3}}{\dot{U}_f}\approx\frac{\dot{I}_{c3}}{\dot{U}_f}\approx\frac{1}{\dot{F}_r}=\frac{R_{e1}+R_f+R_{e3}}{R_{e3}R_{e1}}$$

闭环电压放大倍数为

$$\dot{A}_{uf}=\frac{\dot{U}_o}{\dot{U}_i}\approx\frac{-\dot{I}_{c3}R'_L}{\dot{U}_f}=-\dot{A}_{gf}R'_L\approx-\frac{R_{e1}+R_f+R_{e3}}{R_{e3}R_{e1}}R'_L$$

式中，$R'_L=R_{e3}/\!/R_L$；负号表示 $\dot{U}_o$的实际极性与图 5-17a 中规定极性相反。

图 5-17 所示电路中有三个反馈环：R_{e3}、R_f、R_{e1} 等组成三级之间的级间反馈环；R_{e1}、R_{e3}等分别组成输入级（VT_1）和输出级（VT_3）两个单级反馈环。基于在例 5-5 所讨论的同样原因，本例同样只考虑了 R_{e3}、R_f、R_{e1} 等组成三级之间的级间反馈，而忽略 R_{e1}、R_{e3} 两个单级反馈。

3. 深度电压并联负反馈电路的闭环电压放大倍数分析

例 5-7　图 5-18a 所示为电压并联负反馈放大电路，满足深度负反馈条件，电路中所有电容对交流信号均可视为短路，求电路的闭环源电压放大倍数 $\dot{A}_{usf}=\dot{U}_o/\dot{U}_s$。

解：图 5-18a 所示电路为三级之间的电压并联负反馈放大电路，R_f、C_f 等组成三级之间的反馈网络。显然，流过R_f的电流即为反馈电流 $\dot{I}_f$。由于满足深度负反馈条件，可认为图 5-18a 中，电压并联负反馈放大电路 VT_1 的净输入电流 $\dot{I}_d\approx\dot{I}_{b1}\approx0$，$\dot{I}_i\approx\dot{I}_f$。需要注意：图 5-18a、b 所示电路中，$\dot{U}_o$的实际极性与图中所画出的规定极性相反。

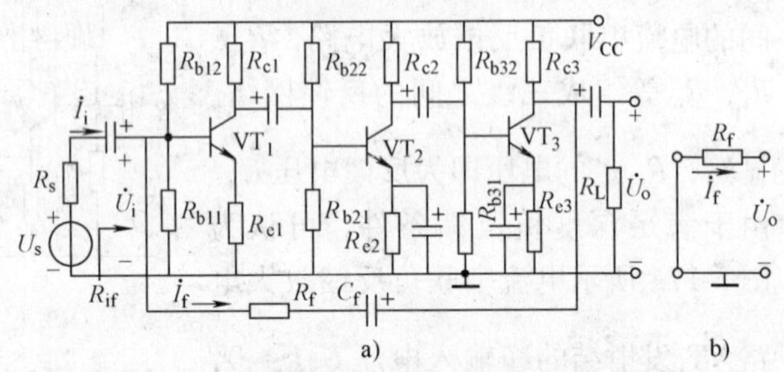

图 5-18　电压并联负反馈放大电路及反馈网络

a）电路　b）反馈网络

对于并联负反馈电路，求反馈系数的方法是：令输入端交流短路（令 $\dot{U}_i=0$），于是可得图 5-18b 所示的反馈网络。由图 5-18b 可知，流过 R_f的电流 $\dot{I}_f$为

$$\dot{I}_f=-\frac{\dot{U}_o}{R_f}$$

上式中的负号表示 $\dot{U}_o$的实际极性与图中规定极性相反。

互导反馈系数为

$$\dot{F}_g=\frac{\dot{I}_f}{\dot{U}_o}\approx-\frac{1}{R_f}$$

闭环互阻放大倍数为

$$\dot{A}_{rf}=\frac{\dot{U}_o}{\dot{I}_i}\approx\frac{\dot{U}_o}{\dot{I}_f}\approx\frac{1}{\dot{F}_g}=-R_f$$

因为满足深度并联负反馈，净输入电流 $\dot{I}_d\approx\dot{I}_{b1}\approx0$，$\dot{U}_i\approx\dot{I}_dR_i\approx0$，$R_i$为无三级间负反馈基本放大电路输入电阻，所以闭环源电压放大倍数为

$$\dot{A}_{usf}=\frac{\dot{U}_o}{\dot{U}_S}\approx\frac{\dot{U}_o}{\dot{I}_iR_s}=\frac{\dot{A}_{rf}}{R_s}\approx-\frac{R_f}{R_s}$$

上式中的负号表示图 5-18a 所示电路为反相放大电路。

4. 深度电流并联负反馈电路的闭环电压放大倍数分析

例 5-8 图 5-19a 所示的电流并联负反馈放大电路满足深度负反馈条件，电路中所有电容对交流信号均可视为短路，试求电路的闭环源电压增益 $\dot{A}_{usf}=\dot{U}_o/U_s$。

解： 图 5-19a 所示电路为两级之间的电流并联负反馈放大电路，R_f、R_{e2} 等组成两级之间的负反馈网络。显然，流过 R_f 的电流即为负反馈电流 $\dot{I}_f$。由于满足深度负反馈条件，可认为 VT_1 的净输入电流 $\dot{I}_d\approx\dot{I}_{b1}\approx0$，$\dot{I}_i\approx\dot{I}_f$（$R_b$ 较大，流经 R_b 的电流可忽略）。

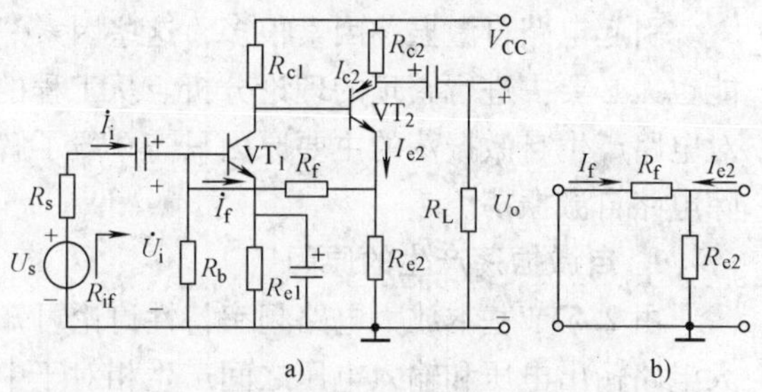

图 5-19 电流并联负反馈放大电路及反馈网络
a）电路 b）反馈网络

对于并联负反馈电路，求反馈系数的方法是：令输入端交流短路（令 $\dot{U}_i=0$），于是可得图 5-19b 所示的反馈网络。根据并联电路分流关系，流过 R_f 的电流 $\dot{I}_f$ 为

$$\dot{I}_f=\frac{-R_{e2}}{R_f+R_{e2}}\dot{I}_{e2}\approx\frac{-R_{e2}}{R_f+R_{e2}}\dot{I}_{c2}$$

式中，负号表示图 5-19a、b 所示电路中 $\dot{I}_{e2}$（$\dot{I}_{c2}$）的实际方向与图中规定方向相反。

由上式可得电流反馈系数为

$$\dot{F}_i=\frac{\dot{I}_f}{\dot{I}_{c2}}\approx\frac{-R_{e2}}{R_f+R_{e2}}$$

闭环电流放大倍数为

$$\dot{A}_{if}=\frac{1}{\dot{F}_i}\approx-\frac{R_f+R_{e2}}{R_{e2}}$$

因为满足深度并联负反馈，净输入电流 $\dot{I}_d\approx\dot{I}_{b1}\approx0$，$\dot{U}_i\approx\dot{I}_dR_i\approx0$，$R_i$ 为无反馈基本放大电路输入电阻，所以，$\dot{I}_i=(\dot{U}_s-\dot{U}_i)/R_s\approx\dot{U}_s/R_s$。令 R'_L 为 R_{c2} 与 R_L 的并联电阻，闭环源电压放大倍数为

$$\dot{A}_{usf}=\frac{\dot{U}_o}{\dot{U}_s}\approx-\frac{\dot{I}_{c2}R'_L}{\dot{I}_iR_s}\approx-\frac{\dot{I}_{c2}R'_L}{\dot{I}_fR_s}=-\dot{A}_{if}\frac{R'_L}{R_s}$$

$$\approx\frac{R_f+R_{e2}}{R_sR_{e2}}R'_L$$

闭环源电压放大倍数为正，表明图 5-19a 所示电路为同相放大电路。

*5.4.4 负反馈放大电路的自激振荡

在中频段，负反馈可改善放大电路特性；但如果电路结构不合理，且反馈过深时，即使输入信号为零时（不加输入信号），放大电路却能输出某一频率和一定幅值的信号，这种现象称放大电路自激振荡（简称自激）。放大电路一旦发生自激振荡就不能正常工作了。因此，实际中应避免放大电路发生自激振荡。

引起电路自激振荡因素很多，这些因素一般无法准确预知，所以，对电路自激振荡不可能也无必要去进行繁琐的理论分析。从工程的角度考虑，更关注消除电路自激振荡的措施。对电路产生自激振荡的主要原因只需一般了解，了解的目的是为了更好地采取相应的措施消除电路自激振荡。

1. 自激振荡产生的原因

由2.5节基本放大电路频率特性讨论可知，在低频段，耦合电容、射极旁路电容会使放大电路输出电压和输入电压之间产生相对于中频段超前的附加相移；在高频段，晶体管结电容会使放大电路输出电压和输入电压之间产生相对于中频段滞后的附加相移。在负反馈放大电路中，也正是这些电容，使得$\dot{A}\dot{F}$在低频段产生超前的附加相移、在高频段产生滞后的附加相移，若$\dot{A}\dot{F}$在高、低频段产生的附加相移用$\Delta\varphi_A + \Delta\varphi_F$表示，在高、低频段对应不同的频率，$\dot{A}\dot{F}$产生的附加相移也不同，当对应某一频率$f_o$，使$\Delta\varphi_A + \Delta\varphi_F = n\pi$（$n$为奇数）时，反馈量$\dot{X}_f$相对于中频段产生超前或滞后$n\pi$（$n$为奇数）的附加相移，于是净入量$\dot{X}_d = \dot{X}_i + \dot{X}_f$，即反馈的结果使净入量增大，电路对频率$f_o$而言变为正反馈；对频率$f_o$而言，又满足$\dot{A}\dot{F} = -1$，则$\dot{A}_f = \dot{A}/(1+\dot{A}\dot{F}) \rightarrow \infty$，电路产生自激振荡（有关自激振荡的详细情形将在第7章讨论）。

电路产生自激振荡后，正反馈信号就是电路自身的输入信号（即激励自身），输出信号有特定的频率f_o和一定的幅值，且振荡频率f_o处在低频段（低频振荡）或高频段（高频振荡）。电路一旦自激振荡后，将不能正常放大信号。显然，放大电路产生自激振荡是有害的（称之为寄生振荡），实际中应避免。

2. 消除电路自激振荡的原理

实际中，常遇到的寄生振荡多为高频寄生振荡。而高频寄生振荡是晶体管结电容（包括接线分布电容）等引起的，为消除电路这种有可能产生的高频寄生振荡，就得设法破坏结电容（包括接线分布电容）等引起的附加相移$\Delta\varphi_A + \Delta\varphi_F = n\pi$（$n$为奇数）的正反馈相位条件。常采取的措施是在电路中人为地引入电容或电阻、电容电路，它们在频率f_o处产生的附加相移为$\Delta\varphi_B$，若使得$\Delta\varphi_B + \Delta\varphi_A + \Delta\varphi_F \neq n\pi$（$n$为奇数），则晶体管结电容（包括接线分布电容）等引起的高频寄生振荡也就自然消除了。

3. 常用消除电路自激振荡的措施

常用的消除电路自激振荡的办法如图5-20所示（注：图中VT_1的基极偏置电路均未画出）。

在图5-20a、b中，VT_2的基极与公共端间分别并上了电容C和R、C，在图5-20c中，VT_2的基极与集电极之间并上了电容C，它们的作用破坏结电容（包括接线分布电容）等引

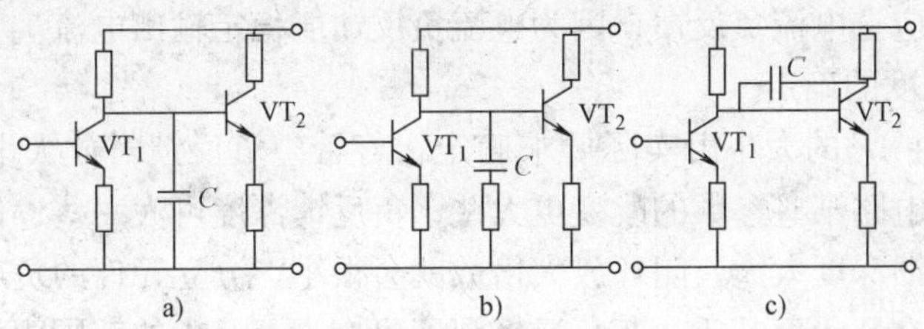

图 5-20　常用的消除放大电路高频寄生振荡的措施

起的附加相移 $\Delta\varphi_A+\Delta\varphi_F=n\pi$（$n$ 为奇数）的正反馈相位条件，以达到消除电路有可能产生的高频寄生振荡之目的。例如，3.4.1 节中讨论过的 F007 集成运放内部电路中 VT_{16}的基极与 VT_{13}的集电极并联的电容 C（30pF）就是为了消除集成运放电路有可能产生的高频寄生振荡。

图 5-20 中引入的消除高频寄生振荡的电容 C 一般在几至几十皮法之间，对需要放大的信号频率而言，其容抗很大，可视为开路，因此，电容 C 对电路的正常工作不产生影响（当然会使电路上限截止频率降低）。

需要说明的是：一个设计好的深度负反馈放大电路在实际应用中是否会产生寄生振荡，事先难以预料。实际中，大多数深度负反馈放大电路一般都不会产生寄生振荡，但作为批量生产的定型产品中的放大电路，为使其稳定工作，无论其是否会产生寄生振荡，通常在电路中采取如图 5-20 中引入消除电路有可能产生高频寄生振荡的电容 C 的措施。上面谈到的 F007 集成运放内部电路中 VT_{16}的基极与 VT_{13}的集电极并联的电容 C（30pF）就是出于这一目的（尽管没有这一电容 C，电路也不一定会产生寄生振荡）。

*5.4.5　负反馈放大电路的设计

四种不同类型负反馈放大电路具有不同特点，电路设计时，选用哪种类型负反馈放大电路要根据实际需要确定。

1. 设计原则

负反馈放大电路的设计原则主要根据输入特性、输出特性和反馈深度等几个方面考虑。

（1）根据输入特性要求确定负反馈网络在电路输入端的连接方式

1）若要求输入电阻高，选串联型负反馈。

2）若要求输入电阻低，选并联型负反馈。

3）若对输入电阻无特定要求，可灵活选择。

4）若输入信号源内阻较小，应选串联型负反馈，这是因为输入信号源内阻小，并联负反馈作用不明显，而串联型负反馈作用明显。

5）若输入信号源内阻较大，且输入信号源对负载又无特别要求，应选并联型负反馈，这是因为输入信号源内阻大，并联负反馈作用明显，而串联型负反馈作用不明显。

（2）根据输出特性要求确定负反馈网络在电路输出端的连接方式

1）若负载为低阻值负载，应选电压负反馈，因为电压负反馈电路输出电阻小。

2）若负载电阻在一定范围内变化时，希望输出电压变化尽可能较小，应选电压负反馈，因为电压负反馈能稳定输出电压。

3）若负载为电流型负载，希望负载电载电阻在一定范围内变化时，流经负载的输出电流变化尽可能小，应选电流负反馈，因为电流负反馈能稳定输出电流。

(3) 负反馈深度的确定

负反馈深度 $1+AF$ 的大小由实际要求确定，若希望负反馈对放大电路某些性能的改善更好些，或对放大电路某些参数的改变更大些，负反馈深度可大一些；但还需兼顾放大倍数的要求，因为负反馈深度太大，闭环放大倍数就会很小。分立元件的负反馈放大电路，其开环放大倍数 A 通常在几十至几千，其负反馈深度可在十至几十的范围内根据需要综合考虑确定。由于集成运放开环电压增益在 $10^5 \sim 10^6$ 之间，其线性输入电压很小，为十几微伏，为保证集成运放工作在线性区，集成运放负反馈放大电路的负反馈深度通常在几千至几万之间。

2. 设计举例

试设计一个如图 5-21 所示的两级小信号阻容耦合电压串联负反馈电路。

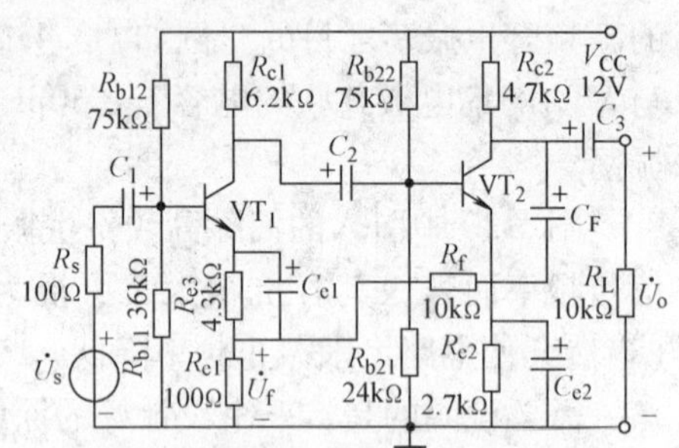

图 5-21 电压串联负反馈放大电路

设计要求：闭环电压放大倍数相对变化量小于开环电压放大倍数相对变化量的 11%，开环电压放倍数 $A_u = A_{u1}A_{u2} > 800$，闭环电压放倍数 $A_{uf} > 80$。

已知：$\beta_1 = \beta_2 = \beta = 60$、$r_{be1} = 1.7\text{k}\Omega$、$r_{be2} = 1.5\text{k}\Omega$、$R_s = 100\Omega$、$R_L = 10\text{k}\Omega$。设电路中标出的所有电容对交流可视为短路。

设计步骤如下：

(1) 根据开环电压放倍数 $A_u = A_{u1}A_{u2} > 800$，分配各级开环电压放倍数 A_{u1}、A_{u2}。

本例所说的电路开环是指消除了两级之间电压串联负反馈的电路工作状态。

求两级间电压串联负反馈基本放大电路时，既要消除两级间的电压串联负反馈，同时，又要保留反馈电阻 R_f 对第一级输入回路负载作用影响，即令 $U_o = 0$（令输出端交流短路），此影响表现为 R_f 与 R_{e1} 并联；另一方面，既要消除两级间的电压串联负反馈，同时还应保留反馈电路 R_f、R_{e1} 对输出端的负载作用影响，此影响表现为（$R_f + R_{e1}$）与 $R_{c2} /\!/ R_L$ 的并联。因此，消除两级间电压串联负反馈后的基本放大电路交流通路如图 5-22 所示。

由图 5-22 可知，$R_{e1} /\!/ R_f$（$\approx R_{e1}$）使 VT_1 放大电路存在本级电流串联负反馈，其电压放大倍数较小，故分配 $A_{u1} \approx 8$，VT_2 放大电路电压放大倍数分配为 $A_{u2} \approx 100$。以此为基础，按第 2 章单级放大电路设计方法确定的电阻参数（除 R_{e1}、R_f 之外）如图 5-21 所示，其设计过程在此不赘述。

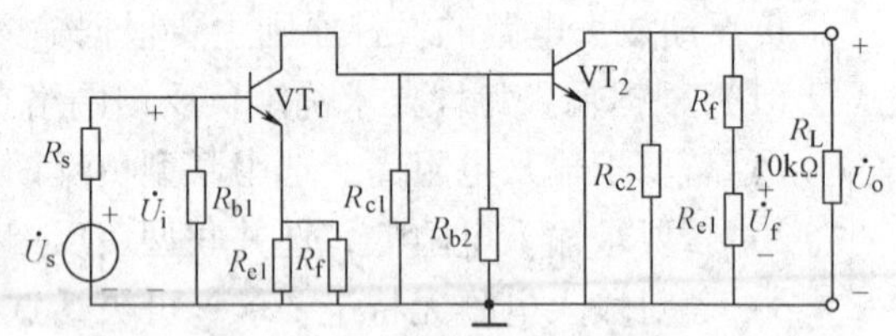

图 5-22 消除两级间电压串联负反馈后的基本放大电路交流通路

(2) 确定反馈深度和反馈系数

根据闭环电压放大倍数相对变化量小于开环电压放大倍数相对变化量的 11% 的设计要求，应满足反馈深度 $1 + A_uF_u > 9$，由此可求得电压反馈系数 $F_u >（9-1）/A_u = 0.01$。

(3) 确定反馈网络电阻 R_{e1}、R_f

由于是两级负反馈、电阻 R_{e1} 不宜取得太大，否则，负反馈太深，综合考虑负反馈深度和 R_{e1} 上直流电压降不致太大，通常 R_{e1} 一般取 100 ~ 200Ω，现取 $R_{e1} = 100\Omega$。

反馈系数应满足 $F_u = R_{e1}/(R_{e1} + R_f) > 0.01$，将 $R_{e1} = 100\Omega$ 代入，可求得 $R_f < 9.9\text{k}\Omega$，

取系列值 $R_f = 10k\Omega$。

（4）验算

1）验算开环电压放大倍数

由图 5-22 可知，第一级电压放大倍数为

$$A_{u1} \approx \beta(R_{c1} /\!/ R_{b2} /\!/ r_{be2}) / [R_s + r_{be1} + (1+\beta)(R_{e1} /\!/ R_f)] \approx 8.65$$

式中，$R_{b2} = R_{b21} /\!/ R_{b22}$。

第二级电压放大倍数为

$$A_{u2} = \beta[R_{c2} /\!/ (R_{e1} + R_f) /\!/ R_L] / r_{be2} \approx 97.2$$

两级放大电路开环电压放大倍数为

$$A_u = A_{u1} A_{u2} = 8.65 \times 97.2 \approx 841$$

满足开环电压放倍数 $A_u = A_{u1} A_{u2} > 800$ 的条件。

2）验算闭环电压放大倍数

反馈深度为

$$1 + A_u F_u = 1 + A_u R_{e1} / (R_{e1} + R_f) \approx 1 + 841 \times 0.1 / (0.1 + 10) \approx 9.3$$

闭环电压放大倍数为

$$A_{uf} = A_u / (1 + A_u F_u) \approx 841 \div 9.3 \approx 90$$

均满足设计要求。

*5.5 放大电路中的正反馈

为了使放大电路具有良好的特性，能够稳定可靠地工作，一般引入负反馈，但在少数特殊情形下，为满足某些特殊的需要，有时也引入正反馈。最为典型的应用是：① 在射极跟随器中引入正反馈，以进一步提高输入电阻；② 在互补功率放大电路中引入正反馈，以进一步提高不失真输出电压幅度。下面分别讨论。

1. 射极跟随器中引入正反馈，以进一步提高输入电阻

图 5-23a 所示电路为一基极分压式静态工作点稳定的射极跟随器，为了保证静态工作点稳定，R_1、R_2 不能取得太大，这就限制了射极跟随器输入电阻 $R_i = R_1 /\!/ R_2 /\!/ [r_{be} + (1+\beta) R_e]$ 的提高。在要求输入电阻很高的情况下，通常采用图 5-23b 所示电路，即在图 5-23a 所示电路基础上引入了 R_3、C_2。用瞬时极性法不难判断图 5-23b 所示电路通过 R_3、C_2 引入了正反馈。

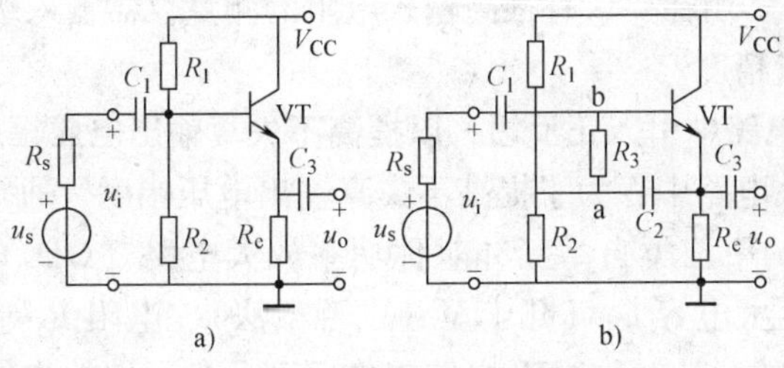

图 5-23 射极跟随器电路

a）一般射极跟随器 b）引入自举电路的射极跟随器

设图 5-23 所示电路中所有电容对交流均可视为短路，图 5-23b 所示电路中，当 R_3上端交流电位 $u_b = u_i$变化时，R_3下端交流电位 $u_a = u_o$跟随着同样变化，好象自己将自己“抬举”起来一样，故称为自举电路。

由图 5-23b 可知，流过 R_3的交流电流（有效值）为

$$I_{R3} = (U_i - U_o)/R_3 = U_i(1 - A_{uf})/R_3$$

射极跟随器的电压放大倍数 $A_{uf} = U_o/U_i \leqslant 1$，所以，$U_a = U_o = A_{uf}U_i \leqslant U_i$。

R_3支路的等效电阻为

$$R_3' = U_i/I_{R3} = R_3/(1 - A_{uf}) \tag{5-26}$$

由于 $A_{uf}(=u_o/u_i)$小于约等于 1，所以，$(1 - A_{uf})$ 大于约等于 0，故

$$R_3' = R_3/(1 - A_{uf}) \gg R_3。$$

由 2.2.3 节讨论可知

$$A_{uf} \approx \beta R_L'/(r_{be} + \beta R_L') \tag{5-27}$$

式中，$R_L' = R_1 /\!/ R_2 /\!/ R_e$。则有

$$1 - A_{uf} \approx 1 - \beta R_L'/(r_{be} + \beta R_L') = r_{be}/(r_{be} + \beta R_L') \tag{5-28}$$

将式（5-28）代入式（5-26），并考虑到 $\beta R_L' \gg r_{be}$，可得

$$R_3' \approx (r_{be} + \beta R_L')R_3/r_{be} \approx \beta R_L' R_3/r_{be} \tag{5-29}$$

所以图 5-23b 所示电路输入电阻为

$$R_i \approx R_3' /\!/ \beta R_L' \tag{5-30}$$

例 5-9 在图 5-23 所示电路中，若 $R_1 = R_2 = R_3 = 100\text{k}\Omega$，$R_e = 10\text{k}\Omega$，$\beta = 100$，$r_{be} \approx 2\text{k}\Omega$，试比较图 5-23a、b 所示电路输入电阻的大小。

解： 图 5-23a 所示电路的输入电阻为

$$R_i = R_1 /\!/ R_2 /\!/ [r_{be} + (1+\beta)R_e] \approx R_1 /\!/ R_2 /\!/ \beta R_e = (100 /\!/ 100 /\!/ 1000)\text{k}\Omega \approx 47.6\text{k}\Omega$$

图 5-23b 所示电路输出端总负载电阻为

$$R_L' = R_1 /\!/ R_2 /\!/ R_e = (100 /\!/ 100 /\!/ 10)\text{k}\Omega = 8.33\text{k}\Omega$$

则 $\beta R_L' = 833\text{k}\Omega, R_3' \approx \beta R_L' R_3/r_{be} \approx (833 \times 100)\text{k}\Omega/2 = 41650\text{k}\Omega$

由式（5-30）可得图 5-23b 所示电路的输入电阻为

$$R_i \approx R_3' /\!/ \beta R_L' \approx 41650 /\!/ 833 \approx 816.7\text{k}\Omega$$

即图 5-23b 所示电路的输入电阻比图 5-23a 所示电路的增大 17 倍。

由于图 5-23b 所示电路的静态基极电流 I_B流过 R_3会产生直流电压降 I_BR_3，为了不使直流电压降 I_BR_3过大（通常小于 1V），实际中，R_3的阻值一般不超过一二百千欧。

图 5-23b 所示电路多用在要求有很高输入电阻的测量仪器输入级，以减小从信号源吸取的电流，从而提高测量精度。

2. 互补功率放大电路中引入正反馈，以提高不失真输出电压幅度

实际互补功率放大电路中，为了提高不失真输出电压幅度，通常也引入正反馈的自举电路。图 5-24 为一实用的甲乙类自举互补对称功率放大电路（OTL 电路）。与 4.2 节讨论的 OTL 电路相比，增加了大电容 C_2（几十至一二百微法）、电阻 R_5等组成的自举电路。VT_1、VT_2等其他各元件组成的互补对称 OTL 电路工作原理及各元件的作用在 4.2 节已介绍。现在从如下两方面作一补充说明。

（1）引入级间直流负反馈稳定静态工作点

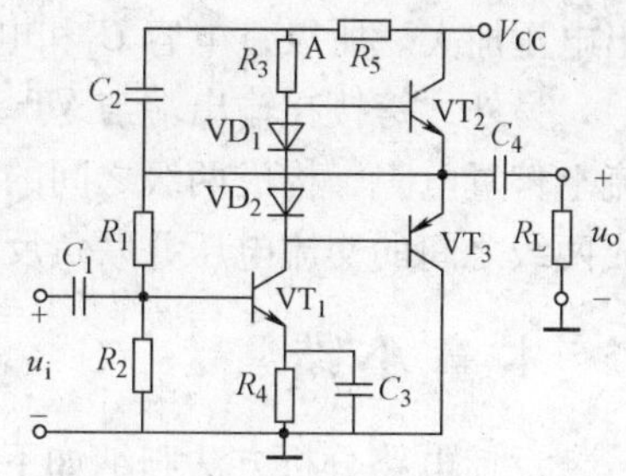

图 5-24 自举互补对称功率放大电路

输入级 VT_1 的基极上偏置电阻 R_1 上端连接至 VT_2、VT_3 的发射极，构成两级之间的静态工作点稳定的直流负反馈电路。由于对称性，VT_2、VT_3 的发射极直流电压的正常值为 $U_{E2}=U_{E3}=V_{CC}/2$，这一直流电压经 R_1、R_2 分压给 VT_1 的基极提供静态偏置电压，使 VT_1 工作在放大区。

由于某种原因，使得 $U_{E2}=U_{E3}$ 偏离了 $V_{CC}/2$，比如 $U_{E2}=U_{E3}<V_{CC}/2$，两级之间随即发生如下直流负反馈过程：

$$U_{E2}=U_{E3}\downarrow\to U_{B1}\downarrow\to I_{B1}\downarrow\to I_{C1}\downarrow\to U_{C1}\uparrow \to U_{E2}=U_{E3}\uparrow$$

可见，这一直流负反馈过程，使 VT_2、VT_3 的发射极直流电压较好地稳定在 $V_{CC}/2$，从而保证 VT_2、VT_3 的工作电压具有较好的对称性。

（2）引入正反馈加大输出电压的动态范围

图 5-24 所示电路中通过 C_2、R_5 引入了正反馈，其作用是提高互补输出级 VT_2 的输出电压的跟随范围，使 VT_2 输出的正电压的最大值接近于 V_{CC}（约为 $V_{CC}-U_{CE2S}$，U_{CE2S} 为 VT_2 的临界饱和电压降）。C_2、R_5 在电路中的作用分析如下：

R_5 为交流隔离电阻（其值一般取 100～200Ω），若无 R_5（将 R_5 短路），R_3 的上端交流接地，则电容 C_2 将电路输出端对地交流短路，无输出电压，隔离电阻 R_5 是不可少的。

静态时：流过 R_5 的电流为 $I_{C1}+I_{B2}$，在几毫安左右，故 R_5 上的直流电压降 U_{R5} 很小（一般小于 0.5V），故可认为 A 点的直流电位 $U_A=V_{CC}-U_{R5}\approx V_{CC}$；而 $U_{E2}=U_{E3}=V_{CC}/2$；所以，大电容 C_2 上的直流电压 $U_{C2}=U_A-U_{E2}\approx V_{CC}-(V_{CC}/2)=V_{CC}/2$（这里需要注意，$C_2$ 上的直流电压极性上“+”下“-”）。

动态时：若 u_i 为负半周时，经 VT_1 反相放大输出正半周的信号推动 VT_2、VT_3 互补输出级（忽略 VD_1、VD_2 的动态电阻），VT_2 导通、VT_3 截止，输出正半周电压 u_o。

① 若无电容 C_2（C_2 断开）和电阻 R_5（R_5 短路），$U_A=V_{CC}$，在输出正半周电压 u_o 时，由于 $u_{E2}=u_{E3}>V_{CC}/2$，$u_{B2}>V_{CC}/2$，R_3 上的电压必小于 $V_{CC}/2$，且随着输出正半周电压 u_o 的幅度加大，必然是 u_{B2} 比 $V_{CC}/2$ 高得越多，即 R_3 上的电压 u_{R3} 比 $V_{CC}/2$ 小得越多，u_{R3} 的减小，将使得 VT_2 的基极驱动电流不足，VT_2 的导通程度将不能进一步加强，即 VT_2 不可能趋近临界饱和，导致 VT_2 的集-射极间最小电压 $U_{CE2min}>U_{CE2S}$（为 VT_2 的临界饱和电压降），因此，使得输出正半周电压 u_o 的幅度 $U_{om}=V_{CC}-U_{CE2min}-V_{CC}/2=V_{CC}/2-U_{CE2min}$ 要比 $V_{CC}/2$ 小许多（射极跟随作用变差），造成正半周不失真输出电压幅值减小（当然，输出功率也减小）。

② 加上电容 C_2 和电阻 R_5 后，在输出正半周电压 u_o 时，随着 $u_{E2}=u_{E3}$ 的上升，通过电容 C_2 使 A 点的电位也跟随上升，好像自己将自己“抬举”起来一样，故称为自举电路。由于电容 C_2 取得较大（几十至几百微法），对交流视为短路，即在动态时电容 C_2 两端的电压也基本恒定不变（约为静态时的 $V_{CC}/2$）。这样，即使输出电压 u_o 的正半周幅值达到 $(V_{CC}/2)-U_{CE2S}$ 时，也即 $u_{B2max}=u_{E2max}+0.7V\approx V_{CC}-U_{CE2S}+0.7V\approx V_{CC}$ 时，A 点电位可升高到 $3V_{CC}/2$，此时 $u_{R3}\approx V_{CC}/2$，则 R_3 中也可有足够大的电流对 VT_2 提供足够的基极驱动电流，使 VT_2 管趋于临界饱和，从而使输出正半周电压 u_o 的幅度加大到 $V_{CC}/2-U_{CE2}\approx V_{CC}/2$。所以，加上电容 C_2 和电阻 R_5 后，提高了 VT_2 输出正半周电压的跟随范围。从反馈的观点，正反馈使输

出电压加大。所以，电容 C_2 和电阻 R_5 相当于在电路中引入了正反馈。

另外，跨接在输出端与 VT_1 基极之间的电阻 R_1 具有双重作用：其一，作为 VT_1 基极的直流上偏置电阻，构成两级之间的直流负反馈，以稳定静态工作点（前面已分析）；其二，构成两级之间的交流电压并联负反馈，以改善电路的交流特性。

本章小结

反馈电路分析方法归纳如下：

1. 确定电路有无反馈

（1）根据反馈网络特征（跨接在输入端（回路）和输出端（回路）之间）找出反馈网络（电路）。

（2）根据反馈量是交流量、直流量还是交直流量，判断电路是交流反馈、直流反馈还是交直流反馈。

（3）判断正、负反馈的方法——瞬时极性法：假设在电路输入端加上正极性信号，并以此为基础，根据电路基本组态（共射、共基、共集）依次标出有关点（或支路）电压（或电流）的实际瞬时极性，然后在电路输入端（或输入回路）标出反馈电流（或反馈电压）实际瞬时极性，若反馈信号使净输入电流（或净输入电压）减小为负反馈。反之，为正反馈。

2. 负反馈类型（反馈的组态）的判断

（1）电压反馈与电流反馈的判别方法

1）电压反馈一般从共射、共基组态放大器的集电极采样或共集组态放大器的发射极采样。

2）电流反馈一般从共射组态放大器的发射极采样。

（2）并联反馈与串联反馈判别方法

1）并联反馈的反馈网络在输入端接于共射组态晶体管基极和共基组态晶体管发射极。

2）串联反馈的反馈网络在输入端接于共射组态、共集组态晶体管发射极。

3. 深度电流负反馈电路的闭环电压放大倍数分析

（1）串联负反馈，净输入电压 $\dot{U}_d \approx 0$，$\dot{U}_f \approx \dot{U}_i$

1）电压串联负反馈：电压反馈系数 $\dot{F}_u = \dot{U}_f / \dot{U}_o$，闭环电压放大倍数 $\dot{A}_{uf} = \dot{U}_o / \dot{U}_i \approx \dot{U}_o / \dot{U}_f = 1 / \dot{F}_u$。

2）电流串联负反馈：互阻反馈系数 $\dot{F}_r = \dot{U}_f / \dot{I}_o$，闭环互导放大倍数 $\dot{A}_{gf} = \dot{I}_o / \dot{U}_i \approx \dot{I}_o / \dot{U}_f \approx 1 / \dot{F}_r$，闭环电压放大倍数 $\dot{A}_{uf} = \dot{U}_o / \dot{U}_i \approx \dot{I}_o (R_c // R_L) / \dot{U}_i \approx \dot{A}_{gf} (R_c // R_L) \approx (R_c // R_L) / \dot{F}_r$。

（2）并联负反馈，净输入电流 $\dot{I}_d \approx 0$，$\dot{I}_f \approx \dot{I}_i$

1）电压并联负反馈：互导反馈系数 $\dot{F}_g = \dot{I}_f / \dot{U}_o$，闭环互阻放大倍数 $\dot{A}_{rf} = \dot{U}_o / \dot{I}_i \approx \dot{U}_o / \dot{I}_f = 1 / \dot{F}_g$，闭环源电压放大倍数 $\dot{A}_{usf} = \dot{U}_o / \dot{U}_s \approx \dot{U}_o / \dot{I}_i R_s \approx \dot{U}_o / \dot{I}_f R_s \approx \dot{A}_{rf} / R_s \approx 1/$

$(R_s\dot{F}_g)$。

2）电流并联负反馈：电流反馈系数 $\dot{F}_i=\dot{I}_f/\dot{I}_o$，闭环电流放大倍数 $\dot{A}_{if}=\dot{I}_o/\dot{I}_i\approx\dot{I}_o/\dot{I}_f=1/\dot{F}_i$，闭环源电压放大倍数 $\dot{A}_{usf}=\dot{U}_o/U_s\approx\dot{I}_o(R_c/\!/R_L)/\dot{I}_iR_s\approx\dot{I}_o(R_c/\!/R_L)/\dot{I}_fR_s\approx\dot{A}_{if}(R_c/\!/R_L)/R_s\approx(R_c/\!/R_L)/\dot{F}_iR_s$。

需要注意的是，无论是电压并联负反馈，还是电流并联负反馈，其闭环电压放大倍数都是指闭环源电压放大倍数 $\dot{A}_{usf}=\dot{U}_o/\dot{U}_s$；$\dot{A}_u=\dot{U}_o/\dot{U}_i$ 是无负反馈基本放大电路的电压放大倍数。

4. 负反馈对放大电路性能的改善

（1）电压负反馈稳定输出电压，电路输出电阻减小

1）电压串联负反馈：输出电阻 $R_{of}=R_o/(1+A_uF_u)$。

2）电压并联负反馈：输出电阻 $R_{of}=R_o/(1+A_rF_g)$。

（2）电流负反馈稳定输出电流，不考虑 R_c 时电路输出电阻增大

1）电流串联负反馈：共射组态，不考虑 R_c 时，输出电阻 $R_{of}=(1+A_gF_r)R_o\approx(1+A_gF_r)r_{ce}$；考虑 R_c 时，输出电阻为 $R_{of}/\!/R_c=(1+A_gF_r)r_{ce}/\!/R_c\approx R_c$。

2）电流并联负反馈：共射组态，不考虑 R_c 时，输出电阻 $R_{of}=(1+A_iF_i)R_o\approx(1+A_iF_i)r_{ce}$；考虑 R_c 时，输出电阻为 $R_{of}/\!/R_c=(1+A_iF_i)r_{ce}/\!/R_c\approx R_c$。

（3）串联负反馈使输入电阻增大

1）电压串联负反馈：输入电阻 $R_{if}=(1+A_uF_u)R_i$。

2）电流串联负反馈：输入电阻 $R_{if}=(1+A_gF_r)R_i$。

（4）并联负反馈使输入电阻减小

1）电压并联负反馈：输入电阻 $R_{if}=R_i/(1+A_rF_g)$。

2）电流并联负反馈：输入电阻 $R_{if}=R_i/(1+A_iF_i)$。

（5）负反馈可展宽通频带

1）上限频率提高：$f_{Hf}\approx(1+AF)f_H$，对四种不同类型的负反馈，A、F 有不同的含义。

2）下限频率降低：$f_{Lf}\approx f_L/(1+AF)$，对四种不同类型的负反馈，A、F 有不同的含义。

3）闭环通频带：$f_{bwf}=f_{Hf}-f_{Lf}\approx f_{Hf}=(1+AF)f_H>f_{bw}=f_H-f_L\approx f_H$。

（6）减小非线性失真

自我检测题

1. 下列各命题中，正确的在括号内填入“√”，错误的在括号内填入“×”。

（1）若放大电路的放大倍数为负，则引入的反馈一定是负反馈。（　　）

（2）负反馈放大电路的放大倍数与组成它的基本放大电路的放大倍数量纲相同。（　　）

（3）若放大电路引入负反馈，则负载电阻变化时，输出电压基本不变。（　　）

（4）阻容耦合放大电路的耦合电容、旁路电容越多，引入负反馈后，越容易产生低频

振荡。(　　)

2. 已知交流负反馈有四种组态：

A. 电压串联负反馈　　　　　　　　　B. 电压并联负反馈

C. 电流串联负反馈　　　　　　　　　D. 电流并联负反馈

选择合适的答案填入下列空格内，只填入 A、B、C 或 D。

（1）欲得到电流—电压转换电路，应在放大电路中引入________。

（2）欲将电压信号转换成与之成比例的电流信号，应在放大电路中引入________。

（3）欲减小电路从信号源索取的电流，增大带负载能力，应在放大电路中引入________。

（4）欲从信号源获得更大的电流，并稳定输出电流，应在放大电路中引入________。

3. 判断图 5-25 所示各电路中是否引入了反馈；若引入了反馈，则判断是正反馈还是负反馈；若引入了交流负反馈，则判断是哪种组态的负反馈，并求出反馈系数和深度负反馈条件下的电压放大倍数 $\dot{A}_{uf}$ 或 $\dot{A}_{usf}$。设图中所有电容对交流信号均可视为短路。

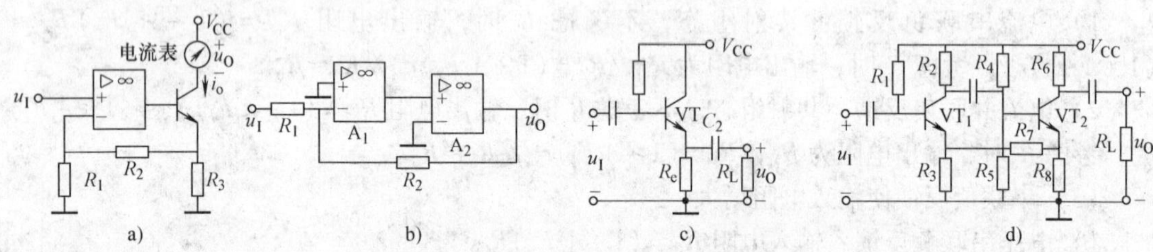

图 5-25　自我检测题题 3 电路图

4. 电路如图 5-26 所示。

（1）合理连线，接入信号源和反馈，使电路的输入电阻增大，输出电阻减小。

（2）若 $|\dot{A}_u|=\dfrac{\dot{U}_o}{\dot{U}_i}=20$，则 R_f 应取多少？

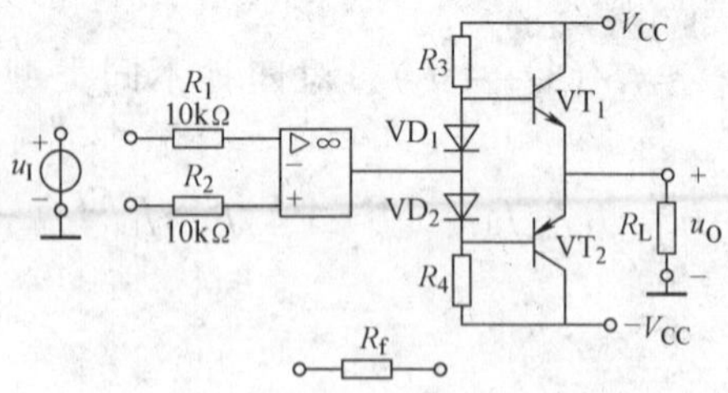

图 5-26　自我检测题题 4 电路图

思考题与习题

5-1　选择合适的答案填入空内。

（1）对于放大电路，所谓开环是指________。

A. 无信号源　　B. 无反馈通路　　C. 无电源　　D. 无负载

而所谓闭环是指________。

A. 考虑信号源内阻　　B. 存在反馈通路

C. 接入电源　　D. 接入负载

(2) 在输入量不变的情况下，若引入反馈后________，则说明引入的反馈是负反馈。

A. 输入电阻增大　B. 输出量增大　C. 净输入量增大　D. 净输入量减小

(3) 直流负反馈是指________。

A. 直接耦合放大电路中所引入的负反馈

B. 只有放大直流信号时才有的负反馈

C. 在直流通路中的负反馈

(4) 交流负反馈是指________。

A. 阻容耦合放大电路中所引入的负反馈

B. 只有放大交流信号时才有的负反馈

C. 在交流通路中的负反馈

(5) 为了实现下列目的，应引入

A. 直流负反馈　B. 交流负反馈

① 为了稳定静态工作点，应引入 ________。

② 为了稳定放大倍数，应引入 ________。

③ 为了改变输入电阻和输出电阻，应引入 ________。

④ 为了抑制温漂，应引入 ________。

⑤ 为了展宽频带，应引入 ________。

5-2　选择合适答案填入空内。

A. 电压　B. 电流　C. 串联　D. 并联

(1) 为了稳定放大电路的输出电压，应引入 ________负反馈。

(2) 为了稳定放大电路的输出电流，应引入 ________负反馈。

(3) 为了增大放大电路的输入电阻，应引入 ________负反馈。

(4) 为了减小放大电路的输入电阻，应引入 ________负反馈。

(5) 为了增大放大电路的输出电阻，应引入 ________负反馈。

(6) 为了减小放大电路的输出电阻，应引入 ________负反馈。

5-3　判断下列说法，正确的在括号内填入"√"，错误的在括号内填入"×"。

(1) 只要在放大电路中引入反馈，就一定能使其性能得到改善。(　　)

(2) 放大电路的级数越多，引入的负反馈越强，电路的放大倍数也就越稳定。(　　)

(3) 反馈量仅仅决定于输出量。(　　)

(4) 既然电流负反馈稳定输出电流，那么必然稳定输出电压。(　　)

5-4　判断图5-27所示各电路中是否引入了反馈，是直流反馈还是交流反馈，是正反馈还是负反馈。设图中所有电容对交流信号均可视为短路。

5-5　判断图5-28所示各电路中是否引入了反馈，是直流反馈还是交流反馈，是正反馈还是负反馈。设图中所有电容对交流信号均可视为短路。

5-6　分别判断图5-27d～h所示各电路中引入了哪种组态的交流负反馈，并计算它们的反馈系数。

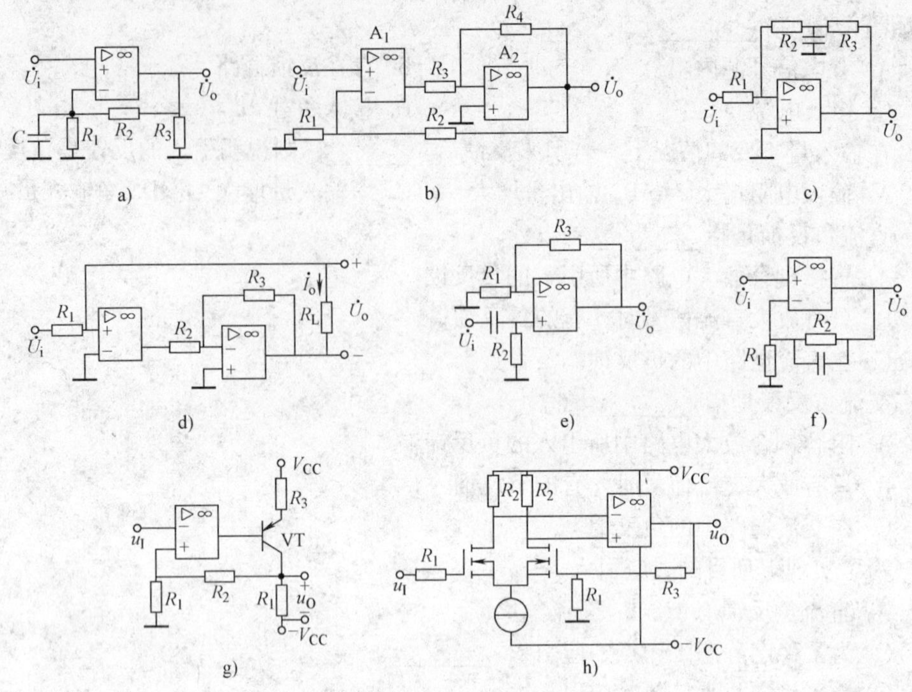

图 5-27　习题 5-4 电路图

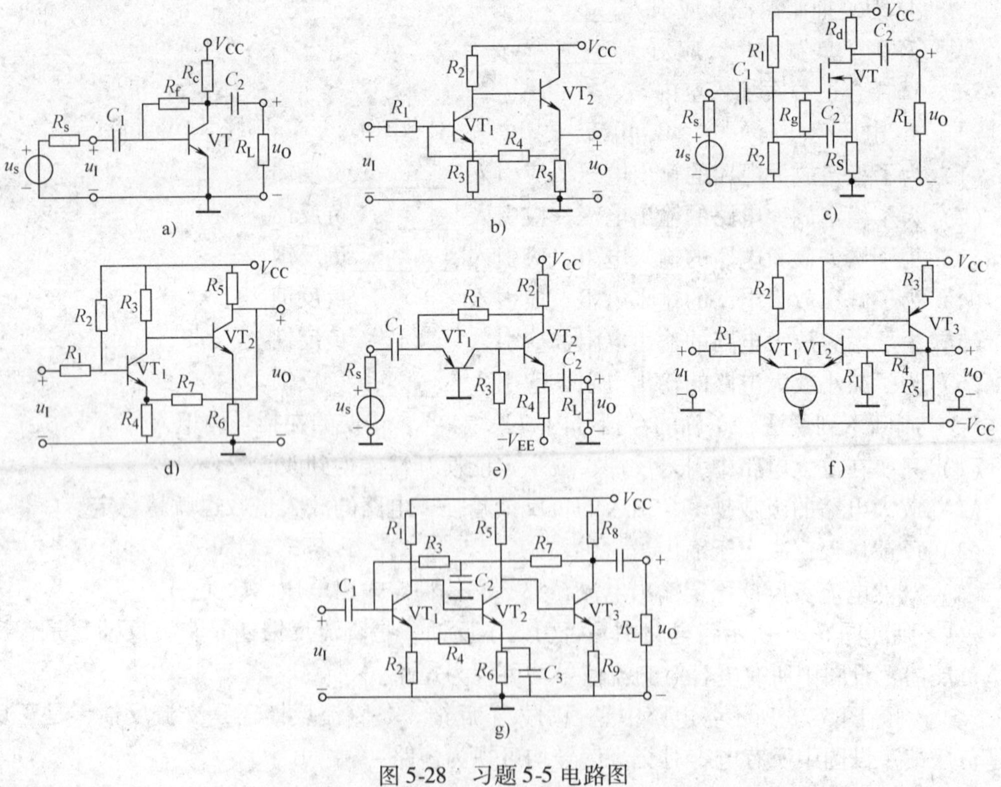

图 5-28　习题 5-5 电路图

5-7　分别判断图5-28a、b、e、f、g所示各电路中引入了哪种组态的交流负反馈，并计算它们的反馈系数。

5-8　估算图5-27d ~ h所示各电路在深度负反馈条件下的电压放大倍数。

5-9　估算图5-28e ~ g所示各电路在深度负反馈条件下的电压放大倍数。

5-10　分别说明图5-27d ~ h所示各电路因引入交流负反馈使得放大电路输入电阻和输出电阻所产生的变化（只需说明是增大还是减小即可）。

5-11　分别说明图5-28a ~ c、e ~ g所示各电路因引入交流负反馈使得放大电路输入电阻和输出电阻所产生的变化。只需说明是增大还是减小即可。

5-12　电路如图5-29所示，已知集成运放的开环差模增益和差模输入电阻均近于无穷大，最大输出电压幅值为±14V。填空：

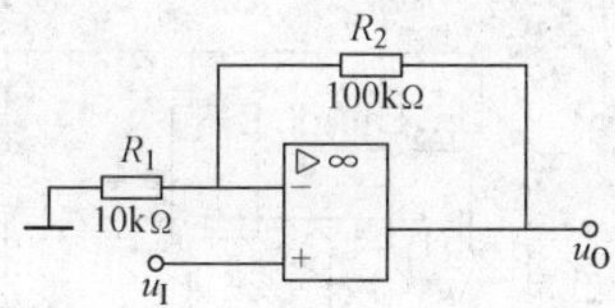

图5-29　习题5-12电路图

电路引入了 ________（填入反馈组态）交流负反馈，电路的输入电阻趋近于________，电压放大倍数$A_{uf}=\Delta u_O/\Delta u_I\approx$________。设$u_I=1V$，则$u_O\approx$________V；若$R_1$开路，则$u_O$变为________V；若$R_1$短路，则$u_O$变为 ________V；若$R_2$开路，则$u_O$变为 ________ V；若$R_2$短路，则$u_O$变为 ________ V。

＊5-13　电路如图5-30所示，试分析电路引入的是共模负反馈，即反馈仅对共模信号起作用。

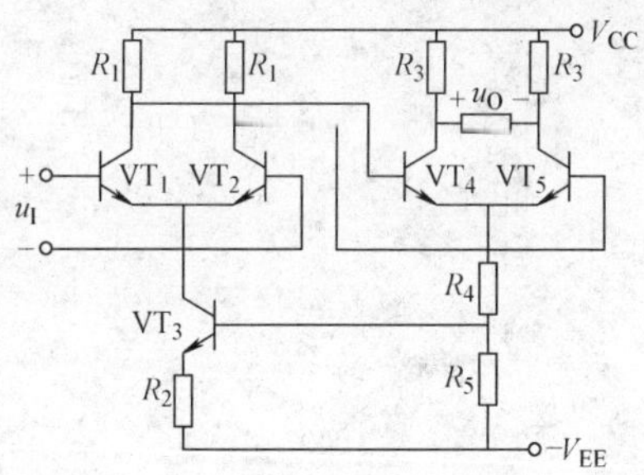

图5-30　习题5-13电路图

5-14　已知一个负反馈放大电路的$A=10^5$，$F=2\times10^{-3}$。

（1）$A_f=?$

（2）若A的相对变化率为20%，则A_f的相对变化率为多少？

5-15　已知一个电压串联负反馈放大电路的电压放大倍数$A_{uf}=20$，其基本放大电路的电压放大倍数A_u的相对变化率为10%，A_{uf}的相对变化率小于0.1%，试问F和A_u各为多少？

5-16　电路如图5-31所示。试问：若以稳压管的稳定电压U_Z作为输入电压，则当RP的滑动端位置变化时，输出电压 U_O的调节范围为多少？

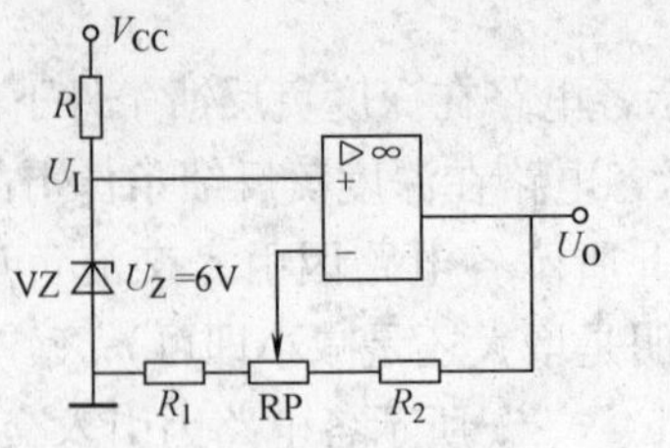

图 5-31　习题 5-16 电路图

5-17　电路如图 5-32 所示。

（1）试通过电阻引入合适的交流负反馈，使输入电压 u_I转换成稳定的输出电流 i_L。

（2）若 u_I = 0 ~ 5V 时，i_L = 0 ~ 10mA，则反馈电阻 R_f应取多少？

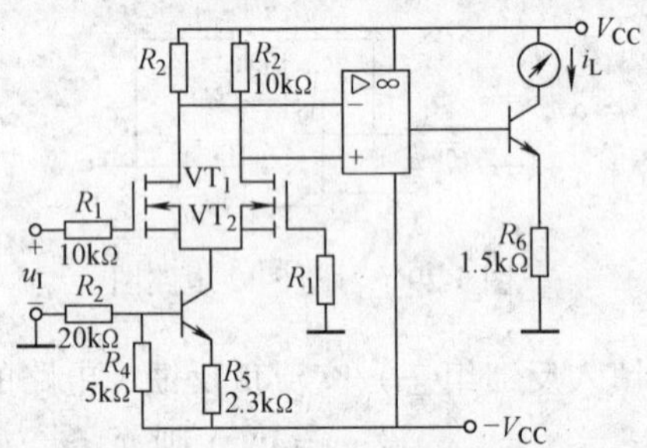

图 5-32　习题 5-17 电路图

第 6 章　运算电路和有源滤波电路

本章讨论的主要问题

◎理想集成运放模型及特性。

◎常用基本运算电路。

◎模拟乘法器及其应用。

◎有源滤波电路。

本章的重点与难点

◎常用基本运算电路。

◎有源滤波电路。

从电路工作状态划分，集成运放可分为线性应用和非线性应用两个方面。集成运放线性应用的电路特征是外加深度负反馈，使其工作在线性区，用来进行信号的放大、数学运算和信号的相关线性处理。集成运放非线性应用的电路特征是电路工作在开环、外加正反馈或外接非线性元件的工作状态；集成运放工作在非线性区时，可组成各种电压比较器和波形发生器等，这类问题将在第 7 章讨论。本章主要讨论集成运放线性应用组成的比例、加法和减法、积分和微分、对数和指数、乘法和除法等信号运算电路以及有源滤波电路等。

6.1　集成运算放大电路的应用基础

6.1.1　理想集成运放的主要性能参数

为了分析简便，实际中通常将集成运放视为理想集成运放，这样尽管会带来一些误差，但误差在工程允许的范围内。在下面的分析中，除特别指出外，集成运放均视为理想集成运放。

理想集成运放主要性能参数如下：

1）开环差模电压放大倍数 $A_{od}=\infty$。

2）差模输入电阻 $R_{id}=\infty$。

3）输入偏置电流 $I_{B1}=I_{B2}=0$。

4）输入失调电压 U_{IO}、输入失调电流 I_{IO}以及温漂 dU_{IO}/dT、dI_{IO}/dT 均为零。

5）共模抑制比 $K_{CMR}=\infty$。

6）输出电阻 $R_{od}=0$。

7）$-3dB$ 上限截止 $f_H=\infty$。

8）无内部噪声。

6.1.2　理想集成运放工作在线性区的条件及其特点

1. 理想集成运放工作在线性区的条件

理想集成运放（以下简称理想运放）的线性工作区是指输出电压 u_O 与输入电压 u_I 成线性关系时输入电压 u_I 的取值范围所对应的工作区。由于理想运放开环差模电压放大倍数 $A_{od}=\infty$，当其工作在开环状态时，即使两输入端加无穷小的输入电压，也足以使运放输出级互补对称电路两只晶体管一只截止、另一只饱和，电路工作在非线性状态，输出电压只有 $\pm U_{om}$ 两种取值。因此，要使集成运放工作在线性区，其条件是必须引入深度负反馈，如图 6-1 所示（图中输入电路未画出）。

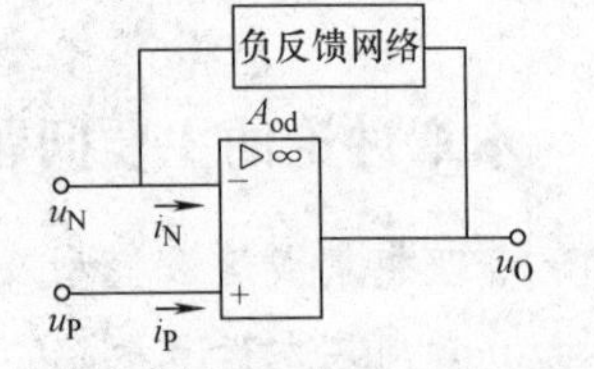

图 6-1　运放电路引入深度负反馈

2. 理想运放工作在线性区的特点

当运放处在线性工作区时，输出电压与输入差模电压成线性关系，即满足

$$u_O=A_{od}(u_P-u_N) \tag{6-1}$$

由于 u_O 为有限值，理想运放的 $A_{od}=\infty$，所以，其差模输入电压 $u_P-u_N=0$，即

$$u_P=u_N \tag{6-2}$$

可见，运放的两个输入端好似“短路”了一样，实际上又没有短路，由于 $A_{od}=\infty$ 导致 $u_P=u_N$ 的这一现象，称之为两输入端“虚短路”，简称“虚短”。

另一方面，理想运放差模输入电阻 $R_{id}=\infty$，净输入电压 $u_P-u_N=0$，所以，两输入端的输入电流均为零，即

$$i_P=i_N=0 \tag{6-3}$$

运放两输入端之间好似“断路”了一样，实际上又没有断路，$i_P=i_N=0$ 的这一现象，称之为两输入端间“虚断路”，简称“虚断”。

“虚短”和“虚断”是分析线性运放电路两个十分重要的概念。下面将讨论的运算电路和有源滤波电路就是从“虚短”和“虚断”概念出发，求得输出电压与输入电压间的函数关系。

例 6-1　设有一集成运放的开环差模电压放大倍数 $A_{od}=10^6$，$U_{OL}=-U_{om}=-10\text{V}$，$U_{OH}=U_{om}=10\text{V}$，试求电路开环时，使电路工作在线性区输入电压的范围。

解：当电路开环时，使电路工作在线性区输入电压的范围为：$u_{Imin}\sim u_{Imax}=(-10\text{V}/10^6)\sim(10\text{V}/10^6)=-0.01\sim0.01\text{mV}=-10\sim10\mu\text{V}$。可见，电路开环时，使电路工作在线性区输入电压的范围是非常小的，几乎趋近于 0。因此，将工作在线性区运放两输入端视为“虚短路”，误差是很小的。对于实际运放电路，输入零点漂移电压一般在 mV 数量级，远远大于使电路工作在线性区输入电压的幅值，因此，开环（或正反馈）时，集成运放必然工作在非线性区。

6.1.3　理想运放工作在非线性区的条件及其特点

1. 理想运放工作在非线性区的条件

理想运放的非线性工作区是指输出电压 u_O 与输入电压 u_I 不成线性关系时输入电压 u_I 的取值范围所对应的工作区。由于理想运放开环差模电压放大倍数 $A_{od}=\infty$，当其工作在如

图 6-2 所示的开环和正反馈状态时，即使两输入端加无穷小的输入电压，就足以使运放输出级互补对称电路工作在截止、饱和的非线性工作区；此时，输出电压与输入电压大小无关，输出电压只有 $\pm U_{om}$ 两种取值。理想运放工作在非线性区条件是：电路处在开环和正反馈状态。

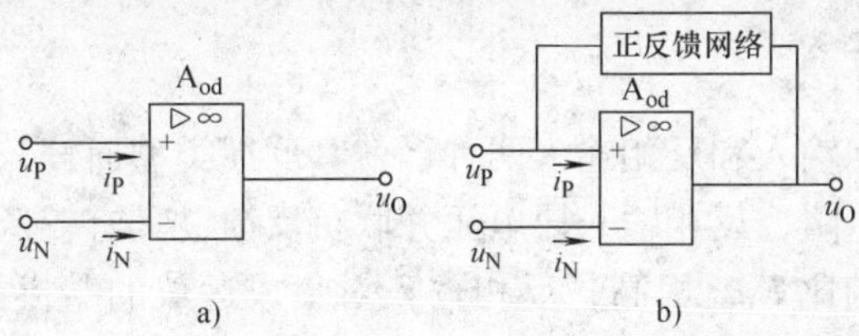

图 6-2　工作在开环和正反馈状态下的集成运放

a）工作在开环状态下的集成运放　b）工作在正反馈状态下的集成运放

2. 理想运放工作在非线性区的特点

由以上分析可知，理想运放工作在非线性区有两个显著的特点。

（1）输出电压只有 $\pm U_{om}$ 两种取值；当 $u_P > u_N$ 时，$u_O = U_{om}$；当 $u_P < u_N$ 时，$u_O = -U_{om}$。

（2）由于理想运放差模输入电阻 $R_{id} = \infty$，所以，两输入端的输入电流均为零，即 $i_P = i_N = 0$。

可见，理想运放工作在非线性区时，“虚断”概念成立，“虚短”概念不成立。即净输入电压 $u_P - u_N \neq 0$，而由外部输入信号所决定。

上述两个特点是分析工作在非线性区运放电路的出发点。

理想运放工作在非线性区时，其电压传输特性如图 6-3 所示。

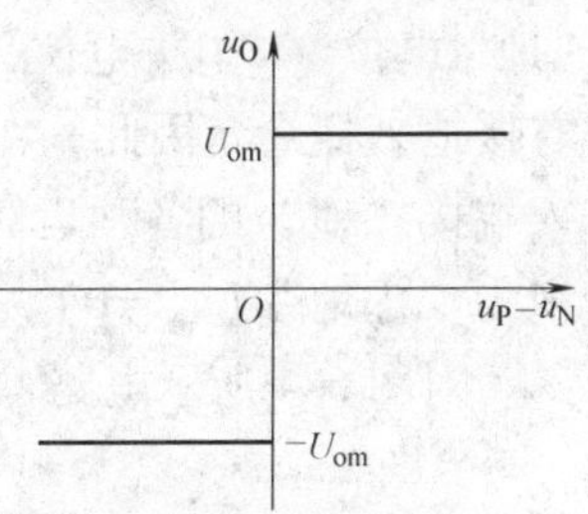

图 6-3　理想运放工作在非线区时电压传输特性

理想运放工作在线性区或非线性区时，各有不同的特点，实际分析各种集成运放应用电路工作原理时，首先必须判断其中的集成运放究竟工作在哪个区域。

理想运放的上述特点，是简化分析和计算运放电路的基本依据。虽然理想运放与实际运放之间存在一定差别，但误差很小，这种误差在工程上是允许的。因此，本书后面分析集成运放电路时，若无特别说明，均认为集成运放是理想运放的情形。

6.2　基本运算电路

工程实际中，有时需要对信号进行某些数学运算处理，能够实现数学运算处理的电路称为运算电路。早期集成运放首先应用在对信号进行数学运算处理方面，故此而得名。本节讨论由集成运放组成的各种基本运算电路。

运算电路中的集成运放一定要工作在线性区。因此，运算电路中必须引入深度负反馈，这是组成各种基本运算电路的必要条件。从电路结构看，运算电路实际上是一个高开环放大倍数、深度负反馈的直接耦合放大电路。

运算电路的分析方法：利用“虚短”和“虚断”的概念，列出集成运放同相（或反相）输入端节点电流方程，由此，可以求得输出电压 u_O 与输入电压 u_I 之间的数学运算关系。

在下面的运算电路分析中，若无特别说明，输入电压、输出电压都是对“地”端而言。

需要指出，任何一个运算电路，在 $u_I=0$ 的静态时，都应满足 $u_O=0$，即满足“零输入时零输出”。否则，电路将会存在运算误差。

6.2.1 比例运算电路

比例运算电路分同相输入和反相输入两种，就其反馈类型而言，同相输入属电压串联负反馈，具有很高的输入电阻；反相输入属电压并联负反馈，具有较低的输入电阻。同相输入要求集成运放的共模抑制比 K_{CMR} 很高，反相输入对集成运放的共模抑制比 K_{CMR} 要求相对要低些。实际中，根据需要选择其中一种。

1. 反相比例运算电路

反相比例运算电路如图 6-4 所示。输入信号 u_I 经过电阻 R_1 加在反相输入端。同相输入端经电阻 R_2 接地，R_2 为输入端平衡电阻，应使 $R_2=R_1/\!/R_f$，以满足静态（$u_I=0$、$u_O=0$）时，运放两输入端对地的电阻相等。电阻 R_1、R_f 组成反馈网络。显然，电路属于电压并联负反馈。

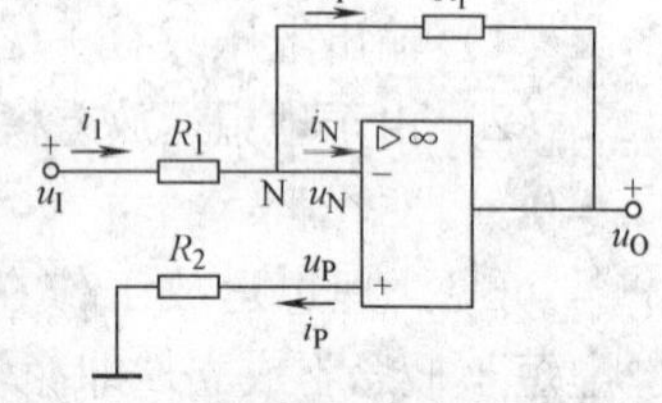

图 6-4 反相比例运算电路

根据“虚断”概念，有 $i_N=i_P=0$，根据“虚短”概念，有 $u_N=u_P=i_PR_2=0$，即反相输入时，集成运放反相输入端为“地”电位（“0”电位），由此引入“虚地”（为地电位但又没有接地）概念。因此，在后面分析信号由反相输入，且同相输入端接“地”的各种运算电路时，均可将集成运放反相输入端视为“虚地”（$u_N=0$）。

对图 6-4 所示电路，利用“虚地” $u_N=0$，可得出电路的电流方程

$$i_1=\frac{u_I-u_N}{R_1}=\frac{u_I}{R_1} \tag{6-4}$$

$$i_F=\frac{u_N-u_O}{R_f}=\frac{-u_O}{R_f} \tag{6-5}$$

利用“虚断” $i_N=0$，图 6-4 中反相输入端 N 节点的电流方程为：$i_1=i_F$。即令式（6-4）、式（6-5）两式相等，可得

$$i_1=\frac{u_I}{R_1}=i_F=\frac{-u_O}{R_f} \tag{6-6}$$

所以有

$$u_O=-\frac{R_f}{R_1}u_I \tag{6-7}$$

式（6-7）表明，图 6-4 所示电路输出电压与输入电压成比例关系，调整 R_f、R_1 可改变其比例系数（为电压放大倍数），负号表示输出电压与输入电压相位相反（或变化方向相反），故称之为反相比例运算电路。

由第 5 章负反馈理论可知，电压负反馈越深，输出电阻越小，图 6-4 所示电路引入了深度电压负反馈，$1+AF\to\infty$，所以其输出电阻 $R_o\approx0$。电路输出电压 u_O 可视为一个受输入电压 u_I 控制的恒压源。

由于图 6-4 所示电路 N 点“虚地”电位 $u_N=0$，所以，其输入电阻为

$$R_i = R_1 \tag{6-8}$$

可见，该电路的输入电阻并不高。如果希望比例运算电路有较高的输入电阻，可采用同相输入。

2. 同相比例运算电路

同相比例运算电路如图6-5所示。输入信号u_I经过电阻R_2加在运放同相输入端，R_2为输入端平衡电阻，以保证集成运放输入级差分电路两管基极电路对称性，应使$R_2 = R_1 /\!/ R_f$，以满足静态（$u_I = 0$、$u_O = 0$）时，运放两输入端对地的电阻相等。电阻R_1、R_f组成反馈网络。所以，电路是电压串联负反馈电路。

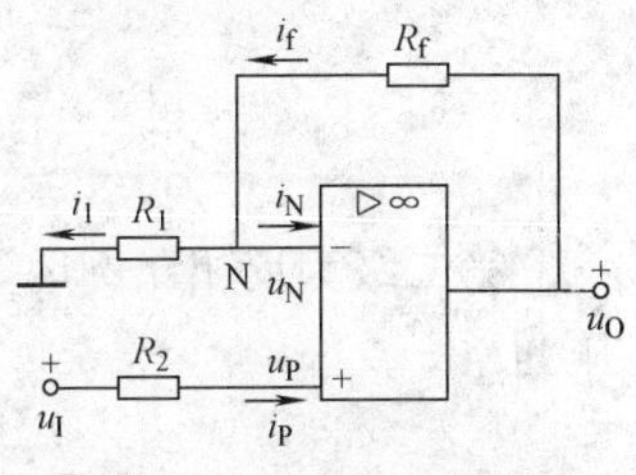

图6-5 同相比例运算电路

根据“虚短”和“虚断”的概念，$u_N = u_P = u_I$，$i_N = i_P = 0$，图6-5中集成运放反相输入端N节点的电流方程为

$$i_1 = \frac{u_N - 0}{R_1} = \frac{u_I}{R_1} = i_f = \frac{u_O - u_N}{R_f} = \frac{u_O - u_I}{R_f} \tag{6-9}$$

由式（6-9）可得

$$u_O = \left(1 + \frac{R_f}{R_1}\right)u_I = \left(1 + \frac{R_f}{R_1}\right)u_P \tag{6-10}$$

式（6-10）表明，图6-5所示电路输出电压与输入电压成比例关系，调整R_f、R_1可改变其比例系数（为电压放大倍数），u_O为正表示输出电压与输入电压相位相同（或变化方向相同），故称之为同相比例运算电路。

由于同相比例运算电路是电压串联负反馈电路，故可认为输入电阻为无穷大（实际中可达$10^9\Omega$），输出电阻为零。

需要指出，同相比例运算电路由于$u_N = u_P \neq 0$，且$u_N = u_P$的数值较大，因此，电路有较大的共模输入电压，在要求比较高的场合，为了减小运算误差，应选共模抑制比高的集成运放。

3. 电压跟随器

由式（6-10）可知，当$R_1 \to \infty$（R_1断开）时，有

$$u_O = u_I \tag{6-11}$$

其电路如图6-6a所示。由于“虚断”、$i_N = i_P = 0$，电阻R_2、R_f上均无电压，故R_2、R_f也可省去，则图6-6a所示电路变为图6-6b那样。由于图6-6所示电路将输出电压u_O的全部反作用到运放反相输入端，这是同相输入最深的一种负反馈，比例系数（电压放大倍数）为1。

由于图6-6所示电路中，$u_O = u_I$，即输出电压跟随输入电压一起变化，故称其为电压跟随器。

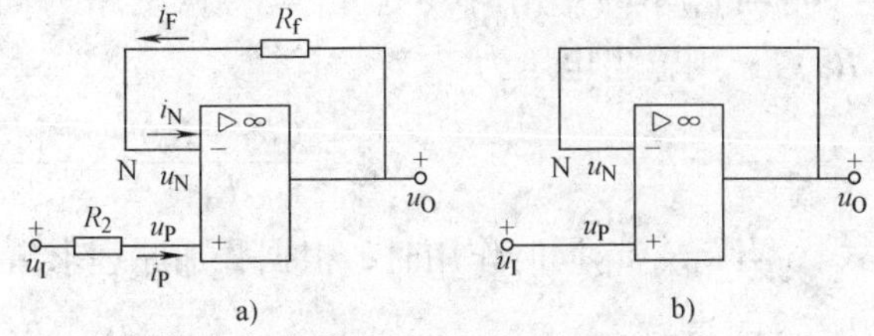

图6-6 电压跟随器

a）由同相比例电路演变电路 b）去掉电阻后的电路

例6-2 在图6-7所示的运算电路中，若已知$R_1 = R_3 = 10\text{k}\Omega$，$R_{f1} = 100\text{k}\Omega$，$R_{f2} = 50\text{k}\Omega$，求电压放大倍数$A_{uf}$。

解： 图6-7所示为两级运算电路，第一级为同相比例运算电路，其输出电压为

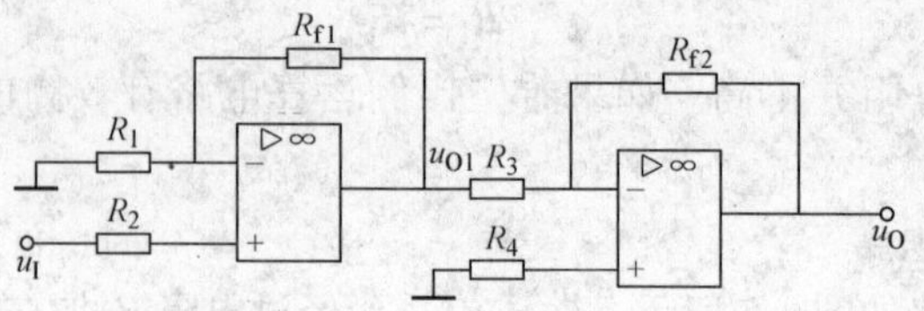

图 6-7 例题 6-2 电路图

$$u_{O1}=\left(1+\frac{R_{f1}}{R_1}\right)u_I=\left(1+\frac{100}{10}\right)u_I=11u_I$$

第二级为反相比例运算电路，其输入信号为第一级电路的输出 u_{O1}，所以电路的输出电压为

$$u_O=-\frac{R_{f2}}{R_3}u_{O1}=-\frac{50}{10}u_{O1}=-5u_{O1}=-5\times 11u_I=-55u_I$$

则电路的电压放大倍数为

$$A_{uf}=\frac{u_O}{u_I}=-55$$

4. 差分比例运算电路

在工业自动化控制仪器设备中，由传感器取出的微弱信号电压（零点几至几毫伏）一般都不接地，对这种微弱信号电压的放大就不能用上面讨论的比例器。此时传感器为平衡（对称）输出信号，对平衡（对称）信号的放大需要用到差分比例运算电路。图 6-8 是一种常用的放大传感器输出微弱信号电压的差分比例运算电路。为了保证输入端电路的对称，应满足 $R_1/\!/R_f=R_2/\!/R_P$（下同，对此，后面分析各运算电路时不再说明）。根据叠加原理可求出 u_O 与 u_{I1}、u_{I2} 间的关系。

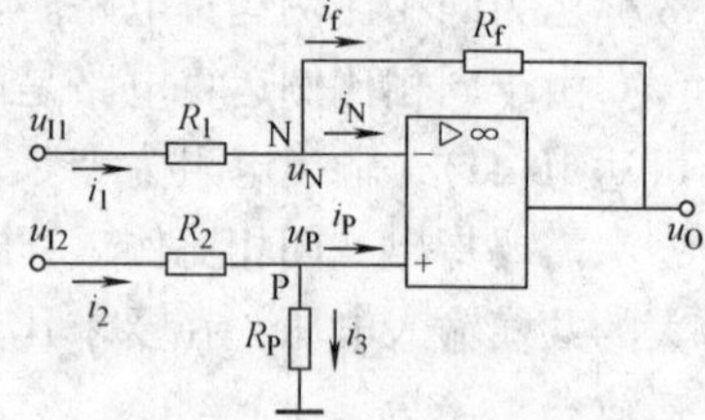

图 6-8 差分比例运算电路

当 u_{I1} 单独作用时（令 $u_{I2}=0$），此时，电路为反相比例器，则输出电压为

$$u_{O1}=-\frac{R_f}{R_1}u_{I1} \tag{6-12}$$

当 u_{I2} 单独作用时（令 $u_{I1}=0$），电路为同相比例器（注意，此时，$u_P=R_Pu_{I2}/(R_2+R_P)$），则输出电压为

$$u_{O2}=\frac{(R_1+R_f)}{R_1}u_P=\frac{(R_1+R_f)}{R_1}\frac{R_P}{(R_2+R_P)}u_{I2} \tag{6-13}$$

当 u_{I1}、u_{I2} 同时作用时，根据叠加原理求出 $u_O=u_{O1}+u_{O2}$ 为

$$u_O=u_{O1}+u_{O2}=\frac{(R_1+R_f)}{R_1}\frac{R_P}{(R_2+R_P)}u_{I2}-\frac{R_f}{R_1}u_{I1} \tag{6-14}$$

因为满足平衡条件 $R_1/\!/R_f=R_2/\!/R_P$，则式（6-14）变为

$$u_O=\frac{R_f}{R_2}u_{I2}-\frac{R_f}{R_1}u_{I1} \tag{6-15}$$

若满足对称条件 $R_1=R_2$、$R_f=R_P$，则式（6-15）变为

$$u_O = \frac{R_f}{R_1}(u_{I2} - u_{I1}) \tag{6-16}$$

或者表示为

$$u_O = -\frac{R_f}{R_1}(u_{I1} - u_{I2}) \tag{6-17}$$

即输出电压与输入电压的差值（输入差动电压值）成比例，故图6-8所示电路称为差动比例运算电路。

若图6-8所示电路作为放大传感器输出信号电压的放大电路（常称为传感器调理电路），则 $u_{I1} - u_{I2} = u_I$ 就是传感器输出的非接“地”的微弱信号电压（对称输出电压）。此时，将传感器输出信号电压的两个端子直接连到图6-8所示电路两个输入端（对称输入）即可，图6-8所示电路还具有将非接“地”的对称信号电压 u_I 转换为非对称的信号电压（有一端接“地”）u_O 输出的功能。

若图6-8所示电路放大的是两个独立的非对称输入信号 u_{I1}、u_{I2}，则由式（6-16）、式（6-17）可知，图6-8所示电路为减法运算电路；当 $R_f = R_1$ 时，则有

$$u_O = u_{I2} - u_{I1} \tag{6-18}$$

例6-3 利用差动比例运算电路可构成“称重传感放大器”。图6-9给出称重放大器的示意图。图中压力传感器是由应变片构成的惠斯顿电桥，当压力（重量）为零时，$R_x = R$，电桥处于平衡状态，$u_{I1} = u_{I2}$，差动比例运算电路输出为零。而当有重量时，压敏电阻 R_x 随着压力变化而变化，电桥失去平衡，$u_{I1} \neq u_{I2}$，差动比例运算电路输出电压与重量满足一定的关系。试问，输出电压 u_O 与重量（体现在 R_x 变化上）有何关系。

解： 为便于分析，根据戴维南等效变换原理，将图6-9所示压力传感器惠斯顿电桥电路进行等效变换，可得图6-9所示电路的简化电路如图6-10所示。图6-10中，

$$u_{I1} = \frac{E}{2}, u_{I2} = \frac{R_x}{R + R_x}E, R' = \frac{R}{2}, R'_x = R /\!/ R_x$$

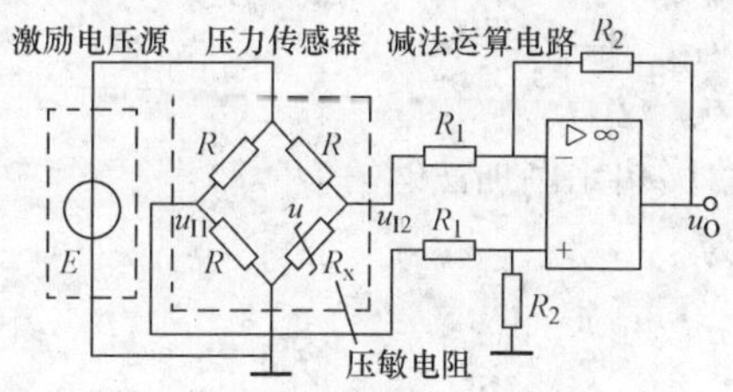

图6-9 称重传感放大电路

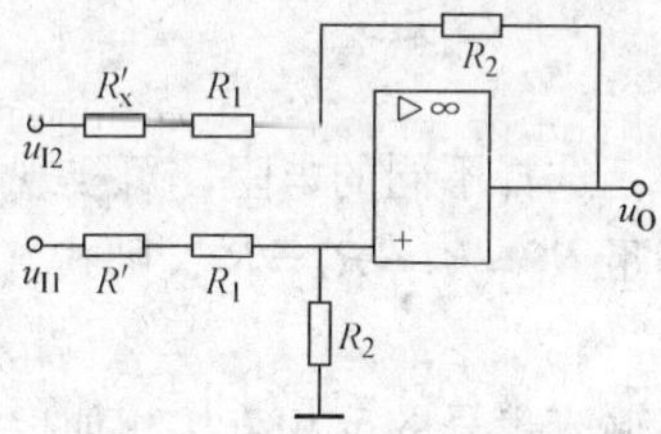

图6-10 图6-9所示电路的等效变换电路

由图6-10所示电路，根据叠加原理或式（6-14），可得

$$u_O = -\frac{R_2}{R_1 + R'_x}u_{I2} + \frac{R_2}{R_2 + R_1 + R'}\left(1 + \frac{R_2}{R_1 + R'_x}\right)u_{I1} \tag{6-19}$$

若满足 $R_1 \gg R' = R/2$，$R_1 \gg R'_x = R /\!/ R_x$，则式（6-19）变为

$$\begin{aligned} u_O &= \frac{R_2}{R_1}(u_{I1} - u_{I2}) = \frac{R_2}{R_1}E\left(\frac{1}{2} - \frac{R_x}{R + R_x}\right) \\ &= \frac{R_2}{2R_1}\left(\frac{R - R_x}{R + R_x}\right)E \end{aligned} \tag{6-20}$$

式（6-20）即为输出电压 u_O 与重量（体现在压敏电阻 R_x 变化上）之间的关系。

图 6-9 所示电路具有将非接“地”的对称输入信号电压 u_I 转换为非对称的输出信号电压 u_O（有一端接“地”）的功能。

若本例中压敏电阻换为热敏电阻，即可得到输出电压 u_O 与被测温度（体现在热敏电阻 R_x 变化上）之间的关系。

6.2.2 加、减法运算电路

实现多个信号按一定比例求和或求差的电路称之为加、减法运算电路。若多个信号经过电阻全部作用于集成运放电路的同一输入端，则组成加法运算电路；若多个信号经过电阻分别作用于集成运放电路的两个输入端，则组成减法运算电路。

1. 加法运算电路

加法运算电路能够实现多个模拟信号的求和运算。

(1) 反相加法运算电路

反相加法运算电路是指多个输入信号均作用于集成运放反相输入端，其输出电压与多个输入电压之和成正比，且输出电压与输入电压反相的电路。图 6-11 所示为三个输入信号的反相加法运算电路。

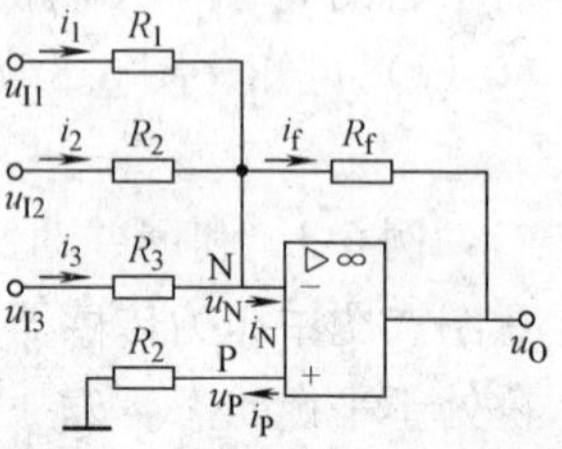

图 6-11 反相加法运算电路

利用“虚地”概念，可知 $u_N=0$，利用“虚断”概念，可知 $i_N=0$，则图 6-11 所示电路反相输入端 N 节点的电流方程为

$$i_1+i_2+i_3=i_f$$

即

$$\frac{u_{I1}}{R_1}+\frac{u_{I2}}{R_2}+\frac{u_{I3}}{R_3}=-\frac{u_O}{R_f}$$

由上式可得 u_O 的表达式为

$$u_O=-R_f\left(\frac{u_{I1}}{R_1}+\frac{u_{I2}}{R_2}+\frac{u_{I3}}{R_3}\right) \tag{6-21}$$

根据需要，选择不同的电阻，可实现各输入信号的反相比例加法运算。

若满足 $R_1=R_2=R_3=R_f$，则式（6-21）表示为

$$u_O=-(u_{I1}+u_{I2}+u_{I3}) \tag{6-22}$$

可实现各输入信号的反相直接相加运算。

式（6-21）也可由比例运算关系和叠加原理求得（请读者作为练习自己导出）。

例 6-4 试设计一个加法电路，实现 $u_O=-(2u_{I1}+3u_{I2})$ 的运算，并要求对 u_{I1}、u_{I2} 的输入电阻均不小于 100kΩ。

解： 由给定已知条件可知，所设计电路为一反相加法电路，且对两输入信号 u_{I1}、u_{I2} 的输入电阻均满足不小于 100kΩ，根据反相加法电路比例求和的运算关系，现选与输入信号 u_{I2} 相连的电阻 R_2 为 100kΩ，则反馈电阻 R_f 应为 300kΩ。由已知运算关系可知，R_1 应为 150kΩ。

实际电路中，为了消除输入偏流产生的误差，在同相输入端和地之间接入一直流平衡电阻 R_P，并令 $R_P=R_1/\!/R_2/\!/R_f=50\text{k}\Omega$。所设计的电路如图 6-12 所示。

(2) 同相加法运算电路

同相加法运算电路是指多个输入信号通过一定的电阻均作用于集成运放同相输入端，其输出电压与多个输入电压之和成正比，且输出电压与输入电压同相的电路。图 6-13 所示为两个输入信号（根据需要也可扩展增加输入端）的同相加法运算电路。

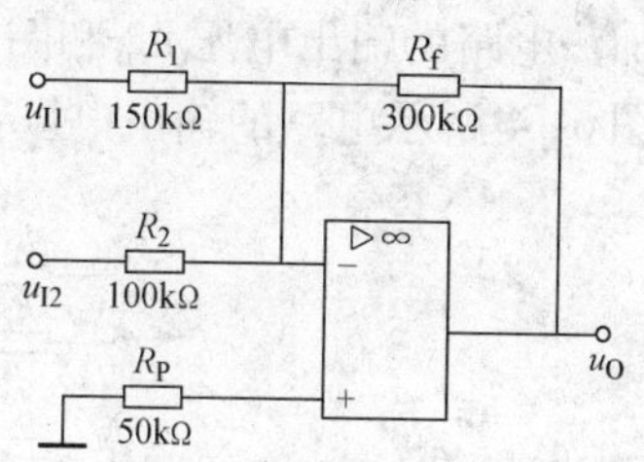

图 6-12　例 6-4 所设计的反相加法电路

利用“虚短”概念，可知 $u_N = u_P$，利用“虚断”概念，可知 $i_P = i_N = 0$，图 6-13 所示电路同相输入端 P 节点的电流方程为

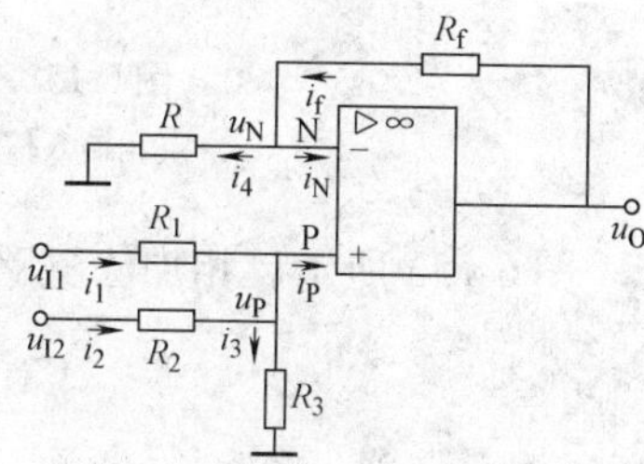

图 6-13　同相加法运算电路

$$i_1 + i_2 = i_3$$

$$\frac{u_{I1} - u_P}{R_1} + \frac{u_{I2} - u_P}{R_2} = \frac{u_P}{R_3}$$

$$\left(\frac{1}{R_1} + \frac{1}{R_2} + \frac{1}{R_3}\right) u_P = \frac{u_{I1}}{R_1} + \frac{u_{I2}}{R_2}$$

由上式可得同相端电位为

$$u_P = R_P\left(\frac{u_{I1}}{R_1} + \frac{u_{I2}}{R_2}\right) \tag{6-23}$$

式中，$R_P = R_1 /\!/ R_2 /\!/ R_3$。

将式（6-23）代入式（6-10），可得

$$\begin{aligned} u_O &= \left(1 + \frac{R_f}{R}\right) u_P = \left(1 + \frac{R_f}{R}\right) R_P\left(\frac{u_{I1}}{R_1} + \frac{u_{I2}}{R_2}\right) \\ &= \frac{R + R_f}{R}\frac{R_f}{R_f} R_P\left(\frac{u_{I1}}{R_1} + \frac{u_{I2}}{R_2}\right) \\ &= R_f \frac{R_P}{R_N}\left(\frac{u_{I1}}{R_1} + \frac{u_{I2}}{R_2}\right) \end{aligned} \tag{6-24}$$

式中，$R_N = R /\!/ R_f$。若满足 $R_N = R_P$，则式（6-24）变为

$$u_O = R_f\left(\frac{u_{I1}}{R_1} + \frac{u_{I2}}{R_2}\right) \tag{6-25}$$

在图 6-13 中，若选择 $R /\!/ R_f = R_1 /\!/ R_2$，则可省去 R_3。

当然也可用叠加原理分析同相加法运算电路（读者可自行证明）。

需要指出，同相加法运算电路电阻阻值的调整和平衡电阻的选取比较复杂，不如反相输入加法运算电路方便；并且同相输入时，集成运放的两个输入端承受较大的共模输入电压，使用时，不允许集成运放两输入端的共模输入电压超过集成运放允许的最大共模输入电压。

2. 加减法运算电路

由上面分析的反相加法运算电路和同相加法运算电路原理可知，若将多个信号作用于集成运放同相输入端和反相输入端时，电路就可以实现加减法运算。

图 6-14 所示电路为四输入信号的加减法运算电路，是反相加法电路和同相加法电路的组合。

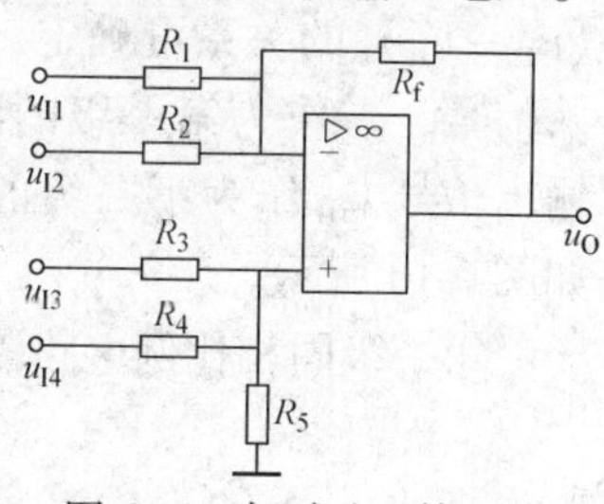

图 6-14　加减法运算电路

对图 6-14 所示电路进行分析，可先分别求图 6-15a 中的反

相加法电路的输出电压 u_{O1} 和图 6-15b 中的同相加法电路的输出电压 u_{O2}，根据叠加原理可求出图 6-14 所示电路的输出电压：$u_O = u_{O1} + u_{O2}$。

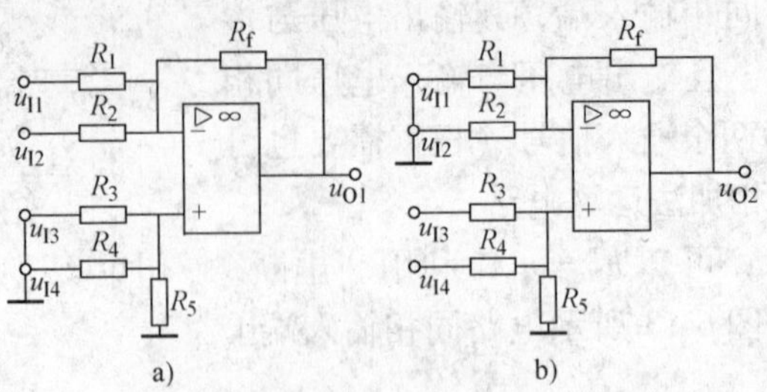

图 6-15　利用叠加原理求解加减电路运算关系分解图

a）反相输入信号作用的等效电路　b）同相输入信号作用的等效电路

图 6-15a 所示反相加法电路的输出电压 u_{O1} 为

$$u_{O1} = -R_f\left(\frac{u_{I1}}{R_1} + \frac{u_{I2}}{R_2}\right) \tag{6-26}$$

图 6-15b 所示的同相加法电路若满足：$R_1 /\!/ R_2 /\!/ R_f = R_3 /\!/ R_4 /\!/ R_5$，则输出电压 u_{O2} 为

$$u_{O2} = R_f\left(\frac{u_{I3}}{R_3} + \frac{u_{I4}}{R_4}\right) \tag{6-27}$$

四个输入信号同时作用时，图 6-14 所示电路的输出电压 u_O 为

$$u_O = u_{O1} + u_{O2} = R_f\left(\frac{u_{I3}}{R_3} + \frac{u_{I4}}{R_4} - \frac{u_{I1}}{R_1} - \frac{u_{I2}}{R_2}\right) \tag{6-28}$$

加减法运算可视为正、负数的求和运算，故有的文献称加减运算电路为代数求和电路。

若同相输入端和反相输入端分别只有一个输入信号，则图 6-14 所示电路变为图 6-8 所示差分比例运算电路，可实现两输入量的减法运算。

用图 6-8 所示差分比例运算电路实现两输入量的减法运算存在两个缺点：其一，要使集成运放两输入端电阻的平衡对称，电阻的选择和调整比较麻烦；其二，对每个信号源而言，输入电阻不大。实际中，若需要具有很高输入电阻的减法运算电路，则可选用两级比例运算电路组成的减法运算电路。

例 6-5　试设计一个由两级运算放大器组成的高输入电阻的减法电路，且输出电压与输入电压之间满足 $u_O = 3\ (u_{I2} - u_{I1})$ 的关系。

解：因为要求高输入电阻，所以，应采用同相输入电路，即 u_{I1}、u_{I2} 应加在两个运算放大器的同相输入端。根据输出电压与输入电压之间满足 $u_O = 3\ (u_{I2} - u_{I1})$ 的关系可确定：u_{I2} 作为第二级的同相输入信号，u_{I1} 作为第一级的同相输入信号被放大后，输出信号 u_{O1} 作为第二级的反相输入信号，其电路如图 6-16 所示。

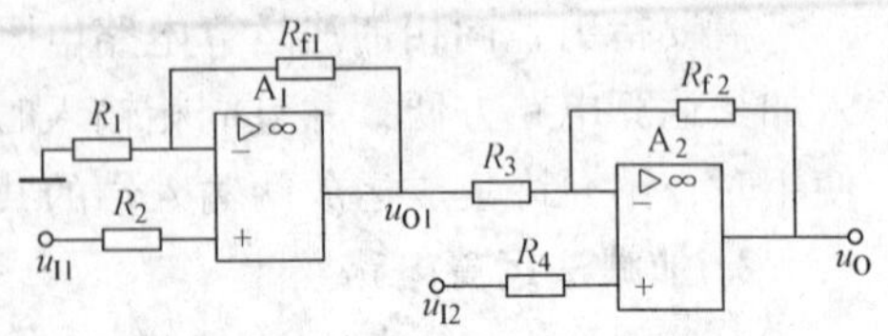

图 6-16　高输入电阻的减法电路

第一级同相比例电路输出电压为

$$u_{O1} = \left(1 + \frac{R_{f1}}{R_1}\right)u_{I1}$$

根据叠加原理，第二级输出电压为

$$u_O = -\frac{R_{f2}}{R_3}u_{O1} + \left(1 + \frac{R_{f2}}{R_3}\right)u_{I2}$$

若满足 $R_1 = R_{f2}$，$R_3 = R_{f1}$，则

$$u_O = \left(1 + \frac{R_{f2}}{R_3}\right)(u_{I2} - u_{I1}) \tag{6-29}$$

若 $R_{f2} = 2R_3$，则有

$$u_O = 3(u_{I2} - u_{I1}) \tag{6-30}$$

由以上分析可知，图 6-16 所示电路中电阻应满足：$R_1 = R_{f2} = 2R_3 = 2R_{f1}$。

由图 6-16 所示电路可知，对输入信号 u_{I1}、u_{I2} 而言，第一、二级电路均为电压串联负反馈，可认为输入电阻趋于无穷大。

6.2.3 积分运算电路和微分运算电路

积分和微分运算电路在自动控制系统中，常被用来对控制信号进行积分和微分调节。此外，它广泛用于各种非正弦波的产生与变换：例如，在非正弦波产生电路中，用做时延电路；在波形变换中，将方波变为三角波；A/D 转换中，将电压量变为时间量等。

1. 积分运算电路

将反相比例运算电路的反馈电阻 R_f 用电容 C 替代，就构成了反相积分运算电路。电路如图 6-17 所示。由“虚地”和“虚断”概念，即 $u_N = u_P = 0$，$i_N = i_P = 0$ 可知，流过电容 C 中的电流等于流过电阻 R_1 中的电流

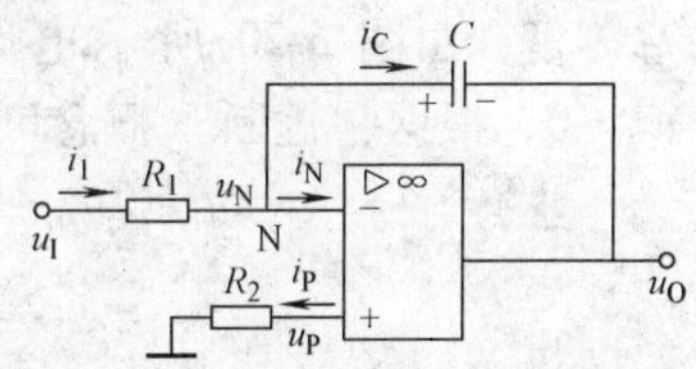

图 6-17 反相积分运算电路

$$i_C = i_1 = u_I/R_1$$

输出电压为

$$u_O = -u_C = -\frac{1}{C}\int i_C \mathrm{d}t = -\frac{1}{R_1 C}\int u_I \mathrm{d}t \tag{6-31}$$

式（6-31）表明，输出电压与输入电压的积分成正比，负号表示电路实现反相功能，故称为反相积分运算电路，式中的 R_1C 为积分时间常数。

需要指出，要满足积分运算关系，要求积分时间常数 R_1C 大于输入信号周期 T。

若求解 $t_1 \sim t_2$ 时间间隔内的 u_O 值时

$$u_O = -\frac{1}{R_1 C}\int_{t_1}^{t_2} u_I \mathrm{d}t + u_O(t_1) \tag{6-32}$$

式中，$u_O(t_1)$ 为 t_1 初始时刻 u_O 的初始值，输出电压 u_O 的终值是 t_2 时刻的输出电压 $u_O(t_2)$。

当输入电压 u_I 为常量时，则

$$u_O = -\frac{1}{R_1 C}u_I(t_2 - t_1) + u_O(t_1) \tag{6-33}$$

需要着重指出：式（6-31）~式（6-33）表示的积分运算关系是在集成运放工作在线性区才成立。

当输入电压 u_I 是幅值为 U_I 的正阶跃信号时，且 $t = 0$ 时刻，电容 C 上的电压 $u_C(0) = 0$，则输出电压 u_O 的波形如图 6-18 所示。

在 $t=0$ 到 $t=t_1$ 时间段内，集成运放工作在线性区，输出电压 u_O 与时间 t 具有线性关系，输出电压 u_O 随时间线性下降；当积分时间足够长时，集成运放输出级达到负饱和值 $(-U_{om})$，输出电压 u_O 被“钳位” $-U_{om}$ 恒定不变，对应图中 $t>t_1$ 的时间段，此时电容 C 不会再充电，相当于断开，运算放大器负反馈不复存在，运放工作在非线性区，积分运算关系不再成立，输出电压 u_O 维持在 $-U_{om}$ 恒定不变。

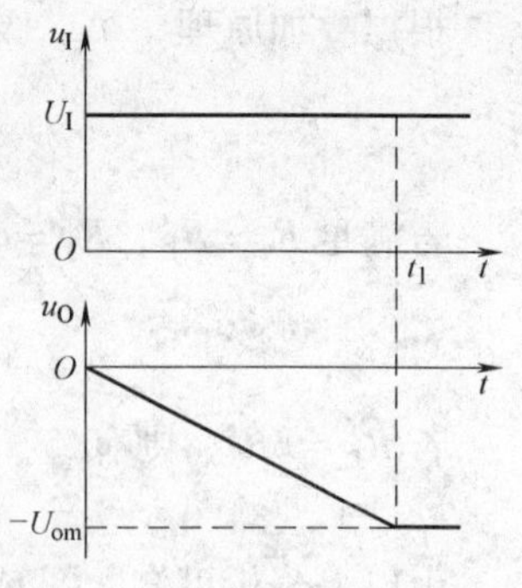

图 6-18　积分运算电路的阶跃响应

当输入电压 u_I 是幅值为 U_I 的负阶跃信号时，且 $t=0$ 时刻，电容 C 上电压 $u_C(0)=0$，读者自行画出输出电压 u_O 的波形。

在图 6-17 所示电路中，积分时间常数 R_1C 大于输入信号周期 T，若输入信号 u_I 是幅值为 U_I 的方波，在输入信号 u_I 的作用下，集成运放工作在线性区，输出电压 u_O 的波形如图 6-19 所示。

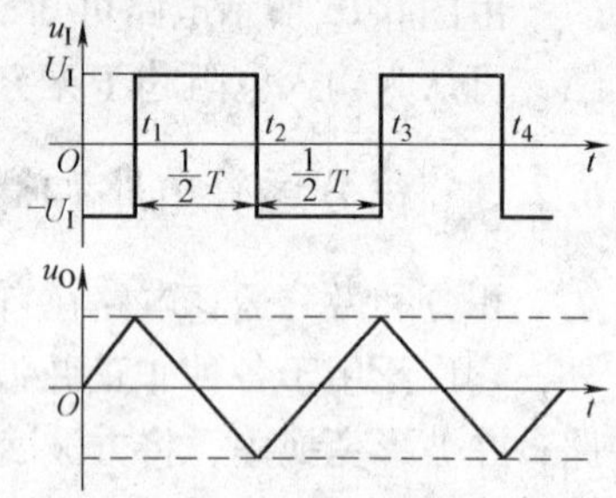

图 6-19　积分电路输入为方波时的输出波形

例 6-6　在图 6-20 所示电路中，试求输出电压与输入电压的关系式。

解： 由图 6-20 所示电路，根据“虚地”概念可知，$u_N=0$，根据“虚断”概念可知，$i_1=i_C$，可以列出表达式

$$u_O-u_N=-R_fi_C-u_C$$
$$=-R_fi_C-\frac{1}{C}\int i_C\mathrm{d}t$$

$$i_1=\frac{u_I-u_N}{R_1}=\frac{u_I}{R_1}=i_C$$

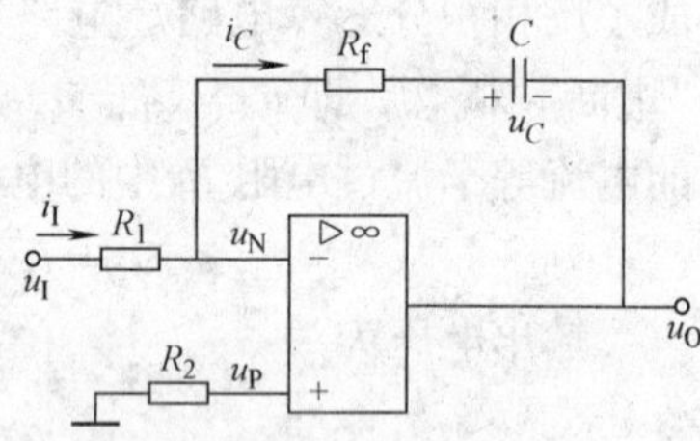

图 6-20　例 6-6 电路图

由以上两式并考虑 $u_N=0$ 可得

$$u_O=-\left(\frac{R_f}{R_1}u_I+\frac{1}{R_1C}\int u_I\mathrm{d}t\right)\tag{6-34}$$

图 6-20 所示电路是反相比例运算电路和积分电路的组合，称之为比例积分调节器，简称为 PI（Proportional Intergral）调节器。它在自动控制系统中用以保证系统的稳定性和控制的精度。

2. 微分运算电路

将反相比例运算电路中输入端的电阻换成电容，就构成了如图 6-21 所示微分运算电路。根据“虚地”概念可知 $u_N=0$，$u_C=u_I$；根据“虚断”概念可知 $i_R=i_C$，可以列出表达式

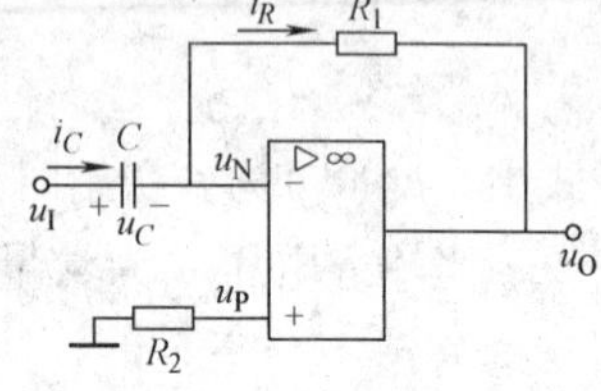

图 6-21　微分运算电路

$$i_R=i_C=C\frac{\mathrm{d}u_C}{\mathrm{d}t}=C\frac{\mathrm{d}u_I}{\mathrm{d}t}$$

所以输出电压为

$$u_O=-i_RR_1=-R_1C\frac{\mathrm{d}u_I}{\mathrm{d}t}\tag{6-35}$$

由式（6-35）可知，微分运算电路的输出电压与输入电压对时间的微分成正比，负号表

示电路实现反相功能，故称为反相微分运算电路。

需要指出，微分运算电路的高频增益大。如果输入含有高频噪声的话，则输出噪声也大，所以微分运算电路在模拟电路系统很少有直接应用，在需要微分运算应用时，也尽量设法用积分运算电路代替。例如，解如下微分方程：

$$\frac{\mathrm{d}^2 u_O(t)}{\mathrm{d}t^2}+10\frac{\mathrm{d}u_O(t)}{\mathrm{d}t}+2u_O(t)=u_I(t)$$

上式微分方程求解可通过下列积分过程解决

$$\frac{\mathrm{d}u_O(t)}{\mathrm{d}t}=\int\left[u_I(t)-10\frac{\mathrm{d}u_O(t)}{\mathrm{d}t}-2u_O(t)\right]\mathrm{d}t$$

$$u_O(t)=\iint u_I(t)\mathrm{d}t-2\iint u_O(t)\mathrm{d}t-10\int u_O(t)\mathrm{d}t$$

因此，可用积分运算电路系统代替微分运算电路系统。

例 6-7　电路图如图 6-22 所示，试求电路输出电压 u_O与输入电压 u_I的关系式。

解：根据“虚地”概念：$u_N=0$、$u_C=u_I$；根据“虚断”概念：$i_R=i_{R1}+i_C$，可以列出表达式

$$i_R=i_{R1}+i_C=\frac{u_I}{R_1}+C\frac{\mathrm{d}u_I}{\mathrm{d}t}$$

所以，电路的输出电压为

$$u_O=-i_RR=-\left(\frac{R}{R_1}u_I+RC\frac{\mathrm{d}u_I}{\mathrm{d}t}\right)\tag{6-36}$$

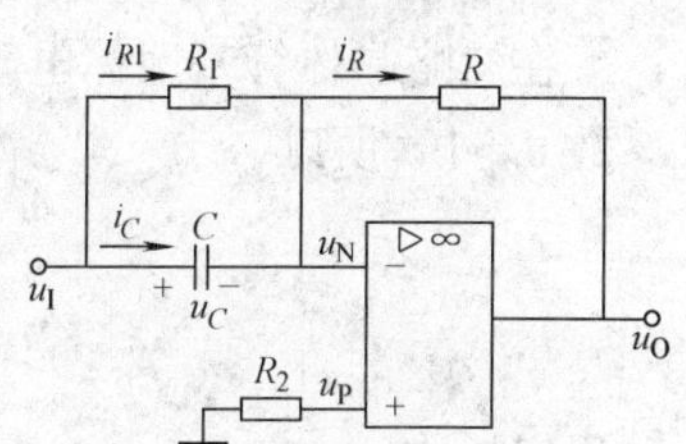

图 6-22　例 6-7 电路图

图 6-22 所示电路是反相比例运算电路和微分电路的组合，称之为比例微分调节器，简称为 PD（Proportional Differential）调节器。它也是工业自动控制系统中经常用到的一种电路。

例 6-8　电路图如图 6-23 所示，试求电路输出电压 u_O与输入电压 u_I的关系式。

解：根据“虚地”概念：$u_N=0$、$u_C=u_I$；根据“虚断”概念：$i_R=i_{R1}+i_C$，可得

$$i_R=i_{R1}+i_C=\frac{u_I}{R_1}+C_1\frac{\mathrm{d}u_I}{\mathrm{d}t}$$

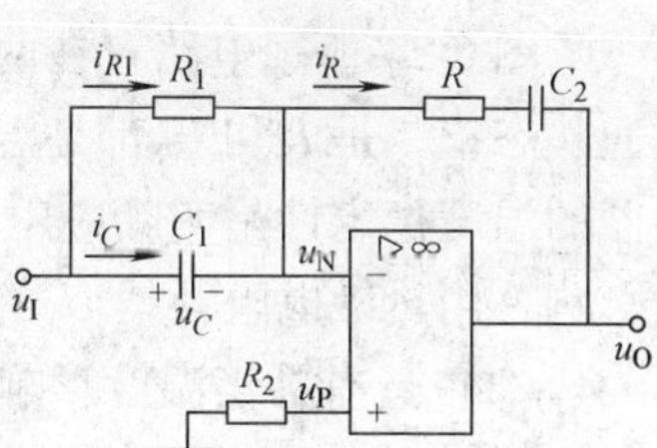

图 6-23　例 6-8 电路图

输出电压 u_O等于 R 上电压 u_R和电容 C_2上电压 u_{C2}之和，R 上电压 u_R和电容 C_2上电压 u_{C2}分别为

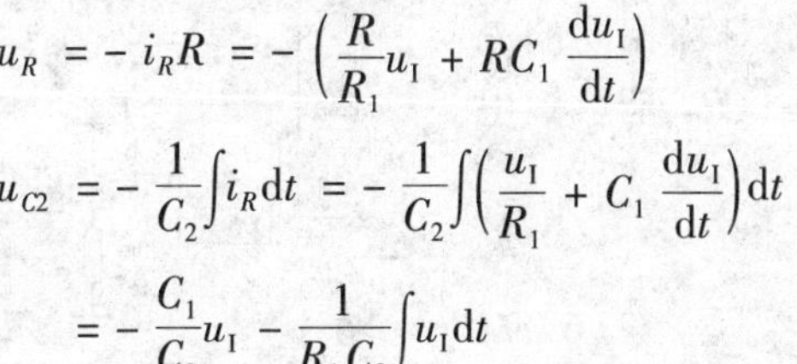

$$u_R=-i_RR=-\left(\frac{R}{R_1}u_I+RC_1\frac{\mathrm{d}u_I}{\mathrm{d}t}\right)$$

$$u_{C2}=-\frac{1}{C_2}\int i_R\mathrm{d}t=-\frac{1}{C_2}\int\left(\frac{u_I}{R_1}+C_1\frac{\mathrm{d}u_I}{\mathrm{d}t}\right)\mathrm{d}t$$

$$=-\frac{C_1}{C_2}u_I-\frac{1}{R_1C_2}\int u_I\mathrm{d}t$$

所以

$$u_O=u_R+u_C=-\left(\frac{R}{R_1}+\frac{C_1}{C_2}\right)u_I-RC_1\frac{\mathrm{d}u_I}{\mathrm{d}t}-\frac{1}{R_1C_2}\int u_I\mathrm{d}t\tag{6-37}$$

可见，图 6-23 所示电路是反相比例运算电路、微分电路和积分电路的组合，称之为比例积分微分调节器，简称为 PID（Proportional Intergral Differential）调节器。它是工业自动控

制系统中用以保证系统的稳定性和控制精度的一种常用电路。

6.2.4 对数和指数运算电路

实际中，有时需要对信号进行对数运算或反对数（指数）运算处理。例如，在某些系统中，输入信号的范围很宽，容易造成限幅状态，通过对数放大器，将信号加以压缩，使输出信号与输入信号的对数成正比。又如，实现两信号的相乘或相除等，可使用对数和反对数运算电路。

利用二极管或晶体管 PN 结指数伏安特性，将二极管或晶体管分别接入到集成运放的反馈电路和输入电路，可构成对数和反对数运算电路。

1. 对数运算电路

（1）基本对数运算电路

基本对数运算电路是将反相比例放大器的反馈电阻 R_f 换成一个二极管或晶体管，如图 6-24 所示。利用“虚地”概念：$u_N=0$，故可认为反馈电路元件晶体管 VT 工作在 $u_N=u_B=0$ 的临界放大状态；利用“虚地”、“虚断”概念，有

$$i_C=i_1=u_I/R$$

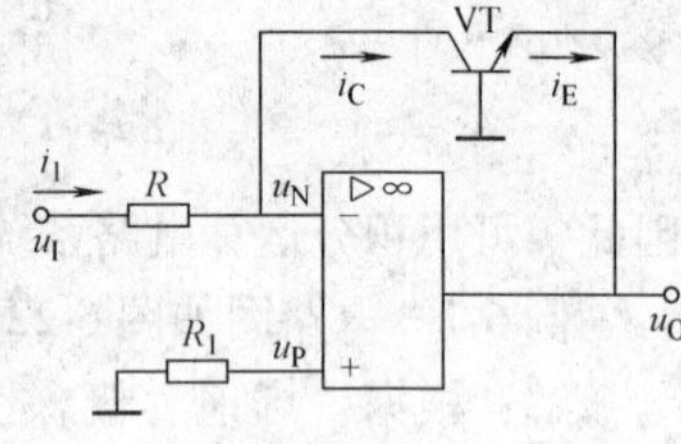

图 6-24 对数运算电路

在忽略晶体管基区体电阻，并考虑到实际中 $u_{BE}\gg U_T\approx 26\text{mV}$ 和晶体管的共基电流放大系数 $\alpha\approx 1$，所以

$$i_C=\alpha i_E\approx I_S e^{\frac{u_{BE}}{U_T}}$$

$$u_{BE}\approx U_T\ln\frac{i_C}{I_S}\approx U_T\ln\frac{u_I}{I_S R}$$

输出电压为

$$u_O=u_{EB}=-u_{BE}\approx -U_T\ln\frac{u_I}{I_S R} \tag{6-38}$$

输出电压与输入电压满足对数关系，故图 6-24 所示电路称为对数运算电路。

图 6-24 所示电路存在两个问题：一是 u_I 必须为正，则 u_O 为负，以使晶体管处于放大导通状态；二是 I_S 和 U_T 都是温度的函数，其运算结果受温度的影响很大。如何改善对数放大器的温度稳定性是实际应用中要解决的一个重要问题。一般改善的办法是：用对管消除 I_S 的影响，用热敏电阻补偿 U_T 的温度影响。

（2）具有补偿温度影响的对数运算电路

图 6-25 为一个具有补偿温度影响的对数运算电路。图中，VT_1 和 VT_2 是一对性能参数对称相同的晶体管，用以抵消反向饱和电流的影响，R_T 是热敏电阻，用以补偿 U_T 引起的温度漂移。

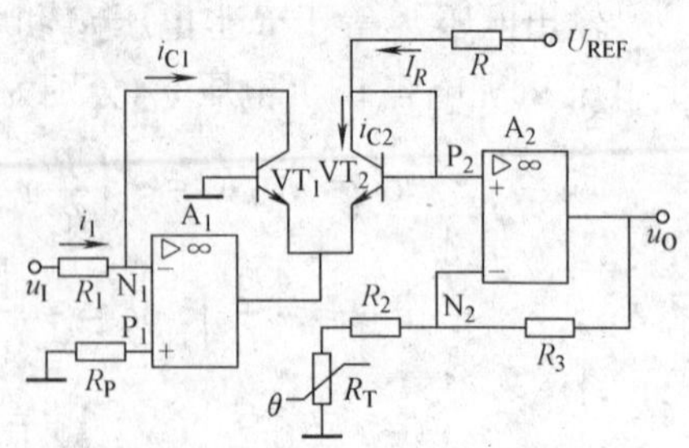

图 6-25 改善温度稳定性的对数运算电路

由图可见

$$u_O=\left(1+\frac{R_3}{R_2+R_T}\right)u_{P2} \tag{6-39}$$

$$\begin{aligned}u_{P2}&=u_{BE2}+u_{EB1}=u_{BE2}-u_{BE1}\\&=U_T\ln\frac{i_{C2}}{I_{S2}}-U_T\ln\frac{i_{C1}}{I_{S1}}\\&=U_T\ln\frac{i_{C2}I_{S1}}{i_{C1}I_{S2}}\end{aligned} \tag{6-40}$$

因为晶体管 VT_1、VT_2有相同的特性，所以 $I_{S1}=I_{S2}$，则式（6-40）变为

$$u_{P2}=U_T\ln\frac{i_{C2}}{i_{C1}}\approx U_T\ln\frac{I_R}{i_{C1}}=-U_T\ln\frac{i_{C1}}{I_R} \tag{6-41}$$

利用“虚地”、“虚断”概念，并考虑到参考电压 $U_{REF}\gg u_{BE2}+u_{EB1}=u_{BE2}-u_{BE1}$，有

$$i_1=i_{C1}=\frac{u_I}{R_1} \tag{6-42}$$

$$I_R\approx i_{C2}\approx\frac{U_{REF}-(u_{BE2}-u_{BE1})}{R}\approx\frac{U_{REF}}{R} \tag{6-43}$$

将式（6-42）、式（6-43）代入式（6-41），得

$$u_{P2}\approx -U_T\ln\frac{Ru_I}{U_{REF}R_1} \tag{6-44}$$

将式（6-44）代入式（6-39），并考虑到 $U_T=kT/q$，得

$$\begin{aligned}u_O&=\left(1+\frac{R_3}{R_2+R_T}\right)u_{P2}\\&=-\left(1+\frac{R_3}{R_2+R_T}\right)\frac{kT}{q}\ln\left(\frac{u_IR}{U_{REF}R_1}\right)\end{aligned} \tag{6-45}$$

式（6-45）表明，用性能对称相同的两只晶体管消除了反向饱和电流的不良影响，而且只要适当选择正温度系数的热敏电阻 R_T，就可消除 $U_T=kT/q$ 引起的温度漂移，实现温度稳定性良好的对数运算关系。

2. 反对数（指数）运算电路

（1）基本反对数（指数）运算电路

指数运算是对数运算的逆运算，因此在电路结构上只要将对数运算电路的电阻和晶体管位置调换一下即可，指数运算电路如图 6-26 所示。

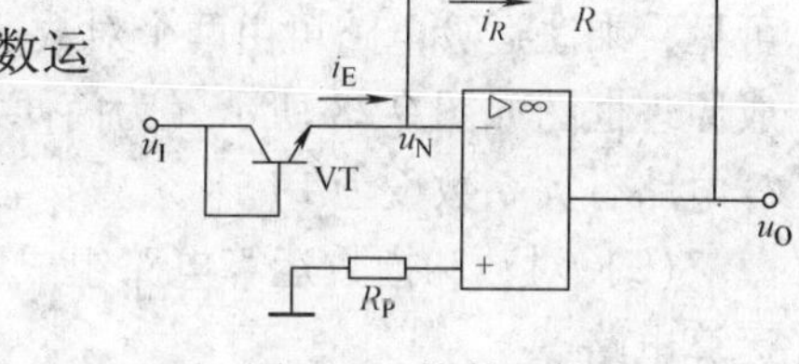

图 6-26　指数运算电路

利用“虚地”、“虚断”概念，有

$$u_{BE}=u_I$$

$$i_R=i_E\approx I_Se^{\frac{u_I}{U_T}}$$

输出电压为

$$u_O=-i_RR=-I_SRe^{\frac{u_I}{U_T}} \tag{6-46}$$

输出电压与输入电压满足指数运算关系，故图 6-26 电路称为指数运算电路。

为使晶体管导通，应使 $u_I>0$，且满足 $u_I>U_{th}$（死区电压），由于发射结导通电压变化范围很窄，故输入电压 u_I的动态范围很小。这种电路同样有温度稳定性差的问题，也需采取温度补偿措施。

（2）具有补偿温度影响的反对数（指数）运算电路

与对数运算电路一样，反对数（指数）运算电路也可用“对管”来消除反向饱和电流的影响，用热敏电阻来补偿 U_T的温度漂移。具有补偿温度影响的反对数（指数）运算电路如图 6-27 所示。在忽略 VT_1的基极电流时，P_1点电位为

$$u_{P1} \approx \frac{R_3}{R_1 + R_3} u_I$$

VT_1的集电极电流为

$$i_{C1} = I_{REF} \approx I_S e^{\frac{u_{BE1}}{U_T}}$$

E 点电位为

$$u_E = u_{P1} - u_{BE1} = u_{EB2} = -u_{BE2}$$

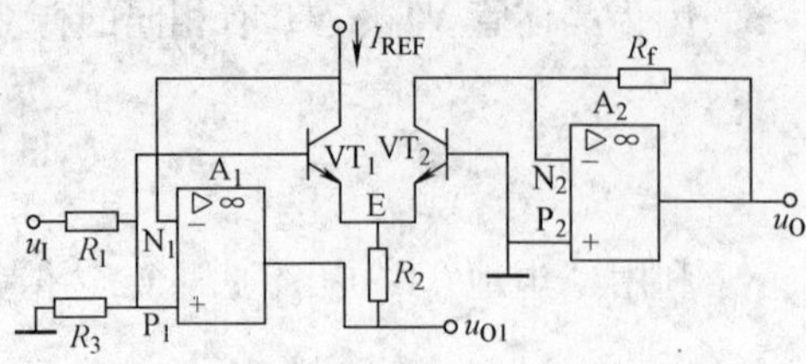

图 6-27　具有温度影响补偿的指数运算电路

所以

$$u_{BE2} = -u_{P1} + u_{BE1}$$

输出电压为

$$\begin{aligned} u_O &= i_{C2} R_f \approx I_S e^{\frac{u_{BE2}}{U_T}} R_f \\ &= I_S e^{\frac{u_{BE1}}{U_T}} e^{-\frac{R_3}{R_1+R_3}\frac{u_I}{U_T}} R_f \\ &= I_{REF} e^{-\frac{R_3}{R_1+R_3}\frac{u_I}{U_T}} R_f \end{aligned}$$

式中，参考电流 I_{REF}由恒流源提供，I_{REF}很稳定；若适当选择正温度系数的热敏电阻 R_3，就可消除 $U_T = kT/q$ 引起的温度漂移，实现温度稳定性良好的反对数运算关系。

6.2.5　由对数和指数运算电路组成乘法或除法运算电路

1. 由对数和指数运算电路组成乘法运算电路

（1）电路组成原理

乘法运算与对数和指数间的运算关系为

$$u_X u_Y = e^{\ln u_X u_Y} = e^{(\ln u_X + \ln u_Y)} \tag{6-47}$$

可见，乘法运算电路可由两个对数运算电路、一个加法电路和一反对数运算电路组成，其组成原理框图如图 6-28 所示（为简便，图中各运算电路有关系数设为1）。

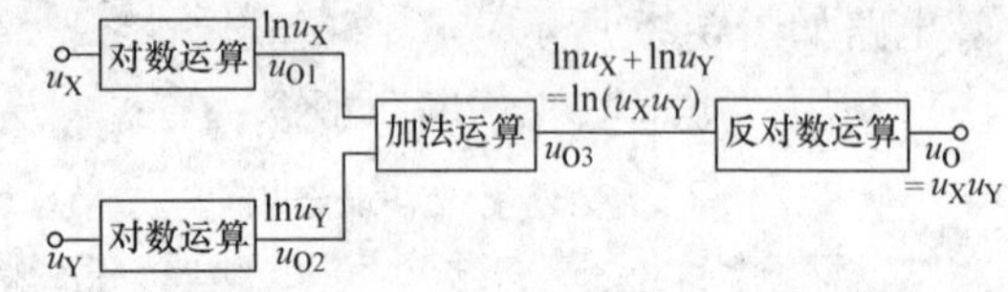

图 6-28　由对数和反对数电路组成的乘法运算电路框图

（2）对数和指数运算电路组成的基本乘法运算电路

根据图 6-28 所示框图，对数和指数运算电路组成的基本乘法运算电路如图 6-29 所示。

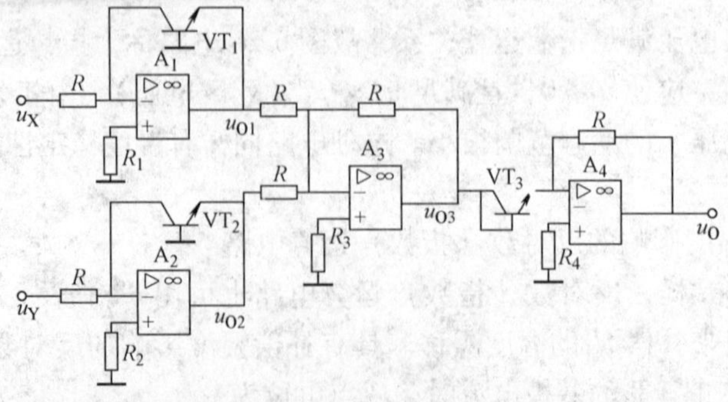

图 6-29　对数和指数运算电路组成的乘法运算电路

在图 6-29 中

$$u_{O1} \approx -U_T \ln \frac{u_X}{I_S R}$$

$$u_{O2} \approx -U_T \ln \frac{u_Y}{I_S R}$$

$$u_{O3} = -(u_{O1} + u_{O2}) \approx U_T \ln \frac{u_X u_Y}{(I_S R)^2}$$

$$u_O \approx -I_S R e^{\frac{U_{O3}}{U_T}} \approx -\frac{u_X u_Y}{I_S R} \tag{6-48}$$

2. 由对数和指数运算电路组成除法运算电路

（1）电路组成原理

除法运算与对数和指数间的运算关系为

$$\frac{u_X}{u_Y} = e^{\ln(u_X/u_Y)} = e^{(\ln u_X - \ln u_Y)}$$

可见，除法运算电路可由两个对数运算电路、一个减法电路和一反对数运算电路组成，其组成原理框图如图 6-30 所示（为简便，图中各运算电路有关系数设为 1）。

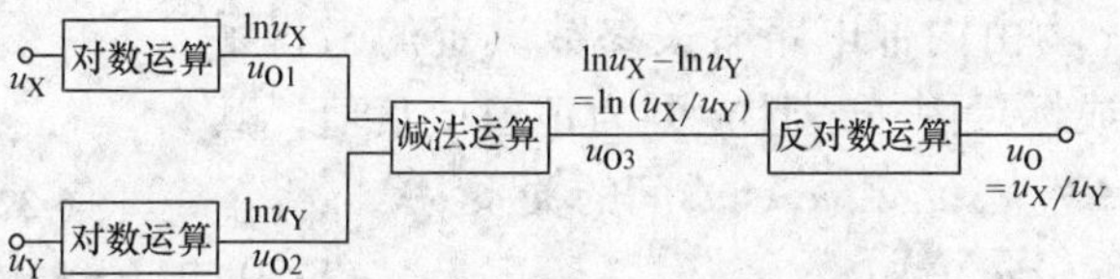

图 6-30　由对数和反对数电路组成的除法运算电路框图

（2）对数和指数运算电路组成的基本除法运算电路

根据图 6-30 所示的组成框图，将图 6-29 中的加法运算电路换成图 6-8 所示的减法运算电路（差分比例运算电路），则可得如图 6-31 所示的基本除法运算电路。

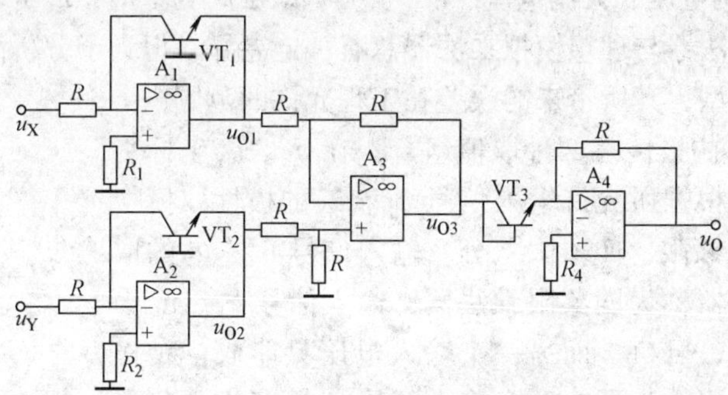

图 6-31　对数和指数运算电路组成的除法运算电路

在图 6-31 中

$$u_{O1} \approx -U_T \ln \frac{u_X}{I_S R}$$

$$u_{O2} \approx -U_T \ln \frac{u_Y}{I_S R}$$

$$u_{O3}=u_{O2}-u_{O1}\approx U_T\ln\frac{u_X}{u_Y}$$

所以

$$u_O\approx -I_SRe^{\frac{u_{O3}}{U_T}}=-I_SR\frac{u_X}{u_Y} \tag{6-49}$$

6.3 模拟乘法器及其应用

模拟乘法器是另一种模拟集成电路，它可以组成乘法、除法、开方、乘方、调制、解调和放大等功能的电路，广泛应用于模拟运算、通信、测控系统和电气测量等电子技术许多领域。

6.3.1 变跨导型模拟乘法器

1. 模拟乘法器电路概述

模拟乘法器是一种能实现模拟量相乘的集成电路。模拟乘法器有两个输入端、一个输出端，其电路符号如图6-32 所示。设 u_O 和 u_X、u_Y 分别为输出电压和两个输入电压，k 为由内部电路有关参数决定的乘积系数，也称为乘积增益或标尺因子，且 k 可为正值或负值，其值多为 $0.1V^{-1}$ 或 $-0.1V^{-1}$。u_O 和 u_X、u_Y 间的关系为

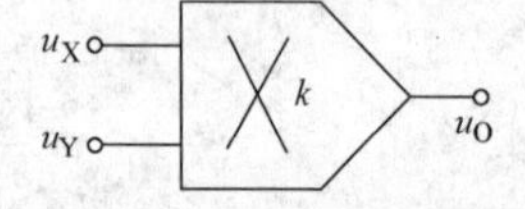

图 6-32　模拟乘法器电路符号

$$u_O=ku_Xu_Y \tag{6-50}$$

理想模拟乘法器应满足下列条件：

1）输入电阻为无穷大。

2）输出电阻为零。

3）乘积系数 k 不随信号频率和幅值变化而变化。

4）电路没有失调电压、失调电流、噪声，当 u_X 或 u_Y 为零时，u_O 为零。

虽然实际模拟乘法器与理想模拟乘法器总有一定差异，但为了分析简便，本节分析均采用理想模拟乘法器模型，其所带来的误差在工程允许的范围内。

输入信号 u_X、u_Y 的极性有四种取值组合，在 u_X、u_Y 坐标平面上对应四个象限。根据所允许输入信号 u_X、u_Y 的极性，模拟乘法器有单象限、二象限、四象限之分。输入信号 u_X、u_Y 的取值可正、可负的乘法器称为四象限乘法器；输入信号 u_X、u_Y 中只有一个的取值可正、可负，而另一个输入电压只能取一种极性的乘法器称为二象限乘法器；两个输入信号 u_X、u_Y 中的每一个只能取一种极性的乘法器称为单象限乘法器。模拟乘法器输入信号 u_X、u_Y 的不同极性的四种取值组合在 u_X、u_Y 坐标平面上所对应的四个象限示意图如图 6-33 所示。

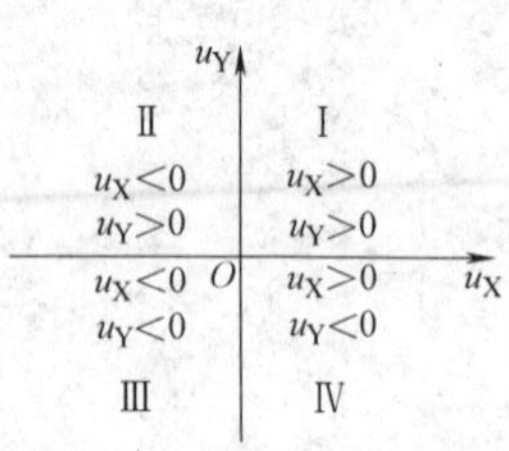

图 6-33　模拟乘法器输入信号所对应的四个象限

一个单象限乘法器增加适当的外部电路，可转换成二象限或四象限的乘法器。

2. 变跨导型模拟乘法器

变跨导型模拟乘法器是利用某一输入电压控制差分放大电路晶体管发射极电流，使其跨

导随输入电压变化，从而达到两输入信号相乘的目的。

（1）差分放大电路的差模放大特性

双端输入双端输出差分放大电路原理图如图 6-34 所示。它的差模电压放大倍数为

$$A_{ud}=-\frac{\beta R_c}{r_{be}} \tag{6-51}$$

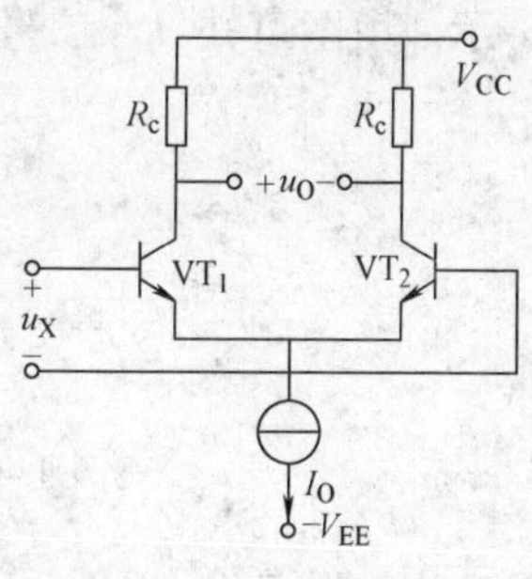

图 6-34　差分放大电路

式中，r_{be}可表为

$$r_{be}=r_b+r_{ble}\approx r_{ble}=(1+\beta)\frac{U_T}{I_E}=2(1+\beta)\frac{U_T}{I_O} \tag{6-52}$$

式中，$I_{E1}=I_{E2}=I_E$为 VT_1、VT_2的发射极电流，$I_O=2I_E$。

晶体管跨导可表示为

$$g_m=\frac{I_E}{U_T}=\frac{I_O}{2U_T} \tag{6-53}$$

由式（6-52）、式（6-53）可得

$$r_{be}\approx r_{ble}=\frac{1+\beta}{g_m} \tag{6-54}$$

将式（6-54）代入到式（6-51），并考虑到$1+\beta\approx\beta$，可得

$$A_{ud}\approx -g_m R_c \tag{6-55}$$

所以，有

$$u_O=-g_m R_c u_X \tag{6-56}$$

（2）可控电流源差分放大电路的乘法特性

可控电流源差分放大电路原理图如图 6-35 所示。需要注意，图中 VT_1、VT_2的基极偏置电路未画出。VT_3的导通程度由 u_Y决定，即由电压 u_Y控制 VT_3集电流 i_{C3}的大小。

图 6-35 中用 VT_3电路代替了图 6-34 所示电路中的恒流源 I_O。显然，当 $u_Y\gg u_{BE3}$时，VT_3的集电极电流近似满足

$$I_O=i_{C3}\approx\frac{u_Y-u_{BE3}}{R_e}\approx\frac{u_Y}{R_e} \tag{6-57}$$

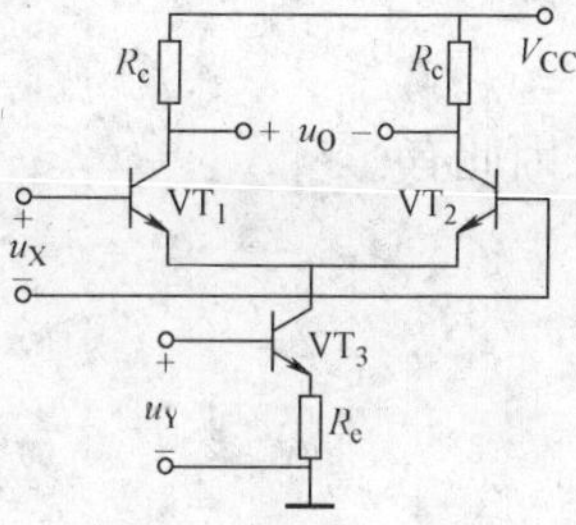

图 6-35　二象限模拟乘法器

考虑到式（6-53），并将式（6-57）代入式（6-56），可得

$$\begin{aligned}u_O&=-g_m R_c u_X=-\frac{I_O}{2U_T}R_c u_X\\&=-\frac{R_c}{2U_T R_e}u_X u_Y=k u_X u_Y\end{aligned} \tag{6-58}$$

由式（6-58）可知，u_O与 u_X、u_Y之间满足乘法运算关系，k 为由 R_c、R_e、U_T等决定的乘积系数；u_X可正可负，但 u_Y必须为正、且保证有满足实际需要的 i_{C3}。故图 6-35 电路为二象限（第一、第二象限）乘法器。图 6-35 电路有如下缺点：

1）式（6-57）表明，u_Y的值越小，运算误差越大。

2）式（6-58）表明，u_O与温度有关（$U_T=kT/q$）。

3）电路不适用于要求 u_Y可正可负的场合。

（3）四象限变跨导型模拟乘法器

四象限变跨导型模拟乘法器的典型电路如图 6-36 所示。由图可知

$$i_1 = I_S e^{\frac{u_{BE1}}{U_T}} \tag{6-59}$$

$$i_2 = I_S e^{\frac{u_{BE2}}{U_T}} \tag{6-60}$$

$$\begin{aligned} i_5 &= i_1 + i_2 = I_S e^{\frac{u_{BE2}}{U_T}}\left(1 + e^{\frac{u_{BE1}-u_{BE2}}{U_T}}\right) \\ &= i_2\left(1 + e^{\frac{u_X}{U_T}}\right) \end{aligned} \tag{6-61}$$

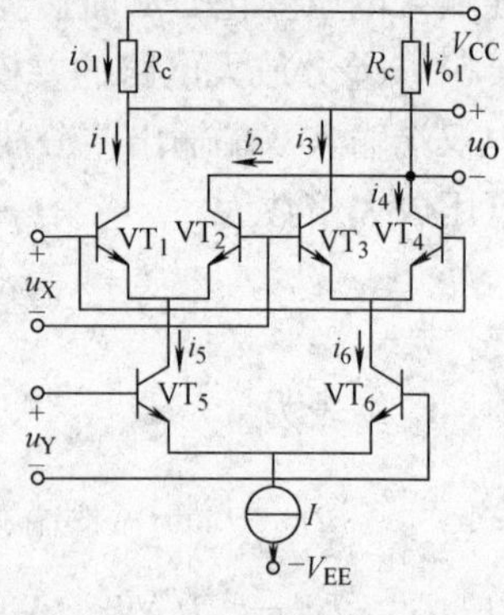

图 6-36　四象限变跨导型模拟乘法器

式中，$u_X = u_{BE1} - u_{BE2}$，所以

$$i_2 = \frac{i_5}{1 + e^{\frac{u_X}{U_T}}} \tag{6-62}$$

同理分析可得

$$i_1 = \frac{i_5}{1 + e^{\frac{-u_X}{U_T}}} \tag{6-63}$$

根据双曲正切函数定义可得

$$i_1 - i_2 = i_5 \tanh \frac{u_X}{2U_T} \tag{6-64}$$

利用上述完全相同的分析方法可得

$$i_4 - i_3 = i_6 \tanh \frac{u_X}{2U_T} \tag{6-65}$$

$$i_5 - i_6 = I \tanh \frac{u_Y}{2U_T} \tag{6-66}$$

因此有

$$\begin{aligned} i_{O1} - i_{O2} &= (i_1 + i_3) - (i_4 + i_2) \\ &= (i_1 - i_2) - (i_4 - i_3) \\ &= (i_5 - i_6)\tanh \frac{u_X}{2U_T} \\ &= I\left(\tanh \frac{u_Y}{2U_T}\right)\left(\tanh \frac{u_X}{2U_T}\right) \end{aligned} \tag{6-67}$$

当 $u_X \ll 2U_T$，$u_Y \ll 2U_T$时

$$i_{O1} - i_{O2} \approx \frac{I}{4U_T^2} u_X u_Y \tag{6-68}$$

所以，输出电压与两输入电压间关系为

$$\begin{aligned} u_O &= -(i_{O1} - i_{O2})R_c \\ &\approx -\frac{IR_c}{4U_T^2} u_X u_Y = k u_X u_Y \end{aligned} \tag{6-69}$$

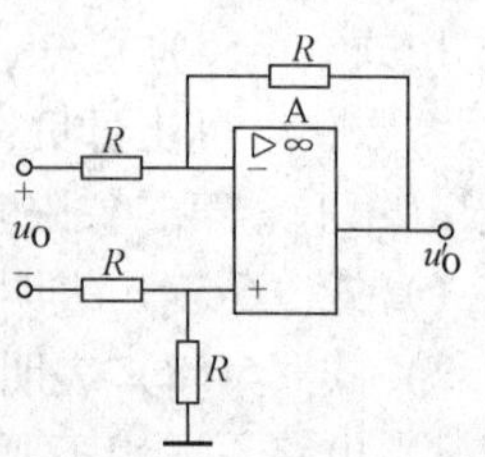

图 6-37　双端输入单端输出电路

由于输入信号可取正、取负，故图 6-36 所示电路为四象限模拟乘法器。它为双端输出形式，可通过图 6-37 所示电路将其转换为单端输出形式。

6.3.2 模拟乘法器在运算电路中的应用

模拟乘法器本身可作乘法和乘方运算，也可作除法、开方和均方根等运算电路。

1. 乘方运算电路

利用四象限模拟乘法器可以组成二次方运算电路，只需将两个输入端连接在一起，接上输入信号 u_I即可，如图 6-38 所示。

$$u_O = ku_I^2 \tag{6-70}$$

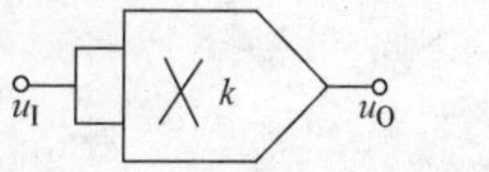

图 6-38 二次方运算电路

从理论上讲，可用多个四象限模拟乘法器首尾相连组成输入信号 u_I的任意高次方的运算电路，图 6-39a、b 所示电路分别为三次方运算和四次方运算电路，其表达式分别为

$$u_{O1} = k^2 u_I^3 \tag{6-71}$$

$$u_{O2} = k^2 u_I^4 \tag{6-72}$$

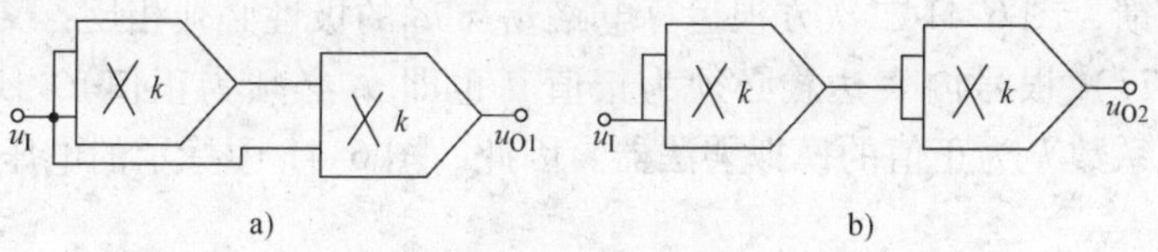

图 6-39 三次方和四次方运算电路

a）三次方运算电路 b）四次方运算电路

但是，当模拟乘法器首尾相连的级数超过三级时，每级运算误差的积累可能超出工程允许的误差范围，因此实际中，一般最多用二级模拟乘法器首尾相连组成三次方或四次方运算电路。

2. 除法运算电路

将模拟乘法器作为集成运放的负反馈电路可组成如图 6-40 所示的除法运算电路。

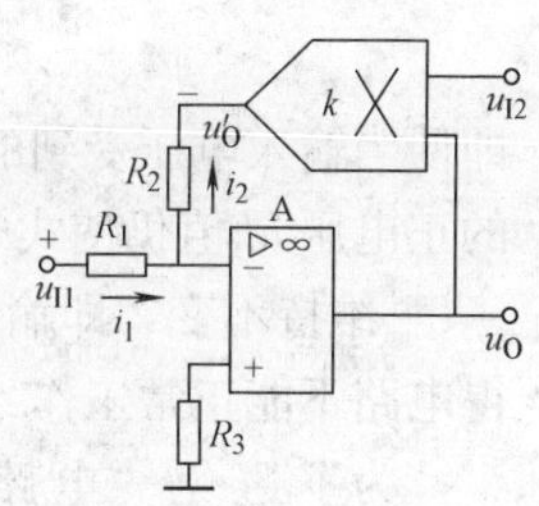

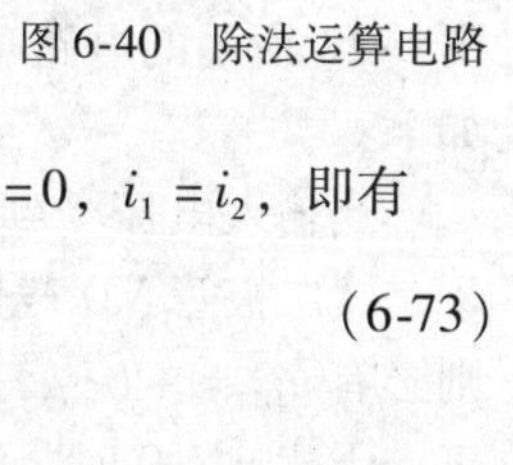

图 6-40 除法运算电路

为了实现除法运算，必须保证集成运放工作在线性区，为此，模拟乘法器在电路中必定要引入深度负反馈，对图 6-40 而言，u_{I1}与 u_O'的极性必须相反。由于 u_O与 u_{I1}的极性相反，则要求 u_O'与 u_O的极性必须相同。因此，当模拟乘法器的乘积系数 k 为负时，u_{I2}应为负；k 为正时，u_{I2}应为正；即 u_{I2}的极性与 k 的正负相同。

电路引入深度负反馈，根据“虚地”、“虚断”的概念，有 $u_N = u_P = 0$，$i_1 = i_2$，即有

$$\frac{u_{I1}}{R_1} = -\frac{u_O'}{R_2} = -\frac{ku_O u_{I2}}{R_2} \tag{6-73}$$

所以输出电压为

$$u_O = -\frac{R_2}{kR_1}\frac{u_{I1}}{u_{I2}} \tag{6-74}$$

即满足除法运算关系。

由于 u_{I2}的极性受 k 的正、负限制，故当模拟乘法器选定后，u_{I2}为单极性，而 u_{I1}的极性可正可负，所以，图 6-40 所示电路为二象限除法运算电路。

3. 二次方根运算电路

利用二次方运算电路作为集成运放的深度负反馈电路，可组成如图 6-41 所示的二次方根运算电路。

电路引入深度负反馈，根据“虚地”、“虚断”的概念，有 $u_N = u_P = 0$，$i_1 = i_2$，即有

$$\frac{-u_I}{R_1} = \frac{u'_O}{R_2} \tag{6-75}$$

$$u'_O = -\frac{R_2}{R_1}u_I = ku_O^2 \tag{6-76}$$

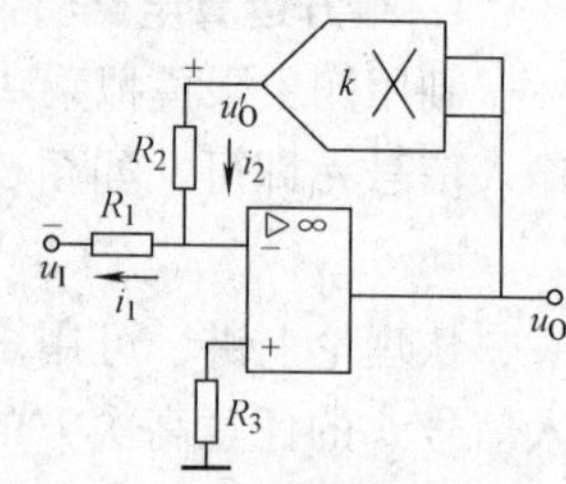

图 6-41　二次方根运算电路

故输出电压为

$$u_O = \sqrt{-\frac{R_2 u_I}{kR_1}} \tag{6-77}$$

要满足负反馈，图 6-41 二次方根运算电路 u_I 与 u'_O 的极性必须相反；又由于 u_O 与 u_I 极性相反，且式（6-77）根号内表达式必须为正值（也即 u_O 必须为正值），所以，u_I 只能取负值，故应选乘积系数 k 为正值的模拟乘法器。因此，图 6-41 中标示的电压 u_I 与 u'_O 的极性为实际极性。

图 6-41 所示电路存在一个问题。假设由于某种原因，输入电压受到瞬间正向干扰，使 $u_I > 0$，则必有 $u_O < 0$，$u'_O = ku_O^2 > 0$，从而使电路变为正反馈，使集成运放工作在非线性状态，输出电压为负向饱和电压：$u_O = -U_{om}$。此时，u'_O 为一较大的正电压值（事实上，此时模拟乘法器已工作在非线性区了），由于集成运放工作在非线性状态时，“虚短”概念不成立，故输入电压受到瞬间正向干扰（使 $u_I > 0$）的期间，满足

$$u_N = \frac{R_1}{R_1 + R_2}u'_O + \frac{R_2}{R_1 + R_2}u_I > u_P = 0 \tag{6-78}$$

即便当输入电压受到的正向干扰消失，使输入电压变回到正常时 $u_I < 0$ 的情形，此时，较大的正电压 u'_O 值仍使式（6-78）成立，导致集成运放也不能回到线性工作区，从而使得 $u_O = -U_{om}$ 维持不变，即输入正向干扰彻底破坏了图 6-41 所示电路的二次方根运算关系，最终使得电路不能正常工作，出现所谓的“电路自锁”现象。

为了避免“电路自锁”现象的发生，实际中通常采用图 6-42 所示的电路。避免“电路自锁”现象发生的原理分析如下：

当输入电压受到瞬间正向干扰，使 $u_I > 0$，则必有 $u_{O1} < 0$，于是，二极管 VD 截止（VD 相当于断开），电路处在开环状态，则必有 $u_{O1} = -U_{om}$；由于二极管 VD 截止，当输入电压受到瞬间正向干扰 $u_I > 0$ 时，使得 $u_{O1} = -U_{om}$ 无法作用到模拟乘法器两输入端。此时，模拟乘法器两输入端通过 R_L 接地，即模拟乘法器输入电压 u_O 为零，因此，$u'_O = ku_O^2 = 0$。

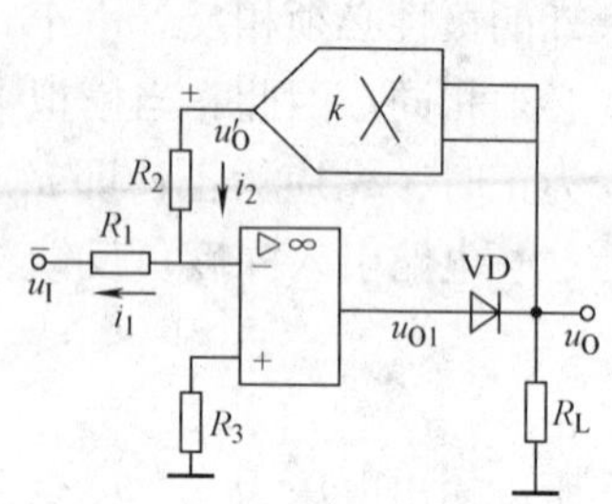

图 6-42　避免自锁现象的二次方根运算电路

当输入电压受到的瞬间正向干扰消失，使输入电压变回到正常时 $u_I < 0$ 的情形，则有 $u_{O1} > 0$，二极管 VD 导通，$u_O > 0$，则 $u'_O = ku_O^2 > 0$，即，电路立即恢复到上面分析过的满足二次方根运算关系的正常工作状态。

4. 三次方根运算电路

将三次方运算电路作为集成运放的深度负反馈电路，可组成如图 6-43 所示的三次方根运算电路。由图可知

$$u_O' = k^2 u_O^3$$

无论乘积系数 k 为正或负，k^2 总为正，而 u_O 与 u_I 反相，也即 u_O^3 总与 u_I 反相，故此，$u_O' = k^2 u_O^3$ 总与 u_I 反相。所以，无论模拟乘法器乘积系数 k 为正或负，电路均为负反馈。

图 6-43　三次方根运算电路

根据“虚地”、“虚断”的概念，有 $u_N = u_P = 0$，$i_{R1} = i_{R2}$，即有

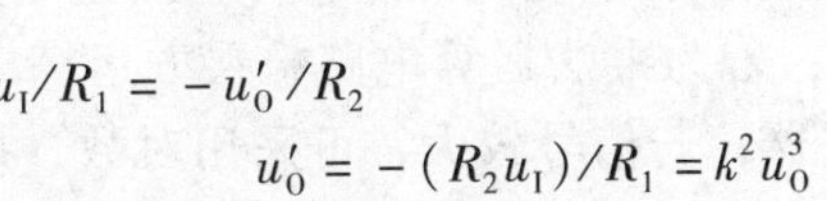

$$u_I / R_1 = -u_O' / R_2$$

$$u_O' = -(R_2 u_I)/R_1 = k^2 u_O^3$$

所以有

$$u_O = \sqrt[3]{-\frac{R_2 u_I}{k^2 R_1}} \tag{6-79}$$

思考：图 6-43 所示的三次方根运算电路对输入电压 u_I 有无极性限制？能否出现二次方根运算电路那样的“自锁现象”？

6.4　运算电路设计

6.4.1　运算电路的设计原则

运算电路主要由集成运放和模拟乘法器及外围元件组成。由于集成运放和模拟乘法器的内部电路无法变动，因此，运算电路的设计主要体现在两个方面：第一，根据设计要求确定电路的组成形式（结构）；第二，根据设计要求确定电路外围元件参数。

1. 根据设计要求确定电路的组成形式（结构）

由于集成运放和模拟乘法器目前已达到很高的质量水平，一般都能满足运算电路要求，这就使得由集成运放和模拟乘法器组成运算电路的结构设计就变得像“拼积木”（集成运放和模拟乘法器内部电路是无法改变的）一样的简单，只需根据设计要求，将集成运放与外围元器件和模拟乘法器进行简单的不同组合。运算电路设计时，其电路结构的选择遵循如下主要原则。

（1）负反馈原则

无论是何种运算电路、何种结构形式，集成运放必须工作在深度负反馈状态，以保证其工作在线性区。对于由模拟乘法器组成集成运放反馈网络的某些运算电路，设计时，还需考虑干扰因素的影响使运算电路中集成运放被锁定在正反馈工作状态，而导致运算电路无法正常工作的“闭锁现象”（即干扰消除后，电路仍被锁定在正反馈工作状态）。

（2）由输入电阻的要求确定运算电路输入方式

集成运放是运算电路的核心放大器件，信号采取同相端输入还是反相端输入方式，由设计要求和所选集成运放的共模抑制比等因素决定。若希望运算电路输入电阻较小，则电路采

取反相端输入方式；若希望运算电路输入电阻很大，则电路采取同相端输入方式；若所选集成运放抑制共模信号的能力相对较差，且对运算电路输入电阻无特定要求，则电路采取反相端输入方式；若所选集成运放抑制共模信号的能力相对很强，且对运算电路输入电阻无特定要求，则电路采取反相端或同相端输入方式均可；若要实现信号的加减运算，且所选集成运放抑制共模信号的能力相对很强，可采用双端输入方式；等等。

（3）由具体的运算关系确定集成运放反馈网络元器件

若为比例、加法、减法等运算电路，反馈网络元件选择电阻；若为微分、积分运算电路，反馈网络元件选择电阻和电容；若为对数、指数运算电路，反馈网络元件选择电阻和晶体管（或二极管）；若希望电路的温度稳定性好，可直接选用具有温度补偿的集成对数运算电路和集成指数运算电路；若为乘法运算电路、乘方运算电路，且信号较小（小于26mV），可直接采用模拟乘法器；若信号较大，可采用对数、加法、指数运算电路组成乘法运算电路；若为小信号（小于26mV）除法运算电路、开方运算电路，反馈网络器件选择模拟乘法器。若信号较大，可采用对数、减法、指数运算电路组成除法运算电路；等等。

2. 根据设计要求确定电路外围元件参数

（1）电阻参数的确定

一般而言，运算电路反馈网络中的电阻不宜取得太大，通常在十几至一二百千欧的范围内选取，可能情形下，电阻阻值宜适当取小些。这是因为：一方面，阻值越大的电阻不仅温度稳定性差，而且噪声也大，这对弱信号的运算处理是极为不利的；另一方面，例如比例、加法、减法等运算电路，当负反馈电阻 R_f 大到与集成运放的输入电阻同数量级时，则集成运放输入电阻对负反馈系数产生明显影响，使运算误差变大。

（2）电容参数的确定

微分、积分运算电路反馈网络中存在电容元件。电容元件参数的选择由电路微分时间常数或积分时间常数 RC 决定。若输入信号的周期为 T，对于微分运算电路，要求微分时间常数 $RC<(1/3\sim1/5)T$；对于积分运算电路，要求积分时间常数 $RC>(3\sim5)T$。按上述原则确定了 R 后，由此确定电容 C 的取值。

6.4.2 运算电路的设计方法与步骤

试设计一集成运算电路。设计要求：各输入信号的幅值均小于26mV，$u_{I3}<0$，对电路输入电阻和共模输入无特别要求，输出电压与输入电压之间满足：$u_O=-50(u_{I2}-u_{I1})/u_{I3}$。

设计方法与设计步骤如下：

1. 确定电路的组成形式（结构）

由于对电路输入电阻和共模输入无特别要求，$(u_{I2}-u_{I1})$ 的减法运算可由同相输入（u_{I2}）和反相输入（u_{I1}）的减法运算电路完成；而 $(u_{I2}-u_{I1})/u_{I3}$ 的除法运算可由模拟乘法器组成负反馈网络的除法电路完成。因此，可初步确定电路的组成形式（结构）如图6-44所示。考虑到静态时（$u_{I1}=u_{I2}=u_{I3}=0$），$u_O=0$、$u'_O=0$，为使集成运放输入端对称，两输入端对地之间所接电阻均为 $R_1/\!/R_2$。

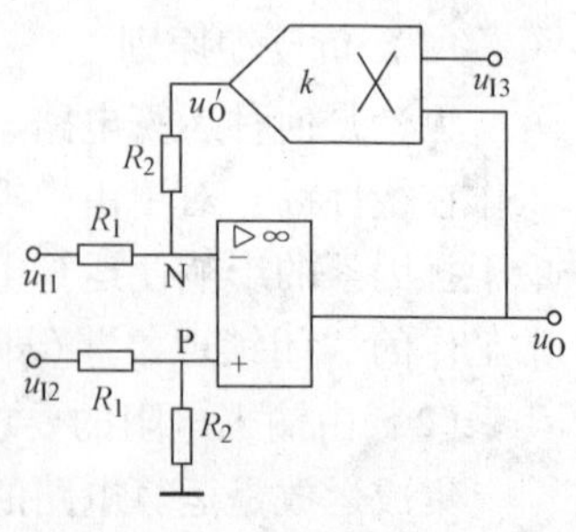

图6-44 运算电路设计电路图

2. 确定模拟乘法器的乘积系数 *k* 的正、负

模拟乘法器乘积系数 k 的取值大多数为 $k=-0.1\text{V}^{-1}$ 和 $k=0.1\text{V}^{-1}$。模拟乘法器乘积系数 k 的正、负值选择由电路为负反馈和 $u_{I3}<0$ 的设计要求共同确定。对图 6-44 所示电路，只有 u_{I1} 与 u'_O 的极性相反，电路才为负反馈。由图可知，u_O 与 u_{I1} 的极性相反，故 u'_O 应与 u_O 同极性。已知 $u_{I3}<0$，为保证 u'_O 与 u_O 同极性，所以，模拟乘法器的乘积系数应满足 $k<0$。现选乘积系数 $k=-0.1\text{V}^{-1}$ 的模拟乘法器。

3. 求所选电路运算关系表达式

图 6-44 所示电路确定后，应首先求解电路输出电压与各输入电压间的运算关系式，看其是否满足设计要求的形式。根据"虚短"、"虚断"概念，有

$$u_N = u_P = u_{I2}R_2/(R_1+R_2) \tag{6-80}$$

N 节点的电流方程为

$$(u_{I1}-u_N)/R_1 = (u_N-u'_O)/R_2 \tag{6-81}$$

将式（6-80）代入式（6-81），并考虑到 $u'_O = ku_Ou_{I3}$ 可得

$$u'_O = (u_{I2}-u_{I1})R_2/R_1 = ku_Ou_{I3} \tag{6-82}$$

由此可得输出电压为

$$u_O = (R_2/kR_1)[(u_{I2}-u_{I1})/u_{I3}] \tag{6-83}$$

可见，式（6-83）具有设计要求的运算关系的形式。

4. 电阻 R_1、R_2 的确定

考虑到模拟乘法器的乘积系数 $k=-0.1\text{V}^{-1}$，要满足设计要求的运算关系式，只需要满足 $R_2/R_1=5$ 即可。基于可能情形下，电阻阻值宜适当取小些的原则，现选择 $R_1=10\text{k}\Omega$，$R_2=50\text{k}\Omega$，所以，图 6-44 所示运算电路输出电压与输入电压间的运算关系满足：$u_O=-50(u_{I2}-u_{I1})/u_{I3}$。到此，电路设计完毕。

若设计要求 $u_{I3}>0$，应选乘积系数 k 为负值还是正值的模拟乘法器？请读者思考。

以上给出了运算电路设计的一般原则，并通过一个实例，具体讨论了运算电路的设计思路和设计方法，读者可通过此例，举一反三，自行设计有关运算电路。

6.5 有源滤波电路

有选择性传输特定频率范围内信号的电路称为滤波电路（或滤波器），其功能是：允许规定频率范围内的有用信号通过，不允许规定频率范围之外的无用信号（干扰信号）通过。滤波电路分"无源滤波电路"和"有源滤波电路"。由无源元件（电阻、电容、电感等）组成的滤波电路称为无源滤波电路；由无源元件和有源元器件（晶体管、集成运放等）组成的滤波电路称为有源滤波电路。滤波电路在通信、电子信息和仪器仪表等领域中有着广泛的应用。

本节主要讨论由无源元件和集成运放组成的有源滤波电路。

6.5.1 滤波电路的基础知识

1. 滤波电路分类

滤波电路根据频率范围命名，分为低通滤波器（Low Pass Filter，LPF）、高通滤波器（High Pass Filter，HPF）、带通滤波器（Band Pass Filter，BPF）、带阻滤波器（Band Embarrass Filter，BEF）和全通滤波器（All Pass Filter，APF）等。

理想滤波器的幅频特性如图 6-45 所示。f_p、f_{p1}、f_{p2}称为滤波器的截止频率，f_{p1}、f_{p2}分别称为下限截止频率和上限截止频率。

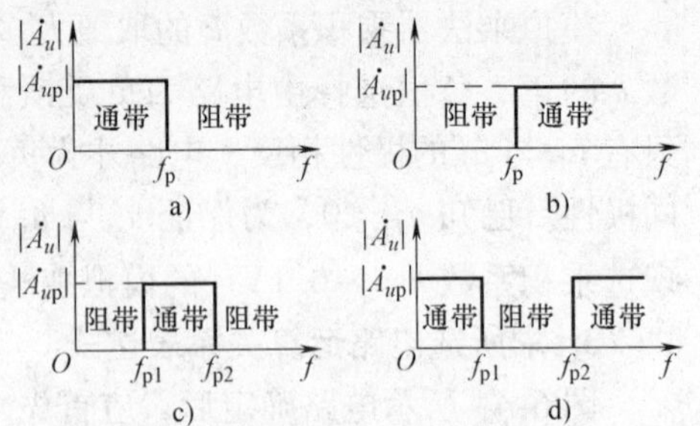

图 6-45　理想滤波器幅频特性

a）LPF 幅频特性　b）HPF 幅频特性

c）BPF 幅频特性　d）BEF 幅频特性

图 6-45a 表示允许频率低于f_p的信号通过，不允许频率高于f_p的信号通过，故称为低通滤波器幅频特性。

图 6-45b 表示不允许频率低于f_p的信号通过，允许频率高于f_p的信号通过，故称为高通滤波器幅频特性。

图 6-45c 表示不允许频率低于f_{p1}和频率高于f_{p2}的信号通过，只允许频率在f_{p1} ~f_{p2}之间的信号通过，故称为带通滤波器幅频特性。

图 6-45d 表示允许频率低于f_{p1}和频率高于f_{p2}的信号通过，不允许频率在f_{p1} ~f_{p2}之间的信号通过，故称为带阻滤波器幅频特性。

需要指出，实际滤波器与理想滤波器的幅频特性有较大的差异，主要表现在：第一，通带和阻带分界线不是垂直于横轴，而是有一定斜率变化的斜线；第二，通带内，幅频特性曲线并不是平行于横轴的水平线。

例如，一个实际的低通滤波器的幅频特性如图 6-46 所示，在通带和阻带之间存在一个过渡带。通带内，频率趋于零时，输出电压与输入电压之比称为通带放大倍数 $\dot{A}_{up}$。使$|\dot{A}_u| = 0.707|\dot{A}_{up}|$的频率称为通带截止频率$f_p$。从$f_p$到$|\dot{A}_u|$接近零的频率范围称为过渡带，使$|\dot{A}_u|$趋近于零的频率范围称为阻带。

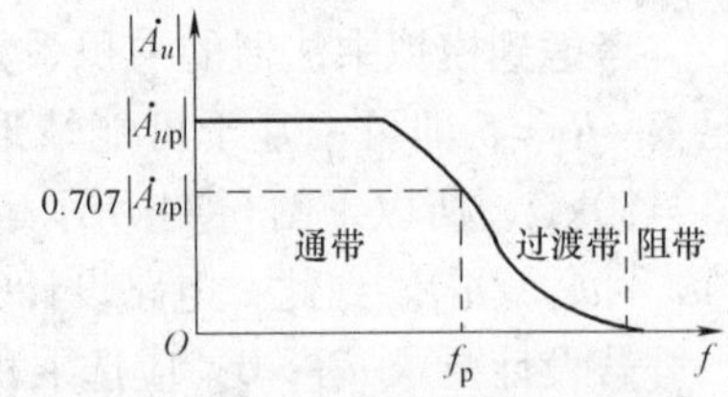

图 6-46　实际低通滤波器的幅频特性

由图 6-46 可见，实际的滤波电路在截止频率附近存在一个过渡带，过渡带越窄，越接近理想滤波器的特性，电路的滤波特性越好。

分析滤波器，就是分析其频率特性，而分析其频率特性最终归结为求 $\dot{A}_{up}$、f_p和过渡带的斜率等三个基本特性参数。

2. *RC* 低通滤波电路

RC 低通滤波电路如图 6-47a 所示。当信号频率趋近于零时，电容的容抗趋于无穷大，通带放大倍数（由于无源滤波器无放大作用，称通带电压传输函数更准确些，这里引用通带放大倍数主要是考虑到与后面有源滤波器的统一，下同）为

$$\dot{A}_{up} = \dot{U}_o / \dot{U}_i = 1 \tag{6-84}$$

图 6-47a 所示电路不带负载R_L时，电压放大倍数的一般表达式为

$$\dot{A}_u = \frac{\dot{U}_o}{\dot{U}_i} = \frac{\frac{1}{j\omega C}}{R + \frac{1}{j\omega C}} = \frac{1}{1 + j\omega RC} \tag{6-85}$$

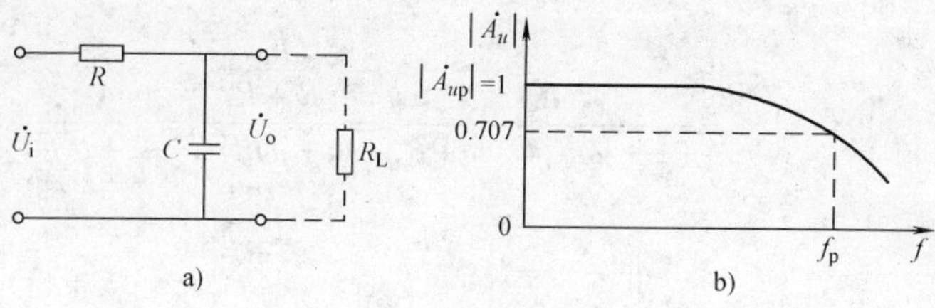

图 6-47 *RC* 低通滤波器及其幅频特性

a）电路 b）幅频特性

令 $f_p = \dfrac{1}{2\pi RC}$，并考虑到式（6-84），则式（6-85）变为

$$\dot{A}_u = \frac{1}{1 + \mathrm{j}\dfrac{f}{f_p}} = \frac{\dot{A}_{up}}{1 + \mathrm{j}\dfrac{f}{f_p}} \tag{6-86}$$

其幅频特性为

$$|\dot{A}_u| = \frac{|\dot{A}_{up}|}{\sqrt{1 + \left(\dfrac{f}{f_p}\right)^2}} \tag{6-87}$$

当 $f = f_p$ 时，有

$$|\dot{A}_u| = \frac{|\dot{A}_{up}|}{\sqrt{2}} \approx 0.707|\dot{A}_{up}|$$

当 $f \gg f_p$ 时，则式（6-87）可变为

$$|\dot{A}_u| \approx \frac{f_p}{f}|\dot{A}_{up}|$$

即频率每升高 10 倍，$|\dot{A}_u|$ 下降 10 倍，即过渡带的斜率为 −20dB/10 倍频。图 6-47a 所示电路的对数幅频特性如图 6-48 实线所示。

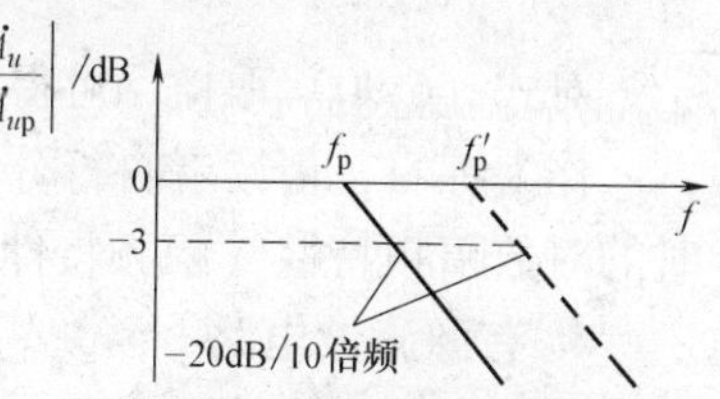

图 6-48 *RC* 低通滤波器幅频特性波特图

图 6-47a 所示电路主要存在如下问题：

1）电路的增益小，最大仅为 1。

2）带负载能力差。如在无源滤波电路的输出端接一负载电阻 R_L，如图 6-47a 虚线所示，则其截止频率和放大倍数均随 R_L 而变化。接入 R_L 后，通带放大倍数变为

$$\dot{A}_{up} = \frac{\dot{U}_o}{\dot{U}_i} = \frac{R_L}{R + R_L}$$

电压放大倍数为

$$\dot{A}_u = \frac{\dot{U}_o}{\dot{U}_i} = \frac{\dfrac{1}{\mathrm{j}\omega C} /\!/ R_L}{R + \dfrac{1}{\mathrm{j}\omega C} /\!/ R_L} = \frac{\dfrac{R_L}{1 + \mathrm{j}\omega R_L C}}{R + \dfrac{R_L}{1 + \mathrm{j}\omega R_L C}}$$

$$=\frac{R_L}{(1+j\omega R_L C)R+R_L}=\frac{\frac{R_L}{R+R_L}}{1+j\omega R_L' C}=\frac{\dot{A}_{up}}{1+j\frac{f}{f_p'}} \tag{6-88}$$

式中

$$R_L'=\frac{RR_L}{R+R_L},\quad f_p'=\frac{1}{2\pi R_L' C}$$

由式（6-88）可见，带上负载R_L后，通带放大倍数的值减小，通带截止频率f_p'升高，这些问题常不能满足信号处理的实际要求。为了解决上述问题，可将 RC 无源滤波电路接至集成运放的输入端，组成有源滤波电路。

图 6-47a 所示电路带上负载R_L后，对数幅频特性（幅频特性波特图）如图 6-48 虚线所示。

3. *RC* 高通滤波电路

RC 高通滤波电路如图 6-49a 所示。当信号频率趋近于无穷大时，电容的容抗趋于 0，$\dot{U}_o=\dot{U}_i$，故通带放大倍数为

$$\dot{A}_{up}=\dot{U}_o/\dot{U}_i=1 \tag{6-89}$$

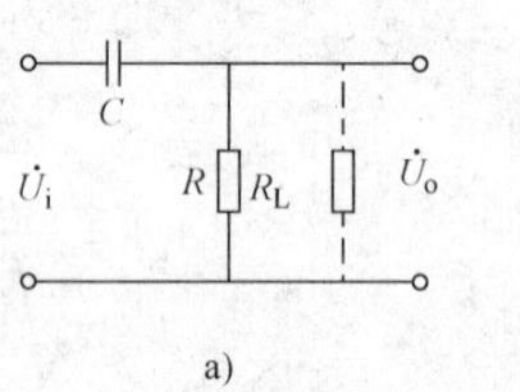

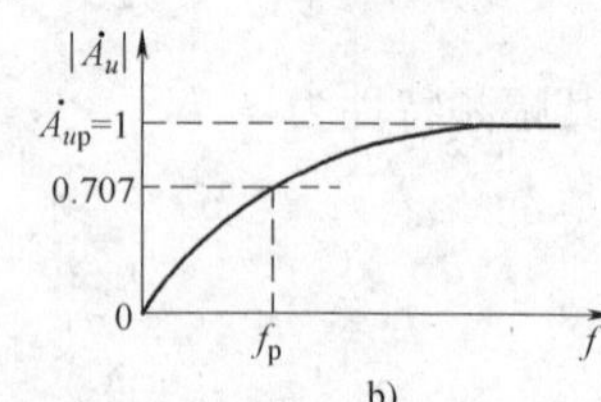

图 6-49　*RC* 高通滤波器及幅频特性

a）电路　b）幅频特性

图 6-49a 所示电路不带负载R_L时，电压放大倍数的一般表达式为

$$\dot{A}_u=\frac{\dot{U}_o}{\dot{U}_i}=\frac{R}{R+\frac{1}{j\omega C}}=\frac{1}{1+\frac{1}{j\omega RC}}=\frac{\dot{A}_{up}}{1-j\frac{f_p}{f}} \tag{6-90}$$

式中，截止频率f_p为

$$f_p=\frac{1}{2\pi RC}$$

对式（6-90）取模，可得幅频特性如图 6-49b 所示。

作为练习，请读者自行分析带负载R_L时的电路幅频特性；作出带负载R_L和不带负载R_L时的对数幅频特性（幅频特性波特图）。

4. 有源滤波电路

由以上分析可知，无源滤波电路的缺点是负载变化时对频率特性影响太大。为此，通常在无源滤波电路和负载之间加一个高输入电阻、低输出电阻的线性工作状态下的集成运放，例如加一电压跟随器，就组成了如图 6-50 所示的有源滤波器。

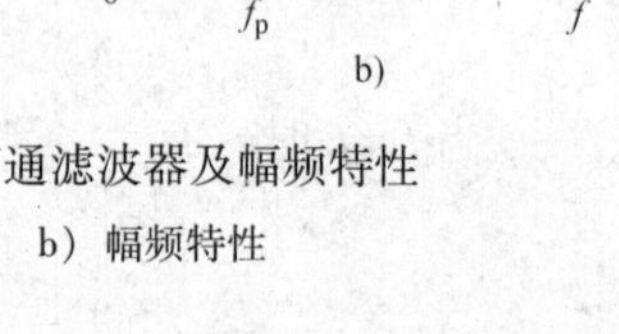

图 6-50　有源滤波电路

由于电压跟随器输入电阻很高（几十兆欧以上）、输出电阻很小（几欧以下），这样，有效消除了负载R_L对 RC 电路频率特性的影响，而且，由于电压跟随器电压放大倍数等于 1，则有源滤波器的电压放大倍数仍由式（6-85）决定。当负载R_L在集成运放允许的范围内变化时，其电压放大倍数和频率特性都不会发生变化。

若将集成运放组成比例放大电路，有源滤波器还具有对输入信号的放大作用。

5. 有源滤波电路的传递函数

在 R、L、C 动态电路的分析中，为了避免在时域分析中求解微分方程的麻烦，通常采用"复频域分析法"，即通过拉普拉斯变换的方法，将电路中的时域函数变换为"复频域（象）函数"，电路阻抗参数用复频域阻抗代替，即电阻的 $R(s)=R$、电容的 $Z_C(s)=1/(sC)$、电感的 $Z_L(s)=sL$，s 称为复频率；将电压和电流变换为"象函数" $U(s)$ 和 $I(s)$。这样，所建立的方程是复频域函数的代数方程，求出响应后再将复频域（象）函数反变换为时域函数，即为电路的解答。

在分析有源滤波电路时，输出量 $U_o(s)$ 与输入量 $U_i(s)$ 之比称为电压传递函数（下面简称"传递函数"），即

$$A_u(s)=U_o(s)/U_i(s)$$

根据"虚短"、"虚断"概念，图 6-50 所示电路的传递函数为

$$A_u(s)=\frac{U_o(s)}{U_i(s)}=\frac{U_p(s)}{U_i(s)}=\frac{\frac{1}{sC}}{R+\frac{1}{sC}}=\frac{1}{1+sRC} \tag{6-91}$$

传递函数分母中复频率 s 的最高指数称为滤波器的阶数。式（6-91）表明，图 6-50 所示电路为一阶低通滤波电路。将 s 换成 $j\omega$，便可得到式（6-85）的放大倍数表达式。令 $s=0$，即 $\omega=0$，就可得到通带放大倍数。电路中 RC 级数越多，滤波器的阶数越高，过渡带越窄，滤波器越接近理想情形。

6.5.2 有源低通滤波电路

本节以无源滤波器和集成运放组成的有源低通滤波电路为基础，讨论其电路的组成、原理及分析方法。

按输入信号引入到集成运放不同输入端划分，又可分同相输入低通滤波电路和反相输入低通滤波电路。

1. 同相输入低通滤波电路

（1）一阶低通滤波电路

图 6-51a 所示为一阶低通滤波电路，其输出电压为

$$\dot{U}_o=\left(1+\frac{R_f}{R_1}\right)\dot{U}_p$$

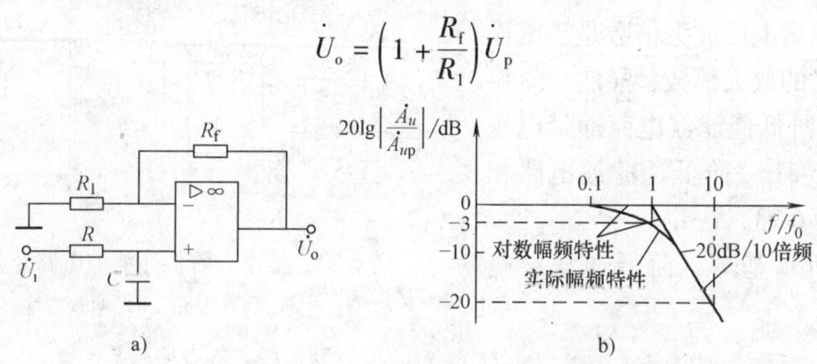

图 6-51　一阶有源低通滤波电路及幅频特性

a）低通滤波电路　b）幅频特性

集成运放同相输入端电压为

$$\dot{U}_p = \frac{\frac{1}{j\omega C}\dot{U}_i}{R + \frac{1}{j\omega C}} = \frac{1}{1 + j\omega RC}\dot{U}_i$$

故图 6-51a 所示一阶低通滤波电路的电压放大倍数为

$$\dot{A}_u = \frac{\dot{U}_o}{\dot{U}_i} = \left(1 + \frac{R_f}{R_1}\right)\frac{1}{1 + j\omega RC} = \frac{\dot{A}_{up}}{1 + j\frac{f}{f_0}} \tag{6-92}$$

式中，

$$\dot{A}_{up} = 1 + \frac{R_f}{R_1} \tag{6-93}$$

$$f_0 = \frac{1}{2\pi RC}$$

低通滤波器的通带电压放大倍数是当工作频率趋近于零时，其输出电压与其输入电压的比值，记作 $\dot{A}_{up}$，由式（6-93）表示；随着频率的提高，电压放大倍数的模下降到 $|\dot{A}_u| = |\dot{A}_{up}|/\sqrt{2}$ 时，对应角频率记作 f_p。由式（6-92）可知，当 $f = f_0$ 时，$|\dot{A}_u| = |\dot{A}_{up}|/\sqrt{2}$，故通带截止频率 $f_p = f_0$。

图 6-51a 所示电路实际幅频特性和对数幅频特性波特图如图 6-51b 中所示。

也可利用复频域分析法，其传递函数为

$$A_u(s) = \frac{U_o(s)}{U_i(s)} = \left(1 + \frac{R_f}{R_1}\right)U_p(s) = \left(1 + \frac{R_f}{R_1}\right)\frac{1}{1 + sRC}$$

稳态时，对于实际的频率而言，上式中的 s 用 $s = j\omega$ 代入，也可得到式（6-92）。

（2）基本二阶低通滤波电路

一阶滤波电路滤波效果不好，表现为过渡带太宽，过渡带内幅频特的最大衰减率仅为 -20dB/10 倍频。若要求幅频特性在过渡带内按 -40dB/10 倍频、-60dB/10 倍频或更大变化衰减，则可采用二阶、三阶或更高阶滤波电路。高于二阶的滤波电路可由若干一阶和二阶有源滤波电路组成。

图 6-52a 为基本二阶低通滤波电路，它是在图 6-51 所示一阶有源低通滤波电路的基础上增加了一级 RC 无源低通滤波电路。由于低通滤波器的通带电压放大倍数是当工作频率趋近于零时的放大倍数，显然，图 6-52a 所示基本二阶低通滤波电路通带电压放大倍数与图 6-51 一阶低通滤波电路相同，即仍由式（6-93）决定。

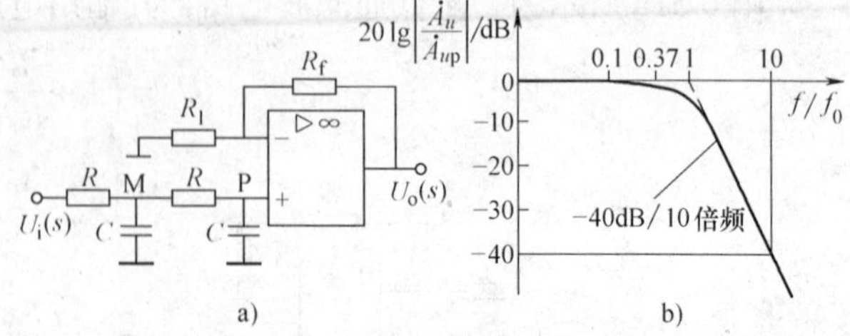

图 6-52　基本二阶低通滤波电路及其幅频特性

a）电路　b）幅频特性

图 6-52a 所示基本二阶低通滤波电路传递函数为

$$A_u(s) = \left(1 + \frac{R_f}{R_1}\right)\frac{U_p(s)}{U_i(s)} = \left(1 + \frac{R_f}{R_1}\right)\frac{U_p(s)}{U_M(s)}\frac{U_M(s)}{U_i(s)} \tag{6-94}$$

而

$$\frac{U_p(s)}{U_M(s)}=\frac{1}{1+sRC} \tag{6-95}$$

$$\frac{U_M(s)}{U_i(s)}=\frac{\frac{1}{sC}/\!/\left(R+\frac{1}{sC}\right)}{R+\left[\frac{1}{sC}/\!/\left(R+\frac{1}{sC}\right)\right]} \tag{6-96}$$

将式（6-95）、式（6-96）代入式（6-94），整理可得

$$A_u(s)=\left(1+\frac{R_f}{R_1}\right)\frac{1}{1+3sRC+(sRC)^2} \tag{6-97}$$

式（6-97）的分母中，复频率 s 的最高指数为 2，图 6-52a 所示电路称为二阶低通滤波电路。

对于实际的频率而言，式（6-97）中的 s 可用 $s=j\omega$ 代入，且令 $f_0=1/2\pi RC$，可得电压放大倍数表达式为

$$\dot{A}_u=\frac{\dot{U}_o}{\dot{U}_i}=\left(1+\frac{R_f}{R_1}\right)\frac{1}{1-\left(\frac{f}{f_0}\right)^2+j3\frac{f}{f_0}} \tag{6-98}$$

令式（6-98）分母的模等于$\sqrt{2}$，可解得通带截止频率为

$$f_p\approx 0.37f_0 \tag{6-99}$$

幅频特性如图 6-52b 所示。虽然过渡带最大衰减率达 −40dB/10 倍频，但 f_p 比 f_0 小得多。若能设法使 $f=f_0$ 附近的电压放大倍数数值加大（例如在 $f=f_0$ 附近的频率范围内引入适当的正反馈），则 f_p 更接近 f_0，滤波特性可进一步改善。下面将要讨论的压控电压源二阶低通滤波电路正是基于这一设想而设计的。

（3）压控电压源二阶低通滤波电路

将图 6-52a 所示的基本二阶低通滤波电路 M 点所接电容 C_1 的接“地”端改接到集成运放的输出端，就可得到如图 6-53a 所示的压控电压源（集成运放的输出电压）二阶低通滤波电路。电路中 R_f、R_1 引入负反馈，使集成运放工作在线性区；C_1、R、C_2 在频率 $f=f_0$ 附近引入适当的正反馈。当信号频率很低时，C_1 的容抗很大，可视为开路，正反馈可忽略；当信号频率很高时，C_2 的容抗很小，可视为交流短路，正反馈也可忽略；只要适当地选择电阻 R

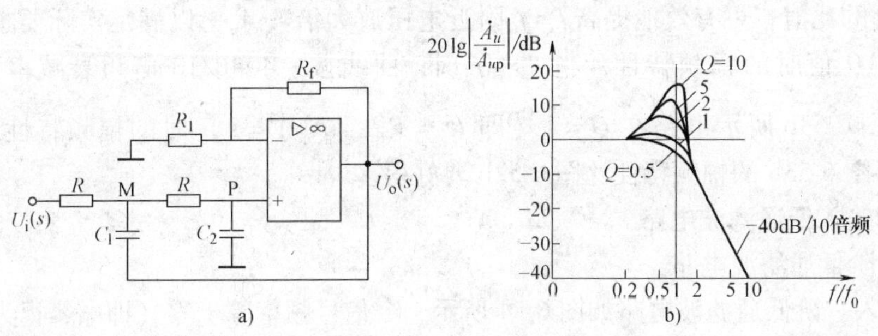

图 6-53　压控电压源二阶低通滤波电路

a）电路　b）幅频特性

和电容 $C_1 = C_2 = C$，就可使得在 $f = f_0$ 附近引入合适的正反馈而使电压放大倍数值增大，而又不致于因正反馈过强使电路自激振荡。

图 6-53a 所示电路的同相输入端电压受控于集成运放的输出电压，故称之为压控电压源滤波电路。

设 $C_1 = C_2 = C$，节点 M 的电流方程为

$$\frac{U_\mathrm{i}(s) - U_\mathrm{M}(s)}{R} - [U_\mathrm{M}(s) - U_\mathrm{o}(s)]sC - \frac{U_\mathrm{M}(s) - U_\mathrm{P}(s)}{R} = 0 \tag{6-100}$$

节点 P 的电流方程为

$$\frac{U_\mathrm{M}(s) - U_\mathrm{P}(s)}{R} - U_\mathrm{P}(s)sC = 0 \tag{6-101}$$

联立求解式（6-100）、式（6-101），可得传递函数为

$$A_u(s) = \frac{U_\mathrm{o}(s)}{U_\mathrm{i}(s)} = \frac{A_{up}(s)}{1 + [3 - A_{up}(s)]sCR + (sCR)^2} \tag{6-102}$$

由反馈理论可知，在式（6-102）中，只有当 $A_{up}(s) < 3$，即分母中 s 的一次项系数大于零时，电路才能稳定工作而不产生自激振荡。

对于实际的频率而言，式（6-102）中的 s 用 $s = \mathrm{j}\omega$ 代入，且令 $f_0 = 1/2\pi RC$，可得电压放大倍数表达式为

$$\dot{A}_u = \frac{\dot{U}_\mathrm{o}}{\dot{U}_\mathrm{i}} = \frac{\dot{A}_{up}}{1 - \left(\frac{f}{f_0}\right)^2 + \mathrm{j}\frac{(3 - \dot{A}_{up})f}{f_0}} \tag{6-103}$$

令 $Q = \frac{1}{3 - \dot{A}_{up}}$，则当 $f = f_0$ 时，取式（6-103）的模

$$|\dot{A}_u| = \left|\frac{\dot{A}_{up}}{3 - \dot{A}_{up}}\right| = |Q\dot{A}_{up}| \tag{6-104}$$

式中，Q 为等效品质因数，它的物理意义是：当 $f = f_0$ 时，电压放大倍数与通带放大倍数之比。

当 $2 < |\dot{A}_{up}| < 3$ 时，即 $R_1 < R_\mathrm{f} < 2R_1$ 时，$|\dot{A}_u|_{f=f_0} > |\dot{A}_{up}|$，即通过在 $R_1 < R_\mathrm{f} < 2R_1$ 范围内，改变 R_1 与 R_f 的比值，可有效地提高 $f = f_0$ 附近电压放大倍数 $\dot{A}_u$，以满足实际要求。图 6-53b 示出了不同 Q 值时的幅频特性，当 $f >> f_\mathrm{p}$ 时，曲线按 −40dB/10 倍频衰减率下降。比较图 6-52b 和图 6-53b 所示电路在 $Q = 1$（即 $R_\mathrm{f} = R_1$，$|\dot{A}_{up}| = 2$）时的幅频特性，可见，在 $f = f_0$ 附近，图 6-53b 的幅频特性比图 6-52b 要好得多。

2. 反相输入低通滤波电路

（1）一阶低通滤波电路

反相输入一阶低通滤波电路如图 6-54 所示，令信号频率等于零（即电容视为开路），可得通带放大倍数为

$$\dot{A}_{up} = -R_\mathrm{f}/R_1 \tag{6-105}$$

由“虚地”、“虚短”概念可得电路传递函数为

$$A_u(s)=-\frac{\frac{1}{sC}/\!/R_f}{R_1}=-\frac{R_f}{R_1}\frac{1}{1+sR_fC} \tag{6-106}$$

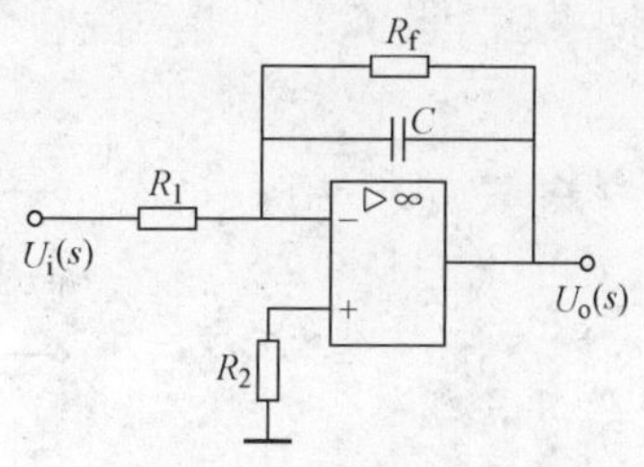

图 6-54 反相输入一阶低通滤波电路

对于实际的频率而言，式（6-106）中的 s 用 $s=j\omega$ 代入，且令 $f_0=1/2\pi R_fC$，可得电压放大倍数表达式为

$$\dot{A}_u=\frac{\dot{A}_{up}}{1+j\dfrac{f}{f_0}} \tag{6-107}$$

通带截止频率 $f_p=f_0$。

图 6-54 中，电容 C 为什么不能接在运放反相输入端与“地”之间？请读者思考。

（2）二阶低通滤波电路

在图 6-54 所示电路的输入端增加一级 RC 低通电路，就可组成如图 6-55 所示的反相输入基本二阶低通滤波电路。与同相输入低通滤波电路相似，增加一级 RC 低通电路，可使滤波电路过渡带变窄，衰减斜率值变大。

作为练习，请读者自行分析，写出图 6-55 所示的反相输入基本二阶低通滤波电路的传递函数及电压放大倍数表达式。

实际中，若需获得高阶低通滤波电路，可将多个低阶低通滤波电路首尾串接相连。例如，要获得四阶低通滤波电路，可将两个二阶低通滤波电路首尾串接相连，其框图如图 6-56 所示。

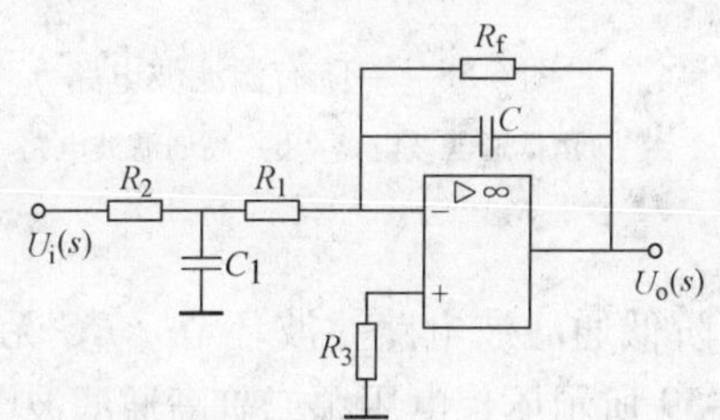

图 6-55 反相输入基本二阶低通滤波电路

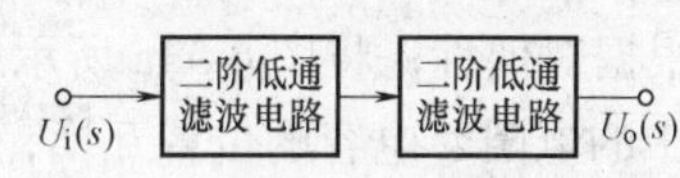

图 6-56 四阶低通滤波电路框图

6.5.3 其他有源滤波电路

1. 有源高通滤波电路

（1）高通滤波电路与低通滤波电路的对偶关系

高通滤波电路与低通滤波电路的对偶关系主要表现在频率特性上和电路结构上。

1）频率特性上的对偶性

如果高通滤波电路与低通滤波电路截止频率相同，则两者的幅频特性以 $f=f_p$ 对称，两者频率特性随频率变化是相反的。根据对偶原理，只要将低通滤波电路的传递函数表达式中的与 s 相关的乘积项换成其对应的倒数，就可得到高通滤波电路的传递函数表达式。图 6-57 示出了 RC 高、低通滤波电路。前面分析，根据阻抗分压关系，得到图 6-57a 所示低通滤波电路的传递函数为

$$A_u(s)=\frac{U_o(s)}{U_i(s)}=\frac{1}{1+sRC}$$

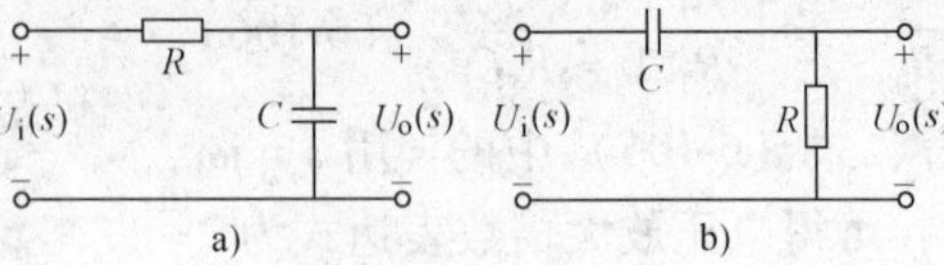

图 6-57　*RC* 滤波电路

a）低通电路　b）高通电路

高通滤波电路与低通滤波电路具有对偶性，将上式中的与 s 相关的乘积项 sRC 换成其对应的倒数 $1/(sRC)$ 即可求得图 6-57b 所示高通滤波电路的传递函数为

$$A_u(s)=\frac{U_o(s)}{U_i(s)}=\frac{1}{1+\frac{1}{sRC}}=\frac{sRC}{1+sRC}$$

2）电路上的对偶性

从低通与高通滤波电路的比较可知，电路上仅将电阻和电容交换位置即可。利用这一方法，可方便地将图 6-58a 所示的一阶有源低通滤波电路转换成如图 6-58b 所示的一阶有源高通滤波电路，将低通滤波电路的传递函数中的 sRC 换成 $1/sRC$，即可方便地由图 6-58a 所示低通滤波电路的传递函数得到图 6-58b 所示高通滤波电路的传递函数。这一方法同样适用于二阶及高阶电路。

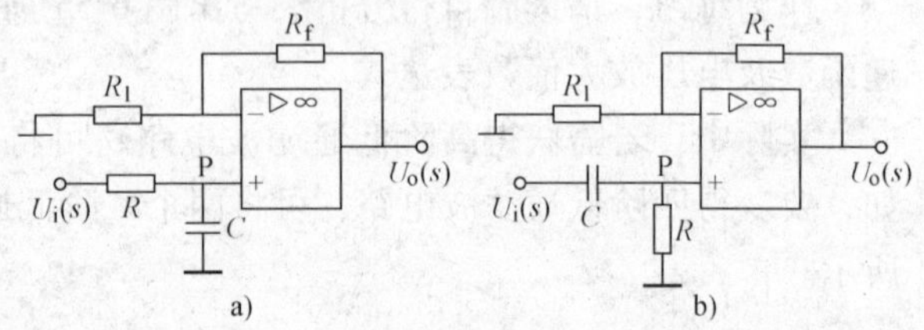

图 6-58　一阶有源滤波电路

a）低通滤波电路　b）高通滤波电路

（2）压控电压源二阶高通滤波电路

根据对偶性，将图 6-53a 所示压控电压源二阶低通滤波电路滤波环节（*RC* 无源滤波电路）中的电阻、电容的位置互换，即可得到图 6-59 所示压控电压源二阶高通滤波电路。

令信号频率趋于无穷大（即电容视为短路），可得通带放大倍数为

$$\dot{A}_{up}=1+\frac{R_f}{R_1} \tag{6-108}$$

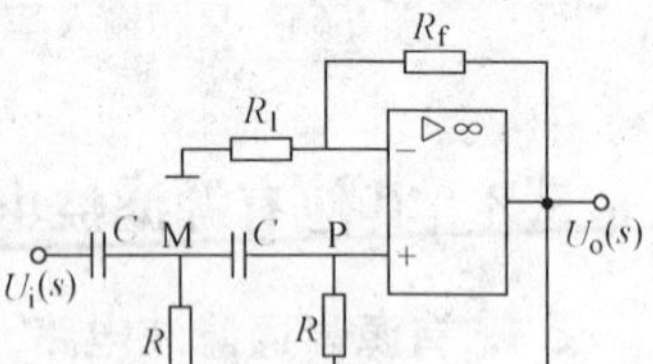

将图 6-53a 所示的压控电压源二阶低通滤波电路传递函数式中的 sRC 换成 $1/sRC$，即可得到图 6-59 所示压控电压源二阶高通滤波电路的传递函数为

图 6-59　压控电压源二阶高通滤波电路

$$A_u(s)=\frac{A_{up}(s)}{1+[3-A_{up}(s)]\frac{1}{sRC}+\left(\frac{1}{sRC}\right)^2}=\frac{A_{up}(s)(sRC)^2}{1+[3-A_{up}(s)]sRC+(sRC)^2} \tag{6-109}$$

对于实际的频率而言，式（6-109）中的 s 可用 $s=j\omega$ 代入，且令 $f_0=1/2\pi RC$，可得图

6-59 所示电路的电压放大倍数、等效品质因数分别为

$$\dot{A}_u = \frac{\dot{U}_o}{\dot{U}_i} = \frac{\dot{A}_{up}}{1-\left(\frac{f_0}{f}\right)^2 - j\frac{(3-\dot{A}_{up})f_0}{f}} \tag{6-110}$$

$$Q = \frac{1}{3-\dot{A}_{up}} \tag{6-111}$$

式中，$\dot{A}_{up} = 1 + R_f/R_1$，为电路的通带放大倍数。

2. 有源带通滤波电路

(1) 带通滤波电路的组成原理

有源带通滤波电路是由低通滤波电路和高通滤波电路串联连接组成，而且低通滤波电路的截止频率 f_{p1} 应高于高通滤波电路的截止频率 f_{p2}，其通频带为 $(f_{p1}-f_{p2})$，带通滤波电路组成框图如图 6-60 所示。

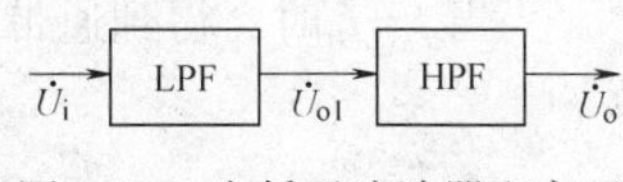

图 6-60 由低通滤波器和高通滤波器组成的带通滤波器

由低通滤波电路和高通滤波电路串联连接组成带通滤波电路的幅频特性示意图如图 6-61 所示。

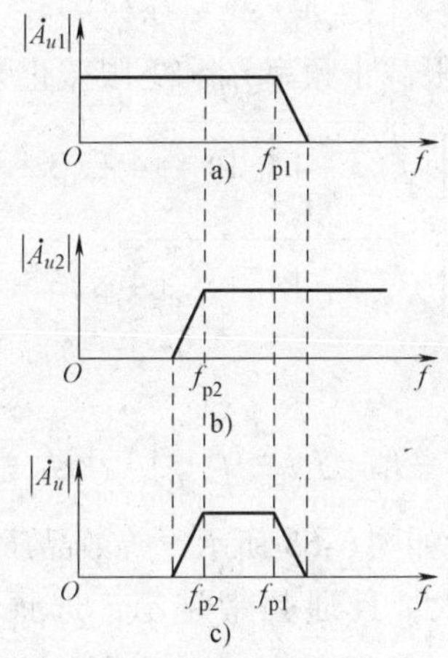

图 6-61 由低通滤波器和高通滤波器组成的带通滤波器幅频特性示意图
a) 低通滤波器幅频特性 b) 高通滤波器幅频特性 c) 带通滤波器幅频特性

(2) 压控电压源二阶带通滤波电路

压控电压源二阶带通滤波电路如图 6-62 所示。图中，R_1、C_1 为低通滤波电路、R_2、C_2 为高通滤波电路，显然，只要低通滤波电路的截止频率 f_{p1} 高于高通滤波电路的截止频率 f_{p2}，两者串联连接组成带通滤波电路。

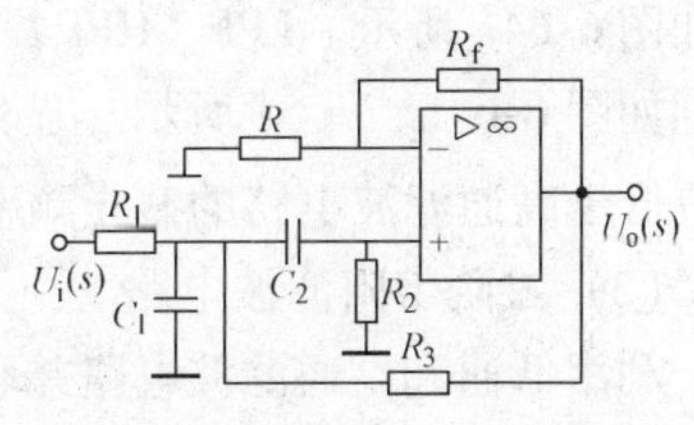

图 6-62 压控电压源二阶带通滤波电路

对集成运放同相输入信号 $U_P(s)$ 而言，同相比例运算电路的电压放大倍数为

$$\dot{A}_{uf}=\frac{\dot{U}_o}{\dot{U}_p}=1+\frac{R_f}{R} \tag{6-112}$$

若选择 $C_1=C_2=C$、$R_1=R$、$R_2=2R$，可求得图 6-62 所示电路的传递函数为

$$A_u(s)=\frac{A_{uf}(s)sRC}{1+[3-A_{uf}(s)]sRC+(sRC)^2} \tag{6-113}$$

用 $s=j\omega$ 代入式（6-113），且令中心频率 $f_0=1/2\pi RC$，可得电压放大倍数表达式为

$$\dot{A}_u=\frac{\dot{A}_{uf}}{3-\dot{A}_{uf}}\cdot\frac{1}{1+j\frac{1}{3-\dot{A}_{uf}}\left(\frac{f}{f_0}-\frac{f_0}{f}\right)} \tag{6-114}$$

当 $f=f_0$ 时，得到通带放大倍数为

$$\dot{A}_{up}=\frac{\dot{A}_{uf}}{3-\dot{A}_{uf}}=Q\dot{A}_{uf} \tag{6-115}$$

式中，Q 为等效品质因数。

令式（6-114）分母的模等于 $\sqrt{2}$，即式（6-114）分母虚部的绝对值为 1，即

$$\left|\frac{1}{3-\dot{A}_{uf}}\left(\frac{f_p}{f_0}-\frac{f_0}{f_p}\right)\right|=1$$

解上式，取正根，可求得上限截止频率 f_{P1} 和下限截止频率 f_{P2} 分别为

$$f_{p1}=\frac{f_0}{2}\left[\sqrt{(3-|\dot{A}_{uf}|)^2+4}+(3-|\dot{A}_{uf}|)\right] \tag{6-116}$$

$$f_{p2}=\frac{f_0}{2}\left[\sqrt{(3-|\dot{A}_{uf}|)^2+4}-(3-|\dot{A}_{uf}|)\right] \tag{6-117}$$

因此，通频带为

$$f_{BW}=f_{p1}-f_{p2}=(3-|\dot{A}_{uf}|)f_0=\frac{f_0}{Q} \tag{6-118}$$

图 6-62 所示电路的幅频特性如图 6-63 所示，等效品质因数 Q 越大，通带放大倍数数值越大，且通频带越窄，选频特性越好。

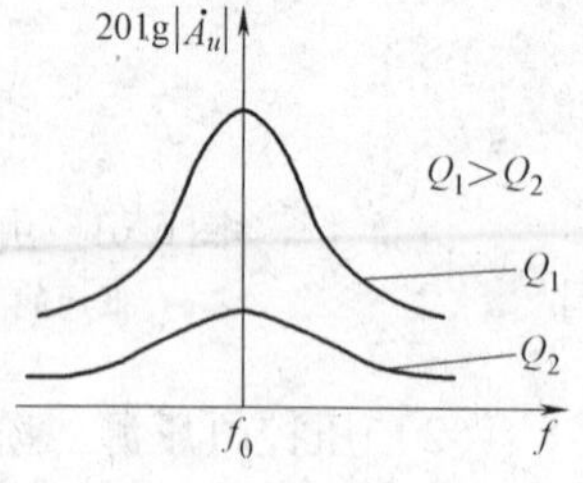

图 6-63　压控电压源二阶带通滤波电路幅频特性

3. 有源带阻滤波电路

（1）带阻滤波电路组成原理

将输入电压同时输入低通和高通滤波电路输入端，再将两个输出电压求和，就构成带阻滤波电路。带阻滤波电路组成框图如图 6-64a 所示。LPF、HPF、带阻滤波电路幅频特性示意图分别如图 6-64b、c、d 所示。显然，低通滤波电路的截止频率 f_{p1} 应低于高通滤波电路的截止频率 f_{p2}，电路阻带宽度为 $f_{p2}-f_{p1}$。

（2）二阶带阻滤波电路

利用低通和高通滤波电路并联构成无源带阻滤波电路，然后再与比例运算路组成有源带阻滤波电路。常用的有源带阻滤波电路如图 6-65 所示。图中，电容 C 和电阻 $R/2$ 组成高通

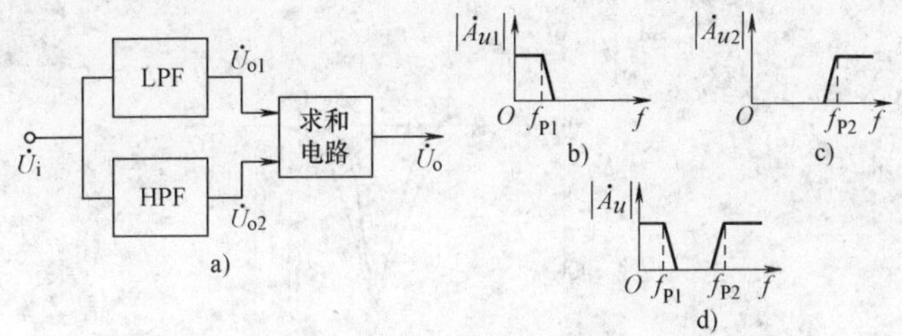

图 6-64 带阻滤波器的框图及幅频特性示意图

a）框图 b）LPF 幅频特性 c）HPF 幅频特性 d）带阻滤波器幅频特性

滤波电路，电容 $2C$ 和电阻 R 组成低通滤波电路，为了改善电路滤波特性，图 6-65 所示电路也采用了压控电压源的电路结构，即电阻 $R/2$ 下端接到输出电压端。其通带放大倍数（即 f 趋于零或无穷大时的放大倍数）为

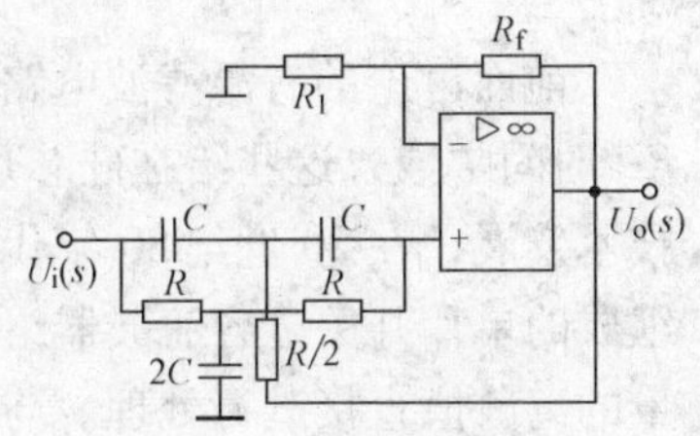

图 6-65 有源带阻滤波电路

$$\dot{A}_{up}=1+\frac{R_f}{R_1} \tag{6-119}$$

传递函数为

$$A_u(s)=\frac{U_o(s)}{U_i(s)}=\frac{A_{up}(s)[1+(sCR)^2]}{1+2[2-A_{up}(s)]sCR+(sCR)^2} \tag{6-120}$$

用 $s=j\omega$ 代入式（6-120），且令中心频率 $f_0=1/2\pi RC$，可得电压放大倍数表达式为

$$\dot{A}_u=\dot{A}_{up}\frac{1-\left(\frac{f}{f_0}\right)^2}{1-\left(\frac{f}{f_0}\right)^2+j2(2-\dot{A}_{up})\frac{f}{f_0}}$$

$$=\frac{\dot{A}_{up}}{1+j2(2-\dot{A}_{up})\frac{ff_0}{f_0^2-f^2}} \tag{6-121}$$

令式（6-121）分母的模等于$\sqrt{2}$，可求得下限截止频率 f_{P1} 和上限截止频率 f_{P2} 分别为

$$f_{P1}=f_0\left[\sqrt{(2-|\dot{A}_{up}|)^2+1}-(2-|\dot{A}_{up}|)\right] \tag{6-122}$$

$$f_{P2}=f_0\left[\sqrt{(2-|\dot{A}_{up}|)^2+1}+(2-|\dot{A}_{up}|)\right] \tag{6-123}$$

阻带宽度为

$$f_{BW}=f_{P2}-f_{P1}=2(2-|\dot{A}_{up}|)f_0=\frac{f_0}{Q} \tag{6-124}$$

式中，

$$Q=\frac{1}{2(2-|\dot{A}_{up}|)} \tag{6-125}$$

对应不同的 Q 值，其幅频特性如图 6-66 所示。

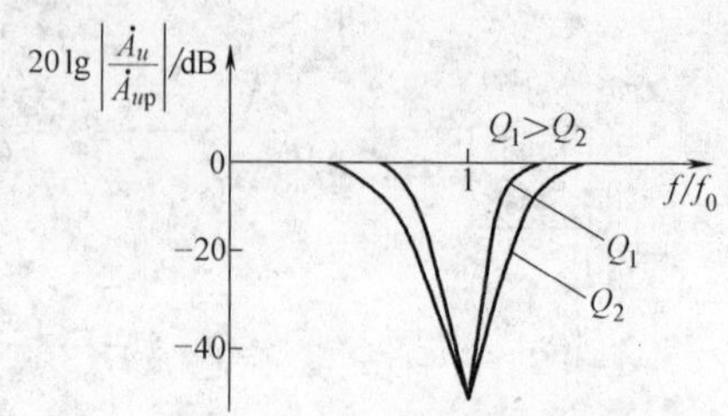

图 6-66　图 6-65 带阻滤波电路的幅频特性

*6.5.4　开关电容滤波电路

前面讨论的有源滤波电路，当截止频率较低且较稳定时，要求有较大的电容和较精确的 *RC* 时间常数，这些给在硅芯片上制造集成组件带来困难，以致不可能。随着MOS 集成工艺技术发展，在 20 世纪 80 年代初，已制造出了由 MOS 晶体管模拟开关、电容器和集成运放组成的单片开关电容滤波器组件。开关电容滤波器不需要模-数（A-D）转换器，可对模拟量的离散值直接进行处理。与数字滤波器相比，省略了模-数（A-D）转换的量化过程，具有处理速度快、电路整体结构简单等优点，且由于制造简易、价格低廉，是目前发展很快的滤波器之一。

1. 基本开关电容

图 6-67a 为基本开关电容示意图，S_1、S_2为两个交替闭合、断开的压控开关，分别受控于图 6-67b 所示两个互补的控制方波电压 u_{S1}、u_{S2}，u_{S1}为高电平时 u_{S2}为低电平，u_{S1}为低电平时 u_{S2}为高电平；设当控制电压 u_{S1}、u_{S2}为高电平时，压控开关闭合，当控制电压 u_{S1}、u_{S2}为低电平时，压控开关断开。这样，在两个互补的控制方波电压 u_{S1}、u_{S2}作用下，当开关 S_1闭合时，开关 S_2必然断开，此时，u_1对电容 C 充电，充电电荷 $Q_1=Cu_1$；反之，当开关 S_2闭合时，开关 S_1必然断开，此时，电容 C 放电（图中放电回路未画出），放电电荷 $Q_2=Cu_2$。设图 6-67b 所示的控制方波电压的周期为 T_c（也即开关 S_1、S_2闭合、断开的周期）。在开关 S_1、S_2的一个动作周期内，从 u_1到 u_2方向传输的电荷量为

$$\Delta Q=C\Delta u=C(u_1-u_2)$$

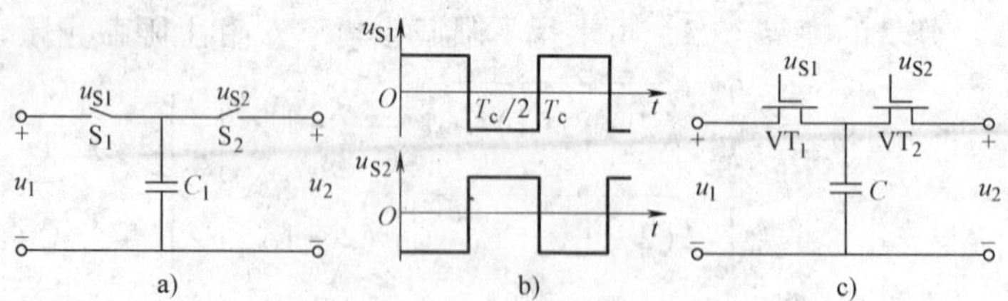

图 6-67　基本开关电容单元电路

a）开关电容示意图　b）压控开关信号　c）电子开关电容电路

从 u_1到 u_2方向的等效电流为

$$i=\Delta Q/T_c=C(u_1-u_2)/T_c \tag{6-126}$$

设图 6-67b 所示的控制方波电压的频率 $f_c=1/T_c\gg f_1$（f_1为被传输信号 u_1的频率），则可近似认为在控制方波电压一个周期内，两个端口电压 u_1、u_2基本不变，则图 6-67a 示电路

基本开关电容可用一个等效电阻 R 代替，由式（6-126）可知，等效电阻 R 的阻值为

$$R=(u_1-u_2)/i=T_c/C \tag{6-127}$$

若 $C=1\text{pF}$，$f_c=100\text{kHz}$，则等效电阻 R 的阻值为 10MΩ。利用 MOS 工艺，1pF 左右的电容只需硅芯片的面积约 0.01mm^2，所占面积极小，从而有效解决了集成运放中不能直接制作大电阻的集成工艺难题。

图 6-67a 中，开关 S_1、S_2的动作频率高达几十至几百千赫，当然，S_1、S_2不可能是机械触点的开关，而是如图 6-67c 中由 MOS 场效应晶体管 VT_1、VT_2构成的无触点的高速模拟电子开关。

在单片开关电容滤波器组件中，MOS 场效应晶体管模拟开关、电容器和集成运放是集成同一硅芯片上的。

2. 开关电容滤波电路

开关电容低通滤波电路如图 6-68a 所示（u_{S1}、u_{S2}为图 6-67b 所示的两个互补的控制方波电压），根据图 6-67a 的电路分析，在压控开关信号频率 $f_c=1/T_c\gg f_i$（f_i为被传输信号 U_i的频率）时，图 6-68a 虚线框中的电路可等效为一个电阻 $R=T_c/C_1$，故图 6-68a 所示电路可等效为图 6-68b 所示的等效电路。电路的通带截止频率 f_p取决于时间常数 τ，即

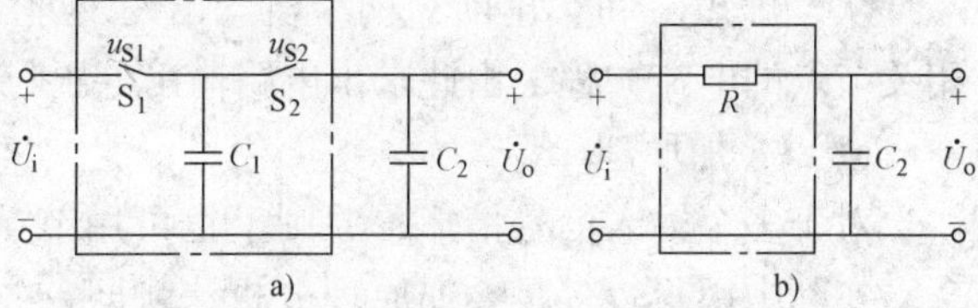

图 6-68　开关电容低通滤波电路及其等效电路

a）开关电容低通滤波电路　b）等效电路

$$\tau=RC_2=C_2T_c/C_1$$

所以电路的截止频率为

$$f_p=1/2\pi\tau=C_1/(2\pi C_2T_c)=(f_cC_1)/(2\pi C_2) \tag{6-128}$$

由于开关控制方波电压频率 f_c可以做得相当稳定（例如可由石英晶体振荡器获得），而两个电容 C_1、C_2在集成电路制作中两者误差的一致性，可使两电容之比 C_2/C_1做得相当准确和稳定，所以，开关电容滤波电路能够获得稳定准确的时间常数 τ 和截止频率 f_p。

只要适当选择开关控制方波电压频率 f_c（如 $f_c=100\text{kHz}$），不太大的两电容之比值 C_2/C_1（例如 10），就可获得较大时间常数。

一个实际的开关电容低通滤波电路原理图如图 6-69a 所示（u_{S1}、u_{S2}为图 6-67b 所示的两个互补的控制方波电压），图 6-69b 为图 6-69a 的等效电路。

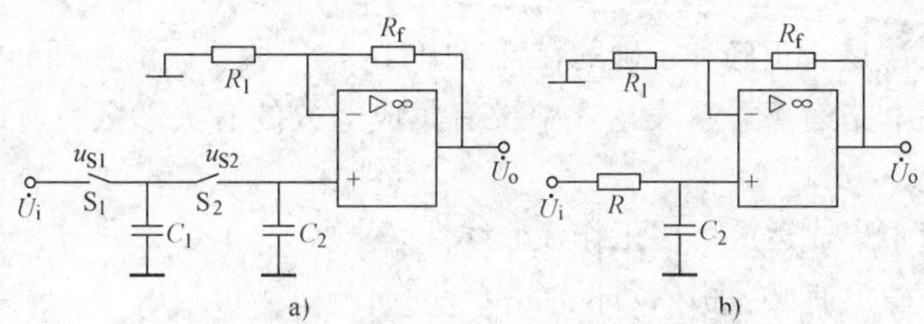

图 6-69　实际开关电容低通滤波电路

a）实际电路原理图　b）等效电路

本章小结

1. 理想运放模型是分析运算电路和有源滤波电路的基础。理想运放工作在线性区时有两个重要特点：① 虚断（$i_p = i_N = 0$）；② 虚短（$u_p = u_N$）或虚地（反相输入时 $u_p = u_N = 0$）。在非线性区输出电压只有两种可能：当 $u_p > u_N$时，$u_o = U_{om}$；当 $u_p < u_N$时，$u_o = -U_{om}$。

2. 运算电路通常由集成运放组成，运算电路的输入、输出信号均为模拟量，运算电路中的集成运放应工作在线性区，所以，运算电路中集成运放必须引入深度的负反馈。

集成运放通过不同反馈网络引入深度电压并联负反馈（反相输入情形）和深度电压串联负反馈（同相输入情形）后，可以实现模拟信号的比例、加、减、乘、除、积分、微分、对数和反对数等基本运算。运算电路的分析是建立在“虚短”和“虚断”两个概念的基础之上，基本分析方法有两种：

（1）节点电流法

从“虚短”和“虚断”两个概念出发，列出集成运放同相输入端、反相输入端和其他相关节点的电流方程，由此求出电路输出电压与输入电压间的运算关系。

（2）叠加原理

对于多个输入信号情形，原则上也可用节点电流法求解电路运算关系，但计算较为复杂。实际中用得较多是叠加原理分析法，即首先分别求各个输入电压单独作用（令其他输入电压为零）时的输出电压，然后将它们相加，即可求得多个输入信号同时作用时电路输出电压与输入电压间的运算关系。

3. 有源滤波电路是由无源 RC 滤波电路和集成运放组成的一种信号处理电路，电路中引入了深度负反馈，集成运放工作在线性区。本章主要讨论了低通、高通、带通和带阻四种类型的有源滤波电路。对有源滤波电路频率特性分析的思路是：首先利用“虚短”和“虚断”概念求出传递函数，然后求出电路通带放大倍数 $\dot{A}_{up}$、通带截止频率 f_p、特征频率 f_0、带宽 f_{BW}和等效品质因数 Q 等性能指标。

4. 模拟乘法器是另一种应用十分广泛的集成电路。本章分析了模拟乘法器工作原理，讨论了乘法器在运算电路中的应用：乘方运算电路、除法运算电路、开方运算电路等。除法运算电路、开方运算电路是利用模拟乘法器作为集成运放的负反馈网络组成的一种深度负反馈电路，运算关系分析的出发点仍然是“虚短”和“虚断”概念。

自我检测题

1. 判断下列说法是否正确，正确的在括号中打“√”，错误的在括号中打“×”。

（1）集成运算电路运算关系表达式中没有集成运放的有关参数，所以，运算电路可以不用集成运放。(　　)

（2）运算电路中集成运放可以工作在非线性区。(　　)

（3）运算电路中没有必要引入负反馈。(　　)

（4）在运算电路中，集成运放的反相输入端一定为虚地。(　　)

（5）集成运放工作在非线性区时，“虚短”概念也成立。(　　)

（6）无论集成运放工作在线性区还是非线性区，“虚断”概念均成立。(　　)

(7) 凡是运算电路都可利用“虚短”和“虚断”的概念求解运算关系。(　　)

(8) 有源滤波电路中的集成运放应工作在线性放大区。(　　)

(9) 有源滤波电路中可以不引入负反馈。(　　)

(10) 有源滤波电路中不可以引入正反馈。(　　)

2. 下列答案中，选择一个合适的答案填入空内。

A. 反相比例运算电路　　B. 同相比例运算电路

C. 积分运算电路　　D. 微分运算电路

E. 加法运算电路　　F. 乘方运算电路

(1) 欲将正弦波电压移相 +90°，应选用________。

(2) 欲将正弦波电压转换成二倍频电压，应选用________。

(3) 欲将正弦波电压叠加上一个直流量，应选用________。

(4) 欲实现 $A_u = -100$ 的放大电路，应选用________。

(5) 欲将方波电压转换成三角波电压，应选用________。

(6) 欲将方波电压转换成尖顶波电压，应选用________。

3. 填空：

(1) 为了避免某一确定频率范围内的干扰信号进入放大器，应选用________滤波电路。

(2) 已知输入信号的频率为 1 ~ 2kHz，为了防止干扰信号混入电路，应选用________滤波电路。

(3) 为了获得输入电压中的高频成分信号，应选用________滤波电路。

(4) 为了获得输入电压中的低频成分信号，应选用________滤波电路。

(5) 为了使滤波电路的输出电阻足够小，保证负载电阻变化时滤波特性不变，应选用________滤波电路。

4. 设图 6-70 所示各电路中的集成运放均可视为理想运放，模拟乘法器的乘积系数 k 为正。试分别求解各电路的运算关系，并说明图 6-70b 所示电路中二极管 VD 的作用。

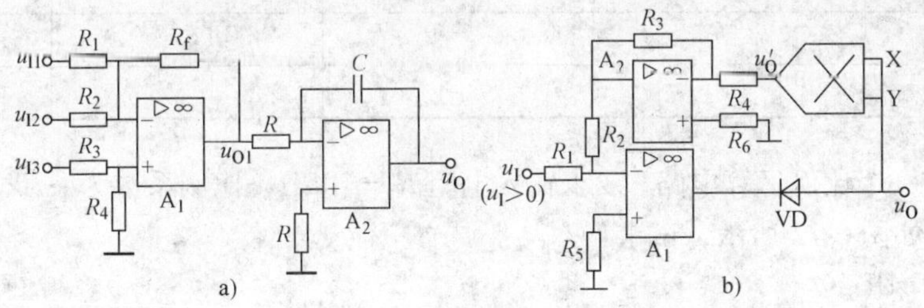

图 6-70　自我检测题 4 电路图

思考题与习题

设下列习题中所涉及的集成运放均可视为理想运放。

6-1　分别选择“反相”或“同相”填入下列各空内。

(1) ____ 比例运算电路中集成运放反相输入端为虚地，而____ 比例运算电路中集成运放两个输入端的电位可能等于输入电压。

(2) ____ 比例运算电路的输入电阻大，而____ 比例运算电路的输入电阻小。

（3）____比例运算电路的输入电流等于零（输入端未接分压电阻时），而____比例运算电路的输入电流等于流过反馈电阻中的电流。

（4）____比例运算电路的比例系数为正，而____比例运算电路的比例系数为负。

（5）____比例运算电路共模输入信号大，而____比例运算电路共模输入信号为零。

6-2 填空：

（1）________运算电路可实现 $A_u > 1$ 的放大器。

（2）________运算电路可实现 $A_u < 0$ 的放大器。

（3）________运算电路可将三角波电压转换成方波电压。

（4）________运算电路可实现函数 $Y = aX_1 + bX_2 + cX_3$，a、b 和 c 均大于零。

（5）________运算电路可实现函数 $Y = aX_1 + bX_2 + cX_3$，a、b 和 c 均小于零。

（6）________运算电路可实现函数 $Y = aX^2$。

（7）________运算电路可由对数电路、加法电路、反对数电路组成。

（8）________运算电路可由对数电路、减法电路、反对数电路组成。

（9）________运算电路可由平方电路和集成运放组成。

6-3 电路如图 6-71 所示，集成运放输出电压的最大幅值为 ±14V，填表 6-1。

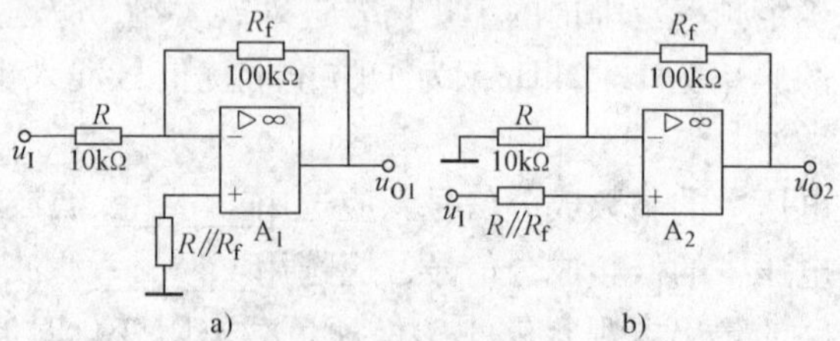

图 6-71 习题 6-3 电路

表 6-1 习题 6-3 电路的输出电压

u_I/V	0.1	0.5	1.0	1.5
u_{O1}/V				
u_{O2}/V				

6-4 设计一个比例运算电路，要求输入电阻 $R_i = 10\text{k}\Omega$，比例系数为 -30。

6-5 电路如图 6-72 所示，试求：

（1）输入电阻。

（2）比例系数。

6-6 电路如图 6-72 所示，集成运放输出电压的最大幅值为 ±14V，u_I为 2V 的直流信号。分别求出下列各种情况下的输出电压。

（1）R_2短路。（2）R_3短路。（3）R_4短路。（4）R_4断路。

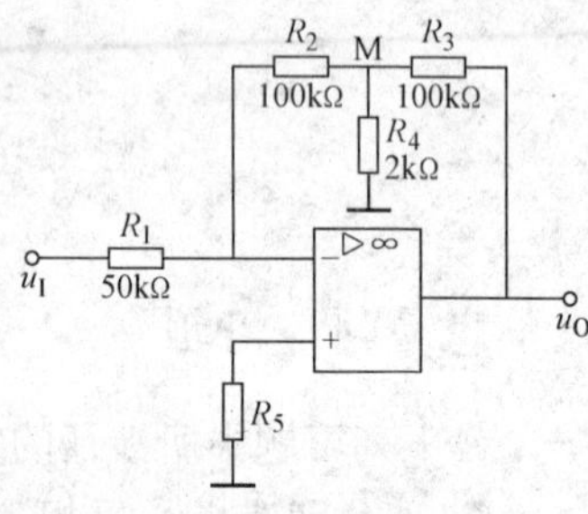

图 6-72 题 6-5 电路

6-7 电路如图 6-73 所示，VT_1、VT_2 和 VT_3 的特性完全相同，试求：

（1）$I_1 \approx$______mA，$I_2 \approx$______mA。

（2）若 $I_3 \approx 0.2\text{mA}$，则 $R_3 \approx$ ______ kΩ。

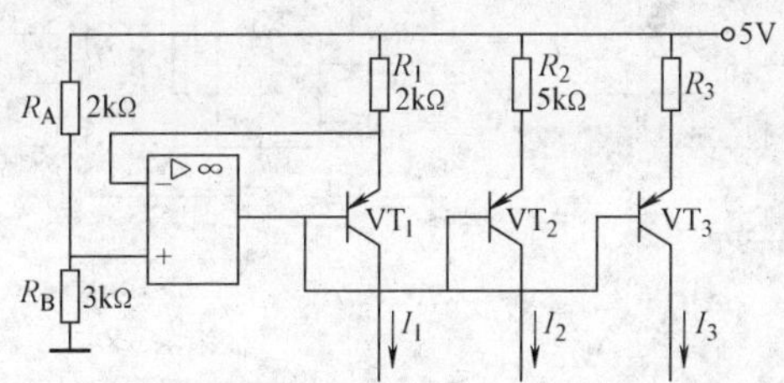

图 6-73　习题 6-7 电路图

6-8　试求图 6-74 所示各电路输出电压与输入电压的运算关系式。

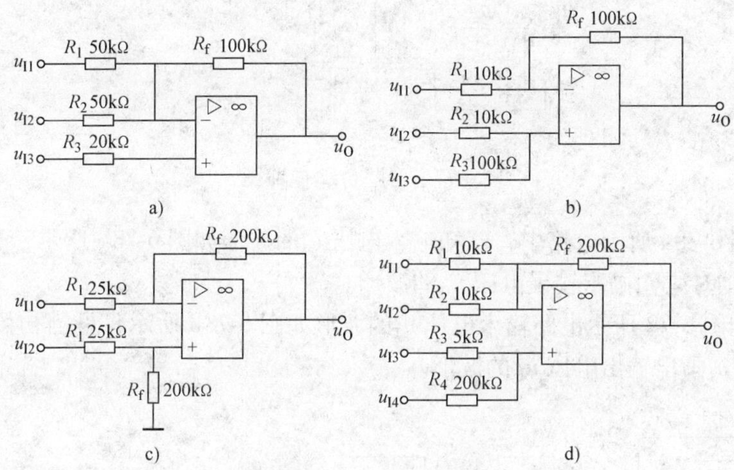

图 6-74　习题 6-8 电路图

6-9　在图 6-74 所示各电路中，是否对集成运放的共模抑制比要求较高，为什么？

6-10　在图 6-74 所示各电路中，集成运放的共模信号分别为多少？要求写出表达式。

6-11　图 6-75 所示为恒流源电路，已知稳压管工作在稳压状态，试求负载电阻中的电流。

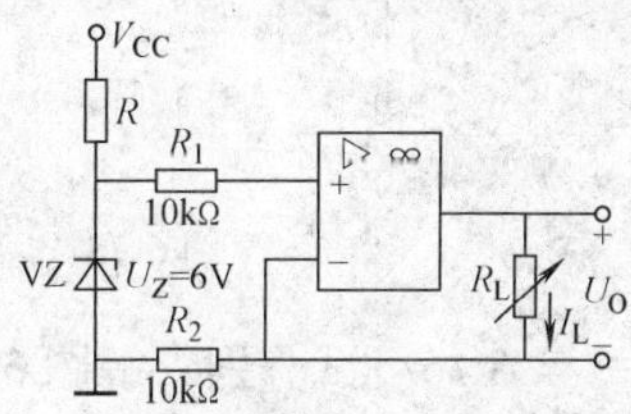

图 6-75　习题 6-11 电路

6-12　电路如图 6-76 所示。试求：

（1）u_O 与 u_{I1}、u_{I2} 的运算关系式。

（2）当 RP 的滑动端在最上端时，若 $u_{I1}=10\text{mV}$，$u_{I2}=20\text{mV}$，则 $u_O=$？

（3）若 u_O 的最大幅值为 ±14V，输入电压最大值 $u_{I1\max}=10\text{mV}$，$u_{I2\max}=20\text{mV}$，最小值均为 0V，则为了保证集成运放工作在线性区，R_2 的最大值为多少？

6-13　试分别求解图 6-77 所示各电路的运算关系表达式。

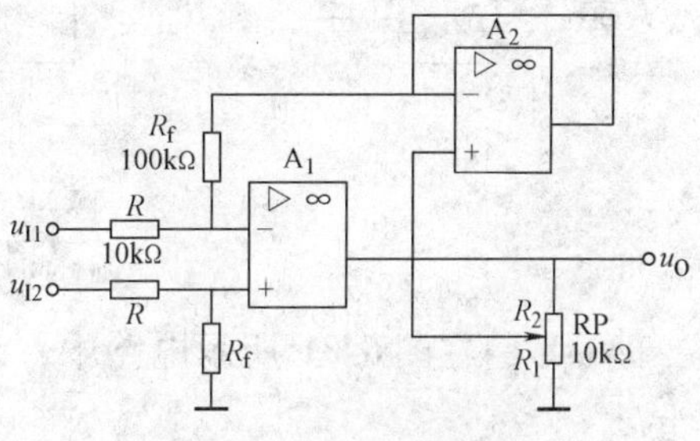

图 6-76　习题 6-12 电路图

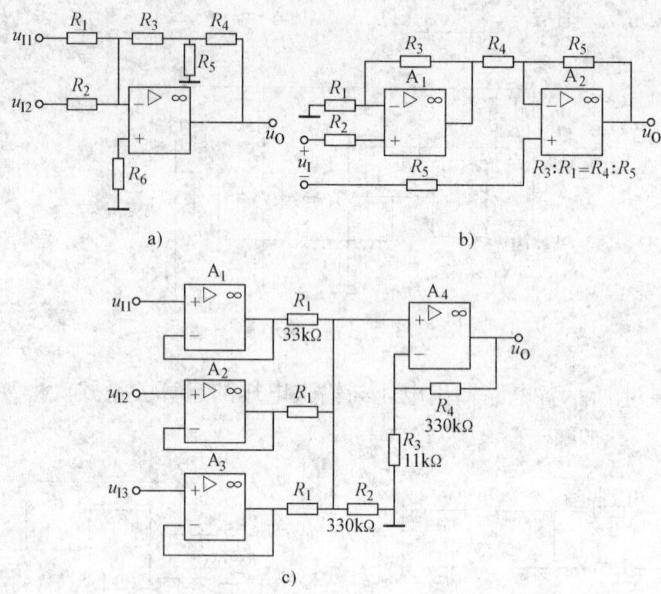

图 6-77　习题 6-13 电路图

6-14　在图 6-78a 所示电路中，已知输入电压 u_I的波形如图 6-78b 所示，当初始时刻 $t=0$ 时，$u_O=0$。试对应 u_I画出输出电压 u_O的波形。

6-15　已知图 6-79 所示电路输入电压 u_I的波形如图 6-78b 所示，且当初始时刻 $t=0$ 时，$u_O=0$。试对应 u_I画出输出电压 u_O的波形。

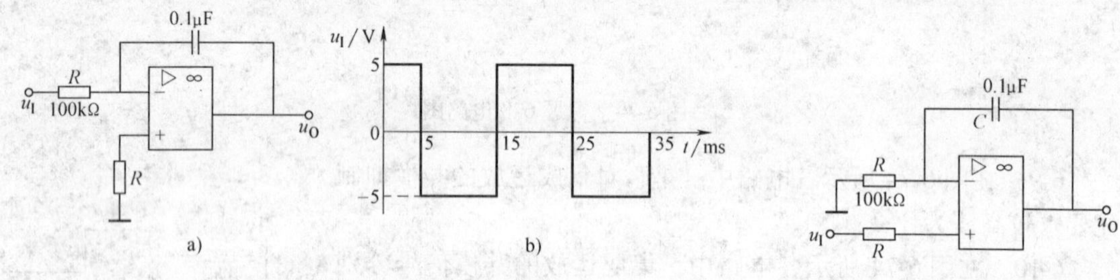

图 6-78　习题 6-14 电路及波形图

图 6-79　习题 6-15 电路图

6-16　试分别求解图 6-80 所示各电路的运算关系式。

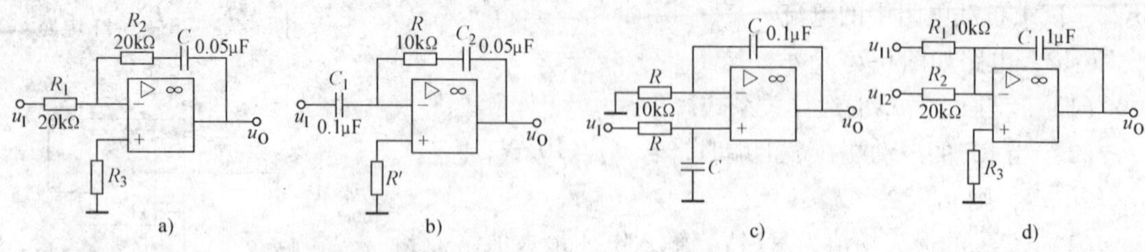

图 6-80　习题 6-16 电路图

6-17　在图 6-81 所示电路中，已知 $R_1=R=R'=100\text{k}\Omega$，$R_2=R_f=100\text{k}\Omega$，$C=1\mu\text{F}$。试求：

（1）u_O与u_I的运算关系表达式。

（2）设$t=0$时，$u_O=0$，且u_I由零跃变为$-1V$，输出电压由零上升到6V所需要的时间。

6-18 试求出图6-82所示电路的输出电压与输入电压之间的运算关系式。

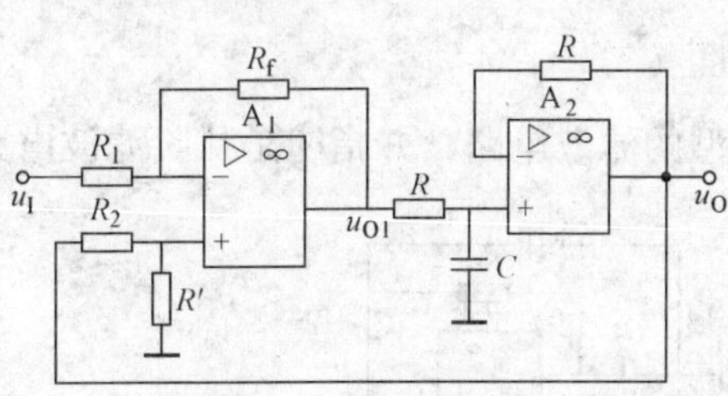

图6-81 习题6-17电路图

图6-82 习题6-18电路图

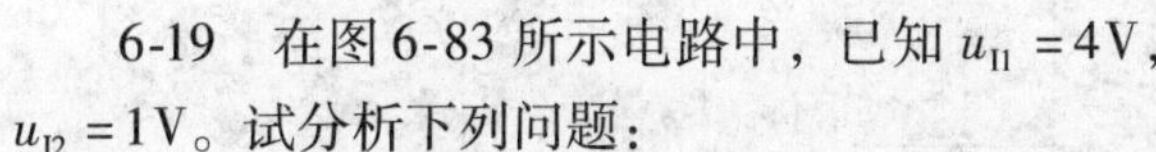

6-19 在图6-83所示电路中，已知$u_{I1}=4V$，$u_{I2}=1V$。试分析下列问题：

（1）当开关S闭合时，分别求解A、B、C、D和u_O的电位。

（2）设$t=0$时S打开，问经过多长时间$u_O=0$？

6-20 画出利用对数运算电路、指数运算电路和减法运算电路实现除法运算的原理框图。

6-21 为了使图6-84所示电路实现除法运算，试分析：

（1）标出集成运放的同相输入端和反相输入端。

（2）求出u_O和u_{I1}、u_{I2}的运算关系式。

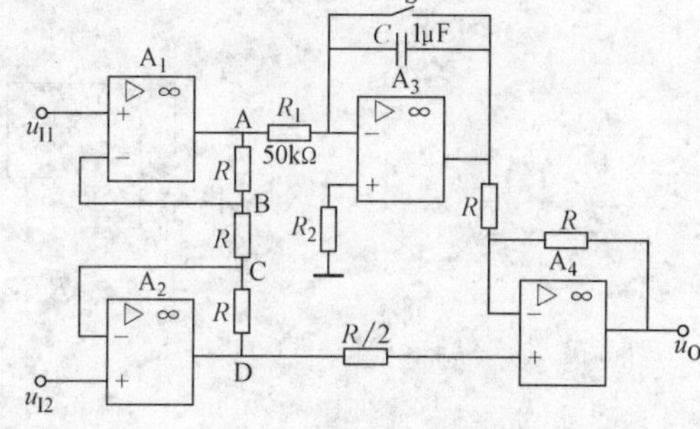

图6-83 习题6-19电路图

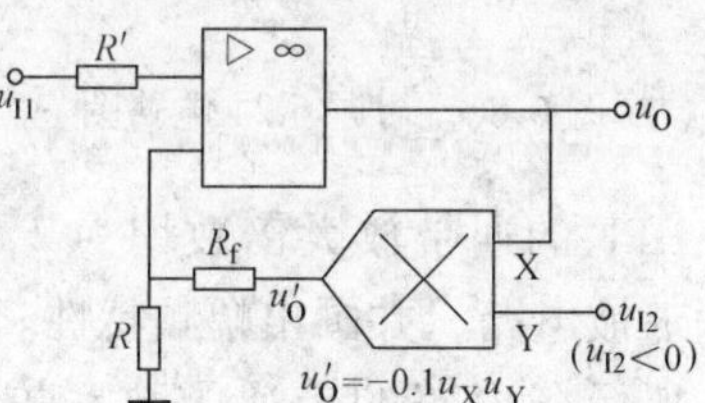

图6-84 习题6-21电路图

6-22 试求出图6-85所示各电路的运算关系表达式。

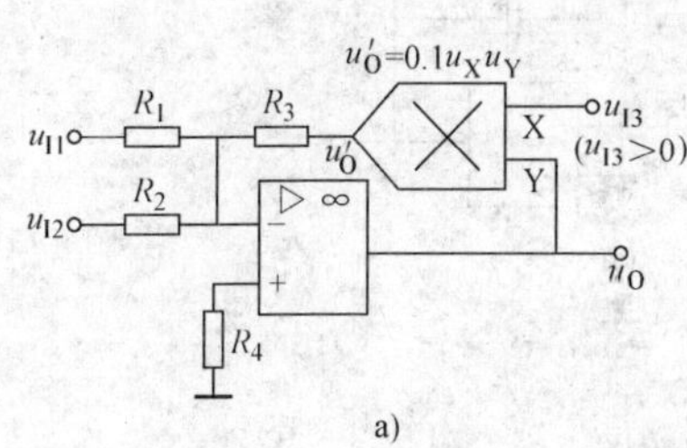

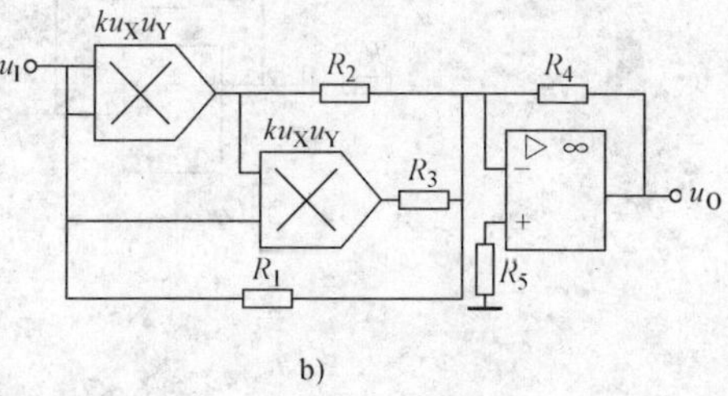

图6-85 习题6-22电路图

6-23　在下列各种情况下，应分别采用哪种类型（低通、高通、带通、带阻）的滤波电路。

（1）抑制某一特定频率范围内的交流干扰。

（2）有效传输某一特定频率范围内的有用信号。

（3）从输入信号中取出低于 2kHz 的信号。

（4）抑制频率为 100kHz 以上的高频干扰。

6-24　试说明图 6-86 所示各电路属于哪种类型的滤波电路，并指明是几阶滤波电路。

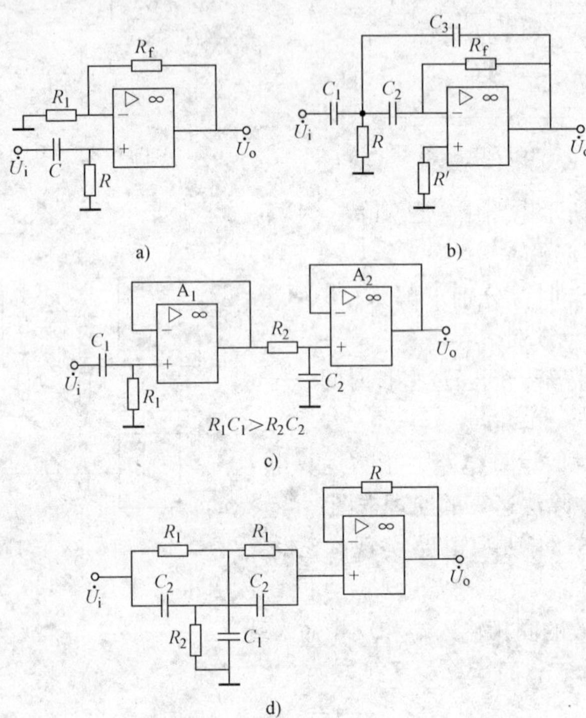

图 6-86　习题 6-24 电路图

6-25　设一阶 LPF 和二阶 HPF 的通带放大倍数均为 2，通带截止频率分别为 2kHz 和 100Hz。试用它们构成一个带通滤波电路，并画出幅频特性。

6-26　分别推导出图 6-87 所示各电路的传递函数，并说明它们属于哪种类型的滤波电路。

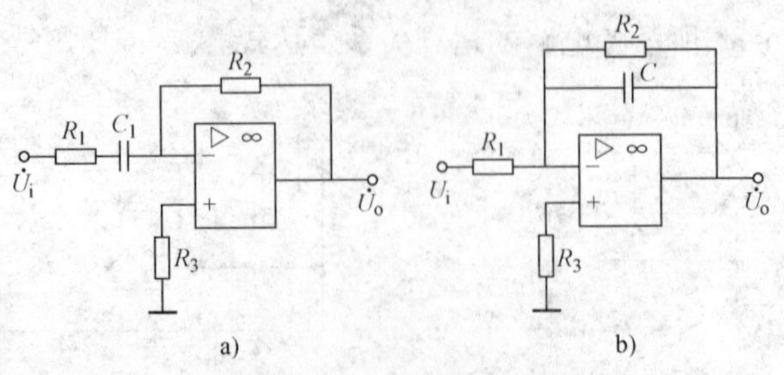

图 6-87　习题 6-26 电路图

6-27　试分析图 6-88 所示电路的输出 u_{O1}、u_{O2} 和 u_{O3} 分别具有哪种滤波特性（LPF、HPF、BPF、BEF）。

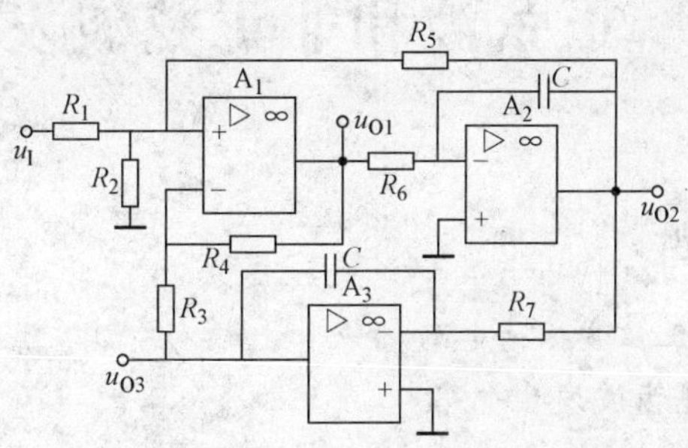

图 6-88　习题 6-27 电路图

6-28　简述开关电容滤波电路的特点。

第 7 章　正弦波和非正弦波发生电路

本章讨论的主要问题

◎RC、LC、石英晶体正弦波振荡电路。

◎矩形波、三角波、锯齿波发生电路。

本章的重点与难点

◎LC 正弦波振荡电路。

◎矩形波、三角波发生电路。

在通信系统、广播电视、数字系统、自动控制、电子测量和生物医学等电子技术领域内，经常需要用到正弦波信号和各种不同类型的非正弦波信号。下面分别讨论产生这两类信号的一些基本电路。

7.1　正弦波发生电路

能产生正弦波信号的电路称为正弦波发生电路，正弦波发生电路也称为正弦波振荡电路（或正弦波振荡器）。从原理上讲，一个正弦波发生电路由基本放大电路、正反馈网络、选频网络和稳幅（或限幅）环节四部分组成。正弦波发生电路常根据选频网络所用元件命名，分为 RC 正弦波振荡电路、LC 正弦波振荡电路和石英晶体正弦波振荡电路三大类型，每类中又根据选频网络电路结构的变化、分为若干种正弦波振荡电路。

正弦波振荡电路接通电源后，不需要外部输入信号的激励，而是通过自身的正反馈信号取代外部输入信号，就有稳定的正弦交流信号输出，这种现象称为放大电路的自激振荡。所以，正弦波振荡电路是一种“自激式振荡电路”。7.2 节将要讨论的非正弦波振荡电路也是如此。

7.1.1　产生正弦波的条件

1. 正弦波发生电路的组成

为了产生正弦波，必须在放大电路里引入正反馈，因此，基本放大电路和正反馈网络是振荡电路的主要组成部分。但是，仅有这样两部分构成的振荡电路还不是正弦波振荡电路。这是因为振荡电路要产生正弦波信号，必须满足仅对某单一频率的信号满足正反馈，而对另外的所有频率分量均不满足正反馈条件，这样电路若发生振荡必然是单一频率的正弦振荡。为了保证电路仅对某单一频率的信号满足正反馈，而对另外的所有频率分量均不满足正反馈条件，电路中必须引入具有频率选择性的选频网络（对不同频率的信号具有不同传输特性）。因此，选频网络也是正弦波振荡电路中不可缺少的组成部分。此外，为了使正弦波振荡电路输出信号稳定和减小非线性元件（晶体管、场效应晶体管、集成电路等）引起的非线性失真，电路中还需引入稳幅（或限幅）环节（电路）。

综上所述，正弦波振荡电路四个组成部分的作用归纳如下：

1）基本放大电路

实现能量转换（将直流电源的直流能量转换为信号的交流能量）控制的基本电路。

2）正反馈网络

给基本放大电路提供自己激励自己足够大的正反馈信号，取代外部输入信号，使电路产生自激振荡。

3）选频网络

使电路仅对某单一频率的信号满足正反馈，保证电路产生正弦波信号；选频网络的固有频率决定了电路的振荡频率。

4）稳幅（或限幅）电路

为非线性电路，其作用是减小非线性元件（晶体管、场效应晶体管、集成电路等）引起信号的非线性失真和使输出信号幅值的相对稳定。

需要指出，从电路原理上讲，正弦波振荡电路由以上四部分组成，但在具体的电路结构上，这四个组成部分之间有些是互不可分的。比如，选频网络有时既是正反馈电路的一部分，又是基本放大电路的集电极负载等。这些问题在后面讨论的具体电路中可清楚看出。

2. 产生正弦波的平衡条件

产生正弦波的条件与负反馈放大电路产生自激的条件十分类似。只不过负反馈放大电路中是由于信号在频率的高端或低端，产生了足够的附加相移，从而使负反馈变成了正反馈，导致电路产生自激振荡。由于这种自激振荡是非人为产生的寄生振荡，这种寄生振荡使放大电路无法正常放大交流信号，因此，放大电路的寄生振荡是有害的，应设法避免。而在正弦波振荡电路中，是人为地引入正反馈使电路产生自激振荡。虽然两种自激振荡的原理相同，但它们产生的作用和后果却不一样。

图 7-1 所示框图示出了正、负反馈电路的区别，这种区别表现在：第一，图 7-1a 所示负反馈电路的作用是放大交流信号，因而有外部输入信号（也称激励信号）$\dot{X}_i$，图 7-1b 所示正反馈电路的作用是自激产生正弦信号，没有外部输入信号 $\dot{X}_i$；第二，图 7-1a 所示负反馈电路输入回路叠加环节中，$\dot{X}_f$为“－”，图 7-1b 所示正反馈电路输入回路中，$\dot{X}_f$为“＋”。

由于正弦波振荡电路没有外部输入信号 $\dot{X}_i$，反馈量 $\dot{X}_f$即为净输入信号，因此，图 7-1b 可画为图 7-2 框图的形式。

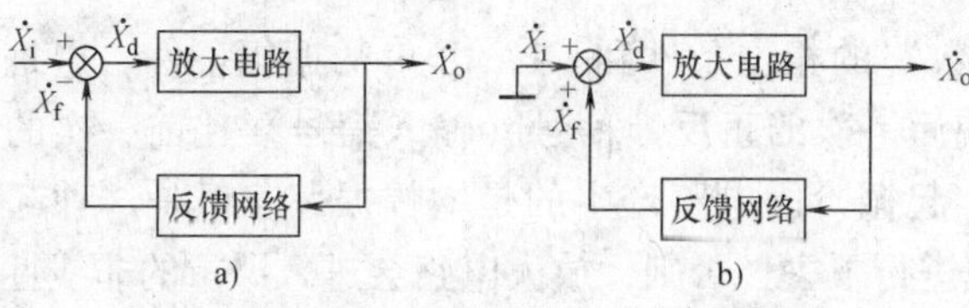

图 7-1　反馈放大电路框图

a）负反馈放大电路框图　b）正反馈放大电路框图

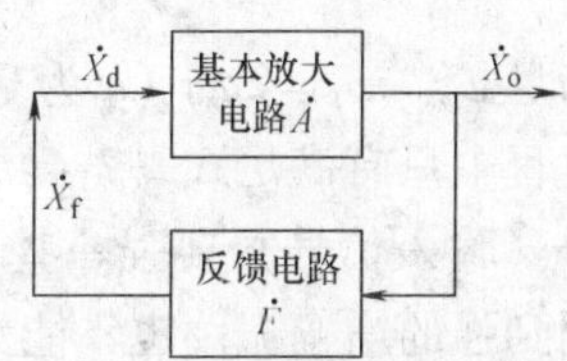

图 7-2　正弦波振荡电路反馈量作为净输入量示意图

由图 7-2 可以看出，正反馈放大电路的净输入信号 $\dot{X}_d = \dot{X}_f$，当电路工作在稳定平衡状态（即输出信号 $\dot{X}_o$相对稳定不变）时有

$$\dot{X}_f / \dot{X}_d = (\dot{X}_o / \dot{X}_d)(\dot{X}_f / \dot{X}_o) = 1$$

故可得电路的振荡平稳条件为

$$\dot{A}\dot{F} = 1 \tag{7-1}$$

由此可得振幅平衡条件为

$$|\dot{A}\dot{F}| = 1 \tag{7-2}$$

相位平衡条件为

$$\varphi_A + \varphi_F = 2n\pi \quad (n \text{ 为 0 或正整数}) \tag{7-3}$$

式（7-1）中，$\dot{A} = \dot{X}_o / \dot{X}_d$，为基本放大由路的放大倍数；$\dot{F} = \dot{X}_f / \dot{X}_o$，为反馈电路的反馈系数；$\varphi_A$、$\varphi_F$分别为基本放大电路和反馈电路的相移。

式（7-2）、式（7-3）是电路维持稳定平衡振荡所必须满足的两个条件（必要条件）。

一般而言，正弦振荡电路中的放大器件工作在线性区（如 *RC* 振荡电路）或接近于线性区（如 *LC* 振荡电路），因此，在近似分析中振荡电路可按线性电路处理。

3. 起振条件和稳幅原理

正弦波振荡电路在刚接通电源后极短时间内（小于几十微秒），其输出量（电流或电压）有一个由小到大直至输出量幅值最后稳定在某一平衡值的一个过渡过程，这一过渡过程称为自激振荡的建立过程（亦称起振过程）。自激正弦波振荡电路没有外界输入信号激励，那么，电路在刚接通电源瞬间最初的输出量、输入量是从何而来呢？正弦波振荡电路要能正常工作，正弦波振荡电路中的放大电路必须要设置合适的静态工作点，因此，当电路在刚接通电源瞬间必然存在电扰动，这种电扰动就是电路刚接通电源瞬间的很小的初始输出量、输入量，它们包含有极其丰富的频率成分，其中也包含有与选频网络固有频率f_0相同（或基本相同）的频率成分，正反馈电路和选频网络使得电路只对频率为f_0的信号成分满足正反馈的相位平衡条件（以下简称正反馈相位条件），而对其他所有频率不等于f_0的信号成分不满足正反馈的相位平衡条件；因此，电路若产生自激振荡，必产生频率为f_0的正弦波振荡。

电路在刚接通电源瞬间的初始电扰动是很小的，为了使电路在接通电源后短时间内，输出量能够由小到大直至达到最终的平衡值，起振过程中还必须满足起振条件

$$\dot{A}\dot{F} > 1 \tag{7-4}$$

即满足 $\varphi_A + \varphi_F = 2n\pi$（$n$ 为 0 和正整数）的相位条件和$|\dot{A}\dot{F}| > 1$ 的振幅条件。这是因为起振过程中只有满足式（7-4），才能使后一次的正反馈信号（输入信号）比前一次的正反馈信号（输入信号）要强一些；可见，起振阶段电路产生的是增幅振荡。但是这种起振阶段由弱到强的增幅振荡也不能无限制地进行下去，否则，放大电路会进入严重的非线性状态而导致信号失真。电路从起振过程进入平衡状态的过程，是通过稳幅（或限幅）环节使电路由 $\dot{A}\dot{F} > 1$ 变为 $\dot{A}\dot{F} = 1$ 的过程。实际上，*LC* 正弦波振荡电路中，晶体管不仅作放大器件

用，而且还利用了晶体管的非线性特性去限制起振阶段的增幅振荡不能无休止地进行下去。这是因为，起振阶段随着增幅振荡的加强，信号的动态范围不断加大，致使晶体管接近非线性区，从而产生自动调整过程：晶体管接近非线性区→晶体管放大性能减弱→$|\dot{A}|\downarrow$→$|\dot{A}\dot{F}|\downarrow$→$|\dot{A}\dot{F}|=1$，最终达到平衡状态。在 LC 振荡器中靠晶体管工作在大信号时非线性特性去限制幅度的增加，晶体管电流必然会产生失真，但是，这种失真可通过选频网络的作用，选出与选频网络固有频率相同的电流分量流经负载产生正弦波输出电压，而滤掉失真电流信号中所有不等于选频网络固有频率的其他分量。实际中，也可以在反馈网络中另外加入非线性稳幅环节（例如 RC 振荡电路中就是如此），用以调节放大电路的放大倍数，从而达到稳幅的目的。这些问题将在下面具体的振荡电路中加以介绍。

7.1.2 RC 正弦波振荡电路

RC 正弦波振荡电路通常用在振荡信号频率为几十千赫以下的情形。RC 正弦波振荡电路是利用电阻 R 和电容 C 作为选频网络的振荡电路。根据 RC 选频网络电路组成结构的不同，RC 正弦波振荡电路有串并联型、移相式（又分为相位超前和相位落后两种形式）、双 T 型等多种形式。下面讨论实际中应用较为普遍的 RC 串并联正弦波振荡电路（也称文氏桥正弦波振荡电路）。

1. RC 串并联选频网络

要理解 RC 串并联正弦波振荡电路工作原理，必须首先弄清 RC 串并联选频网络的频率特性。RC 串并联选频网络如图 7-3 所示。RC 串并联网络在 RC 正弦波振荡电路中，既作选频网络，同时又作正反馈电路，且图 7-3 所示的 RC 串并联选频网络的 $\dot{U}_o$端与放大电路输出端相连、$\dot{U}_f$与放大电路输入端相连，因此，其电压传输系数为

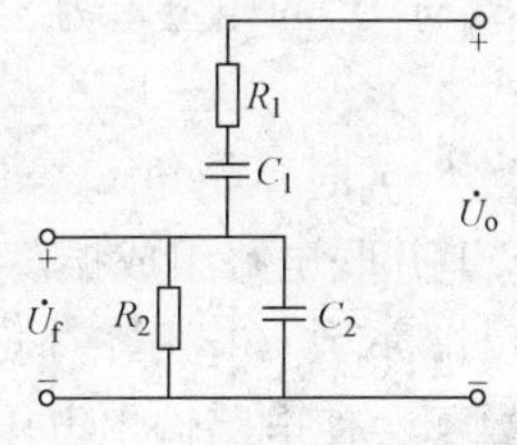

图 7-3　RC 串并联选频网络

$$\dot{F}=\frac{\dot{U}_f}{\dot{U}_o}=\frac{\left(R_2/\!/\frac{1}{j\omega C_2}\right)}{\left(R_1+\frac{1}{j\omega C_1}\right)+\left(R_2/\!/\frac{1}{j\omega C_2}\right)}=\frac{1}{\left(1+\frac{R_1}{R_2}+\frac{C_2}{C_1}\right)+j\left(\omega R_1C_2-\frac{1}{\omega R_2C_1}\right)} \tag{7-5}$$

对于式（7-5），存在一个特定的角频率 $\omega_0=2\pi f_0$，满足

$$2\pi f_0R_1C_2=\frac{1}{2\pi f_0R_2C_1}$$

即

$$f_0=\frac{1}{2\pi\sqrt{R_1R_2C_1C_2}} \tag{7-6}$$

当 $\omega=\omega_0=2\pi f_0$时，式（7-5）为实数，此时，不仅表明 $\dot{U}_f$与 $\dot{U}_o$同相，而且 $|\dot{F}|$ 达到最大值（因为分母的模最小）。

当取 $R_1=R_2=R$，$C_1=C_2=C$ 时（实际中通常如此），则有

$$\omega_0=\frac{1}{RC}\quad 或\quad f_0=\frac{1}{2\pi RC} \tag{7-7}$$

则式（7-5）变为

$$\dot{F}=\frac{\dot{U}_{\mathrm{f}}}{\dot{U}_{\mathrm{o}}}=\frac{1}{3+\mathrm{j}\left(\frac{f}{f_0}-\frac{f_0}{f}\right)} \tag{7-8}$$

幅频特性为

$$|\dot{F}|=\left|\frac{\dot{U}_{\mathrm{f}}}{\dot{U}_{\mathrm{o}}}\right|=\frac{1}{\sqrt{3^2+\left(\frac{f}{f_0}-\frac{f_0}{f}\right)^2}} \tag{7-9}$$

相频特性为

$$\varphi_{\mathrm{F}}=-\arctan\frac{1}{3}\left(\frac{f}{f_0}-\frac{f_0}{f}\right) \tag{7-10}$$

当$f=f_0$时，可得电压传输系数模的最大值为

$$|\dot{F}|_{\max}=\left|\frac{\dot{U}_{\mathrm{f}}}{\dot{U}_{\mathrm{o}}}\right|_{\max}=\frac{1}{3}$$

$\dot{U}_{\mathrm{f}}$与$\dot{U}_{\mathrm{o}}$的相位差为

$$\varphi_{\mathrm{F}}=0$$

当$f=f_0$时，相角$\varphi_{\mathrm{F}}=0$，电压传输系数模达到最大值1/3，且与频率f_0的大小无关。若将RC串并联电路组成振荡电路中的正反馈网络，通过改变R或C调节振荡频率f_0时，不会影响反馈系数（电压传输系数）的最大值，故不会使电路输出电压幅度改变，电路也不会因此不满足振幅平衡条件而停止振荡。

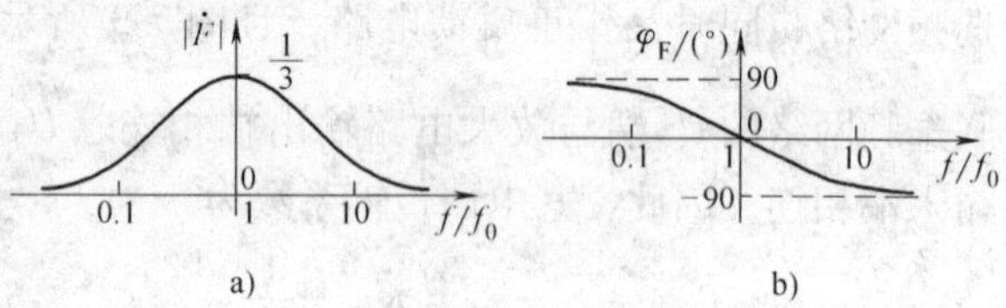

图7-4　RC串并联电路电压传输系数的频率特性

a）幅频特性　b）相频特性

由式（7-9）、式（7-10）可得图7-3所示电路的幅频特性和相频特性曲线如图7-4所示。

2. RC桥式振荡电路

（1）RC基本桥式振荡电路

由运算放大电路组成的RC基本桥式振荡电路如图7-5所示，图中矩符号代表运算放大电路（当然也可用分立元件组成的放大电路来代替）。

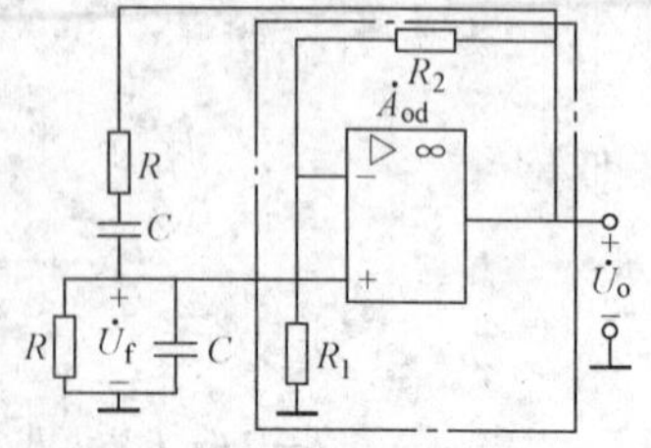

图7-5　由运算放大电路组成的RC桥式振荡电路

对频率$f_0=1/(2\pi RC)$而言，反馈电压与输出电压相位相同，RC串并联网络构成正反馈网络；对$f_0\neq 1/(2\pi RC)$所有频率而言，反馈电压与输出电压相位之和$\varphi_{\mathrm{A}}+\varphi_{\mathrm{F}}\neq 2n\pi$（$n$为整数），$RC$串并联网络均不构成正反馈网络。所以，图7-5所示电路若要振荡，必然是频率为f_0的振荡。

由于$f=f_0$时，$F=1/3$，所以要满足起振的振幅条件$AF>1$，则图7-5虚线框中基本放大

电路的电压放大倍数应满足 $A_u>3$。为此，引入了 R_2、R_1 组成的负反馈电路。若将正反馈信号 U_f 看做输入信号 U_i，由第5章的讨论可知，图7-5中虚线框中放大电路为电压串联负反馈电路，其电压放大倍数为 $A=A_u=1+R_2/R_1$，若满足 $R_2>2R_1$，则 $A=A_u=1+R_2/R_1>3$，即可满足起振的振幅条件 $AF>1$，电路接通电源后就可以自激振荡。

在图7-5所示电路中，RC 串并联正反馈支路与 R_2、R_1 负反馈支路正好构成一个电桥电路，故称为桥式振荡电路。

图7-5所示电路没有稳幅（限幅）电路，接通电源后，不能由起振阶段的 $AF>1$ 自动过渡到稳定平衡状态时的 $AF=1$，因此，电路会正反馈过强而引起信号严重失真。所以，实际的 RC 桥式振荡电路必须要引入稳幅（限幅）电路，才能保证电路产生稳定而基本不失真的正弦信号。

（2）引入稳幅（限幅）电路的 RC 桥式振荡电路

1）引入热敏电阻限幅的 RC 桥式振荡电路

引入热敏电阻限幅环节的 RC 桥式振荡电路如图7-6所示。图中引入了负温度系数的热敏电阻 R_T，电路设计时，选择 R_T 略大于 $2R_1$，这样可保证接通电源后起振阶段使 $AF>1$，以便电路起振。

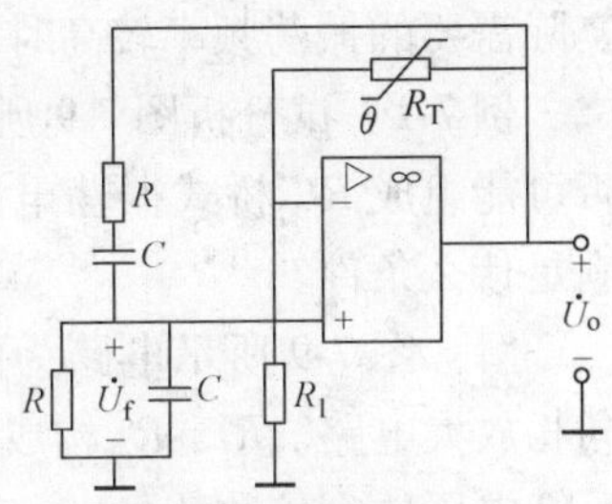

图7-6　用热敏电阻限幅环节构成的 RC 桥式振荡电路

起振后，随着 U_o 逐渐增大，流过负温度系数的热敏电阻 R_T 的电流也随之加大，电流的热效应将使热敏电阻 R_T 的温度升高、其阻值变小，当 U_o 逐渐增大为某一值时，R_T 减小到使电压放大倍数 $A=A_u=1+R_T/R_1=3$ 时，则满足振幅平衡条件 $AF=1$，电路达到稳定平衡状态，从而使 U_o 稳幅在某一确定值。

电路达到稳定平衡状态后，假定由于某一原因使 U_o 上升或下降，则立即发生下列自动调整过程：

$$U_o\uparrow\downarrow\rightarrow R_T\downarrow\uparrow\rightarrow A\downarrow\uparrow\rightarrow AF\downarrow\uparrow\rightarrow$$

$$U_o\downarrow\uparrow\leftarrow\cdots\cdots\cdots\cdots\cdots\cdots$$

即上述自动调整过程牵制了 U_o 的变化，从而使得 U_o 的幅度最终稳定在某一确定值。

2）引入二极管限幅的 RC 桥式振荡电路

引入二极管限幅环节的 RC 桥式振荡电路如图7-7所示。选 R_{22} 为一适当的小电阻，满足（$R_{21}+R_{22}$）略大于 $2R_1$，当接通电源后的起振的初始阶段，由于 U_o 较小，R_{22} 两端电压小于二极管 VD_1、VD_2 的死区电压，即起振的初始阶段，二极管 VD_1、VD_2 均截止，故满足 $|AF|>1$，有利于起振。

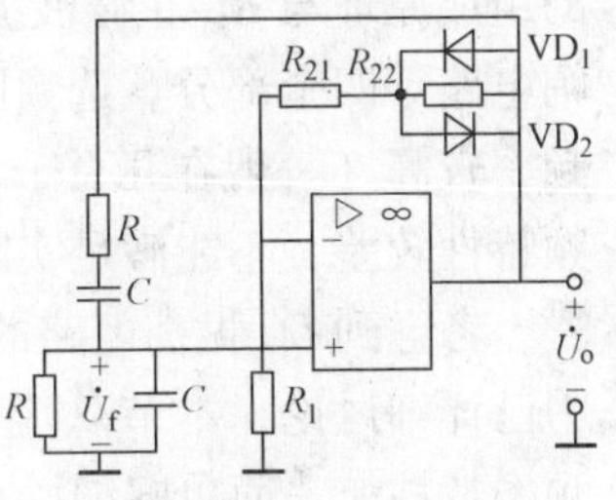

图7-7　引入二极管限幅环节的 RC 桥式振荡电路

随着起振阶段增幅振荡的加强，U_o 逐渐增加，当 U_o 增大到某一值时，二极管 VD_1、VD_2 由截止转换为导通（U_o 为正时，VD_1 导通、VD_2 截止；U_o 为负时，VD_2 导通、VD_1 截止），U_o 越大，VD_1、VD_2 的导通电阻越小，R_{22} 逐渐被 VD_1、VD_2 短接，直到 A 自动下降到使 $AF=1$，电路达到平衡状态，使得输出 U_o 稳定在某一确定值。

(3) 频率可调的 RC 桥式振荡电路

频率可调的 RC 桥式振荡电路如图 7-8 所示。通过调整 R 和 C 来调整频率。S 为同轴联动双联频段开关，切换双联频段开关 S 时，同时切换 RC 串并联电路中的电阻，可分挡级粗调振荡频率；C 为同轴联动双联旋转连续可调电容（相互独立的两个电容），用于在每一频段内连续调振荡频率。

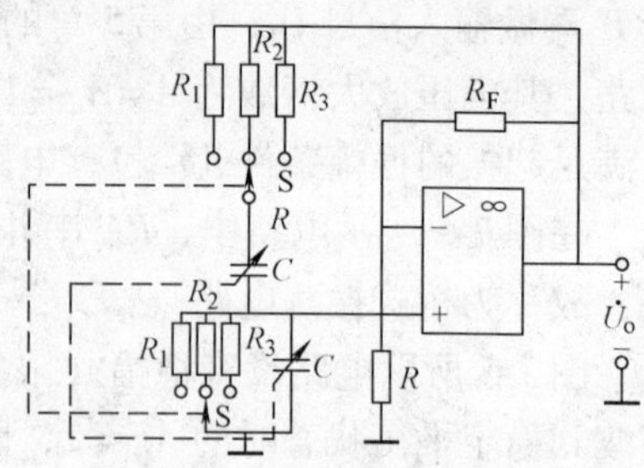

图 7-8 频率可调的 RC 桥式振荡电路

RC 桥式振荡电路一般用在振荡频率较低情形（几万赫以下），这是因为，若振荡频率较高，则 RC 串并联电路中的电阻 R 和电容 C 必然选得很小，当 R、C 小到与运算放大电路输出电阻（未知的参数）和输入电容（未知且不稳定的参数）相当时，输出电阻和输入电容将严重影响 RC 串并联电路选频特性，导致电路振荡频率的不稳定。若实际需要的振荡频率较高时，应选用下面将讨论的 LC 振荡电路。

例 7-1 试分析图 7-9 所示用分立元件组成的电路是否可能组成 RC 桥式振荡电路？若能，相关电路参数应满足什么条件？

解：图 7-9 所示电路为两级共射组态放大电路，为同相放大电路。R_f、R_{e1} 构成级间电压串联负反馈，其负反馈电压放大倍数 $A = A_{uf} = 1 + R_f/R_{e1}$。由于电压串联负反馈使输入电阻 R_{if} 增大，若满足 $R_{if} >> R$，则可忽略 R_{if} 对 RC 并联电路的影响，因此，对频率 $f_0 = 1/(2\pi RC)$ 而言，RC 串并联电路组成正反馈电路，其电压反馈系数为 $F = F_u = 1/3$。

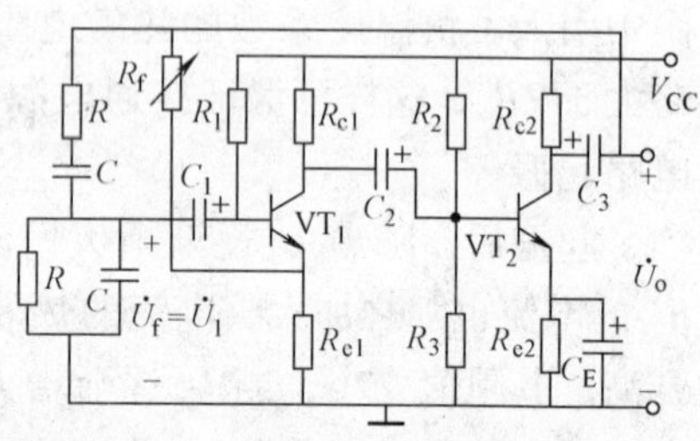

图 7-9 分立元件组成的反馈电路

当 $R_f > 2R_{e1}$ 时，$A = A_{uf} > 3$，则 $AF > 1$，满足起振的振幅条件，电路可以自激振荡。当然，电路中还应引入限幅电路。若引入热敏电阻作为限幅电路，如何引入？选正温度系数还是负温度系数？请读者思考。

7.1.3 LC 正弦波振荡电路

LC 正弦波振荡电路是指选频网络由 LC 谐振电路构成的振荡电路。LC 正弦波振荡电路的组成原理与 RC 正弦波振荡电路相似，同样包含有放大电路、正反馈网络、选频网络和稳幅电路等四个部分。选频网络一般运用 LC 并联谐振电路。由于 LC 正弦波振荡电路的振荡频率较高（一般在几百千赫至几百兆赫），放大电路以分立元件电路较多（一般集成运放高频特性较差，不能满足实际要求），所以，下面主要讨论分立元件 LC 正弦波振荡电路。

考虑到 LC 振荡电路的特性在先修课程“电路理论”中已详细讨论，本节从应用的角度只对 LC 振荡电路的频率特性作一简单归纳。

1. LC 并联谐振电路的频率特性

实际中，LC 正弦波振荡电路中的选频网络多采用如图 7-10 所示的 LC 并联谐振电路。

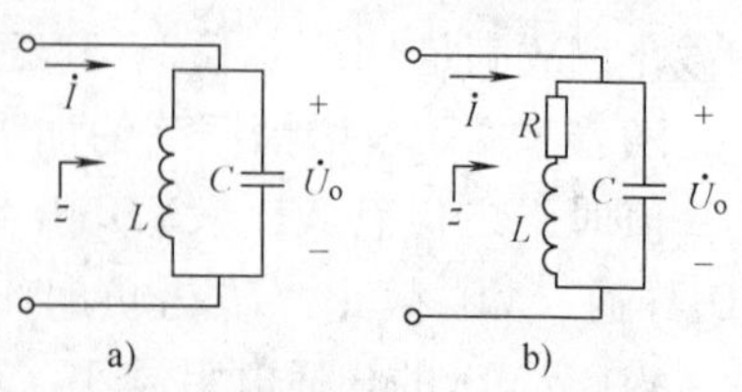

图 7-10 LC 并联谐振电路

a) 无损耗理想情形 b) 有损耗实际情形

(1) 无损耗理想情形

图 7-10a 为 LC 回路无损耗时的理想情形，谐振频率为

$$f_0=\frac{1}{2\pi\sqrt{LC}}$$

当 $f<f_0$ 时，感抗值小于容抗值，电路呈感性。

当 $f>f_0$ 时，感抗值大于容抗值，电路呈容性。

当 $f=f_0$ 时，电路呈纯阻性，且谐振阻抗 $Z\rightarrow\infty$ 。此时电路发生电流谐振，电感储存的磁场能与电容储存的电场能相互转换，电路产生振荡将持续进行（因无损耗）下去。

(2) 有损耗实际情形

实际中的 LC 回路总是有损耗的，图 7-10b 为 LC 回路有损耗电阻 R（电感自身的和外接负载的总等效串联损耗电阻）时的实际情形。电路导纳为

$$Y=\mathrm{j}\omega C+\frac{1}{R+\mathrm{j}\omega L}=\frac{R}{R^2+(\omega L)^2}+\mathrm{j}\left[\omega C-\frac{\omega L}{R^2+(\omega L)^2}\right] \tag{7-11}$$

设电路谐振角频率为 ω_0，当电路发生谐振时，电路呈纯电导，即式（7-11）虚部必然为 0，由此求出谐振角频率为

$$\omega_0=\frac{1}{\sqrt{1+\left(\frac{R}{\omega_0 L}\right)^2}}\frac{1}{\sqrt{LC}}=\frac{1}{\sqrt{1+\frac{1}{Q^2}}}\frac{1}{\sqrt{LC}} \tag{7-12}$$

式中，Q 为品质因数，它的值为

$$Q=\frac{\omega_0 L}{R} \tag{7-13}$$

实际中，通常满足 $Q\gg1$，一般值在几十至一二百，所以

$$\omega_0\approx\frac{1}{\sqrt{LC}} \tag{7-14}$$

或

$$f_0\approx\frac{1}{2\pi\sqrt{LC}} \tag{7-15}$$

将式（7-14）代入式（7-13），可得

$$Q\approx\frac{1}{R}\sqrt{\frac{L}{C}} \tag{7-16}$$

在谐振频率一定时，回路损耗电阻 R 和电容 C 越小，电感 L 越大，品质因数 Q 越大，电路的频率选择性越好。进一步分析表明，LC 并联谐振电路品质因数 Q 越大，LC 正弦波振荡电路的振荡频率越稳定。对于一个实际 LC 正弦波振荡电路，总是希望其振荡频率很稳定，因此，设计一个实际 LC 正弦波振荡电路时，LC 并联谐振电路的品质因数 Q 应设计得尽可能大些。

当 $f=f_0$ 时，回路呈现纯阻，且阻抗 $|Z|$ 达到最大值 Z_o 为

$$Z_o=\frac{1}{Y_o}=\frac{R^2+(\omega_0 L)^2}{R}=R+Q^2R\approx Q^2R \tag{7-17}$$

考虑到式（7-13），式（7-17）可表为

$$Z_o\approx Q\omega_0 L\approx Q/\omega_0 C \tag{7-18}$$

谐振时，设总电流数值为 I_o，则端电压 U_o 的数值为

$$U_o \approx I_o Z_o \approx I_o Q\omega_0 L \approx I_o Q/\omega_0 C = I_L \omega_0 L \approx I_C/\omega_0 C \tag{7-19}$$

式中，$I_L = I_C = QI_o$，I_L、I_C 分别为并联电路谐振时流过电感 L 和电容 C 中的电流。可见，LC 并联电路谐振时，支路电流 I_L、I_C 是总电流 I_o 的 Q 倍（Q 为几十至一二百），这是 LC 并联电路特有的现象（需要注意，$\dot{I}_C$ 与 $\dot{I}_L$ 之间有接近180°的相位差），故 LC 并联电路谐振称为电流谐振。

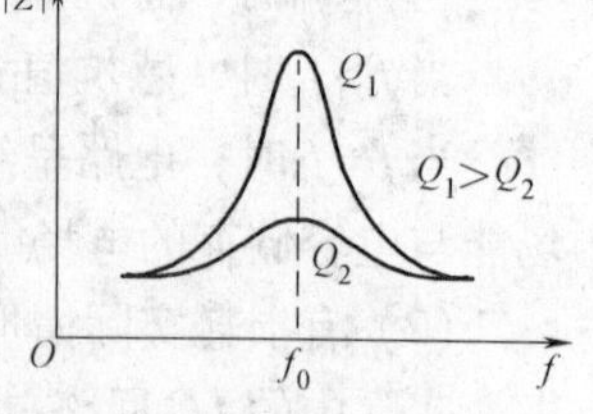

图 7-11　LC 并联谐振电路阻抗幅频特性

由式（7-11）可知，阻抗 $Z = 1/Y$ 是频率的函数，阻抗的模 $|Z|$ 与频率关系曲线如图 7-11 所示。频率升高，电容的容抗减小，旁路作用加强，故 $|Z|$ 随频率升高而减小；反之频率降低，电感的感抗减小，旁路作用加强，故 $|Z|$ 随频率降低而减小。

2. 选频放大电路

图 7-12 是以 LC 并联谐振回路作为共射放大电路集电极负载的选频放大电路，其电压放大倍数为

$$\dot{A}_u = -\beta Z/r_{be}$$

由上述讨论可知，当 $f = f_0 = 1/2\pi\sqrt{LC}$ 时，LC 并联谐振回路阻抗 Z 最大，且呈现纯阻，无附加相移，故电压放大倍数的绝对值最大；当 $f \neq f_0$ 时，LC 并联谐振回路阻抗 Z 的值减小（且呈现电抗特性），电压放大倍数绝对值减小，且有附加相移。电路对不同频率的信号具有不同的放大特性，故称之为选频放大电路。假如在图 7-12 所示电路基础上引入正反馈，并满足振幅条件，则电路就变成为 LC 正弦波振荡电路。

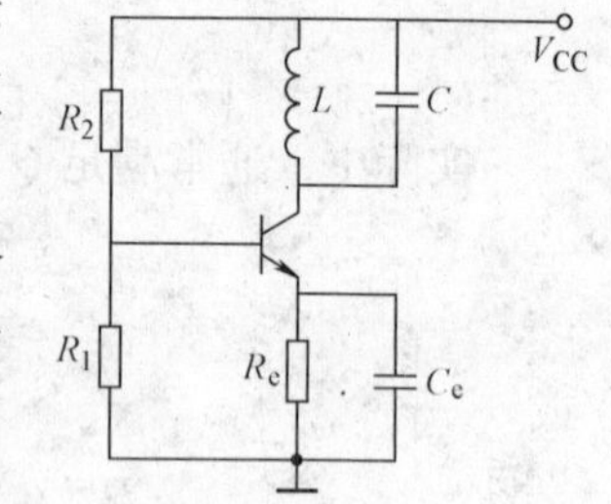

图 7-12　LC 选频放大电路

根据引入正反馈的具体电路形式的不同，LC 正弦波振荡电路又可分为变压器反馈式、电感反馈式（电感三点式）和电容反馈式（电容三点式）三种基本电路。振荡电路中基本放大电路可以是共射（或共源）放大电路，也可以是共基放大电路。由于晶体管共基组态比共射组态的高频特性好，所以在要求振荡频率较高的情形下，采用共基放大电路。

3. 变压器反馈式 LC 振荡电路

（1）电路的组成

一个实用的变压器反馈式 LC 晶体管振荡电路如图 7-13 所示（也可以用场效应晶体管组成场效应管振荡电路，下同）。图 7-13 所示电路能否组成一个振荡电路，首先要看它是否由放大电路、正反馈电路、选频网络和限幅环节四部分组成。观察电路，可知电路具备上述四个组成部分：

① 图中 R_{b1}、R_{b2}、R_e、C_e、晶体管 VT 等组成共射放大电路；

② LC 并联谐振电路为选频网络，兼作为晶体管的集电极负载；

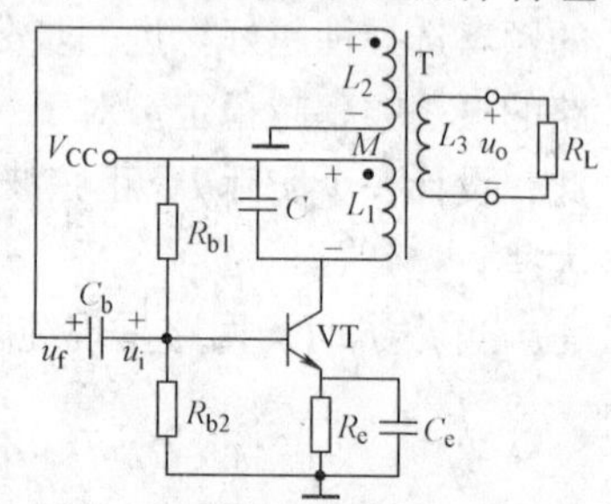

图 7-13　变压器反馈式 LC 正弦振荡电路

③ 线圈 L_2 与选频网络中的电感线圈 L_1 构成反馈网络，通

过两者之间互感 M 相耦合，将反馈信号 u_f 通过耦合电容 C_b 送到晶体管放大电路的输入端作为激励自身的输入信号；

④ 利用晶体管 VT 的非线性实现限幅，其限幅原理为：若电路满足正反馈的起振条件，在刚接通电源的起振阶段，电路产生增幅振荡，电路的动态范围逐渐加大，势必导致晶体管趋近截止区或饱和区，一旦晶体管趋近截止区或饱和区、晶体管的电流放大能力大大减弱，使放大电路的电压放大倍数 A 下降，最终达到 $AF=1$ 的平衡状态。

这里需要说明，LC 晶体管振荡电路利用晶体管的非线性实现限幅，必然使得晶体管集电极电流失真，由数学分析可知，这种失真的集电极电流包含很丰富的频率分量，其中必然包含有等于或接近于 LC 并联谐振电路谐振频率 f_0 的电流分量，该电流分量在 LC 并联谐振电路两端产生频率为 f_0 的正弦波电压。

前已证明，当 LC 选频回路品质因数 $Q \gg 1$ 时，图 7-13 所示电路振荡频率近似为

$$f_0 \approx 1/2\pi\sqrt{L_1C} \tag{7-20}$$

综上所述，晶体管 LC 振荡电路是利用晶体管的非线性实现限幅，因而一般不需另外引入限幅电路。利用晶体管的非线性实现限幅，虽然晶体管集电极电流发生失真，但由于 LC 并联谐振电路的选频特性，输出的电压（频率为 f_0）却基本不会失真。

（2）电路满足正反馈相位条件的判断

用瞬时极性法判断电路是否满足正反馈相位条件，首先，要弄清放大电路组态，若为共射组态，则 $\varphi_A=\pi$；若为共基组态，则 $\varphi_A=0$。其次，根据具体反馈电路确定 φ_F。然后，看是否满足 $\varphi_A+\varphi_F=2n\pi$（$n$ 为整数），若满足，为正反馈，有可能振荡；否则，不可能振荡。

对于 LC 振荡电路（包括晶体管、场效应晶体管、集成运放等组成的电路），在用瞬时极性法判断电路是否满足正反馈相位条件时，将 LC 并联谐振电路视为一个较大的纯阻，这是因为，LC 振荡电路的振荡频率就是 LC 选频电路的谐振频率，即 LC 并联电路总是处在谐振状态（呈纯阻）。

对图 7-13 所示电路，若将 LC 并联电路视为一个较大的纯阻，则共射电路为反相放大电路。下面用瞬时极性法判断电路是否满足正反馈相位条件。如图所示，假设在输入端加一频率为 f_0，瞬时极性为正极性（对“地”而言，下同）的交流电压 u_i，极性用“+”表示，则集电极交流电压 u_c 对“地”为“-”（需要注意，V_{CC} 对交流而言相当于“地端”），故 $\varphi_A=\pi$。另一方面，根据反馈线圈 L_2 与电感线圈 L_1 所标“同名端”可知，L_2 两端的电压 u_f 为上“+”下“-”，u_f 的极性与假设 u_i 的极性相同（u_f 对“地”言为“+”，$\varphi_F=\pi$），故对频率为 f_0 的信号而言，满足正反馈的相位条件：$\varphi_A+\varphi_F=2\pi$。而对 $f\neq f_0$ 的所有频率成分而言，LC 并联电路呈电抗（感抗或容抗）特性，将产生附加相移 φ（$-90°<\varphi<90°$，且 $\varphi\neq 0$），则信号经反馈环总的相移为：$\varphi_A+\varphi_F+\varphi=2\pi+\varphi\neq 2n\pi$，即对 $f\neq f_0$ 的所有频率成分而言，均不满足正反馈相位条件。因此，图 7-13 所示电路若振荡，只可能产生振荡频率为 LC 并联电路固有频率 f_0 的正弦振荡，而不会产生 $f\neq f_0$ 的正弦振荡。

显然，若交换反馈线圈 L_2（或 L_1）的两个线头，可使反馈极性发生变化，即对频率 f_0 而言，正反馈变为负反馈。

调整反馈线圈 L_2 与 L_1 的匝数比可以改变反馈信号 u_f 的大小，使电路满足正反馈的幅度起振条件 $AF>1$，接通电源后，电路就可自激振荡。

起振阶段为增幅振荡，要求后一次反馈电压 u_{fn} 大于本次反馈电压 $u_{f(n-1)}$，即应满足

$u_{fn}/u_{f(n-1)}>1$，可以证明[1]电路的起振条件为

$$\beta > r_{be}/(\omega_0 MQ) \tag{7-21}$$

可见，互感 M 和品质因数 Q 越大，晶体管电流放大系数 β 可以选得小些。

变压器反馈式 LC 振荡电路的优点是容易振荡；缺点是反馈电压是靠变压器一、二次侧（即原、倒边、本书中统一采用一、二次侧表述）磁路耦合，耦合不紧密，损耗较大，振荡频率稳定性不高。

4. 电感三点（端）式 *LC* 振荡电路

（1）电路的组成及工作原理

图 7-13 所示变压器反馈式振荡电路的主要缺点是一次绕组（L_1）和二次绕组（L_2）磁耦合不够紧密，为克服这一缺点，实际中常将一次绕组和二次绕组合并为一个线圈在中间抽头，即组成如图 7-14 所示的电感反馈式振荡电路。图 7-14a 所示电路中，电感 L_1 和 L_2 是一个线圈，② 端是中间抽头。为了保证电路满足正反馈相位条件，电路采用共基组态的同相放大电路（需要注意，电容 C_b、C_e 对交流信号均视为短路）。因此，运用瞬时极性法判断电路是否满足正反馈相位条件时，假设的输入信号 u_i 应从发射极输入。现假设在发射极加入频率为 f_0（为 LC 并联谐振回路的谐振频率，下同）的正极性输入信号 u_i，由于共基组态为同相放大电路，所以，电感 L_1、L_2 线圈上的瞬时电压极性如图中所示。L_2 上的电压为反馈到发射极和地端之间的电压 u_f，其极性对地（V_{CC} 端为交流地端）为正，与假设输入信号 u_i 相位相同，所以满足正反馈的相位条件（$\varphi_A+\varphi_F=0$）。只要适当选择电感中间抽头的位置（即适当选择电感①、②两端之间的匝数），就可满足 $AF>1$ 起振的振幅条件，电路就可以产生自激正弦振荡。对交流信号而言，图 7-14a 所示电路中电感的三个端子与晶体管三个电极相连，故这种电路称为电感三点（端）式 LC 振荡电路。

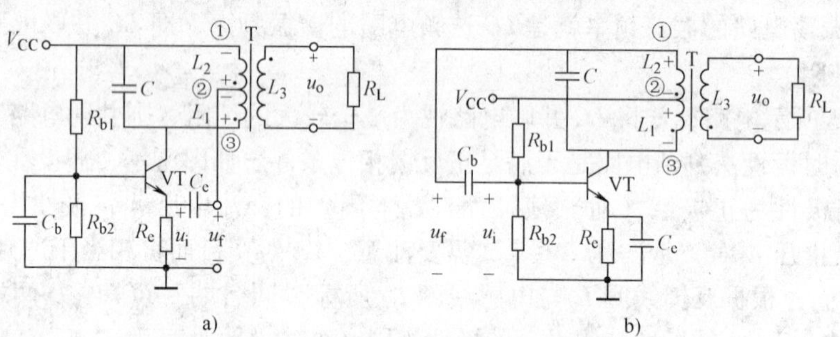

图 7-14　电感三点式 LC 振荡电路

a）共基极组态　b）共发射极组态

图 7-14b 为共发射极组态的电感三点式 LC 振荡电路（需要注意，大电容 C_b、C_e 对交流信号均视为短路），假设在基极加入频率为 f_0 的正极性输入信号 u_i，由于共发射极组态为反相放大电路，所以，电感 L_1、L_2 线圈上的瞬时电压极性如图所示。L_2 上的电压为反馈到基极输入端的电压 u_f，其极性对地（V_{CC} 端为交流地端）为正，与假设输入信号 u_i 相位相同，所以满足正反馈的相位条件（$\varphi_A+\varphi_F=2\pi$）。只要适当选择电感中间抽头的位置（即适当选择电感①、②两端之间的匝数），就可满足 $AF>1$ 的起振的振幅条件，接通电源后电路就能产生正弦振荡。

（2）三点（端）式 LC 振荡电路组成的一般原则

仔细观察图 7-14 所示电路可发现，对交流而言，与晶体管发射极相连的为同性质的电抗元件（为电感 L_1、L_2），与晶体管基极相连的为相反性质的电抗元件，一边为电感 L_2、一边为电容 C。只要 LC 选频网络中电抗元件与晶体管各电极采用这种连接方式，电路就一定满足正反馈相位条件，这是组成三点（端）式 LC 振荡电路的一般原则，简称“射同基反”的原则。换句话说，这一原则是三点（端）式 LC 振荡电路满足正反馈的必要条件。对场效应晶体管振荡电路而言，是“源同栅反”；对集成运放振荡电路而言，是“同相输入端同、反相输入端反”。

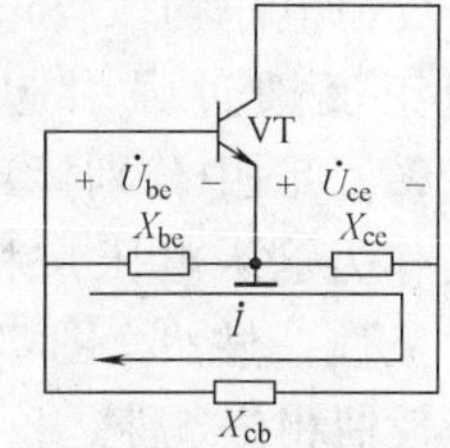

图 7-15　三点式振荡电路满足正反馈示意图

三点（端）式 LC 振荡电路组成正反馈的一般原则还可通过下面交流电路进一步说明。图 7-15 所示共射电路为三点式 LC 振荡电路满足正反馈的示意图，电抗 X_{be}、X_{ce}、X_{cb} 组成 LC 并联谐振回路。图中标出 LC 并联谐振回路瞬时电流的参考极性。由于共发射极组态为反相放大电路，对“地”而言，要满足 $\dot{U}_{ce}$ 与 $\dot{U}_{be}$ 反相，X_{be} 与 X_{ce} 必为同性质的电抗（同为感抗或同为容抗）。又因为 LC 回路谐振时，必然满足

$$X_{be}+X_{ce}+X_{cb}=0 \tag{7-22}$$

所以有

$$X_{cb}=-(X_{be}+X_{ce}) \tag{7-23}$$

可见，X_{cb} 与 X_{be}（或 X_{ce}）必为相反性质的电抗，即 X_{be} 和 X_{ce} 同为感抗（或容抗）时，则 X_{cb} 必为容抗（或感抗），故电路组成电感（或电容）三点式振荡电路。

（3）电路振荡频率

对于图 7-14 所示电路，品质因数 Q 一般为几十，若 L_1 与 L_2 间的互感为 M，则电路的振荡频率为

$$f_0\approx\frac{1}{2\pi\sqrt{(L_1+L_2+2M)C}} \tag{7-24}$$

图 7-14b 所示电路电压反馈系数的数值为

$$F=U_f/U_o\approx(L_2+M)/(L_1+M)\approx N_2/N_1$$

式中，N_1，N_2 分别为 L_1 与 L_2 的匝数。

可以证明[1]，图 7-14b 所示电路的起振条件为

$$\beta>(L_1+M)r_{be}/(L_2+M)R_L'$$

式中，R_L' 为晶体管集电极总等效交流负载电阻。R_L' 如何计算，请读者思考。

电感三点式振荡电路 L_1 与 L_2 之间耦合很紧，容易振荡；当电容 C 采用可变电容时，可获得调节范围较宽的振荡频率，最高振荡频率可达几十兆赫。而且，改变电容 C 的容量并不改变电路的电压反馈系数 F，这是因为电压反馈系数 F 取决于 L_2 与 L_1 之间的匝数比。

由于电感三点（端）式 LC 振荡电路反馈电压取自电感上的电压，电感对高次谐波（相对 f_0 而言）阻抗大、反馈更强，使得输出电压常含有一定的谐波分量（不可能完会滤除干净），输出波形有一定的失真。电感三点式振荡电路通常应用在对波形失真要求不是很高的场合。

5. 电容三点（端）式 LC 振荡电路

（1）电路的组成及工作原理

如上所述，电感三点（端）式 LC 振荡电路由于输出电压常含有一定的谐波分量使得输出电压波形有一定的失真，为解决这一问题，可采用图 7-16a、b 所示的电容三点（端）式 LC 振荡电路。图 7-16a、b 所示电路分别为共发射极组态和共基极组态电路，反馈电压均取自电容 C_2 两端，为了避免正反馈过强引起失真，一般满足 $C_2 \gg C_1$。图中分别标出了输入端反馈电压（作为输入电压）和输出电压的实际瞬时极性，显然，图 7-16 所示电路均满足正反馈相位条件。

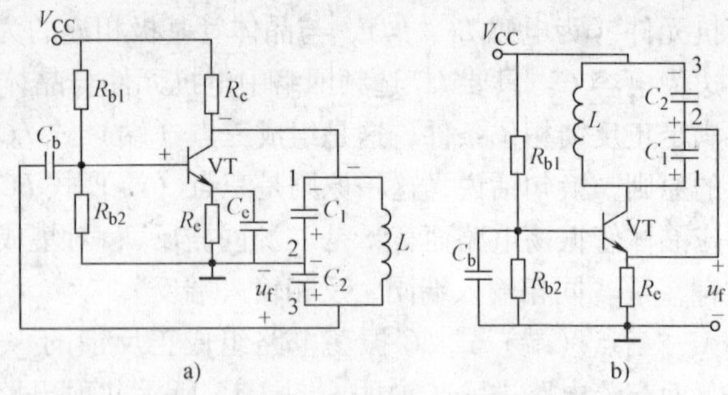

图 7-16 电容三点式振荡电路

a）共发射极组态电路 b）共基极组态电路

图 7-16 所示电路中，C_b、C_e 对交流均可视为短路，按照三点（端）式 LC 振荡电路“射同基反”的组成原则，也可断定图 7-16 所示两电路均满足正反馈相位条件。

由于一般满足 $C_2 \gg C_1$，图 7-16 所示两电路的电压反馈系数为

$$F = U_f / U_o \approx C_1 / C_2 \tag{7-25}$$

可见，调整 C_1、C_2 的比值关系，可改变电路电压反馈系数。

可以证明[1]，图 7-16a 所示电路的起振条件为

$$\beta > \frac{C_2 r_{be}}{C_1 R_L'} \tag{7-26}$$

式中，R_L' 为放大电路集电极总交流等效负载电阻。

对交流而言，图 7-16 所示电路 LC 选频网络中电容 C_1、C_2 三个引出端子分别与晶体管三个电极相连，故称之为电容三点（端）式 LC 振荡电路。

（2）电路振荡频率

一般情形下，L、C_1、C_2 选频回路的品质因数为几十，图 7-16 所示电路的振荡频率为

$$f_0 \approx \frac{1}{2\pi\sqrt{L\dfrac{C_1 C_2}{C_1 + C_2}}} \tag{7-27}$$

电容三点（端）式 LC 振荡电路反馈电压取自电容上的电压，电容对高次谐波（相对 f_0 而言）阻抗小、反馈更弱，使得输出电压含有的谐波分量很小，输出电压波形比电感三点（端）式 LC 振荡电路要好得多。电容三点式振荡电路通常应用在对波形失真要求较高的场合。

由于晶体管共基截止频率 $f_\alpha \gg f_\beta$（f_β 为晶体管共射截止频率），即晶体管共基组态高频特性要比共射组态高频特性好得多。因此，在振荡频率很高时，例如在 100MHz 以上时，通常采用图 7-16b 所示的共基极组态电路。

7.1.4 LC 正弦波振荡电路设计

严格来讲，LC 正弦振荡电路达到稳态后工作在非线性区，难以对电路进行较为准确的分析计算，所以一般工程设计只能是比较粗略的，满足实际要求的 LC 振荡电路最终需要由实际测试和实验调整完成。

下面介绍 LC 正弦波振荡电路设计的一般原则。

（1）晶体管的选择

一般的小功率振荡器只要求晶体管在给定的振荡频率下能可靠稳定地工作。器件手册中给出的最高振荡频率 f_{max} 是指晶体管的功率增益等于 1 的上限频率，即晶体管工作在 f_{max} 时，输出功率等于输入功率。振荡器工作时，不仅要经反馈回路向晶体管输入端馈送功率，还要给负载输出功率；此外，谐振电路自身也要消耗一部分交流功率。晶体管输出功率仅仅等于晶体管输入功率是不够的，因此，振荡器振荡频率应满足 $f_0 < f_{max}$，以保证带负载后仍能维持振荡，一般选 $f_0 < f_{max}/3$ 为宜（具体选择视电路带负载情况而定）。

如果器件手册中给出的是共基极截止频率 f_α，可由下式求得 f_{max}：

$$f_{max} = \sqrt{\frac{f_\alpha}{8\pi r_b C_c}}$$

式中，r_b 为基区体电阻，C_c 为集电结电容，手册中都可查到。

（2）电路的选择

图 7-13、图 7-14、图 7-16 分别为变压器反馈式、电感三点式、电容三点式 LC 振荡电路。设计时选哪一种电路具有一定灵活性。从更容易起振考虑，宜选图 7-14、图 7-16 电路。从振荡频率考虑，频率不很高（几百千赫至十几兆赫）时，一般选共射组态电路；频率很高（十几至几百兆赫）时，一般选共基组态电路。从波形失真方面考虑，对波形要求不很高时，可选电感三点式电路；对波形要求较高时，可选电容三点式电路。

（3）静态工作点的设置

若要电路容易起振，应使静态工作点设置在晶体管电流放大系数 β 较大的区域内，即静态集电极电流 I_C 应适当大些。

由于 LC 振荡电路中没有其他非线性元件，振荡电路振幅的稳定是通过晶体管的非线性实现的。因此，振荡电路由起振到达稳态后，可能在一个振荡周期内的某些时间段内晶体管工作在非线性区域内（一段时间可能趋近饱和区，或者一段时间可能趋近截止区）。当晶体管趋近饱和区时，晶体管集-射极间相当于一个很小的电阻并联在 LC 谐振电路两端，这段时间内，LC 谐振电路的 Q 值很小，LC 谐振电路选频特性变差，使 LC 谐振电路两端电压波形不能保持良好的正弦波而严重失真；当晶体管趋近截止区时，晶体管集-射极间相当于一个很大的电阻并联在 LC 谐振电路两端，基本不影响电路的谐振波形。因此，从获得较好波形的角度考虑，希望晶体管的静态集电极电流 I_C 应适当小些（靠近截止区一些），稳幅作用靠晶体管截止区的非线性实现。

综上所述可知，电路容易起振要求晶体管的静态集电极电流 I_C 适当大些；振荡波形好（失真小）则要求晶体管的静态集电极电流 I_C 适当小些，设计时应综合考虑。由于 LC 振荡电路起振条件一般比较容易满足，因此设计时，应在保证波形好的前提下，适当考虑起振条件。对于小功率（输出功率为几十毫瓦）振荡电路，设计时，晶体管的静态集电极电流 I_C 一般取 1 ~ 2mA。

（4）LC 谐振电路参数的确定

谐振电路参数 L、C 的确定主要根据振荡频率公式。但振荡频率公式只能确定 L 与 C 的乘积，具体如何分配还需综合考虑品质因数 $Q = \sqrt{L/C}/R$（R 为与电感 L 相串联的包括负载在内的总等效损耗电阻），L 适当取大些可提高 Q 值，Q 值高可提高输出电压幅度和电路带负载的能力，这显然是有利的一面。但 L 也不能取得过大，否则电容 C 必然取得很小，晶体管极间电容影响和接线分布电容的影响将十分明显，导致振荡频率很不稳定。设计时，可先确定 R（由负载功率折算）和 Q（一般取几十），由 $\sqrt{L/C}=QR$ 和谐振频率 $f_0=1/2\pi\sqrt{LC}$ 可确定 L、C 的取值。

7.1.5 石英晶体正弦波振荡电路

1. 振荡电路频率稳定的问题

在实际应用中，总是希望振荡电路频率很稳定。例如，实验用的高、低频信号发生器，总是要求其中振荡电路有很高的频率稳定度；又如，无线电通信系统中发射机的载波振荡器要求其产生的信号频率很稳定，否则，将使接收机不能稳定可靠地接收信号；再如，数字时钟中的振荡电路频率稳定度决定了其准时程度。可见，振荡电路频率稳定的问题是工程中需要很好解决的一个重要技术问题。

振荡电路通常用频率稳定度来反映其振荡频率稳定的程度。频率稳定度一般用频率相对变化量 $\Delta f/f_0$ 来表示，f_0 为一定条件下实际需要的频率，$\Delta f=f-f_0$ 为相对于 f_0 的频率偏移的绝对变化量。另外，根据实际，有时需要在一定的时间范围内考察其频率稳定度，如一小时、一天、一月、一年等。

影响 LC 振荡电路振荡频率稳定的主要因素是 LC 并联谐振电路的自身参数及其相关参数的变化；另一方面，LC 并联谐振电路的品质因数 Q 对频率稳定度也有较大影响，可以证明，Q 值越大，频率稳定度越高。由式（7-16）可知，为了提高 Q 值，应减小回路损耗电阻 R 和加大 L/C 的比值。但实际中由于多种因素影响，一般的 LC 并联谐振电路 Q 值最高通常也只能达到一二百左右，这就限制 LC 振荡电路振荡频率稳定度的进一步提高（LC 振荡电路振荡频率稳定度一般可做到 10^{-5} 左右）。在要求频率稳定度很高的场合，通常采用下面将要讨论的石英晶体正弦波振荡电路（频率稳定度可高达 $10^{-9}\sim10^{-11}$）。

石英晶体正弦波振荡电路之所以有极高的频率稳定度，主要是其石英晶体选频网络具有极高的 Q 值（高达 $10^4\sim10^6$）。

2. 石英晶体的特性

石英晶体是一种各向异性的二氧化硅（SiO_2）结晶体。从一块石英晶体上按一定的方位角度切下的薄片称之为晶片（可以是方形或圆形等），在晶片两个相对表面上涂敷银层，并焊接引出两个电极，然后用金属（或玻璃）外壳封装就制成了石英晶体元件。其结构示意图及图形符号如图 7-17 所示。

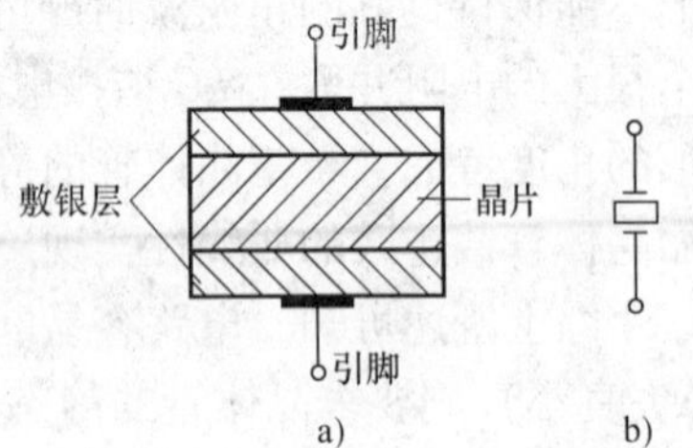

图 7-17 石英晶体结构示意图及其图形符号
a）结构示意图 b）图形符号

1）压电效应与压电谐振

在石英晶体两管脚间加上交流电压（在两相对的敷银层之间产生交变的电场），会使晶体产生一定频率的周期性变化的机械变形（机械振动），而这种周期性变化的机械振动又会在两敷银层之间晶体中产生交变的电场，这种现象称为压电效应。一般情形下，这种机械振动的振幅和交变的电场的振幅都是比较小的。但当外加交变电压的频率与晶片尺寸决定的固有频率相等时，机械振动的振幅和交变的电场的振幅都急剧增大，产生共振，这种现象称为压电谐振。因此，石英晶体又称为石英晶体谐振器。石英晶体的固有频率称为谐振频率。

2）石英晶体等效电路及其电抗-频率特性曲线

① 石英晶体等效电路：理论分析和实际测量表明，在电路中，石英晶体的压电效应对电路的影响可用图 7-18a 所示的等效电路反映。等效电路中电容 C_o 为石英晶体不振动（静态）时，由晶片厚度和敷银层电极面积决定的一个平板等效电容，称为静态电容，其值一般约为几至几十皮法；当晶片在交变电压（电场）作用下发生机械振动时，机械振动的惯性对电路的影响可等效为电感 L，其值约为几毫亨至几十亨；晶片机械振动的弹性对电路的影响可等效为电容 C，其值很小，为 0.01 ~ 0.1pF；晶片弹性机械振动分子间的摩擦损耗等效为一个损耗电阻 R，其值为几十欧。石英晶体的可贵之处在于其很高的惯性质量与弹性的比值（等效于 L/C），因而它的品质因数 Q 可高达 10^4 ~ 10^6。例如，一个 4MHz 的石英晶体的典型参数为：$L = 100\text{mH}$，$C_o = 5\text{pF}$，$C = 0.015\text{pF}$，$R = 100\Omega$，$Q = 25000$。

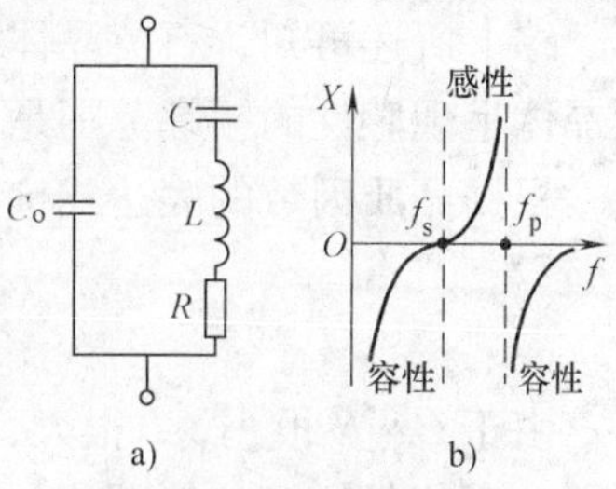

图 7-18　石英晶体等效电路及其电抗-频率特性
a）等效电路　b）电抗-频率特性

② 石英晶体的电抗-频率特性曲线：理论分析和实际测量表明，石英晶体的电抗-频率特性曲线如图 7-18b 所示，对此说明如下。

（a）对图 7-18a 所示等效电路，当频率 f 较低时，C 的容抗数值很大，L 的感抗数值很小，可忽略不计，LC 串联支路为容性，其与 C_o 并联，故电路为容性，其电抗值为容抗（为负值），其电抗－频率特性曲线对应图 7-18b 第四象限左边那段曲线。

（b）当频率 f 由 0 逐渐升高，C 的容抗数值逐渐减小，L 的感抗数值逐渐加大，当频率升高到一个特定频率 f_s 时，C 的容抗数值等于 L 的感抗数值，LC 串联支路发生串联谐振，电抗为 0，如图 7-18b 所示。LC 串联支路串联谐振时阻抗最小且呈纯阻 R，此时，石英晶体阻抗等于 LC 串联支路阻抗（$=R$）与 C_o 容抗并联，由于 $R \ll 1/(\omega_s C_o)$，故当 $f = f_s$ 时，石英晶体阻抗近似等于 R，呈纯阻。f_s 称为石英晶体的串联谐振频率，其表达式为

$$f_s = \frac{1}{2\pi\sqrt{LC}} \tag{7-28}$$

（c）石英晶体串联谐振后，f 由 f_s 逐渐升高的一个很小的频率范围内，LC 串联支路中感抗大于容抗，该支路呈感性，此时，LC 串联支路中等效感抗数值远小于（或小于）C_o 支路容抗数值，因此，在 f 由 f_s 逐渐升高的一个很小的频率范围内，石英晶体整体呈感性，如图 7-18b 所示。

（d）随着 f 继续升高，LC 串联支路的等效感抗数值不断加大，C_o 支路容抗数值不断减小，当 f 升高到某特定频率 f_p 时，LC 串联支路的等效感抗数值等于 C_o 支路容抗数值，图 7-18a 所示等效电路发生并联谐振，石英晶体阻抗很大且呈现纯阻（由于 R 很小，因此阻抗很大），如图 7-18b 所示。f_p 称为石英晶体的并联谐振频率，其表达式为

$$f_p = \frac{1}{2\pi\sqrt{L\dfrac{CC_o}{C+C_o}}} = f_s\sqrt{1+\frac{C}{C_o}} \tag{7-29}$$

由于 $C \ll C_o$，所以 $f_p \approx f_s$。

（e）石英晶体并联谐振后，f 由 f_p 升高，C_o 支路容抗数值小于 LC 串联支路的等效感抗数值，故石英晶体又呈容性，如图 7-18b 所示，即电抗曲线在 f_p 处发生跳变。此后随着 f 继续升高，容抗数值逐渐减小。

综上所述可知，石英晶体只在 $f_s < f < f_p$ 的频率范围内才呈现感性。由于 $f_p \approx f_s$，所以石英晶体呈现感性的频率范围是十分狭窄的。

根据品质因数的表达式

$$Q \approx \frac{1}{R}\sqrt{\frac{L}{C}}$$

由于 C、R 很小，L 很大，故石英晶体的 Q 值高达 $10^4 \sim 10^6$。所以，石英晶体正弦波振荡电路频率稳定度高达 $10^{-9} \sim 10^{-11}$。

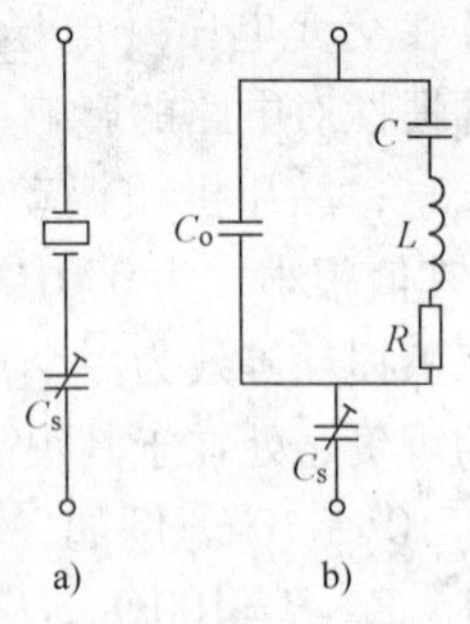

图 7-19　石英晶体串接校正电容的情形
a）实际电路　b）等效电路

通常石英晶体产品所给出的标称频率既不是准确的 f_s，也不是准确的 f_p，而是串接一个小校正电容 C_s 时的振荡频率，C_s 与石英晶体串接后的电路如图 7-19a 所示。利用小可调电容 C_s 可使石英晶体谐振频率在一个小范围内调整以满足实际需要。C_s 的选值应比 C 大。C_s 与石英晶体串接后的等效电路如图 7-19b 所示。由图 7-19b 等效电路的电抗表达式可得，石英晶体串接 C_s 后新的串联谐振频率为

$$f'_s = \frac{1}{2\pi\sqrt{LC}}\sqrt{1+\frac{C}{C_o+C_s}} = f_s\sqrt{1+\frac{C}{C_o+C_s}} \qquad (7\text{-}30)$$

将式（7-30）与式（7-29）相比较可知

$$f_s < f'_s < f_p$$

由式（7-29）、式（7-30）可知，当 $C_s \to 0$ 时，$f'_s = f_p$；当 $C_s \to \infty$ 时，$f'_s = f_s$。可见在实用中微调可变电容 C_s，可使石英晶体串联谐振频率 f'_s 在 f_s 与 f_p 之间一个很小的频率范围内变动，以此微调石英晶体串联谐振频率，以满足实际之需要。

3. 石英晶体正弦波振荡电路

利用石英晶体作为选频网络的正弦波振荡电路称之为石英晶体正弦波振荡电路。根据石英晶体工作特性不同，又分为并联型和串联型正弦波振荡电路。对于并联型电路，分析时将石英晶体视为一个等效电感，它与外接电容组成电容三点式振荡电路，工作原理分析与前面讨论的电容三点式 LC 正弦振荡电路类似，所不同的是，电容三点式 LC 正弦振荡电路的振荡频率取决于 LC 振荡电路的谐振频率，而石英晶体正弦波振荡电路的振荡频率取决于石英晶体的谐振频率 $f_s \approx f_p$。对于串联型电路，将石英晶体构成一个正反馈网络，分析的方法是：将石英晶体视为一个短路元件（忽略 R 后），电路只对石英晶体串联谐振频率 f_s 这一个频率分量满足正反馈相位条件，且正反馈最强，而对其他 $f \neq f_s$ 的所有频率分量均不满足正反馈相位条件，因而，串联型石英晶体正弦波振荡电路只能产生频率为 f_s 的振荡，而不会产生频率 $f \neq f_s$ 的振荡。

（1）并联型石英晶体正弦波振荡电路

一个典型实用的并联型石英晶体正弦波振荡电路如图 7-20 所示。对该图从相位平衡条件出发分析，其振荡频率必在 f_s 与 f_p 之间，即电容 C_s 与石英晶体支路可视为一个等效电感

L_{eq}，因此，图 7-20 所示电路属于电容三点式正弦波振荡电路。实际中，满足 $C_1 >> C_s$、$C_2 >> C_s$，所以，图 7-20 所示电路振荡频率是电容 C_s 与石英晶体支路的谐振频率，由式（7-30）决定。由于石英晶体等效电感 L 很大（可高达几十亨），晶体的弹性等效电容 C 又很小（仅为 0.01 ~ 0.1pF），而损耗电阻 R 又为几十欧，因此，其 Q 值极高（达 $10^4 \sim 10^6$），故石英晶体正弦波振荡电路振荡频率稳定度很高（可达 $10^{-9} \sim 10^{-11}$）。因此，实际中，当要求振荡频率稳定度很高时，均采用石英晶体正弦波振荡电路。石英晶体的高 Q 值使得其具有极好的选频特性是其他选频网络无法比拟的。

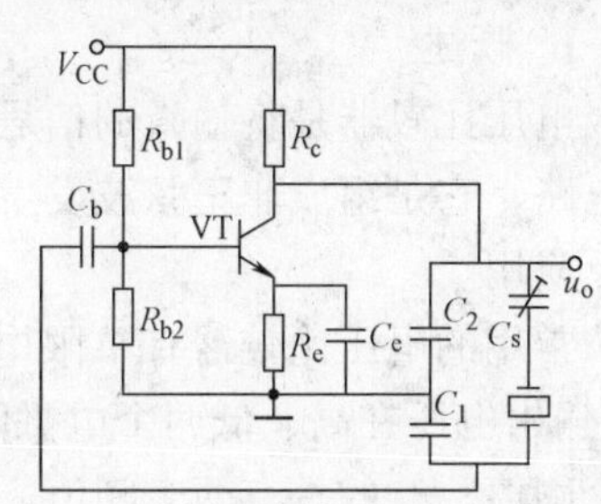

图 7-20　并联型石英晶体振荡电路

（2）串联型石英晶体正弦波振荡电路

一个典型实用的串联型石英晶体正弦波振荡电路如图 7-21 所示。电容 C_b 对交流视为短路。VT_1 放大电路为共基极放大电路，VT_2 放大电路为共集电极放大电路，所以，图 7-21 所示两级放大电路为同相放大电路（VT_1 的发射极为输入端，VT_2 的发射极为输出端），相移 $\varphi_A = 0$。

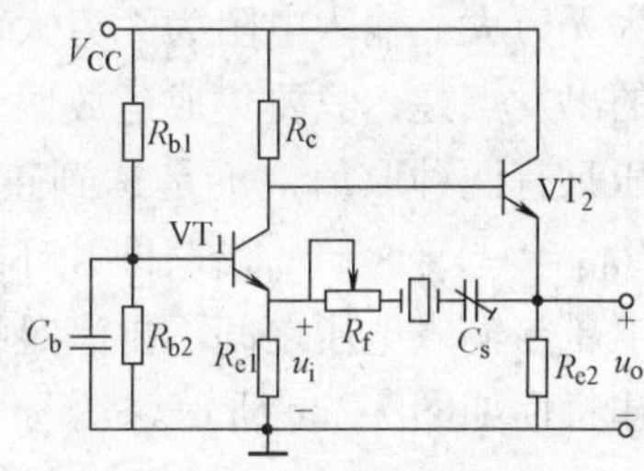

图 7-21　串联型石英晶体振荡电路

石英晶体、C_s、R_f 串联电路为反馈电路，对于该支路串联谐振频率 f'_s（由式（7-30）决定）而言，石英晶体、C_s、R_f 串联电路组成的反馈电路表现为纯阻，则反馈信号 $u_f = u_i$ 与 u_o 同相，故有 $\varphi_F = 0$。而对于其他 $f \neq f'_s$ 的所有频率分量而言，石英晶体、C_s、R_f 串联电路组成的反馈电路表现为电抗特性，$\varphi_F \neq 0$，故图 7-21 所示的两级放大电路只对频率 $f = f'_s$ 的分量而言满足正反馈相位条件（$\varphi_A + \varphi_F = 0$），而对于其他 $f \neq f'_s$ 的所有频率分量而言，$\varphi_A + \varphi_F \neq 2n\pi$（$n$ 为 0 和正整数），均不满足正反馈相位条件，因而，串联型石英晶体正弦波振荡电路只能产生振荡频率为 f'_0 的振荡，而不会产生频率 $f \neq f'_s$ 的振荡。

用瞬时极性法分析图 7-21 所示的两级放大电路也可得出上述相同结论（图中对频率 f'_s 而言，标出的 $u_f = u_i$ 与 u_o 的实际瞬时极性相同，故对频率 f'_s 信号而言为正反馈）。改变 C_s 可微调振荡频率，调整 R_f 可改变正反馈强度，使电路既满足正反馈振幅条件，又保证电路不致于正反馈太强而使信号失真。为使电路输出信号不失真（或信号失真很小），R_f 应选热敏电阻（选正温度系数还是负温度系数，请读者思考）作为限幅电路。

7.2　非正弦波发生电路

非正弦波发生电路是电子技术中应用十分广泛的电路。本节涉及的非正弦波发生电路主要包括方波、矩形波、三角波和锯齿波等电路。在频率不太高的情形下，目前，大多运用集成运放电路组成非正弦波发生电路。本节主要讨论由集成运放电路组成的非正弦波发生电路，其核心电路是集成运放组成的电压比较器。下面首先讨论电压比较器的工作原理。

7.2.1 电压比较器

1. 概述

电压比较器是将输入的信号电压与一个已知的基准电压（或参考电压）进行幅值比较的电路，它是组成非正弦波发生电路的核心单元，在电子测量、仪器仪表、自动控制中有着广泛应用。

常用的电压比较器有单限电压比较器、窗口比较器和滞回比较器。这些比较器的阈值（使输出电压在高、低两个电平间发生跳变时对应的输入电压值）一般是固定的，有的只有一个阈值，有的具有两个阈值。

实际中，电压比较器多采用集成运放，且电压比较器中的集成运放是工作在开环或正反馈的状态，分别如图 7-22a、b 所示。分析时可将集成运放视为理想状态：差模电压放大倍数为无穷大、输入电阻为无穷大、输出电阻为0，且不考虑温漂影响。因此，电压比较器分析的出发点是，只要集成运放两个输入端之间加无穷小（趋近于0）的差值电压，那么输出电压只有两种取值，不是达到正的最大值 $U_{OH}=U_{OM}=V_{CC}-U_{CES}$，就是负的最大值 $U_{OL}=-U_{OM}=-V_{CC}+|U_{CES}|$，即开环或正反馈的状态下的集成运放总是工作在非线性状态（输出电压与输入电压之间不再满足线性关系）。工作在开环或正反馈的状态下的集成运放电压传输特性如图 7-22c 所示。

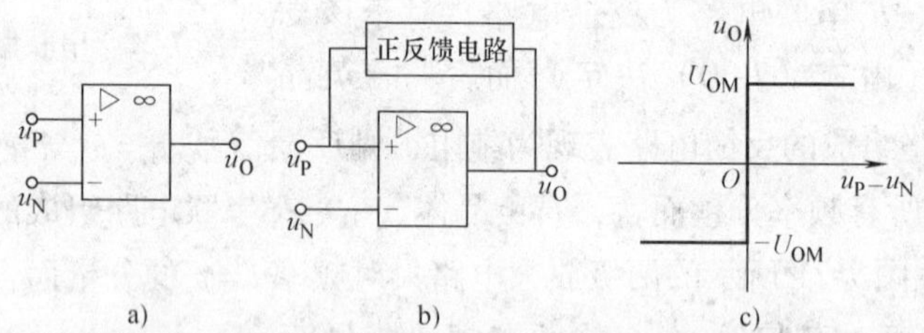

图 7-22　工作在开环和正反馈状态下的集成运放电路及其电压传输特性

a）集成运放开环状态　b）集成运放正反馈状态　c）电压传输特性

这里需要注意：工作在开环或正反馈状态下的集成运放，“虚断”成立，但“虚短”不成立。

设 $U_{OH}=U_{OM}=V_{CC}-U_{CES}$、$U_{OL}=-U_{OM}=-V_{CC}+|U_{CES}|$ 分别为集成运放输出电压的正、负幅值。显然，图 7-22a、b 所示电路，当 $u_P>u_N$时，$u_O=U_{OM}$；当 $u_P<u_N$时，$u_O=-U_{OM}$。

对电压比较器的分析主要抓住如下三个要点：

1）确定电路输出电压 u_O的高电平值 U_{OH}和低电平值 U_{OL}。

2）确定阈值电压值 U_T，输入电压 u_I等于阈值电压值 U_T的时刻，也正是输出电压 u_O发生跳变的时刻。

3）当输入电压 u_I变化经过阈值电压值 U_T时，确定输出电压 u_O跳变的方向：是由 U_{OH}跳变到 U_{OL}，还是由 U_{OL}跳变到 U_{OH}。

2. 单限电压比较器

所谓单限电压比较器是指只有一个阈值的电压比较器。根据基准电压（或参考电压）不同，单限电压比较器又分为过零比较器和一般单限电压比较器。

（1）过零电压比较器

所谓过零电压比较器是指阈值电压 $U_T=0$ 的比较器，实际上它就是有一个输入端接地的工作在开环状态下的集成运放电路。图 7-23a、b 所示电路分别为同相输入过零电压比较器和反相输入过零电压比较器，由于两者的基准电压（或参考电压）为 0，所以，它们的阈值电压 $U_T=0$。由此不难得到同相输入过零电压比较器和反相输入过零电压比较器电压传输特性如图 7-23c、d 所示。

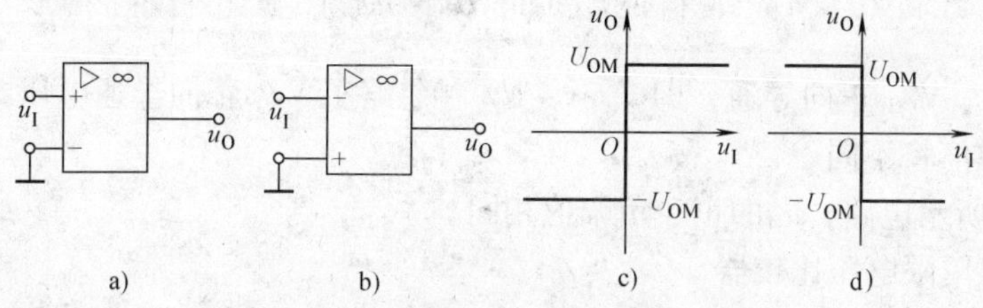

图 7-23　过零电压比较器及其电压传输特性

a）同相输入过零电压比较器　b）反相输入过零电压比较器

c）同相输入过零电压比较器的传输特性　d）反相输入过零电压比较器的传输特性

为了保护集成运放输入级不致因差模电压过大而损坏，可在输入级并接两个反向并联的二极管 VD_1、VD_2 作为双向限幅电路，如图 7-24 所示。当输入电压 u_I 的绝对值小于二极管导通电压时，二极管 VD_1、VD_2 均处在截止状态，对电路毫无影响；另外，由于集成运放输入电阻很大，输入电流 $i_P=i_N\approx0$，保护电路限流电阻 R 上的电压为 0。因此，输入电压 u_I 的绝对值小于二极管导通电压时，二极管 VD_1、VD_2 及限流电阻 R 均对电路毫无影响。

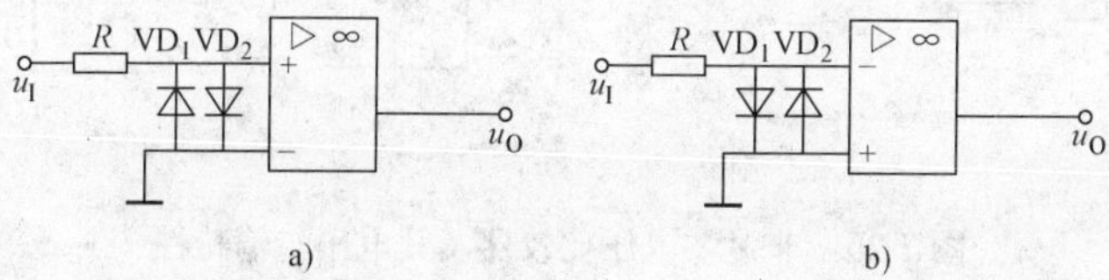

图 7-24　过零电压比较器输入级二极管双向限幅保护电路

a）同相输入情形　b）反相输入情形

当输入电压 u_I 的绝对值大于二极管导通电压时，二极管 VD_1、VD_2 分别在 u_I 正、负半周一段时间内导通，这样就使得同相输入端与反相输入端之间电压幅值电压不会超出 $\pm U_D$ 的范围（U_D 为二极管的导通电压），从而避免了集成运放不致于因差模输入电压 u_I 过大而使集成运放输入级差分电路截止晶体管发射结反向电压过大而击穿损坏。

实际中，若要求输出电压很稳定且幅值小于 U_{OM}，可在电压比较器的输出端加稳压二极管限幅电路，以获得满足实际幅值需要的输出电压，电路如图 7-25 所示。图中 R 为限流电阻。

对于图 7-25 所示的两个电路，集成运放输出电压 u_O' 的幅值均应满足：$|U_{OM}|>|U_Z|$（U_Z 为稳压二极管的稳压值）。

对图 7-25a 所示电路，当 u_O' 为正幅值时，稳压二极管 VZ_1 反向击穿、VZ_2 正向导通，输出电压 u_O 为 VZ_1 的稳压值 U_{Z1}，即 $u_O\approx U_{Z1}$（忽略了 VZ_2 正向导通电压）；反之，稳压二极

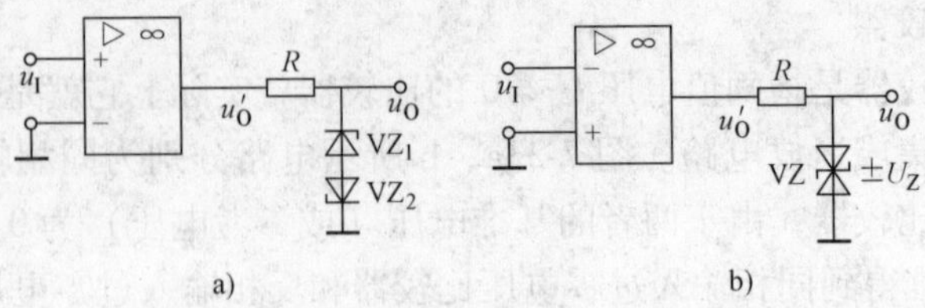

图 7-25 带有输出限幅电路的过零电压比较器

a）两只稳压管稳压值不同的情形 b）双向稳压管正、负稳压值相同的情形

管 VZ_2 反向击穿、VZ_1 正向导通，即 $u_O \approx -U_{Z2}$（忽略了 VZ_1 正向导通电压）；若 $U_{Z1} \neq U_{Z2}$，则 u_O的正、负幅值将不同。

对图 7-25b 所示电路，u_O的正、负幅值相同。

（2）非过零单限电压比较器

所谓非过零电压比较器是指阈值电压 $U_T \neq 0$ 的比较器，实际上它就是给一个工作在开环状态下的集成运放电路设置一不为零的基准电压的电压比较器。图 7-26a 所示电路为一反相输入非过零电压比较器，U_{REF}为设置的基准电压。根据叠加原理，集成运放反相输入端的电位为

$$u_N = \frac{R_1}{R_1 + R_2}u_I + \frac{R_2}{R_1 + R_2}U_{REF}$$

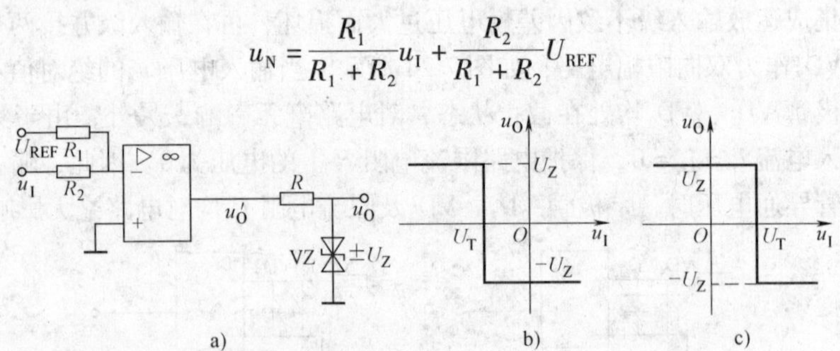

图 7-26 非过零电压比较器及其电压传输特性

a）非过零电压比较器 b）基准电压为正时的电压传输特性 c）基准电压为负时的电压传输特性

当图 7-26a 电路 $u_N = u_P = 0$ 时，输出电压 u_O跳变。所以，令上式等于 0，可求得图 7-26a 所示电路的阈值电压

$$U_T = -\frac{R_2}{R_1}U_{REF} \tag{7-31}$$

下面分两种情形讨论其电压传输特性。

1）基准电压 U_{REF}为正电压的情形

当基准电压 U_{REF} 为正电压时，由式（7-31）可知，阈值电压 U_T必为负电压；又因图 7-26a所示电路为反相输入，所以，其电压传输特性如图 7-26b 所示。

2）基准电压 U_{REF}为负电压的情形

当基准电压 U_{REF} 为负电压时，由式（7-31）可知，阈值电压 U_T必为正电压；又因图 7-26a所示电路为反相输入，所以，其电压传输特性如图 7-26c 所示。

改变基准电压 U_{REF}的极性和数值与 R_1、R_2的大小，就可改变阈值电压 U_T的极性和大小。

例 7-2 试问应用图 7-26a 所示电路能否将正弦信号变为矩形波和方波？若能，电路有

关参数应满足什么条件？

解：所谓矩形波是指在信号一个周期内，高电平持续的时间不等于低电平持续的时间；方波是指在信号一个周期内，高电平持续的时间等于低电平持续的时间。

假设图 7-26a 所示电路基准电压 U_{REF} 应为负电压，根据式（7-31），阈值电压 U_T 为正。由于信号是反相输入，所以，只要正弦输入信号 u_i 小于 U_T，u_O 为高电平；只要正弦输入信号 u_i 大于 U_T，u_O 为低电平；当 $u_i = U_T$ 时，输出电就会发生跳变。因此，正弦输入信号 u_i 和输出信号 u_O 的波形如图 7-27 所示，u_O 为一矩形波。

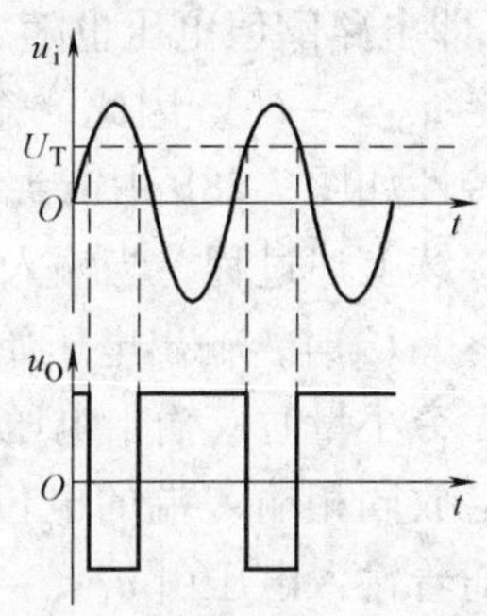

图 7-27　正弦波变矩形波示意图

根据式（7-31），当基准电压 U_{REF} 为确定的负电压时，改变 R_1、R_2 的值，就可以改变输出矩形波 u_O 在一个周期内，高电平和低电平持续的时间。例如，加大 R_2 或减小 R_1，将会使阈值电压 U_T 变大，由图可知，输出矩形波 u_O 在一个周期内，低电平持续的时间变短，高电平持续的时间变长。反之，输出矩形波 u_O 在一个周期内，低电平持续的时间变长，高电平持续的时间变短。

要使输出矩形波 u_O 为一方波，应使阈值电压 $U_T = 0$，根据式（7-31），$U_T = 0$，则意味着图 7-26a 所示电路中 $R_1 \to \infty$，即相当于 R_1 开路，此时，电路就变成了图 7-25b 所示的过零比较器了。因此，过零比较器可将正弦波信号变为方波信号。

同理可讨论基准电压 U_{REF} 应为正，阈值电压 U_T 为负电压时情形。

由以上分析可知，要实现正弦信号变为矩形波，要求图 7-26a 所示电路阈值电压 U_T 的绝对值必须小于正弦输入信号 u_i 的幅值 U_{im}，即满足

$$|U_T| = \frac{R_2}{R_1}|U_{REF}| < U_{im} \tag{7-32}$$

3. 滞回比较器

前面讨论的单限电压比较器抗干扰能力较差，特别是当输入电压处在阈值电压附近时，哪怕是一个很小的干扰信号电压，都将造成比较器输出电压产生不应有的跳变。滞回比较器有很强的抗干扰能力。图 7-28a 为一反相输入的滞回比较器，电阻 R_1、R_2 引入了正反馈。

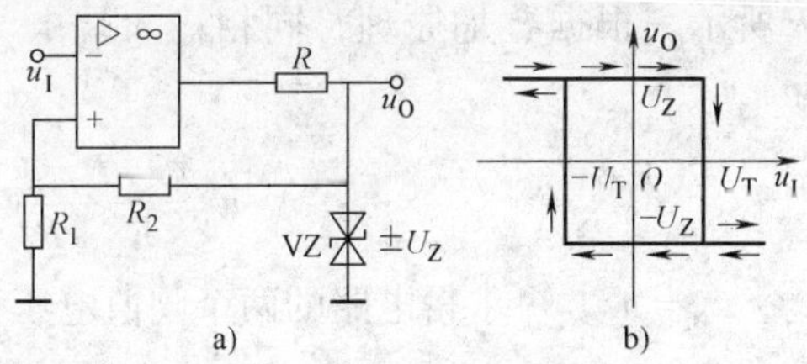

图 7-28　反相输入滞回比较器及其电压传输特性
a）滞回比较器　b）电压传输特性

由于 u_O 有两种取值：$\pm U_Z$，所以，集成运放同相输入端的电位为

$$u_P = \pm\frac{R_1}{R_1 + R_2}U_Z$$

令 $u_N = u_P$，可求得阈值电压为

$$\pm U_T = \pm\frac{R_1}{R_1 + R_2}U_Z \tag{7-33}$$

图 7-28a 所示电路的工作原理分析如下：

设电路输出电压初始值 $u_O = U_Z$、$u_P = U_ZR_1/(R_1 + R_2) = U_T$，输入电压由 $u_I < -U_T$ 开始逐

渐朝正的方向变化，在输入电压一直满足 $u_I < U_T$时，输出电压始终满足 $u_O = U_Z$；一旦当输入电压由 u_I变化到 U_T，再增大一个无穷小量时，输出电压 u_O立即由 U_Z跳变到 $-U_Z$。

输出电压 u_O由 U_Z跳变到 $-U_Z$后，集成运放同相输入端的电位变为：$u_P = -U_Z R_1/(R_1 + R_2)$，即电路阈值电压也随之变化。此后，随着输入电压由 $u_I > U_T$继续加大，则输出电压始终满足 $u_O = -U_Z$。因此，输入电压由 $u_I < -U_T$开始，逐渐朝正的方向变化增大时，其电压传输特性如图 7-28b 中箭头符号“→”、“↓”所对应的线段所示。

接续上述过程，当输入电压由 $u_I > U_T$开始、逐渐朝负的方向变化，在输入电压一直满足 $u_I > -U_T$时，输出电压始终满足 $u_O = -U_Z$。一旦当输入电压 u_I变化减小到 $-U_T$，再减小一个无穷小量时，输出电压 u_O立即又由 $-U_Z$跳变到 U_Z。输出电压 u_O由 $-U_Z$跳变到 U_Z后，集成运放同相输入端的电位变为：$u_P = U_Z R_1/(R_1 + R_2)$，即电路阈值电压又随之变化。此后，随着输入电压由 $u_I < -U_T$继续减小，则输出电压始终满足 $u_O = U_Z$；因此，输入电压由 $u_I > U_T$开始、逐渐朝负的方向变化减小时，其电压传输特性如图 7-28b 中箭头符号“←”、“↑”所对应的线段所示。

由图 7-28b 电压传输特性曲线可见，$-U_T < u_I < U_T$时，u_O有 $\pm U_Z$两种取值，u_O为 $+U_Z$还是 $-U_Z$，要看输入电压 u_I的变化方向，如果 u_I是从小于 $-U_T$的值逐渐增大到 $-U_T < u_I < U_T$时，则 u_O为 U_Z；反之，如果 u_I是从大于 U_T的值逐渐减小到 $-U_T < u_I < U_T$时，则 u_O为 $-U_Z$。图 7-28b 所示电压传输特性曲线图中用箭头符号“→”标出了电压变化的方向。

图 7-28a 所示电路的电压传输特性曲线具有磁滞回线的形状，滞回比较器因此得名。

若将图 7-28a 所示电路中电阻 R_1 接“地”端改接参考电压 U_{REF}，其电路如图 7-29a所示。根据叠加原理，同相输入端电压为

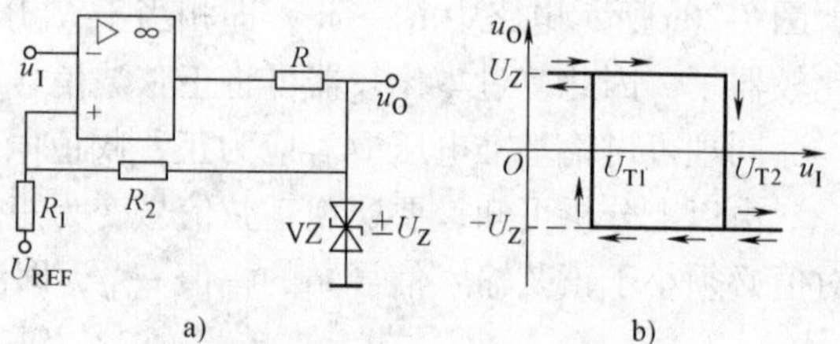

图 7-29　增加参考电压的滞回比较器及其电压传输特性
a）滞回比较器　b）电压传输特性

$$u_p = \frac{R_2}{R_1 + R_2} U_{REF} \pm \frac{R_1}{R_1 + R_2} U_Z$$

令 $u_N = u_P$，可求得电路的两个阈值电压分别为

$$U_{T1} = \frac{R_2}{R_1 + R_2} U_{REF} - \frac{R_1}{R_1 + R_2} U_Z \tag{7-34}$$

$$U_{T2} = \frac{R_2}{R_1 + R_2} U_{REF} + \frac{R_1}{R_1 + R_2} U_Z \tag{7-35}$$

当 $U_{REF} > 0$，且满足

$$\frac{R_2}{R_1 + R_2} U_{REF} > \frac{R_1}{R_1 + R_2} U_Z$$

时，则 $U_{T2} > U_{T1} > 0$，图 7-29a 所示电路的电压传输特性如图 7-29b 所示。显然，改变参考电压 U_{REF}的大小和极性，可使图 7-29a 所示电路的电压传输特性曲线在水平方向移动；改变不同稳压二极管的稳压值 U_Z，可使图 7-29a 所示电路的电压传输特性曲线在水平方向和垂直方向同时变化。

由于 $U_{T2} > U_{T1}$，U_{T2}称为上限触发电平，U_{T1}称为下限触发电平。两者之间的差值 U_H（$=U_{T2}-U_{T1}$）称为回差电压或门限宽度。由式（7-34）、式（7-35）可得回差电压为

$$U_H = U_{T2} - U_{T1} = \frac{2R_1}{R_1+R_2}U_Z \tag{7-36}$$

改变 R_1（或 R_2）的大小可改变回差电压的大小。回差电压越大，电路的抗干扰能力也越强。

例 7-3 试设计一个电压传输特性如图 7-30a 所示的电压比较器，设计要求：输出用稳压二极管稳压电路，所用的反馈电阻在 20 ~ 60kΩ 之间选择，参考电压 $U_{REF}=6V$。

解：根据如图 7-30a 所示的电压传输特性的变化方向，阈值电压 $U_{T2} \neq U_{T1}$，因此，电路应选用引入参考电压的反相输入的滞回比较器，如图 7-30b 所示。

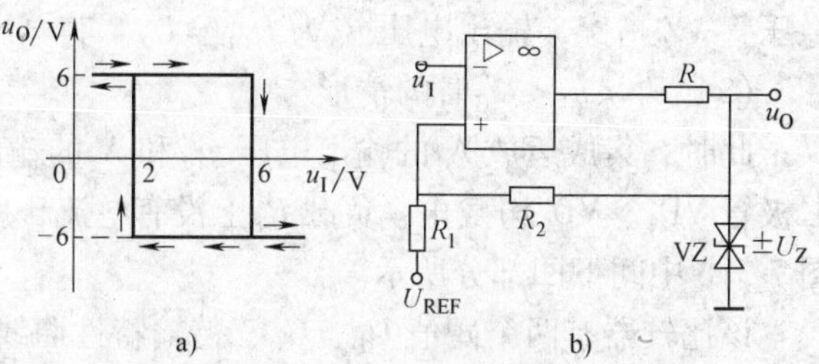

图 7-30　例 7-3 电路及其电压传输特性曲线

a）电压传输特性　b）设计的滞回比较器

由已知 $U_Z = \pm 6V$、参考电压 $U_{REF}=6V$ 和求阈值电压式（7-34）、式（7-35）可得

$$U_{T1} = \frac{6R_2}{R_1+R_2} - \frac{6R_1}{R_1+R_2} = 2V$$

$$U_{T2} = \frac{6R_2}{R_1+R_2} + \frac{6R_1}{R_1+R_2} = 6V$$

联解以上两式可得：$R_2=2R_1$。若选 $R_1=25k\Omega$，则 $R_2=50k\Omega$；若选 $R_1=30k\Omega$，则$R_2=60k\Omega$。输出稳压二极电路参数的选择设计在 1.3.5 节已讨论，故在此从略。

4. 窗口比较器

前面讨论的单限电压比较器和滞回比较器有一个共同的特点：当输入电压在单一方向变化时，输出电压只单方向跳变一次。在工业控制中，经常需要检测信号是否处在某一正常电压范围内，若信号超出了这一电压范围，就要给出一个控制信号，使控制系统产生相应的运行动作。窗口比较器就具有检测信号是否处在某一正常电压范围内的功能。窗口比较器如图 7-31a 所示。对于两集成运放输出端而言，反向串联的二极管 VD_1、VD_2起着隔离 u_{O1}与 u_{O2}的作用，R 为稳压管 VZ 的限流电阻，集成运放 A_1同相输入端与集成运放 A_2反相输入端连在一起接输入信号 u_I，集成运放 A_1反相输入端、A_2同相输入端分别与高、低参考电位 U_H和 U_L相连接，图 7-31a 所示电路实际上是两个不同的单限电压比较器并联组合而成。设 U_H、U_L均为正电位，满足 $U_H > U_L$。电路工作原理分析如下：

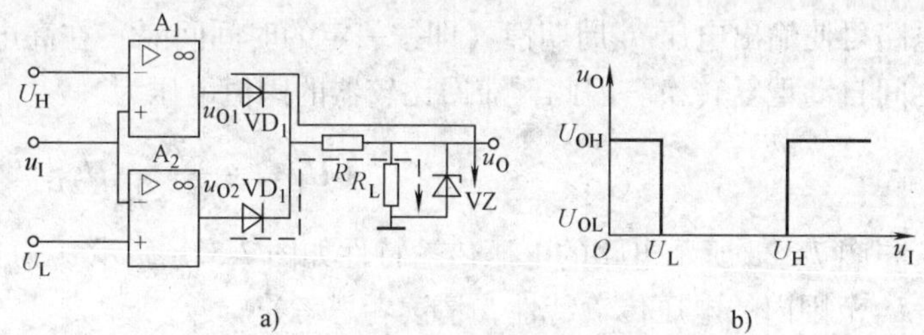

图 7-31　窗口比较器及其电压传输特性

a）窗口比较器　b）电压传输特性

（1）$u_I < U_L < U_H$时的情形

此时，集成运放 A_1 的输出电压 u_{O1} 为低电平负电压 $-U_{OM}$，集成运放 A_2 的输出电压 u_{O2} 为高电平正电压 U_{OM}，因此，二极管 VD_2 导通、VD_1 截止，高电平 u_{O2} 通过限流电阻 R 使稳压管 VZ 击穿，输出电压 u_O 为 $U_{OH}=U_Z$。其电压传输特性如图 7-31b 左半边所示。

(2) $u_I > U_H$ 时的情形

此时，集成运放 A_1 的输出电压 u_{O1} 为高电平正电压 U_{OM}，集成运放 A_2 输出电压 u_{O2} 为低电平负电压 $-U_{OM}$，因此，二极管 VD_1 导通，二极管 VD_2 截止，高电平 u_{O1} 通过限流电阻 R 使稳压管 VZ 击穿，输出电压 u_O 为 $U_{OH}=U_Z$。其电压传输特性如图 7-31b 右半边所示。

(3) $U_L < u_I < U_H$ 时的情形

此时，集成运放 A_1 的输出电压 u_{O1} 和 A_2 的输出电压 u_{O2} 均为低电平负电压 $-U_{OM}$，因此，二极管 VD_1、VD_2 均截止，负载 R_L 上没有电流，所以，输出电压 u_O 为 0，其电压传输特性如图 7-31b 中间下凹部分所示。

该比较器有两个阈值 U_L、U_H，传输特性曲线呈现窗口状，窗口比较器由此而得名。

7.2.2 矩形波发生电路

1. 典型电路及工作原理

(1) 电路的组成

能够自激产生矩形波的电路称之为矩形波发生电路，它是组成其他非正弦波发生电路的基本单元电路。矩形波发生电路如图 7-32a 所示。它是由集成运放 A，电阻 R_1、R_2 等组成的滞回比较器和 RC 定时电路两部分构成。滞回比较器的作用相当于一个双向切换的电子开关，将输出电压 u_O 周期性切换为高电平 $U_{OH}=U_Z$ 或低高电平 $U_{OL}=-U_Z$；为使电路自激振荡，在输出端和反相输入端引入了 R、C 定时反馈电路，反相输入信号 u_I 取自于电容 C 两端的电压 u_C，即 $u_I=u_C$。R、C 定时反馈电路可使输出电压 u_O 周期性（即按一定的时间间隔）在高电平 $U_{OH}=U_Z$ 和低电平 $U_{OL}=-U_Z$ 之间自动重复转换。因此，滞回比较器的阈值电压为

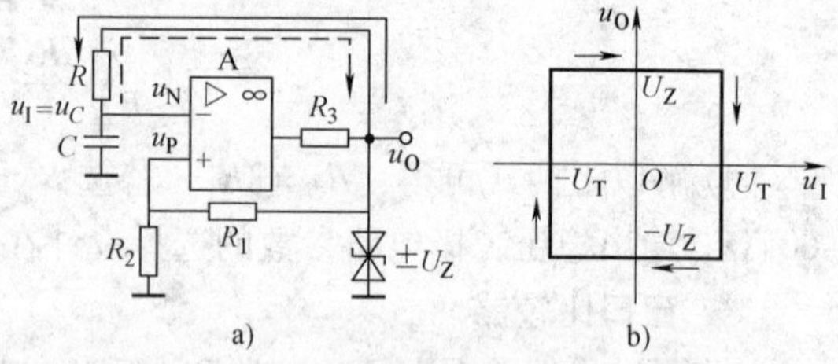

图 7-32 矩形波发生电路及电压传输特性
a) 矩形波发生电路 b) 电压传输特性

$$\pm U_T = \pm \frac{R_2}{R_1+R_2} U_Z \tag{7-37}$$

图 7-32a 所示电路的电压传输特性如图 7-32b 所示（为什么图中没有画出 $u_I < -U_T$、$u_I > U_T$ 范围内的电压传输特性，请读者思考）。

图 7-32a 所示电路中 RC 积分电路就起着时间延迟作用，即利用了电容 C 两端的电压不能突变的“惰性”，使得反相输入端电压 $u_C=u_N$ 周期性地在式（7-37）所确定的两种取值之间转换时总是有一定的时间间隔，而这种时间间隔的长短由积分电路时间常数 RC 所决定。

(2) 电路的工作原理

图 7-32a 所示电路接通电源的初始瞬间，输出电压 u_O 为 U_Z 还是 $-U_Z$，带有偶然性，但这种偶然性不影响问题分析的结论。

1) 设接通电源的初始时刻，$u_N=u_C=0$，$u_O=U_Z$ 通过 R 对电容 C 充电过程

此时，同相输入端电压 $u_P = U_T$，$u_O = U_Z$通过 R 对电容 C 充电，充电电流如图 7-32a 中实线箭头所示，电容 C 上的电压 u_C按指数规律上升，其上升的终了趋势趋向于 U_Z；但是，一旦 $u_C = u_N$上升到 U_T时，u_O立刻由 U_Z跳变 $-U_Z$。与此同时，u_P从由 U_T跳变 $-U_T$。

2）u_O由 U_Z跳变 $-U_Z$后，电容 C 通过 R 的放电过程

一旦 u_O由 U_Z跳变 $-U_Z$后，$-U_Z$通过 R 对电容 C 反向充电（或者说，电容 C 通过 R、$-U_Z$放电），反向充电电流如图 7-32a 中虚线箭头所示，电容 C 上的电压 u_C按指数规律下降，其下降的终了趋势趋向于 $-U_Z$；但是，一旦 $u_C = u_N$下降到 $-U_T$时，u_O又立刻由 $-U_Z$跳变 U_Z。与此同时，u_P从由 $-U_T$跳变 U_T。从而又回到前一过程，U_Z又通过 R 对电容 C 充电。

上述电容 C 的充、放电过程周而复始地自动进行下去，于是电路就产生了自激振荡，即 u_O按一定的时间间隔在 U_Z、$-U_Z$之间持续发生跳变。

2. 电路波形分析及信号周期的计算

（1）波形分析

图 7-32a 所示电路中，电容 C 的充、放电时间常数相同，均为 RC，而且由于两阈值电压大小相等、极性相反，故电容 C 上正、反向电压的幅值也相同，因此，在一个周期内，$u_O = U_Z$的持续时间与 $u_O = -U_Z$的持续时间相同，u_O的波形为一正、负半周对称的方波（方波可看做是矩形波的一个特例）。所以，图 7-32a 所示电路也称为方波发生电路。

电容 C 上的电压 $u_C(=u_N)$与电路输出电压 u_O的波形如图 7-33 所示。$u_C(=u_N)$波形为电容 C 充、放电指数曲线组成，u_C上升沿对应电容 C 充电，下降沿对应电容 C 放电；其幅值达到 $\pm U_T$时刻，刚好对应输出电压 u_O在 $U_Z \sim -U_Z$ 之间发生跳变时刻。因此，输出电压 u_O为如图 7-33 所示的方波。

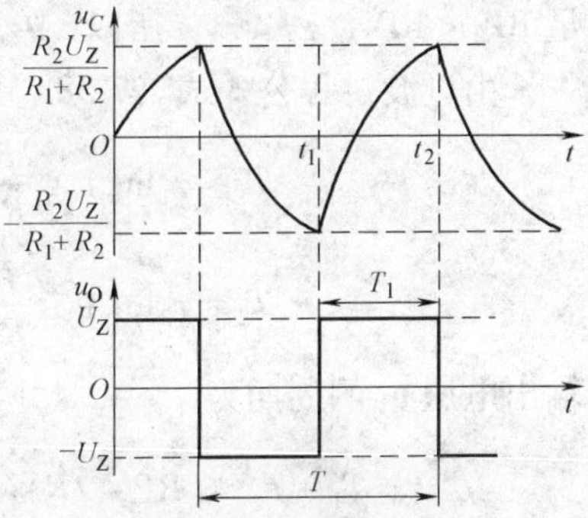

图 7-33　方波发生电路电容上电压与输出电压波形图

通常将矩形波在一个周期内高电平持续时间 T_1（称为矩形波宽度）与周期 T 的比值称为占空比，记为 $D = T_1/T$。因此，方波是占空比 $D = 1/2$ 的矩形波。

（2）信号周期的计算

由数学分析可知，对于一阶 RC 电路，电容在充放电过程中，电容上的电压 u_C随时间变化的规律由下列过渡过程公式所表示

$$u_C(t) = u_C(\infty) + [u_C(0^+) - u_C(\infty)]e^{-\Delta t/RC} \tag{7-38}$$

式中，$u_C(0^+)$ 为讨论问题的初始时刻电容 C 上的电压；$u_C(\infty)$ 为电容 C 终了稳态（充、放电完毕）时的电压。在图 7-33 中，设讨论问题的初始时刻为 t_1。令 $t_1 = 0^+$，则 $u_C(0^+) = -U_T$，$u_C(\infty) = U_Z$，$t = t_2$、$u_C(t_2) = U_T$，$\Delta t = t_2 - t_1 = T/2$，将这些值代入式（7-38）可得

$$T = 2RC\ln\left(1 + \frac{2R_2}{R_1}\right) \tag{7-39}$$

振荡频率为 $f = 1/T$。

改变 R_1、R_2、R 和 C 的值，可改变电路的振荡频率和振荡周期。改变稳压管 VZ 可改变方波发生电路输出电压 u_O的幅值。

3. 占空比可调的矩形波发生电路

由图 7-32 所示方波发生电路分析可知，在输出电压 u_O的正、负幅值不变的条件下，要

改变输出电压 u_O的占空比，必须要设法使电容 C 充、放电的时间常数不同。图 7-34 就是根据这一设想构成的占空比可调的矩形波发生电路。图中利用了二极管的单向导电性、通过输出电压 $\pm U_Z$去自动控制二极管 VD_1、VD_2交替的导通、截止，从而改变、充放电回路时间常数，达到改变占空比。

在图 7-34 中，通过改变 RP 的滑动端位置来改变 RP 上半部分 RP_1和下半部 RP_2的阻值，从而改变充、放电回路的时间常数。电路工作原理分析如下：

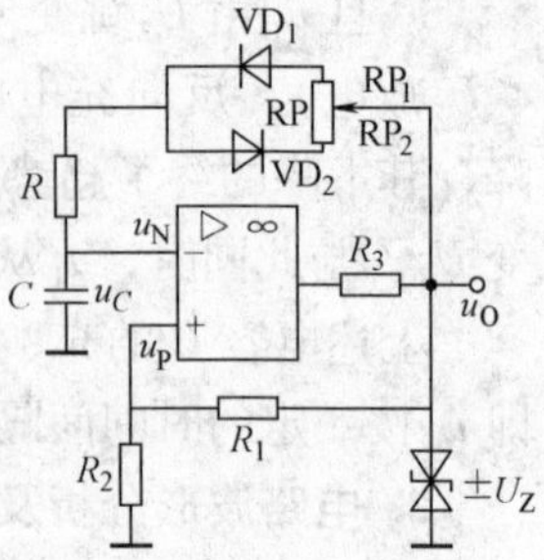

图 7-34　占空比可调的矩形波发生电路

当 $u_O = U_Z$时，VD_1导通、VD_2截止，u_O通过 RP_1、VD_1、R 对电容 C 正向充电，当忽略二极管导通电阻时，则正向充电时间常数为

$$\tau_1 \approx (RP_1 + R)C \tag{7-40}$$

当 $u_O = -U_Z$时，VD_2导通、VD_1截止，u_O通过 RP_2、VD_2、R 对电容 C 反向充电，当忽略二极管导通电阻时，则反向充电时间常数为

$$\tau_2 \approx (RP_2 + R)C \tag{7-41}$$

图 7-34 占空比可调的矩形波发生电路电容 C 上电压 u_C和输出电压 u_O的波形如图 7-35 所示。图中满足 $RP_1 < RP_2$，$\tau_1 < \tau_2$，所以，$T_1 < T_2$。

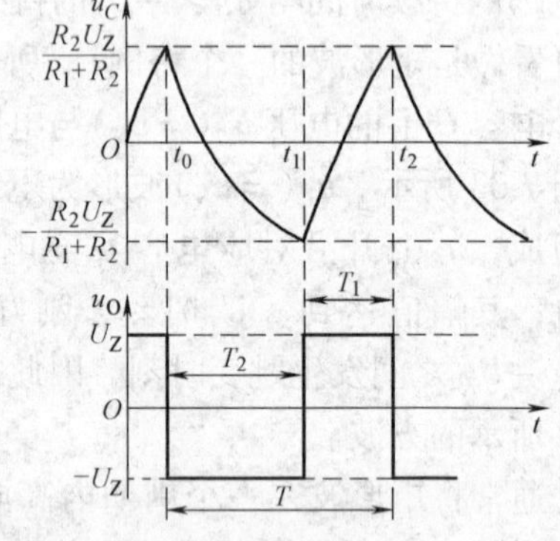

图 7-35　占空比可调电路的电压波形图

由过渡过程公式式（7-38）可以求得

$$T_1 \approx \tau_1 \ln\left(1 + \frac{2R_2}{R_1}\right)$$

$$T_2 \approx \tau_2 \ln\left(1 + \frac{2R_2}{R_1}\right)$$

输出电压 u_O的周期为

$$T = T_1 + T_2 \approx (RP + 2R)C\ln\left(1 + \frac{2R_2}{R_1}\right) \tag{7-42}$$

式（7-42）表明，改变 RP 的滑动端位置，只改变输出矩形波 u_O的占空比，而不改变其周期。

例 7-4　在图 7-34 所示电路中，已知 $R_1 = R_2 = 30\text{k}\Omega$，$R = 5\text{k}\Omega$，$RP = 50\text{k}\Omega$，$C = 0.05\mu\text{F}$，$\pm U_Z = \pm 9\text{V}$。试求：

（1）输出电压 u_O的幅值和振荡频率。

（2）输出电压 u_O的占空比调节范围。

解：（1）输出电压 u_O的幅值为 $\pm U_Z = \pm 9\text{V}$。

由式（7-42）可得振荡周期为

$$\begin{aligned} T &= T_1 + T_2 \approx (RP + 2R)C\ln\left(1 + \frac{2R_2}{R_1}\right) \\ &= [(50 + 2\times 5)\times 10^3 \times 0.05\times 10^{-6}]\ln(1 + 2)\text{s} \approx 3.3\times 10^{-3}\text{s} = 3.3\text{ms} \end{aligned}$$

振荡频率 $f = 1/T \approx 303\text{Hz}$。

（2）矩形波宽度为

$$T_1 \approx (RP_1 + R)C\ln\left(1 + \frac{2R_2}{R_1}\right)$$

式中，RP_1在0~50kΩ之间变化。当滑动端滑至最上端时，$RP_1=0$，故T_1的最小值为

$$T_{1\min}\approx[5\times10^3\times0.05\times10^{-6}]\ln3\text{s}\approx0.28\times10^{-3}\text{s}=0.28\text{ms}。$$

当中间滑动端滑至最下端时，$RP_1=RP$，故T_1的最大值为

$$T_{1\max}\approx[(5+50)\times10^3\times0.05\times10^{-6}]\ln3\ \text{s}\approx3.02\times10^{-3}\text{s}=3.02\text{ms}。$$

输出电压u_O的占空比调节范围为$T_{1\min}/T\sim T_{1\max}/T\approx0.085\sim0.915$。

7.2.3 三角波发生电路

所谓三角波是指波形呈三角形，且在一周期内上升沿与下降沿所对应的时间间隔相等的波。自激产生三角波的电路称为三角波发生电路。

1. 基本电路

从原理上讲，可用图7-32a所示电路输出的方波经积分电路变换获得三角波，其典型电路如图7-36a所示，集成运放A_1、A_2等分别组成方波电路和积分电路。当方波电路输出电压$u_{O1}=U_Z$时，经反相积分电路，其输出电压u_O随时间线性下降；当方波电路输出电压$u_{O1}=-U_Z$时，经反相积分电路，其输出电压u_O随时间线性上升，在一周期内u_O上升沿与下降沿所对应的时间间隔相等，因此，u_O为三角波；u_{O1}与u_O的波形如图7-36b所示。

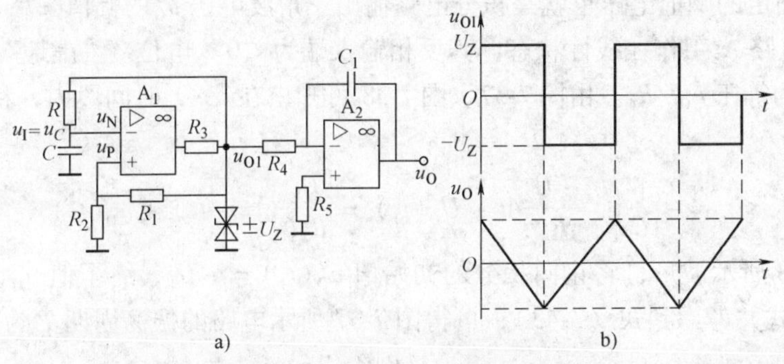

图7-36　由方波经积分电路变换获得三角波

a）方波电路与积分电路　b）波形变换示意图

为了简化电路，实际中，通常省去图7-36a所示方波电路中的RC延时电路，而用积分运算电路来取代，其电路如图7-37所示；它是由滞回比较器A_1和积分电路A_2等组成的一个闭环电路，积分电路的输出信号作为滞回比较电路的反馈输入信号。

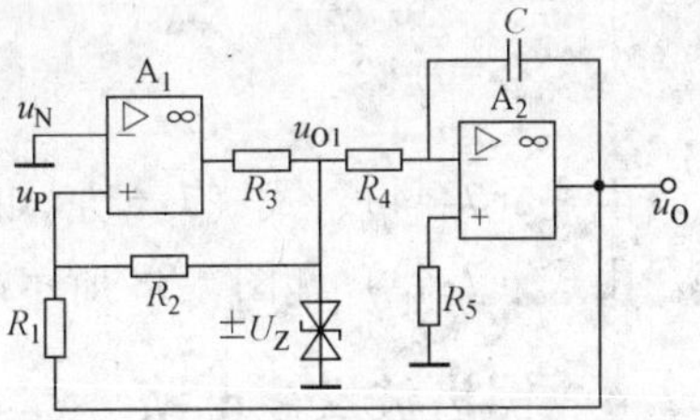

图7-37　三角波发生电路

2. 工作原理分析

图7-37所示电路工作原理分析如下：

（1）设$t=0$的初始时刻，滞回比较器A_1的输出电压$u_{O1}=U_Z$，则$u_{O1}=U_Z$对反相积分电路A_2中的电容C充电，积分电路的输出电压u_O线性下降，A_1的u_P必然随之下降。设在$t=t_1$时刻，u_O线性下降使得A_1的$u_P=u_N=0$时，u_{O1}立即从U_Z跳变为$-U_Z$（需要注意，与此同时，A_1的u_P也下跳到一个负电压）。0~t_1时间段内，u_{O1}、u_O的波形变化如图7-38所示。

（2）在u_{O1}跳变到$u_{O1}=-U_Z$后，u_{O1}对积分电路A_2中的电容C反向充电，积分电路的输出电压u_O线性上升，A_1的u_P必然随之上升，设在$t=t_2$时刻，u_O线性上升到使A_1的$u_P=u_N=$

0 时，u_{O1}立即从 $-U_Z$跳变为 U_Z（与此同时，A_1的 u_P也上跳到一个正电压）。电路又回到了初始时刻状态。$t_1 \sim t_2$时间段内，u_{O1}、u_O波形变化如图 7-38 所示。此后，上述过程将周而复始地进行下下去，电路产生自激振荡。由于积分电路中的电容 C 充、放电时间常数相同（均为 R_4C），故在一个周期内，u_O的上升时间和下降时间相等，它们斜率绝对值也相等，所以 u_O为图 7-38 所示的三角波。

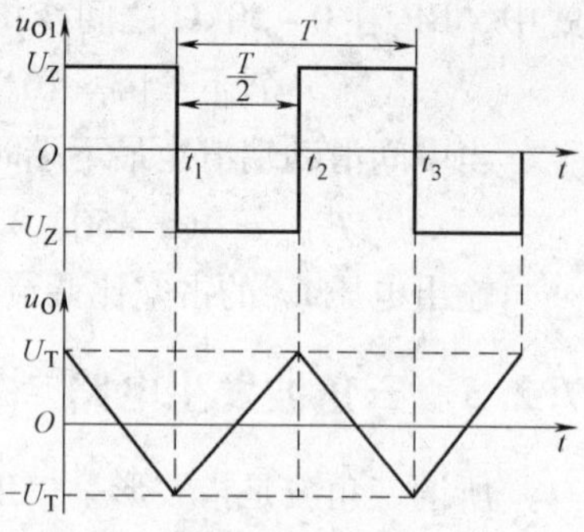

图 7-38　图 7-37 方波-三角波发生电路波形

3. 振荡周期计算

根据叠加原理，图 7-37 所示电路中滞回比较器 A_1的同相输入端电位为

$$u_P = \frac{R_2}{R_1+R_2}u_O \pm \frac{R_1}{R_1+R_2}u_{O1} = \frac{R_2}{R_1+R_2}u_O \pm \frac{R_1}{R_1+R_2}U_Z$$

令 $u_P = u_N = 0$，求得阈值电压（使 u_{O1}发生跳变所对应的电压 u_O，见图 7-38）为

$$\pm U_T = \pm\frac{R_1}{R_2}U_Z \tag{7-43}$$

式（7-43）所确定的阈值电压也就是积分电路输出三角波电压 u_O的幅值 $\pm U_{om}$。

由于积分电路 A_2工作在线性状态，其反相输入端为“0”电位（“虚地”），因此，流过电阻 R_4的电流约等于 u_{O1}/R_4。由图 7-37、图 7-38 可知，在 $t_1 \sim t_2$时间段内，积分电路输出电压 u_O可表示为

$$u_O = -\frac{1}{C}\int_{t_1}^{t_2}\frac{-U_Z}{R_4}\mathrm{d}t + U_O(t_1) = \frac{U_Z}{R_4C}(t_2-t_1) + u_O(t_1)$$

根据图 7-38 所示波形，将正向积分的初始值 $u_O(t_1) = -U_T$，终了值 $u_O(t_2) = U_T$，$t_2 - t_1 = T/2$ 代入上式并考虑到式（7-43），可得图 7-37 所示电路的振荡周期 T 为

$$T = \frac{4R_1R_4C}{R_2} \tag{7-44}$$

振荡频率为

$$f = \frac{R_2}{4R_1R_4C} \tag{7-45}$$

由式（7-44）、式（7-45）知，改变 R_1、R_2、R_4和 C 的值，可改变振荡周期和振荡频率。由式（7-43）和图 7-38 所示波形可知，改变 R_1、R_2、U_Z的值，可改变三角波的幅值。

7.2.4　锯齿波发生电路

所谓锯齿波是指波形呈三角形，但在一周期内上升沿与下降沿所对应的时间间隔不相等的波。自激产生锯齿波的电路称为锯齿波发生电路。

1. 基本电路

为了获得锯齿波，可通过改变积分电路中电容 C 的充、放电时间常数，即改变电容 C 充、放电的快慢，使积分电路输出电压 u_O的上升沿与下降沿的斜率的绝对值大小不同，从而得到锯齿波。常用的锯齿波电路如图 7-39a 所示。

图 7-39a 中，利用了二极管的单向导电性、通过 A_1输出电压 $u_{O1} = \pm U_Z$去自动控制二极

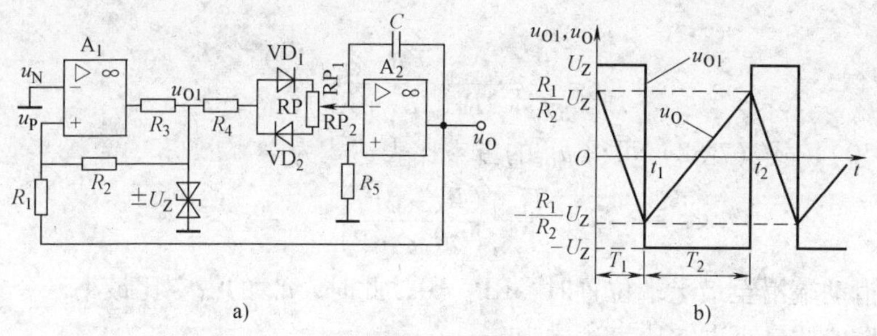

图 7-39 锯齿波发生电路及其波形

a）电路 b）波形

管 VD_1、VD_2交替的导通、截止，改变 RP 的滑动端位置，就改变了 RP 上半部分 RP_1和下半部 RP_2的阻值，也就改变了积分电路中对电容 C 的充、放电回路的时间常数，从而改变 u_{O1}占空比和改变锯齿波 u_O 上升沿和下降沿时间。

2. 工作原理分析

图 7-39a 中，当 $u_{O1}=U_Z$时，VD_1导通、VD_2截止，u_{O1}通过 R_4、VD_1、RP_1对电容 C 正向充电，当忽略二极管导通电阻时，则电容 C 正向充电时间常数为

$$\tau_1 \approx (RP_1 + R_4)C \tag{7-46}$$

当 $u_O=-U_Z$时，VD_2导通、VD_1截止，u_{O1}通过 R_4、VD_2、RP_2对电容 C 反向充电，当忽略二极管导通电阻时，则反向充电时间常数为

$$\tau_2 \approx (RP_2 + R_4)C \tag{7-47}$$

改变 RP 的滑动端位置，使 $RP_1 \neq RP_2$，则 $\tau_1 \neq \tau_2$，u_{O1}、u_O分别为矩形波和锯齿波，其波形如图 7-39b 所示。

与图 7-37 所示三角波电路分析相同，图 7-39a 中积分电路输出三角波电压 u_O的幅值为

$$\pm U_{om} = \pm U_T = \pm \frac{R_1}{R_2}U_Z \tag{7-48}$$

需要指出，图 7-39b 中，积分电路输出锯齿波电压 u_O的幅值 $U_{om}<U_Z$，对应 $R_1<R_2$的情形。

3．振荡周期计算

根据图 7-39b 可知，在 $0\sim t_1$时间间隔内，输出电压 u_O表达式为

$$u_O = -\frac{1}{C}\int_0^{t_1}\frac{U_Z}{R_4+RP_1}dt + u_O(0) = -\frac{U_Z}{(R_4+RP_1)C}T_1 + u_O(0) \tag{7-49}$$

将初始值 $u_O(0)=R_1U_Z/R_2$，终了值 $u_O=u_O(t_1)=-R_1U_Z/R_2$代入式（7-49）可解得

$$T_1 = 2\frac{R_1}{R_2}(R_4+RP_1)C \tag{7-50}$$

同理分析可得

$$T_2 = 2\frac{R_1}{R_2}(R_4+RP_2)C \tag{7-51}$$

所以振荡周期为

$$T = T_1 + T_2 = 2\frac{R_1}{R_2}(2R_4+RP)C \tag{7-52}$$

振荡频率为

$$f=\frac{1}{T}=\frac{R_2}{2R_1(2R_4+\mathrm{RP})C} \tag{7-53}$$

由式（7-50）、式（7-52）可得 u_{01}的占空比表达式为

$$\frac{T_1}{T}=\frac{(R_4+\mathrm{RP}_1)}{(2R_4+\mathrm{RP})} \tag{7-54}$$

当 RP 的滑动端滑至最上端位置时，$\mathrm{RP}_1=0$，此时，u_{01}的占空比最小，令式（7-54）中 $\mathrm{RP}_1=0$，可得 u_{01}的最小占空比表达式为

$$\frac{T_{1\min}}{T}=\frac{R_4}{(2R_4+\mathrm{RP})} \tag{7-55}$$

当 RP 的滑动端滑至最下端位置时，$\mathrm{RP}_1=\mathrm{RP}$，此时，$u_{01}$的占空比最大，令式（7-54）中 $\mathrm{RP}_1=\mathrm{RP}$，可得 u_{01}的最大占空比表达式为

$$\frac{T_{1\max}}{T}=\frac{R_4+\mathrm{RP}}{(2R_4+\mathrm{RP})} \tag{7-56}$$

综上所述可知：稳压管选定后，调整 R_1、R_2可改变出锯齿波电压 u_0的幅值；调整 R_1、R_2、R_4、RP 的阻值和电容 C 的容量，可改变电路的振荡周期和频率；调整 RP 滑动端的位置，可改变 u_{01}的占空比及锯齿波 u_0的形状（锯齿波上升和下降的斜率）。

本章小结

本章讨论了正弦波发生电路和非正弦波发生电路。

1. 正弦波发生电路

（1）从电路功能上讲，正弦波发生电路（也称正弦波振荡电路）由放大电路、选频网络、正反馈网络、限（稳）幅电路四部分组成。正弦波发生电路相位平衡条件为 $\varphi_A+\varphi_F=2n\pi$（$n$ 为整数），起振振幅条件为 $AF>1$，振幅平衡条件为 $AF=1$。根据选频网络的不同，正弦波发生电路可分为 RC、LC、石英晶体三种类型。

（2）RC 正弦波振荡电路振荡频率一般为几十赫至一二百千赫。本章主要讨论了由 RC 串并联选频网路（组成正反馈网络）和同相放大电路组成的桥式振荡电路。若 RC 串并联选频网路中电阻都为 R，电容都为 C，则振荡频率 $f_0=1/2\pi RC$，电压反馈系数值 $F_u=1/3$，起振阶段 $A_u>3$，平衡状态时 $A_u=3$，限幅电路通常由热敏电阻组成。

（3）LC 正弦波振荡电路振荡频率一般为几百千赫以上，可高达上百兆赫。由于集成运放高频特性较差，所以，LC 正弦波振荡电路一般采用晶体管（或场效应晶体管）分立元件电路。振荡电路分变压器反馈式、电感三端式和电容三端式三种类型，其振荡频率 f_0近似由 LC 选频回路固有频率决定：$f_0\approx 1/2\pi\sqrt{LC}$；$LC$ 选频回路品质因数 $Q\approx\sqrt{L/C}/R$（需要注意，此式中 R 为考虑负载影响后与电感 L 相串联的总等效损耗电阻），Q 值越大，选频特性越好，波形失真越小，电路也越容易起振。

（4）以电感三端式正弦波振荡电路为例，讨论了电路的设计思路和原则。

（5）石英晶体振荡电路振荡频率非常稳定，频率稳定度可高达 $10^{-12}\sim10^{-10}$。石英晶体振荡电路分并联型和串联型两种类型。并联型电路中，将石英晶体视为一等效电感与外接电容组成一电容三端式振荡电路，其振荡频率 f 满足 $f_s<f<f_p$；串联型电路中，石英晶体兼作

为选频网络和正反馈网络，可将石英晶体视为一短路元件，电路振荡频率为f_s。

2. 电压比较器

（1）电压比较器是一种工作在开环或正反馈非线状态下的高电压增益放大电路，其输出电压只有高、低电平两种取值。其主要功能是将输入信号电压电平与某一基准电压（参考电压）电平比较，比较结果决定电路输出电压高、低电平两种取值。它在非正弦波发生电路、自动检测、自动控制等领域获得广泛应用。在输入信号频率不太高的情况下，常用集成运放作电压比较器。

（2）电压比较器常用电压传输特性描述其输出电压与输入电压之间的关系。对电压比较器电压传输特性分析主要抓住如下三点：

1）确定电路输出电压的高、低电平，它们通常由输出限幅电路决定。

2）使电路输出电压发生跳变的阈值电压，它是使集成运放同相输入端和反相输入端电位相等时对应的输入电压。

3）弄清输入电压过阈值电压时输出电压跳变的方向，它取决于输入电压是作用于集成运放同相输入端还是反相输入端（对于滞回比较器，还需考虑输入电压过阈值电压时的变化方向）。

（3）讨论了单限、滞回和窗口三种类型的电压比较器；其中滞回比较器在非正弦波发生电路中普遍应用。

3. 非正弦波发生电路

（1）在振荡频率不很高的情形下，非正弦波发生电路通常由滞回比较器和 *RC* 延时电路（或集成运放组成的积分电路）组成，由于滞回比较器存在两个不同的阈值电压，*RC* 延时电路（或集成运放组成的积分电路）与它组成反馈环时，就使得电路输出电压按一定的时间间隔在高、低电平之间发生跳变，于是电路产生自激振荡。非正弦振荡电路分析的主要参数是电路输出信号幅值和振荡频率（或周期）。

（2）集成运放组成的非正弦振荡电路翻转条件是 $u_P = u_N$。它是电路分析的出发点。

（3）主要讨论由集成运放组成的矩形波、方波（矩形波的特例）、三角波和锯齿波等非正弦波振荡电路。分析的基本方法是一阶 *RC* 电路的过渡过程公式（即三要素分析法），由过渡过程公式和电路翻转条件可以很容易地计算电路输出信号幅值和振荡频率（或周期）。

自我检测题

1. 判断下列说法是否正确，用“√”或“×”表示判断结果。

（1）在反馈电路中，若反馈网络相移 $\varphi_F = 180°$，则只有当基本放大电路相移 $\varphi_A = \pm 180°$时，电路才有可能产生正弦波振荡。（　）

（2）只要电路产生预期的正弦波振荡，则电路中一定引入了正反馈。（　）

（3）*RC* 桥式正弦波振荡电路中的集成运放均工作在非线性区。（　）

（4）*LC* 正弦波振荡电路中的放大电路工作在线性区。（　）

（5）正弦波振荡电路中不一定要有选频网络。（　）

（6）非正弦波振荡电路中的放大电路工作在非线性区。（　）

2. 改正图 7-40 所示各电路中的错误，使电路有可能产生正弦波振荡，并说明错误的原因。要求不能改变放大电路的基本接法（共射、共基、共集）。

3. 根据振荡电路原理，试将图 7-41 所示电路连成 *RC* 桥式正弦波振荡电路，并说明 VT_3 放大电路作用。

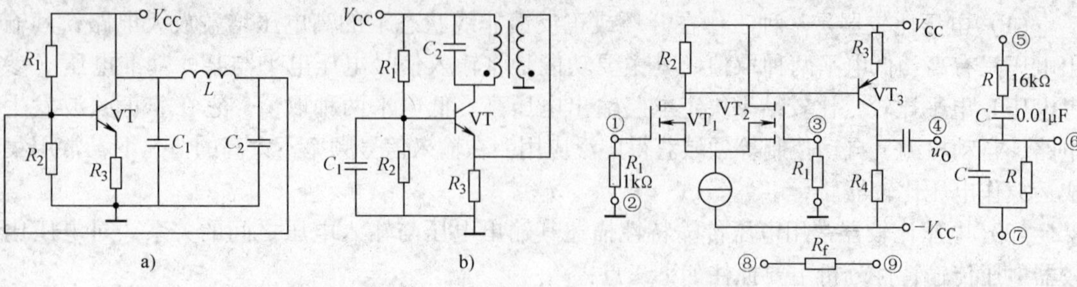

图 7-40　自我检测题 2 电路图　　　　图 7-41　自我检测题 3 电路图

4. 已知图 7-42a 所示框图各点的波形如图 7-42b 所示，试从波形变换的原理分析各框图电路功能并填写各框图电路的名称。

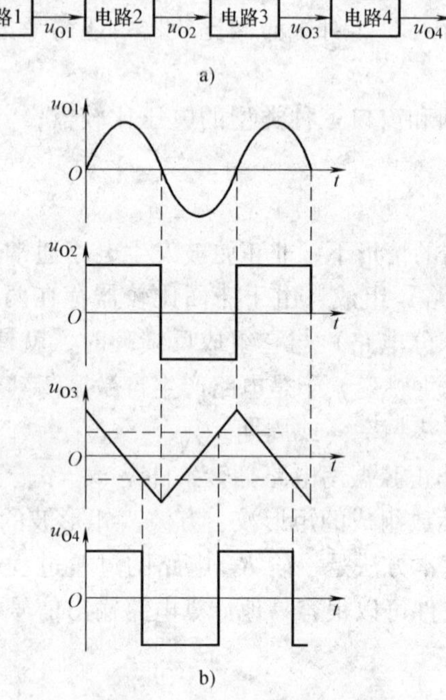

图 7-42　自我检测题 4 电路框图及波形图

电路 1 为____________，电路 2 为____________，电路 3 为____________，电路 4 为____________。

5. 试说明图 7-43 所示各电路的功能，并分别画出电路的电压传输特性。

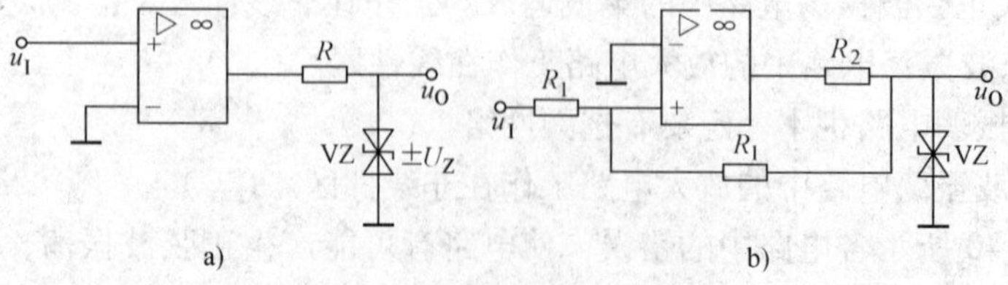

图 7-43　自我检测题 5 电路图

6. 电路如图 7-44 所示。

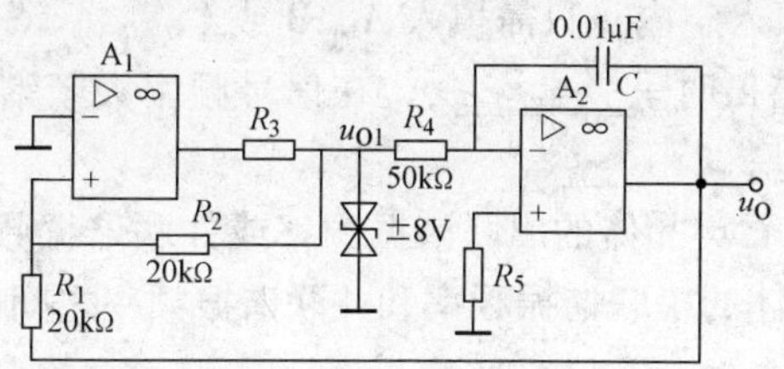

图 7-44　自我检测题 6 电路图

（1）说明 A_1 和 A_2 属哪种基本电路，分析电路工作原理。

（2）画出 u_{O1} 与 u_O 的关系曲线 $u_{O1}=f(u_O)$。

（3）试求 u_O 与 u_{O1} 的运算关系式 $u_O=f(u_{O1})$。

（4）对应画出 u_{O1} 与 u_O 的波形。

（5）说明若要提高振荡频率，则可以改变哪些电路参数，如何改变？

思考题与习题

7-1　下列说法中，正确的在括号打“√”，错误的打“×”。

（1）正弦波振荡电路中可以不需要限幅电路。(　)

（2）*RC* 串并联选频反馈网络与单管共集放大电路可以构成正弦波振荡电路。(　)

（3）在 *RC* 桥式正弦波振荡电路中，放大电路工作在非线性区。(　)

（4）正弦波振荡电路起振时满足 $|\dot{A}\dot{F}|=1$。(　)

（5）两级 *RC* 移相网络作为共射放大电路的反馈电路，它们可以共同组成正弦波振荡电路。(　)

（6）在 *LC* 正弦波振荡电路中，放大电路工作在非线性区。(　)

（7）电容三端式 *LC* 振荡电路波形失真要比电感三端式 LC 振荡电路差些。(　)

7-2　下列说法中，正确的在括号打“√”，错误的打“×”。

（1）三角波发生电路中可以不要积分电路。(　)

（2）当集成运放组成电压比较器时，输出电压不是高电平，就是低电平。(　)

（3）在电压比较器中，“虚短”、“虚断”概念都成立。(　)

（4）滞回比较器中一定要引入正反馈。(　)

（5）在输入电压从足够低逐渐增大到足够高的整个过程中，窗口比较器的输出电压只跃变一次。(　)

（6）滞回比较器有两个阈值电压，所以滞回比较器比单限比较器抗干扰能力强。(　)

7-3　选择合适答案填入空内，只需填入 A、B 或 C。

（1）制作频率为 20Hz ~ 20kHz 的音频信号发生电路，应选用________。

（2）制作频率为 2 ~ 20MHz 的接收机的本机振荡器，应选用________。

（3）制作频率非常稳定的测试用信号源，应选用________。

A. *RC* 桥式正弦波振荡电路

B. *LC* 正弦波振荡电路

C. 石英晶体正弦波振荡电路

7-4 选择合适答案填入空内，只需填入 A、B 或 C。

（1）*LC* 并联网络在谐振时呈________，在信号频率大于谐振频率时呈________，在信号频率小于谐振频率时呈________。

（2）当信号频率等于石英晶体的串联谐振频率或并联谐振频率时，石英晶体呈 ________；当信号频率在石英晶体的串联谐振频率和并联谐振频率之间时，石英晶体呈 ________；其余情况下石英晶体呈 ________。

（3）当信号频率 $f = f_0$时，*RC* 串并联网络呈 ________ 。

A. 容性　　B. 阻性　　C. 感性

7-5 从相位条件考虑，判断图 7-45 所示移相式电路是否可能产生正弦波振荡，简述理由。图 7-45b 中，C_4为交流耦合电容。

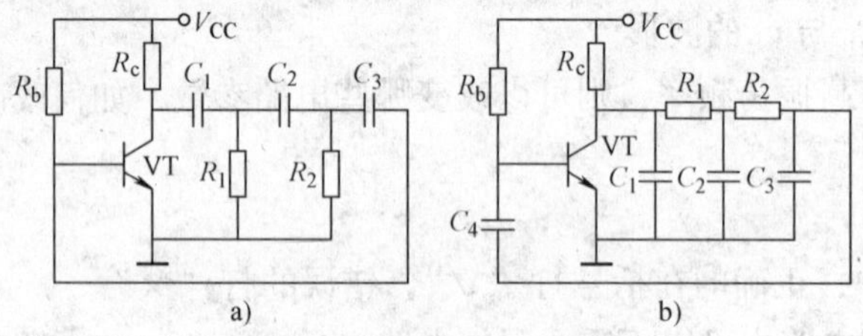

图 7-45　习题 7-5 电路图

7-6 电路如图 7-45 所示，试问：

（1）若去掉两个电路中的 R_2和 C_3，则两个电路是否可能产生正弦波振荡？为什么？

（2）若在两个电路中再加一级 *RC* 电路，则两个电路是否可能产生正弦波振荡？为什么？

7-7 *RC* 桥式正弦波发生电路如图 7-46 所示，试求：

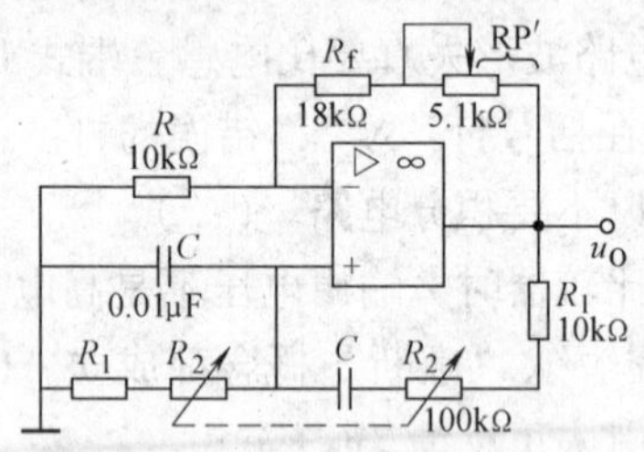

图 7-46　习题 7-7 电路图

（1）RP 的下限值。

（2）振荡频率的调节范围。

7-8 电路如图 7-47 所示。

（1）为使电路产生正弦波振荡，标出集成运放输入端的“+”和“−”；并说明电路是哪种正弦波振荡电路。

（2）若 R_1短路，则电路将产生什么现象？

（3）若 R_1断路，则电路将产生什么现象？

（4）若 R_f短路，则电路将产生什么现象？

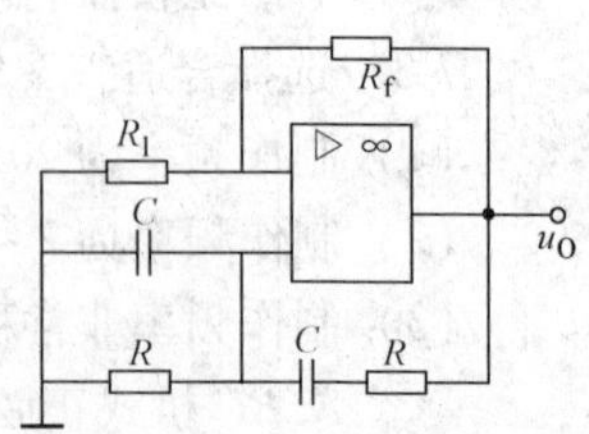

图 7-47　习题 7-8 电路图

（5）若 R_f 断路，则电路将产生什么现象?

7-9　分别标出图 7-48 所示各电路中变压器的同名端，使之满足正弦波振荡的相位条件。

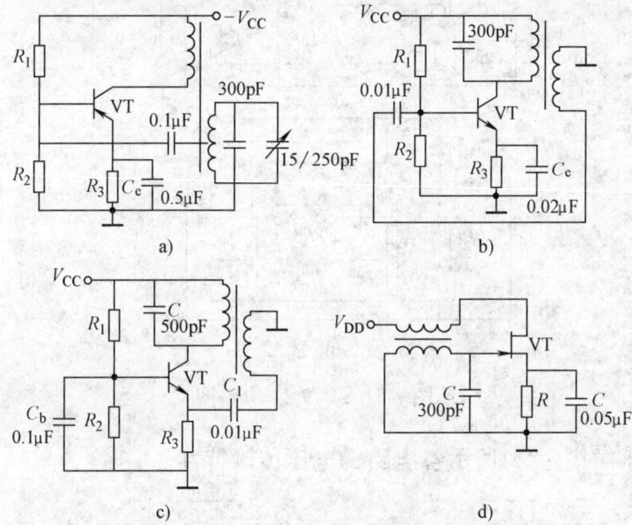

图 7-48　习题 7-9 电路图

7-10　分别判断图 7-49a、b 所示两电路是否满足正弦波振荡的相位条件。

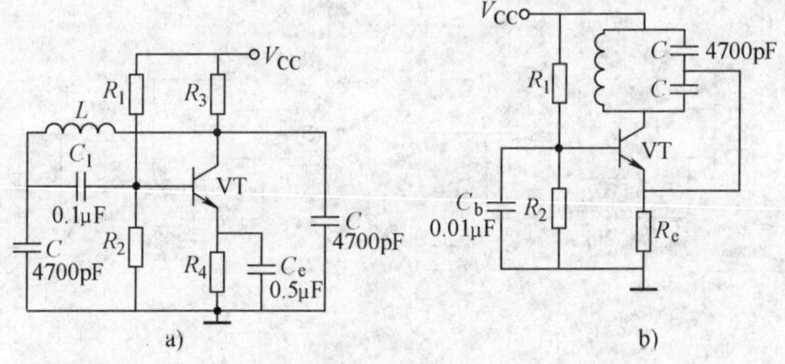

图 7-49　习题 7-10 电路图

7-11　改正图 7-50a、b 所示两电路中的错误，使之有可能产生正弦波振荡。

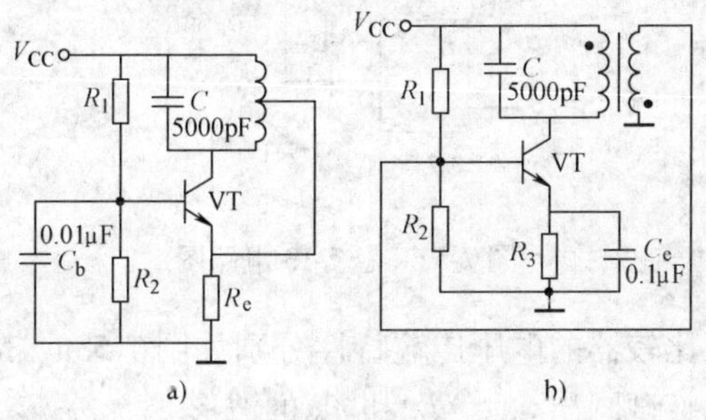

图 7-50　习题 7-11 电路图

7-12　试分别指出图 7-51 所示两电路中的选频网络、正反馈网络和负反馈网络，并说明电路是否满足正弦波振荡的相位条件。

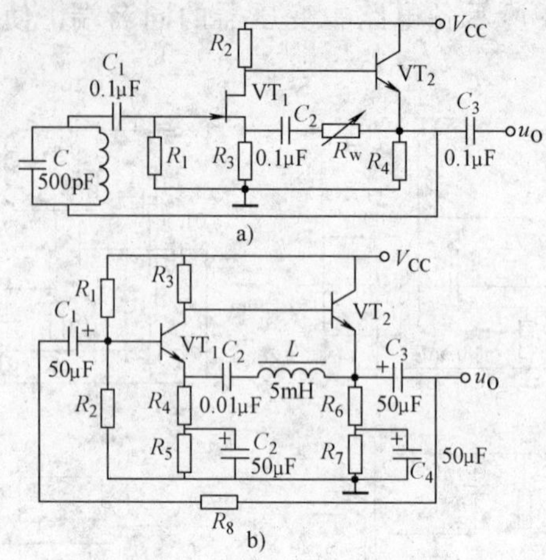

图 7-51 题 7-12 电路图

7-13 试分别求解图 7-52 所示各电路的电压传输特性。

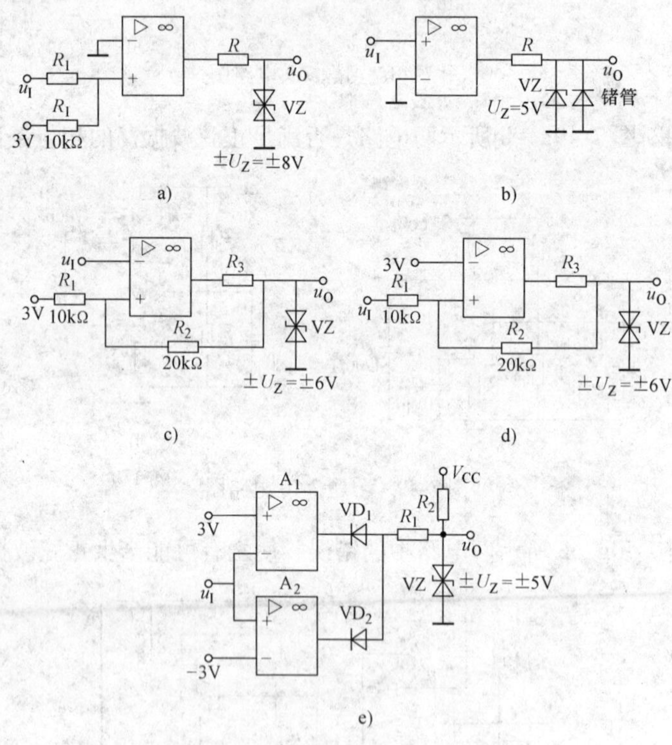

图 7-52 题 7-13 电路图

7-14 已知三个电压比较器的电压传输特性分别如图 7-53a、b、c 所示，它们的输入电压波形均如图 7-53d 所示，试画出 u_{O1}、u_{O2} 和 u_{O3} 的波形。

7-15 设计三个电压比较器，它们的电压传输特性分别如图 7-53a、b、c 所示。要求合理选择电路中各电阻的阻值，限定最大值为 50kΩ。

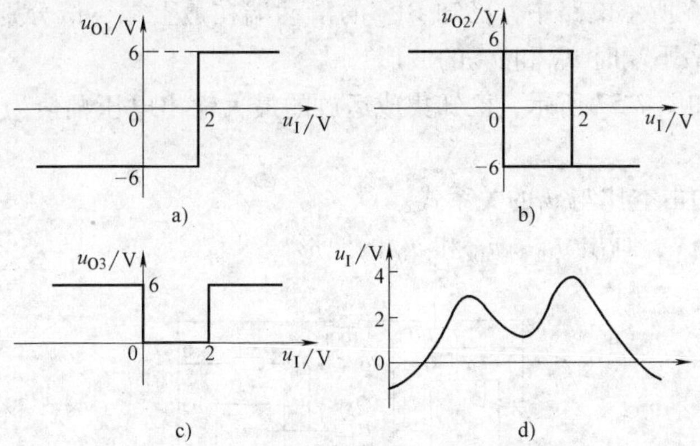

图 7-53　习题 7-14 传输特性及波形图

7-16　在图 7-54 所示电路中，已知 $R_1=10\ \text{k}\Omega$，$R_2=20\ \text{k}\Omega$，$C=0.01\mu\text{F}$，集成运放的最大输出电压幅值为 ±12V，二极管的动态电阻可忽略不计。

（1）求出电路的振荡周期。

（2）画出 u_O 和 u_C 的波形。

7-17　试找出图 7-55 所示电路中的三个错误，并改正。

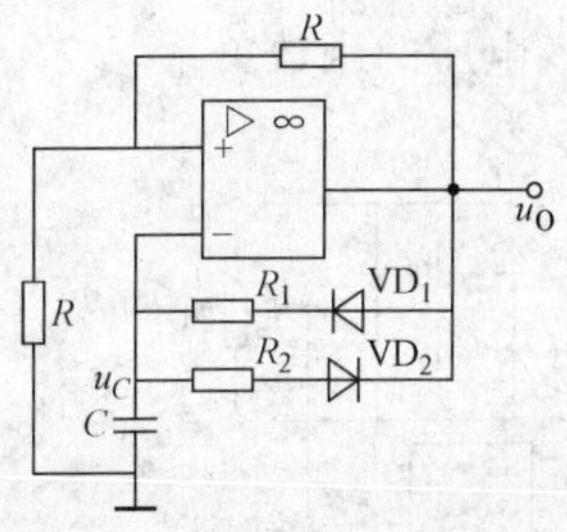

图 7-54　习题 7-16 电路图

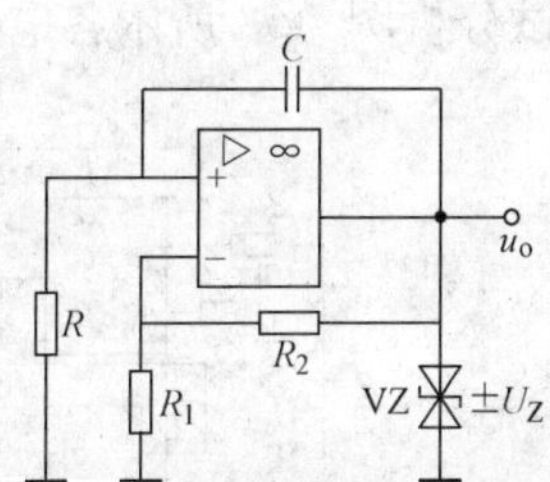

图 7-55　习题 7-17 电路图

7-18　波形发生电路如图 7-56 所示，设振荡周期为 T，在一个周期内 $u_{O1}=U_Z$ 的时间为 T_1，则占空比为 T_1/T；在电路某一参数变化时，其余参数不变。选择①增大、②不变或③减小填入空内。

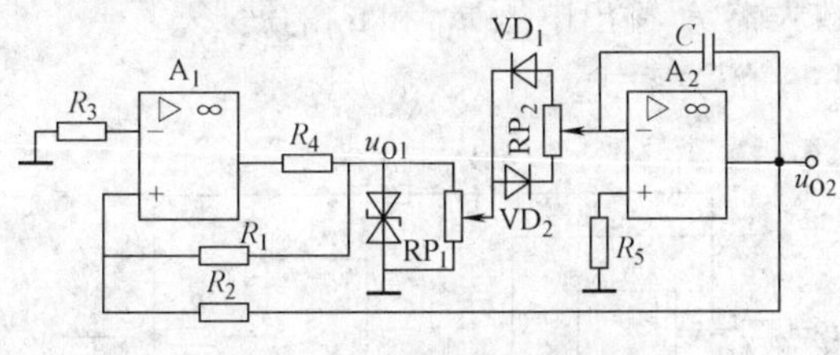

图 7-56　习题 7-18 电路图

当 R_1 增大时，u_{O1} 的占空比将________，振荡频率将________，u_{O2} 的幅值将________；若 RP_1 的滑动端向上移动，则 u_{O1} 的占空比将________，振荡频率将________，u_{O2} 的幅值将________；若 RP_2 的滑动端向上移动，则 u_{O1} 的占空比将________，振荡频率将________，u_{O2} 的幅值将________。

7-19　在图 7-56 所示电路中，已知 RP_1 的滑动端在最上端，试分别定性画出 RP_2 的滑动端在最上端和在最下端时 u_{O1} 和 u_{O2} 的波形。

*7-20　电路如图 7-57 所示，已知集成运放的最大输出电压幅值为 ±12V，u_I 的数值在 u_{O1} 的峰峰值之间。

（1）求解 u_{O3} 的占空比与 u_I 的关系式。

（2）设 u_I = 2.5V，画出 u_{O1}、u_{O2} 和 u_{O3} 的波形。

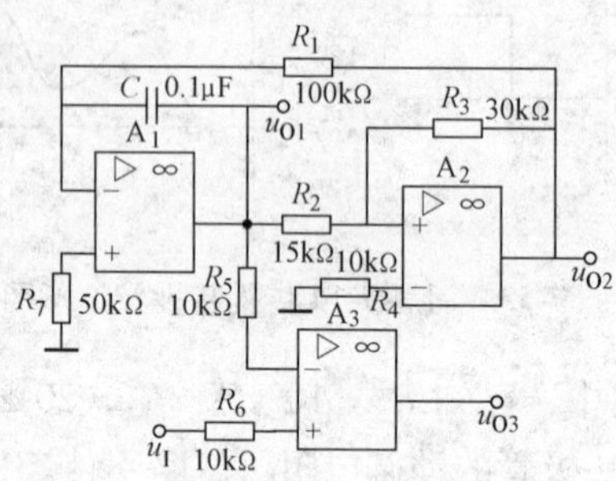

图 7-57　习题 7-20 电路图

*7-21　试将正弦波电压转换为二倍频锯齿波电压，要求画出原理框图，并定性画出各部分输出电压的波形。

*7-22　试分析图 7-58 所示各电路输出电压与输入电压的函数关系。

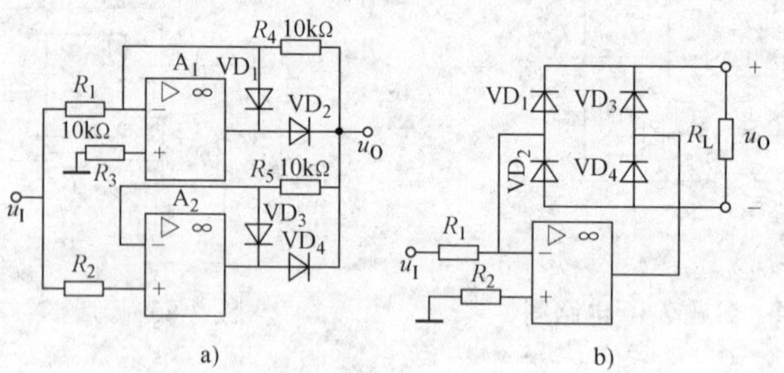

图 7-58　习题 7-22 电路图

*7-23　电路如图 7-59 所示。

（1）定性画出运算放大器 A_1 输出电压 u_{O1} 和 u_O 的波形。

（2）估算振荡频率与 u_I 的关系式。

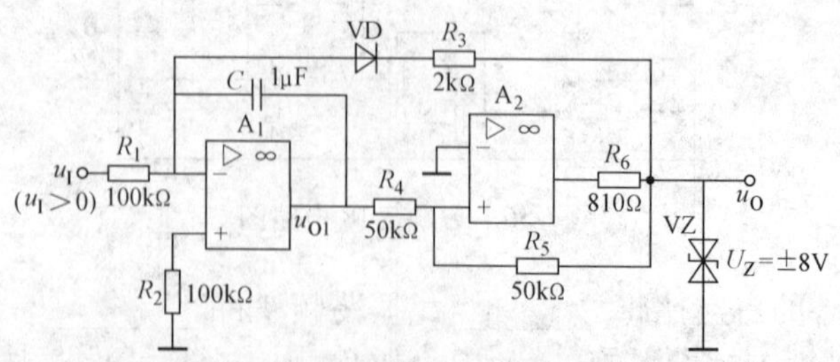

图 7-59　习题 7-23 电路图

*7-24　已知图 7-60 所示电路为压控振荡电路，晶体管 VT 工作在开关状态，当其截止

时相当于开关断开，当其导通时相当于开关闭合，管压降近似为零；$u_I > 0$。

（1）分别求解 VT 导通和截止时 u_{O1} 和 u_I 的运算关系式 $u_{O1} = f(u_I)$。

（2）求出 u_O 和 u_{O1} 的关系曲线 $u_O = f(u_{O1})$。

（3）定性画出 u_O 和 u_{O1} 的波形。

（4）求解振荡频率 f 和 u_I 的关系式。

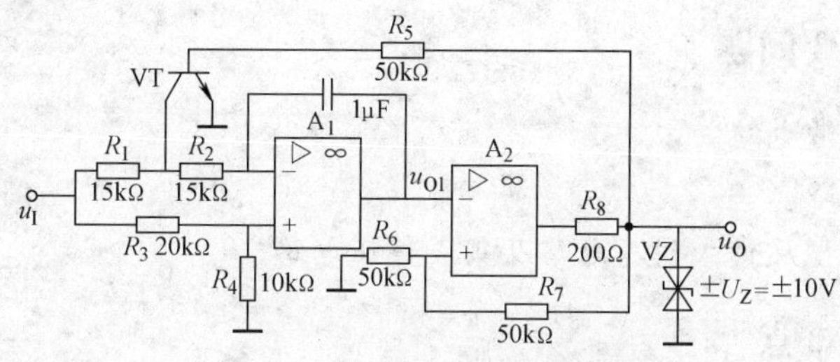

图 7-60　习题 7-24 电路图

第 8 章　直流稳压电源

本章讨论的主要问题

◎小功率整流滤波电路。

◎二极管稳压电路。

◎分立元件串联型反馈式稳压电路及集成稳压电路。

本章的重点与难点

◎二极管稳压电路设计。

◎分立元件串联型反馈式稳压电路原理分析及电路设计。

8.1　直流稳压电源的组成及各部分的作用

直流稳压电源是电子设备的重要组成部分，其作用是将电力网交流电压变换为电子设备所需要的稳定的直流电源电压。直流电源的组成框图如图 8-1 所示。图中电源变压器是将电网交流电压（220V、50Hz）变换为所需的交流电压；整流电路是将变压器次级交流电压转换为单方向脉动电压；滤波电路是将整流后的单方向脉动电压中所包含的波纹（各次谐波）电压分量滤除，使其输出电压波动小，更接近直流电压。滤波电路通常由 *RC*、*LC* 等无源电路组成，其带负载能力很差，负载的变化对滤波特性产生直接的影响，而且，输出电压随电网电压波动（电网电压的波动是不可避免的）而变化。实际中，为了保证电子设备正常工作，总希望直流电源输出的电压受电网电压波动和负载变动的影响很小，为此，在滤波电路后再加上稳压电子电路（稳压器），使直流电源输出的电压基本上不随电网电压波动和负载变动而变化很小，从而获得很稳定的直流电压。各相关点的电压波形如图 8-1 所示。

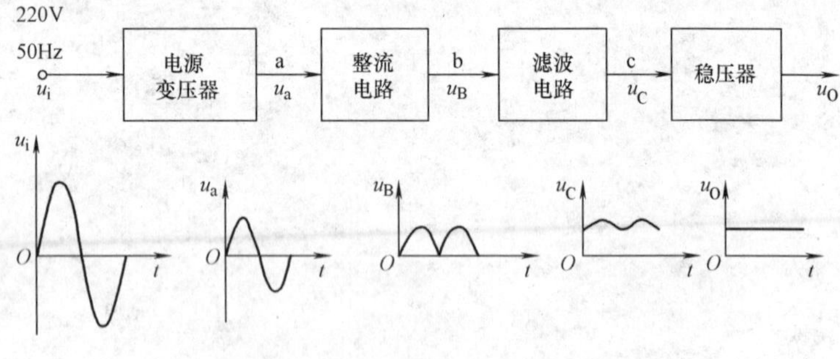

图 8-1　直流稳压电源的组成框图及相关电压波形

8.2　小功率整流滤波电路

整流电路的核心元件是二极管，其原理是利用二极管的单向导电性。为简便，下面分析时将二极管视为理想二极管，正向导通时，二极管的正向电压降为零；反向截止时，二极管的反向电阻为无穷大。实际中，电子仪器设备中稳压电源所带负载大多数可视为纯阻负载，故下面分析，均以纯阻负载为例。

整流电路可分半波、全波、桥式和倍压整流等四种基本形式。整流电路分析的关键是要抓住二极管的单向导电性。

8.2.1 半波整流电路

1. 电路工作原理

半波整流电路如图 8-2 所示。

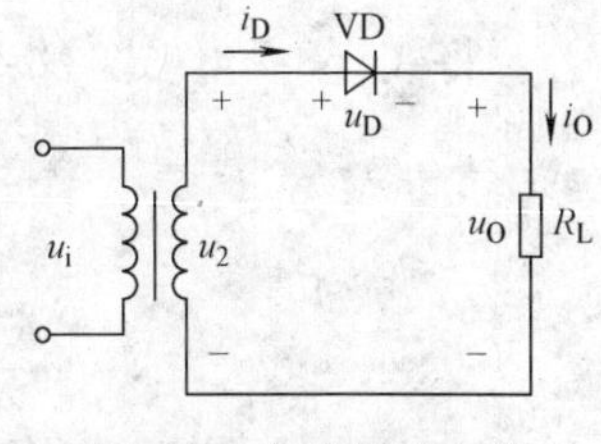

图 8-2 半波整流电路

(1) 当 u_2 为正半周（上“+”下“-”）

此时，二极管 VD 正向导通，有

$$u_O = u_2, u_D = 0, i_O = i_D = \frac{u_2}{R_L}$$

(2) 当 u_2 为负半周（上“-”下“+）

此时，二极管 VD 反向截止，有

$$u_O = 0, u_D = u_2, i_O = i_D = 0$$

由于输出电压 u_O 只利用了输入电压 u_2 的半个波（正半周），故称图 8-2 所示电路为半波整流电路。

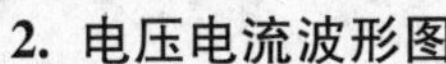

2. 电压电流波形图

由以上分析，不难得到图 8-2 所示半波整流电路的有关电压、电流波形如图 8-3 所示。输出电压 u_O 为单向脉动电压。

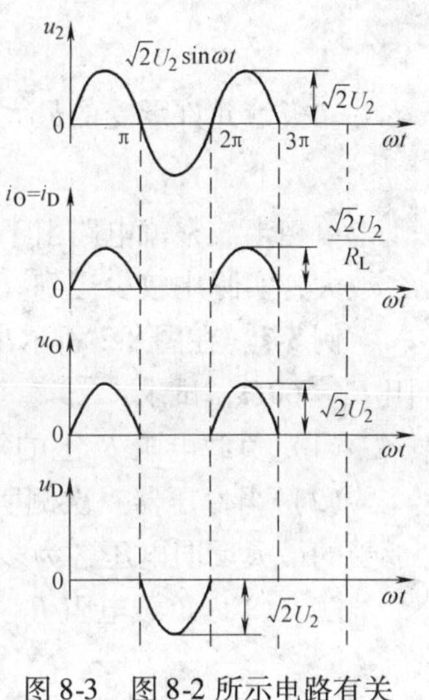

图 8-3 图 8-2 所示电路有关电压、电流波形图

3. 主要参数

(1) 直流电压 U_O 和直流电流 I_O 的计算

设

$$u_2 = \sqrt{2}U_2\sin\omega t \tag{8-1}$$

则半波整流电路直流输出电压 U_O 为

$$\begin{aligned} U_O &= \frac{1}{2\pi}\int_0^{2\pi} u_O \mathrm{d}(\omega t) \\ &= \frac{1}{2\pi}\int_0^{\pi} \sqrt{2}U_2\sin\omega t \mathrm{d}(\omega t) \\ &= \frac{\sqrt{2}}{\pi}U_2 \approx 0.45U_2 \end{aligned} \tag{8-2}$$

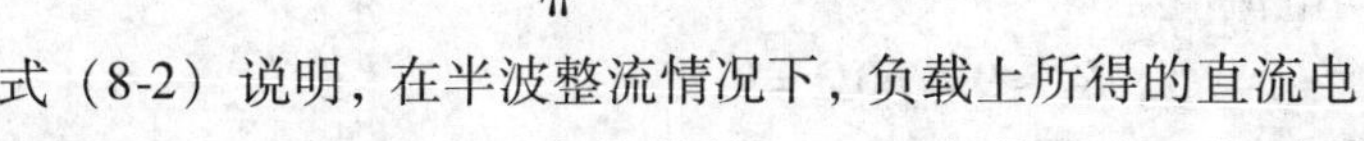

式（8-2）说明，在半波整流情况下，负载上所得的直流电压只有变压器二次绕组电压有效值的 45%。如果考虑二极管的正向电阻和变压器等效电阻上的压降，则 U_O 数值还要稍低些。

在半波整流电路中，流过二极管的平均电流等于流过负载电阻的平均输出电流，即

$$I_O = I_D = \frac{U_O}{R_L} \approx 0.45\frac{U_2}{R_L} \tag{8-3}$$

(2) 脉动系数 S

整流输出电压的脉动系数定义为整流输出电压中基波分量幅值 U_{o1m} 与输出平均电压 U_O（直流电压）之比，即

$$S=\frac{U_{o1m}}{U_O} \tag{8-4}$$

将图 8-3 所示输出半波电压 u_O用傅里叶级数展开可知，输出半波电压 u_O中基波分量幅值 U_{o1m}为

$$U_{o1m}=\frac{U_2}{\sqrt{2}} \tag{8-5}$$

将式（8-2）、式（8-5）代入式（8-4），可得整流输出电压的脉动系数为

$$S=\frac{U_{o1m}}{U_O}=\frac{\frac{U_2}{\sqrt{2}}}{\frac{\sqrt{2}}{\pi}U_2}=\frac{\pi}{2}\approx 1.57 \tag{8-6}$$

式（8-6）表明，半波整流电路输出电压脉动很大，其基波分量幅值为输出平均电压值的 1.57 倍，与理想直流电压相差甚远。

4. 二极管的选择原则

二极管主要根据流过二极管的平均电流 I_D和二极管所承受的最大反向峰值电压 U_{RM}进行选择，且至少留有 10% 的余量，在半波整流情况下，二极管允许通过的最大整流电流 I_F应满足

$$I_F\geqslant 1.1I_D=\frac{1.1U_O}{R_L}\approx 0.495\frac{U_2}{R_L} \tag{8-7}$$

二极管允许承受的最大反向工作电压应满足

$$U_R\geqslant 1.1\sqrt{2}U_2 \tag{8-8}$$

单相半波整流电路由于只利用了半个周期的交流电压，输出电压低，效率低，而且脉动系数大，实际中较少用到。

例 8-1　在图 8-2 所示半波整流电路中，已知变压器二次电压有效值 $U_2=20\text{V}$，负载电阻 $R_L=60\Omega$，试求：

（1）负载电阻 R_L上的平均电压值和平均电流值各为多少？

（2）当变压器一次侧所接电网电压波动 10% 时，流经二极管最大平均电流值和二极管承受的最大反向电压各为多少？

解：（1）负载电阻 R_L上的平均电压值

$$U_O\approx 0.45U_2=0.45\times 20\text{V}=9\text{V}$$

流经负载电阻 R_L上的平均电流值

$$I_O=U_O/R_L\approx 9\text{V}/60\Omega=0.15\text{A}$$

（2）二极管承受的最大反向电压

$$U_{Rmax}=1.1\sqrt{2}U_2\approx 1.1\times 1.414\times 20\text{V}\approx 31\text{V}$$

流经二极管最大平均电流值

$$I_D=1.1I_O=1.1\times 0.15\text{A}\approx 0.165\text{A}$$

8.2.2　全波整流电路

1. 电路工作原理

为提高电源的利用率，可将两个半波整流电路合起来组成一个全波整流电路，如图 8-4

所示。变压器二次绕组中间抽头，其上、下两绕组匝数相同、且绕向相同，因此，二次绕组上、下两端电位相对于中间抽头而言，大小相等、极性相反，以保证二极管 VD_1、VD_2 在正、负半周轮流导电，且两管导通电流流过负载电阻 R_L 的电流方向相同（如图所示，i_{D1}、i_{D2} 均为从上往下流过负载电阻 R_L，分别如图中实线箭头、虚线箭头所示），故在交流信号正、负半周，均有输出电压作用负载上。其工作原理分析如下：

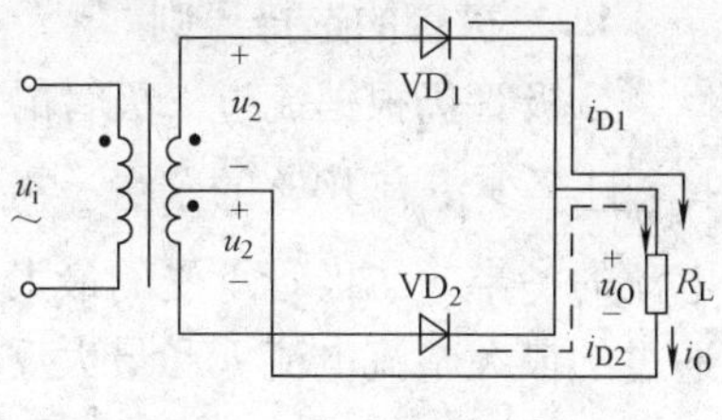

图 8-4　全波整流电路

设 $u_2 = \sqrt{2}U_2 \sin\omega t$。

（1）当变压器二次电压 u_2 为正半周，即 u_2 上“+”下“-”时

此时，由图 8-4 可知，VD_1 导通、VD_2 截止（$i_{D2}=0$），i_{D1} 从上往下流过负载电阻 R_L，在负载电阻 R_L 上得到上“+”下“-”的电压 u_O。需要注意，截止管 VD_2 承受的反向电压为 $2u_2$。

（2）当变压器二次电压 u_2 为负半周，即 u_2 上“-”下“+”时

此时，由图 8-4 可知，VD_2 导通、VD_1 截止（$i_{D1}=0$），i_{D2} 从上往下流过负载电阻 R_L，在负载电阻 R_L 上同样得到上“+”下“-”的电压 u_O。需要注意，截止管 VD_1 承受的反向电压为 $2u_2$。

2. 电压电流波形图

由以上分析，不难得到图 8-4 所示全波整流电路有关电压、电流波形如图 8-5 所示（请读者自行画出 u_{D2} 的波形）。输出电压 u_O 仍为单向脉动电压。

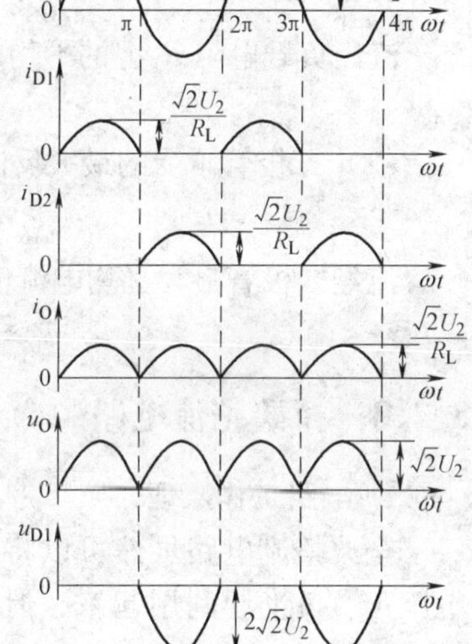

图 8-5　图 8-4 电路相关电压、电流波形

3. 主要参数

（1）直流电压 U_O 和直流电流 I_O 的计算

比较图 8-5 和图 8-3 输出电压 u_O 和电流 i_O 的波形可看出，在 u_2 和 R_L 相同的情况下，全波整流电路输出电压 u_O 和电流 i_O 是半波整流电路的两倍，所以，全波整流电路输出直流电压 U_O 和直流电流 I_O 分别为

$$U_O = \frac{2\sqrt{2}}{\pi}U_2 \approx 0.9U_2 \tag{8-9}$$

$$I_O = \frac{U_O}{R_L} \approx 0.9\frac{U_2}{R_L} \tag{8-10}$$

（2）脉动系数 S

将图 8-5 输出全波电压 u_O 用傅里叶级数展开可知，输出全波电压 u_O 中基波分量的频率是 u_2 的两倍，即 100Hz，且其幅值 U_{o1m} 为

$$U_{o1m} = \frac{4\sqrt{2}}{3\pi}U_2 \tag{8-11}$$

所以，全波整流电路输出电压的脉动系数为

$$S = \frac{U_{o1m}}{U_O} = \frac{\frac{4\sqrt{2}}{3\pi}U_2}{\frac{2\sqrt{2}}{\pi}U_2} = \frac{2}{3} \approx 0.67 \tag{8-12}$$

由式（8-12）可见，全波整流电路输出电压的脉动系数要比半波整流电路减小许多。

4. 二极管的选择原则

二极管仍根据流过二极管的平均电流 I_D 和二极管所承受的最大反向峰值电压 U_{RM} 进行选择，且至少留有10%的余量。需要注意，在全波整流情况下，流过二极管的平均电流为负载电流的一半，二极管承受的最大反压为 $2\sqrt{2}U_2$。考虑到留有10%的余量，所以二极管允许通过的最大整流电流 I_F 和最大反压 U_R 应满足

$$I_F \geqslant 1.1I_D = \frac{1.1}{2}I_O \approx \frac{0.5U_2}{R_L} \tag{8-13}$$

$$U_R \geqslant 2.2\sqrt{2}U_2 \tag{8-14}$$

若全波整流电路中，两整流二极管均反向，请读者自行分析此种情形电路的工作原理。

例 8-2 在图 8-4 所示全波整流电路中，已知变压器二次电压有效值 $U_2 = 20\text{V}$，负载电阻 $R_L = 60\Omega$，试求：

（1）负载电阻 R_L 上的平均电压值和平均电流值？

（2）当初级所接电网电压波动10%时，流经二极管最大平均电流值和二极管承受的最大反向电压各为多少？

解：（1）负载电阻 R_L 上的平均电压值

$$U_O \approx 0.9U_2 = 0.9 \times 20\text{V} = 18\text{V}$$

流经负载电阻 R_L 上的平均电流值

$$I_O = U_O/R_L \approx 18\text{V}/60\Omega = 0.3\text{A}$$

（2）二极管承受的最大反向电压

$$U_{Rmax} = 2.2\sqrt{2}U_2 \approx 2.2 \times 1.414 \times 20\text{V} \approx 62\text{V}$$

流经二极管最大平均电流值

$$I_D = 1.1I_O/2 = 1.1 \times 0.3\text{A} \div 2 \approx 0.165\text{A}$$

8.2.3 桥式整流电路

1. 电路工作原理

全波整流电路虽然可以将输入电压正、负半周利用起来，但变压器二次却增加了一个绕组，图 8-6a 所示电路在与全波整流电路相同输出电压时，变压器二次绕组可减少一半，由于图 8-6a 所示电路四只二极管连成电桥的形式，故称之为桥式整流电路，它是目前应用最为普遍的一种整流电路。图 8-6b 是其在电路图中的一种简化形式画法。

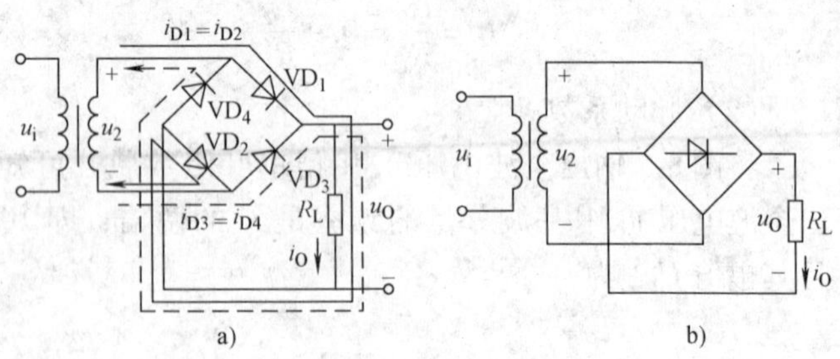

图 8-6 单相桥式整流电路
a）电路习惯画法 b）简化电路

电路工作原理分析如下：

设 $u_2 = \sqrt{2}U_2\sin\omega t$。

（1）当变压器二次电压 u_2上“+”下“-”时

此时，由图 8-6a 可知，VD_1、VD_2导通，VD_3、VD_4截止（$i_{D3}=i_{D4}=0$），$i_{D1}=i_{D2}$从上往下流过负载电阻 R_L，在负载电阻 R_L上得到上“+”下“-”的电压 u_O。需要注意，截止管 VD_3、VD_4承受的反向电压为 u_2。

（2）当变压器二次电压 u_2上“-”下“+”时

此时，由图 8-6a 可知，VD_3、VD_4导通，VD_1、VD_2截止（$i_{D1}=i_{D2}=0$），$i_{D3}=i_{D4}$从上往下流过负载电阻 R_L，在负载电阻 R_L上得到上“+”下“-”的电压 u_O。需要注意，截止管 VD_1、VD_2承受的反向电压为 u_2。

2. 电压电流波形图

由以上分析，不难得到图 8-6 所示桥式整流电路的有关电压、电流波形如图 8-7 所示（请读者自行画出 u_{D3}、u_{D4}的波形）。输出电压 u_O仍为单向脉动电压，与全波整流电路相同。

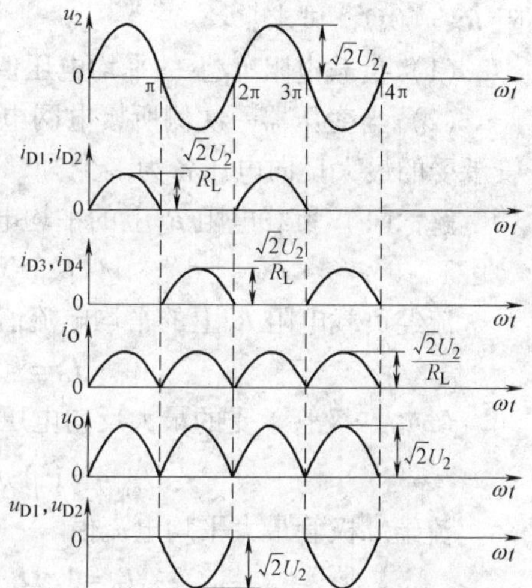

图 8-7　图 8-6 桥式整流电路有关电压、电流波形图

3. 主要参数

（1）直流电压 U_O和直流电流 I_O的计算

由于桥式整流电路与全波整流电路输出电压 u_O的波形相同，所以，桥式整流电路输出直流电压 U_O和直流电流 I_O也分别与全波整流电路的表达式相同，即有

$$U_O=\frac{2\sqrt{2}}{\pi}U_2\approx 0.9U_2 \tag{8-15}$$

$$I_O=\frac{U_O}{R_L}\approx 0.9\frac{U_2}{R_L} \tag{8-16}$$

（2）脉动系数 S

由于桥式整流电路与全波整流电路输出电压 u_O的波形相同，所以，桥式整流电路输出直流电压脉动系数 S 表达式也与全波整流电路相同，即有

$$S=\frac{U_{o1m}}{U_O}=\frac{\frac{4\sqrt{2}}{3\pi}U_2}{\frac{2\sqrt{2}}{\pi}U_2}=\frac{2}{3}\approx 0.67 \tag{8-17}$$

4. 二极管的选择原则

在输入电压一周期内，桥式整流电路每只整流二极管导通时间为半个周期，所以，流过二极管的平均电流为流过负载平均电流的一半，即

$$I_D=\frac{I_O}{2}\approx 0.45\frac{U_2}{R_L} \tag{8-18}$$

与全波整流电路中流过二极管的平均电流相同。

由图 8-7 二极管两端间电压波形图可知，截止二极管承受的最大反向电压为

$$U_{Rmax}=\sqrt{2}U_2 \tag{8-19}$$

与半波整流电路中二极管承受的最高反向电压相同。

二极管选择原则仍根据流过二极管的平均电流 I_D 和二极管所承受的最大反向峰值电压 U_{RM} 进行选择，且至少留有 10% 的余量，所以，选择二极管的最大整流电流 I_F 和最大反向电压 U_R 应分别满足

$$I_F \geqslant \frac{1.1 I_O}{2} \approx 0.5 \frac{U_2}{R_L} \tag{8-20}$$

$$U_R \geqslant 1.1\sqrt{2}U_2 \tag{8-21}$$

若桥式整流电路中，四只整流二极管均反向，请读者自行分析此种情形电路工作原理。

例 8-3 在图 8-6 所示桥式整流电路中，已知变压器二次电压有效值 $U_2 = 20V$，负载电阻 $R_L = 60\Omega$，试求：

（1）负载电阻 R_L 上的平均电压值和平均电流值？

（2）当变压器一次侧所接电网电压波动 ±10% 时，流经二极管最大平均电流值和二极管承受的最大反向电压各为多少？

解：（1）负载电阻 R_L 上的平均电压值

$$U_O \approx 0.9U_2 = 0.9 \times 20V = 18V$$

流经负载电阻 R_L 上的平均电流值

$$I_O = U_O/R_L \approx 18V/60\Omega = 0.3A$$

（2）二极管承受的最大反向电压

$$U_{Rmax} = 1.1\sqrt{2}U_2 \approx 1.1 \times 1.414 \times 20V \approx 31V$$

流经二极管最大平均电流值

$$I_D = 1.1I_O/2 = 1.1 \times 0.3A \div 2 \approx 0.165A$$

请读者对例 8-1、例 8-2、例 8-3 进行比较，总结半波、全波、桥式三种整流电路的异同之处。

8.2.4 电源滤波电路

上面讨论的三种整流电路的输出电压虽然是单一方向的，但波动很大，含有较大的各次谐波电压分量，一般不能作为电子电路和电子设备的直流电压源。因此，实际中，在整流电路的输出端还需接入滤波电路，将整流电路的输出脉动电压变为波动较小、比较平滑的直流电压。由于电源滤波电路输出给电子电路和电子设备的直流电流较大，所以，通常采用 R、L、C 等元件组成的无源滤波电路。无源滤波电路主要是利用电容、电感的储能作用将整流电路的输出脉动较大的电压变为波动较小、比较平滑的直流电压。

1. 电容滤波电路

电容滤波电路是一种最简单的滤波电路，其方法是在整流电路输出端（也即负载电阻两端）并上一个几百至几千微法的大电解电容（需要注意，电解电容有正、负极性，正极接高电位，负极接低电位，而且有额定耐压值，实际中一般不要超过其额定耐压值，否则将有击穿损坏的可能）。桥式整流电容滤波电路如图 8-8所示，其原理如下所述：

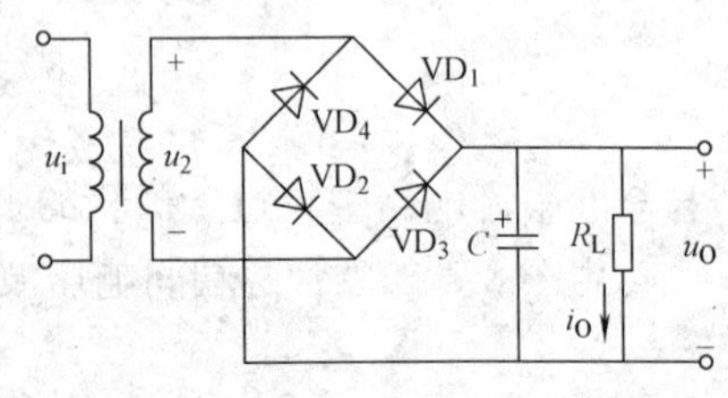

图 8-8　桥式整流、电容滤波电路

1）空载时

空载时，$R_L \to \infty$，设电容 C 两端的初始电压 u_C 为零。接入交流电源后，当 u_2 为正半周（上“+”下“-”）时，VD_1、VD_2 导通，VD_3、VD_4 截止，则 u_2 通过 VD_1、VD_2 对电容 C 充电，电容 C 上的充电电压 $u_C = u_O$ 迅速上升，极性上“+”下“-”。

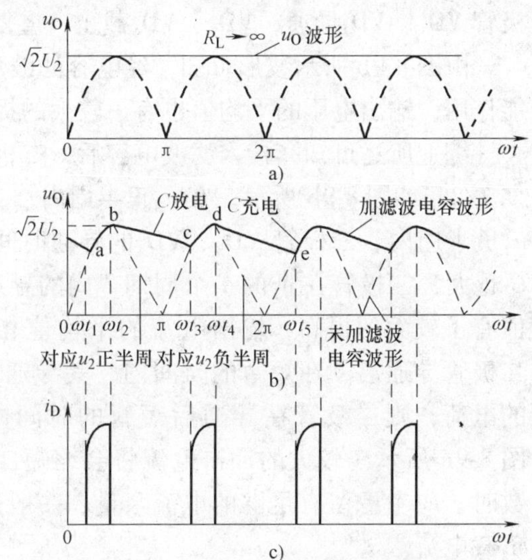

图 8-9　桥式整流、电容滤波电路稳态时的电压、电流波形图

a）未带负载时的波形　b）带负载时的波形

c）流过二极管的电流波形

当 u_2 为负半周（下“+”上“-”），直到 u_2 的电压值大于 $u_C = u_O$ 的值时，VD_3、VD_4 才导通（VD_1、VD_2 截止），u_2 通过 VD_3、VD_4 对电容充电。由于充电回路的等效电阻 r_d（忽略变压器电阻后，r_d 近似为二极管正向导通电阻）很小，故充电时间常数 r_dC 很小，充电很迅速，经过若干个周期后，电容 C 迅速被充到交流电压 u_2 的幅值 $\sqrt{2}U_2$。此后，二极管的正向电压始终小于或等于零，四只整流二极管均截止，电容无放电回路，故稳态时输出电压恒为 $u_C = u_O = \sqrt{2}U_2$ 不变，其稳态时的输出电压波形如图 8-9a 所示。

2）带电阻负载 R_L 时

图 8-9b 实线为带电阻负载 R_L 时 u_O 的波形。为分析方便，图 8-9b 中对应画出了未接滤波电容 C 时 u_O 的波形（为了便于比较，未接滤波电容 C 时 u_O 的波形用虚线示出）。

电路在稳态时，设初始时刻 t_1 如图 8-9b 所示，u_2 正半周电压值在时刻 t_1 刚好等于电容上的电压，$u_C(u_O)$，此时刻后一段时间内，u_2 正半周电压值大于电容上的电压 u_C，二极管 VD_1、VD_2 导通，VD_3、VD_4 截止，则 u_2 通过导通的二极管 VD_1、VD_2，一方面给负载电阻 R_L 提供电流，另一方面对电容 C 充电，充电时间常数为 $\tau_1 = (r_d // R_L)C \approx r_dC$（实际中，总是满足二极管正向导通电阻 r_d 远小于 R_L），如果忽略二极管正向导通电阻 r_d 上的电压降，则此段时间内电容两端电压 $u_C(u_O)$ 与 u_2 相等，故电容 C 上的电压 $u_C = u_O$ 沿图 8-9b 中 ab 段曲线迅速上升。在 t_2 时刻，u_2 达到峰值，$u_C(u_O)$ 也达到图 8-9b 中 b 点对应的最大值。当 u_2 达到峰值开始下降后，由于电容两端电压 $u_C(u_O)$ 不能突变，则 $u_2 < u_C(u_O)$，故 VD_2、VD_2 截止（此时 VD_3、VD_4 仍截止），四只整流二极管相当于断开，隔断了 u_2 与负载 R_L 的联系，则电容 C 通过负载 R_L 放电，即此时流过负载 R_L 的电流由电容 C 的放电电流提供。由于放电时间常数 $\tau_2 = R_LC$ 很大（远大于交流电压 u_2 的周期 T），电容 C 通过负载 R_L 缓慢放电，$u_C(u_O)$ 缓慢下降（u_C 下降的速率要比 u_2 下降的速率小得多），$u_C(u_O)$ 随时间变化如图 8-9b 中 bc 段指数曲线所示。显然，放电时间常数 $\tau_2 = R_LC$ 越大，图 8-9b 中 bc 段指数曲线下降越缓慢，整流滤波电路输出电压越平滑，越接近于直流电压。

当 u_2 由正半周变为负半周时，与 u_2 对应的电压如图 8-9b 中所示；显然，在 $t_2 \sim t_3$ 这段时间内，由于始终满足 $u_2 < u_C$，故四只整流二极管均截止。当在 $t_3 \sim t_4$ 这段时间内，u_2 的电压数值又大于 $u_C(u_O)$，二极管 VD_3、VD_4 导通，VD_1、VD_2 截止，则 u_2 通过导通的二极管 VD_3、

VD_4，一方面给负载电阻 R_L 提供电流，另一方面对电容 C 再次充电（以补充在 $t_2 \sim t_3$ 这段时间内电容 C 放掉的电荷），电容 C 上电压 $u_C(u_O)$ 沿图 8-9b 中 cd 段曲线迅速上升，在 t_4 时刻，$u_C(u_O)$ 达到峰值。此后，四只整流二极管又均截止，则电容 C 又通过负载 R_L 放电，$u_C(u_O)$ 随时间变化如图 8-9b 中 de 段指数曲线所示。当电容 C 通过负载 R_L 放电到 t_5 时刻，二极管 VD_1、VD_2 导通，VD_3、VD_4 截止，重复上述过程。

由图 8-9b 所示波形可知，经电容滤波后，输出电压不仅变得平滑，而且由于电容的储能作用，输出电压的平均值也有了较大的提高。

综上所述可知，接入滤波电容后，二极管在 u_2 的一个周期 T 内的导通时间小于半个周期 $T/2$。如图 8-9b 所示，在 u_2 正半周内，二极管 VD_1、VD_2 的导通时间 $(t_2 - t_1) < T/2$；在 u_2 负半周内，二极管 VD_3、VD_4 的导通时间 $(t_4 - t_3) < T/2$。而且，放电时间常数 $\tau_2 = R_L C$ 越大，二极管在 u_2 的一个周期 T 内的导通时间越短。由于电容滤波电路输出电压的平均值有了较大的提高，输出电流的平均值相应也有较大的提高。因此，接入滤波电容后，二极管导通后，在短暂的时间内，其导通电流要补充电容 C 在较长时间放电过程中失去的电荷，则二极管在导通后短暂的时间内，必然会有较大的冲击电流流过二极管，如图 8-9c 所示。较大的冲击电流将会缩短二极管的使用寿命。因此，在选择二极管电流参数时，应考虑留有足够的电流余量，一般选择二极管最大整流平均电流 I_F 大于 2 ~ 3 倍的负载电流。

若考虑变压器内阻和导通二极管电压降，则 $u_C(u_O)$ 的波形如图 8-10 实线所示，右斜线部分为变压器内阻和导通二极管上的总电压降。

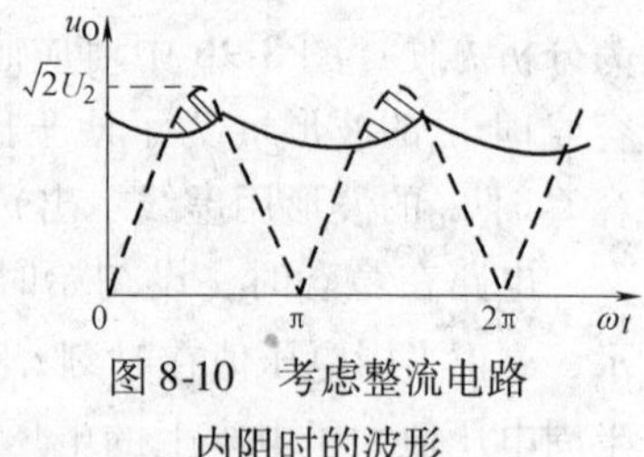

图 8-10　考虑整流电路内阻时的波形

由于变压器内阻和二极管的导通电阻要比负载电阻小得多，故充电时间常数 $\tau_1 \approx r_d C$ 远远小于放电时间常数 $\tau_2 = R_L C$，一个周期内，放电时间比充电时间长得多，因此，输出电压 u_O 的平滑程度（即滤波效果）主要取决于放电时间常数大小。显然，负载 R_L 和电容 C 越大，放电时间常数 $\tau_2 = R_L C$ 越大，放电越缓慢，输出电压 $u_C(u_O)$ 波动幅度越小，则 $u_C(u_O)$ 越平滑，滤波效果越好；反之，滤波效果越差。而且，放电时间常数 $\tau_2 = R_L C$ 越大，$u_C(u_O)$ 的平均值也有一定的提高；反之，$u_C(u_O)$ 平均值也相对减小。放电时间常数 $\tau_2 = R_L C$ 大小不同对滤波效果和 $u_C(u_O)$ 平均值的影响如图 8-11 所示。

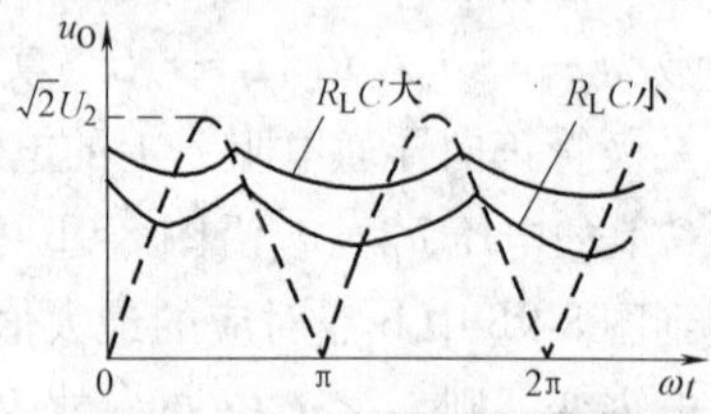

图 8-11　R_LC 不同时 u_O 的波形

为了获得较好的滤波效果，在全波和桥式整流电路设计中，放电时间常数一般要求满足

$$\tau_2 = R_L C = (3 \sim 5)T/2 \tag{8-22}$$

在半波整流电路设计中，为了获得较好的滤波效果，放电时间常一般要求满足

$$\tau_2 = R_L C = (3 \sim 5)T \tag{8-23}$$

2. 主要参数

（1）输出直流电压 U_O

电容滤波电路输出电压波形难以用确定的数学解析式表示，近似估算时，将图 8-10 所示波形近似用锯齿波代替，以此为基础可以证明[1]滤波电路输出电压近似满足：

$$U_O \approx \sqrt{2}U_2(1-\frac{T}{4R_LC}) \tag{8-24}$$

由式（8-24）可见，当负载开路，即 $R_L=\infty$ 时，$U_O \approx \sqrt{2}U_2$。当 $R_LC=(3\sim5)T/2$ 时，

$$U_O \approx (1.18-1.27)U_2 \approx 1.2U_2 \tag{8-25}$$

式（8-25）为全波和桥式整流电容滤波电路分析和设计时常用的一个公式。

（2）脉动系数 S

近似估算时，同样将图 8-10 所示波形近似用锯齿波代替，以此为基础可以证明[1]滤波电路输出电压脉动系数 S 可近似表示为

$$S=\frac{T}{4R_LC-T}=\frac{1}{\frac{4R_LC}{T}-1} \tag{8-26}$$

式（8-26）表明，放电时间常数 $\tau_2=R_LC$ 比交流电压周期 T 大得越多，输出电压脉动系数 S 越小，即输出电压中所含纹波电压成分越小，滤波效果越好。实际上，由于 $T=20\text{ms}$，对于小功率整流滤波电路，R_L一般为几十至几百欧，由实际要求决定，所以加大放电时间常数 $\tau_2=R_LC$，主要靠加大滤波电容 C 来满足。一般取 C 为几百至一二千微法；电容太大，不仅成本高、且体积也很大；所以，过分选择太大的滤波电容，既不经济也不利于小型化。实际中，为了进一步减小纹波电压，通常在滤波电路输出端再加稳压电路。

3. 电容滤波电路的外特性

滤波电容 C 选定后，输出平均电压 U_O与负载平均电流 I_O的关系称为电容滤波电路的外特性（也称为输出特性）。

根据 $R_L=U_O/I_O$和式（8-24）可画出电容滤波电路的外特性如图 8-12 所示，图中，U_2为变压器二次电压的有效值。

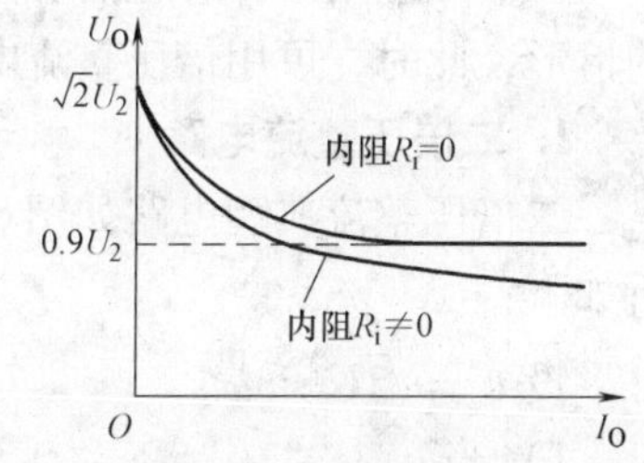

图 8-12　电容滤波电路的外特性

由图 8-12 可见，当内阻 R_i（包括变压器二次电阻和整流二极管导通电阻）为零时，随着负载平均电流 I_O的增大（负载电阻 R_L变小），输出平均电压 U_O也随之变小，这是因为，负载电阻 R_L变小，在整流二极管截止期间，使得电容滤波电路放电时间常数 $\tau_2=R_LC$ 变小，因而滤波电容 C 放电变得迅速些，输出平均电压 U_O必然随之变小，输出平均电压 U_O的最小值以 0.9 U_2为极限（为什么？请读者思考），如图 8-12 所示。

当内阻 $R_i\neq0$ 时，随着负载平均电流 I_O的增大（负载电阻 R_L变小），输出平均电压 U_O也随之变小；随着负载平均电流 I_O的增大到一定值时，此后，若 I_O继续增大（负载电阻 R_L进一步变小），输出平均电压 U_O的值可以比 0.9 U_2小，且 I_O越大（负载电阻 R_L越小），输出平均电压 U_O的值可以比 0.9 U_2小得越多（为什么？请读者思考），如图 8-12 所示。

综上所述可知，电容滤波电路虽然简单（只需一个大电容与负载并联），但其输出特性不好，因此，只适用于负载平均电流 I_O较小且变化不大的情形。

例 8-4　设计一个如图 8-8 所示的桥式整流电容滤波电路，要求输出电压的平均值 $U_O=12\text{V}$，负载电流的平均值 $I_O=80\text{mA}$，试求：

（1）滤波电容的取值。

（2）如果电网电压的波动幅度为±10%，滤波电容的耐压值。

解：（1）由已知条件可知，负载电阻为

$$R_L = U_O/I_O = 12V/0.08A = 150\Omega$$

在工程实际中，滤波电路放电时间常数取值满足 $\tau_2 = R_L C = (3\sim5)T/2$，由此可求得滤波电容的取值为

$$C = (3\sim5)T/2R_L \approx 200\sim333\mu F$$

（2）当 $R_L C = (3\sim5)T/2$ 时，输出电压的平均值 U_O 与变压器二次电压有效值 U_2 满足 $U_O \approx 1.2\ U_2$，所以，变压器二次电压有效值 U_2 为

$$U_2 \approx U_O/1.2 = 12V/1.2 = 10V$$

电容承受的最大电压值为

$$U_{Cmax} \approx 1.1\sqrt{2}\ U_2 \approx 15.6V$$

滤波电容的耐压值为

$$U > U_{Cmax} \approx 15.6V$$

实际可选择容量为300μF，耐压值为大于20V以上的电解电容。

∗8.2.5 倍压整流电路

在实际应用中，有时需要高电压（例如几百伏～千伏以上）、小电流（例如1mA以下）的情形，此时，可用倍压整流电路。

1. 二倍压整流电路

二倍压整流典型电路如图8-13所示。电路工作原理分析如下：

设 $u_2 = \sqrt{2}U_2\sin\omega t$。

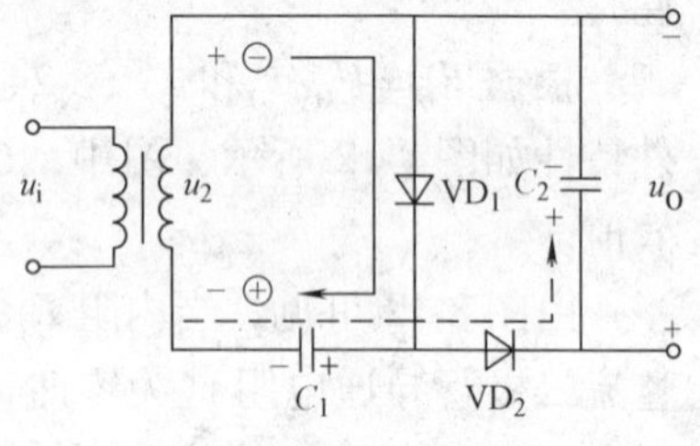

图8-13 二倍压整流电路

1）当 u_2 上“+”下“−”，使 VD_1 导通、VD_2 截止，u_2 通过 VD_1 对 C_1 充电，充电电流如图中实线箭头所示。当 u_2 达到正峰值时，使电容 C_1 上的充电电压也达到 u_2 的峰值 $\sqrt{2}U_2$，C_1 电压极性右“+”左“−”。当 u_2 达到正峰值后开始下降时，VD_1 截止（VD_2 仍在截止状态），C_1 无放电回路，所以，C_1 电压保持 $\sqrt{2}U_2$ 不变。

2）当 u_2 上“−”下“+”，使 VD_2 导通、VD_1 截止，u_2 与 C_1 电压相加通过 VD_2 对 C_2 充电，充电电流如图中虚线箭头所示。当 u_2 达到负峰值时，电容 C_2 上的充电电压近似达到峰值 $2\sqrt{2}U_2$，显然，C_2 电压极性下“+”上“−”。当 u_2 达到负峰值后开始上升时，VD_2 截止（VD_1 仍在截止状态），C_2 无放电回路，所以，C_2 电压保持 $2\sqrt{2}U_2$ 不变。

3）当 u_2 上“+”下“−”，再次使 VD_1 导通、VD_2 截止，u_2 通过 VD_1 对 C_1 充电，以补充过程2）放掉的电荷。此后，充、放电按上述过程周而复始进行。

若将 C_2 电压作为输出电压，即可获得 u_2 峰值电压 $\sqrt{2}U_2$ 的两倍输出：$2\sqrt{2}U_2$。故称图8-13所示电路为二倍压整流电路。

2. 多倍压整流电路

根据二倍压整流原理，可以组成多倍压整流，获得实现所需要倍数的输出电压。

多倍压整流电路如图8-14所示。根据二倍压整流电路同样的原理分析可知，在不带负载的情形下，C_1上的电压为$\sqrt{2}U_2$，$C_2 \sim C_6$上的电压均为$2\sqrt{2}U_2$。需要注意，各电容上电压的极性均为右“+”左“-”。若以C_2两端作为输出端，输出电压值为$2\sqrt{2}U_2$；若以C_1和C_3上电压相加后作为输出端，输出电压值为$3\sqrt{2}U_2$；……；依此类推，从电容不同两端输出，可获得$4\sqrt{2}U_2$、$5\sqrt{2}U_2$、$6\sqrt{2}U_2$的输出电压。

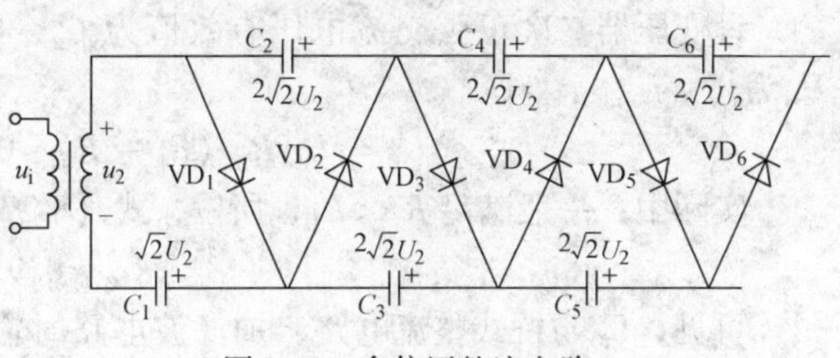

图8-14　多倍压整流电路

需要指出，为了简便，进行上面分析时，没有考虑带负载的情况，且电路处于稳态。由于电容储能有限，当电路带上负载后，输出电压将会比没有带负载时要下降一些，且负载越重（R_L越小），输出电压下降越多。因此，倍压整流电路适用于某些高阻值负载R_L的情况（例如负载电流小于1mA）。

8.2.6　其他形式的滤波电路

1. 电感滤波电路

（1）滤波原理

在大负载电流I_O（负载电阻R_L很小）情况下，若采用前述电容滤波电路，则滤波电容必然选得很大（使得实际电容的选择有一定困难），且整流二极管由截止变为导通的短时间内会有很大的冲击电流流经二极管，这对整流二极管的安全运行极为不利，此时，应采用如图8-15所示的电感滤波电路。

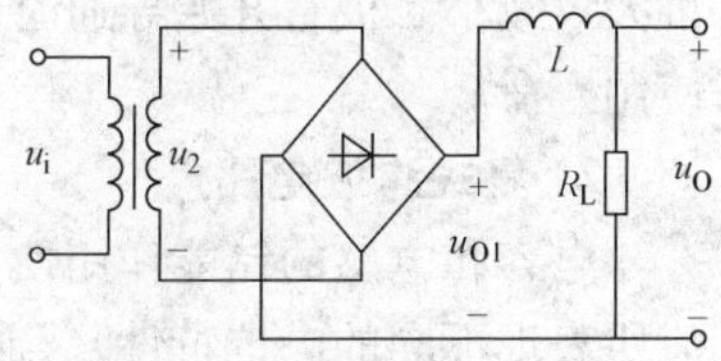

图8-15　桥式整流电感滤波电路

从阻抗特性角度分析，如果电感L对基波的阻抗值$Z_L >> R_L$，各次谐波阻抗Z_{Ln}更满足$Z_{Ln} >> R_L$，则整流电路输出的纹波电压几乎全部降落在电感L上；另一方面，电感L对直流而言，近似相当于短路，因此，负载电阻R_L上获得较为理想的直流电压。显然，基波的阻抗值Z_L比R_L大得越多，滤波效果越好。由于整流输出的纹波电压中基波及其各次谐波频率相对来说都较低，因此，电感L的电感量要足够大，一般采用有铁心的且匝数很多的线圈。

与电容滤波原理类似，电感滤波的实质是利用了电感的储能作用（电容储存的是电场能，电感储存的是磁场能，且这种磁场能与电场能可以相互转换），对此说明如下：当整流电路通过电感L的电流有增大的趋势时，则电感L产生的自感电动势阻止电流的增加，在此期间将一部分电能转换为储存于电感L中的磁场能；当整流电路通过电感L的电流有减小的趋势时，则电感L产生的自感电动势阻止电流的减小，同时释放出储存于电感L中的磁场能。由此可知，经电感L滤波后，不仅输出电压和输出负载电流脉动大大减小，而且，由于电感L产生的自感电动势的作用，使得整流二极管在一个周期内导通的时间变长（或者说导通角变大），流经二极管冲击电流大大减小，这对二极管的安全运行是十分有利的。

（2）主要参数

1）输出直流电压U_O

设变压器二次正弦交流电压有效值为 U_2，电感 L 的直流电阻为 R，则输出直流电压 U_O为

$$U_O = U_{O1}R_L/(R_L + R) \approx 0.9\,U_2\,R_L/(R_L + R) \tag{8-27}$$

实际中，一般满足 $R \ll R_L$，所以，式（8-27）变为

$$U_O \approx 0.9\,U_2 \tag{8-28}$$

可见，U_O与桥式整流电路未加滤波电路时输出电压 U_{O1}的平均值相同，这也是预料之中的。

2）输出电压中基波交流分量

由桥式全波整流输出电压 u_{O1}的傅里叶级数展开式可知，u_{O1}中的基波分量的角频率是变压器二次正弦交流电压 u_2的角频率 ω 的两倍，即 2ω，且基波分量的幅值为

$$U_{o1m} = 4\sqrt{2}U_2/(3\pi) \tag{8-29}$$

考虑到 $2\omega L \gg R_L$，所以，输出电压中基波交流分量幅值为

$$U'_{o1m} = \frac{U_{o1m}R_L}{\sqrt{(2\omega L)^2 + R_L^2}} \approx \frac{U_{o1m}R_L}{2\omega L} \tag{8-30}$$

显然，L 越大，输出电压中基波交流分量幅值越小，滤波效果越好。

由于电感 L 产生的自感电动势的作用，使得整流二极管在一个周期内导通的时间变长到接近半个周期（或者说导通角变大到接近 π），整流二极管在一个周期内导通的时间变长，将大大减小二极管开始导通时的冲击电流，平滑了流过二极管的电流，可延长整流二极管的使用寿命。

2. 复式滤波电路

电容和电感的储能作用使它们成为滤波电路的基本元件，利用它们对直流电流和交流电流所表现不同的电抗特性，合理地接入到整流电路的输出端，就可以获得滤除交流纹波电压的效果。若单独应用前述的电容或电感滤波电路，其滤波效果满足不了实际要求时，可采用如图 8-16 所示的几种复式滤波电路，其中图 8-16a 为 LC 复式滤波电路，图 8-16b、c 分别为 LC-π 形和 RC-π 形复式滤波电路。读者可以根据前述电容或电感滤波电路的分析方法分析它们的滤波原理。

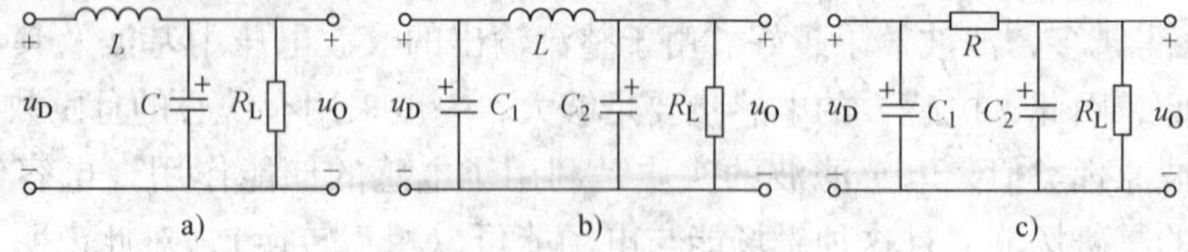

图 8-16　复式滤波电路

a）LC 滤波电路　b）LC-π 形滤波电路　c）RC-π 形滤波电路

需要指出，在图 8-16b、c 所示 LC-π 形和 RC-π 形滤波电路中，由于流过负载的直流电流必然要流经 L 和 R，对图 8-16b 所示电路而言，电感 L 的直流电阻可以忽略不计（需要注意，对纹波交流电量却表现出很大的阻抗），因此，电感 L 直流电压降（或者说直流功率损耗）可以忽略不计，因而滤波效果也好，效率也高。对图 8-16c 所示电路而言，情况就不一样了，若 R 取得太小了，其直流功率损耗小、效率高，但滤波效果变差；若 R 取得太大了，虽然滤波效果好，但 R 的直流功率损耗大、效率低。因此，实际中，图 8-16c 所示电路通常

应用在负载电流较小的情况，图 8-16b 所示电路通常应用在负载电流较大的情况。在负载电流更大的情况下（例如几安）通常应用图 8-16a 所示的 *LC* 滤波电路。

3. 各种类型滤波电路性能比较

表 8-1 列出了各种类型滤波电路的性能比较，应用时，可根据实际要求选择不同类型滤波电路。

表 8-1　各种滤波电路的性能比较

类型 \ 性能	U_O/U_2	适用场合	整流管的冲击电流
电容滤波	≈1.2	小电流	大
RC-π 形滤波	≈1.2	小电流	大
LC-π 形滤波	≈1.2	小电流	大
L 滤波	0.9	大电流	小
LC 滤波	0.9	适应性较强	小

8.3　二极管稳压电路

前述整流滤波电路虽能将交流电压变换为比较平滑的直流电压，但存在两个方面的问题：其一，整流滤波电路输出直流电压受电网电压波动影响而不稳定，这是因为，当电网电压变化时，电源变压器二次电压将随之变化，由此必然引起整流滤波电路输出直流电压的变化；其二，整流滤波电路总是存在一定的输出内阻（包括电源变压器二次绕组电阻、整流二极导通电阻和滤波电路电阻等），当负载电阻变化时，整流滤波电路的输出内阻上的电压将发生变化，导致输出直流电压发生变化。基于上述两方面的原因，为了保证输出直流电压的稳定，实际中通常在整流滤波电路后面接入稳压电路。

本节主要讨论二极管稳压电路的组成、工作原理和稳压电路的一些基本的性能指标。

8.3.1　二极管稳压电路的组成及稳压原理

1. 二极管稳压电路的组成

二极管稳压电路是由稳压二极管和限流电阻组成的一种最简单的直流稳压电路，其基本电路如图 8-17a 所示，图中 R_L 为负载电阻，VZ 为稳压二极管，其伏安特性曲线如图 8-17b 所示，U_Z 为击穿电压，I_{Zmin} 为允许的最小击穿电流，I_{Zmax} 为允许的最大击穿电流，*R* 为限流电阻，其作用是限制流过稳压二极管 VZ 的电流，保证稳压二极管工作在合适的击穿状态，使得流过击穿状态下稳压二极管 VZ 的电流满足

$$I_{Zmin} < I_Z < I_{Zmax} \tag{8-31}$$

式（8-31）是二极管稳压电路实现稳压和稳压二极管安全运行必须满足的条件，是

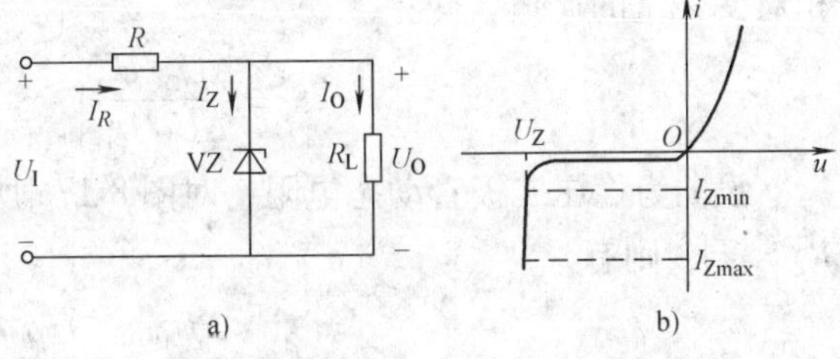

图 8-17　稳压二极管稳压电路及稳压二极管的伏安特性

a）稳压电路　b）伏安特性

设计二极管稳压电路时选择限流电阻 R 的依据。由于负载电阻 R_L 与稳压二极管 VZ 相并联，图 8-17a 所示电路也称为并联型稳压电路。

2. 稳压原理

（1）当输入电压 U_I 保持不变，负载电阻 R_L 变化时的稳压原理

图 8-17a 中的输入电压 U_I 为整流滤波电路的输出电压。当输入电压 U_I 保持不变，负载电阻 R_L 减小时，I_O 增大，限流电阻 R 上的电压降升高，输出电压 U_O 将呈下降趋势。由于稳压管并联在输出端，由伏安特性可看出，当稳压管两端的电压略有下降时，电流 I_Z 将急剧减小，而 $I_R = I_O + I_Z$，电流 I_Z 急剧减小抵消了 I_O 的增大，致使 I_R 基本维持不变，R 上的电压也就维持基本不变，从而保证输出电压 U_O 基本不变。这一稳压过程可简单表述如下：

$$R_L\downarrow \to I_O\uparrow \to I_R\uparrow \to U_O\downarrow \to I_Z\downarrow \to I_R\downarrow = I_O + I_Z$$
$$U_O\uparrow \leftarrow$$

反之，负载电阻 R_L 增大，I_O 减小时，电阻 R 上的电压减小，输出电压 U_O 将增大，导致电流 I_Z 急剧增大，使 $I_R = I_O + I_Z$ 基本不变，R 上的电压也就维持基本不变，从而保证输出电压 U_O 基本不变。

（2）负载电阻 R_L 不变、输入电压 U_I 变化时稳压原理

负载电阻 R_L 不变，当电网电压升高时，将使 U_I 增加，随之输出电压 U_O 也增大，由稳压管的伏安特性可见，I_Z 将急剧增加，则电阻 R 上的电压降 U_R 增大，从而使输出电压 $U_O = U_I - U_R$ 基本保持不变。这一稳压过程可简单表述如下：

$$\text{电网电压上升} \to U_I\uparrow \to U_O\uparrow \to I_Z\uparrow \to I_R\uparrow \to U_R\uparrow$$
$$U_O\downarrow \leftarrow$$

当电网电压下降时，各电量的变化与上述过程相反，同样可保证输出电压 U_O 基本不变。

综上所述，二极管稳压电路实现稳压原理，是利用稳压二极管击穿后，其电压微小的变化引起很大的电流变化，通过限流电阻 R 上电压或电流的调节补偿，达到稳压的目的。

8.3.2 稳压电路的主要性能参数

任何形式的稳压电路，其稳压性能可用稳压系数 S_r 和输出电阻 R_o 两个主要性能参数描述。

1. 稳压系数 S_r

稳压系数 S_r 定义为：负载电阻 R_L 一定时，稳压电路输出电压相对变化量与其输入电压相对变化量的比值，即

$$S_r = \left.\frac{\Delta U_O/U_O}{\Delta U_I/U_I}\right|_{R_L\text{不变}} = \left.\frac{\Delta U_O}{\Delta U_I}\frac{U_I}{U_O}\right|_{R_L\text{不变}} \tag{8-32}$$

设 r_z 为稳压二极管动态电阻，对图 8-17a 所示的二极管稳压电路，考虑到实际中总满足 $R_L \gg r_z$，则有

$$\frac{\Delta U_O}{\Delta U_I} = \frac{r_z /\!/ R_L}{R + r_z /\!/ R_L} \approx \frac{r_z}{R + r_z} \tag{8-33}$$

将式（8-33）代入式（8-32），考虑到 $U_O = U_Z$，可得图 8-17a 所示的二极管稳压电路稳压系数为

$$S_r = \frac{\Delta U_O / U_O}{\Delta U_I / U_I} \approx \frac{r_z}{R + r_z} \frac{U_I}{U_Z} \tag{8-34}$$

当 $R >> r_z$（这一条件实际中通常满足）时，式（8-34）可简化为

$$S_r \approx \frac{r_z}{R} \frac{U_I}{U_Z} \tag{8-35}$$

稳压系数 S_r反映了电网电压波动对稳压电路输出电压稳定程度的影响。显然，S_r越小，稳压电路的输出电压越稳定，即电路稳压效果越好。

由式（8-35）可知，当输出电压 U_O（$=U_Z$）和输入电压 U_I确定后，选择动态电阻 r_z小的稳压二极管，适当增大限流电阻 R，有利于稳压电路输出电压的稳定。但是，在输出电压 U_O（$=U_Z$）和负载电流 I_O确定的情况下，加大限流电阻 R，U_R变大，U_I势必也要加大，而这又使得稳压系数 S_r增大。因此，电路设计时，应综合考虑、合理选择 R 和 U_I的取值，稳压系数 S_r才可能做到比较小。

2. 输出电阻

输出电阻 R_o定义为：在稳压电路输入电压 U_I一定时，输出电压变化量与输出电流变化量的比值，即

$$R_o = \left.\frac{\Delta U_O}{\Delta I_O}\right|_{U_I\text{不变}} \tag{8-36}$$

根据式（8-36），图 8-17a 所示电路的输出电阻为

$$R_o = \left.\frac{\Delta U_O}{\Delta I_O}\right|_{U_I\text{不变}} = r_z // R \approx r_z \tag{8-37}$$

由式（8-35）、式（8-37）可知，选择动态电阻 r_z小的稳压二极管，不仅可以减小稳压系数，而且可以减小输出电阻；可见，稳压二极管动态电阻 r_z越小，稳压电路输出电压越稳定。

8.3.3 二极管稳压电路设计时电路参数的选择

设计一个二极管稳压电路就是根据设计要求，适当选择电路元件参数，使电路满足实际需要。设计之前，应首先根据电路实际需要，提出具体的设计要求：① 输出电压 U_O；② 负载电流 I_O的取值范围为 $I_{O\min} \sim I_{O\max}$（或负载电阻 R_L的取值范围：$R_{L\min} \sim R_{L\max}$）；③ 需考虑输入电压 U_I的波动（一般为 $\pm 10\%$）。

电路设计原则如下：

(1) 根据稳压电路输出电压 U_O确定输入电压 U_I

由式（8-35）可知，稳压电路输入电压 U_I的取值对电路稳压系数 S_r有直接影响，U_I太低，有可能满足不了负载电流 I_O的要求和稳压二极管电流 I_Z正常取值范围（$I_{Z\min} < I_Z < I_{Z\max}$）的需要；$U_I$太高，不利于减小电路稳压系数 S_r，而且还会加大限流电阻的功耗，降低稳压电路的效率。综合考虑，实际中一般选择

$$U_I = (2 \sim 3) U_O \tag{8-38}$$

负载电流 I_O大，式（8-38）的系数可取下限；负载电流 I_O小，式（8-38）的系数可取上限。U_I确定后，据此，可选择整流滤波电路元件参数。

(2) 稳压二极管的选择

稳压二极管的选择从击穿电压 U_Z 和击穿电流两方面考虑。显然，稳压二极管的击穿电压 U_Z 由稳压电路输出电压 U_O 决定，应满足

$$U_Z = U_O \tag{8-39}$$

另一方面，由前述二极管稳压电路稳压原理可知，当负载电流 I_O 发生变化时，流过稳压二极管的电流 I_Z 将产生一个与负载电流 I_O 相反方向的变化，即 $\Delta I_Z \approx -\Delta I_O$，这就要求工作在击穿区（稳压工作区）的稳压二极管正常工作的电流变化范围应大于负载电流变化范围，即

$$I_{Zmax} - I_{Zmin} > I_{Omax} - I_{Omin} \tag{8-40}$$

另外，还需考虑稳压二极管安全运行的最不利情形，这就是空载（未接负载电阻 R_L）时，流过限流电阻的电流全部流过稳压二极管，稳压二极管电流达到最大，为保证稳压二极管安全运行，此时，要求流过稳压二极管的最大电流不能超过稳压二极管所允许通过的最大电流，即满足

$$I_{Zmax} > I_R = (U_I - U_Z)/R \tag{8-41}$$

式（8-39）~式（8-41）是电路设计时选择稳压二极管的依据。

（3）限流电阻 R 的选择

二极管稳压电路实现稳压的基本原理在于与负载相并联的稳压二极管始终工作在击穿状态，实际中，由于电网电压的波动使得稳压电路输入电压 U_I 发生波动（一般为 ±10%）和负载 R_L 的变化，都将导致流过稳压二极管电流发生变化，所以电路设计选择限流电阻 R 时要考虑上述两因素的影响，这种影响可从两种最不利的情形考虑。

1）U_I 发生 -10% 的波动，且负载电流为最大值 $I_{O\,max}$

当 U_I 发生 -10% 的波动、U_I 为最小值 U_{Imin}，且负载电流为最大值 $I_{O\,max}$ 时，流过稳压二极管的电流最小，此时，为保证稳压二极管工作在击穿状态，流过稳压二极管的电流 I_Z 应大于稳压二极管的最小击穿电流 I_{Zmin}，即满足

$$\frac{U_{Imin} - U_Z}{R} - I_{Omax} \geqslant I_{Zmin}$$

由此可求得限流电阻的上限值为

$$R_{max} = \frac{U_{Imin} - U_Z}{I_{Zmin} + I_{Omax}} \tag{8-42}$$

式中，$I_{O\,max} = U_Z/R_{Lmin}$。

2）U_I 发生 10% 的波动，且负载电流为最小值 $I_{Om\,in}$

当 U_I 发生 10% 的波动、U_I 为最大值 U_{Imax}，且负载电流为最小值 I_{Omin} 时，则流过稳压二极管的电流最大，此时，流过稳压二极管的最大电流 I_Z 应小于稳压二极管所允许的最大电流 I_{Zmax}，即满足

$$\frac{U_{Imax} - U_Z}{R} - I_{Omin} \leqslant I_{Zmax}$$

由此可求得限流电阻的下限值为

$$R_{min} = \frac{U_{Imax} - U_Z}{I_{Omin} + I_{Zmax}} \tag{8-43}$$

式中，$I_{O\,min} = U_Z/R_{Lmax}$。

因此，限流电阻的取值范围为

$$R_{\min} < R < R_{\max} \tag{8-44}$$

需要指出，实际电路设计中、确定选择限流电阻 R 的最小值时，应考虑流过稳压二极管的电流最大值出现在负载开路（负载电流最小值 $I_{\mathrm{Omin}}=0$）时的这种最不利的情况，此时，令式（8－43）中 $I_{\mathrm{Omin}}=0$，则限流电阻的下限值应为

$$R_{\min}=\frac{U_{\mathrm{Imax}}-U_{\mathrm{Z}}}{I_{\mathrm{Zmax}}}$$

例 8-5 稳压电路如图 8-18 所示，稳压管为 2CW14，其参数是 $U_{\mathrm{Z}}=6\mathrm{V}$，$I_{\mathrm{Z}}=I_{\mathrm{Zmin}}=10\mathrm{mA}$，管耗 $P_{\mathrm{Z}}=200\mathrm{mW}$，稳压管动态电阻 $r_{\mathrm{z}}=15\Omega$。整流滤波输出电压 $U_{\mathrm{I}}=15\mathrm{V}$。

（1）试计算当 U_{I}变化 ±10%，负载电阻在 0.5～2kΩ 范围变化时，限流电阻 R 的取值范围。

（2）按所选定的电阻 R 值，计算该电路的稳压系数及输出电阻。

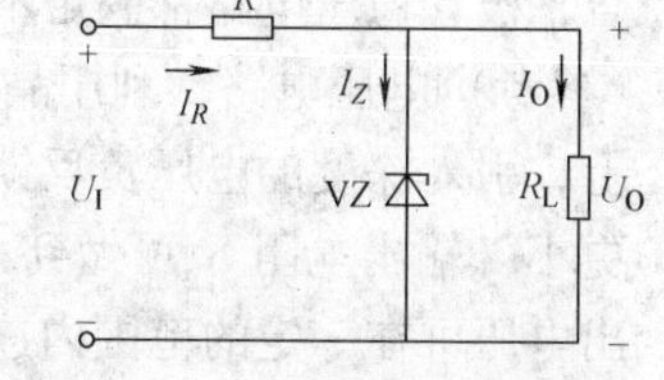

图 8-18 稳压二极管稳压电路

解：（1）首先根据稳压二极管击穿电压 U_{Z}和管耗 P_{Z}确定其允许通过的最大击穿电流为

$$I_{\mathrm{Zmax}}=\frac{P_{\mathrm{Z}}}{U_{\mathrm{Z}}}=\frac{200\mathrm{mW}}{6\mathrm{V}}\approx 33\mathrm{mA}$$

由已知条件可知，稳压二极管工作在击穿区的最小电击穿电流为

$$I_{\mathrm{Zmin}}=10\mathrm{mA}$$

整流滤波输出电压 U_{I}最大、最小值分别为

$$U_{\mathrm{Imax}}=U_{\mathrm{I}}(1+10\%)=16.5\mathrm{V}$$

$$U_{\mathrm{Imin}}=U_{\mathrm{I}}(1-10\%)=13.5\mathrm{V}$$

负载电流的最大值和最小值分别为

$$I_{\mathrm{Omax}}=U_{\mathrm{Z}}/R_{\mathrm{Lmin}}=(6/0.5)\mathrm{mA}=12\mathrm{mA}$$

$$I_{\mathrm{Omin}}=U_{\mathrm{Z}}/R_{\mathrm{Lmax}}=(6/2)\mathrm{mA}=3\mathrm{mA}$$

所以，限流电阻 R 的最大、最小值分别为

$$R_{\max}=\frac{U_{\mathrm{Imin}}-U_{\mathrm{Z}}}{I_{\mathrm{Zmin}}+I_{\mathrm{Omax}}}=\frac{(13.5-6)\mathrm{V}}{(10+12)\mathrm{mA}}=0.34\mathrm{k}\Omega$$

$$R_{\min}=\frac{U_{\mathrm{Imax}}-U_{\mathrm{Z}}}{I_{\mathrm{Omin}}+I_{\mathrm{Zmax}}}=\frac{(16.5-6)\mathrm{V}}{(3+33)\mathrm{mA}}=0.29\mathrm{k}\Omega$$

限流电阻 R 的取值范围为 0.29～0.34kΩ，可选 $R=320\Omega$。

限流电阻 R 的消耗功率为

$$P_R=\frac{(16.5\mathrm{V}-6\mathrm{V})^2}{320\Omega}\approx 0.34\mathrm{W}$$

为留有一定余量，限流电阻 R 的额定消耗功率可选 1W。

（2）电路的稳压系数及输出电阻分别为

$$S_{\mathrm{r}}\approx\frac{r_{\mathrm{z}}}{R+r_{\mathrm{z}}}\frac{U_{\mathrm{I}}}{U_{\mathrm{Z}}}=\frac{15}{320+15}\times\frac{15}{6}\approx 0.11=11\%$$

$$R_{\mathrm{o}}=R/\!/r_{\mathrm{z}}=320\Omega/\!/15\Omega=14.3\Omega$$

二极管稳压电路的优点是电路简单，只需两个元件；其缺点是输出电压由稳压二极管击穿电压所决定而不可调节，受稳压二极管 $I_{Z\max}$、$I_{Z\min}$限制，输出电流较小，因此，只适用于负载电流较小、负载电压固定不变的场合。

8.4 串联型反馈式稳压电路

前已述及，二极管稳压电路输出电流小，输出电压不可调，在实际应用中，绝大多数场合二极管稳压电路都满足不了实际需要。串联型反馈式稳压电路以二极管稳压电路作为基准（参考）电压电路，利用晶体的电流放大特性增大电路输出电流；并在二极管稳压电路基础上，引入深度的电压负反馈，使输出电压更稳定（稳压系数 S_r 可做到小于1%）、输出电阻更小（输出电阻 R_o 可做到小于 1Ω）；而且，通过改变反馈网络参数（电压取样系数）使输出电压可在一定的范围内连续调节。

8.4.1 串联型反馈式稳压电路的工作原理及电路分析

1. 电路的组成

串联型反馈式稳压电路（简称串联型稳压电路）的一般组成框图如图 8-19 所示。由图可知，串联型反馈式稳压电路由“调整管”、“取样电路”、“基准电压电路”、“比较放大电路”四个基本部分组成。图中，U_I 是整流滤波电路的输出电压，“调整管”连成射极输出器的形式，其作用是通过集-射极间电压 U_{CE} 的自动调整，使输出电压比较稳定；“基准电压电路”由限流电阻 R 和稳压二极管 VZ 组成，其作用是给“比较放大电路”同相输入端提供一个稳定的“基准电压”与加在比较放大电路反相输入端的取样电压 U_S 进行比较；“取样电路”由电阻 R_1、R_2、RP 组成，其作用是将输出电压的一部分（取样电压）取出来，加到误差比较放大器的反相输入端，与同相输入端的基准电压相比较。比较放大器可用分立元件放大电路或集成运放组成，其作用是将取样电压与基准电压进行比较，以确定其输出电压的大小去控制调整管 VT 的导通程度、以改变调整管 VT 集-射极间电压 U_{CE} 来牵制 U_O 的变化，从而保证输出电压 U_O 的稳定。

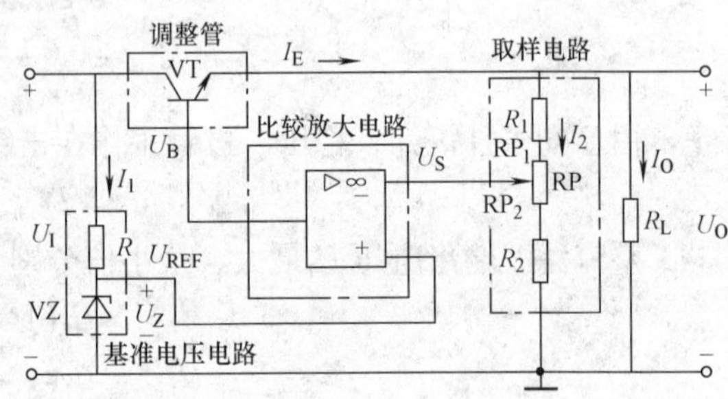

图 8-19　串联型反馈式稳压电路一般组成结构框图

图 8-19 稳压电路的主回路是由起电压自动调整作用的调整管 VT 与负载电阻 R_L 相串联组成，故称为串联型稳压电路。

2. 电路的稳压原理

图 8-19 所示稳压电路输出电压 U_O 的变化量，由取样电路取出经比较放大电路反相放大后，其输出电压 U_B 去控制调管 VT 的集-射极间电压 U_{CE} 来牵制 U_O 的变化，从而保证输出电压 U_O 的稳定。其稳压原理简述如下：

当电网电压波动或负载电阻 R_L 加大，使得输出电压 U_O 升高时，立即产生下列负反馈过程：

$$U_O\uparrow \rightarrow U_S\uparrow \rightarrow U_B\downarrow \rightarrow U_O\downarrow$$

显然，负反馈的结果牵制了输出电压 U_O的上升（实际上是输出电压 U_O的上升比没有负反馈时要少得多）。

电网电压波动或负载电阻 R_L减小，使得输出电压 U_O降低时，又立即产生下列另一负反馈过程：

$$U_O \downarrow \rightarrow U_S \downarrow \rightarrow U_B \uparrow \rightarrow U_O \uparrow$$

显然，负反馈的结果，牵制了输出电压 U_O的下降（实际上是输出电压 U_O的下降比没有负反馈时要少得多）。

可见，电路是由调整管、取样电路、比较放大电路组成的深度闭环电压负反馈来实现稳压的，所以称为串联型反馈式稳压电路。

需要指出，调整管 VT 的电压调整作用是由取样电压 U_S和基准电压 $U_{REF}=U_Z$之间的差值被比较放大器放大后通过控制调整管来实现的，两者之间有差值变化才能实现调整；否则，调整管 VT 也就失去了电压调整作用。所以，输出电压 U_O不可能绝对稳定，总会有些微小变化，即输出电压 U_O只能是相对稳定。

3. 输出电压的调节范围

图 8-19 所示稳压电路中，由于比较放大电路引入了深度电压负反馈，可认为比较放大电路净输入电压近似为零；另一方面，在选择取样电路电阻时，总是保证流过 R_1的电流 I_2远大于流过比较放大电路反相输入端电流，因此有：

$$U_Z \approx U_S \approx U_O(R_2+\mathrm{RP}_2)/(R_1+R_2+\mathrm{RP}) \tag{8-45}$$

$$U_O \approx U_Z(R_1+R_2+\mathrm{RP})/(R_2+\mathrm{RP}_2) \tag{8-46}$$

式中，$\mathrm{RP}=\mathrm{RP}_1+\mathrm{RP}_2$。

当可变电阻 RP 的滑动端滑至最上端时，$\mathrm{RP}_1=0$、$\mathrm{RP}_2=\mathrm{RP}$，输出电压 U_O为最小值

$$U_{O\min} \approx U_Z(R_1+R_2+\mathrm{RP})/(R_2+\mathrm{RP}) \tag{8-47}$$

当可变电阻 RP 的滑动端滑至最下端时，$\mathrm{RP}_2=0$、$\mathrm{RP}_1=\mathrm{RP}$，输出电压 U_O为最大值

$$U_{O\max} \approx U_Z(R_1+R_2+\mathrm{RP})/R_2 \tag{8-48}$$

因此，调节可变电阻 RP 的滑动端，就可使得输出电压 U_O在 $U_{O\min} \sim U_{O\max}$之间连续变化，这将给实际应用带来很大的方便。

4. 电路设计时，调整管的参数选择及其实际工作时所考虑的因素

在串联型反馈式稳压电路中，由于调整管通过的电流（主要是负载电流）较大、集-射极电压 $U_{CE}=U_I-U_O$也较高（一般为几至十几伏），因此，其功率消耗也较大。为保证调整管安全运行，电路设计时，调整管的选择原则主要从 I_{CM}、U_{CEO}、P_{CM}三个极限参数考虑。

（1）调整管的参数选择

1）流过调整管的最大电流应小于调整管最大允许电流 I_{CM}

对图 8-19 所示稳压电路，流过调整管的最大集电极电流应满足

$$I_{C\max} \approx I_{E\max} = I_2 + I_{O\max} < I_{CM} \tag{8-49}$$

一般满足 $I_{O\max} >> I_2$，所以式（8-49）近似表示为

$$I_{O\max} < I_{CM} \tag{8-50}$$

2）调整管的集-射极间最大电压 $U_{CE\max}$应小于调整管的集-射极间击穿电压 U_{CEO}

当输入电压最大，而输出电压最小时，调整管的集-射极间最大电压 $U_{CE\max}$应满足

$$U_{CE\max} = U_{I\max} - U_{O\min} < U_{CEO} \tag{8-51}$$

3）调整管的实际最大功耗应小于调整管的最大允许功耗 P_{CM}

当输入电压最大，而输出电压最小、负载电流最大时，调整管的实际功耗最大。此时，调整管的实际最大功耗应小于调整管最大允许功耗 P_{CM}，即

$$P_{C\max} \approx I_{O\max}(U_{I\max} - U_{O\min}) < P_{CM} \tag{8-52}$$

（2）调整管实际工作时所考虑的因素

1）为了保证调整管有效的电压调整作用，调整管必须工作在线性放大区，当 $U_I = U_{I\min}$、$U_O = U_{O\max}$时，调整管电压降最小，其电压降最小值 $U_{CE\min}$一般不能小于 3 ~ 8V，即

$$U_{CE\min} = U_{I\min} - U_{O\max} = (3 \sim 8)\,\text{V} \tag{8-53}$$

2）如果负载电流 I_O较大（达几百毫安至几安），则单管调整管基极驱动电流较大，可采用两只或三只晶体管组成复合调整管。

3）实际中，为了保证调整管安全运行，通常在电路中采用过电流保护等措施，以免调整管因意外（如负载过重或不小心造成输出端短路）引起负载电流过大损坏。在输出电流较大时，还可采用过热保护措施（如调整管加散热片、风冷等）。

例 8-6 试设计一个如图 8-19 所示稳压电源电路，要求输出电压 $U_O = (10 \sim 15)\,\text{V}$，负载电流 $I_O = (0 \sim 100)\,\text{mA}$，已选定基准电压的稳压管为 2CW1，其稳定电压 $U_Z = 7\text{V}$，$I_{Z\min} = 5\text{mA}$，$I_{Z\max} = 33\text{mA}$，稳压电源电路输入电压 $U_I = 23\text{V}$。若选用 3DD2C 型号的调整管，其主要参数：$I_{CM} = 0.5\text{A}$，$U_{CEO} = 45\text{V}$，$P_{CM} = 3\text{W}$。试确定电路其它有关参数。

解：（1）首先确定取样电路总电阻 $R_\Sigma = (R_1 + R_2 + \text{RP})$。

R_Σ的取值有一定的自由度，一般而言，要求流过取样电路电流 I_2远大于流过比较放大电路反相输入端电流，远小于负载电流最大值 $I_{O\max}$。通常，I_2可在（1/10 ~ 1/20）$I_{O\max}$的范围内酌情选取。本例选 $R_\Sigma = (R_1 + R_2 + \text{RP}) = 2\text{k}\Omega$。

由于 $U_{O\max} \approx U_Z(R_1 + R_2 + \text{RP})/R_2$。

所以

$$R_2 \approx U_Z(R_1 + R_2 + \text{RP})/U_{O\max} = 7\text{V} \times 2\text{k}\Omega \div 15\text{V} \approx 0.93\ \text{k}\Omega$$

取系列值 $R_2 \approx 0.91\ \text{k}\Omega$。

由于 $U_{O\min} \approx U_Z(R_1 + R_2 + \text{RP})/(R_2 + \text{RP})$

所以

$$R_2 + \text{RP} \approx U_Z(R_1 + R_2 + \text{RP})/U_{O\min} = 7\text{V} \times 2\text{k}\Omega \div 10\text{V} \approx 1.4\text{k}\Omega$$

则

$$\text{RP} \approx 1.4\text{k}\Omega - 0.91\text{k}\Omega = 0.49\text{k}\Omega$$

取系列值 $\text{RP} \approx 0.51\ \text{k}\Omega$（电位器）。

$$R_1 \approx R_\Sigma - (R_2 + \text{RP}) = 2\ \text{k}\Omega - 1.42\text{k}\Omega = 0.58\text{k}\Omega$$

取系列值 $R_1 \approx 0.56\ \text{k}\Omega$。

验算如下：

$$U_{O\max} \approx \left(\frac{0.56 + 0.51 + 0.91}{0.91} \times 7\right)\text{V} = 15.23\text{V}$$

$$U_{O\min} \approx \left(\frac{0.56 + 0.51 + 0.91}{0.51 + 0.91} \times 7\right)\text{V} = 9.76\text{V}$$

输出电压的实际变化范围为 $U_O = 9.76 \sim 15.23\text{V}$，所以符合给定的设计要求。

（2）估算基准电压电路稳压管的限流电阻 R 的阻值

基准电压电路中的限流电阻 R 的选择要保证稳压管 VZ 的工作电流比较合适，由于基准电压电路所带负载很轻、负载电流（比较放大器同相输入端电流）较小，限流电阻 R 的选择通常使流过稳压管电流略大于其最小击穿电流值 I_{Zmin}，即满足

$$I_Z = \frac{U_{Imin} - U_Z}{R} > I_{Zmin}$$

所以限流电阻取值满足

$$R < \frac{U_{Imin} - U_Z}{I_{Zmin}} = \frac{0.9 \times 23 - 7}{5}\text{k}\Omega = 2.74\text{k}\Omega$$

可取系列值 $R = 2.4\ \text{k}\Omega$。

(3) 验算稳压电路中的调整管是否安全

根据稳压电路的各项参数，可知调整管的主要技术指标为

$$I_{Omax} + I_2 = \left(100 + \frac{15}{0.56 + 0.51 + 0.91}\right)\text{mA} = 109.6\text{mA} \leqslant I_{CM} = 500\text{mA}$$

$$U_{CEmax} = U_{Imax} - U_{Omin} = (1.1 \times 23 - 10)\text{V} = 15.3\text{V} < U_{CEO} = 45\text{V}$$

$$P_{Cmax} \approx I_{Omax}(U_{Imax} - U_{Omin}) \approx 109.6\text{mA} \times (25.3 - 10)\text{V} = 1.68\text{W} < P_{CM} = 3\text{W}$$

已知低频大功率晶体管 3DD2C 的 $I_{CM} = 0.5\text{A}$，$U_{CEO} = 45\text{V}$，$P_{CM} = 3\text{W}$，可见调整管的参数符合安全的要求，而且留有一定的余量。

5. 分立元件组成的串联型反馈式稳压电路

图 8-20 为一由分立元件组成的串联型反馈式稳压电路。图中，VT_1 为调整管；VT_2、R_c 等组成比较放大电路（需要注意，R_c 既是 VT_2 管的集电极负载电阻，又是保证 VT_1 调整管工作在放大状态的基极偏置电阻）；R_1、R_2、RP 组成取样电路，将取样电压加在 VT_2 管基极（需要注意，R_1、R_2、RP 既是电压取样电路，将输出电压的变化量作用在 VT_2 管的基极，同时又是保证 VT_2 管工作在放大状态的基极偏置电阻）；R、VZ 组成基准电压电路，为比较放大电路 VT_2 的发射极提供稳定的直流基准电压 U_Z，使 VT_2 的基极取样电压与 U_Z 相比较，由比较放大电路将两者差值电压放大后，由 VT_2 的集电极输出放大后的电压去控制调整管 VT_1 集-射极间电压 U_{CE1} 牵制 U_O 的变化。与图 8-19 所示电路相比，两者的差异仅在图 8-20 所示电路中用 VT_2 管和电阻 R_c 取代了图 8-19 所示电路中的比较放大电路框图。因此，图 8-20 所示电路的稳压原理分析和有关电路元件参数的估算方法与图 8-19 电路完全一样，在此不赘述。

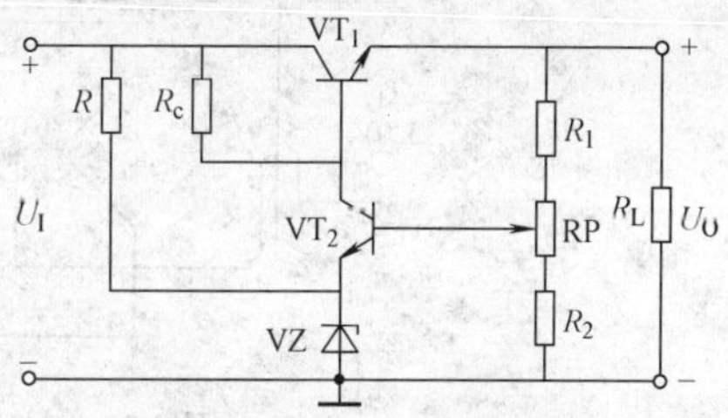

图 8-20　分立元件组成的串联型反馈式稳压电路

6. 具有辅助电源的串联型反馈式稳压电路

图 8-20 所示电路有三个缺点。第一，VT_2 管的集电极负载电阻 R_c 直接连到不稳定电压 U_I（整流滤波输出电压）端，这样，输入电压 U_I 的变化会通过电阻 R_c（通常在几千欧）直接作用在调整管 VT_1 的基极，从而使输出电压发生波动，这对提高输出电压的稳定性是很不利的。第二，从提高输出电压的稳定性考虑，总是希望比较放大电路放大倍数的数值大些，即管子选定后，电阻 R_c 尽可能大些；比较放大电路放大倍数的数值大些，则输出电压稍有微小的波动，都能被 VT_2 比较放大电路给以足够的放大，从而控制调整管有效调整输出电

压，以提高输出电压的稳定性。由于电阻 R_c 上流过的电流为调整管 VT_1 的基极电流和比较放大电路 VT_2 的集电极电流，正常工作状态下，这两个电流之和为几毫安，而电阻 R_c 上的电压在正常工作状态下为几至十几伏，由此决定了电阻 R_c 只能取到几千欧，这显然对提高输出电压的稳定性是很不利的。第三，由调整管、取样电路、比较放大电路组成的反馈回路不存在隔直电容，当环境温度变化时，比较放大电路输出端“零点漂移（温漂）”电压将直接导致输出电压的不稳定。为了提高温度变化时电路输出电压的稳定性，可采用抑制“零点漂移（温漂）”作用很强的差分放大电路作为比较放大电路。

图 8-21 为一具有辅助电源的串联型反馈式稳压电路。图中虚线以下部分为串联型反馈式稳压电源的主电路，VT_1 为调整管，VT_2、VT_3 及电阻 R_c、R_e 等组成差分比较放大电路，R_1、RP、R_2 组成取样电路，R 和稳压二极管 VZ_1 组成基准电压电路。虚线以上部分为桥式整流及 π 形滤波电路（C_3、R_4、C_4 组成），与 R_5、VZ_2 二极管稳压电路共同组成一辅助电压源，其对地输出电压 $U_{Z2}+U_O$ 作为比较放大电路 VT_3 的集电极电源电压，一方面，由于负载电阻 R_c 未连到不稳定电压 U_I（整流滤波输出电压）端，输入电压 U_I 的变化就不会通过电阻 R_c 直接作用在调整管 VT_1 的基极，从而避免了 U_I 的变化通过电阻 R_c 使输出电压发生波动的不利影响；另一方面，由于辅助电源 U_{Z2} 的引入，使 $U_{Z2}+U_O$ 增大，则可适当加大 VT_3 的集电极负载电阻 R_c，从而加大了比较放大电路的放大倍数数值，有利于提高输出电压的稳定性；第三，采用 VT_2、VT_3 及电阻 R_c、R_e 等组成的差分放大电路作为比较放大电路，与单管比较放大电路相比，大大提高了电路温度变化时输出电压稳定性。因此，在对电源要求比较高的场合，通常采用图 8-21 所示的电路。

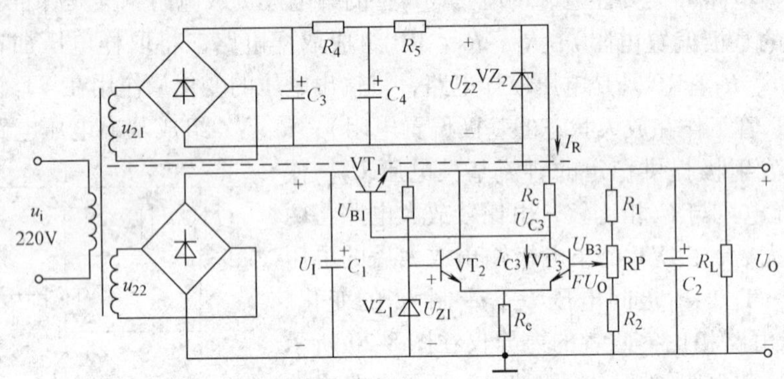

图 8-21　具有辅助电源的串联型反馈式稳压电路图

例 8-7　在图 8-21 中，VZ_1 稳压电压 $U_{Z1}=7V$，采样电阻 $R_1=1k\Omega$，$R_2=680\Omega$，$RP=200\Omega$，试估算输出电压的调节范围。

解：

$$U_{Omax}=\frac{R_1+R_2+RP}{R_2}U_{Z1}=\frac{1+0.2+0.68}{0.68}\times 7V=19.35V$$

$$U_{Omin}=\frac{R_1+R_2+RP}{R_2+RP}U_{Z1}=\frac{1+0.2+0.68}{0.2+0.68}\times 7V=14.95V$$

7. 稳压电路的过载（电流）保护

使用稳压电路时，如果过载甚至不小心使输出端短路，将使通过调整管的电流急剧增大，故在实用的稳压电路中通常有必要增加过电流保护电路，以免调整管造成损坏。常用的过电流保护电路分限流型和截流型两种。

(1) 限流型保护电路

具有限流型过流保护的稳压电路如图 8-22 所示，它是在图 8-20 所示稳压电路基础上增加了由电阻 R_0 和 VT_3 组成的过电流保护电路，R_0 为电流取样电阻，根据过电流起始保护值的大小，R_0 的阻值一般在零点几至几欧姆之间选择，R_0 通常由一小段合金金属丝代替。输出电流 I_O 为正常值时，取样电阻 R_0 上的电压 $U_{R0}=(I_O+I_1)R_0 \approx I_O R_0$ 小于保护晶体管 VT_3 的开启（门坎）电压 U_{on}，即 $U_{R0} \approx I_O R_0 < U_{on}$，$VT_3$ 处于截止状态、在电路中不起作用。当输出电流 I_O 过大时，即 I_O 增大到一定值后，$U_{R0} \approx I_O R_0 > U_{on}$，$VT_3$ 导通，则调整管 VT_1 的基极电流被导通的 VT_3 的集电极电流分流了一部分，从而限制了调整管 VT_1 的发射极电流 I_{E1} 增大，保护了 VT_1 调整管不致因电流 I_{E1} 过大而损坏。

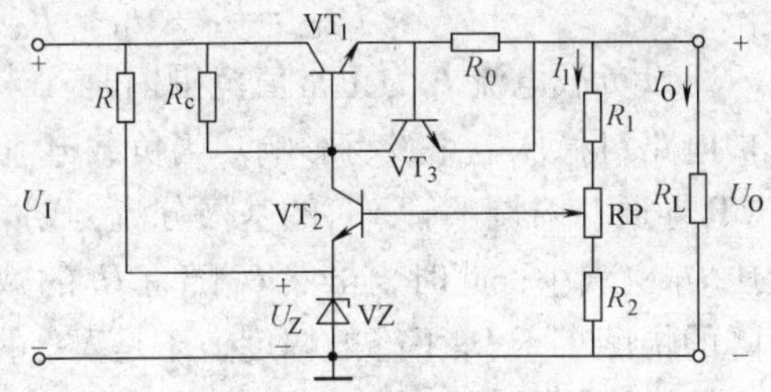

图 8-22　具有限流型保护电路的稳压电路

取样电阻 R_0 的取值不同，调整管 VT_1 的发射极电流 I_{E1} 的最大限定值也将不同，其表达式为

$$I_{O\max} \approx I_{E1\max} \geqslant U_{on}/R_0 \tag{8-54}$$

限流型保护电路的输出特性如图 8-23 所示。由以上分析可见，采用限流型保护电路，仍有较大的电流流过调整管，而调整管 VT_1 的集-射极间电压 U_{CE1} 又较大，即过电流保护后，调整管仍有较大的管耗，故限流型保护电路不适用于输出大电流的稳压电路。

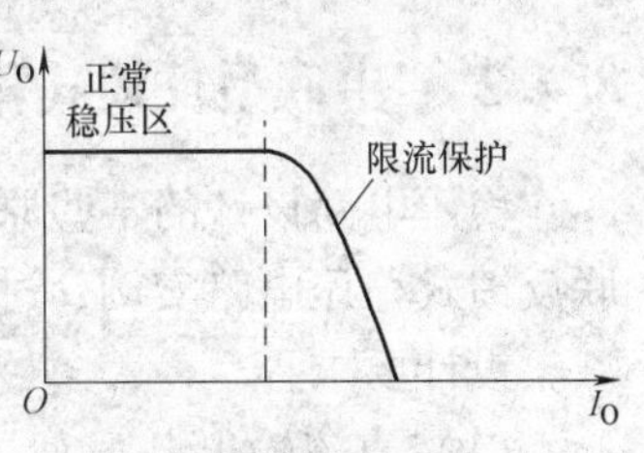

图 8-23　限流型过流保护电路输出特性

(2) 截流型保护电路

截流型过电流保护电路在过电流保护时，使调整管截止或接近截止，此时流过调整管的电流等于或接近于零。因此，截流型过电流保护电路在过电流保护时，调整管管耗接近于零。截流型过电流保护电路适用于输出大电流的稳压电路。

具有截流型过电流保护电路的稳压电路如图 8-24a 所示，虚线框中电阻 R_0、R_1、R_2 和晶体管 VT_2 组成截流型过电流保护电路；R_0 为过电流保护电流取样电阻，显然负载电流 I_O 增大，取样电阻上的电压 $I_O R_0$ 增大，晶体管 VT_2 的发射结电压 U_{BE2} 也增大。

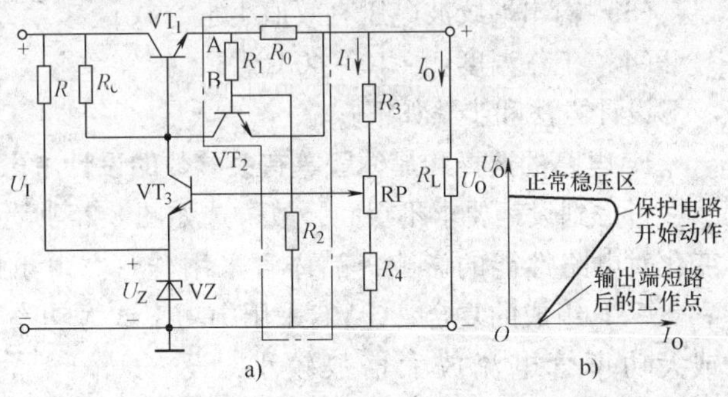

图 8-24　具有截流型保护电路的稳压电路

a) 电路　b) 截流型过电流保护稳压电路的输出特性

电路中 A、B 两点电位分别为

$$U_A=(I_O+I_1)R_0+U_O \approx I_O R_0+U_O$$

$$U_B=U_A R_2/(R_1+R_2)$$

所以，晶体管 VT_2 的发射结电压为

$$U_{BE2}=U_B-U_O\approx R_2(I_OR_0+U_O)/(R_1+R_2)-U_O$$

设负载电流 I_O为正常值范围内时（未过流时），$U_{BE2}<U_{on}$，设计使 VT_2截止，过电流保护电路对稳压电路没有影响。当负载电流 I_O增大到一定的数值（保护值）或输出端短路时，VT_2导通，对调整管 VT_1的基极分流，VT_1的基极电流减小，使负载电流 I_O减小，导致输出电压 U_O也减小；此时，虽然 U_B随着 U_O的减小而减小，但由于 R_1与 R_2的分压作用，使得 U_B下降的幅度小于 U_O下降的幅度，于是 VT_2的集电极电流进一步增大，VT_1的基极电流进一步减小，最终使负载电流 I_O和调整管管耗减小到较小的数值，从而有效地保护了调整管不致损坏，其输出特性如图 8-24b 所示。

设 VT_2的发射结电压 U_{BE2}为开启电压 U_{on}，令 $U_O=0$，可求得输出端短路时过电流保护后输出电流的最小值为

$$I_{O\min}\approx U_{on}(R_1+R_2)/R_0R_2$$

串联反馈式稳压电路的缺点是调整管工作在线性放大区，当负载电流较大时，调整管功率损耗（$P=U_{CE}I_O$）大，电源的效率（$\eta=P_O/P_I\approx U_OI_O/U_II_O$）低。为了提高效率，可采用开关型稳压电源。

8.4.2 串联型反馈式稳压电路设计

稳压电路设计的某些原则和方法在 8.3 节和 8.4.1 节中已陆续讨论，现通过一具体的串联反馈式稳压电路实例，讨论稳压电路的一般设计原则和方法。

设计要求：

（1）直流输出电压 $U_O=20V$，最大输出电流 $I_{Omax}=200mA$。

（2）稳定程度：

1）当电网电压变化 ±10% 时，输出电压 U_O的变化小于 ±0.5%；

2）电源内阻 $R_s\leqslant0.5\Omega$（即 I_O由 0 变到 200mA 时，输出电压的变化值 $\Delta U_O\leqslant0.5\Omega\times200mA=0.1V$，为输出电压 $U_O=20V$ 的 0.5%）。

（3）输出端纹波电压有效值小于 5mV；

（4）工作温度：−10～40℃。

设计方法和步骤如下：

1. 电路的选择和晶体管等有关参数的设计考虑

考虑到设计要求不很高，故可选如图 8-25 所示的一般形式的稳压电路。为了减小温度变化对电路性能的影响，晶体管采用硅管。由于最大负载电流为 200mA，调整管需采用 VT_1、VT_2组成的复合管，VT_1采用中功率或大功率管，VT_2采用小功率管。考虑到中功率管或大功率管电流放大倍数较小，设 VT_1的电流放大倍数 $\beta_1\approx20$，则 VT_1的最大基极电流 $I_{B1max}\approx200mA/20=10mA$，$VT_1$基极电流变化范围较大，用小功率的比较放大器直接驱动是不合适的，这就是调整管采用 VT_2管与 VT_1管组成复合管的原因。为留有一定余量，设 VT_2管的电流放大倍数 $\beta_2\approx30$，则 VT_2

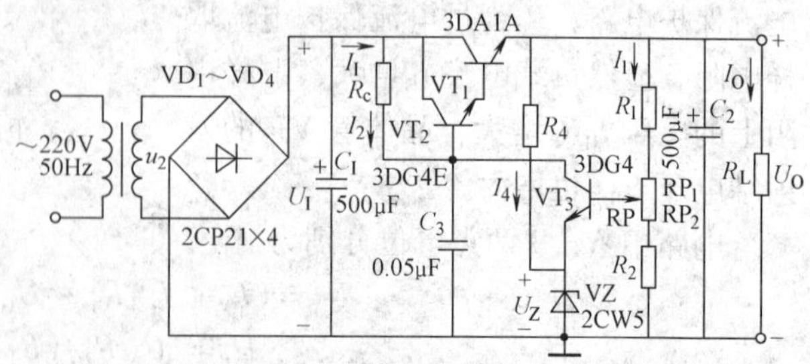

图 8-25 串联型稳压电路设计电路图

管最大基极电流 $I_{B2max} \approx$ （10/30） mA $\approx$ 0.33mA。因此，用小功率放大管 VT_3 就可以驱动了。

2. 整流滤波电路有关参数设计考虑

负载电流不太大，采用桥式整流电容滤波电路。为了保证调整管工作在线性放大区，一般要求 $U_{CE1}=5\sim10V$。U_{CE1} 选得大，输出电压调整范围可宽些，但调整管管耗大。考虑到整流滤波电压存在一定纹波电压，现选 $U_{CE1}=10V$，则整流滤波电路输出直流电压取 $U_I=30V$。

整流滤波电路输出电流 $I_I=I_1+I_2+I_4+I_O$，为了保证空载（$I_O=0$）时，大功率管仍有较大的电流放大倍数，$I_{E1}=I_1+I_4$不宜太小，I_{E1}一般为 20～30mA。另外考虑到 I_2，所以整流滤波电路最大输出电流设计值取 $I_{Imax}=240mA$。

由于桥式电路二极管整流电流 I_F为负载电流的一半，故 $I_{Fmax}=120mA$，整流二极管可选 2CP21 即可满足要求。

滤波电容 C_1选 500μF/50V；变压器二次电压有效值 $U_2 \approx U_I \div 1.2 \approx 25V$。

3. 调整管设计选择

VT_1调整管的选择应从最不利的情况考虑：

1） $U_{CE1max}=1.1\,U_I-U_O \leqslant U_{CEO}$（集-射极间反向击穿电压）；

2） $I_{C1max}=I_1+I_4+I_{Omax} \leqslant I_{CM}$（最大允许的集电极电流）；

3） $P_{Cmax}=(1.1\,U_I-U_O)(I_1+I_4+I_{Omax}) \leqslant P_{CM}$（晶体管允许的最大损耗功率）。

VT_1调整管最大集-射极间电压发生在空载（$I_O=0$）时，由于电容 C_1的滤波作用，空载时的整流滤波输出电压接近 $U_I \approx 1.4\,U_2 \approx 35V$，再考虑到电网电压波动 10%，即整流滤波电路输出电压最大值为

$$U_{Imax} \approx 1.1 \times 1.4\,U_2 \approx 39V$$

所以，调整管集-射极间承受最大电压应满足

$$U_{CE1max}=U_{Imax}-U_O=(39-20)V=19V \leqslant U_{CEO}$$

由前分析已知，I_{C1max}应满足

$$I_{C1max}=I_1+I_4+I_{Omax}=240mA \leqslant I_{CM}$$

晶体管的最大管耗 P_{C1max}发生在满载，且电网电压为最高时，应满足

$$P_{C1max}=(1.1\times1.2\,U_2-U_O)(I_1+I_4+I_{Omax})=13V\times240mA \approx 3.1W \leqslant P_{CM}$$

查晶体管手册知，3DA1A 满足上述要求，其参数为 $U_{CEO}=40V$，$I_{CM}=750mA$，$P_{CM}=7.5W$（散热片 120mm×120mm×3mm），$\beta \geqslant 20$。

VT_2的选择方法与 VT_1类同，其有关参数分别为：

最大集电流为

$$I_{C2max}=240mA/20=12mA$$

最大电压降为

$$U_{CE2max} \approx U_{Imax}-U_O-(39-20)V=19V$$

最大管耗为

$$P_{C2max}=(1.1\times1.2\,U_2-U_O)I_{C2max}=13V\times12mA \approx 156mW$$

查手册可知，3DG4E 满足要求，其参数为：$U_{CEO} \geqslant 20V$，$I_{CM}=30mA$，$P_{CM}=300mW$。

4. 基准电压电路

选择的基准电压应满足 $U_Z < U_O$，但 U_Z 也不能太低，否则，取样电路分压比减小会使输出电压的稳定度降低。本设计选 2CW5 稳压管，其参数为 $U_Z = 12V$，$I_{Zmin} \geqslant 5mA$。稳压管击穿电流 I_Z 适当选大些，其动态电阻 r_z 更小，基准电压 U_Z 更稳定。本设计电路中，$I_Z = I_4 + I_{E3}$，在工作过程中，I_{E3} 是变化的，为了提高基准电压 U_Z 的稳定度，应满足 $I_4 \gg I_{E3}$，所以，$I_Z \approx I_4$，本设计选 $I_Z \approx I_4 = 8mA$，则限流电阻 R_4 为

$$R_4 = (U_O - U_Z) / I_4 = (20V - 12V)/8mA = 1k\Omega$$

5. 取样电阻（R_1、R_2、R_3）的选择

取样电阻选择遵循如下几条原则：

（1）取样电阻总阻值不宜太大，取样电阻总阻值选取应满足 $I_1 \gg I_{B3}$，这样 VT_3 的基极电流 I_{B3} 变化时，取样电路分压比才基本不变。另一方面，为了使稳压电源空载时，大功率管 VT_1 也能工作在电流放大倍数较大的线性放大区（如 3DA1A 功率管要求 $I_{C1min} > 30mA$），本电路设计选 $I_1 + I_4 = 40mA$，已选 $I_4 = 8mA$，故选 $I_1 = 32mA$。由此可得

$$R_1 + R_2 + RP \leqslant U_O / I_1 = 20V/32mA = 625\Omega$$

从减小损耗角度考虑，$R_1 + R_2 + RP$ 也不要选得太小，本设计电路选 $R_1 + R_2 + RP = 500\Omega$。

（2）分压比应保证输出电压 $U_O = 20V$。如果忽略 U_{BE3}，则有

$$U_Z \approx U_O (RP_2 + RP)/(R_1 + R_2 + RP)$$

将 $U_Z = 12V$，$U_O = 20V$，$R_1 + R_2 + RP = 500\Omega$ 代入上式，可解得 $R_{22} + RP = 300\Omega$，因此，可选 $R_1 = 150\Omega$，$R_2 = 200\Omega$，RP 用 150Ω 电位器。

6. 比较放大器电路参数选择

比较放大器中 VT_3 采用小功率管 3DG4E，并使 VT_3 工作在电流放大倍数较大的放大区。由图可知 $I_2 = I_{B2} + I_{C3}$；因此，一方面要保证 VT_1 能输出 240mA 的最大电流，即要求 $I_2 > I_{B2max} = I_{C2max}/\beta_2 = 12mA/30 = 0.4mA$；另一方面，又希望 VT_3 的集电极电阻 R_c 尽可能大些，以获得较大的放大倍数，提高输出电压的稳定度，所以，I_2 也不能太大，选 $I_2 = 1.5mA$。故有

$$R_c = (U_I - U_{C3}) / I_2 = (U_I - U_O - 2U_{BE}) / I_2 = (30V - 20V - 1.4V)/1.5mA \approx 5.7k\Omega$$

为了消除稳压电源（深度负反馈）有可能产生的寄生高频振荡，在 VT_3 的集电极与地之间连接了一个小电容 C_3（0.05μF）。为了进一步减小纹波电压，在电源输出端增加了一个大滤波电容 C_2（500μF）。

至此，电路设计完毕。通过实验调试，图 8-25 所示电路可达到如下技术指标：

1）输出电压 $U_O = 20V$，输出电流 $I_O = 0 \sim 200mA$。

2）电网电压波动 ±10%，输出电压变化小于 ±0.1%。

3）电源内阻 $R_o \leqslant 0.1\Omega$。

4）输出纹波电压有效值小于 2mV。

8.5 集成稳压电路

将串联型稳压电路和保护电路集成在一起就构成集成稳压电路（或集成稳压器）。随着半导体集成工艺技术的发展，现在已生产并广泛应用的单片集成稳压电路，具有体积小、可靠性高、使用灵活、价格低廉等优点。一般简单集成稳压电路只有输入端，输出

端和公共端三个引出端，故称之为三端集成稳压器。

常用三端集成稳压器种类很多，电路结构也不一样，但其基本原理相同。本节主要介绍常用的 W7800、W7900 系列三端集成稳压器，其内部也是串联型晶体管稳压电路。该系列三端集成稳压器组件的外形如图 8-26 所示，稳压器的硅片封装在普通功率管的外壳内，电路内部附有短路过流和过热保护环节。

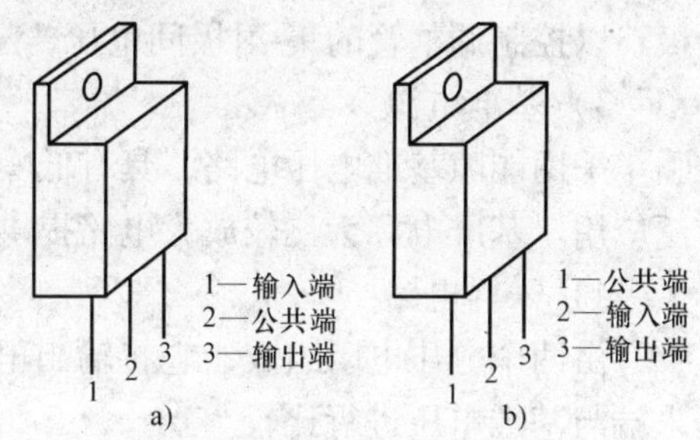

图 8-26 集成稳压器外形图

a）W7800 系列稳压器外形图

b）W7900 系列稳压器外形图

8.5.1 三端集成稳压器分类

集成稳压器根据其输出电压能否调节，分为可调式和固定式两大类，可调式集成稳压器能通过一定引出脚外接电阻和电位器使输出直流电压在某一范围内连续可调；固定式集成稳压器输出直流电压是固定不变的几个电压等级。

固定式类型中又分负输出电压 79 × ×系列和正输出电压 78 × ×系列（型号后 × ×两位数字代表输出电压值）现将 W7800 系列和 W7900 系列三端集成稳压器输出电压值集中在表 8-2 中说明。

表 8-2 三端集成稳压器型号意义说明

W7800 系列——正输出电压		W7900 系列——负输出电压	
型　号	输出/V	型　号	输出/V
W7805	输出 5V	W7905	输出 -5V
W7806	输出 6V	W7906	输出 -6V
W7808	输出 8V	W7908	输出 -8V
W7812	输出 12V	W7912	输出 -12V
W7815	输出 15V	W7915	输出 -15V
W7818	输出 18V	W7918	输出 -18V
W7824	输出 24V	W7924	输出 -24V

8.5.2 三端集成稳压器的组成框图及其功能概述

三端集成稳压器的组成框图如图 8-27 所示。各部分功能简述如下。

1）调整管

当电网电压或负载电流波动时，通过控制电路使调整管自动调整自身的集-射极间电压使输出电压基本保持稳定。

2）放大电路

将从输出端得到的采样电压与基准电压进行比较，两者差值电压进行放大后送到调整管的基

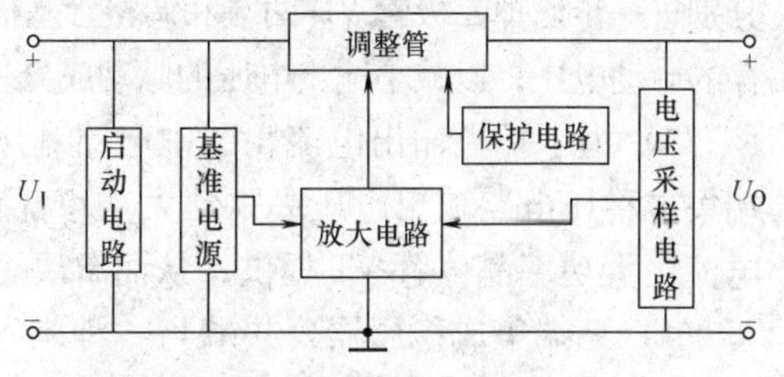

图 8-27 集成稳压电路组成结构框图

极，以控制调整管的集-射极间电压，从而牵制输出电压的变化。

3）基准电源

采用能隙基准电压电路，具有低噪声、低温漂的特点，在单片式大电流集成稳压器中广泛应用。基准电源为比较放大电路提供稳定的基准电压。

4）采样电路

由两个分压电阻组成，它将输出电压变化量的一部分（采样电压）送到放大电路的输入端与基准电压进行比较。

5）启动电路

在刚接通直流输入电压瞬间，使调整管、放大电路和基准电源等建立起各自的工作电流，当稳压电路正常工作时，启动电路能自动断开，以免影响稳压电路的性能。

6）保护电路

在 W7800 系列三端集成稳压器中，已将三种保护电路集成在芯片内部，它们是限电流保护电路、过热保护电路和过电压保护电路。

8.5.3 三端集成稳压器的应用

1. 固定输出电压三端集成稳压电路

一个实用的固定输出电压三端集成稳压电路如图 8-28 所示。现对稳压电路说明如下。

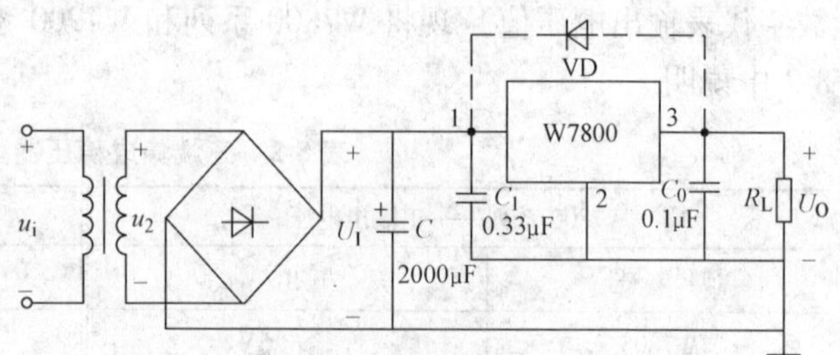

图 8-28 固定输出电压三端集成稳压电路

1）C_1、C_0的作用：防止自激振荡，减小高频噪声，改善负载的瞬态响应。

需要注意：为保证三端集成稳压器内部调整管工作在线性放大状态，要求输入电压 U_I一般应比输出电压端 U_O高 3V 以上（下同）。

2）若输出电压比较高，应在输入端与输出端之间跨接一个保护二极管 VD，以防止在输入端意外短路时，使 C_0通过二极管放电，以便保护集成稳压器内部的调整管。

2. 扩大输出电流的三端集成稳压电路

扩大输出电流的三端集成稳压电路如图 8-29 所示。现对稳压电路说明如下。

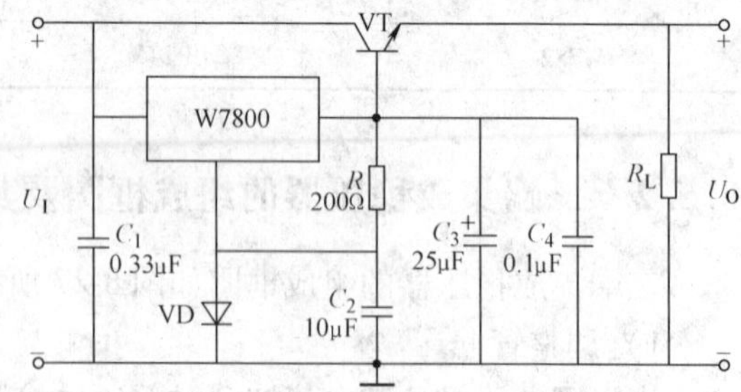

图 8-29 扩大输出电流的三端集成稳压电路

1）C_1、C_4的作用：防止自激振荡，减小高频噪声、改善负载的瞬态响应。

2）C_2、C_3的作用：电容 C_2、C_3的作用是分别进一步滤掉二极管 VD 两端和调整管基极残存的脉动电压，以减小输出电压的脉动成分。

3）为了扩大输出电流，图中电路利用三端集成稳压电路输出电压去驱动大功率晶体管 VT，负载连到 VT 的发射极，负载所需的大电流由大功率晶体管 VT 提供，从而解决了三端集成稳压电路不能提供大负载电流的问题。

4）三端集成稳压器公共端与“地端”所连接的二极管 VD 用来补偿温度对晶体管 U_{BE}的影响，使输出电压的温度稳定性更好。

3. 提高输出电压的三端集成稳压电路

提高输出电压的三端集成稳压电路如图 8-30 所示。R 和 VZ 组成二极管稳压电路，三端集成稳压器公共端（“2”端）连到稳压二极管 VZ 的上端，显然，输出电压为

$$U_O = U_{\times\times} + U_Z$$

式中，$U_{\times\times}$ 为 W78××系列三端集成稳压器固定输出正电压。

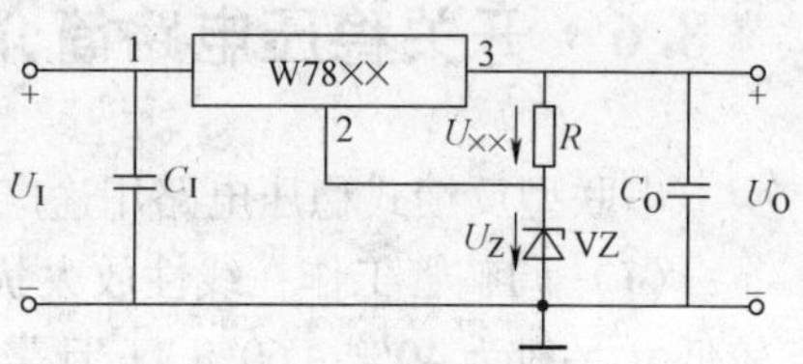

图 8-30　提高输出电压的三端集成稳压电路

4. 输出电压可调的三端集成稳压电路

输出电压可调的三端集成稳压电路如图 8-31 所示。图中放大电路 A 为集成运放电压跟随器，它的输出电压 U_A 等于其输入电压，即

$$U_A = \frac{R_2 + RP_2}{R_1 + RP + R_2} U_O \qquad (8\text{-}55)$$

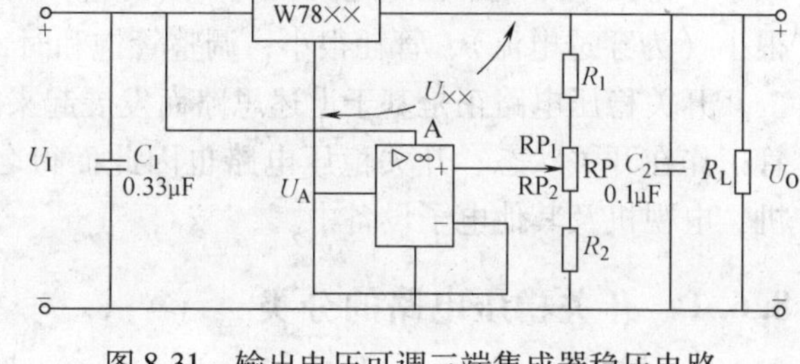

图 8-31　输出电压可调三端集成器稳压电路

由图可得

$$U_O = \frac{U_{\times\times}}{1 - \dfrac{R_2 + RP_2}{R_1 + R_2 + RP}} = \frac{R_1 + R_2 + RP}{R_1 + RP - RP_2} U_{\times\times} \qquad (8\text{-}56)$$

由此可知，只需移动电位器 RP_2 的滑动端，即可调节输出电压的大小。当 RP_2 的滑动端滑至最下端时，$RP_2 = 0$，则由式（8-56）知，输出电压的最小值为

$$U_{Omin} = \frac{R_1 + R_2 + RP}{R_1 + RP} U_{\times\times} \qquad (8\text{-}57)$$

当 R_2 的滑动端滑至最上端时，$RP_2 = RP$，则由式（8-56）知，输出电压的最大值为

$$U_{Omax} = \frac{R_1 + R_2 + RP}{R_1} U_{\times\times} \qquad (8\text{-}58)$$

可见，移动电位器 RP 的滑动端，即可调节输出电压的大小在 $U_{Omin} \sim U_{Omax}$ 的范围内连续变化。

需要注意，当输出电压 U_O 调得很低时，集成稳压器的输入、输出两端之间的电压（$U_I - U_O$）很高，使内部调整管的电压降增大，同时调整管的功耗也随之增大，此时应防止其电压降和功耗超过额定值，以保证稳压器安全。对此，由式（8－57）可知，在电路设计时，只要合理选择电阻的比值 $(R_1 + R_2 + RP)/(R_1 + RP)$，不致使 $U_{O\,min}$ 过低即可。

5. 输出正、负电压的三端集成稳压电路

在实际中，若需要正、负两组稳定直流电压，此时，可选用 W78××、W79××系列两只三端集成稳压器组成输出正、负电压的集成稳压电路，其电路图如图 8-32 所示，W78××对“地”输出正电压 U_{O1}，W79××对“地”输出负电压 $-U_{O2}$。

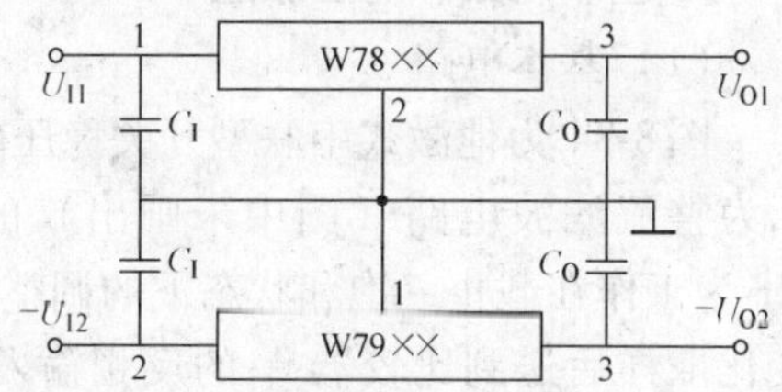

图 8-32　两只三端集成稳压器组成的输出正、负电压的稳压电路

*8.6 开关稳压电路简介

串联型反馈式稳压电路用途广泛，但存在以下两个缺点：

（1）调整管工作在线性放大状态，电压降大，流过的电流也大，所以功耗较大，效率较低（一般为40%~60%），且需要庞大的散热片装置。

（2）电源变压器的工作频率为50Hz，频率低而使得变压器体积大、重量重。

可以设想，如果设法使调整管工作在饱和-截止的开-关状态，则调整管功耗将会大大减小，稳压电路效率也随之大大提高（可达70%~95%）。这是因为，调整管截止时，电流很小（为穿透电流）、管耗很小；调整管饱和时，电压降很小、管耗也很小。

开关稳压电路正是基于上述思路而发展起来的新型稳压电源。由于开关稳压电路中调整管工作在开关状态、开关稳压电路也因此而得名。目前，开关稳压电源已广泛应用于计算机、电视机及其他电子设备中。

8.6.1 开关稳压电路的分类

按调整管与负载的连接方式（串联连接、并联连接），可分为串联型和并联型开关稳压电路。

按稳压的控制方式分为脉冲宽度调制型（PWM）、脉冲频率调制型（PFM）和脉宽-频率混合调制型。

按调整管是否参与振荡又分为自激式和他激式。

按调整管使用类型又可分为晶体管、VMOS管和晶闸管型。

限于篇幅本节主要简介他激式晶体管开关稳压电路的基本组成和工作原理。

8.6.2 串联型开关稳压电路

1. 电路框图

串联型开关稳压电路是应用最为普通的一种开关稳压电路。图8-33为降压他激式串联型开关稳压电路的框图。它由开关调整管、储能滤波电路（由电感、电容组成）、取样电路和脉宽调制器（由基准电压电路、比较放大器、三角波发生器、脉宽调制电压比较器组成）等四个部分组成。

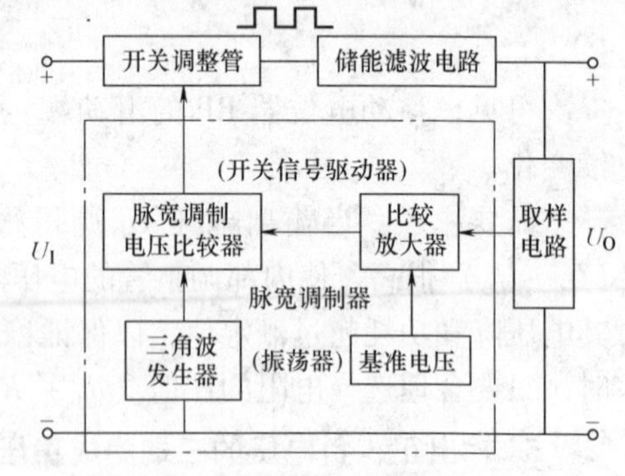

图8-33 他激式串联型开关稳压电路原理框图

2. 基本电路和稳压原理

（1）基本电路

图8-34为他激式串联型开关稳压电路原理图。U_I为整流滤波电路（图中未画出）的输出电压；VT为工作在截止-饱和状态下的调整管；电阻R_1、R_2为取样电路，其作用是将输出电压的变化取样后送到比较器A_1的反相输入端；电感L和电容C组成滤波电路，VD为续流二极管，其作用是在调整管VT截止后为LC储能滤波电路提供一个放电通路；A_1为工作在线性状态的反相电压比较放大电路（其为高开环电压放大倍数、深度负反馈放大电路，负反馈

电路部分图中未画出），它将取样信号电压与基准电压的差值放大后，其输出电压 u_{O1} 送至 A_2 的同相输入端；A_2 为工作在非线性状态下的单限电压比较器，其反相输入端输入信号为三角波发生器送来的三角波电压 u_T，其参考电压为作用在同相输入端的由反相电压比较放大电路 A_1 送来的输出电压 u_{O1}。需要注意，由于 A_2 单限电压比较器工作在非线性状态，因此，u_{O2} 只有高、低电平两种取值，即 u_{O2} 为由 u_{O1} 和 u_T 共同控制、占空比可变的矩形波；在矩形波 u_{O2} 的驱动下，当 u_{O2} 为高电平时，调整管 VT 饱和导通；当 u_{O2} 为低电平时，调整管 VT 截止；即调整管 VT 在 u_{O2} 的驱动下工作在开关状态；因此，调整管 VT 的发射极电压 u_E 必然为图 8-34 中所示的矩形波电压。矩形波电压 u_E 经 LC 滤波电路滤除其交流成分后，输出直流电压 U_O 作用在负载电阻 R_L 上。

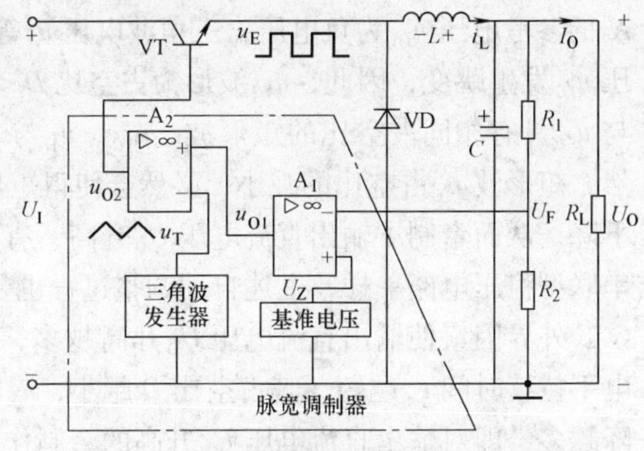

图 8-34 他激式串联型开关稳压电路原理图

（2）稳压原理分析

1）正常情况下，输出电压 U_O 基本稳定不变

正常情况下，输入电压 U_I 和负载均无变化，作用在图 8-34 所示电压比较放大电路 A_1 反相输入端的取样电压 U_F 等于同相输入端的基准电压 U_Z，工作在线性工作状态的反相电压比较放大电路 A_1 的输出电压 $u_{O1}=0$，电压比较器 A_2 为过零比较器，即三角波电压 u_T 过零时，电压比较器 A_2 的输出电压 u_{O2} 发生跳变，因此，u_{O2} 波形为占空比 $D=50\%$ 的方波，故调整管 VT 发射极电压 u_E 的波形也必然为占空比 $D=50\%$ 的方波，u_{O2}、u_E 与三角波电压 u_T 对应的波形如图 8-35a 所示。此时方波 u_E 的平均电压分量（即输出直流电压 U_O）将维持一定的正常值不变。

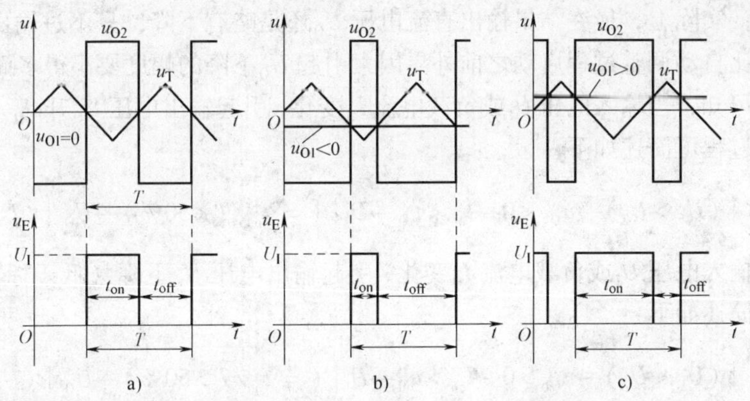

图 8-35 串联型开关稳压电路有关点对地电压波形图

a）输出电压为正常值 b）输出电压大于正常值 c）输出电压小于正常值

2）当输入电压 U_I 或负载变化，引起输出电压 U_O 升高时的调整过程

当输入电压 U_I 或负载变化，引起输出电压 U_O 升高时，作用在电压比较放大电路反相输入端的取样电压 U_F 大于同相输入端的基准电压 U_Z，经反相放大后，$u_{O1}<0$，即电压比较器

A_2的参考电压 u_{O1}为负电压，三角波电压 u_T等于负参考电压 u_{O1}时，电压比较器 A_2的输出电压 u_{O2}发生跳变，因此，u_{O2}波形为占空比 $D<50\%$ 的矩形波，调整管 VT 的发射极电压 u_E为与 u_{O2}具有相同占空比的矩形波，u_{O2}、u_E与三角波电压 u_T对应的波形如图 8-35b 所示。显然，矩形波 u_E占空比的减小，必然会使得矩形波 u_E的平均电压分量（即输出直流电压 U_O）下降，从而牵制了输出直流电压 U_O升高，有效保证了输出直流电压 U_O的相对稳定。和线性串联型稳压电路一样，上述自动调整过程也是一个负反馈控制过程。

外界因素使输出直流电压 U_O升高越多，电压比较放大器 A_1的输出电压 u_{O1}越负，u_E高电平持续时间 t_{on}越短，其占空比 D 越小，u_E的平均电压分量（即输出直流电压 U_O）也就下降越多，即对输出直流电压 U_O升高的牵制作用越强。当然，实际上，最终结果输出直流电压 U_O还是略有升高，只不过输出直流电压 U_O的这种升高要比自动调整过程启动之前外界因素引起 U_O升高的幅度要小得多而已。

3）当输入电压 U_I或负载变化，引起输出电压 U_O下降时的调整过程

当输入电压 U_I或负载变化，引起输出电压 U_O下降时，作用在图 8-34 所示电压比较放大电路 A_1反相输入端的取样电压 U_F小于同相输入端的基准电压 U_Z，经反相放大后，$u_{O1}>0$，即电压比较器 A_2的参考电压 u_{O1}为正电压，三角波电压 u_T等于正参考电压 u_{O1}时，电压比较器 A_2的输出电压 u_{O2}发生跳变；因此，u_{O2}波形为占空比 $D>50\%$ 的矩形波，调整管 VT 的发射极电压 u_E为与 u_{O2}具相同占空比的矩形波，u_{O2}、u_E与三角波电压 u_T对应的波形如图 8-35c 所示。显然，矩形波 u_{O2}、u_E占空比的加大，必然会使得矩形波 u_E的平均电压分量（即输出直流电压 U_O）升高，从而牵制了输出直流电压 U_O下降，有效保证了输出直流电压 U_O的相对稳定。

外界因素使输出直流电压 U_O下降越多，电压比较放大器 A_1输出电压 u_{O1}正值越大；由图 8-35c 所示波形图可知，u_{O1}正值越大，u_E高电平持续时间 t_{on}越长，其占空比 D 越大，u_E的平均电压分量（即输出直流电压 U_O）也就上升越多，即对输出直流电压 U_O下降的牵制作用越强。当然，实际上，最终结果输出直流电压 U_O还是略有下降，只不过输出直流电压 U_O的这种下降要比自动调整过程启动之前外界因素引起 U_O下降的幅度要小得多而已。

综上所述可知，当输入电压 U_I或负载电流 I_O变化，引起输出电压 U_O升高（高于标准值）时，这一稳压过程可简述如下：

$$U_O\uparrow\to U_F\uparrow(U_F>U_Z)\to u_{O1}<0\to t_{on}<t_{off}\to D\downarrow(=t_{on}/T<50\%)\to U_O\downarrow\left(U_O=\frac{t_{on}}{T}U_I\right)$$

反之，当输入电压 U_I或负载电流 I_O变化，引起输出电压 U_O下降（低于标准值）时，这一稳压过程可简述如下：

$$U_O\downarrow\to U_F\downarrow(U_F<U_Z)\to u_{O1}>0\to t_{on}>t_{off}\to D\uparrow(=t_{on}/T>50\%)\to U_O\uparrow\left(U_O=\frac{t_{on}}{T}U_I\right)$$

需要指出，在上面分析中，若是电网电压波动，必然导致 U_I发生变化，因此，图 8-35a ~ c 中 u_E的幅值 U_I应不相同，但为了画图的方便，图中没有区别，对此，读者应明了。

为帮助读者进一步理解图 8-34 所示开关电路的工作原理，现将调整管发射极电压 u_E、滤波电感电流 i_L、输出电压 u_O的波形画于图 8-36 中。一般而言，输出电压 u_O总会残存如图所示的很小（mV 数量级）的纹波电压（不可能完全滤除干净）。

3. 集成电路模块开关稳压电路

随着集成电路工艺技术的发展，目前已将开关稳压电路控制部分集成模块化，这给实际应用带来了很大的方便，根据产品说明，将开关稳压电路集成模块配上一定外围电路元件，就可以获得满足实际需要、性能优良的开关稳压电源。图 8-37 给出了一个由 CW3524 集成控制模块和外围电路元件组成的一实用的开关稳压电源。图中，VT_1、VT_2组成的复合管作为调整管（工作在开关状态）；电感 L 和电容 C 组成储能滤波电路；VD 为续流二极管。其他外围电路元件的作用需根据 CW3524 集成模块内部原理电路才能分析说明，在此从略。

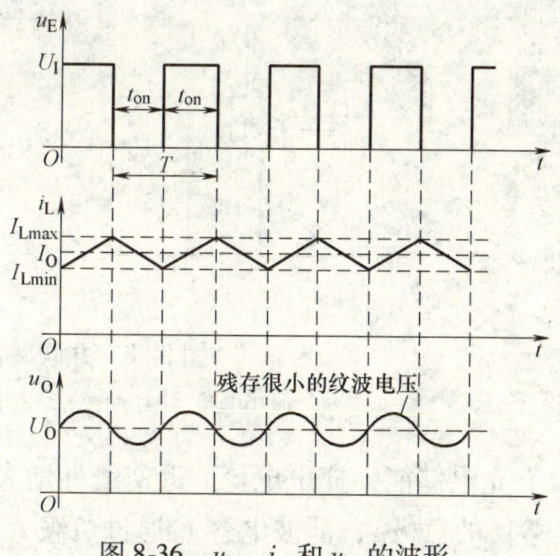

图 8-36　u_E、i_L 和 u_O 的波形

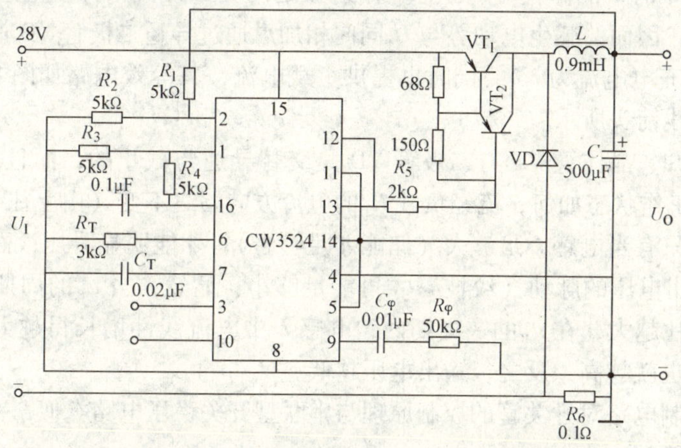

图 8-37　采用集成电路模块 CW3524 的开关稳压电路

8.6.3　并联型开关稳压电路

串联型开关稳压电路调整管与负载串联，输出电压 U_O总是小于输入电压 U_I，故称为降压型开关稳压电路。在实际中，有时需要将输入的直流电压 U_I经稳压电路转换成大于 U_I的稳定输出电压 U_O，具有这种特性的开关稳压电路称为升压型开关稳压电路。

升压型开关稳压电路中，工作在开关状态下的调整管通常与负载并联，故称之为并联型开关稳压电路。并联型开关稳压电路是通过电感的储能作用，将感生电动势与输入电压相加后作用于负载，因而，输出电压 U_O大于输入的直流电压 U_I。

图 8-38a 为并联型开关稳压电路简化原理电路（图中，取样电路、脉宽调制电路等未画出，其原理同串联型开关稳压电路），输入的直流电压 U_I为供电电压（也即需要升高的直流电压），晶体管 VT 为工作在开关状态下的调整管、u_B为晶体管 VT 基极矩形波驱动信号（由脉宽调制电路输出电压提供），电感 L 和电容 C 组成储能（换能）滤波电路，VD 为续流二极管。工作原理简述如下：

当 u_B为高电平时，晶体管 VT 饱和导通，集-射极之间类似开关闭合，U_I通过 VT 给电感

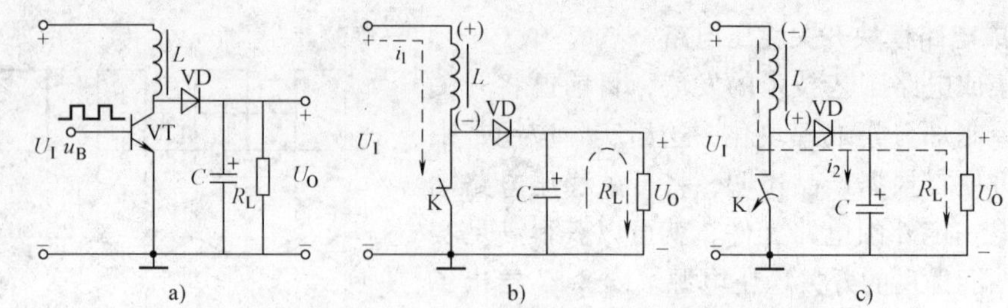

图 8-38　并联型开关稳压电路简化电路及其等效电路

a）简化电路　b）晶体管 VT 饱和时的等效电路　c）晶体管 VT 截止时的等效电路

L 充电储能，充电电流 i_1 近似线性增大；与此同时，VD 截止（因为电容 C 上正电压作用在 VD 的负极），滤波电容 C 通过负载 R_L 放电（即滤波电容 C 提供负载电流），此种情形的等效电路如图 8-38b 所示，各电流方向如图中虚线箭头所示。

当 u_B 为低电平时，晶体管 VT 截止，集-射极之间类似开关断开，电感 L 的感生电动势阻止电流的变化，因而，感生电动势与 U_I 同向相加后通过导通二极管 VD 产生的电流一方面对电容 C 充电（充电电流为 i_2），同时也提供负载电流，其等效电路如图 8-38c 所示，各电流方向如图中虚线箭头所示。

综上所述可知，晶体管 VT 与二极管 VD 是交替导通与截止的，而且，无论晶体管 VT 与二极管 VD 的工作状态如何，流经负载 R_L 的电流方向始终不变（由上往下）。

需要指出，只有当电感 L 足够大（储能才足够多），才能明显升压；而且只有滤波电容 C 足够大时，输出电压的脉动（纹波）才可能足够小；显然，当 u_B 的周期不变和电感 L 一定时，u_B 的占空比越大，在 u_B 的一周期内，电感 L 中电流线性增长得越大，电感 L 的储能越多，输出电压也就越高；反之，输出电压越低。

关于脉宽调制电路对开关管的控制原理与串联型开关稳压电路类似，在此不赘述。

本章小结

本章从整流滤波和稳压两个方面讨论了直流稳压电源的组成、工作原理、电路特点及相关性能指标等。主要内容总结如下：

1. 整流电路（桥式整流电路应用较为普遍）利用了二极管的单向导电性将交流电压变为单向脉动的直流电压；滤波电路则是利用电感、电容的储能作用使整流电路输出单向脉动的直流电压变得更为平滑；串联型稳压电路则是利用了电压负反馈作用保持输出电压的基本稳定。

2. 对整流电路原理定性分析应抓住二极管的单向导电性，定量研究主要分析：输出平均（直流）电压、输出平均（直流）电流、流过二极管的最大整流电流（平均电流）及二极管承受的最高反向电压。

3. 对滤波电路原理的理解，应弄清电感、电容的储能作用及电感中电流不能突变、电容两端电压不能突变的“惰性”特点。负载电流较小时，采用电容滤波；负载电流较大时，采用电感滤波；希望滤波效果更好，采用 RC 或 LC 复式滤波。

4. 二极管稳压电路结构简单，但输出电流变化范围较小（通常在几至几十毫安的范围内），输出电压不可调。二极管稳压电路实现稳压的原理是利用稳压管击穿后“陡峭”的伏安特性，即稳压管微小的电压变化导致流过稳压管电流较大的变化、通过限流电阻的电压变化调整以保持输出电压的稳定。二极管稳压电路要正常安全工作，限流电阻的合理选择是关键。

5. 分立元件组成的串联型线性稳压电路由调整管、取样电路、基准电压电路和比较放大电路四个部分组成。电路中引入了深度电压负反馈，使输出电压很稳定；由于调整管的电流放大作用，输出电流可达几百毫安至几安；可以很方便地实现输出电压在一定的范围内连续调节。为了保证电路安全工作，还讨论了限流型和截流型两种过电流保护电路，前者适用于负载电流较小（几百毫安以下）的稳压电路，后者适用于负载电流较大（几百毫安以上）的稳压电路。

6. 从应用的角度，以 W7800 和 W7900 系列串联型集成稳压器为例，讨论了如何将固定输出电压稳压电路变为输出电压连续可调的稳压电路及输出电流和输出电压扩展等方面的问题。无论是分立元件串联型稳压器还是集成电路串联型集成稳压器，由于调整管工作在线性放大区，其管耗大，故串联型稳压器效率较低。

7. 开关稳压电源管耗小、效率高。开关稳压电路分串联型和并联型两种类型。串联型开关稳压电路属降压型电路，并联型开关稳压电路属升压型电路。本章讨论的他激式晶体管开关稳压电路是在调整管开关控制信号频率不变的条件下，通过电压反馈调整开关控制信号的占空比来改变调整管饱和与截止的时间，达到稳定输出电压的目的。

自我检测题

1. 判断下列说法是否正确，正确的在括号中打“√”，错误的打“×”。

（1）在输入电压相同的情况下，半波整流电路与桥式整流电路二极管承受的反向电压相同。(　)

（2）在输出电压和负载电阻相同的情况下，全波整流电路与桥式整流电路中流过二极管的电流相同。(　)

（3）在输出电压和负载电阻相同的情况下，全波整流电路与桥式整流电路中二极管承受的反向电压相同。(　)

（4）在输出平均电压和负载电阻相同的情况下，半波整流电路与桥式整流电路中流过二极管的平均电流相同。(　)

（5）在输出平均电压和负载电阻相同的情况下，半波整流电路与桥式整流电路输入电压相同。(　)

（6）在输出平均电压和负载电阻相同的情况下，全波整流电路与桥式整流电路中变压器二次电压相同。(　)

（7）在变压器二次电压和负载电阻相同的情况下，桥式整流电路的输出电流是半波整流电路输出电流的两倍。(　)

（8）若 U_2为电源变压器二次电压的有效值，则半波整流电容滤波电路和全波整流电容滤波电路在空载时的输出电压均为$\sqrt{2}U_2$。(　)

（9）当输入电压 U_I和负载电流 I_L变化时，稳压电路的输出电压是绝对不变的。(　)

（10）开关型稳压电路比线性稳压电路效率高。(　)

2. 在桥式整流电容滤电路中，已知变压器二次电压有效值 U_2为 10V，负载电阻 R_L和滤

波电容 C 的乘积满足：$R_LC \geqslant \frac{3T}{2}$（$T$ 为电网电压的周期）。测得输出电压平均值 U_O 可能的数值为

A. 14V　　B. 12V　　C. 9V　　D. 4.5V

选择合适答案填入空内。

（1）正常情况 $U_O \approx$________。

（2）电容虚焊时 $U_O \approx$________。

（3）负载电阻开路时 $U_O \approx$________。

（4）一只整流管和滤波电容同时开路，$U_O \approx$________。

3. 填空：

在图 8-39 所示电路中，调整管为________，采样电路由________组成，基准电压电路由________组成，比较放大电路由________组成，保护电路由________组成；输出电压最小值的表达式为________，最大值的表达式为________。

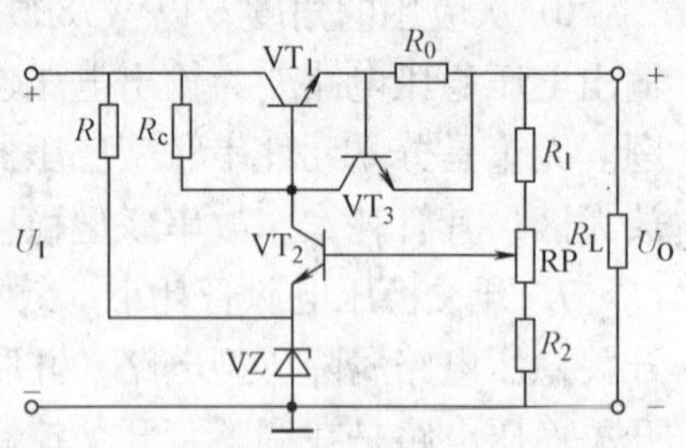

图 8-39　自我检测题 3 电路图

4. 在图 8-40 所示稳压电路中，已知稳压管的稳定电压 U_Z 为 6V，最小稳定电流 I_{Zmin} 为 5mA，最大稳定电流 I_{Zmax} 为 40mA；输入电压 U_I 为 15V，波动范围为 ±10%；限流电阻 R 为 200Ω。试问：

（1）电路是否能空载？为什么？

（2）作为稳压电路的指标，负载电流 I_L 的范围为多少？

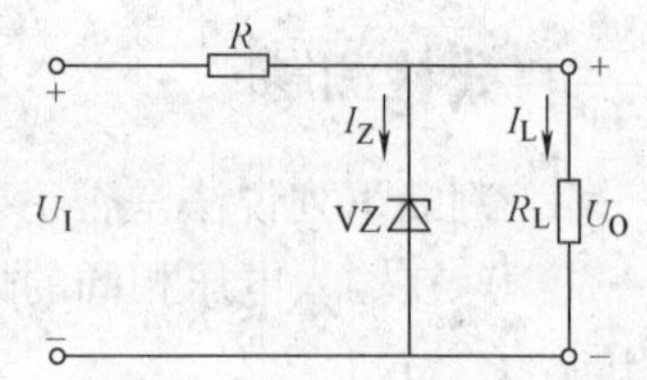

图 8-40　自我检测题 4 电路图

5. 电路如图 8-41 所示。合理连线，构成 5V 的直流电源。

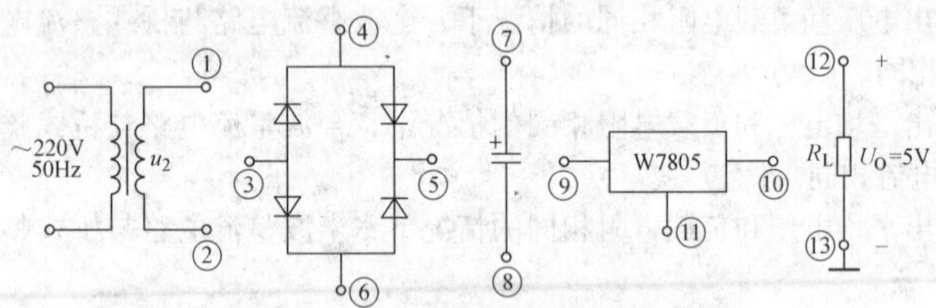

图 8-41　自我检测题 5 电路图

思考题与习题

8-1　下列说法中，正确的在括号中打“√”，错误的打“×”。

（1）整流电路是利用二极管单向导电性将正弦电压变为单向脉动的电压。（　）

（2）在输出电压和负载电阻相同的情况下，全波整流电路与桥式整流电路中流过二极管的电流不同。（　）

（3）在输出电压和负载电阻相同的情况下，全波整流电路与桥式整流电路中二极管承

受的反向电压不同。(　)

(4) 在输出平均电压和负载电阻相同的情况下，半波整流电路与桥式整流电路中流过二极管的平均电流不同。(　)

(5) 在输出平均电压和负载电阻相同的情况下，半波整流电路输入电压为桥式整流电路输入电压的两倍。(　)

(6) 在输出平均电压和负载电阻相同的情况下，全波整流电路中变压器二次电压是桥式整流电路中变压器二次电压的两倍。(　)

(7) 在变压器二次电压和负载电阻相同的情况下，桥式整流电路的输出电流与半波整流电路输出电流相同。(　)

(8) 若 U_2 为电源变压器二次电压的有效值，在空载时，半波整流电容滤波电路输出电压为全波整流电容滤波电路输出电压的一半。(　)

(9) 电容滤波电路适用于大负载电流，而电感滤波电路适用于小负载电流。(　)

(10) 在单相桥式整流电路中，若有一只整流管断开，输出电压平均值变为原来的一半。(　)

8-2 下列说法中，正确的在括号中打"√"，错误的打"×"。

(1) 二极管稳压电路的稳压管必须工作在反向击穿状态。(　)

(2) 串联型晶体管稳压电路是一个深度的闭环电压负反馈电路系统。(　)

(3) 串联型晶体管线性稳压电路中的调整管可以不工作在放大状态。(　)

(4) 串联型晶体管线性稳压电路效率低的主要原因是调整管管耗大。(　)

(5) 开关型直流电源中的调整管工作在开关状态，所以电路效率高。(　)

(6) 在二极管稳压电路中最大稳定电流与最小稳定电流之差可小于负载电流的变化范围。(　)

8-3 选择合适的答案填入空内。

(1) 整流的目的是________。

A. 将交流变为直流　　　　B. 将高频变为低频

C. 将正弦波变为方波

(2) 在单相桥式整流电路中，若有一只整流管接反，则________。

A. 输出电压约为 $2U_D$　　　　B. 变为半波直流

C. 整流管将因电流过大而烧坏

(3) 直流稳压电源中滤波电路的目的是________。

A. 将交流变为直流　　　　B. 将高频变为低频

C. 将交、直流混合量中的交流成分滤掉

(4) 整流滤波电路应选用________。

A. 高通滤波电路　　　　B. 低通滤波电路

C. 带通滤波电路

8-4 选择合适答案填入空内。

(1) 若要组成输出电压可调、最大输出电流为 3A 的直流稳压电源，则应采用________。

A. 电容滤波稳压管稳压电路　　　　B. 电感滤波稳压管稳压电路

C. 电容滤波串联型稳压电路　　D. 电感滤波串联型稳压电路

（2）串联型稳压电路中的比较放大电路所放大的对象是________。

A. 基准电压　　B. 采样电压

C. 基准电压与采样电压之差

（3）开关型直流电源比线性直流电源效率高的原因是________。

A. 调整管工作在开关状态　　B. 输出端有 LC 滤波电路

C. 可以不用电源变压器

（4）在脉宽调制式串联型开关稳压电路中，为使输出电压增大，对调整管基极控制信号的要求是________。

A. 周期不变，占空比增大　　B. 频率增大，占空比不变

C. 在一个周期内，高电平时间不变，周期增大

8-5　在未接滤波器的桥式整流电路中，已知输出电压平均值 $U_O=15V$，负载电流平均值 $I_O=100mA$。

（1）变压器的二次交流电压有效值 $U_2\approx$？

（2）设电网电压波动范围为 ±10%。在选择二极管的参数时，其最大整流平均电流 I_F 和最高反向电压 U_R 的下限值约为多少？

8-6　电路如图 8-42 所示，变压器二次交流电压有效值为 $2U_2$。

（1）画出 u_2、u_{D1} 和 u_O 的波形。

（2）求出输出电压平均值 U_O 和流过 R_L 的电流平均值 I_O 的表达式。

（3）求出二极管的平均电流 I_D 和所承受的最大反向电压 U_{Rmax} 的表达式。

8-7　电路如图 8-43 所示，变压器二次交流电压有效值 $U_{21}=50V$，$U_{22}=20V$。试问：

（1）输出电压平均值 U_{O1} 和 U_{O2} 各为多少？

（2）各二极管承受的最大反向电压为多少？

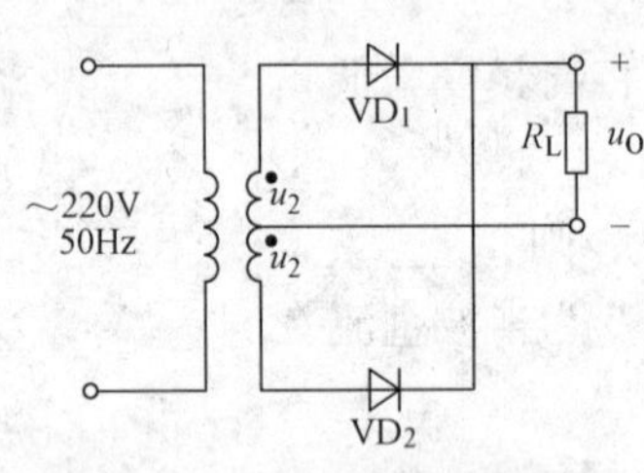

图 8-42　习题 8-6 电路图

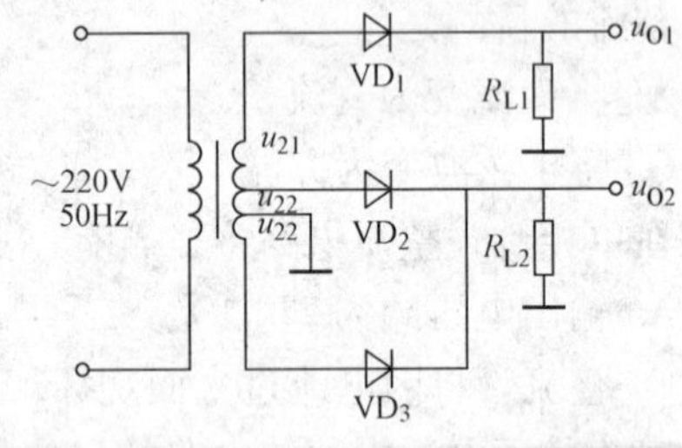

图 8-43　习题 8-7 电路图

8-8　电路如图 8-44 所示。

（1）分别标出 u_{O1} 和 u_{O2} 对地的极性。

（2）u_{O1}、u_{O2} 分别是半波整流还是全波整流？

（3）当 $U_{21}=U_{22}=20V$ 时，U_{O1} 和 U_{O2} 各为多少？

（4）当 $U_{21}=18V$，$U_{22}=22V$ 时，画出 u_{O1}、u_{O2} 的波形；并求出 U_{O1} 和 U_{O2} 各为多少？

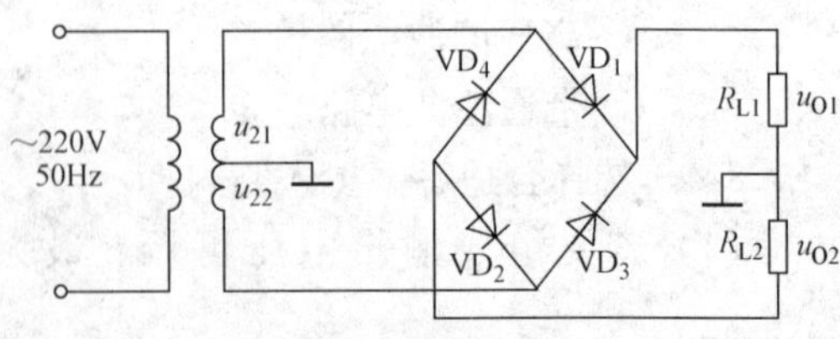

图 8-44　习题 8-8 电路图

8-9　分别判断图 8-45 所示各电路能否作为滤波电路，简述理由。

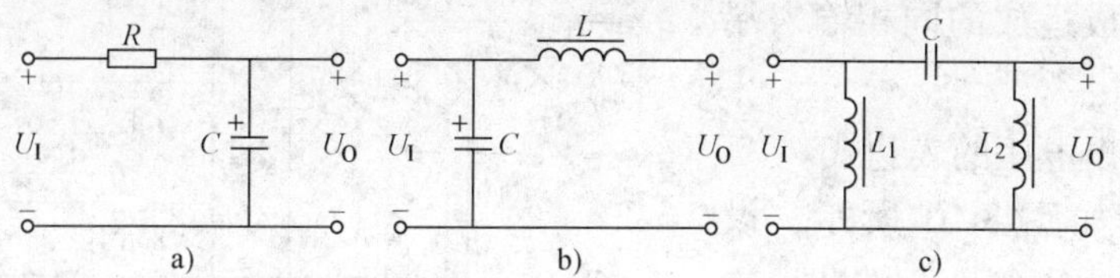

图 8-45　习题 8-9 电路图

8-10　试在图 8-46 所示电路中，标出各电容两端电压的极性和数值，并分析负载电阻上能够获得几倍压的输出。

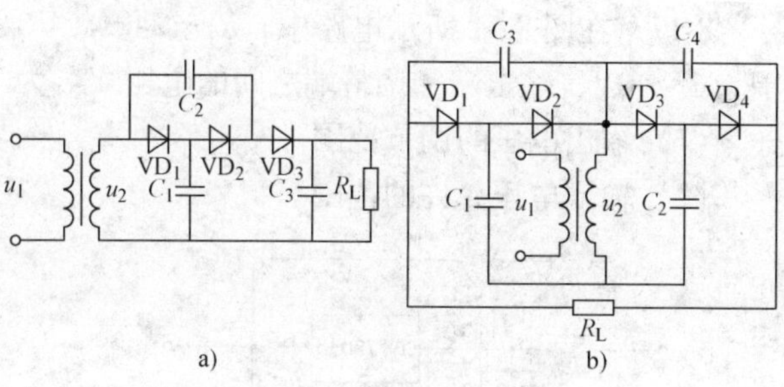

图 8-46　习题 8-10 电路图

8-11　电路如图 8-40 所示，已知稳压管的稳定电压为 6V，最小稳定电流为 5mA，允许耗散功率为 240mW，动态电阻小于 15Ω。试问：

（1）当输入电压为 20 ~ 24V、R_L为 200 ~ 600Ω 时，限流电阻 R 的选取范围是多少？

（2）若 $R = 390\Omega$，则电路的稳压系数 S_r为多少？

8-12　电路如图 8-47 所示，已知稳压管的稳定电压为 6V，最小稳定电流为 5mA，允许耗散功率为 240mW；输入电压为 20 ~ 24V，$R_1 = 360\Omega$。试问：

（1）为保证空载时稳压管能够安全工作，R_2应选多大？

（2）当 R_2按上面原则选定后，负载电阻允许的变化范围是多少？

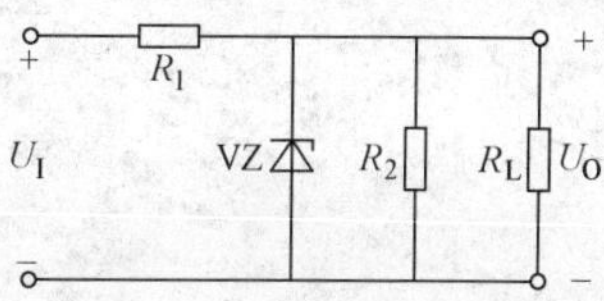

图 8-47　习题 8-12 电路图

8-13　电路如图 8-39 所示，稳压管的稳定电压 $U_Z = 4.3V$，晶体管的 $U_{BE} = 0.7V$，$R_1 = R_2 = RP = 300\Omega$，$R_0 = 5\Omega$。试估算：

（1）输出电压的可调范围。

（2）调整管发射极允许的最大电流。

（3）若 $U_I = 25V$，波动范围为 ±10%，则调整管的最大功耗为多少？

8-14　电路如图 8-48 所示，已知稳压管的稳定电压 $U_Z = 6V$，晶体管的 $U_{BE} = 0.7V$，$R_1 = R_2 = RP = 300\Omega$，$U_I = 24V$。判断出现下列现象时，分别因为电路产生什么故障（即哪个元件开路或短路）。

（1）$U_O \approx 24V$。

（2）$U_O \approx 23.3V$。

（3）$U_O \approx 12V$ 且不可调。

（4）$U_O \approx 6V$ 且不可调。

（5）U_O的可调范围变为 6 ~ 12V。

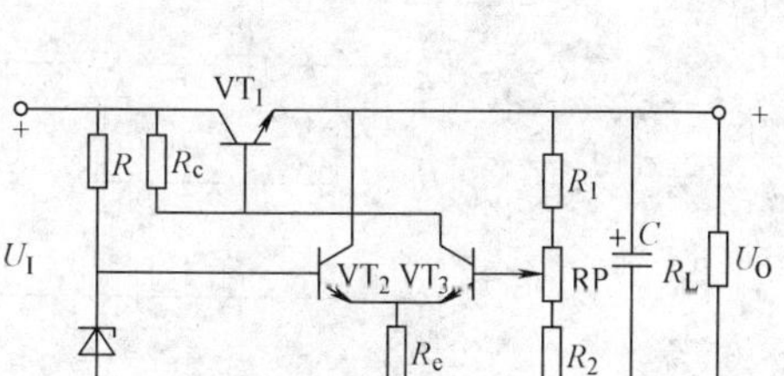

图 8-48　习题 8-14 电路图

8-15　直流稳压电源如图 8-49 所示。

（1）说明电路的整流电路、滤波电路、调整管、基准电压电路、比较放大电路和采样电路等部分各由哪些元件组成。

（2）标出集成运放的同相输入端和反相输入端。

（3）写出输出电压的表达式。

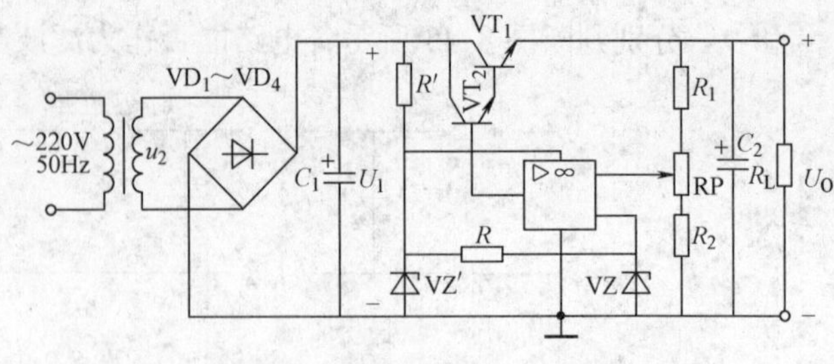

图 8-49　习题 8-15 电路图

8-16　电路如图 8-50 所示，设 $I'_I \approx I'_O = 1.5A$，晶体管 VT 的 $U_{EB} \approx U_D$，$R_1 = 1\Omega$，$R_2 = 2\Omega$，$I_D >> I_B$。求解负载电流 I_L与 I'_O的关系式。

8-17　在图 8-51 所示电路中，$R_1 = 240\Omega$，$R_2 = 3k\Omega$；W117 输入端和输出端电压允许范围为 3～40V，输出端和调整端之间的电压 U_{REF}为 1.25V。试求解：

（1）输出电压的调节范围。

（2）输入电压允许的范围。

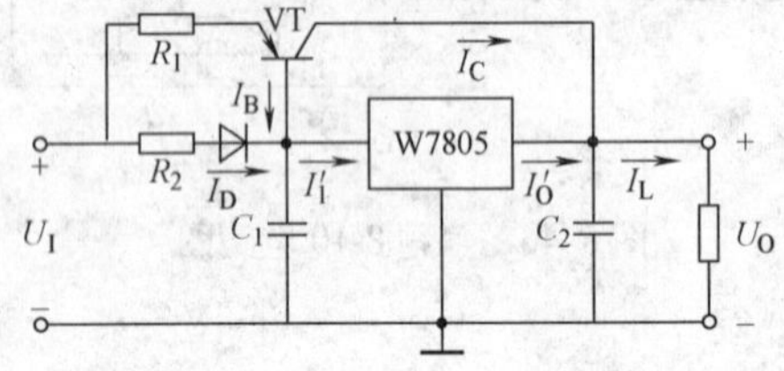

图 8-50　习题 8-16 电路图

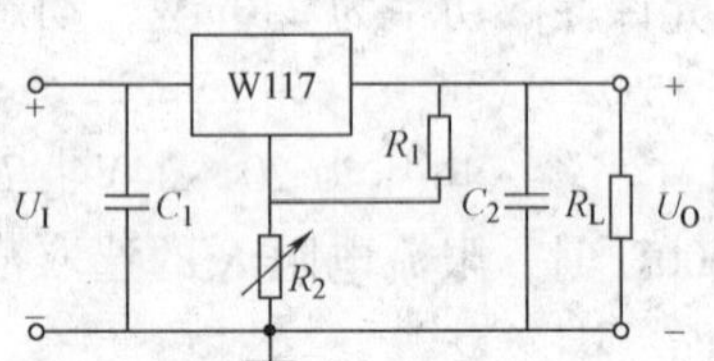

图 8-51　习题 8-17 电路图

8-18　试分别求出图 8-52 所示各电路输出电压的表达式。

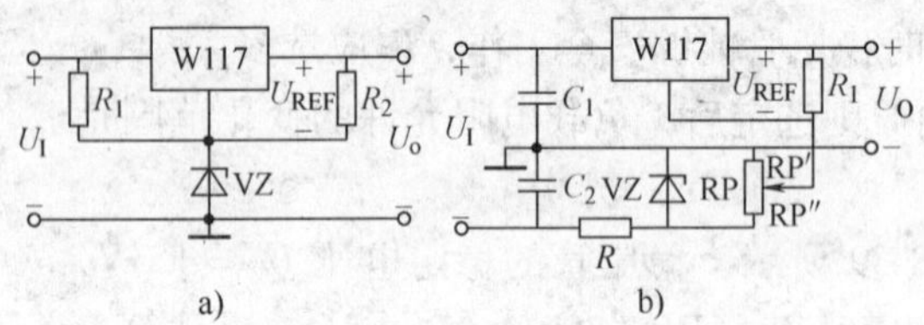

图 8-52　习题 8-18 电路图

∗8-19　两个恒流源电路分别如图 8-53所示。

（1）求解各电路负载电流的表达式。

（2）设输入电压 U_I为 20V，晶体管饱和电压降为 3V，基-射极间电压数值 $|U_{BE}| = 0.7V$；W7805 输入端和输出端间的电压最小值为 3V；稳压管的稳定电压 $U_Z = 5V$；$R_1 = R = 50\Omega$。分别求出两电路负载电阻的最大值。

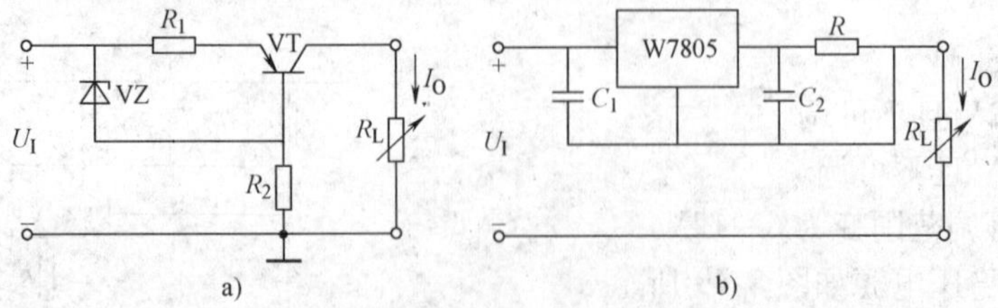

图 8-53　习题 8-19 电路图

附录　部分自我检测题及习题答案

第 1 章

自我检测题

3. $U_{O1}\approx1.3\text{V}$，$U_{O2}=0$，$U_{O3}\approx-1.3\text{V}$，$U_{O4}\approx2\text{V}$，$U_{O5}\approx1.3\text{V}$，$U_{O6}\approx-2\text{V}$。

4. $U_{O1}=6\text{V}$，$U_{O2}=5\text{V}$。

5. （1）$I_B=\dfrac{V_{BB}-U_{BE}}{R_b}=26\ \mu\text{A}$

$I_c=\beta I_B=2.6\text{mA}$

$U_O=U_{CE}=V_{CC}-I_CR_c=2\text{V}$

（2）$I_C=\dfrac{V_{CC}-U_{CES}}{R_c}=2.86\text{mA}$

$I_B=\dfrac{I_C}{\beta}=28.6\mu\text{A}$

$R_b=\dfrac{V_{BB}-U_{BE}}{I_B}\approx45.4\text{k}\Omega$

思考题与习题

1-7　$I_d=U_i/r_d\approx1\text{mA}$

1-8　0.36～1.8kΩ

1-9　（1）3.33V，5V，6V

（2）电流过大，有可能损坏稳压管

1-12　（1）当 $V_{BB}=0$ 时，VT 截止，$u_O=12\text{V}$。

（2）当 $V_{BB}=1\text{V}$ 时，因为

$I_B=\dfrac{V_{BB}-U_{BE}}{R_b}=60\ \mu\text{A}$

$I_C=\beta I_B=3\text{mA}$

$u_O=V_{CC}-I_CR_c=9\text{V}$

所以 VT 处于放大状态。

（3）$I_B=160\mu\text{A}$，$I_C=8\text{mA}$，$u_O=4\text{V}$

所以 VT 仍处于放大状态。

1-13　当 $\beta\geqslant\dfrac{R_b}{R_c}=100$ 时，晶体管饱和。

第 2 章

自我检测题

3. （1）565，3　（2）−120

思考题与习题

2-14 （1）6.4V　（2）12V　（3）0.5V　（4）12V　（5）12V

2-15 当 $R_L=\infty$ 时：$I_B\approx22\mu A$，$I_C\approx1.76mA$，$U_{CE}\approx6.2V$，$R_i\approx1.3k\Omega$，$R_o\approx5k\Omega$，$\dot{A}_u\approx-308$，$A_{us}\approx-93$

$R_L=3\ k\Omega$ 时：$I_B\approx22\mu A$，$I_C\approx1.76mA$，$U_{CE}\approx2.3V$；$R_i\approx1.3k\Omega$，$R_o\approx5k\Omega$，$\dot{A}_u\approx-115$，$A_{us}\approx-35$

2-18 （1）$R_b=565\ k\Omega$　（2）$R_L=1.5k\Omega$

2-19 当 $R_L=\infty$ 时，$U_{om}\approx3.82V$；当 $R_L=3\ k\Omega$ 时，$U_{om}\approx2.12V$

2-20 （1）$I_E\approx1mA$，$I_B\approx10\mu A$，$U_{CE}\approx5.7V$，$A_u\approx-7.7$，$R_i\approx3.7k\Omega$，$R_o\approx5\ k\Omega$

2-24 （1）$\dot{A}_{u1}\approx-1$，$\dot{A}_{u2}\approx1$

2-25 （1）$I_B\approx32\mu A$，$I_C\approx2.6mA$，$U_{CE}\approx7.2V$

（2）当 $R_L=\infty$ 时：$\dot{A}_u\approx0.996$，$R_i\approx110k\Omega$；当 $R_L=3\ k\Omega$ 时：$\dot{A}_u\approx0.992$，$R_i\approx76k\Omega$

（3）$R_o\approx37\Omega$

2-26 （1）$I_B\approx31\mu A$，$I_C\approx1.86mA$，$U_{CE}\approx4.56V$，$\dot{A}_u\approx-95$，$R_i\approx0.95k\Omega$，$R_o\approx3\ k\Omega$

（2）$U_o\approx306mV$；C_E断开时，$U_o\approx14.4mV$

第 3 章

自我检测题

3. 0.1mA

4. （1）$I_{E1}=I_{E2}\approx0.15mA$

（2）减小 R_{c2}的值，$R_{c2}\approx7.14k\Omega$，$A_u\approx-297$

思考题与习题

3-2 1V，10V，14V，14V；−1V，−10V，−14V，−14V

3-3 0.1mA，0.1mA

3-6 $I_{C1}\approx0.16mA$，$I_{C2}\approx0.32mA$

第 4 章

自我检测题

2. （2）$P_{om}\approx16W$，$\eta\approx70\%$　（3）$R\approx10.3\ k\Omega$

思考题与习题

4-3　$P_{om}\approx 4W$，$\eta \approx 70\%$

4-4　$I_{Cmax}\approx 0.5$ A，$U_{CEmax}\approx 34V$，$P_{Tmax}\approx 0.8W$

4-5　（1）$U_o\approx 8.65V$　（2）$I_{Lmax}\approx 1.53A$　（3）$P_{om}\approx 9.36W$，$\eta\approx 64\%$

4-6　（1）$U_E\approx 12V$　（2）$P_{om}\approx 5.06W$，$\eta\approx 58.9\%$

第 5 章

自我检测题

4. $R_f\approx 190$ kΩ

思考题与习题

5-14　（1）500　（2）0.1%

5-15　0.05　2000

第 6 章

思考题与习题

6-5　（1）50 kΩ　（2）－104

6-7　（1）1，　0.4　（2）10

6-8　a) $u_O = -\frac{R_f}{R_1}u_{I1} - \frac{R_f}{R_2}u_{I2} + \frac{R_f}{R_3}u_{I3} = -2u_{I1} - 2u_{I2} + 5u_{I3}$

b) $u_O = -\frac{R_f}{R_1}u_{I1} + \frac{R_f}{R_2}u_{I2} + \frac{R_f}{R_3}u_{I3} = -10u_{I1} + 10u_{I2} + u_{I3}$

c) $u_O = \frac{R_f}{R_1}(u_{I2} - u_{I1}) = 8\ (u_{I2} - u_{I1})$

d) $u_O = -\frac{R_f}{R_1}u_{I1} - \frac{R_f}{R_2}u_{I2} + \frac{R_f}{R_3}u_{I3} + \frac{R_f}{R_4}u_{I4}$

$= -20u_{I1} - 20u_{I2} + 40u_{I3} + u_{I4}$

6-10　a) $u_{IC} = u_{I3}$

b) $u_{IC} = \frac{R_3}{R_2 + R_3}u_{I2} + \frac{R_2}{R_2 + R_3}u_{I3} = \frac{10}{11}u_{I2} + \frac{1}{11}u_{I3}$

c) $u_{IC} = \frac{R_f}{R_1 + R_f}u_{I2} = \frac{8}{9}u_{I2}$

d) $u_{IC} = \frac{R_4}{R_3 + R_4}u_{I3} + \frac{R_3}{R_3 + R_4}u_{I4} = \frac{40}{41}u_{I3} + \frac{1}{41}u_{I4}$

6-11　$I_C\approx 0.6$mA

6-12　（1）输出电压 $u_O = (1 + \frac{R_2}{R_1})u_{P2} = 10(1 + \frac{R_2}{R_1})(u_{I2} - u_{I1})$

（2）$u_O = 100\text{mV}$

（3）9.99 kΩ

6-13　a）设 R_3、R_4、R_5的节点为 M，则

$$u_M = -R_3(\frac{u_{I1}}{R_1} + \frac{u_{I2}}{R_2})$$

$$i_{R4} = i_{R3} - i_{R5} = \frac{u_{I1}}{R_1} + \frac{u_{I2}}{R_2} - \frac{u_M}{R_5}$$

$$u_O = u_M - i_{R4}R_4 = -(R_3 + R_4 + \frac{R_3R_4}{R_5})(\frac{u_{I1}}{R_1} + \frac{u_{I2}}{R_2})$$

b）先求解 u_{O1}，再求解 u_O。

$$u_{O1} = (1 + \frac{R_3}{R_1})\ u_{I1}$$

$$u_O = -\frac{R_5}{R_4}u_{O1} + (1 + \frac{R_5}{R_4})\ u_{I2}$$

$$= -\frac{R_5}{R_4}(1 + \frac{R_3}{R_1})\ u_{I1} + (1 + \frac{R_5}{R_4})\ u_{I2}$$

$$= (1 + \frac{R_5}{R_4})\ (u_{I2} - u_{I1})$$

c）$u_O = \frac{R_4}{R_1}(u_{I1} + u_{I2} + u_{I3}) = 10\ (u_{I1} + u_{I2} + u_{I3})$

6-16　a）$u_O = -\frac{R_2}{R_1}u_I - \frac{1}{R_1C}\int u_I \mathrm{d}t = -u_I - 1000\int u_I \mathrm{d}t$

b）$u_O = -RC_1\frac{\mathrm{d}u_I}{\mathrm{d}t} - \frac{C_1}{C_2}u_I = -10^{-3}\frac{\mathrm{d}u_I}{\mathrm{d}t} - 2u_I$

c）$u_O = \frac{1}{RC}\int u_I \mathrm{d}t = 10^3\int u_I \mathrm{d}t$

d）$u_O = -\frac{1}{C}\int(\frac{u_{I1}}{R_1} + \frac{u_{I2}}{R_2})\mathrm{d}t = -100\int(u_{I1} + 0.5u_{I2})\mathrm{d}t$

6-17　（1）$u_O = -10\int_0^{t_1} u_I \mathrm{d}t + u_O(0)$

（2）$u_O = -10u_It_1 = [-10\times(-1)\times t_1]\ \text{V} = 6\text{V}$，故 $t_1 = 0.6\text{s}$，即经 0.6 秒输出电压达到 6V。

6-18　设 A_2的输出为 u_{O2}。因为流过 R_1的电流等于流过 C 的电流，又因为 A_2组成以 u_O 为输入的同相比例运算电路，所以

$$u_{O2} = -\frac{1}{R_1C}\int u_I \mathrm{d}t = -2\int u_I \mathrm{d}t$$

$$u_{O2} = (1 + \frac{R_2}{R_3})u_O = 2u_O$$

$$u_O = -\int u_I \mathrm{d}t$$

6-21 （1）为了保证电路引入负反馈，A 的上端为“+”，下端为“-”。

（2）根据模拟乘法器输出电压和输入电压的关系和节点电流关系，可得

$$u'_O = ku_O u_{I2}$$

$$u_{I1} = \frac{R}{R+R_f}u'_O$$

$$= \frac{R}{R+R_f}(-0.1u_O u_{I2})$$

所以

$$u_O = -\frac{10(R+R_f)}{R}\frac{u_{I1}}{u_{I2}}$$

6-22 电路 6-85a 实现求和、除法运算，电路 6-85b 实现一元三次方程。它们的运算关系式分别为

a）
$$u'_O = -R_3\left(\frac{u_{I1}}{R_1}+\frac{u_{I2}}{R_2}\right) = ku_O u_{I3}$$

$$u_O = -\frac{R_3}{ku_{I3}}\left(\frac{u_{I1}}{R_1}+\frac{u_{I2}}{R_2}\right)$$

b）
$$u_O = -\frac{R_4}{R_2}ku_I^2 - \frac{R_4}{R_3}k^2u_I^3 - \frac{R_4}{R_1}u_I$$

第 7 章

思考题与习题

7-7 （1）2kΩ （2）145Hz ~ 1.6kHz

7-10 a）可能 b）可能

第 8 章

自我检测题

4. （1）由于空载时稳压管流过的最大电流

$$I_{VZ_{max}} = I_{Rmax} = \frac{U_{Imax}-U_Z}{R} = 52.5\text{mA} > I_{Zmax} = 40\text{mA}$$

所以电路不能空载。

（2）负载电流的范围为 12.5 ~ 32.5mA。

思考题与习题

8-5 （1）$U_2 \approx \frac{U_{O(AV)}}{0.9} \approx 16.7\text{V}$

（2）$I_F > 1.1 \times \frac{I_{L(AV)}}{2} = 55\text{mA}$

$$U_R > 1.1\sqrt{2}U_2 \approx 26\text{V}$$

8-6 （2）$U_{O(AV)} \approx 0.9U_2$ $\quad I_{L(AV)} \approx \dfrac{0.9U_2}{R_L}$

（3）$I_D \approx \dfrac{0.45U_2}{R_L}$ $\quad U_R = 2\sqrt{2}U_2$

8-7 （1）两路输出电压分别为

$U_{O1} \approx 0.45\ (U_{21} + U_{22}) = 31.5\text{V}$

$U_{O2} \approx 0.9U_{22} = 18\text{V}$

（2）VD_1的最大反向电压

$$U_R > \sqrt{2}(U_{21} + U_{22}) \approx 99\text{V}$$

VD_2、VD_3的最大反向电压

$$U_R > 2\sqrt{2}U_{22} \approx 57\text{V}$$

8-8 （3）U_{O1}和U_{O2}为

$$U_{O1} = -U_{O2} \approx 0.9U_{21} = 0.9U_{22} = 18\text{V}$$

（4）u_{O1}、u_{O2}的平均值为

$$U_{O1} = -U_{O2} \approx 0.45U_{21} + 0.45U_{22} = 18\text{V}$$

8-11 （1）R为$360 \sim 400\Omega$ （2）$S_r \approx 0.136$

8-12 （1）$R_2 = 600\Omega$ （2）R_L的取值范围为$207\Omega \sim \infty$

8-13 （1）$7.5 \sim 15\text{V}$ （2）$I_{Emax} = 140\text{mA}$ （3）2.8W

8-16

$$I_C \approx \frac{R_2}{R_1}I'_O$$

$$I_L \approx \left(1 + \frac{R_2}{R_1}\right)I'_O = 4.5\text{A}$$

8-17 （1）$U_O \approx (1 + \dfrac{R_2}{R_1})U_{REF}$，所以输出电压的调节范围为$1.25 \sim 16.9\text{V}$

（2）输入电压取值范围

$$U_{Imin} = U_{Omax} + U_{12min} \approx 20\text{V}$$

$$U_{Imax} = U_{Omin} + U_{12max} \approx 41.25\text{V}$$

8-18 在图8-52a所示电路中，输出电压的表达式

$$U_O = U_Z + U_{REF} = U_Z + 1.25\text{V}$$

在图8-52b所示电路中，输出电压的表达式

$$U_O = U_{REF} - \frac{\text{RP}'}{\text{RP}}U_Z$$

8-19 （1）设图8-53b中W7805的输出电压为U'_O。图示两个电路输出电流的表达式分别为

a）$I_O = \dfrac{U_Z - U_{EB}}{R_1}$ $\quad$ b）$I_O = \dfrac{U'_O}{R}$

（2）两个电路输出电压的最大值、输出电流和负载电阻的最大值分别为